高等职业教育技能型紧缺人才培养教材

机械设计基础

（第二版）

主　编　毛友新

副主编　鲍自林　陈传胜

编　者　（按姓氏笔画为序）

闻庆墨　高寿兰

华中科技大学出版社

图书在版编目(CIP)数据

机械设计基础(第二版)/毛友新主编. —武汉：华中科技大学出版社，2007.3（2024.6重印）
ISBN 978-7-5609-3284-2

Ⅰ.①机… Ⅱ.①毛… Ⅲ.①机械设计-高等学校-教材 Ⅳ.①TH122

机械设计基础(第二版) 毛友新 主编

策划编辑：钟小珉
责任编辑：万亚军
封面设计：刘 卉
责任校对：刘 竣
责任监印：徐 露
出版发行：华中科技大学出版社(中国·武汉) 电话：(027)81321913
武汉市东湖新技术开发区华工科技园 邮编：430223
录 排：武汉楚海文化传播有限公司
印 刷：广东虎彩云印刷有限公司
开 本：787mm×960mm 1/16
印 张：29
字 数：443 千字
版 次：2024 年 6 月第 2 版第12次印刷
定 价：69.80 元

高等职业教育技能型紧缺人才培养教材

数控技术应用专业系列教材编委会

内 容 提 要

本书是根据《两年制高等职业教育数控技术应用专业领域技能型紧缺人才培养指导方案》中关于“机械设计基础”课程教学的基本要求编写的，以培养技术应用型人才为目的，基础理论以“必需、够用”为度，突出了实用性较强的教学内容。

本书除绪论和附录A外，共分4篇20章。第1篇主要介绍工程力学的基本知识，就工程实际中常见的物体受载情况重点讲授静力学，以及材料在拉、压、弯、扭、剪等典型变形下的力学性能及强度校核的基本知识；第2篇主要介绍机构的基本概念、组成和工作原理以及常用的设计方法；第3篇主要介绍各种机械传动的基本知识和常用零件的设计计算方法；第4篇主要介绍液压传动的基本知识、常用液压元件和液压基本回路。

本书主要可作为两年制高等职业教育机械类、近机类专业的教材。参考学时数为100～120。

前　　言

本书是根据高等职业教育技能型人才培养方案中关于机械设计基础课程教学基本要求编写的，以培养技术应用型人才为目的，基础理论以“必需、够用”为度，突出了实用性较强的教学内容，主要适合作为机械类、近机类专业的教材，参考学时数为100～120。

本书除绪论和附录A外，共分4篇20章。第1篇主要介绍工程力学的基本知识，就工程实际中常见的物体受载情况重点讲授静力学，以及材料在拉、压、弯、扭、剪等典型变形下的力学性能及强度校核的基本知识；第2篇主要介绍常用平面机构的基本概念、组成、工作原理和常用的设计方法；第3篇主要介绍各种机械传动的基本知识和常用零件的设计计算方法；第4篇主要介绍液压传动的基本知识、常用元件和液压基本回路。

参加本书编写的有：安徽职业技术学院高寿兰(第1、2、3、4章)、陈传胜(第9、15、16、17章)，安徽工业经济职业技术学院毛友新(绪论、第10、11、12、13、14章、附录A)、闻庆婴(第5、6、7、8章)，芜湖职业技术学院鲍自林(第18、19、20章)。全书由毛友新任主编，鲍自林、陈传胜任副主编。

限于编者的水平和经验，书中难免有不妥和错误之处，敬请广大读者批评指正。

编　者

2006年6月

序

为实现全面建设小康社会的宏伟目标，使国民经济平衡、快速发展，迫切需要培养大量不同类型和不同层次的人才。因此，党中央明确地提出人才强国战略和“造就数以亿计的高素质劳动者，数以千万计的专门人才和一大批拔尖创新人才”的目标，要求建设一支规模宏大、结构合理、素质较高的人才队伍，为大力提升国家核心竞争力和综合国力、实现中华民族的伟大复兴提供重要保证。

制造业是国民经济的主体，社会财富的60%~80%来自于制造业。在经济全球化的格局下，国际市场竞争异常激烈，中国制造业正由跨国公司的加工组装基地向世界制造业基地转变。而中国经济要实现长期可持续高速发展，实现成为“世界制造中心”的愿望，必须培养和造就一批掌握先进数控技术和工艺的高素质劳动者和高技能人才。

教育部等六部委启动的“制造业和现代服务业技能型紧缺人才培训工程”，是落实党中央人才强国战略，培养高技能人才的正确举措。针对国内数控技能人才严重缺乏，阻碍了国家制造业实力的提高，数控技能人才的培养迫在眉睫的形势，教育部颁布了《两年制高等职业教育数控技术应用专业领域技能型紧缺人才培养指导方案》(以下简称《两年制指导方案》)。对高技能人才培养提出具体的方案，必将对我国制造业的发展产生重要影响。在这样的背景下，华中科技大学出版社策划、组织华中科技大学国家数控系统技术工程研究中心和一批承担数控技术应用专业领域技能型人才培养培训任务的高等职业院校编写两年制“高等职业教育数控技术应用专业系列教材”，为《两年制指导方案》的实施奠定基础，是非常及时的。

与普通高等教育的教材相比，高等职业教育的教材有自己的特点，编写两年制教材更是一种新的尝试，需要创新、改革，因此，希望这套教材能够做到以下几方面。

体现培养高技能人才的理念。教育部部长周济院士指出：高等职业教育的主要任务就是培养高技能人才。何谓“高技能人才”？这类人才既不是“白领”，也不是“蓝领”，而是应用型“白领”，可称之为“银领”。这类人才既要能动脑，更要能动手。动手能力强是高技能人才最突出的特点。本套系列教材将紧扣该方案中提出的教学计划来编写，在使学生掌握“必需、够用”理论知识的同时，力争在学生技能的培养上有所突破。

突出职业技能培养特色。“高职高专教育必须以就业为导向”，这一点已为人们所广泛共识。目前，能够对劳动者的技能水平或职业资格进行客观公正、科学规范评价和鉴定的，主要是国家职业资格证书考试。随着我国职业准入制度的完善和劳动就业市场的规范，职业资格证书将是用人单位招聘、录用劳动者必备的依据。以“就业为导向”，就是要使学校培养人才与企业需求融为一体，互相促进，能够使学生毕业时就具备就业的必备条件。这套系列教材的内容将涵盖一定等级职业考试大纲的要求，帮助学生在学完课程后就有能力获得一定等级的职业资格证书，以突出职业技能培养特色。

面向学生。使学生建立起能够满足工作需要的知识结构和能力结构，一方面，充分考虑高职高专学生的认知水平和已有知识、技能、经验，实事求是；另一方面，力求在学习内容、教学组织等方面给教师和学生提供选择和创新的空间。

两年制教材的编写是一个新生事物，需要不断地实践、总结、提高。欢迎师生对本系列教材提出宝贵意见。

高等职业教育数控技术应用专业系列教材编委会主任
国家数控系统技术工程研究中心主任 陈吉红
华中科技大学 教授、博士生导师

2004年8月18日

目　　录

绪　论……(1)
0.1　机器的组成及其特征……(1)
0.2　本课程的内容、性质和任务……(3)
0.3　机械设计的基本要求和一般程序……(3)
0.4　机械零件设计的基本要求和一般步骤……(4)
0.5　本课程的学习方法……(5)
思考题与习题……(5)

第1篇　工程力学基础

第1章　物体的静力分析……(8)
1.1　静力学基础……(8)
1.2　约束力与约束反力……(14)
1.3　物体受力分析与受力图……(18)
1.4　平面力系……(22)
1.5　物体系统的平衡问题……(35)
1.6　考虑摩擦时物体的平衡问题……(38)
1.7　空间力系……(42)
思考题与习题……(49)
第2章　拉伸与压缩……(56)
2.1　杆件的轴向拉伸与压缩……(56)
2.2　材料拉伸与压缩时的力学性能……(60)
2.3　拉(压)杆件的强度计算……(65)
2.4　拉(压)杆件的变形……(68)
2.5　应力集中的概念……(71)
思考题与习题……(71)
第3章　直梁弯曲……(74)
3.1　平面弯曲概念及弯曲内力……(74)
3.2　梁的弯曲强度计算……(86)

3.3　拉伸(压缩)与弯曲组合变形的强度计算……(89)
3.4　梁的弯曲刚度简介……(92)
3.5　提高梁的抗弯强度和刚度的措施……(93)
思考题与习题……(96)
第4章　剪切、挤压与圆轴扭转……(102)
4.1　剪切与挤压……(102)
4.2　圆轴扭转的概念及其内力……(108)
4.3　圆轴扭转时的强度和刚度计算……(113)
4.4　弯曲与扭转组合变形的强度计算……(117)
思考题与习题……(121)

第2篇　常用平面机构

第5章　平面机构的组成……(126)
5.1　构件和运动副……(126)
5.2　机构运动简图……(127)
5.3　平面机构的自由度……(129)
思考题与习题……(133)
第6章　平面连杆机构及其设计……(135)
6.1　铰链四杆机构的基本形式及其演化……(135)
6.2　平面四杆机构的基本特性……(140)
6.3　平面四杆机构的设计……(145)
思考题与习题……(147)
第7章　凸轮机构及其设计……(150)
7.1　概述……(150)
7.2　常用的从动件运动规律……(153)
7.3　凸轮轮廓的设计……(156)
7.4　凸轮设计中应注意的几个问题……(159)
思考题与习题……(161)
第8章　间歇运动机构……(163)
8.1　棘轮机构……(163)
8.2　槽轮机构……(165)
思考题与习题……(168)

第3篇 机械传动与轴系零件

第9章 螺纹连接和螺旋传动……(170)
9.1 螺纹连接的基本知识……(170)
9.2 螺纹副的受力分析、效率和自锁……(173)
9.3 螺旋传动……(174)
9.4 螺纹连接的基本类型、预紧和防松……(176)
9.5 螺栓组连接的结构设计……(180)
9.6 单个螺栓连接的强度计算……(182)
思考题与习题……(188)
第10章 带传动和链传动……(190)
10.1 带传动概述……(190)
10.2 带传动的基本理论……(192)
10.3 V带及V带轮……(196)
10.4 普通V带传动的设计计算……(198)
10.5 同步带传动简介……(207)
10.6 链传动的基本知识……(207)
10.7 滚子链传动的设计……(213)
10.8 链传动的布置、张紧和润滑……(217)
思考题与习题……(220)
第11章 齿轮传动……(222)
11.1 齿轮传动概述……(222)
11.2 渐开线齿廓啮合的几个重要性质……(224)
11.3 渐开线标准直齿圆柱齿轮的基本参数和几何尺寸计算……(227)
11.4 渐开线标准直齿圆柱齿轮的啮合传动……(231)
11.5 渐开线直齿圆柱齿轮的加工方法及根切现象……(234)
11.6 齿轮传动的失效形式与常用材料……(238)
11.7 渐开线标准直齿圆柱齿轮传动的强度计算……(241)
11.8 斜齿圆柱齿轮传动……(256)
11.9 斜齿圆柱齿轮传动的强度计算……(261)
11.10 直齿锥齿轮传动简介……(266)
11.11 齿轮的结构设计和齿轮传动的润滑……(270)
思考题与习题……(274)
第12章 蜗杆传动……(277)

12.1 蜗杆传动的特点和类型 …………(277)
12.2 圆柱蜗杆传动的主要参数及几何尺寸 …………(278)
12.3 蜗杆传动的失效形式和材料选择 …………(283)
12.4 蜗杆传动的强度计算 …………(285)
12.5 蜗杆和蜗轮的结构 …………(288)
12.6 蜗杆传动的效率、润滑和热平衡计算 …………(289)
思考题与习题 …………(293)
第 13 章 轮系 …………(295)
13.1 轮系及其分类 …………(295)
13.2 定轴轮系传动比的计算 …………(296)
13.3 周转轮系传动比的计算 …………(297)
13.4 混合轮系及其传动比的计算 …………(300)
13.5 轮系的功用 …………(302)
思考题与习题 …………(304)
第 14 章 轴及轴毂连接 …………(306)
14.1 概述 …………(306)
14.2 轴的结构设计 …………(309)
14.3 轴的强度计算 …………(314)
14.4 轴毂连接 …………(319)
思考题与习题 …………(324)
第 15 章 轴承 …………(326)
15.1 摩擦与磨损 …………(326)
15.2 润滑和密封 …………(329)
15.3 滑动轴承的主要类型 …………(331)
15.4 滑动轴承轴瓦的结构和材料 …………(334)
15.5 不完全液体润滑轴承的设计计算 …………(336)
15.6 滚动轴承的构造、类型及特点 …………(338)
15.7 滚动轴承寿命的计算 …………(346)
15.8 滚动轴承的组合设计 …………(354)
思考题与习题 …………(362)
第 16 章 其他常用零部件 …………(364)
16.1 联轴器 …………(364)
16.2 离合器 …………(369)
16.3 弹簧 …………(374)

思考题与习题……(378)
第17章 机械速度与平衡……(379)
17.1 机械速度的波动与调节……(379)
17.2 机械的平衡……(382)
思考题与习题……(385)

第4篇 液压传动

第18章 液压传动概述……(388)
18.1 液压传动的工作原理……(388)
18.2 液压油……(389)
18.3 液压传动的流体力学基础……(392)
思考题与习题……(398)
第19章 液压元件及基本回路……(400)
19.1 液压泵与液压马达……(400)
19.2 液压缸……(405)
19.3 液压控制元件……(409)
19.4 液压辅助元件……(419)
19.5 液压基本回路……(421)
思考题与习题……(433)
第20章 典型液压传动系统……(435)
20.1 YT4543型动力滑台的液压系统……(435)
20.2 YT32-315型万能液压机的液压系统……(438)
20.3 XS-ZY-250A型注塑机液压系统……(441)
思考题与习题……(445)
附录A……(446)
参考文献……(448)

绪　　论

机械是机器和机构的总称。机器是人类在生产中用以减轻或代替体力劳动和提高生产率的主要工具。随着科学技术的发展，使用机器进行生产的水平已经成为衡量一个国家技术水平和现代化程度的重要标志之一。对于工科高职院校机械类和近机类专业的学生，学习和掌握机械设计基础知识是十分必要的。

0.1　机器的组成及其特征

任何机器都是为实现某种功能而制造的。尽管机器的种类很多，其用途也各不相同，但仔细分析后可以发现它们都有共同的特征。如图 0-1 所示的内燃机，是由齿轮 1 与 18、汽缸体 11、连杆 3、曲轴 4、凸轮 7、顶杆 8 与 9、活塞 10 等组成的。通过燃气在汽缸内的进气—压缩—燃烧—排气过程，使燃气燃烧的热能转变为曲轴转动的机械能，从而推动活塞 10 作往复运动，并通过连杆 3 将运动传至曲轴 4，使曲轴 4 转动。为了保证曲轴 4 连续转动，要求定时将燃气送入汽缸和将废气排出。这是通过进气阀和排气阀完成的。而进气阀和排气阀的启闭，则是通过将齿轮、凸轮、顶杆、弹簧等实物组合成一体来协同完成的。

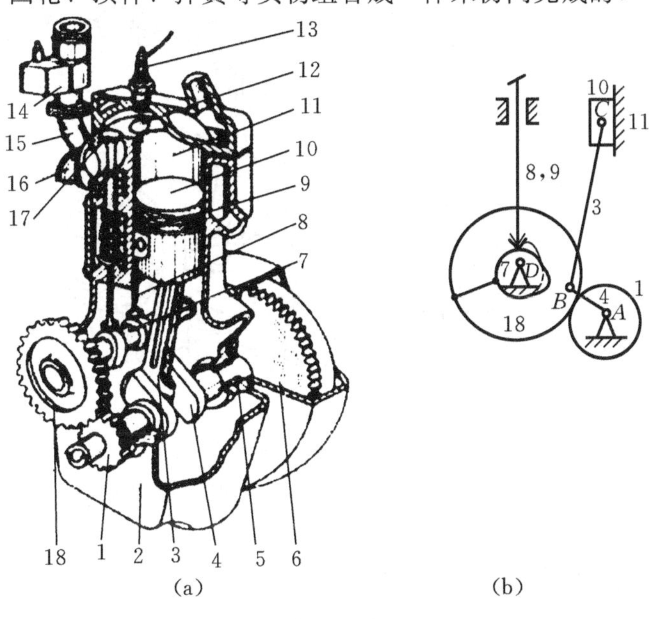

图 0-1　单缸内燃机

常用的机器还有搅拌机、推土机、数控机床、石油钻机等。它们尽管用途、工作原理各不相同，但一般都是由原动部分(提供动力来源)、工作部分(完成预定功能)、传动部分(将动力从原动机传递到工作部分)组成的。自动化程度比较高的机器(如数控机床)除上述三部分之外，还有第四部分，即完成各种功能的操纵控制系统和信息处理传递系统——自动控制部分。

由此可见，机器是用来转换和传递能量、物料和信息，执行机械运动的装置，具有如下三个特征：

(1) 都是人为的各个实物的组合；

(2) 各个实物之间具有确定的相对运动；

(3) 能完成有用的机械功，代替或减轻人类的体力和脑力劳动。

机构具有机器的前两个特征，但不具有第三个特征。在不讨论做机械功或能量转换问题时，机器便可看成机构。所谓机构是一种人为的实物组合，能实现预期的机械运动。如内燃机中由连杆 3、曲轴 4、活塞 10、汽缸体 11 组成的连杆机构。由此可见，机器是由机构组成的。由于机器和机构在组成和运动方面是相同的，所以习惯上把机器和机构统称为“机械”。

组成机构的相互间作确定相对运动的各个实物称为构件。构件可以是单一的整体(如曲轴)，也可以是由几个实物组成的彼此间没有相对运动的整体(如图 0-2 中的连杆)；而组成构件的连杆体 1、连杆盖 2、螺栓 6 和螺母 7(见图 0-2)等，称为零件。由此可见，构件是机构中运动的单元，零件是机构中制造的单元。

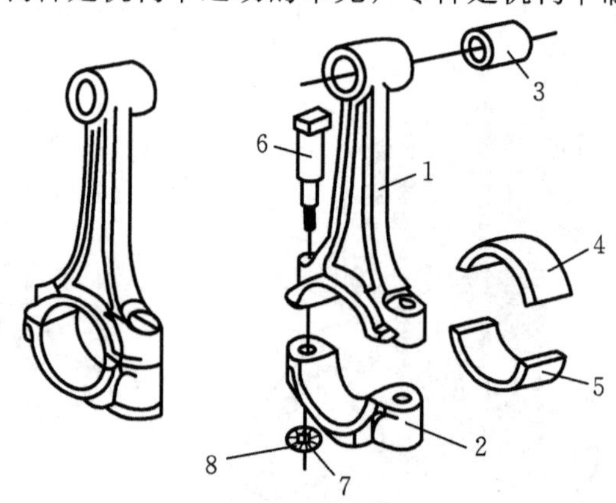

图 0-2 构件和零件

机械中普遍使用的机构称为常用机构，如平面连杆机构、凸轮机构、间歇运动机构等。

机械中普遍使用的零件称为通用零件，如螺栓、键、轴、轴承、齿轮等。

本课程以机械中的常用机构和通用零部件为研究对象。

0.2　本课程的内容、性质和任务

1. 本课程的主要内容

第 1 篇是工程力学基础，主要介绍构件的受力分析、力系的简化和构件的平衡条件，以及构件在外力作用下的变形、受力和破坏规律，强度(抵抗破坏能力)和刚度(抵抗变形能力)的计算方法。

第 2 篇是常用平面机构，主要阐述一般机械中常用的平面连杆机构、凸轮机构、间歇运动机构的工作原理、特点、应用及设计的基本知识。

第 3 篇是常用机械传动及轴系零件，主要阐述一般机械中常用的带传动、链传动、齿轮传动、蜗杆传动及螺旋传动的工作原理、特点、应用，以及通用机械零件设计的基本方法。

第 4 篇是液压传动，主要介绍液压传动、常用液压元件、液压回路及系统的工作原理、特点、应用及设计的基本知识。

2. 本课程的性质和任务

本课程是工科高职院校机械类或近机类专业的一门重要技术基础课程。通过本课程的学习，学生应：

(1) 初步掌握分析与解决工程实际中简单力学问题的方法；

(2) 初步掌握对杆件进行强度和刚度计算的方法，并具有一定的实验能力；

(3) 掌握常用机构和通用机械零件的基本知识，初步具有分析、选用和设计机械零件及简单机械传动装置的能力；

(4) 初步掌握液压元件的基本知识，具有分析、解决液压传动系统实际问题的工作能力。

0.3　机械设计的基本要求和一般程序

1. 机械设计的基本要求

机械设计的目的是满足社会生产和生活的需求。机械设计的任务是应用新技术、新工艺、新方法开发适应社会需求的各种新的机械产品，以及对原有机械进行改造，从而改变或提高原有机械的性能。机械设计应满足以下几方面的要求。

(1) 完成预定功能。设计的机械必须具有预定的生产和生活上所要求的功能。这是机械设计的根本目的，也是选择、确定方案的依据。

(2) 经济性。机械的经济性是一个综合性指标，它体现为设计、制造的成本低，生产率、效率高，日常能耗、维护费用低。

(3) 安全性。安全性包括操作人员的安全和机械本身的安全。应采用各种安全保障措施及故障前的报警装置。

(4) 可靠性。机械的可靠性用可靠度表示，是指在规定的使用时间内和规定的作用条件下机械能正常工作的概率。但应注意：追求100%的可靠度是不经济的，也是不合理的。

(5) 其他要求。其他要求是指操作简单、维修方便、外形大方等。

上述要求之间，有的一致，如安全性与可靠性；有的矛盾，如可靠性与经济性。技术人员在设计时必须使机械的综合性能最佳。

2. 机械设计的一般程序

机械设计没有一成不变的程序，应视具体情况而定。下面介绍的是一般的机械设计程序。

(1) 提出和制定产品设计任务书。首先应根据用户的要求，确定所要设计机械的功能和有关指标，研究分析其实现的可能性，然后确定设计课题，制定产品设计任务书。

(2) 总体方案设计。根据设计任务书，进行调查研究，了解国内外有关的技术和经济信息，分析有关产品及相关资料，在此基础上确定实现预定功能的机械工作原理，拟定出总体设计方案，从工作原理上论证设计任务的可行性，必要时对某些技术经济指标进行修改，然后绘制机构运动简图。

(3) 技术设计。在总体方案的基础上，确定机械部分的结构和尺寸，绘制总装配图、部件装配图和零件图。

(4) 样机的试制和鉴定。判断设计的机械是否满足预定功能要求，需要进行样机的试制和鉴定。样机制成后，可通过试运行进行性能测试，然后组织鉴定，进行全面的技术经济评价。

(5) 产品的正式投产。在样机的试制与鉴定通过的基础上，方可进行产品的正式投产。在样机试制和鉴定通过后，可将机械的全套设计图纸和技术文件提交产品定型鉴定会评审。评审通过后，即可进行批量生产。

0.4 机械零件设计的基本要求和一般步骤

1. 机械零件设计应满足的基本要求

(1) 工作可靠。也称为“工作能力准则”，即有足够的强度、刚度、稳定性、耐磨性、热平衡性等。

(2) 成本低。尽量减少设计成本和制造成本。

(3) 结构合理。按照材料、加工精度、加工和装配工艺性设计结构。

(4) 方案优化。一般多设计几个方案进行比较，从中选出最优的方案。机械零件要符合标准化、系列化、通用化的要求。

2. 机械零件设计的一般步骤

(1) 根据机械的具体运转情况和简化的计算方案确定零件的载荷。

(2) 根据零件工作情况的分析判定零件的失效形式，从而确定其计算准则。

(3) 进行主要参数的选择，选定材料，根据计算准则求出零件的主要尺寸，考虑热处理及结构工艺性要求等。

(4) 进行结构设计。

(5) 绘制零件工作图，制定技术要求，编写计算说明书及有关技术文件。

在设计过程中，这些步骤是相互交错、反复进行的。

0.5 本课程的学习方法

本课程是一门实践性较强的技术基础课程。因此，在学习本课程时应注意以下几点。

(1) 机器和机构的主要特征是各个构件相互间都在做确定的运动，所以必须用“运动”的观点来观察机构的运动特点和规律。学习时要理论联系实际，多注意观察生产和生活中各种机械的运动情况和特点。

(2) 由于实践中发生的问题较为复杂，因此本课程中有许多问题的计算不仅要采用纯理论的方法，而且往往还须采用很多经验公式、参数来简化计算等。本课程的计算步骤和结果不像基础课程那样具有唯一性，这可能会使学生对机械设计有“没有规律”、“系统性不强”的感觉，这必须在学习过程中逐步适应。

(3) 计算对解决设计问题固然很重要，但并非是唯一要求的能力。学习过程中必须逐步培养把理论计算与结构设计、工艺分析等结合起来解决设计问题的综合能力。

思考题与习题

0-1　机器通常由哪几部分组成？各组成部分的作用是什么？

0-2　什么是机器？什么是机构？机器与机构的区别是什么？

0-3　什么是构件？什么是零件？构件和零件的区别是什么？

0-4　机械零件设计有哪些基本要求？

0-5　机械零件设计有哪些主要步骤？

第 1 篇

工程力学基础

工程力学与工程实际有着密切的联系,在机械工程中,没有哪一台机器的设计能离开工程力学知识。例如，机床、内燃机、起重机等各种机械都是由不同的构件组成的，当机械工作时，这些构件将受到外力(通常称为载荷)的作用。因此，对机械的研究、制造和使用都是以力学理论为基础的，如分析构件受力情况，掌握构件的运动和平衡规律等。由于受力的作用，构件还可能被破坏或产生过大的变形，以致机械不能正常工作。为了保证机械及其构件具有足够的承受载荷的能力，就要根据构件的受力情况，合理地设计或选用构件截面尺寸，使机械安全、可靠地工作，这些就是本篇所要研究的内容。

第 1 章　物体的静力分析

1.1　静力学基础

1.1.1　力的概念

1. 力的定义

力是物体之间的相互作用。例如：用手推门时，手与门之间有了相互的作用，这种作用使门产生了运动；用气锤锻打工件时，气锤和工件间有了相互作用，使工件的形状和尺寸发生了改变。

由此可见，力使物体的运动状态和尺寸发生变化。力使物体运动状态的改变称为外效应，力使物体形状和尺寸的改变称为内效应。

2. 力的三要素及表示法

力对物体的作用效应取决于力的三要素，即力的大小、力的方向和力的作用点。改变三要素中的任何一个要素，力对物体的作用效应也将随之改变。

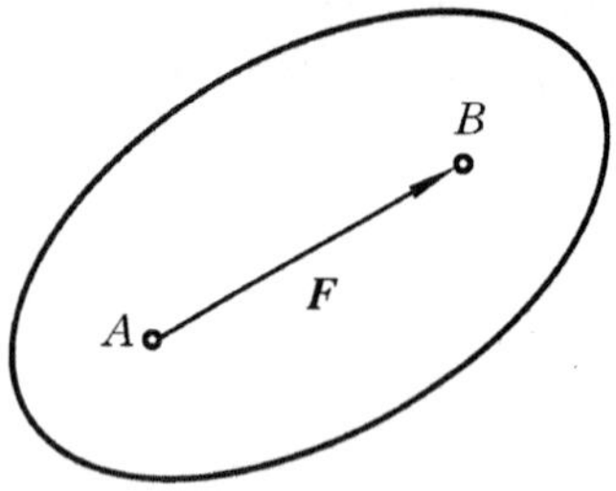

由于力是一个既有大小又有方向的量，故称为矢量。通常用一段有向线段来表示，线段的长度按一定比例表示力的大小，线段箭头的方向表示力的方向，线段的始端 A(见图 1-1)或末端 B 表示力的作用点。此线段的延伸称为力的作用线。通常用黑体字母 $\boldsymbol{F}$ 代表力矢，以白体字母 F 代表力的大小。力的单位为 N(牛)或 kN(千牛)。

图 1-1　力的表示方法

1.1.2　静力学公理

1. 二力平衡公理

刚体上仅受两力作用而平衡的必要与充分条件是：两力等值、反向、共线。这就是二力平衡公理。

如图 1-2(a)所示，物体置于水平面上，受到重力 $\boldsymbol{G}$ 和水平面上的作用力 $\boldsymbol{F}_{\mathrm{N}}$ 作用而处于平衡状态，这两个力必须等值、反向、共线。反之，如图 1-2(b)所示，若作用于刚体上的两个力 $\boldsymbol{F}_A$ 和 $\boldsymbol{F}_B$ 等值、反向、共线，则该刚体必处于平衡状态。

在两个力的作用下处于平衡的构件一般称为二力构件，若二力构件的形状为杆状，则称为二力杆。工程实际中一些构件本身的重力和它所承受的载荷相比要小得多，可以忽略不计，若它们只受两个外力作用而平衡，则均可简化为二力构件。

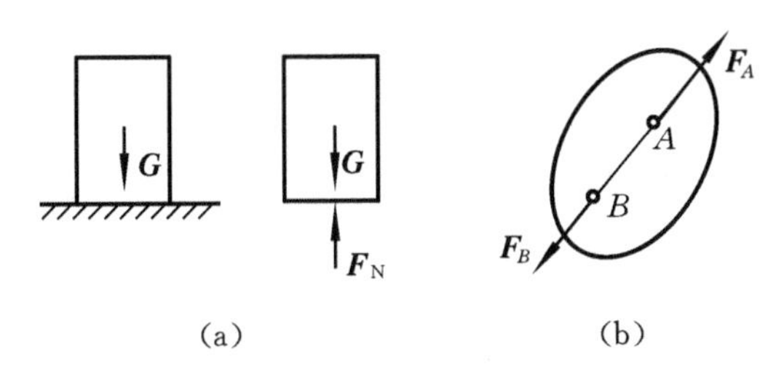

图 1-2　二力平衡公理

如图 1-3(a)所示的托架中，杆 AB 不计自重，在 A 端和 B 端分别受到力 $\boldsymbol{F}_A$、$\boldsymbol{F}_B$ 的作用而处于平衡，这两个力必过这两个力的作用点 A、B 的连线。再如图 1-3(b)所示的三铰拱桥结构中，不计拱桥自重时，在力 $\boldsymbol{F}$ 的作用下，构件 BC 受力 $\boldsymbol{F}_B$、$\boldsymbol{F}_c$ 作用处于平衡，则这两个力必过这两个力的作用点 B、C 的连线(见图 1-3(c))。

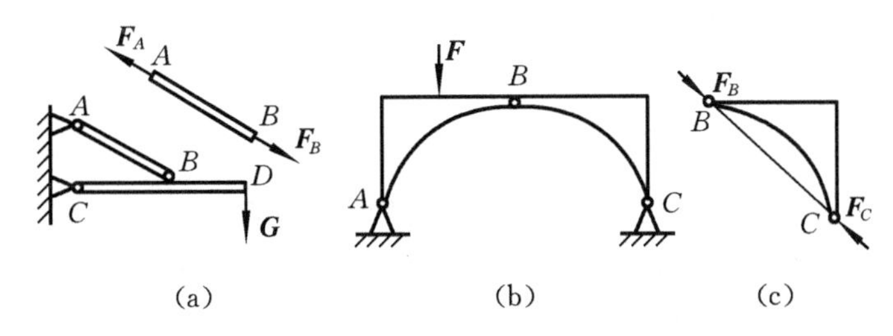

图 1-3　二力构件和二力杆

2. 加减平衡力系公理

在已知力系上加上或减去一个平衡力系不改变原力系对刚体的作用效应。这就是加减平衡力系公理。

由上述公理可引申出以下定理。

(1) 力的可传性原理：作用于刚体上某点的力，可沿其作用线移到该刚体上的任何位置而不会改变原力对刚体的作用效应。

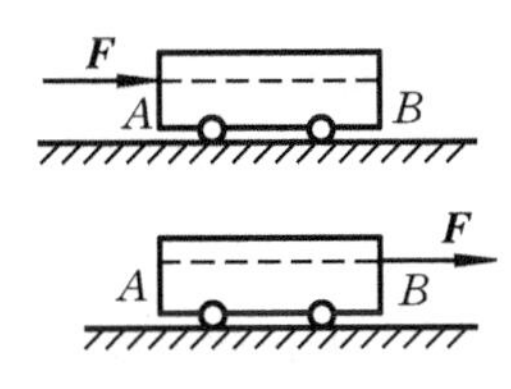

图 1-4　力的可传性原理

如图 1-4 所示的小车，A 点的作用力 $\boldsymbol{F}$ 和 B 点的作用力 $\boldsymbol{F}$ 对小车的作用效应完全相同。

由力的可传性原理可知：力对刚体的作用效应，取决于力的大小、方向、作用线。必须指出，力的可传性原理只适用于刚体。

(2) 三力平衡汇交定理：刚体受三个共面但互不平行的力作用而平衡时，三力必汇交于一点(读者可自行证明)。此定理说明了不平行的三力平衡的必要条件，当两个力的作用线相交时，可用来确定第三个力的作用线的方位。

3. 力的平行四边形公理

作用于物体上同一点的两个力可以合成为一个合力，合力也作用于该点，其大小和方向可用此两力为邻边所构成的平行四边形的对角线来表示。这就是力的平行四边形公理。

如图 1-5 所示，$\boldsymbol{F}_R$ 是 $\boldsymbol{F}_1$、$\boldsymbol{F}_2$ 的合力，其运算也应按矢量运算法则进行，其矢量合成式为

$$\boldsymbol{F}_R=\boldsymbol{F}_1+\boldsymbol{F}_2 \tag{1-1}$$

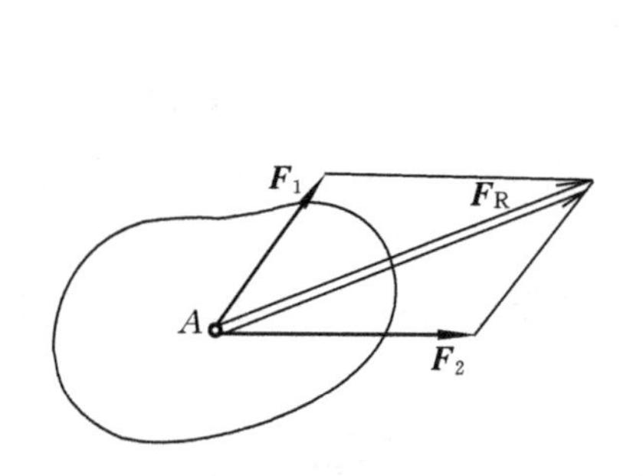

图 1-5　平行四边形公理

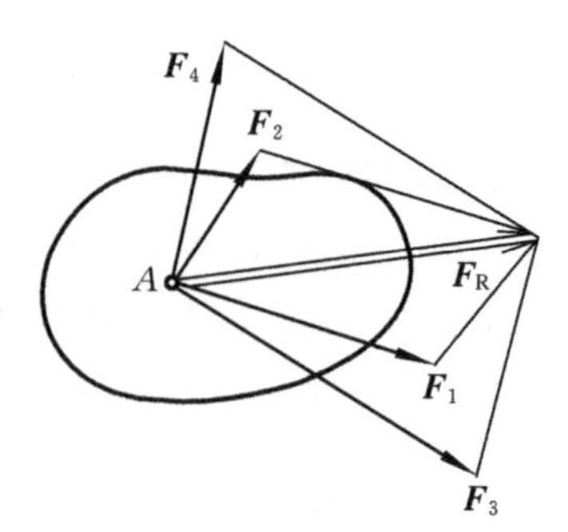

图 1-6　力的分解

一个力也可以分解为两个分力，力的分解也按力的平行四边形公理来进行。显然，由已知力为对角线可作无穷多个平行四边形，如图 1-6 所示，故必须附加一定的条件，才可能得到确切的结果。附加的条件可能为：①规定两个分力的方向；②规定其中一个分力的大小和方向。

4. 作用力与反作用力公理

两物体间的作用力与反作用力总是成对出现，且大小相等、方向相反，沿同一作用线分别作用于这两个物体上。这就是作用力与反作用力公理。

该公理说明了力总是成对出现的。应用公理时注意区别它与二力平衡的两个力是不同的：作用力与反作用力分别作用在两个相互作用的物体上，二力平衡的两个力是作用在同一个物体上的。

1.1.3　力矩和力偶

1. 力矩的概念

如图 1-7 所示，用扳手拧螺母时，扳手将连同螺母一起绕螺母的中心线转动，由经验可知，其转动效应不仅与力 $\boldsymbol{F}$ 的大小和方向有关，而且还与螺母转动中心 O 到力 $\boldsymbol{F}$ 作用

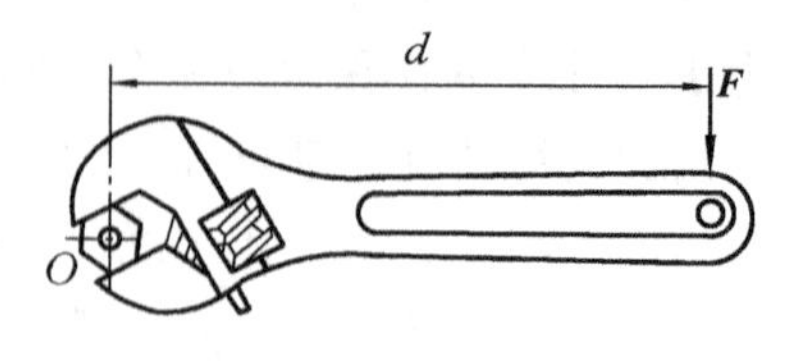

图 1-7　力对点之矩

线的垂直距离 d 有关。工程中以 F 与 d 的乘积及其转向来度量力使物体绕点 O 的转动效应，称为力 $\boldsymbol{F}$ 对点 O 的矩，简称为力矩。力矩是代数量，其大小以符号 $M_O(\boldsymbol{F})$表示，即

$$M_O(\boldsymbol{F}) = \pm Fd \tag{1-2}$$

在式(1-2)中，点 O 称为矩心；d 称为力臂；正负号表示力矩在其作用平面上的转向，一般规定力 $\boldsymbol{F}$ 使物体绕矩心 O 逆时针方向转动为正，顺时针方向转动为负。力矩的单位为 N·m(牛·米)。

由力矩的定义和式(1-2)可知：

(1) 当力作用线通过矩心时，力臂值为零，力矩值也必定为零；

(2) 力沿其作用线滑移时，由于没有改变力、力臂的大小及力矩的转向，故不会改变力对点之矩的值。

例 1-1 T 形杆与顶面铰接，受力情况如图 1-8 所示，设图中各力 $\boldsymbol{F}_1$、$\boldsymbol{F}_2$、$\boldsymbol{G}$，尺寸 a、b、c 和角度 α 均已知。试求各力对点 O 的力矩。

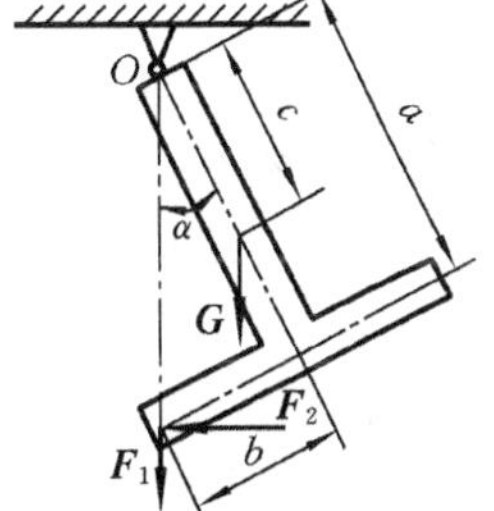

图 1-8 力矩计算

解 $M_O(\boldsymbol{F}_1)= 0$

$M_O(\boldsymbol{G})= -Gc\sin\alpha$

$M_O(\boldsymbol{F}_2)=F_2\sqrt{a^2+b^2}$

2. 合力矩定理

平面汇交力系的合力对平面上任一点之矩，等于该力系中所有各分力对同一点之矩的代数和，即

$$M_O(\boldsymbol{F}_\mathrm{R}) = \sum_{i=1}^{n} M_O(\boldsymbol{F}_i)=M_O(\boldsymbol{F}_1)+M_O(\boldsymbol{F}_2)+\cdots+M_O(\boldsymbol{F}_n) \tag{1-3}$$

式(1-3) 称为合力矩定理。

在计算力矩时，有时力臂的几何关系比较复杂，不易确定，这时可应用合力矩定理将力作正交分解，先分别计算各分力的力矩，然后代数相加求出原力对该点之矩。

例 1-2 在图 1-9(a)、(b)所示的直齿圆柱齿轮和货箱中，已知齿面所受的法向力 $F_\mathrm{n} = 1\,000$ N，压力角 $\alpha = 20°$，分度圆半径 $r = 60$ mm；已知货箱所受的作用力 $\boldsymbol{F}$，尺寸 a、b 和夹角 α。试求齿面法向力 $\boldsymbol{F}_\mathrm{n}$ 对轴心 O 的力矩和货箱作用力 $\boldsymbol{F}$ 对支点 A 的力矩。

解 (1) 齿面法向压力 $\boldsymbol{F}_\mathrm{n}$ 到轴心的距离(即力臂)没有直接给出，可将 $\boldsymbol{F}_\mathrm{n}$ 正交分解为圆周力 $\boldsymbol{F}_\mathrm{t}$ 和径向力 $\boldsymbol{F}_\mathrm{r}$，应用合力矩定理得

$$M_O(\boldsymbol{F}_\mathrm{n}) = M_O(\boldsymbol{F}_\mathrm{r}) + M_O(\boldsymbol{F}_\mathrm{t}) = F_\mathrm{n}\cos\alpha \times r + F_\mathrm{n}\sin\alpha \times 0$$

$$= 1\,000 \times \cos20° \times 0.06\ \mathrm{N\cdot m} = 56.4\ \mathrm{N\cdot m}$$

(2) 货箱的作用力 $\boldsymbol{F}$ 到支点 A 的力臂同样没有直接给出，可将 $\boldsymbol{F}$ 沿货箱长、

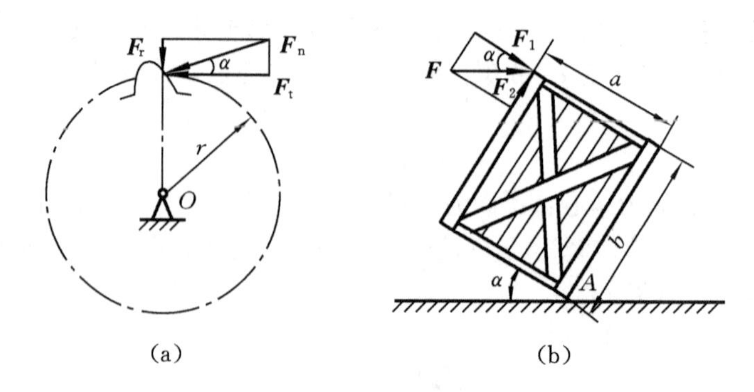

图 1-9　力矩的计算

宽方向分解为 $\boldsymbol{F}_1$、$\boldsymbol{F}_2$，应用合力矩定理得

$$M_A(\boldsymbol{F})=M_A(\boldsymbol{F}_1)+M_A(\boldsymbol{F}_2)=-F\cos\alpha\times b-F\sin\alpha\times a=-F(b\cos\alpha+a\sin\alpha)$$

3. 力偶的概念

在生产实践中，除了力矩可以使物体产生转动效应外，还可见到使物体产生转动的例子。例如，司机用双手转动方向盘(见图 1-10(a))；钳工用丝锥攻螺纹时，用双手转动铰杠(见图 1-10(b))。因此把使物体产生转动效应的一对大小相等、方向相反、作用线平行的两个力称为力偶(见图 1-10(c))。

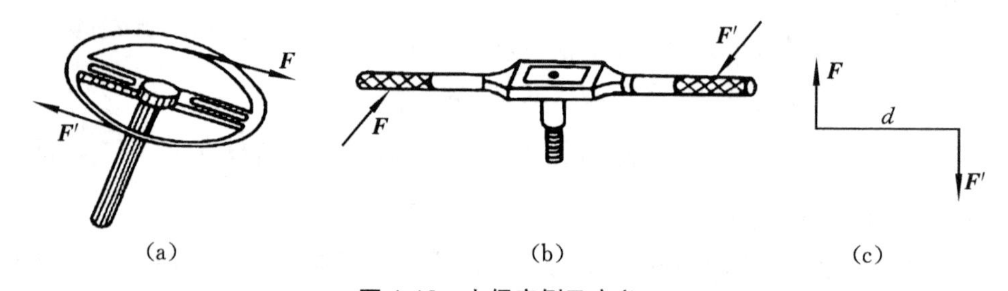

图 1-10　力偶实例及定义

力偶是一个基本的物理量。力偶中的两个力既不能相互平衡，也不能合成为一个合力，它只能使物体产生转动效应。力偶中两个力作用线所决定的平面称为力偶的作用面，两个力作用线之间的距离 d 称为力偶臂，力偶使物体转动的方向称为力偶的转向。力偶对物体的转动效应取决于力偶中的力与力偶臂的乘积，这个乘积称为力偶矩，以符号 $M(\boldsymbol{F},\boldsymbol{F}')$或 M 表示，即

$$M(\boldsymbol{F},\ \boldsymbol{F}')=M=\pm\boldsymbol{F}d \tag{1-4}$$

力偶矩和力矩一样，是代数量，其正负号表示力偶的转向。通常规定，若力偶使物体逆时针方向转动，则力偶矩为正；反之为负。力偶矩的单位为 N• m(牛•米)。

力偶矩的大小、力偶的转向、力偶作用面的方位称为力偶的三要素。三要素

中的任何一个发生改变，力偶对物体的转动效应也就随之改变。

4. 力偶的性质

根据力偶的定义，力偶具有以下性质。

(1) 力偶无合力。由于力偶在任意坐标轴上的投影代数和为零，所以力偶无合力。力偶不能与一个力等效，也不能用一个力来平衡，力偶只能用力偶来平衡。

(2) 力偶矩大小与矩心的位置无关。力偶对其作用面内任意点的力矩恒等于此力偶的力偶矩，与矩心的位置无关。

图 1-11 所示力偶的力偶矩 $M(\boldsymbol{F}, \boldsymbol{F}')=\boldsymbol{F}d$，对平面任意点 O 的力矩，用组成力偶的两个力分别对 O 点力矩的代数和度量，即

$$M_O(\boldsymbol{F}')+M_O(\boldsymbol{F})=\boldsymbol{F}(d+x)-\boldsymbol{F}x=\boldsymbol{F}d=M(\boldsymbol{F}, \boldsymbol{F}')$$

由此可见：力偶对作用平面上任意点 O 的力矩，等于其力偶矩，与矩心到力作用线的距离 x 无关，即与矩心的位置无关。

从力偶的上述性质可知，同一平面内的两个力偶，如果它们的力偶矩大小相等、转向相同，则此两力偶彼此等效，且可以相互替代，此即为力偶的等效性。

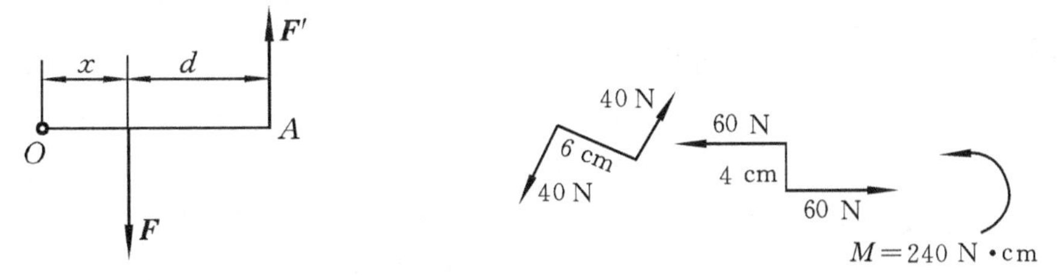

图 1-11　力偶的力矩　　　　**图 1-12　力偶的几种等效代换**

由力偶的性质及其等效性可见，力偶对刚体的转动效应完全取决于其三要素。在表示平面力偶时，可以不标明力偶在平面上的具体位置以及组成力偶的力和力偶臂的大小，仅用一带箭头的弧线表示，并标出力偶矩的大小即可。图 1-12 所示的是力偶的几种等效代换表示法。

5. 力的平移定理

由力的可传性原理可知，刚体上的力可沿其作用线在刚体内任意移动而不改变其对刚体的作用效应。但是，能否在不改变力的作用效应的前提下，将力平行移动到刚体上的任意点呢？图 1-13 描述了力向作用线外任一点的平行移动过程。欲将作用于刚体上 A 点的力 $\boldsymbol{F}$ 平行移动到刚体内任一点 O，可在 O 点加上一对平衡力 $\boldsymbol{F}'$、$\boldsymbol{F}''$，并使 $\boldsymbol{F}'=\boldsymbol{F}''=\boldsymbol{F}$，其作用线与 $\boldsymbol{F}$ 的作用线平行。$\boldsymbol{F}$ 和 $\boldsymbol{F}''$ 为一等值、反向、不共线的平行力，组成了一个力偶，称为附加力偶，其力偶矩为

$$M(\boldsymbol{F}, \boldsymbol{F}'')=Fd=M_O(\boldsymbol{F})$$

上式表明，附加力偶矩等于原力 $\boldsymbol{F}$ 对平移点 O 的力矩。于是作用于 A 点的力 $\boldsymbol{F}$ 就与作用于平移点的力 $\boldsymbol{F}'$ 和附加力偶 M 的共同作用等效。

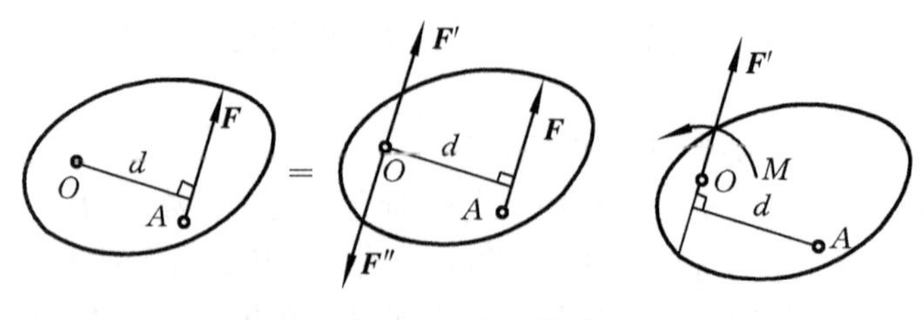

图 1-13　力的平移

由此可以得出：作用于刚体上的力，可平移到刚体上的任一点，但必须附加一力偶，其附加力偶的力偶矩等于原力对平移点的力矩。这就是力的平移定理。

如图 1-14 所示，用丝锥攻螺纹时，如果用单手操作，将作用在铰杠上的力 $\boldsymbol{F}$ 平移到丝锥中心时，其附加力偶 M 使丝锥转动，但同时力 $\boldsymbol{F}'$会使丝锥杆变形甚至折断。如果用双手操作，且两手作用在铰杠上的力能保持基本等值、反向和平行，则平移到丝锥中心上的两平移力能基本上相互抵消，丝锥杆则只产生转动。所以，用丝锥攻螺纹时，要求用双手操作且均匀用力，而不能单手操作。用力的平移定理同样也能很好地解释用乒乓球拍削乒乓球时，乒乓球既有旋转又有一定的前冲力等现象。

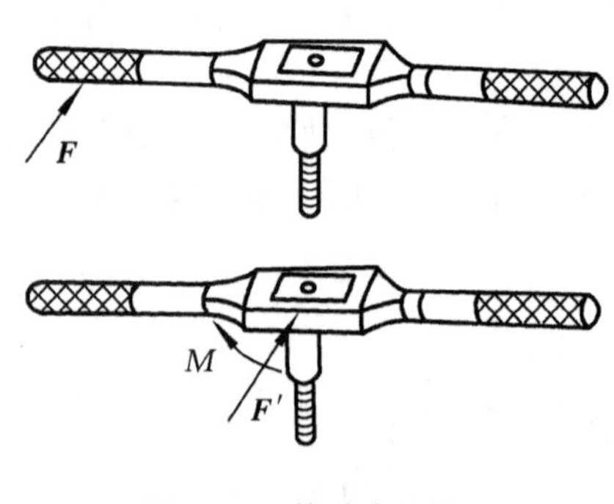

图 1-14　单手攻螺纹

1.2　约束力与约束反力

自然界中一切事物总是以各种形式与周围的事物相互联系又相互制约的。在机械或工程结构中，每个构件的运动都被与它相联系的其他构件所限制着。例如，用钢索悬吊的重物受到钢索限制，不能下落；列车受钢轨限制，只能沿轨道运动；门受铰链限制，只能绕铰链轴线转动等。一个物体的运动受到周围物体的限制时，这些周围的物体就称为约束。例如，钢索就是重物的约束，轨道就是列车的约束，铰链就是门的约束。

既然约束阻碍物体的运动，所以约束必然对物体有力的作用，这种力称为约束力。由于它是阻碍物体运动的力，所以是被动力；促使物体运动的力(如地球引力、拉力、压力等)，称为主动力。主动力和被动力都是作用于物体上的外力(即载荷)。

工程上构成的实际约束的类型是多种多样的。不同类型的约束，有不同特征的约束力，下面介绍几种较典型的约束类型和其相应约束力的表示法。

1.2.1 柔性约束

属于这类约束的有绳索、胶带、链条等。柔索本身只能承受拉力，不能承受压力。柔性约束的约束特点是：限制物体沿柔索伸长方向运动，对物体的作用只能是拉力，通常用符号 $\boldsymbol{F}$(或 $\boldsymbol{F}_T$)表示，如图 1-15(a)、(b)所示。

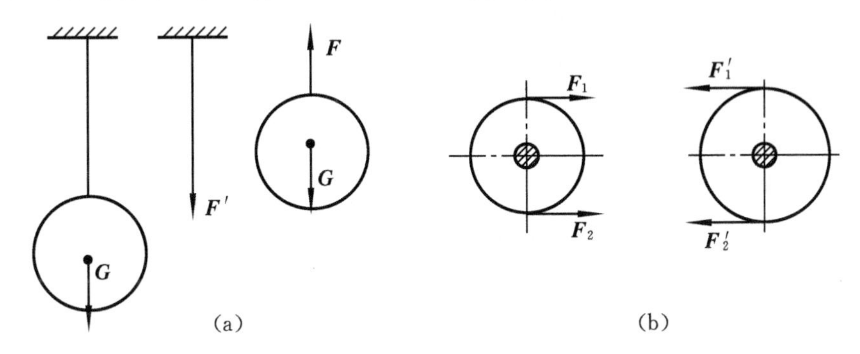

图 1-15 柔性约束

1.2.2 光滑面约束

两物体的接触面上的摩擦力很小可略去不计时，即构成光滑面约束。此时，物体可以沿接触表面切线方向滑动或沿接触面公法线方向脱离，但不能沿公法线方向压入接触面。这类约束对物体的约束力作用于接触点处，沿接触点处的公法线，并指向被约束物体，它对物体的作用只能是压力，称为法向约束反力，通常用符号 $\boldsymbol{F}_n$(或 $\boldsymbol{F}_N$)表示，如图 1-16 所示。

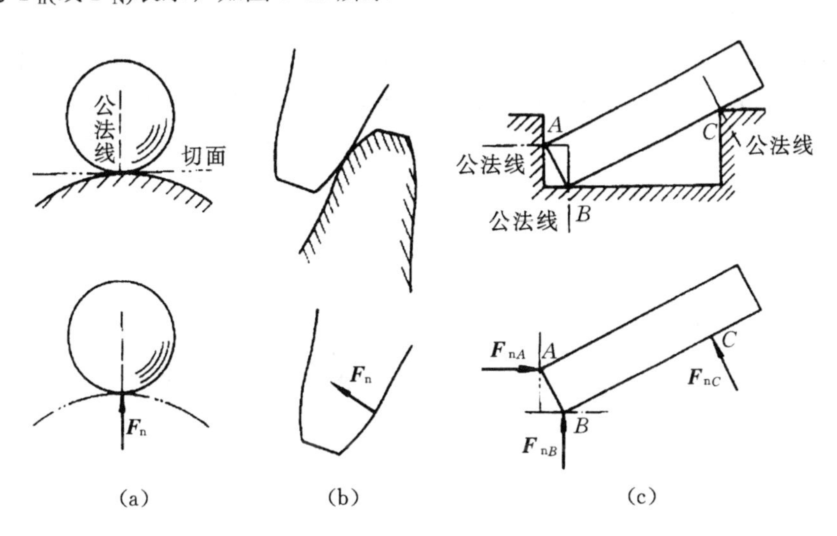

图 1-16 光滑面约束

1.2.3 铰链约束

两物体分别有相同的圆柱形孔，用一圆柱形销钉连接起来，由于物体被光滑圆柱形铰链约束，因此它只能绕销钉轴线转动，此时，销钉便对被连接的物体沿垂直于销钉轴线方向的移动形成约束，这类约束称为铰链约束。由于圆柱形铰链的约束力是一个过销钉轴线、大小和方向均无法预先确定的未知量，为了便于运算，通常将圆柱铰链的约束力用两个相互垂直的分力来表示。这类约束有连接铰链、固定铰链支座、活动铰链支座等。

1. 连接铰链

两构件用直径相同的圆柱形孔通过圆柱形销钉(见图 1-17(a))相连接，即构成连接铰链(见图 1-17(b))。连接铰链所连接的两构件互为其中一个的约束，其约束力用两个正交的分力 $\boldsymbol{F}_x$ 和 $\boldsymbol{F}_y$ 表示(见图 1-17(c))。

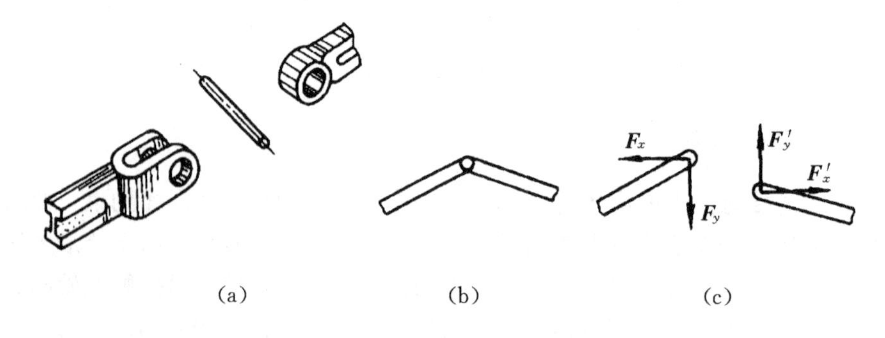

图 1-17　连接铰链

2. 固定铰链支座

能将物体连接在地、墙或机架等支承物上的装置称为支座。在物体和支座上各开一直径相同的圆孔，然后使两圆孔相重叠，再用一圆柱形销钉(见图 1-18(a))将其连接而成即构成固定铰链支座。图 1-18(b)所示的就是这种支座的简图，约束力仍用两个正交的分力 $\boldsymbol{F}_x$ 和 $\boldsymbol{F}_y$ 表示(见图 1-18(c))。

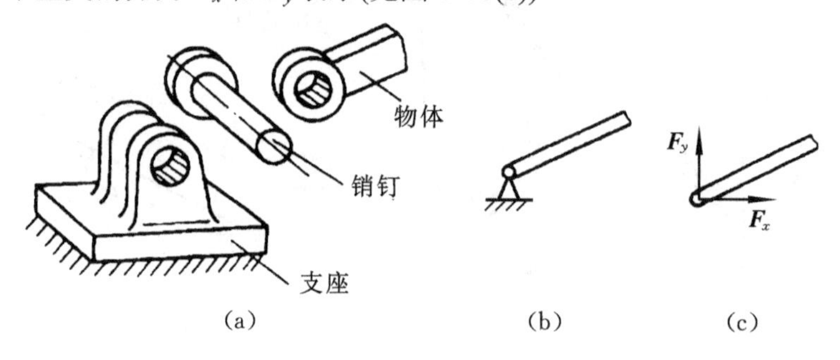

图 1-18　固定铰链支座

3. 活动铰链支座

工程中常将桥梁、屋架等结构用铰链连接在有几个可滚动的辊轴的活动支座上，支座在辊轴上可以任意左右作相对运动，允许两支座间距离稍有变化，这种约束称为活动铰链支座(见图 1-19(a)、(b))。

由于这种约束只限制所支承的物体沿垂直于支承面方向的移动，而不限制物体沿支承物在跨度方向的伸缩，因而当温度变化引起桥梁、屋架等工程结构物在跨度方向有伸缩时，允许活动铰链支座沿支承面方向移动。活动铰链支座约束力的特征与光滑接触面约束力的相类似，即约束力垂直于支承面、过铰链中心，也用法向反力符号 $\boldsymbol{F}_{\mathrm{n}}$ 表示(见图 1-19(c))。

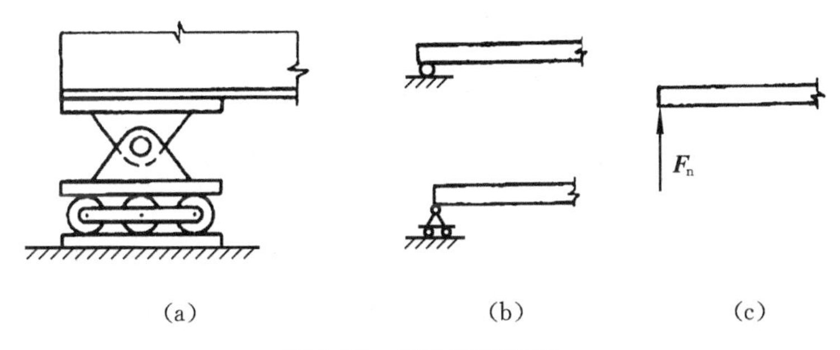

图 1-19　活动铰链支座

4. 二力构件

物体有时用一个两端为铰链的刚性构件支承，如图 1-20(a)、(c)所示的构件 CD。这种只在两端受力并不计自重或只受两力而平衡的构件称为二力构件。根据二力平衡条件，作用在二力构件上的两个力必然沿着这两个力作用点的连线。如图 1-20(b)、(d)所示的构件 CD 的约束力 $\boldsymbol{F}_C$ 和 $\boldsymbol{F}_D$ 即通过铰 C、D 两点的连线，其方向可任意假设，或者朝向物体(压力)，或者背离物体(拉力)。图 1-20 还表明，二力构件既可以是直杆，也可以是曲杆。

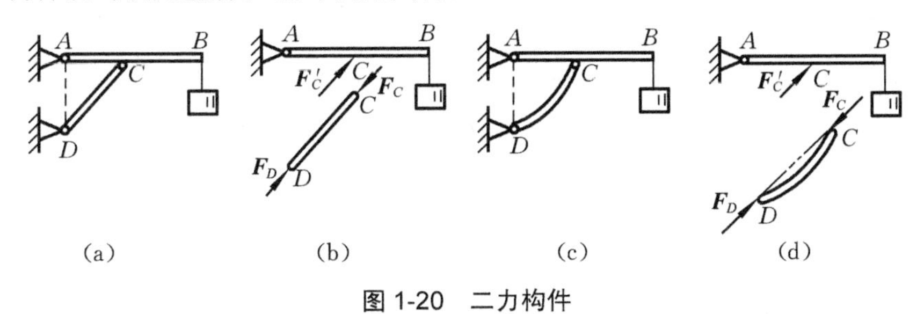

图 1-20　二力构件

1.2.4　固定端约束

固定在车床卡盘上的工件(见图 1-21(a))、嵌入墙的雨篷(见图 1-21(b))等均不能沿空间任何方向移动和转动，构件受到的这种约束称为固定端约束。

在平面力系情况下，如固定端支座 A 的约束力可用简化了的两个正交分力 $\boldsymbol{F}_{Ax}$、$\boldsymbol{F}_{Ay}$ 和力矩为 $\boldsymbol{M}_A$ 的力偶表示(见图 1-21)。

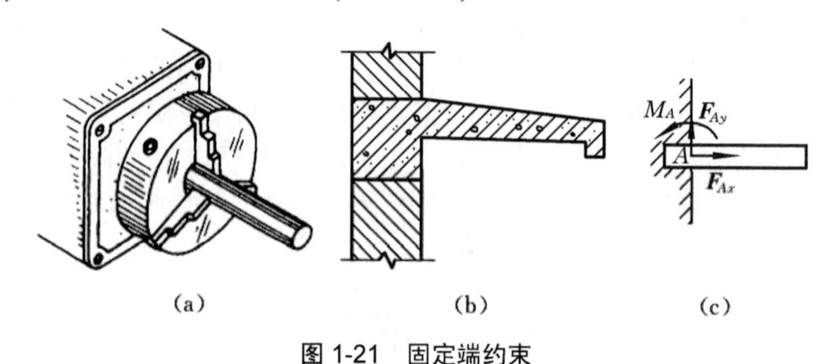

图 1-21　固定端约束

1.3　物体受力分析与受力图

为了清晰地显示出物体的受力情况，需要把所研究的受力物体从所受的约束中分离出来，单独画出它的图形，然后再把作用在物体上面的全部主动力和约束力都画出来。由于已将研究对象的约束解除，因此应以约束反力来代替原有的约束作用。

解除约束后的物体称为分离体，画出分离体上所有作用力的图称为物体的受力图。

画物体的受力图是解决力学问题的第一步，也是关键的一步，必须做到准确无误，否则在以后的分析计算中不可能得到正确的结果。

画受力图通常应遵循的步骤是：

(1) 按题意确定要研究的对象，并将其取为分离体单独画出；

(2) 在分离体图上画出作用于分离体的全部主动力；

(3) 在分离体图上每一个解除约束的地方画出相应的约束力。

如所取的分离体是由某几个物体组成的物体系统，通常将系统内物体间相互作用的力称为内力，约定只画外力不画内力。但是要画物体系统内的每个物体的受力图时，要注意两个物体间的相互作用力是反向的，并使这两个力的符号彼此协调一致。

下面举例说明。

例 1-3　重量为 G 的均直杆 AB，其 B 端靠在光滑铅垂墙的顶角处，A 端放在光滑的水平地面上，在点 D 处用一水平绳索拉住(见图 1-22(a))。试画出杆 AB 的受力图。

解　取杆 AB 为研究对象，将它从周围与它有联系的物体中分离出来，画出其分离体图。在杆 AB 的点 C 处画出已知的主动力 $\boldsymbol{G}$。杆 AB 在 A、B 处为光滑面约束，分别画出沿法线指向杆 AB 在 A、B 处的光滑面约束力 $\boldsymbol{F}_{NA}$、$\boldsymbol{F}_{NB}$。在杆 D 处，沿绳索画出水平力 $\boldsymbol{F}$，背离杆 AB 指向(见图 1-22(b))。此即杆 AB 的受力图。

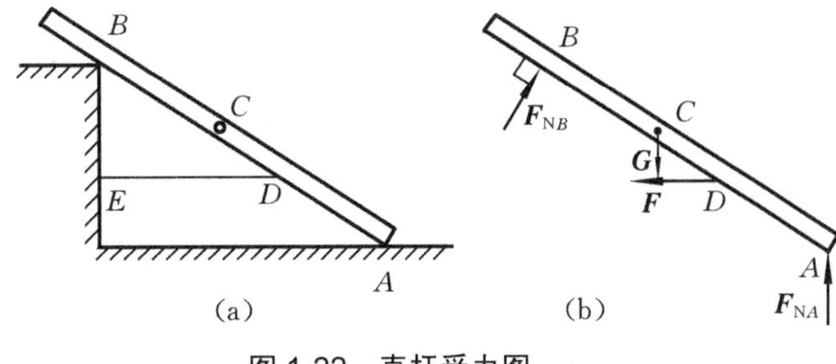

图 1-22　直杆受力图

例 1-4　悬臂吊车如图 1-23 所示。斜杆 BC 和水平横梁 AB 的自重略去不计，吊车简图中 A、B、C 三点为光滑圆柱形铰链，已知起吊重物的重量为 G，试画出斜杆 BC 和水平横梁 AB 的受力图。

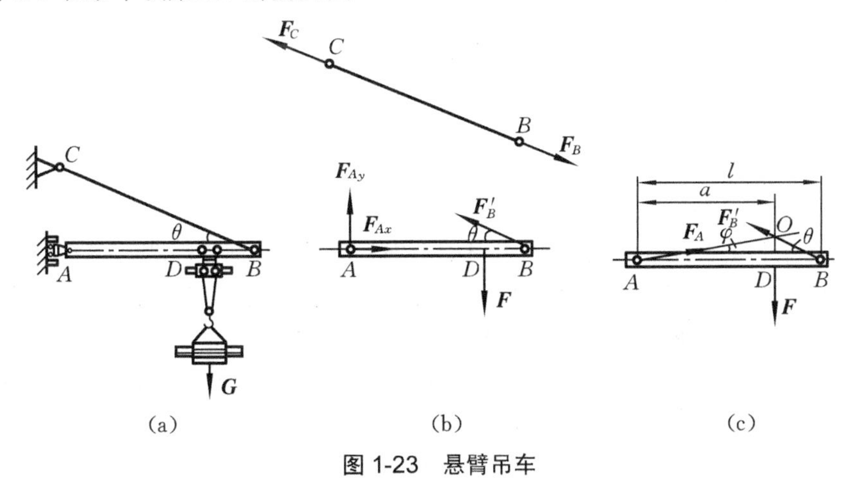

图 1-23　悬臂吊车

解　(1) 取斜杆 BC 为研究对象。因斜杆 BC 自重略去不计，并且只有两端铰链受约束力作用而处于平衡，故为二力构件。斜杆 BC 的约束力必通过二铰链中心的连线，用符号 $\boldsymbol{F}_C$ 和 $\boldsymbol{F}_B$ 表示(见图 1-23(b))。

(2) 对于横梁 AB，因其自重略去不计，故只有三处受约束力作用。A 处为固定铰链支座约束，约束力为两个正交的分力 $\boldsymbol{F}_{Ax}$ 和 $\boldsymbol{F}_{Ay}$，过铰链中心，方向可任意假设。D 处为柔性约束，约束力 $\boldsymbol{F}$ 为拉力，背离横梁指向，且 $F=G$。B 处为连接铰链，约束力 $\boldsymbol{F}'_B$ 与 $\boldsymbol{F}_B$ 有作用力与反作用力的关系，由此得出横梁 AB 的受力图如图 1-23(b)所示。由三力平衡的必要条件可知，此三力同在一个面并汇交于一点，故可确定固定铰链支座 A 处的约束力 $\boldsymbol{F}_A$ 的作用线方向(见图

1-23(c))。

例1-5 图 1-24(a)所示的三铰拱桥由左、右两拱通过三铰连接而成，两拱自重不计，已知左拱 AC 上作用有载荷 $\boldsymbol{F}_{\mathrm{P}}$。试分别画出左拱 AC、右拱 BC 和整体的受力图。

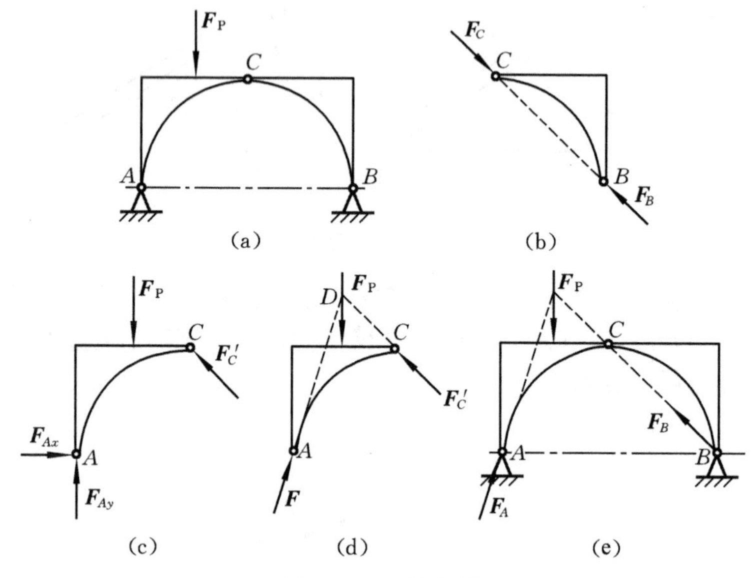

图 1-24 三铰拱桥

解 (1) 取右拱 BC 为研究对象。因拱的自重不计，而且右拱只有 B、C 两处为铰链约束，故右拱 BC 为二力构件，在铰链 B、C 受到沿铰链 B、C 连线的压力 $\boldsymbol{F}_B$、$\boldsymbol{F}_C$ 的作用，且 $\boldsymbol{F}_B=-\boldsymbol{F}_C$，受力图如图 1-24(b)所示。

(2) 取左拱 AC 为研究对象。因拱的自重不计，故作用于左拱的主动力只有载荷 $\boldsymbol{F}_{\mathrm{P}}$。左拱 AC 在铰链 C 处受到右拱 BC 给它的约束力 $\boldsymbol{F}'_C$ 的作用，根据作用力和反作用力公理可知 $\boldsymbol{F}'_C=-\boldsymbol{F}_C$。在拱 AC 的 A 端是固定铰链支座，其约束力用两个方向可任意假设的正交的分力 $\boldsymbol{F}_{Ax}$ 和 $\boldsymbol{F}_{Ay}$ 表示(见图 1-24(c))。再作进一步分析可知，左拱 AC 在三个力的作用下平衡，若主动力即载荷 $\boldsymbol{F}_{\mathrm{P}}$ 和约束力 $\boldsymbol{F}'_C$ 的作用线交于一点 D，则第三个力即固定铰链支座 A 的约束力 $\boldsymbol{F}_A$ 的作用线必通过 D 点，如图 1-25(d)所示。

(3) 取整体为研究对象。整体受到的外力有主动力 $\boldsymbol{F}_{\mathrm{P}}$，固定铰链支座 A、C 的约束力 $\boldsymbol{F}_A$、$\boldsymbol{F}_B$，其受力图如图 1-24(e)所示。

请读者思考，如果计左、右两拱的自重，那么所画的受力图与上又有何不同？

例1-6 用连杆活塞式压力机压缩缸内物料(见图 1-25(a))。已知作用于杠杆 CD 上的力 $\boldsymbol{F}$ 垂直于杠杆轴线。不计每个构件的自重，并假设活塞 E 与压缩缸为光滑面接触，试画出连杆 AB、杠杆 CD 和活塞 E 的受力图。

解 (1) 取连杆 AB 为研究对象。因不计构件自重，而连杆 AB 只在两端连接铰链受力，故为二力构件。设构件的约束力为压力 $\boldsymbol{F}_A$ 和 $\boldsymbol{F}_B$，且 $\boldsymbol{F}_A=-\boldsymbol{F}_B$，其受力图如图 1-25(b)所示。

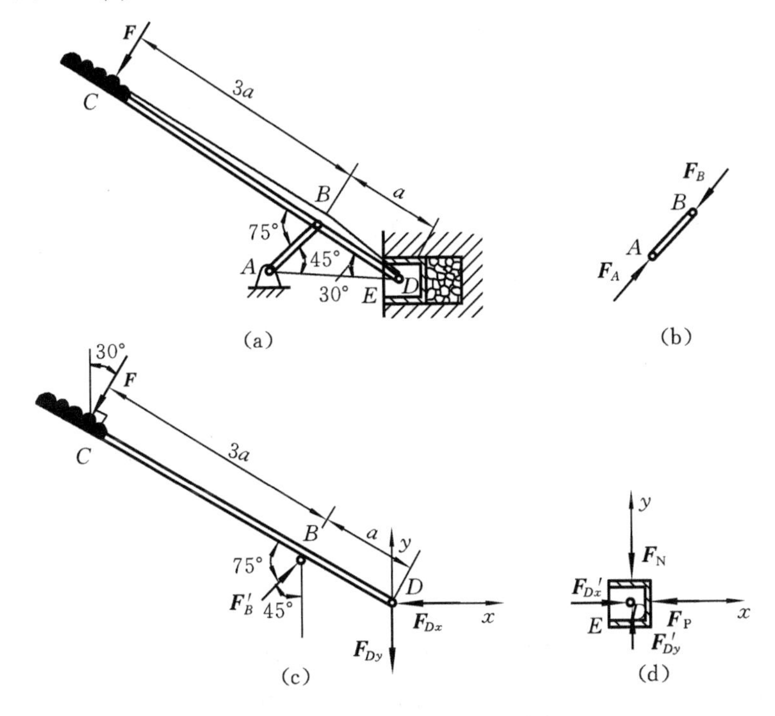

图 1-25　连杆活塞式压力机

(2) 取杠杆 CD 为研究对象。杠杆 C 端作用有主动力 $\boldsymbol{F}$。杠杆 B 处受到连杆 AB 约束力的作用，由作用力和反作用力公理可知 $\boldsymbol{F}'_B=-\boldsymbol{F}_B$，杠杆 D 端与活塞 E 用光滑圆柱形铰链连接，其约束力用两个正交的力 $\boldsymbol{F}_{Dx}$ 和 $\boldsymbol{F}_{Dy}$ 表示(见图 1-26(c))。这里也可用三力平衡条件确定 D 端的约束力 $\boldsymbol{F}_D$ 的方向，读者试画之。

(3) 取活塞 E 为研究对象。活塞 E 在右侧面受到物料的阻力 $\boldsymbol{F}_{\mathrm{P}}$，在活塞中央受到杠杆 D 端的反作用力 $\boldsymbol{F}'_{Dx}$ 和 $\boldsymbol{F}'_{Dy}$。另外，在压力机工作时，因活塞与压缩缸为光滑面接触，故压缩缸对活塞的约束力 $\boldsymbol{F}_{\mathrm{N}}$ 垂直作用在活塞表面上而指向活塞，其受力图如图 1-25(d)所示。

例 1-7 如图 1-26(a)所示，复合横梁 $ABCDE$ 的 A 端为固定端支座，C 处为连接铰链，D 处为活动铰链支座。已知作用于梁上的主动力有载荷集度为 q 的均布载荷和力偶矩为 M 的集中力偶。试画出梁整体 $ABCDE$ 和其 ABC 部分与 CDE 部分的受力图。

解 (1) 取梁整体 $ABCDE$ 为研究对象。作用于梁整体的外力有已知的主动力和未知的支座约束力。在梁 BC 段和 DE 段作用有均布载荷 q，在 E 端作用有集中力偶。在固定端支座 A 处的约束力有正交二力 $\boldsymbol{F}_{Ax}$ 和 $\boldsymbol{F}_{Ay}$，以及力偶矩为 $\boldsymbol{M}_A$ 的集中力偶，它们的方向可任意假设。在活动铰链支座 D 处作用有约束力 $\boldsymbol{F}_{\mathrm{N}D}$，方向指向梁，其受力图如图 1-26(b)所示。

(2) 取梁 ABC 部分为研究对象。在梁 BC 段作用有均匀的载荷 q，在固定端支座 A 处作用有约束力 $\boldsymbol{F}_{Ax}$ 和 $\boldsymbol{F}_{Ay}$，以及力偶矩为 $\boldsymbol{M}_A$ 的集中力偶，其方向同前。在梁 ABC 部分的 C 处为连接铰链，约束力为两个正交分力 $\boldsymbol{F}_{Cx}$ 和 $\boldsymbol{F}_{Cy}$，指向任意假设，其受力图如图 1-26(c)所示。

(3) 取梁 CDE 部分为研究对象。在梁 DE 段和 E 端作用有主动力，在 D 处作用有约束力，这些力为作用与反作用关系，而梁 ABC 部分对 CDE 部分作用的约束力为外力，亦即为 $\boldsymbol{F}'_{Cx}=-\boldsymbol{F}'_{Cx}$ 和 $\boldsymbol{F}'_{Cy}=-\boldsymbol{F}'_{Cy}$,其受力图如图 1-26(d)所示。

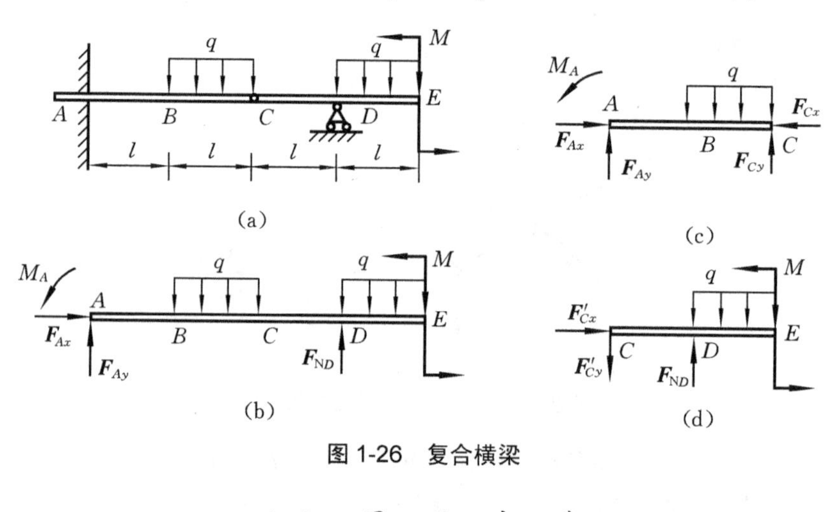

图 1-26　复合横梁

1.4　平 面 力 系

工程上许多力学问题，由于结构与受力具有平面对称性，都可以在对称平面内简化为平面问题来处理，如图 1-28 所示。若力系中各力的作用线在同一平面内，则该力系称为平面力系。根据力系中各力的作用线分布的不同，平面力系可分为以下几种。

(1) 平面汇交力系。各力的作用线汇交于一点的平面力系。

(2) 平面力偶系。仅由平面力偶组成的平面力系。

(3) 平面任意力系。各力的作用线在平面内任意分布，又称为平面一般力系。

在这三种平面力系中，平面任意力系是最一般情况，前两种力系可看成是后一种力系的两种特例。下面分别介绍每种平面力系的简化和平衡问题。

1.4.1 平面汇交力系

平面力系中各力的作用线汇交于一点的力系称为平面汇交力系。由于力是矢量，故平面汇交力系的合成应按矢量运算法则进行。

1. 平面汇交力系合成的几何法

(1) 两汇交力合成的力三角形法则。设力 $\boldsymbol{F}_1$ 与 $\boldsymbol{F}_2$ 作用于刚体上的 A 点，由前述可知，以 $\boldsymbol{F}_1$、$\boldsymbol{F}_2$ 为邻边作平行四边形，其对角线即为它们的合力 $\boldsymbol{F}_\mathrm{R}$，并记作 $\boldsymbol{F}_\mathrm{R}=\boldsymbol{F}_1+\boldsymbol{F}_2$，如图 1-27(a)所示。

为简便起见，作图时可省略 AC 与 DC，直接将 $\boldsymbol{F}_2$ 连在 $\boldsymbol{F}_1$ 的末端，通过△ABD 即可求得合力 $\boldsymbol{F}_\mathrm{R}$，如图 1-27(b)所示。此方法就称为求两汇交力合力的力三角形法则。

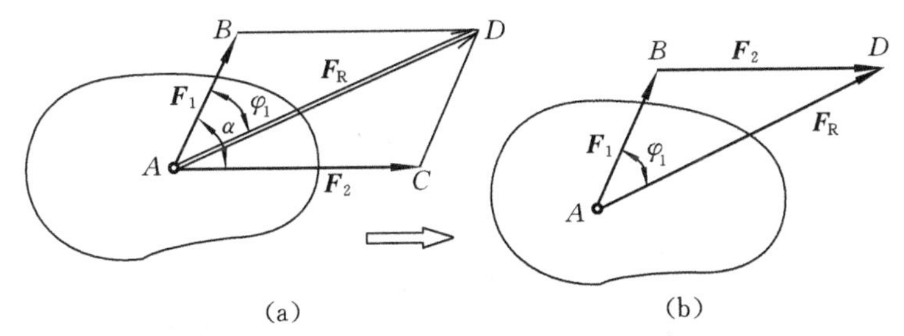

图 1-27　力三角形法则

(2) 多个汇交力合成的力多边形法则。设在刚体某平面上有一汇交力系 $\boldsymbol{F}_1$，$\boldsymbol{F}_2$，…，$\boldsymbol{F}_n$，力系作用线汇交于 O 点，其合力 $\boldsymbol{F}_\mathrm{R}$ 即可连续使用力的三角形法则求得(见图 1-28)，其矢量表达式为

$$\boldsymbol{F}_\mathrm{R}=\boldsymbol{F}_1+\boldsymbol{F}_2+\cdots+\boldsymbol{F}_n=\sum_{i=1}^{n}\boldsymbol{F}_i \tag{1-5}$$

由图 1-28 可知，为求合力 $\boldsymbol{F}_\mathrm{R}$，只需将各力 $\boldsymbol{F}_1$，$\boldsymbol{F}_2$，$\boldsymbol{F}_3$，$\boldsymbol{F}_4$ 首尾相接，形成一条折线，最后连接封闭边，从首力 $\boldsymbol{F}_1$ 的始端向末力 $\boldsymbol{F}_4$ 的终端所形成的矢量，即为合力 $\boldsymbol{F}_\mathrm{R}$ 的大小和方向，此方法称为力的多边形法则。

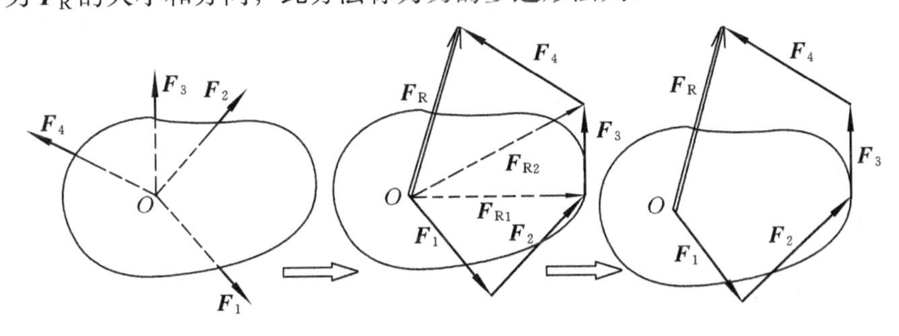

图 1-28　力多边形法则

综上所述，平面汇交力系合成的一般结果为一合力 $\boldsymbol{F}_R$，合力 $\boldsymbol{F}_R$ 为力系中各力的矢量和，其作用点仍为各力的汇交点，且合力 $\boldsymbol{F}_R$ 的大小和方向与各力合成的顺序无关。

例 1-8 一固定于房顶的吊钩上受三个力 $\boldsymbol{F}_1$、$\boldsymbol{F}_2$ 和 $\boldsymbol{F}_3$ 作用，其大小与方向如图 1-29(a)所示。试用几何法求此三力的合力。

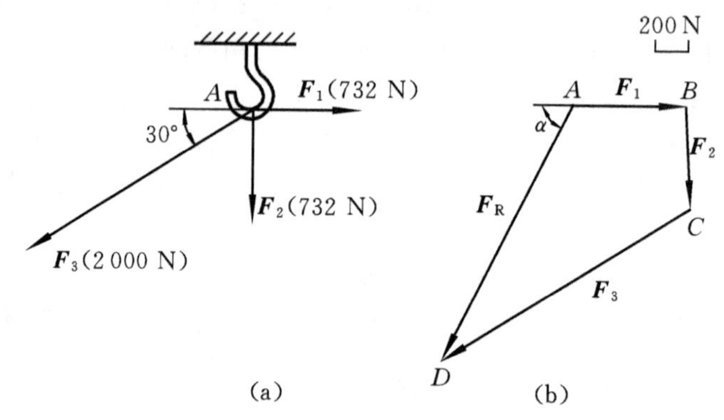

图 1-29 用几何法求吊钩的合力

解 (1) 选取某一长度代表 200 N 的力的大小。

(2) 按相同比例首尾相接地画出 $\boldsymbol{F}_1$、$\boldsymbol{F}_2$、$\boldsymbol{F}_3$，随后连接其封闭边即可得到合力 $\boldsymbol{F}_R$(见图 1-29(b))。

(3) 量出代表合力 $\boldsymbol{F}_R$ 大小的长度 $\overline{AD}$，通过比例换算，得

$$F_R = 2\,000 \text{ N}$$

(4) 用量角器量得 $\alpha = 60°$，合力 $\boldsymbol{F}_R$ 的方向可以确定。

若某一平面汇交力系是平衡力系，其合力应为零，则此力系所组成的力多边形必自行封闭。

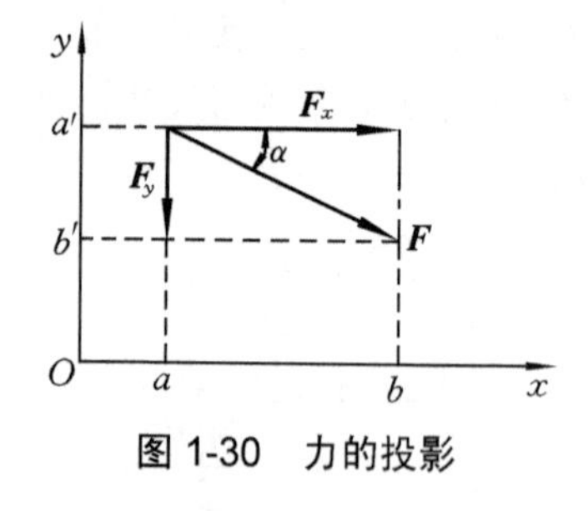

图 1-30 力的投影

2. 平面汇交力系合成的解析法

(1) 力在直角坐标轴上的投影。力 $\boldsymbol{F}$ 在直角坐标轴上的投影定义为：过 $\boldsymbol{F}$ 两端分别向坐标轴引垂线(见图 1-30)得垂足 a、b 和 a'、b'。线段 $\overline{ab}$、$\overline{a'b'}$ 分别为 $\boldsymbol{F}$ 在 x 轴和 y 轴上投影的大小，投影的正负号规定为：从 a 到 b(或 a' 到 b')的指向与坐标轴的正向一致为正，相反为负。$\boldsymbol{F}$ 在 x 轴和 y 轴上的投影分别记作 $\boldsymbol{F}_x$ 和 $\boldsymbol{F}_y$。

若已知 $\boldsymbol{F}$ 的大小及其与 x 轴所夹的锐角 α，则有

$$\left.\begin{aligned} F_x &= F\cos\alpha \\ F_y &= -F\sin\alpha \end{aligned}\right\} \tag{1-6}$$

如将 $\boldsymbol{F}$ 沿直角坐标轴方向分解，则所得分力 $\boldsymbol{F}_x$、$\boldsymbol{F}_y$ 的大小与 $\boldsymbol{F}$ 在相应轴上投影 $\boldsymbol{F}_x$、$\boldsymbol{F}_y$ 的绝对值相等；力的分力是矢量，力的投影是代数量。

若已知投影 $\boldsymbol{F}_x$ 和 $\boldsymbol{F}_y$ 的值，可求出 $\boldsymbol{F}$ 的大小及方向，即

$$\left.\begin{aligned} F &= \sqrt{F_x^2 + F_y^2} \\ \tan\alpha &= |F_y / F_x| \end{aligned}\right\} \tag{1-7}$$

(2) 合力投影定理。设在刚体上 A 点有平面汇交力系 $\boldsymbol{F}_1$，$\boldsymbol{F}_2$，…，$\boldsymbol{F}_n$ 的作用，据式(1-5)有

$$\boldsymbol{F}_{\mathrm{R}} = \boldsymbol{F}_1 + \boldsymbol{F}_2 + \cdots + \boldsymbol{F}_n = \sum_{i=1}^{n} \boldsymbol{F}_i$$

将上式两边分别向 x 轴和 y 轴投影，则有

$$\left.\begin{aligned} F_{\mathrm{R}x} &= F_{1x} + F_{2x} + \cdots + F_{nx} = \sum_{i=1}^{n} F_{xi} \\ F_{\mathrm{R}y} &= F_{1y} + F_{2y} + \cdots + F_{ny} = \sum_{i=1}^{n} F_{yi} \end{aligned}\right\} \tag{1-8}$$

式(1-8)即为合力投影定理：力系的合力在某轴上的投影等于力系中各力在同轴上投影的代数和。

(3) 平面汇交力系合成的解析法。运用式(1-7)和合力投影定理，即可求得合力 $\boldsymbol{F}_{\mathrm{R}}$ 的大小及方向，即

$$\left.\begin{aligned} F_{\mathrm{R}} &= \sqrt{\left(\sum_{i=1}^{n} F_{xi}\right)^2 + \left(\sum_{i=1}^{n} F_{yi}\right)^2} \\ \tan\alpha &= \left|\sum_{i=1}^{n} F_{yi} \Big/ \sum_{i=1}^{n} F_{xi}\right| \end{aligned}\right\} \tag{1-9}$$

例 1-9 用解析法求图 1-31 中吊钩所受合力的大小及方向。

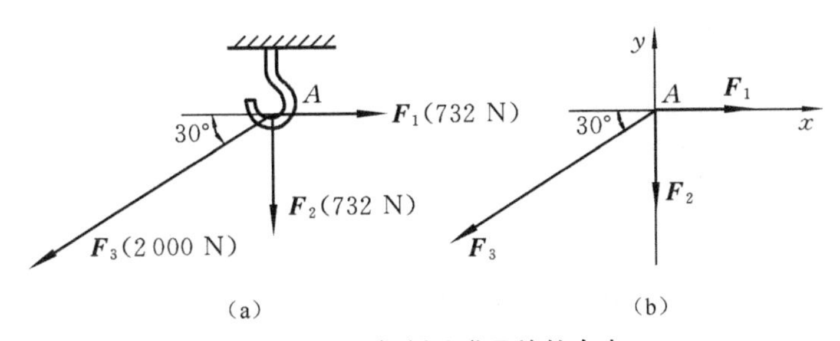

图 1-31 用解析法求吊钩的合力

解 (1) 建立直角坐标系 Axy，由式(1-8)求解得

$$F_{\mathrm{R}x} = F_{1x} + F_{2x} + F_{3x} = (732 + 0 - 2\,000\cos 30°)\ \mathrm{N} = -1\,000\ \mathrm{N}$$

$$F_{Ry} = F_{1y} + F_{2y} + F_{3y} = (0 - 732 - 2\,000\sin 30°)\ \text{N} = -1\,732\ \text{N}$$

(2) 由式(1-9)求解得

$$F_R = \sqrt{(\sum_{i=1}^{n} F_{xi})^2 + (\sum_{i=1}^{n} F_{yi})^2} = \sqrt{(-1\,000)^2 + (-1\,732)^2}\ \text{N} = 2\,000\ \text{N}$$

$$\tan\alpha = \left|\sum_{i=1}^{n} F_{yi} \Big/ \sum_{i=1}^{n} F_{xi}\right| = |-1\,732/-1\,000| = 1.732$$

$$\alpha = 60°$$

由于 $\boldsymbol{F}_{Rx}$、$\boldsymbol{F}_{Ry}$ 均小于零，故合力 $\boldsymbol{F}_R$ 的方向为左下指向。

1.4.2 平面力偶系

作用于刚体上同一平面内的若干个力偶，称为平面力偶系。

由力偶的性质可知，力偶对刚体只产生转动效应，且转动效应的大小完全取决于力偶矩的大小和转向。因此，刚体内某一平面内受若干个力偶共同作用时，也只能使刚体产生转动效应。可以证明，平面力偶系对刚体的转动效应的大小等于各个力偶转动效应的总和，即平面力偶系的合成结果为一个合力偶，其合力偶矩等于各分力偶矩的代数和。合力偶矩用 M_R 表示，故平面力偶系的合力偶矩为

$$M_R = M_1 + M_2 + \cdots + M_n = \sum_{i=1}^{n} M_i \tag{1-10}$$

例 1-10 横梁 AB 长 l，A 端为固定铰支座，B 端用杆 BC 支撑(见图 1-32(a))。梁上作用一力偶，其力偶矩为 M。梁和杆自重均不计。试求铰链 A 的约束反力和杆 BC 的受力。

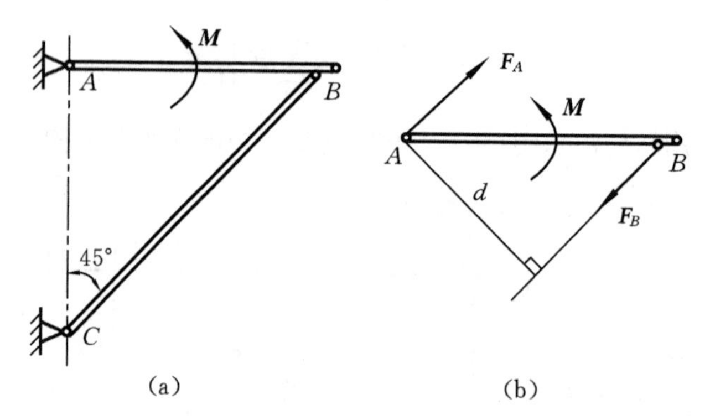

图 1-32 平面力偶系的平衡例题

解 取梁 AB 为研究对象。梁 AB 上作用有矩为 M 的力偶及铰链 A 处的约束反力 $\boldsymbol{F}_A$ 与杆 BC 的约束反力 $\boldsymbol{F}_B$ 而处于平衡。由于力偶必须由力偶平衡，$\boldsymbol{F}_A$ 与 $\boldsymbol{F}_B$ 必组成一力偶，其转向与 M 相反，由此可确定 $\boldsymbol{F}_A$、$\boldsymbol{F}_B$ 的指向(见图 1-32(b))。由力偶系平衡条件

$$\sum_{i=1}^{n} M_i = 0，M - F_B l\cos 45° = 0$$

得

$$F_A = F_B = \sqrt{2}\, M / l$$

1.4.3 平面任意力系

1. 平面任意力系的概念

力系中各力的作用线处于同一平面内，既不平行又不汇交于一点，这样的力系称为平面任意力系。如图 1-33(a)所示的摇臂式起重机、图 1-33(b)所示的曲柄滑块机构，其受力情况都是平面任意力系的工程实例(见图 1-33(c)、(d))。

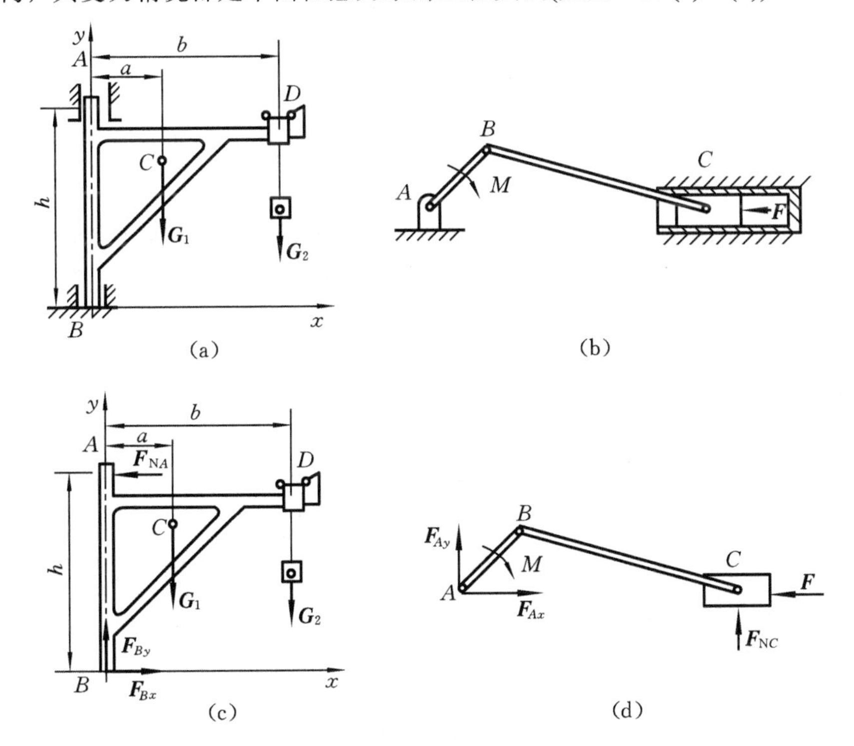

图 1-33　平面任意力系

2. 平面任意力系的简化

如图 1-34(a)所示，作用于刚体平面上 A_1，A_2，…，A_n 点的任意力系 $\boldsymbol{F}_1$，$\boldsymbol{F}_2$，…，$\boldsymbol{F}_n$，在该平面上任选一点 O 作为简化中心，根据力的平移定理将力系中各力向 O 点平移，于是原力系就简化为一个汇交于 O 点的平面汇交力系 $\boldsymbol{F}_1'$，$\boldsymbol{F}_2'$，…，$\boldsymbol{F}_n'$ 和一个平面力偶系 M_1，M_2，…，M_n(见图 1-34(b))。

平移后的力 $\boldsymbol{F}_1'$，$\boldsymbol{F}_2'$，…，$\boldsymbol{F}_n'$ 组成的平面汇交力系的合力 $\boldsymbol{F}_R'$ 称为平面任意力系的主矢。由平面汇交力系的合成可知，主矢 $\boldsymbol{F}_R'$ 等于各分力的矢量和，

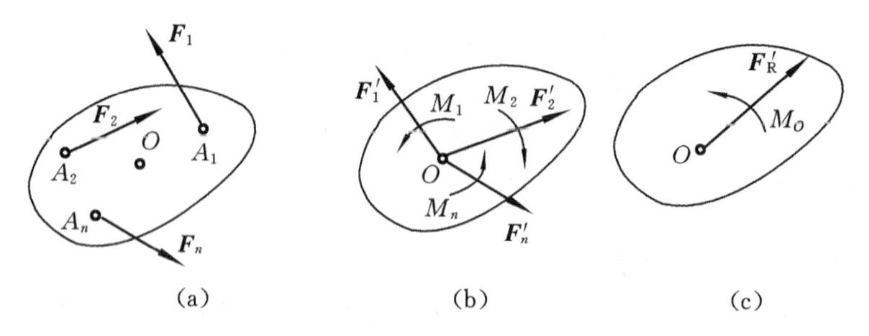

图 1-34　平面任意力系的简化

作用在简化中心 O(见图 1-34(c))。主矢 $\boldsymbol{F}_{\mathrm{R}}'$ 的大小和方向为

$$\left.\begin{aligned} F_{\mathrm{R}}' &= \sqrt{(\sum_{i=1}^{n} F_{xi})^2 + (\sum_{i=1}^{n} F_{yi})^2} \\ \tan\alpha &= \left|\sum_{i=1}^{n} F_{yi} \Big/ \sum_{i=1}^{n} F_{xi}\right| \end{aligned}\right\} \tag{1-11}$$

各个附加力偶 M_1，M_2，…，M_n 组成的平面力偶系的合力偶矩 M_O 称为平面任意力系的主矩。由平面力偶系的合成可知，主矩等于各附加力偶矩的代数和。由于每一附加力偶矩都等于原力对简化中心之矩，故主矩等于各分力对简化中心力矩的代数和，并作用在力系所在的平面上(见图 1-34(c))，即

$$M_O = M_1 + M_2 + \cdots + M_n = \sum_{i=1}^{n} M_i = \sum_{i=1}^{n} M_{Oi}(\boldsymbol{F}) \tag{1-12}$$

综上所述，平面任意力系向作用平面内任一点简化，得到一主矢 $\boldsymbol{F}_{\mathrm{R}}'$和一主矩 M_O。主矢 $\boldsymbol{F}_{\mathrm{R}}'$等于力系中各力的矢量和，作用在简化中心，其大小和方向与简化中心位置的选取无关；主矩等于力系中各力对简化中心力矩的代数和，其值一般与简化中心位置的选取有关。

3. 简化结果的讨论

平面任意力系的简化，一般可得到一个主矢 $\boldsymbol{F}_{\mathrm{R}}'$和一个主矩 M_O，但它不是简化的最终结果。简化结果通常有以下四种情况。

(1) $\boldsymbol{F}_{\mathrm{R}}' \neq 0$，$M_O \neq 0$。由力的平移定理的逆过程可以把 $\boldsymbol{F}_{\mathrm{R}}'$和 M_O 合成为一个合力 $\boldsymbol{F}_{\mathrm{R}}$，其大小和方向与主矢 $\boldsymbol{F}_{\mathrm{R}}'$相同，作用线也与 $\boldsymbol{F}_{\mathrm{R}}'$的作用线平行，且二者距离为 $d = | M_O / F_{\mathrm{R}}' |$。

(2) $\boldsymbol{F}_{\mathrm{R}}' \neq 0$，$M_O = 0$。此时，力系的简化中心正好选在 $\boldsymbol{F}_{\mathrm{R}}$ 的作用线上，故主矩等于零。

(3) $\boldsymbol{F}_{\mathrm{R}}' = 0$，$M_O \neq 0$。表明力系与一个力偶系等效，原力系为一平面力偶系，在这种情况下，主矩的大小与简化中心位置的选取无关。

(4) $\boldsymbol{F}_{\mathrm{R}}' = 0$，$M_O = 0$。表明原力系简化后得到的平面汇交力系和平面力偶系均处

于平衡状态，所以原力系为平衡力系。

例 1-11 图 1-35(a)所示为一平面任意力系，其中 $F_1=F$，$F_2=2\sqrt{2}\,F$，$F_3=2F$，$F_4=3F$，图中每格边长为 a。试求此力系向 O 点简化的主矢和主矩，并求力系的最终简化结果。

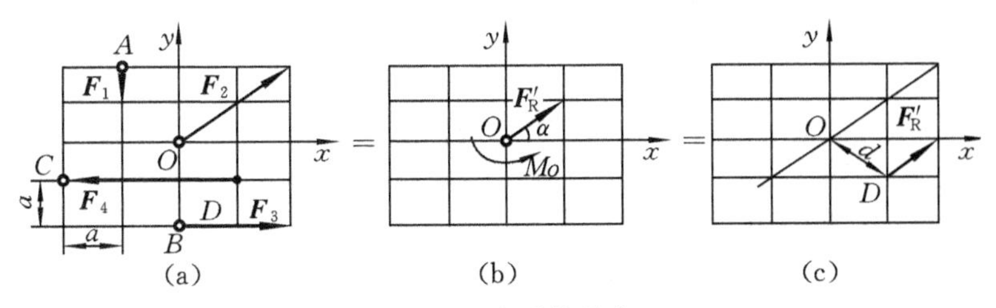

图 1-35 力系的简化

解 (1) 主矢 $\boldsymbol{F}_R'$ 在 x、y 轴上的投影为

$$\sum_{i=1}^{4}F_{xi}=F_{1x}+F_{2x}+F_{3x}+F_{4x}=0+2F+2F-3F=F$$

$$\sum_{i=1}^{4}F_{yi}=F_{1y}+F_{2y}+F_{3y}+F_{4y}=-F+2F+0+0=F$$

主矢的大小为

$$F_R'=\sqrt{\left(\sum_{i=1}^{4}F_{xi}\right)^2+\left(\sqrt{\sum_{i=1}^{4}F_{yi}}\right)^2}=\sqrt{F^2+F^2}=\sqrt{2}F$$

主矢的方向为

$$\tan\alpha=\left|\sum_{i=1}^{4}F_{yi}\Big/\sum_{i=1}^{4}F_{xi}\right|=|F/F|=1$$

$$\alpha=45^\circ\ (\text{右上指向})$$

主矩的大小为

$$M_O=\sum_{i=1}^{4}M_{Oi}(\boldsymbol{F})=F_1a+F_2\times 0+F_3a-F_4a=Fa+4Fa-3Fa=2Fa$$

主矩的转向为逆时针方向。力系向 O 点简化的结果如图 1-35(b)所示。

(2) 由于 $\boldsymbol{F}_R'\neq 0$，$\boldsymbol{M}_O\neq 0$，所以力系可以运用力的平移定理逆过程进一步简化，最终简化结果为一通过 D 点的合力 $\boldsymbol{F}_R$，$\boldsymbol{F}_R=\boldsymbol{F}_R'=\sqrt{2}\,F$，$\boldsymbol{F}_R$ 的作用线到 O 点的距离为 d，如图 1-35(c)所示，且

$$d=|M_O/F_R'|=2Fa/(\sqrt{2}\,F)=\sqrt{2}\,a$$

4. 平面任意力系的平衡方程及其应用

1) 平面任意力系的平衡方程

(1) 基本形式。当平面任意力系向作用平面内任一点 O 简化所得的主矢和主

矩均为零时，则力系处于平衡；反之，若力系是平衡力系，则该力系向平面内任一点 O 简化的主矢和主矩必然为零。因此，平面任意力系平衡的必要和充分条件为：$\boldsymbol{F}_{\mathrm{R}}'=0$，$M_O=0$，即

$$F_{\mathrm{R}}' = \sqrt{\left(\sum_{i=1}^{n} F_{xi}\right)^2 + \left(\sqrt{\sum_{i=1}^{n} F_{yi}}\right)^2} = 0$$

$$M_O = \sum_{i=1}^{n} M_{Oi}(\boldsymbol{F}) = 0$$

故得平面任意力系的平衡方程为

$$\left.\begin{aligned} &\sum_{i=1}^{n} F_{xi} = 0 \\ &\sum_{i=1}^{n} F_{yi} = 0 \\ &\sum_{i=1}^{n} M_{Oi}(\boldsymbol{F}) = 0 \end{aligned}\right\} \tag{1-13}$$

式(1-13)是平面任意力系平衡方程的基本形式，也称为一矩式，这是一组三个相互独立的方程，故最多只能求解三个未知量。

(2) 二矩式和三矩式。平面任意力系的平衡方程除了基本形式外，还有以下两种形式。

① 二矩式。

$$\left.\begin{aligned} &\sum_{i=1}^{n} F_{xi} = 0 \text{ 或 } \sum_{i=1}^{n} F_{yi} = 0 \\ &\sum_{i=1}^{n} M_{Ai}(\boldsymbol{F}) = 0 \\ &\sum M_{Bi}(\boldsymbol{F}) = 0 \end{aligned}\right\} \tag{1-14}$$

附加条件：x(或 y)轴不能垂直于 A、B 的连线。

② 三矩式。

$$\left.\begin{aligned} &\sum_{i=1}^{n} M_{Ai}(\boldsymbol{F}) = 0 \\ &\sum_{i=1}^{n} M_{Bi}(\boldsymbol{F}) = 0 \\ &\sum_{i=1}^{n} M_{Ci}(\boldsymbol{F}) = 0 \end{aligned}\right\} \tag{1-15}$$

附加条件：A、B、C 三点不在同一直线上。

2) 平面任意力系平衡方程的应用

应用平面任意力系平衡方程求解工程实际问题时，首先要建立工程结构和构件的平面力学模型；其次是确定研究对象，取其分离体，画受力图；然后列平衡方程求解。

列平衡方程时要注意坐标轴的选取和矩心的选择。为使求解简便，坐标轴一般应选取与多数未知力垂直或平行的方向，矩心应选在未知力的作用点(或交点)上。

例 1-12 一飞机作直线水平匀速飞行，如图 1-36 所示。已知飞机重 $\boldsymbol{G}$、阻力 $\boldsymbol{F}_{\mathrm{D}}$、俯仰力偶矩 M 和飞机的尺寸 a、b、d。试求飞机的升力 $\boldsymbol{F}_1$、尾翼载荷 $\boldsymbol{F}_{\mathrm{Q}}$ 和喷气推力 $\boldsymbol{F}_2$。

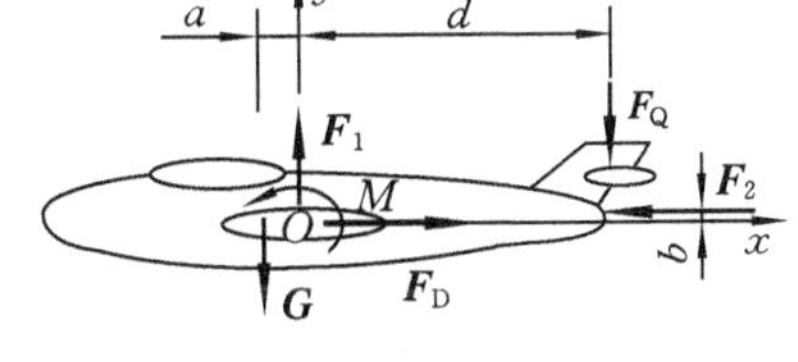

图 1-36　飞机的受力图

解 (1) 以飞机为研究对象，画受力图如图 1-36 所示。

(2) 沿水平和铅垂方向建立坐标系 Oxy，列平衡方程求解

$$\sum F_x = 0, \qquad F_{\mathrm{D}} - F_2 = 0$$

得
$$F_2 = F_{\mathrm{D}}$$

$$\sum M_O(\boldsymbol{F}) = 0, \qquad M + F_2 b + Ga - F_{\mathrm{Q}} d = 0$$

得
$$F_{\mathrm{Q}} = \frac{M + F_2 b + Ga}{d}$$

$$\sum F_y = 0, \qquad F_1 - G - F_{\mathrm{Q}} = 0$$

得
$$F_1 = G + F_{\mathrm{Q}} = G + \frac{M + F_2 b + Ga}{d}$$

例 1-13 图 1-37(a)所示为高炉加料小车的平面简图。小车由钢索牵引沿倾角为α 的轨道匀速上升。已知小车重 G 和尺寸 a、b、h 及倾角α，不计小车和轨道之间的摩擦，试求钢索拉力 $\boldsymbol{F}_1$ 和轨道作用于小车的约束力。

解 (1) 以小车为研究对象，取分离体画受力图(见图 1-37(b))。

(2) 本题有两个未知力 $\boldsymbol{F}_{\mathrm{N}A}$、$\boldsymbol{F}_{\mathrm{N}B}$ 相互平行，故取 x 轴与轨道平行，坐标原点为 C；本题未知力无交点，矩心可选在未知力 $\boldsymbol{F}_{\mathrm{N}A}$、$\boldsymbol{F}_{\mathrm{N}B}$ 作用点上，列平衡方程求解

$$\sum F_x = 0, \qquad F_1 - G\sin\alpha = 0$$

得
$$F_1 = G\sin\alpha$$

$$\sum M_A(\boldsymbol{F}) = 0, \qquad F_{\mathrm{N}B}(a+b) - F_1 h + Gh\sin a - Ga\cos\alpha = 0$$

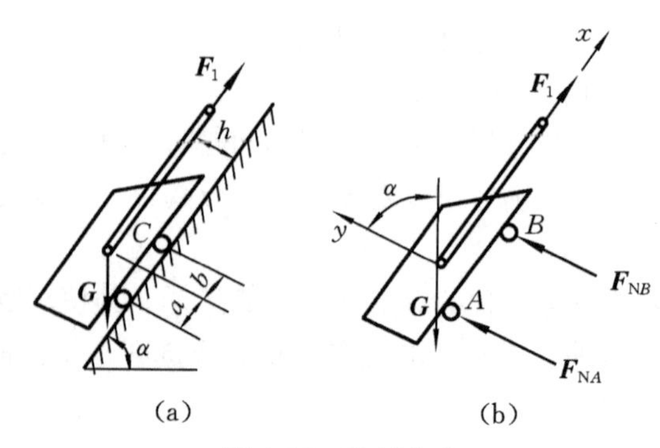

图 1-37　加料小车

得
$$F_{NB}=\frac{Ga\cos\alpha}{a+b}$$

$$\sum M_B(\boldsymbol{F})=0\text{，}\qquad -F_{NA}(a+b)-F_1h+Gh\sin\alpha+Gb\cos\alpha=0$$

得
$$F_{NA}=\frac{Gb\cos\alpha}{a+b}$$

例 1-14　图 1-38(a)所示为简易起重机的简图。已知横梁 AB 重为 G_1=4 kN，载荷为 G_2=20 kN，AB 的长度 l=2 m，电葫芦距 A 端距离 x=1.5 m，斜拉杆 CD 的倾角 α =30°,试求 CD 杆的拉力和固定铰链支座 A 的约束力。

解　(1) 以横梁 AB 为研究对象，取分离体，画受力图(见图 1-38(b))。

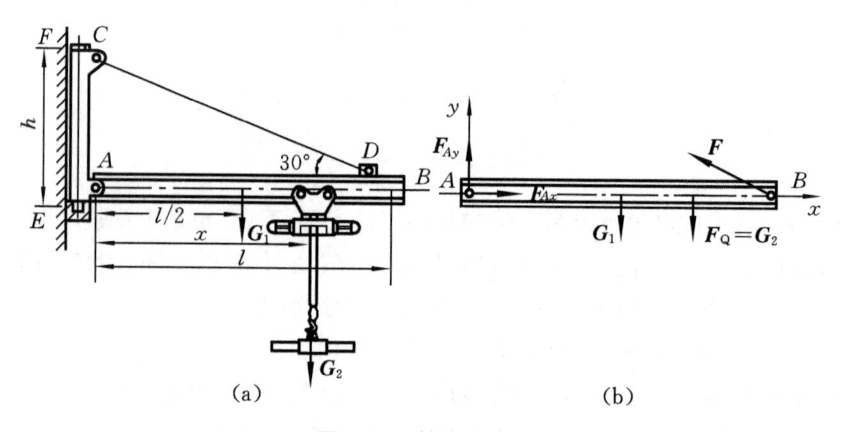

图 1-38　简易起重机

(2) 沿水平和铅垂方向建立坐标系 Axy，矩心可选在各未知力的交点 A、B 和 C 点上，列平衡方程求解

$$\sum M_A(\boldsymbol{F})=0\text{，}\qquad F\sin 30°l-G_2x-\frac{G_1l}{2}=0$$

得 $$F=\frac{2G_2x}{l}+G_1=(\frac{2\times20\times1.5}{2}+4)\,\text{kN}=34\,\text{kN}$$

$$\sum M_B(\boldsymbol{F})=0\text{，}\quad -F_{Ay}l+\frac{G_1l}{2}+G_2(l-x)=0$$

得 $$F_{Ay}=\frac{G_1}{2}+\frac{G_2(l-x)}{l}=\left[\frac{4}{2}+\frac{20\times(2-1.5)}{2}\right]\text{kN}=7\,\text{kN}$$

$$\sum M_C(\boldsymbol{F})=0\text{，}\quad F_{Ax}l\tan30^\circ-\frac{G_1l}{2}-G_2x=0$$

得 $$F_{Ax}=\frac{\frac{G_1l}{2}+G_2x}{l\tan30^\circ}=\frac{2\times\frac{2}{2}+20\times1.5}{2\times\tan30^\circ}\ \text{kN}=29.44\ \text{kN}$$

例1-15 悬梁如图 1-39(a)所示，梁上作用均布载荷 q，在 B 端作用集中力 $F=ql$ 和力偶矩 $M=ql^2$，梁的长度为 $2l$，设 q、l 均为已知。试求固定端 A 的约束力。

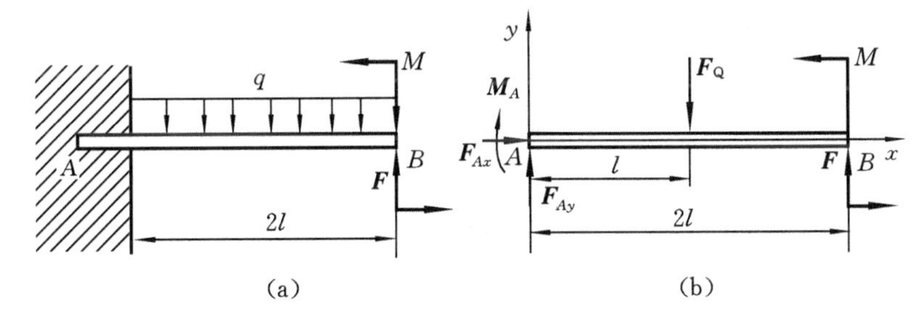

图 1-39 悬臂梁

解 (1) 取 AB 梁为研究对象，画受力图如图 1-39(b)所示，把均布载荷 q 简化为作用于梁中点的一个集中力 $F_Q=2ql$。

(2) 沿水平和铅垂方向建立坐标系 Axy，列平衡方程求解

$$\sum F_x=0\text{，}\quad F_{Ax}=0$$

$$\sum M_A(\boldsymbol{F})=0\text{，}\ M-M_A+2Fl-F_Ql=0$$

得 $$M_A=M+2\,Fl-F_Q\,l=ql^2+2ql^2-2ql^2=ql^2$$

$$\sum F_y=0\text{，}\quad F_{Ay}+F-F_Q=0$$

得 $$F_{Ay}=F_Q-F=2ql-ql=ql$$

5. 平面任意力系的特殊形式

(1) 平面汇交力系。前面曾介绍过，平面力系中各力作用线汇交于一点则成为平面汇交力系，如图 1-40 中的力系所示，显见 $\sum_{i=1}^{n}M_{Oi}(\boldsymbol{F})=0$ 恒能满足，则其独立平衡方程为两个投影方程，即

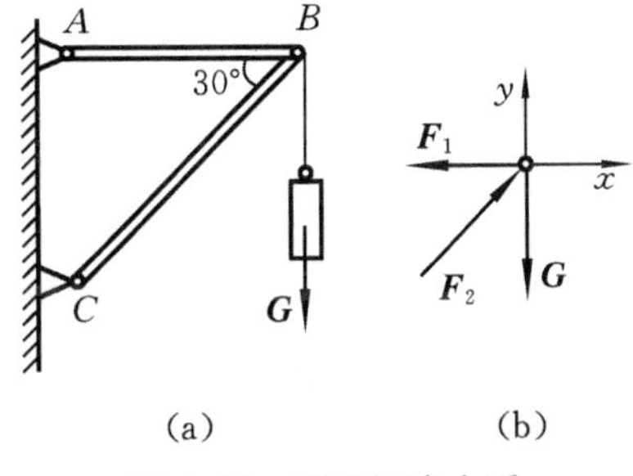

图 1-40 平面汇交力系

$$\left.\begin{aligned}\sum_{i=1}^{n}F_{xi}&=0\\\sum_{i=1}^{n}F_{yi}&=0\end{aligned}\right\}\tag{1-16}$$

(2) 平面平行力系。若平面力系中各力作用线全部相互平行，称为平面平行力系。若取 y 轴平行于各力作用线，如图 1-41 中的力系所示，显见 $\sum_{i=1}^{n}F_{xi}=0$ 恒能满足，则其独立平衡方程为

$$\left.\begin{aligned}\sum_{i=1}^{n}F_{xi}&=0\\\sum_{i=1}^{n}M_{Oi}(\boldsymbol{F})&=0\end{aligned}\right\}\tag{1-17}$$

也可用二矩式表示，即

$$\left.\begin{aligned}\sum_{i=1}^{n}M_{Ai}(\boldsymbol{F})&=0\\\sum_{i=1}^{n}M_{Bi}(\boldsymbol{F})&=0\end{aligned}\right\}\tag{1-18}$$

其附加条件为 A、B 二矩心的连线不能平行于各力 $\boldsymbol{F}$。

例 1-16 图 1-40(a)所示支架由杆 AB、BC 组成，A、B、C 处均为光滑圆柱铰链，在铰 B 上悬重 G=5 kN，杆件自重均不计，试求杆 AB、BC 所受的力。

解 (1) 受力分析。由于杆 AB、BC 的自重不计，且杆两端均受铰链约束力的作用，故均为二力杆，杆件两端受力均沿两端的连线。根据作用力与反作用力公理，两杆的 B 端对销 B 有反作用力 $\boldsymbol{F}_1$、$\boldsymbol{F}_2$(AB 杆受拉，BC 杆受压)，销 B 同时还受悬重 G 的作用。

(2) 确定研究对象。以销 B 为研究对象取分离体，画受力图(见图 1-40(b))。

(3) 建立直角坐标系 Bxy，列平衡方程求解

$$\sum \boldsymbol{F}_y=0，\ F_2\sin30°-G=0$$

得

$$F_2=2G=2\times5\ \text{kN}=10\ \text{kN}$$

$$\sum \boldsymbol{F}_x=0，\ -\boldsymbol{F}_1+\boldsymbol{F}_2\cos30°=0$$

得

$$F_1=F_2\cos30°=10\times\cos30°\ \text{kN}=8.66\ \text{kN}$$

例 1-17 塔式起重机如图 1-41(a)所示，机架重 $\boldsymbol{G}$，最大起重载荷为 $\boldsymbol{W}$，平衡块重 $\boldsymbol{W}_Q$，已知 $\boldsymbol{G}$、$\boldsymbol{W}$、a、b、e，要求起重机满载和空载时均不致翻倒。求 $\boldsymbol{W}_Q$

的范围。

解 (1) 以起重机为研究对象，分别作出满载和空载时的受力图(见图1-41(b)、(c))。

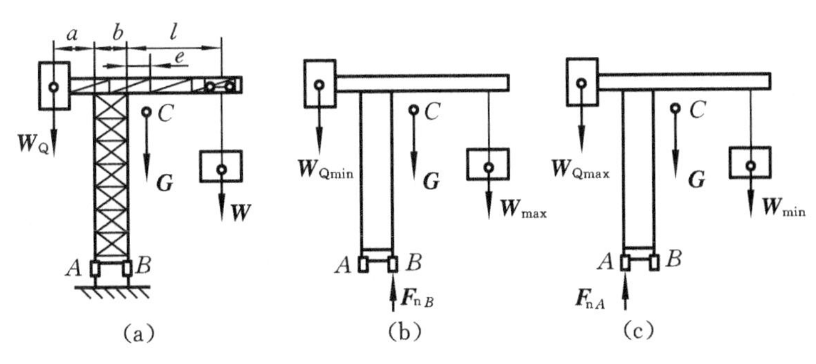

图 1-41 起重机

(2) 列平衡方程求解。满载时，$W=W_{max}$，此时 $W_Q=W_{Qmin}$，临界平衡时，A 处不受力，机架有绕 B 点向右翻倒的趋势(见图 1-41(b))，则解

$$\sum M_B(\boldsymbol{F})=0, \qquad W_{Qmin}(a+b)-Wl-Ge=0$$

得
$$W_{Q\min}=\frac{Wl+Ge}{a+b}$$

空载时，$W=0$，此时 $W_Q=W_{Qmax}$，临界平衡时，B 处不受力，机架有绕 A 点向左翻倒的趋势(见图 1-41(c))，则解

$$\sum M_A(\boldsymbol{F})=0, \qquad W_{Qmax}a-G(e+b)=0$$

得
$$W_{Q\max}=\frac{G(e+b)}{a}$$

所以，W_Q 的范围为

$$\frac{Wl+Ge}{a+b}\leqslant W_Q\leqslant\frac{G(e+b)}{a}$$

1.5 物体系统的平衡问题

1. 静定与静不定问题的概念

一个刚体平衡时，未知量个数等于独立平衡方程个数，全部未知量可通过静力学的平衡方程求得，这类问题称为静定问题。然而，对于工程中的很多构件与结构，为了提高其可靠性，采用了增加约束的方法，如图 1-42 所示，因而未知量个数超过了独立平衡方程个数，仅用静力学平衡方程不可能求出所有的未知量，这类问题称为静不定问题。静不定问题必须通过变形几何关系等条件建立补充方

程才能求解。

2. 物体系统的平衡问题

若干个物体以一定的约束方式组合在一起即构成物体系统，简称物系。对于简单的静定物体系统平衡问题，求解的步骤如下。

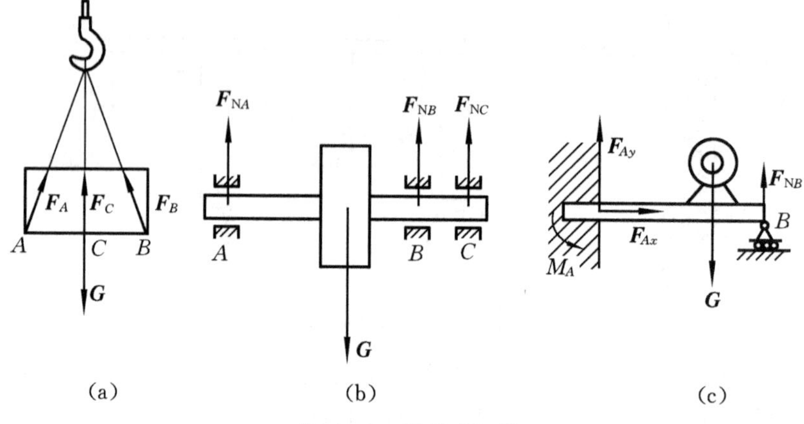

图 1-42 静不定问题

(1) 选择适当的研究对象(研究对象可以是整个物体系统、单个物体或是物体系统中几个物体的组合)，画出各研究对象(分离体)的受力图。

(2) 分析各受力图，确定求解顺序。研究对象的受力图可分为两类：一类是未知力数等于独立平衡方程数，称为是可解的；另一类是未知力数大于独立平衡方程数，称为是暂不可解的。若是可解的，应先取研究对象，求出某些未知力，再利用作用力与反作用力公理，扩大求解范围。有时也可利用其受力特点，列出平衡方程，解出某些未知力，这也许是全题的突破口。因为某些未知力的求出，其他不可解的研究对象也可以成为可解的了。这样便可确定求解顺序。

(3) 根据确定的求解顺序，逐个列出平衡方程求解。

例 1-18 如图 1-43(a)所示的“人”字梯 ACB 置于光滑水平面上并处于平衡，已知 $AC=BC=l$，人重 G，梯子自重不计，AC 与 CB 的夹角为α。求 A、B 处和铰

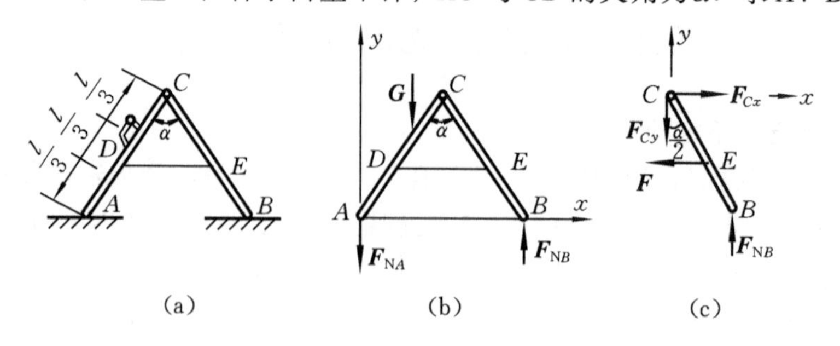

图 1-43 人字梯

链 C 处的约束力。

解 (1) 选取研究对象，画出整体受力图(见图 1-43(b))和 BC 杆受力图(见图 1-43(c))。分析受力图，可先以整体为研究对象，求出 $\boldsymbol{F}_{NA}$、$\boldsymbol{F}_{NB}$，再取 BC 杆为研究对象，求出 C 处约束力 $\boldsymbol{F}_{Cx}$、$\boldsymbol{F}_{Cy}$。

(2) 以整体为研究对象，建立直角坐标系 Axy，列平衡方程求解

$$\sum M_A(\boldsymbol{F})=0\,,\qquad F_{NB}2l\sin\frac{\alpha}{2}-G\frac{2l}{3}\sin\frac{\alpha}{2}=0$$

得

$$F_{NB}=\frac{G}{3}$$

$$\sum F_y=0\,,\qquad F_{NA}+F_{NB}-G=0$$

得

$$F_{NA}=\frac{2G}{3}$$

(3) 以 BC 杆为研究对象，建立直角坐标系 Cxy，列平衡方程求解

$$\sum F_y=0\,,\qquad F_{NB}-F_{Cy}=0$$

得

$$F_{Cy}=F_{NB}=\frac{G}{3}$$

$$\sum M_E(\boldsymbol{F})=0,\qquad F_{NB}\frac{l}{3}\sin\frac{\alpha}{2}+F_{Cx}\frac{2l}{3}\cos\frac{\alpha}{2}=0$$

得

$$F_{Cy}=\frac{G}{2}\tan\frac{\alpha}{2}$$

例 1-19 柱塞式水泵如图 1-44(a)所示，作用于齿轮 I 上的驱动力偶 M_O 通过齿轮 II 及连杆 AB 带动柱塞在缸体内作往复运动，已知齿轮的压力角为 α，两齿轮半径分别为 r_1、r_2，曲柄 $\overline{O_2A}=r_3$，连杆 $\overline{AB}=5r_1$，柱塞阻力为 $\boldsymbol{F}$。不计各构件自重及摩擦，试求当曲柄 O_2A 处于铅垂位置时，作用于齿轮 I 上驱动力偶矩 M_O 的值。

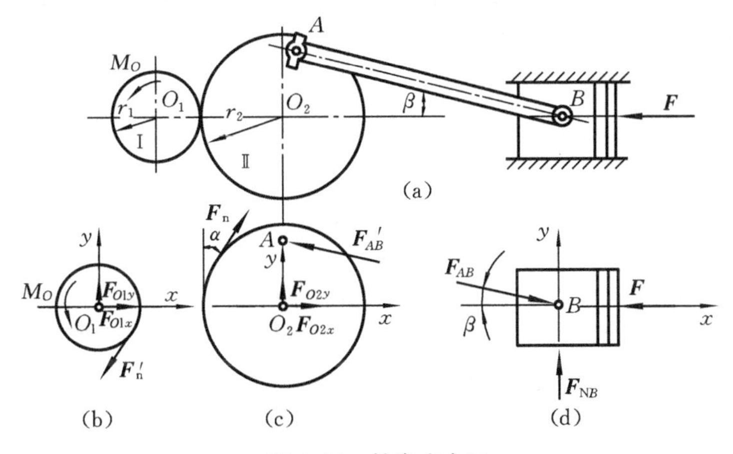

图 1-44 柱塞式水泵

解 (1) 分别取齿轮Ⅰ、齿轮Ⅱ和柱塞 B 为研究对象，画受力图(见图 1-45(b)、(c)、(d))。

(2) 图 1-44(d)中，柱塞受平面汇交力系的作用，只有两个未知力 $\boldsymbol{F}_{AB}$、$\boldsymbol{F}_{NB}$ 是可解的。建立直角坐标系 Bxy，列平衡方程求解

$$\sum F_x = 0\text{，}\qquad F_{AB}\cos\beta - F = 0$$

得

$$F_{AB} = \frac{F}{\cos\beta}$$

(3) 由于 $\boldsymbol{F}_{AB}$ 已解出，$\boldsymbol{F}'_{AB}=\boldsymbol{F}_{AB}$，故图 1-44(c)中的力变为可解的力，列平衡方程求解

$$\sum M_{O_2}(\boldsymbol{F}) = 0\text{，}\qquad F'_{AB} r_3 \cos\beta - F_{\rm n} r_2 \cos\alpha = 0$$

得

$$F_{\rm n} = \frac{F_{AB} r_3 \cos\beta}{r_2 \cos\alpha} = \frac{F r_3}{r_2 \cos\alpha}$$

(4) 由图 1-44(b)知，$\boldsymbol{F}'_{\rm n} = \boldsymbol{F}_{\rm n}$，列平衡方程求解

$$\sum M_{O_1}(\boldsymbol{F}) = 0\text{，}\qquad M_O - F'_{\rm n} r_1 \cos\alpha = 0$$

得

$$M_O = F_{\rm n} r_1 \cos\alpha = \frac{F r_1 r_3}{r_2}$$

1.6 考虑摩擦时物体的平衡问题

1.6.1 摩擦角与自锁现象

考虑静摩擦研究物体的平衡时，物体接触面处受到法向约束力 $\boldsymbol{F}_{\rm N}$(正压力)和切向约束力 $\boldsymbol{F}_{\rm s}$(静摩擦力)的共同作用，将此两力合成，其合力 $\boldsymbol{F}_{\rm R}$ 代表了接触面对物体的全部作用，故 $\boldsymbol{F}_{\rm R}$ 称为全约束反力，简称为全反力。

全反力 $\boldsymbol{F}_{\rm R}$ 与接触面法线的夹角为 ρ，如图 1-45(a)所示。显然，夹角 ρ 随静摩擦力的增大而增大，当静摩擦力达到最大值时，夹角 ρ 也达到最大值 $\rho_{\rm s}$(见图 1-45(b))，$\rho_{\rm s}$ 称为摩擦角。由图 1-45(b)可知

$$\tan\rho_{\rm s} = \frac{F_{\rm s}}{F_{\rm N}} = \frac{\mu_{\rm s} F_{\rm N}}{F_{\rm N}} = \mu_{\rm s} \tag{1-19}$$

式(1-19)表示摩擦角的正切等于静摩擦因数 $\mu_{\rm s}$。摩擦角是全反力与法线间的最大夹角。若物体与支承面的静摩擦因数在各个方向都相同，则这个范围在空间就形成一个锥体，称为摩擦锥(见图 1-45(c))。若主动力的合力 $\boldsymbol{F}_{\rm Q}$ 作用在锥体范围内，则接触面必产生一个与之等值、反向且共线的全反力 $\boldsymbol{F}_{\rm R}$ 与其平衡，且无论怎样增大力 $\boldsymbol{F}_{\rm Q}$，物体总能保持平衡而不移动，这种现象称为自锁。由此可见，自锁的条件

应为

$$\alpha \leqslant \rho_s \tag{1-20}$$

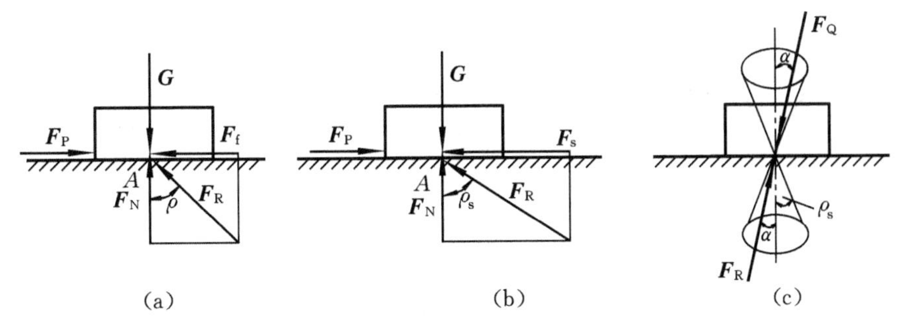

图 1-45　摩擦角

自锁条件常可用来设计某些结构和夹具，例如砖块相对于砖夹不能相对下滑，脚套钩在电线杆上不能自行下滑等都是自锁现象。而在另外一些情况下，则要设法避免自锁现象的发生，例如：拨动变速器中的滑移齿轮时，就不允许发生自锁，否则变速器将无法工作。

1.6.2　考虑摩擦时物体的平衡问题

求解考虑摩擦时物体的平衡问题与不考虑摩擦时物体的平衡问题大体上相同，不同的是在画受力图时要画出摩擦力，并注意摩擦力的方向应与滑动趋势的方向相反，不能随意假定摩擦力的方向。由于静摩擦力是一个未知量，因此求解时除应列出静力平衡方程外，还需列出在临界平衡状态时的补充方程才能求解。

由于静摩擦力数值在一定范围内变化，因此，物体受力也应该是在一定范围内保持平衡，称为平衡范围。当物体处于从静止到运动的临界状态时，静摩擦力将达到最大值。实验表明，最大静摩擦力 $\boldsymbol{F}_{fmax}$ 与接触面间的正压力成正比，即

$$\boldsymbol{F}_{fmax} = \boldsymbol{F}_s = \mu_s \boldsymbol{F}_N \tag{1-21}$$

例 1-20　图 1-46(a)所示为重 $\boldsymbol{G}$ 的物块放在倾角为 α 的斜面上，物块与斜面间的静摩擦因数为 μ_s，且 $\tan\alpha > \mu_s$。求维持物块静止时水平推力 $\boldsymbol{F}$ 的大小。

解　要使物块在斜面上维持静止，水平推力 $\boldsymbol{F}$ 既不能太大，也不能太小。若力 $\boldsymbol{F}$ 过大，物块将沿斜面向上滑动；若力 $\boldsymbol{F}$ 过小，物块则沿斜面向下滑动。因此 $\boldsymbol{F}$ 的数值必在某范围内。

(1) 先考虑物块处于沿斜面下滑趋势的临界状态，即力 $\boldsymbol{F}$ 为最小值 $\boldsymbol{F}_{min}$，并刚好维持物块不致下滑的临界平衡。画受力图，沿斜面方向建立坐标系(见图 1-46(b))，列平衡方程及补充方程求解

$$\sum F_x = 0, \qquad F_{min}\cos\alpha - G\sin\alpha + F_s = 0$$

$$\sum F_y=0,\quad F_N-F_{min}\sin\alpha-G\cos\alpha=0$$

$$F_s=\mu_s F_N$$

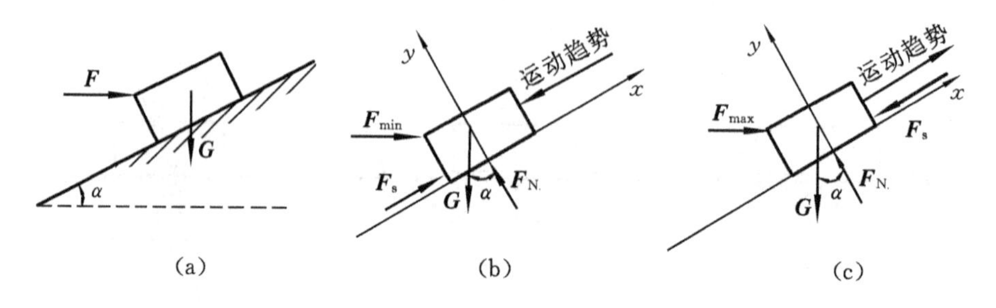

图 1-46　斜面摩擦

得
$$F_{min}=\frac{(\sin\alpha-\mu_s\cos\alpha)G}{\cos\alpha+\mu_s\sin\alpha}$$

(2) 考虑物块处于沿斜面上滑趋势的临界状态，即力 $\boldsymbol{F}$ 为最大值 $\boldsymbol{F}_{max}$，并刚好维持物块不致上滑的临界平衡。画受力图(见图 1-46(c))，列平衡方程及补充方程求解

$$\sum F_x=0,\quad F_{max}\cos\alpha-G\sin\alpha-F_s=0$$

$$\sum F_y=0,\quad F_N-F_{max}\sin\alpha-G\cos\alpha=0$$

$$F_s=\mu_s F_N$$

得
$$F_{max}=\frac{(\sin\alpha+\mu_s\cos\alpha)G}{\cos\alpha-\mu_s\sin\alpha}$$

所以，使物块在斜面上处于静止时的水平推力 $\boldsymbol{F}$ 的取值范围为

$$\frac{(\sin\alpha-\mu_s\cos\alpha)G}{\cos\alpha+\mu_s\sin\alpha}\leqslant F\leqslant\frac{(\sin\alpha+\mu_s\cos\alpha)G}{\cos\alpha-\mu_s\sin\alpha}$$

例 1-21　图 1-47(a)所示为一制动装置简图。已知作用于鼓轮上的转矩为 M，鼓轮与制动片间的静摩擦因数为 μ_s，鼓轮半径为 r，制动杆尺寸为 a、b、c。试求制动所需最小力 $\boldsymbol{F}$ 的值。

解　(1) 分别取制动杆和鼓轮为研究对象，画受力图(见图 1-47(b)、(c))。

(2) 由于求力 $\boldsymbol{F}$ 最小值，故处于临界平衡状态，对于鼓轮(见图 1-47(c))，列平衡方程求解

$$\sum M_O(\boldsymbol{F})=0,\quad M-F_s r=0$$

得
$$F_s=M/r$$

由于 $F_s=\mu_s F_N$，所以 $F_N=M/(\mu_s r)$。对于制动杆(见图 1-47(b))列平衡方程求解

$$\sum M_A(\boldsymbol{F})=0,\quad -Fb+F_N a-F_s c=0$$

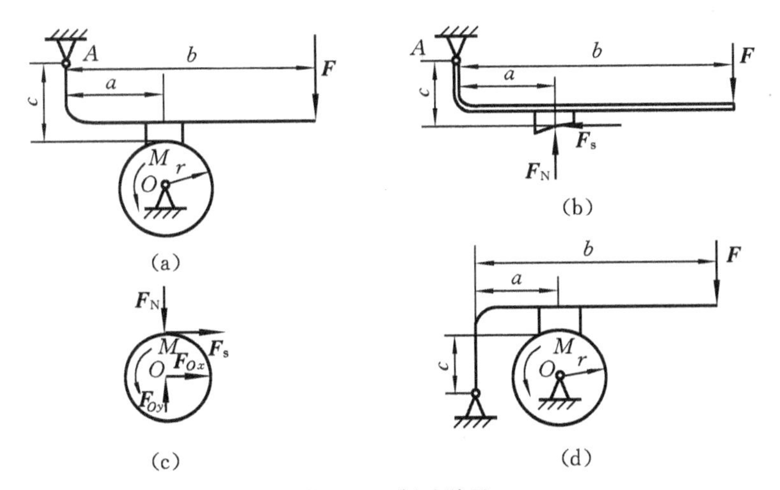

图 1-47　制动装置

得
$$F=\frac{M(a-\mu_s c)}{\mu_s br}$$

例 1-22　变速器内双联滑移齿轮如图 1-48(a)所示。已知齿轮孔与轴之间的静摩擦因数为 μ_s，双联齿轮与轴的接触长度为 b。问：拨叉(图中未画出)作用在齿轮上的力 $\boldsymbol{F}$ 到轴线的距离 a 至少为多大，齿轮才能顺利滑移而不被卡住?

解　齿轮空套在轴上滑动，由于作用力 $\boldsymbol{F}$ 与轴线平行，故齿轮有逆时针方向倾斜趋势，与轴在 A、B 两点接触。画出齿轮的受力图(见图 1-48(b))，列平衡方程

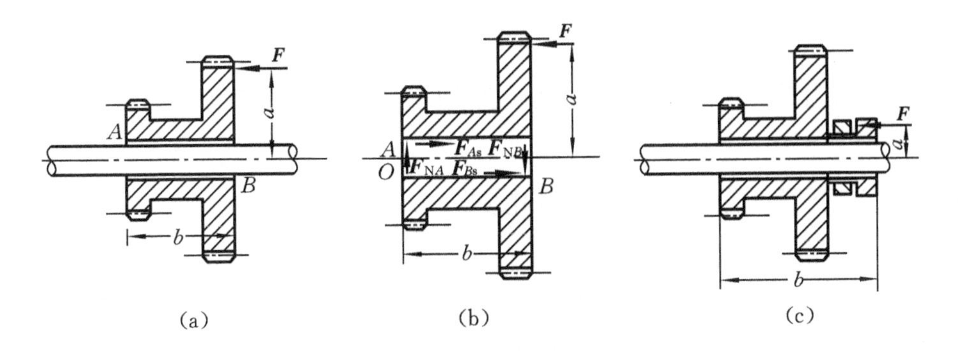

图 1-48　双联齿轮

$$\sum F_y=0,\quad F_{NA}-F_{NB}=0$$

求解得 $F_{NA}=F_{NB}$，所以

$$F_{sA}=F_{sB}=\mu_s F_{NA}$$

$$\sum M_O(\boldsymbol{F})=0，\ Fa-F_{NB}b+F_{sB}\times\frac{d}{2}-F_{sA}\times\frac{d}{2}=0$$

得

$$F_{NA}=F_{NB}=\frac{Fa}{b}$$

滑动条件为

$$F_{sA}+F_{sB}=2\mu_s F_{NA}=2\mu_s F_{NB}=2\mu_s\frac{Fa}{b}$$

得

$$a<\frac{b}{2\mu_s}$$

在设计中，满足滑动条件时齿轮就不会被卡住。如进一步加宽 b、减少 a，则会使齿轮在轴上的滑动显得更加灵活，图 1-48(c)就是由此产生的一种改进结构。

1.7 空 间 力 系

在工程实际中，经常遇到物体所受力的作用线不全在同一平面内，这种力系就称为空间力系。图 1-49 所示轴的受力即为空间力系。

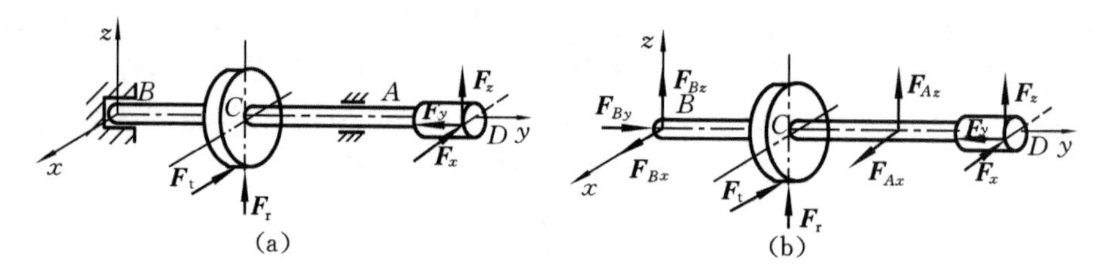

图 1-49　空间力系

与平面力系一样，空间力系也可分为空间汇交力系、空间平行力系和空间任意力系。

1.7.1 力在空间直角坐标轴上的投影

1. 一次投影法

设空间直角坐标系的三个坐标轴如图 1-50 所示，已知力 $\boldsymbol{F}$ 的大小及 $\boldsymbol{F}$ 与三个坐标轴的夹角分别为α、β、γ，则力 $\boldsymbol{F}$ 在三个坐标轴的投影等于力 $\boldsymbol{F}$ 的大小与该夹角余弦的乘积，即

$$\left.\begin{aligned}F_x&=\pm F\cos\alpha\\F_y&=\pm F\cos\beta\\F_z&=\pm F\cos\gamma\end{aligned}\right\}\tag{1-22}$$

式(1-22)中投影正负号的选取方法与平面力系完全相同。

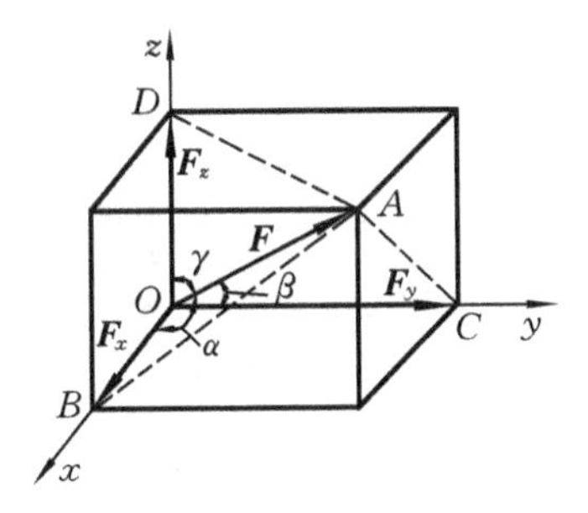

图 1-50　一次投影法

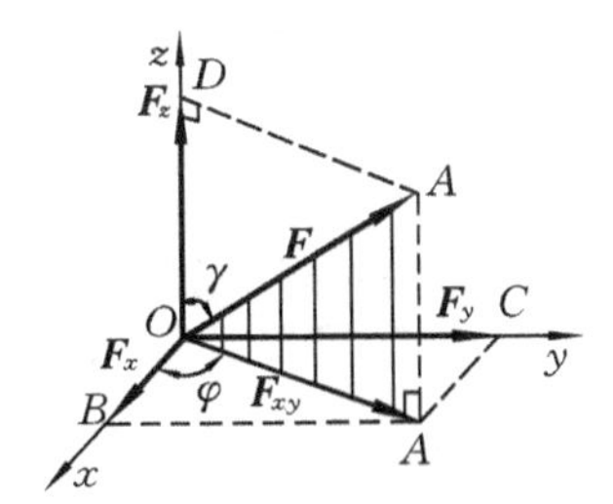

图 1-51　二次投影法

2. 二次投影法

如图 1-51 所示，若已知力 $\boldsymbol{F}$ 的大小及力 $\boldsymbol{F}$ 与 z 轴确定的平面与 x 轴的夹角为 φ，可先将力 $\boldsymbol{F}$ 向 Oxy 平面上投影，然后再向 x、y 轴进行投影，则力 $\boldsymbol{F}$ 在三个坐标轴上的投影分别为

$$\left.\begin{aligned} F_x &= F\sin\gamma\cos\varphi \\ F_y &= F\sin\gamma\sin\varphi \\ F_z &= F\cos\gamma \end{aligned}\right\} \tag{1-23}$$

如果将力 $\boldsymbol{F}$ 沿空间坐标轴 x、y、z 分解为三个分力 $\boldsymbol{F}_x$、$\boldsymbol{F}_y$、$\boldsymbol{F}_z$，则力 $\boldsymbol{F}$ 在坐标轴上的投影 $\boldsymbol{F}_x$、$\boldsymbol{F}_y$、$\boldsymbol{F}_z$ 的绝对值分别等于分力 $\boldsymbol{F}_x$、$\boldsymbol{F}_y$、$\boldsymbol{F}_z$ 的大小，投影的正负号则表示分力沿坐标轴指向。

反之，若已知力 $\boldsymbol{F}$ 在三个坐标轴上的投影 $\boldsymbol{F}_x$、$\boldsymbol{F}_y$、$\boldsymbol{F}_z$，则力 $\boldsymbol{F}$ 的大小和方向为

$$\left.\begin{aligned} &F = \sqrt{F_x^2 + F_y^2 + F_z^2} \\ &\cos\alpha = \frac{F_x}{F}, \cos\beta = \frac{F_y}{F}, \cos\gamma = \frac{F_z}{F} \end{aligned}\right\} \tag{1-24}$$

例 1-23　已知斜齿圆柱齿轮受到的啮合力 F_n=1 410 N,齿轮压力角 α_n=20°，螺旋角 β=15°(见图1-52)。试计算斜齿轮所受的圆周力 $\boldsymbol{F}_t$、轴向力 $\boldsymbol{F}_a$ 和径向力 $\boldsymbol{F}_r$。

解　(1) 取空间直角坐标系 $Oxyz$ 如图 1-52(a)所示，使 x、y、z 轴分别沿齿轮轴向、圆周的切线方向和径向。

(2) 将啮合力 $\boldsymbol{F}_n$ 向 z 轴和 Oxy 坐标平面投影，得

$$F_r=F_z=-F_n\sin\alpha_n=-1\,410\sin20°\ \text{N}=-482\ \text{N}$$

$$F_{xy}=F_n\cos\alpha_n=1\,410\sin20°\ \text{N}=1\,325\ \text{N}$$

(3) 把 F_{xy} 向 x、y 轴投影(见图 1-52(b))，得

$$F_a=F_x=-F_{xy}\sin\beta=-1\,325\sin15°\ \text{N}=-343\ \text{N}$$

$$F_t=F_y=-F_{xy}\cos\beta=-1\,325\cos15°\ \text{N}=-1\,280\ \text{N}$$

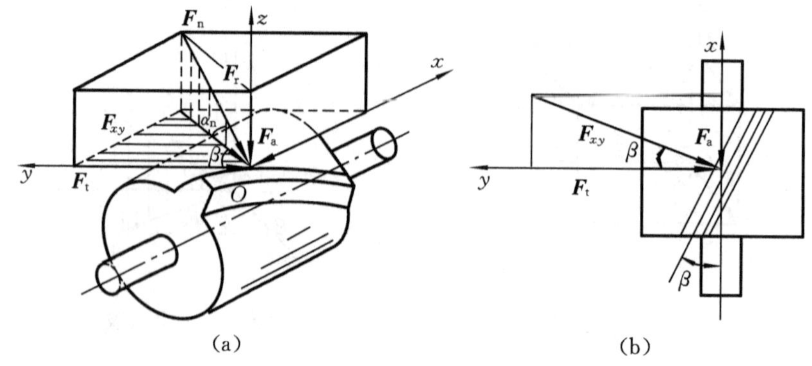

图 1-52　斜齿圆柱齿轮受力图

1.7.2　力对轴之矩

在工程实际中，经常遇到构件绕定轴转动的情况，为了度量力对绕定轴转动构件的作用效果，引入力对轴之矩的概念。

以推门为例，如图 1-53 所示，门上 A 点作用一力 $\boldsymbol{F}$，门的一边有固定轴 z，为度量力 $\boldsymbol{F}$ 对门的转动效果，可将力 $\boldsymbol{F}$ 分解为两个互相垂直的分力：一个是与轴 z 平行的分力 $F_z=F\sin\beta$；另一个是在与轴 z 垂直平面上的分力 $F_{xy}=F\cos\beta$。

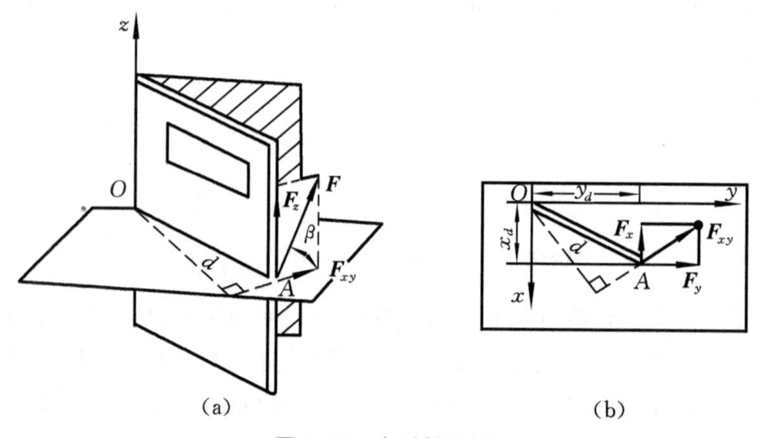

图 1-53　力对轴之矩

由经验可知，$\boldsymbol{F}_z$ 不能使门绕 z 轴转动，只有分力 $\boldsymbol{F}_{xy}$ 才对门有绕 z 轴的转动作用。以 d 表示 z 轴与 xy 平面的交点 O 到 $\boldsymbol{F}_{xy}$ 作用线的垂直距离，则 $\boldsymbol{F}_{xy}$ 对 O 点之矩，就可以用来度量 $\boldsymbol{F}$ 对 z 轴之矩，即

$$M_z(\boldsymbol{F})=M_O(\boldsymbol{F}_{xy})=\pm F_{xy}d \tag{1-25}$$

式(1-25)表明：力对轴之矩等于此力在垂直于该轴平面上的分力对该轴与平面交点之矩。力对轴之矩是力使物体绕该轴转动效应的度量，是一个代数量，其正

负号可按以下方法确定：从 z 轴正向看，逆时针方向转动时力矩为正；反之为负。当力 $\boldsymbol{F}$ 与 z 轴相交时，d=0，$M_z(\boldsymbol{F})$=0；当力 $\boldsymbol{F}$ 与 z 轴平行，即 F_{xy}=0 时，则同样有 $M_z(\boldsymbol{F})$=0。力对轴之矩的单位为 N·m(牛·米)。

1.7.3 合力矩定理

设有一空间力系由 $\boldsymbol{F}_1$，$\boldsymbol{F}_2$，…，$\boldsymbol{F}_n$ 组成，其合力为 $\boldsymbol{F}_\mathrm{R}$，则可证明合力 $\boldsymbol{F}_\mathrm{R}$ 对某轴之矩等于各分力对同轴力矩的代数和，即

$$M_z(\boldsymbol{F}_\mathrm{R})=\sum M_z(\boldsymbol{F})= M_z(\boldsymbol{F}_1)+ M_z(\boldsymbol{F}_2)+\cdots+M_z(\boldsymbol{F}_n) \tag{1-26}$$

例 1-24 如图 1-54(a)所示，已知 F=1 000 N，求力 $\boldsymbol{F}$ 对 x 轴的力矩。

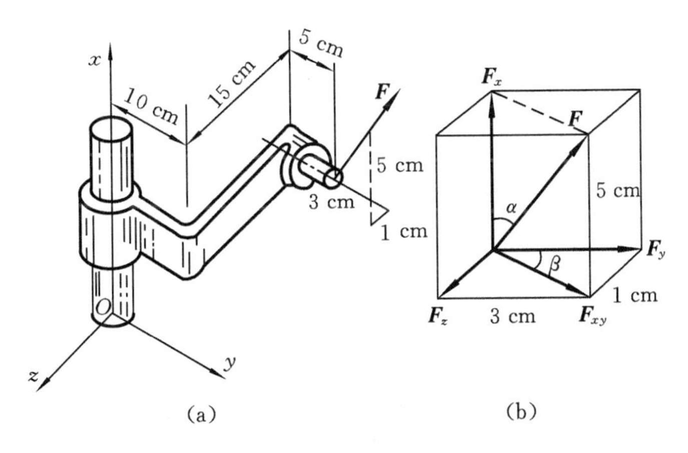

图 1-54 空间力对轴之矩

解 (1) 先将力 $\boldsymbol{F}$ 沿 x、y、z 轴方向分解，根据图 1-54(a)中已知条件，将空间力 $\boldsymbol{F}$ 画成图 1-54(b)所示情形，由此得

$$F_y = F\sin\alpha\cos\beta = 1\,000\times\frac{\sqrt{10}}{\sqrt{35}}\times\frac{3}{\sqrt{10}}\ \mathrm{N} = 507.09\ \mathrm{N}$$

$$F_z = F\sin\alpha\sin\beta = 1\,000\times\frac{\sqrt{10}}{\sqrt{35}}\times\frac{1}{\sqrt{10}}\ \mathrm{N} = 169.03\ \mathrm{N}$$

(2) 应用合力矩定理，得

$$\begin{aligned} M_x(\boldsymbol{F}) &= M_x(\boldsymbol{F}_y)+M_x(\boldsymbol{F}_z) \\ &=[-507.09\times15-169.03\times(10+5)]\ \mathrm{N\cdot cm} \\ &=-10\,141.8\ \mathrm{N\cdot cm} \end{aligned}$$

1.7.4 轴类构件平衡问题的平面解法

1. 空间任意力系的平衡条件

若空间任意力系平衡，则力系向任一点简化所得的主矢与主矩必为零，即$\boldsymbol{F}_{\mathrm{R}}=0$，$M_O=0$。故空间任意力系的平衡方程为

$$\left.\begin{array}{l}\sum F_x=0, \quad \sum F_y=0, \quad \sum F_z=0 \\ \sum M_x(\boldsymbol{F})=0, \quad \sum M_y(\boldsymbol{F})=0, \quad \sum M_z(\boldsymbol{F})=0\end{array}\right\} \tag{1-27}$$

式(1-27)表明，空间任意力系平衡的充分必要条件是：力系中所有各力在空间直角坐标系 $Oxyz$ 的三个坐标轴上投影的代数和以及各力对三个坐标轴力矩的代数和都分别等于零。空间任意力系有六个独立的平衡方程，所以空间任意力系平衡问题最多可求解六个未知量。

2. 轴类构件平衡问题的平面解法

当空间任意力系平衡时，它在任意平面上的投影所组成的平面任意力系也是平衡的。因而在机械工程中，常将空间任意力系投影到三个坐标平面上，画出构件受力图的三个视图，分别列出它们的平衡方程，同样可求出所有未知量。这种将空间问题简化为三个平面问题的研究方法称为空间问题的平面解法。此方法特别适合于求解轴类构件的空间受力平衡问题。

例 1-25 有一起重绞车的鼓轮轴如图 1-55(a)所示。已知 W=10 kN，b=c=30 cm，a=20 cm，大齿轮分度圆半径 R=20 cm，在最高点 E 受 $\boldsymbol{F}_{\mathrm{n}}$ 的作用，$\boldsymbol{F}_{\mathrm{n}}$ 与齿轮分度圆切线之夹角 α=20°，鼓轮半径 r=10 cm，A、B 两端为向心轴承。试求轮齿所受作用力 $\boldsymbol{F}_{\mathrm{n}}$ 及 A、B 两轴承对轮轴的约束力。

解 取鼓轮轴为研究对象，其上作用有齿轮作用力 $\boldsymbol{F}_{\mathrm{n}}$，物重 $\boldsymbol{W}$ 和轴承 A、B 处的约束力 $\boldsymbol{F}_{Ax}$、$\boldsymbol{F}_{Az}$、$\boldsymbol{F}_{Bx}$、$\boldsymbol{F}_{Bz}$，如图 1-55(b)所示。该力系为空间任意力系。画出它在三个坐标平面上的受力投影图(见图 1-55(c))，则一个空间力系的问题就转化为三个平面力系的问题。本题中 xz 平面为平面任意力系，xy 与 yz 平面则为平面平行力系。按平面力系的解题方法，分析三个受力投影图，发现本题可先由 xz 平面求解。

对 xz 平面，有

$$\sum M_B(\boldsymbol{F})=0, \quad F_{\mathrm{n}} R\cos\alpha - Wr = 0$$

得

$$F_{\mathrm{n}}=\frac{Wr}{R\cos\alpha}=\frac{10\times10}{20\times\cos20^{\circ}}\ \mathrm{kN}=5.32\ \mathrm{kN}$$

对 yz 平面，有

$$\sum M_B(\boldsymbol{F})=0, \quad F_{Az}(a+b+c)-W(a+b)-F_{\mathrm{n}} a\sin\alpha=0$$

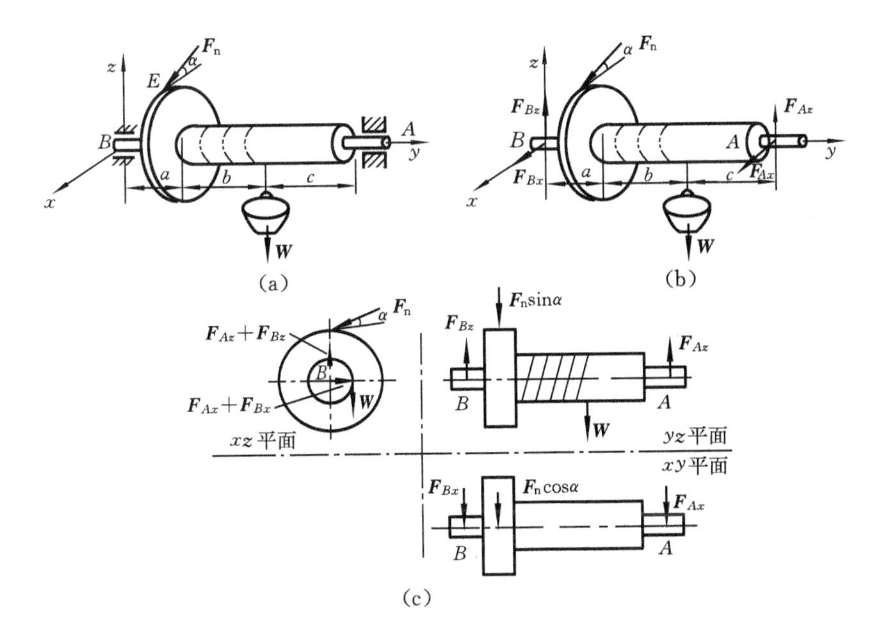

图 1-55 鼓轮轴

$$F_{Az}=\frac{W(a+b)+F_n a\sin\alpha}{a+b+c}=\frac{10\times(20+30)+5.32\times 20\sin 20°}{20+30+30}\ \text{kN}=6.7\ \text{kN}$$

且

$$\sum F_x=0,\quad F_n\cos\alpha+F_{Ax}+F_{Bx}=0$$

$$F_{Bx}=-F_n\cos\alpha-F_{Ax}=[-5.32\times\cos 20°-(-1.25)]\ \text{kN}$$

$$=-3.75\ \text{kN}$$ (负号表明实际力方向与图示方向相反)

例 1-26 一转轴如图 1-56(a)所示，已知带轮半径 R=0.6 m，带轮重 G_2=2 kN，齿轮分度圆半径 r=0.2 m，齿轮重 G_1=1 kN，$\overline{AC}=\overline{CB}=l=0.4\ \text{m}$，$\overline{BD}=l/2$，齿轮啮合力的三个分力为：圆周力 F_t=12 kN，径向力 F_r=1.5 kN，轴向力 F_a=0.5 kN，带轮有倾角 45°的紧边拉力为 $\boldsymbol{F}_{T1}$，有倾角 30°的松边拉力为 $\boldsymbol{F}_{T2}$，$\boldsymbol{F}_{T1}=2\boldsymbol{F}_{T2}$。试求轴承 A、B 两处的约束力。

解 取转轴为研究对象，作其受力图(见图 1-56(b))。画出它在三个坐标平面上的受力投影图(见图 1-56(c))，列平衡方程求解。

对 xz 平面，有

$$\sum M_A(\boldsymbol{F})=0,\quad (F_{T1}-F_{T2})R-F_t r=0$$

得

$$F_{T2}=\frac{F_t r}{R}=\frac{12\times 0.2}{0.6}\ \text{kN}=4\ \text{kN}$$

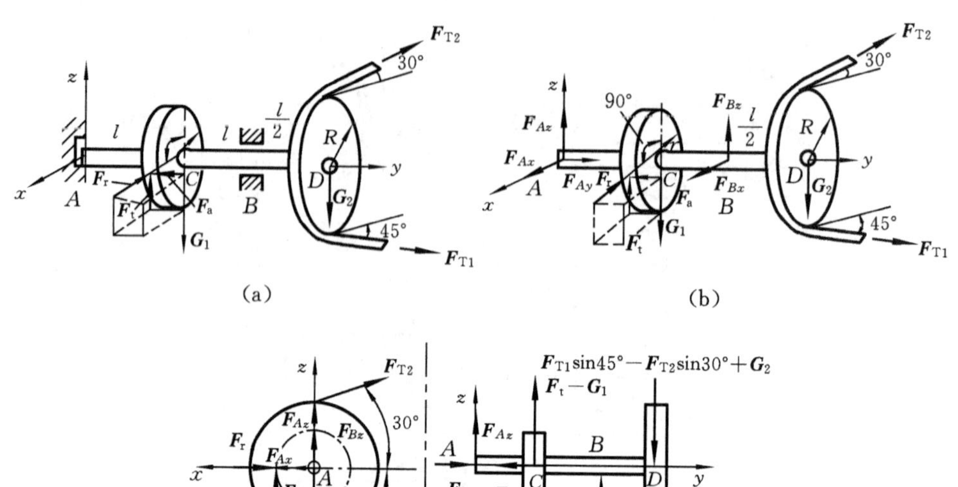

(a)　　　　　　(b)

(c)

图 1-56　转轴受力

故
$$F_{T1}=2F_{T2}=2\times 4\ \text{kN}=8\ \text{kN}$$

对 yz 平面，有

$$\sum M_A(\boldsymbol{F})=0,\quad 2F_{Bz}l+(F_t-G_1)l-2.5(F_{T1}\sin 45^\circ-F_{T2}\sin 30^\circ+G_2)l=0$$

得
$$F_{Bz}=\frac{2.5(F_{T1}\sin 45^\circ-F_{T2}\sin 30^\circ+G_2)-(F_t-G_1)}{2}$$
$$=\left[\frac{2.5\times(8\times\sin 45^\circ-4\times\sin 30^\circ+2)-(12-1)}{2}\right]\text{kN}=1.57\ \text{kN}$$

$$\sum F_z=0,\quad F_{Az}+(F_t-G_1)+F_{Bz}-(F_{T1}\sin 45^\circ-F_{T2}\sin 30^\circ+G_2)=0$$

得
$$F_{Az}=(F_{T1}\sin 45^\circ-F_{T2}\sin 30^\circ+G_2)-(F_t-G_1)-F_{Bz}$$
$$=[(8\times\sin 45^\circ-4\times\sin 30^\circ+2)-(12-1)-1.57]\ \text{kN}$$
$$=-6.91\ \text{kN}$$ (负号表明实际力方向与图示力方向相反)

对 xy 平面，有

$$\sum M_A(\boldsymbol{F})=0,\quad F_r l-F_a r-2F_{Bx}l+2.5(F_{T1}\cos 45^\circ+F_{T2}\cos 30^\circ)l=0$$

得 $$F_{Bx}=\frac{F_\mathrm{r}l-F_\mathrm{a}r+2.5(F_\mathrm{T1}\cos 45^\circ+F_\mathrm{T2}\cos 30^\circ)l}{2l}$$

$$=\left[\frac{1.5\times 0.4-0.5\times 0.2+2.5\times(8\times\cos 45^\circ+4\times\cos 30^\circ)\times 0.4}{2\times 0.4}\right]\ \mathrm{kN}$$

$$=12.025\ \mathrm{kN}$$

$$\sum F_x=0,\quad F_{Ax}-F_\mathrm{r}+F_{Bx}-(F_\mathrm{T1}\cos 45^\circ+F_\mathrm{T2}\cos 30^\circ)=0$$

得 $$F_{Ax}=(F_\mathrm{T1}\cos 45^\circ+F_\mathrm{T2}\cos 30^\circ)+F_\mathrm{r}-F_{Bx}$$

$$=(8\times\cos 45^\circ+4\times\cos 30^\circ+1.5-12.025)\ \mathrm{kN}$$

$$=-1.405\ \mathrm{kN}$$ （负号表明实际力方向与图示力方向相反）

$$\sum F_y=0,\quad F_{Ay}-F_\mathrm{a}=0$$

得 $$F_{Ay}=F_\mathrm{a}=0.5\mathrm{kN}$$

思考题与习题

1-1　指出以下表达式的含义及其区别：

(1) $F_1=F_2$；(2) $\boldsymbol{F}_1=\boldsymbol{F}_2$；(3) 力 $\boldsymbol{F}_1$ 等效于力 $\boldsymbol{F}_2$。

1-2　二力平衡条件和作用力与反作用力公理中都说到二力等值、反向、共线，请说明其差别。

1-3　在某物体的 A、B 两点分别作用有力 $\boldsymbol{F}_A$ 和 $\boldsymbol{F}_B$，如果这两个力大小相等、方向相反，且作用线重合，试问：该物体是否一定平衡？

1-4　已知题 1-4 图中所示二力 $\boldsymbol{F}_1$ 和 $\boldsymbol{F}_2$ 的大小分别为 3 N 和 4 N，请画出图中所示情况下的合力。

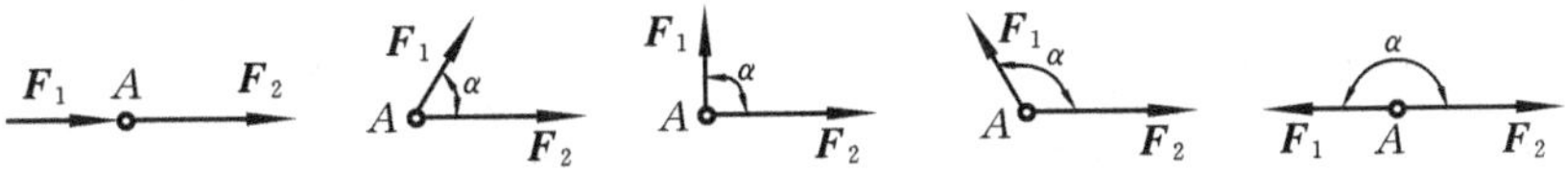

(a) $\alpha=0^\circ$　(b) $\alpha=60^\circ$　(c) $\alpha=90^\circ$　(d) $\alpha=120^\circ$　(e) $\alpha=180^\circ$

题 1-4 图

1-5　力偶不能单独和一个力相平衡，为什么题 1-5 图中的均质轮能平衡呢？图中作用于均质轮上的力偶的力偶矩 $M=Fr$。

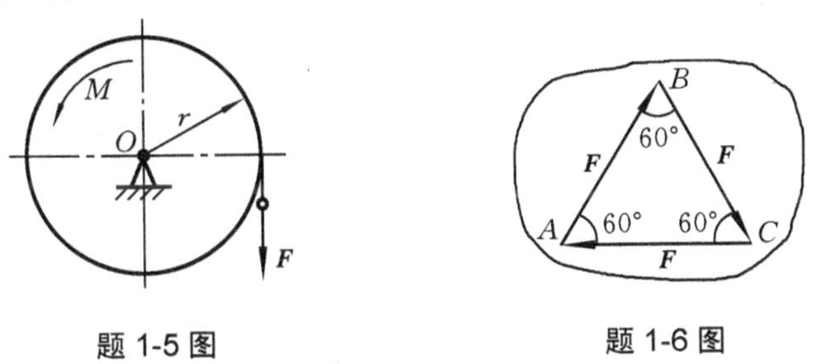

题 1-5 图　　题 1-6 图

1-6　如题 1-6 图所示，在刚体上的 A、B、C 三点分别作用有力 $\boldsymbol{F}$，试问：该刚体是否平衡，为什么？

1-7　最佳选择题(将符合题意的一个答案填入题后的括号中)。

(1) 现有汇交二力，其大小相等，且与其合力大小一样，则此二力之间的夹角应为(　)。

A . 0°　　B. 90°　　C. 120°　　D. 180°

(2) 一物受到两个共点力的作用，无论在什么情况下，它的合力(　)。

A. 一定大于任意一个分力

B. 至少比一个分力大

C. 不大于两个分力大小的和，也不小于两个分力大小的差

D. 随两个分力夹角的增大而增大

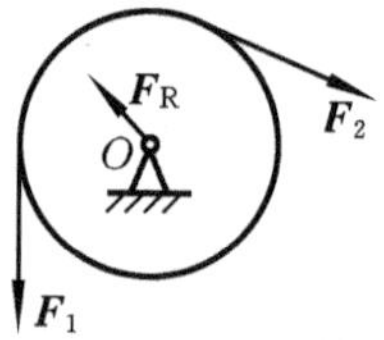

(3) 已知滑轮与转轴的接触是光滑的，该滑轮在绳索拉力 $\boldsymbol{F}_1$、$\boldsymbol{F}_2$ 和转轴支持力 $\boldsymbol{F}_R$ 的作用下平衡，如题 1-7 图所示。若不计滑轮以及绳索的重量，这时绳索拉力大小应有(　)。

A. $F_1 = F_2$　　B. $F_1 > F_2$　　C. $F_1 < F_2$

题 1-7 图

1-8　凡两端用光滑圆柱铰链接的直杆都是二力杆。这种说法对吗？

1-9　物体受汇交于一点的三力作用而处于平衡，此三力是否一定共面？为什么？

1-10　判断题 1-10 图中已画出的各构件的受力图是否有误。若有误，请改正。

1-11　判断下列说法是否正确，并说明原因。

(1) 固定铰链支座的销钉与销钉孔之间是光滑接触，销钉在钉孔内是点(线)接触，此点(线)的接触位置随铰链支座承受载荷的改变而变化。

(2) 只要是受二力作用的直杆就是二力杆。

(3) 若作用于刚体上的三个力共面且汇交于一点，则刚体一定平衡。

(4) 若刚体受到三个力的作用而平衡，则此三个力的作用线必然汇交于一点。

1-12　题 1-12 图所示的力 $\boldsymbol{F}$ 作用在销钉 C 上，试问：销钉 C 对杆 AC 的力与销钉 C 对杆 BC 的力是否等值、反向、共线？为什么？

1-13　用手拔钉子拔不动，但用钉锤就能将钉子很容易地拔起。如题 1-13 图所示，如果锤柄上作用 50 N 的推力，试求此时力 $\boldsymbol{F}$ 对钉锤与桌面接触点 A 的矩 $M_A(F)$。

1-14　试分别计算题 1-14 图所示各种情况下力 $\boldsymbol{F}$ 对 O 点的矩。

1-15　设有力偶($\boldsymbol{F}_1$，$\boldsymbol{F}'_1$)、($\boldsymbol{F}_2$，$\boldsymbol{F}'_2$)、($\boldsymbol{F}_3$，$\boldsymbol{F}'_3$)作用在角钢的同一侧面内，如

题 1-15 图所示。已知 $F_1=200$ N，$F_2=600$ N，$F_3=400$ N，$b=100$ cm，$d=25$ cm，

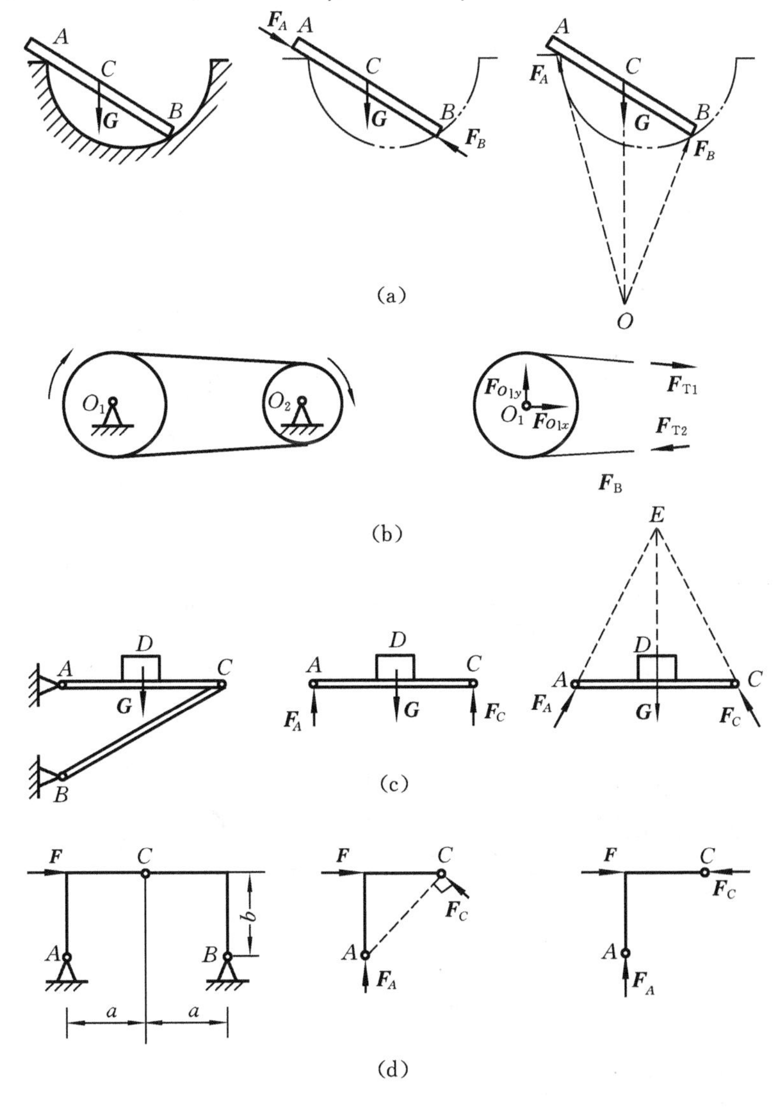

题 1-10 图

$\alpha=30°$，试求此力偶系的合力偶矩。

1-16　求题 1-16 图中所示力 $\boldsymbol{F}$ 对点 A 之矩。已知 $r_1=20$ cm，$r_2=50$ cm，$F=300$ N。

1-17　如题 1-17 图所示，两推进器各以全速的推力 $F=F'=300$ kN 推船。试问在该船船舷处需加多大的推力 $\boldsymbol{F}_\mathrm{P}$ 和 $\boldsymbol{F}'_\mathrm{P}$，才能抵消两推进器全速运转时所产生的转动效应。图中尺寸单位为 m。

(下列习题中，凡未标出自重的物体均不计自重，物体接触不计摩擦。)

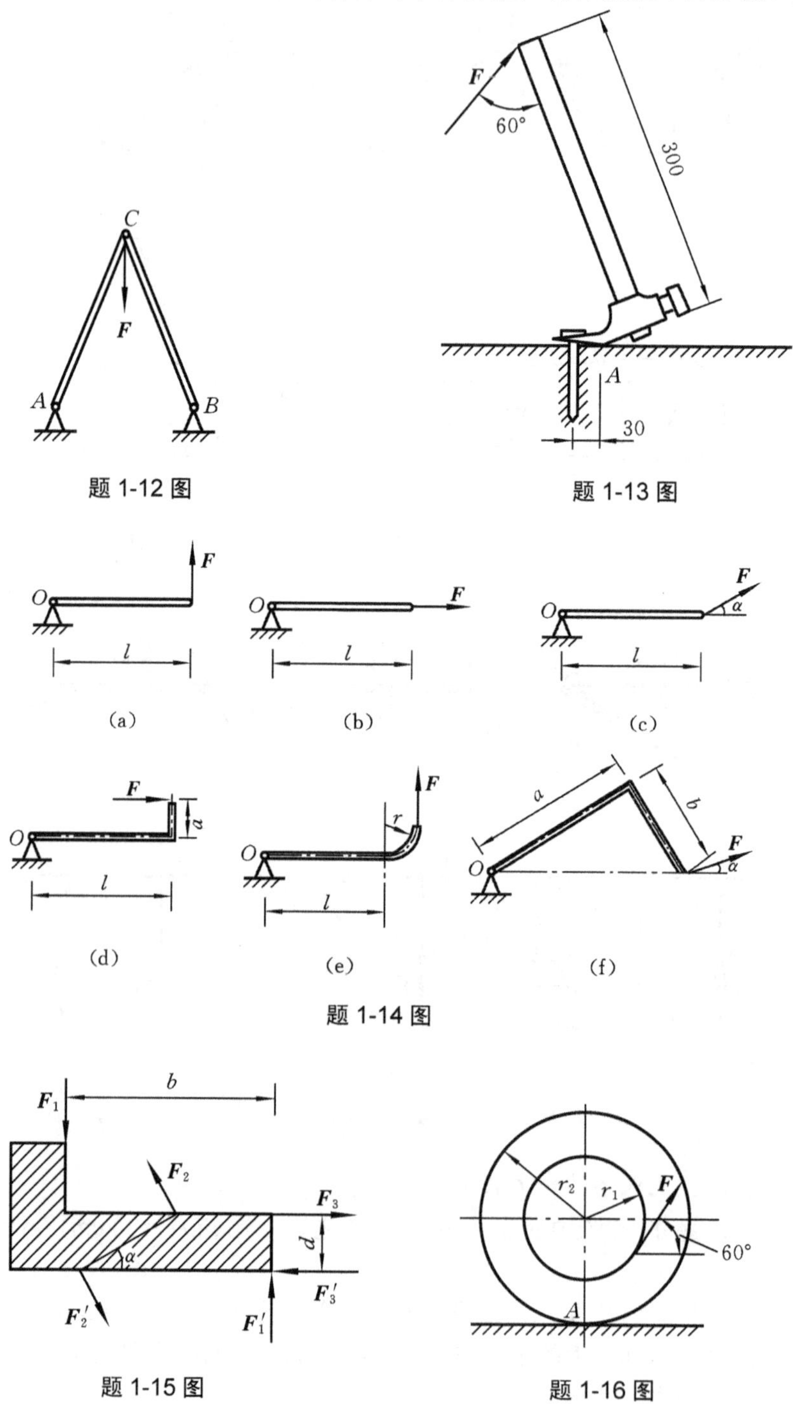

题 1-12 图

题 1-13 图

(a) (b) (c) (d) (e) (f)

题 1-14 图

题 1-15 图

题 1-16 图

1-18　分别画出题 1-18 图中所示各物体的受力图。

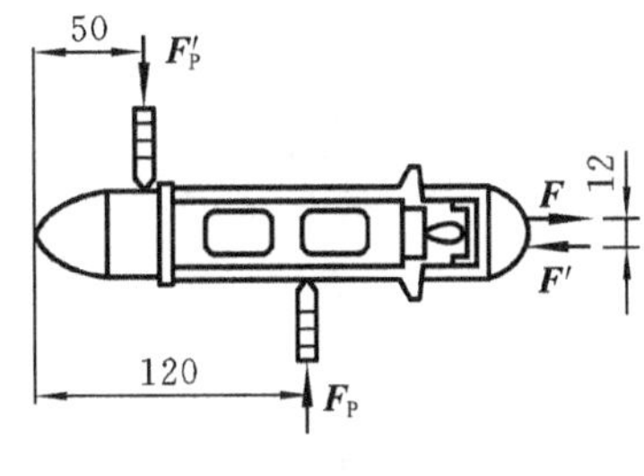

题 1-17 图

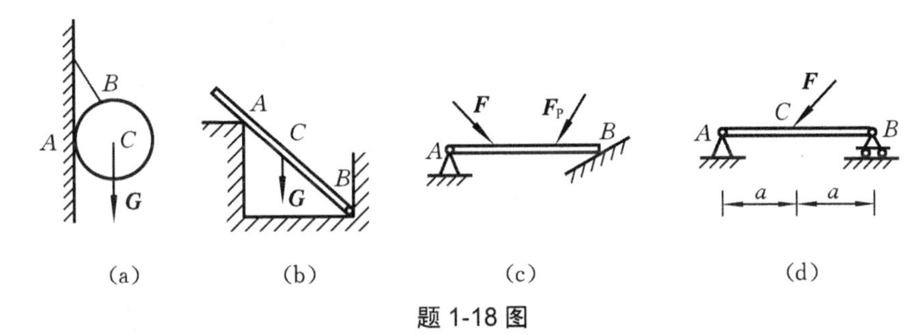

题 1-18 图

1-19　试画出题 1-19 图中所示结构中各杆的受力图及整体的受力图。

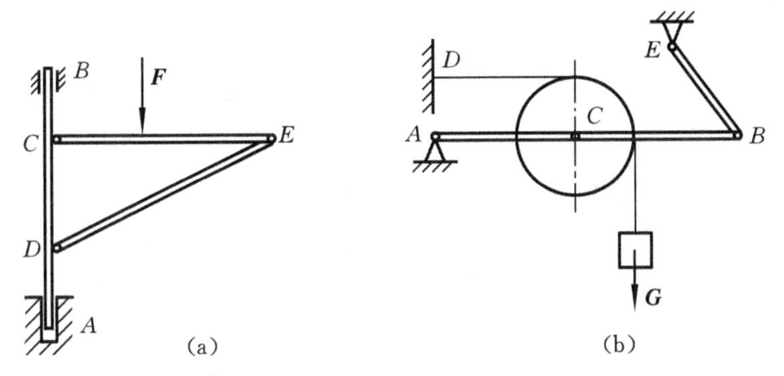

题 1-19 图

1-20　分别画出题 1-20 图所示各物体系统中每个物体的受力图。

1-21　判断题 1-21 图中的两物体能否平衡，并求这两个物体所受的摩擦力的大小和方向。已知：

(a) 物体重 $G = 1\,000\,\text{N}$，推力 $F = 200\,\text{N}$，静滑动摩擦因数 $\mu_s = 0.3$；

(b) 物体重 $G = 200\,\text{N}$，压力 $F = 500\,\text{N}$，静滑动摩擦因数 $\mu_s = 0.3$。

1-22　如题 1-22 图所示，重 G 的物体放在倾角为 β 的斜面上，物体与斜面间的摩擦角为ρ，如在物体上作用力 F，此时与斜面的交角为 θ，求拉动物体时的 F 值，并问：当角 θ 为何值时，此力最小?

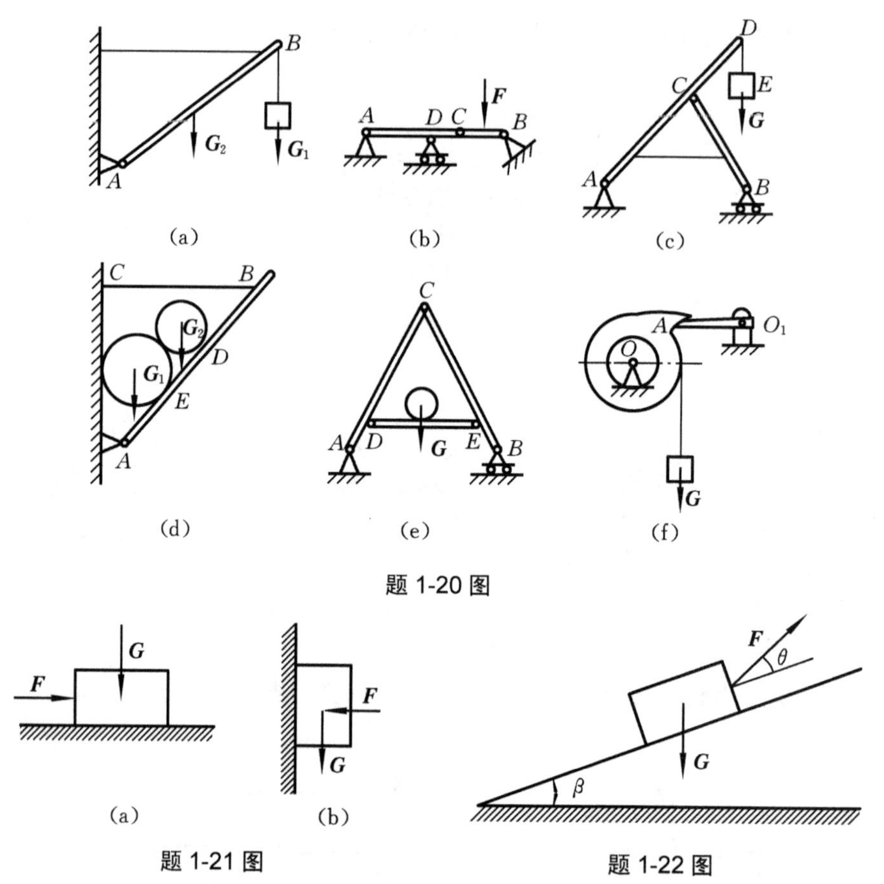

题 1-20 图

题 1-21 图

题 1-22 图

1-23　如题 1-23 图所示，水平传动轴上有两个皮带轮。大轮半径 $r_1 = 300\ \text{mm}$，小轮半径 $r_2 = 150\ \text{mm}$。皮带轮与轴承之间的距离 b=500 mm，皮带拉力都在垂直于 y 轴的平面内，且与皮带轮相切。已知 F_1 和 F_2 沿水平方向，而 F_3 和 F_4 则与铅直线成 $\theta = 30°$角，设 F_1=2F_2=2kN，F_3=2F_4，求平衡时的拉力 F_3、F_4 以及向心轴承 A、B 的反力。

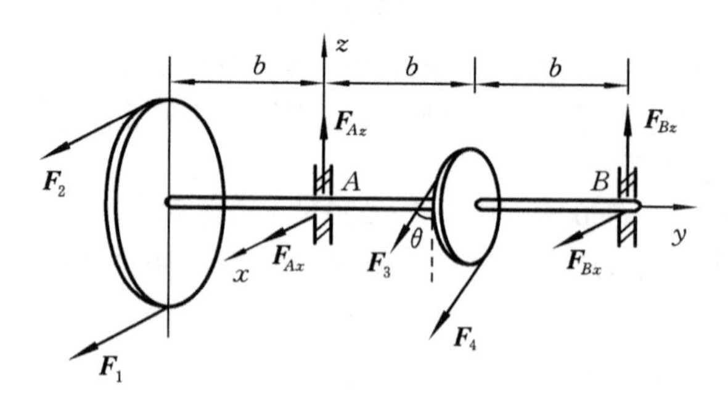

题 1-23 图

1-24　一组合梁ABC的支承及载荷如题1-24图所示，梁与支承杆的自重不计。已知 $F=1$ kN，$M=0.5$ kN · m，求固定端 A 的约束力。

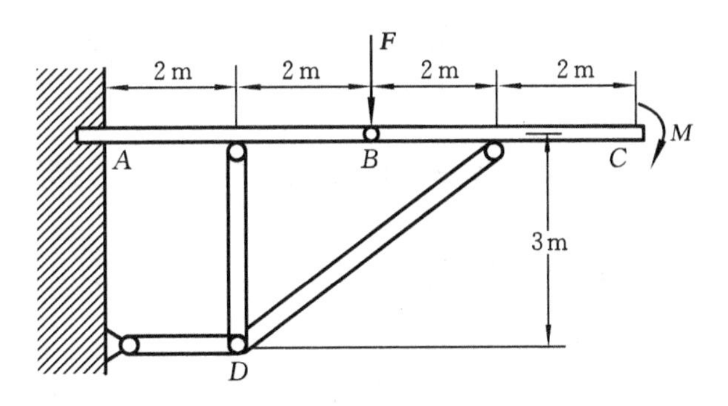

题 1-24 图

第 2 章　拉伸与压缩

2.1　杆件的轴向拉伸与压缩

2.1.1　轴向拉伸与压缩的概念

在工程中，许多构件受到拉伸和压缩的作用。如图 2-1 所示的支架中，*AB* 杆受到沿轴线的拉力作用，产生轴向的拉伸变形，而 *BC* 杆受到沿轴线的压力作用，产生轴向的压缩变形。此外，内燃机中的连杆、压缩机中的活塞杆等都有相似的受力特点和变形特点。

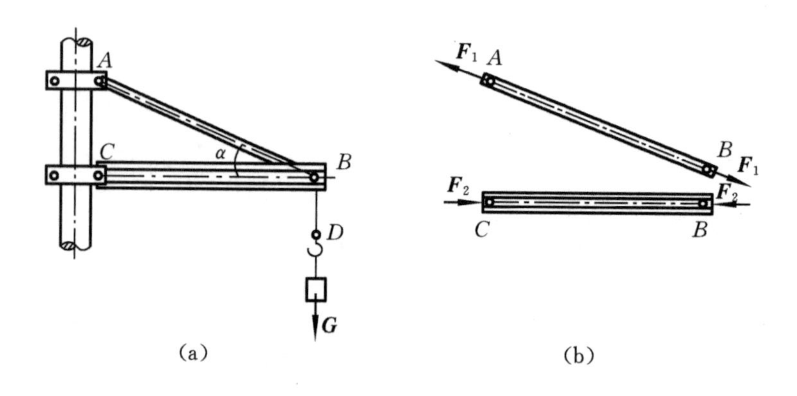

图 2-1　支架的受力

这些杆件虽然形状不同，加载和连接方式各异，但都可简化成如图 2-2 所示的力学模型简图，其共同的受力特点为：作用于直杆两端的两个外力等值、反向，作用线与杆的轴线重合。这些杆件共同的变形特点为：杆件产生沿轴线方向伸长(或缩短)。这种变形形式称为轴向拉伸(或轴向压缩)，这类杆件称为拉杆(或压杆)。

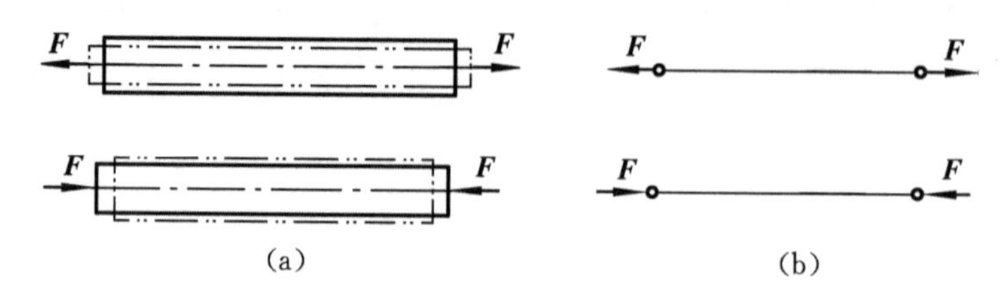

图 2-2　轴向拉伸、压缩与受力

2.1.2 截面法、轴力与轴力图

1. 内力的概念

构件工作时承受的载荷、自重和约束力都称为构件上的外力。构件在外力作用下产生变形，即构件内部材料微粒之间的相对位置发生了改变，则它们相互之间的作用力发生了改变。这种由外力作用而引起的构件内部的相互作用力就称为内力。

构件横截面上的内力随外力和变形的增加而增大，但内力的增大是有限的，若超过某一限度，构件就不能正常工作甚至被破坏。为了保证构件在外力作用下安全可靠地工作，必须弄清其内力的分布规律，因此，对各种基本变形的研究都是首先从内力分析着手的。

2. 截面法

求构件内力的方法通常采用截面法，截面法的步骤如下。

(1) 截：沿欲求内力的截面处，假想地用一个截面把构件截为两段。

(2) 取：任取一段(一般取受力情况较简单的部分)为研究对象。

(3) 代：在截面上用内力代替弃去部分对所取部分的作用。

(4) 列：列平衡方程，求出截面上内力的大小。

截面法是求内力最基本的方法。必须注意的是：应用截面法求内力时，截面不能选在外力作用点处的截面上；构件在被截开前，不能运用力系的等效代换、力的可传性原理等静力学公理，这些理论仅适用于刚体。

3. 轴力与轴力图

图 2-3(a)所示为一受拉杆的力学模型，为了确定其 m—m 截面上的内力，可用截面 m—m 将杆假想地截开，任意地取左段为研究对象，用分布内力的合力 $\boldsymbol{F}_{\mathrm{N}}$ 来代替右段对左段的作用(见图 2-3(b))。由于 $\boldsymbol{F}_{\mathrm{N}}$ 与 $\boldsymbol{F}'_{\mathrm{N}}$ 是一对作用力与反作用力，它们必等值、反向和共线，并分别作用在左段和右段上，所以都表示 m—m 截面上的内力(见图 2-3(c))。因外力 $\boldsymbol{F}$ 沿轴线作用，故 $\boldsymbol{F}_{\mathrm{N}}$ 也必与轴线重合，因此称其为轴力。拉杆的轴力 $\boldsymbol{F}_{\mathrm{N}}$ 的方向与横截面的外法线方向一致，规定为正；压杆的轴力 $\boldsymbol{F}_{\mathrm{N}}$ 指向截面，规定为负。通常未知轴力均按正向假设。

从用截面法求轴力可以看出：两外力作用点之间各个横截面上的轴力都相等。为了能够形象直观地表示出各横截面轴力大小的分布情况，用平行于杆件轴线的坐标表示各横截面的位置，用垂直于杆件轴线的坐标表示横截面上轴力的大小，绘出轴力 F_{N} 随截面坐标 x 的变化曲线，称为轴力图(见图 2-3(d))。

例 2-1 图 2-4(a)所示等截面直杆，已知轴向作用力 $F_1 = 15\ \mathrm{kN}$，$F_2 = 10\ \mathrm{kN}$，试画出杆的轴力图。

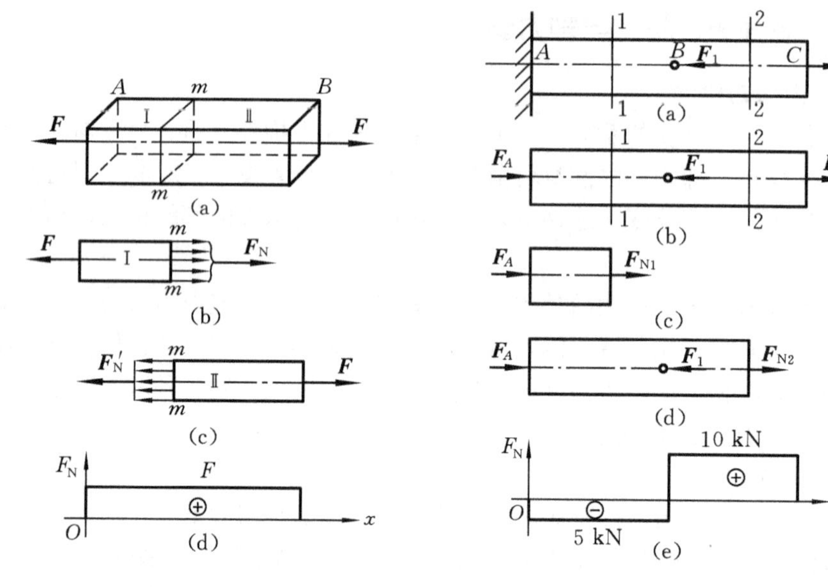

图 2-3　轴力与轴力图

图 2-4　直杆的轴力

解　(1) 外力分析。解除直杆的约束，画其受力图(见图 2-4(b))。A 端的约束力 $\boldsymbol{F}_A$ 由平衡方程求解

$$\sum F_x = 0\,,\quad F_A - F_1 + F_2 = 0$$

得

$$F_A = F_1 - F_2 = (15-10)\ \text{kN} = 5\ \text{kN}$$

(2) 内力分析。外力 $\boldsymbol{F}_A$、$\boldsymbol{F}_1$、$\boldsymbol{F}_2$ 将杆件分为 AB 段和 BC 段。在 AB 段，用 1—1 截面将杆截为两段，取左段为研究对象，右段对左段的作用力以 $\boldsymbol{F}_{\text{N1}}$ 来代替，并设其为正(见图 2-4(c))，由平衡方程求解

$$\sum F_x = 0\,,\quad F_{\text{N1}} + F_A = 0$$

得

$$F_{\text{N1}} = -F_A = -5\ \text{kN}$$

负号表明 $\boldsymbol{F}_{\text{N1}}$ 的实际方向与图示方向相反，即截面受压。

在 BC 段，用 2—2 截面将杆截为两段，取左段为研究对象，右段对左段的作用力以 $\boldsymbol{F}_{\text{N2}}$ 来代替，并设其为正(见图 2-4(d))，由平衡方程求解

$$\sum F_x = 0,\quad F_{\text{N2}} + F_A - F_1 = 0$$

得

$$F_{\text{N2}} = F_1 - F_A = (15-5)\ \text{kN} = 10\ \text{kN}$$

(3) 画轴力图。直杆 AB 段之间所有截面(不包括 A、B 点处的截面)的轴力都等于 $\boldsymbol{F}_{\text{N1}}$；同理，$BC$ 段之间所有截面的轴力都等于 $\boldsymbol{F}_{\text{N2}}$。画出轴力图如图 2-4(e)所示。

2.1.3 拉(压)杆横截面上的应力

1. 应力的概念

确定了轴力以后，还不能解决杆件的强度问题。例如，用同一材料制成的横截面积不同的两杆，在相同的拉力作用下，虽然两杆横截面上的轴力相同，但随着拉力的增大，横截面积小的杆件必然先被拉断。这说明杆的强度不仅与轴力的大小有关，还与横截面积的大小有关，即取决于内力在横截面上分布的密集程度，所以把内力在截面上的密集度称为应力。其中：垂直于截面的应力称为正应力，以 σ 表示；平行于截面的应力称为切应力，以 τ 表示。

应力的单位是 Pa(帕)，1 Pa = 1 N/m^2。在工程实际中，这一单位太小，常用 MPa(兆帕)和 GPa(吉帕)表示，其关系为 1 MPa = 1 N/mm^2 = 10^6 Pa，1 GPa = 10^9 Pa。

2. 拉(压)杆横截面上的应力

为了求得截面上任意一点的应力，必须了解内力在横截面上的分布规律，为此可通过实验来分析研究。

取一等直杆，在杆上画出与杆轴线垂直的纵向线 ab 和 cd 等，再画出与杆轴线平行的纵向线(见图 2-5(a))，然后沿杆的轴线作用拉力 $\boldsymbol{F}$ 使杆件产生轴向拉伸变形。此时可观察到：ab、cd 线平行向外移动并仍与轴线保持垂直，横向线伸长且间距减小。由于杆件内部材料的变化无法观察，假设在变形过程中，横截面始终保持为平面(此即为平面假设)。设想夹在 ab、cd 截面之间的无数条横向纤维随 ab、cd 截面平行向外移动，产生了相同的伸长(见图 2-5(b))。根据材料的均匀连续性假设可推知，横截面上各点处横向纤维的变形相同，受力也相同，即轴力在截面上是均匀分布的，且方向垂直于横截面(见图 2-5(c))，即杆件横截面存在有正应力 σ，其计算式为

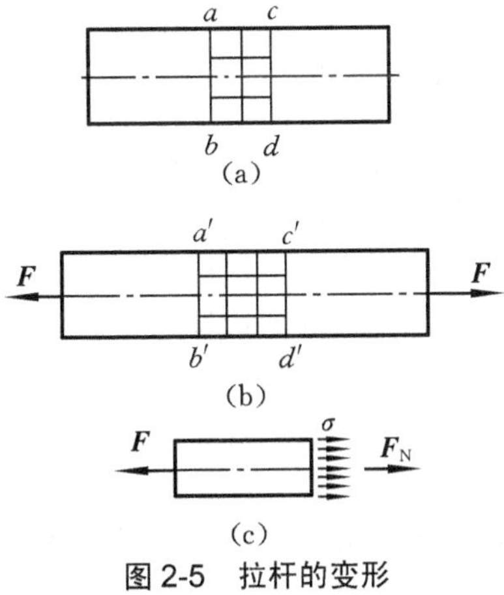

图 2-5 拉杆的变形

$$\sigma = \frac{F_N}{A} \tag{2-1}$$

式中：F_N——横截面上的轴力(N)；

A——杆横截面面积(m^2)。

例 2-2 一中段开槽的直杆(见图 2-6(a))，承受轴向载荷 F = 20 kN 的作用，已知 h = 25 mm，h_0 = 10 mm，b = 20 mm。试求杆内的最大正应力。

解 (1) 计算轴力。用截面法求得杆中各处的轴力均为

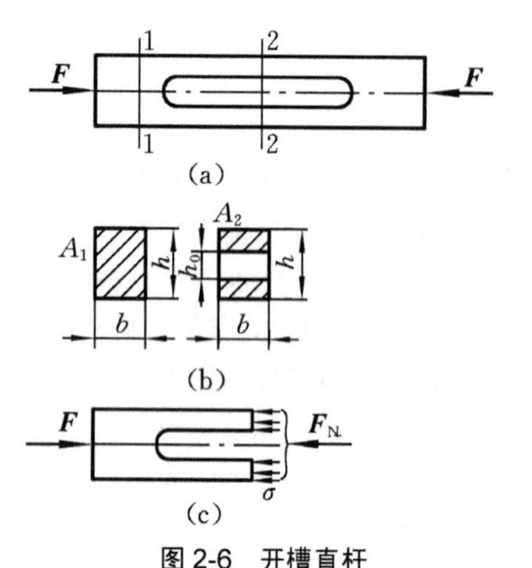

图 2-6　开槽直杆

$$F_N = -F = -20\ \text{kN}(压力)$$

(2) 求横截面面积。该杆有两种大小不等的横截面面积 A_1 和 A_2(见图 2-6(b))，显然 A_2 较小，故中段横截面上的正应力最大。

$$A_2 = b(h-h_0) = 20\times(25-10)\ \text{mm}^2 = 300\ \text{mm}^2$$

(3) 计算最大正应力。由式(2-1)得

$$\sigma_{\max} = \frac{F_N}{A} = \frac{F_N}{A_2} = \frac{-20\times10^3\ \text{N}}{300\ \text{mm}^2} = -66.7\ \text{MPa}(压应力)$$

2.2　材料拉伸与压缩时的力学性能

拉(压)杆横截面上的应力是随外力的增加而增大的。在一定的应力作用下，杆件是否被破坏，与材料的性能有关。材料在外力作用下表现出来的性能，称为材料的力学性能。材料的力学性能是通过试验的方法测定的，它是杆件进行强度计算、刚度计算和选择材料的重要依据。

工程材料的种类很多，常用材料根据其性能可分为塑性材料和脆性材料两大类。低碳钢和铸铁是这两类材料的典型代表，它们在拉伸和压缩时表现出来的力学性能具有广泛的代表性。下面将主要介绍低碳钢和铸铁在常温(指室温)、静载(指加载速度缓慢平稳)下的力学性能。

为了便于比较试验结果，试件必须按国家标准(GB/T 228—2002)中的规定制成标准试样。拉伸圆柱杆试样如图 2-7(a)所示。试样的两端为装夹部分，中间等直径杆部分为工作段，其长度 l 称为标距。标距 l 与直径 d 之比常取 $l:d=10:1$。对于压缩试样，通常采用短圆柱杆，其高度 l 与直径 d 之比为 1.5～3(见图 2-7(b))。其他截面的标准试样可参考有关国家标准。

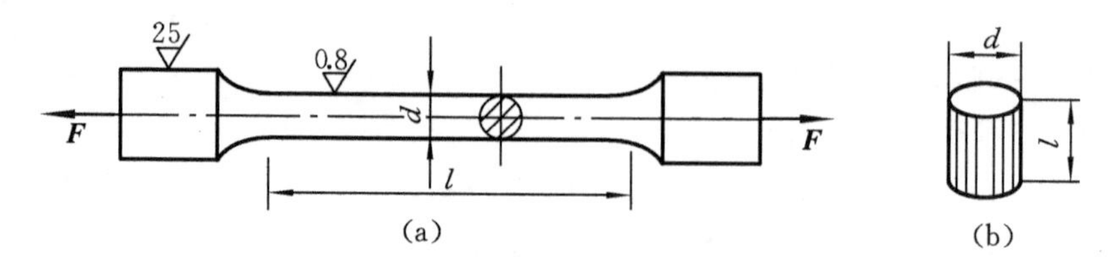

图 2-7　标准试样

1. 拉伸试验和应力-应变曲线

拉伸试验在万能试验机上进行。试验时将试件两端装夹在试验机工作台的上、下夹头中，然后对其缓慢加载，试件受到由零开始逐渐增加的拉力 F 的作用，同时发生相应的伸长变形，直到试件被拉断为止。一般试验机在试验过程中能自动绘出每一瞬时载荷 F 和变形 Δl 的关系曲线，此曲线称为拉伸图或 F-Δl 曲线。拉伸图的形状与试件的尺寸有关，为了消除横截面尺寸和长度的影响，将纵坐标载荷 F 除以试件原来的横截面面积 A 得到应力 σ，将横坐标 Δl 除以试件原长 l 得到应变 ε，这样的曲线称为应力-应变曲线或 σ-ε 曲线。σ-ε 曲线形状与 F-Δl 曲线相似，但仅反映材料本身的某些特性。图 2-8(a)、(b)分别是低碳钢 Q235 拉伸时的 F-Δl 曲线和 σ-ε 曲线。

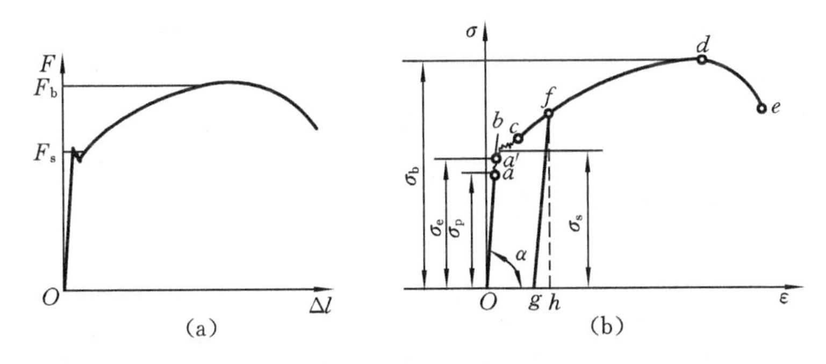

图 2-8　低碳钢的 F-Δl 曲线和 σ-ε 曲线

2. 低碳钢拉伸时的力学性能

低碳钢是工程上广泛使用的金属材料，由图 2-8(b)可见，Q235 钢整个拉伸过程大致可以分为四个阶段。

(1) 弹性阶段。图 2-8(b)中 Oa 段是直线，这说明该段内应力和应变成正比关系，材料符合胡克定律，即 $\sigma = E\varepsilon$。直线 Oa 的斜率 $\tan\alpha = E$，是材料的弹性模量。直线部分最高点 a 所对应的应力值记作 σ_p，称为材料的比例极限。Q235 钢的 $\sigma_p \approx 200$ MPa。

曲线超过 a 点，图 2-8(b)中 aa' 段已不再是直线，说明应力与应变的正比关系已不存在，不再符合胡克定律。但在 aa' 段内卸载，变形也随之消失，说明 aa' 段发生的也是弹性变形，故 Oa' 段称为弹性阶段。a' 点所对应的应力值记作 σ_e，称为材料的弹性极限。由于弹性极限与比例极限非常接近，工程实际中通常对二者不作严格区分，近似地用比例极限代替弹性极限。

(2) 屈服阶段。曲线超过 a' 点后，出现了一段锯齿形曲线，说明这一阶段应力变化不大，而应变却急剧地增加，材料暂时失去了抵抗变形的能力。这种应力变化不大而变形显著增加的现象称为材料的屈服或流动，bc 段称为屈服阶段。屈

服阶段曲线最低点 b 所对应的应力值 σ_s 称为材料的屈服点。若试件表面经过抛光处理，可以看到试件表面出现了与轴线大约成 45°的条纹线，称为滑移线(见图 2-9(a))．一般认为，这是材料内部晶格沿最大切应力方向相互错动滑移的结果。这种错动滑移是造成塑性变形的根本原因，在屈服阶段卸载，将出现不能消失的塑性变形。工程上一般不允许构件发生塑性变形，并把塑性变形作为塑性材料失效的标志，所以屈服点 σ_s 是塑性材料强度的一个重要指标。Q235 钢的 $\sigma_s \approx 235$ MPa。

(3) 强化阶段。经过屈服阶段后，曲线从 c 点开始逐渐上升，说明要使应变增加，必须增加应力。材料又恢复了抵抗变形的能力，这种现象称为强化，cd 段称为强化阶段。曲线最高点 d 所对应的应力值，记作 σ_b，称为材料的抗拉强度。它是衡量材料强度的又一个重要指标。Q235 钢的 $\sigma_b \approx 400$ MPa。

(4) 缩颈断裂阶段。曲线到达 d 点，即应力达到了抗拉强度后，在试件上比较薄弱的某一局部(材质不均匀或有缺陷处)，变形显著增加，横截面处发生急剧的局部收缩，出现缩颈现象(见图 2-9(b))。由于缩颈处的横截面面积迅速减小，所需拉力也相应降低，曲线呈下降趋势，试件很快被拉断，所以 de 段称为缩颈断裂阶段。

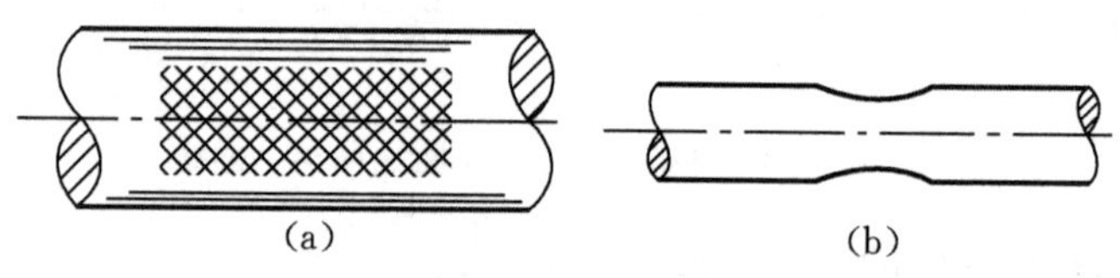

图 2-9　滑移线和缩颈现象

试件拉断后，弹性变形消失，但塑性变形仍保留下来。工程中用试件拉断后残留的塑性变形来表示材料的塑性。常用的塑性指标有以下两个：

伸长率 δ

$$\delta = \frac{l_1 - l}{l} \times 100\% \tag{2-2}$$

断面收缩率 ψ

$$\psi = \frac{A - A_1}{A} \times 100\% \tag{2-3}$$

式中：l——原标距；

l_1——试件拉断后的标距；

A——试件原横截面面积；

A_1——试件断口处横截面面积。

Q235 钢的伸长率 $\delta = 25\% \sim 27\%$，断面收缩率 $\psi = 60\%$，是很好的塑性材料。工程上通常把 $\delta \geqslant 5\%$ 的材料称为塑性材料，如钢材、铜和铝等；把 $\delta < 5\%$ 的材料

称为脆性材料，如铸铁、混凝土、石料等。

实验表明，如果将试件拉伸到超过屈服点后强化阶段的任一点 f 停止加载，然后缓慢地卸载，这时会发现卸载过程中试件的应力-应变保持直线关系，沿着与 Oa 段近似平行的直线 fg 回到 g 点，其中 Og 段是试件残留下来的塑性变形，gh 段是消失了的弹性变形，如图 2-8(b)所示。卸载后的试件若再重新加载，σ-ε 曲线将基本上沿着卸载时的直线 gf 上升到 f 点，再沿 fde 线直至拉断。这种将材料预拉到强化阶段后卸载，重新加载将使材料的比例极限提高、塑性变形减小的现象，称为冷作硬化。工程中常利用冷作硬化来提高某些构件如预应力钢筋、钢丝绳等的承载能力。

3. 低碳钢压缩时的力学性能

图 2-10 中的实线是 Q235 钢压缩时的 σ-ε 曲线，与拉伸时的 σ-ε 曲线(虚线)相比，可以看出，在弹性阶段和屈服阶段两曲线是重合的，其弹性模量 E、比例极限 σ_p、屈服点 σ_s 与拉伸时基本相同。由于塑性材料在使用中应力一般不允许达到屈服点 σ_s，因此认为塑性材料的抗拉强度和抗压强度相同。

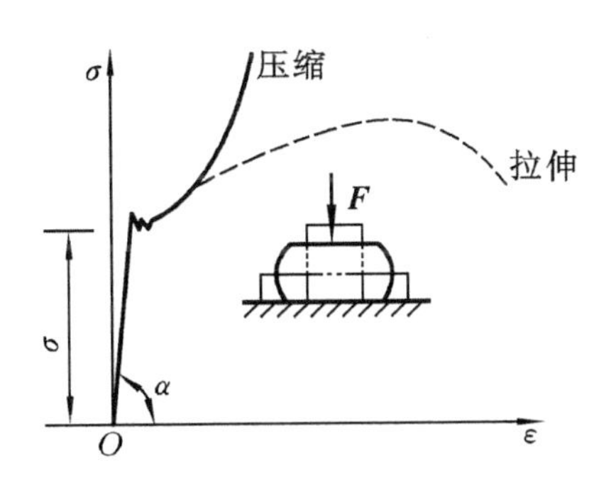

图 2-10　低碳钢压缩时的 σ-ε 曲线

在曲线进入强化阶段后，试件先是被压成鼓形，最后变成饼状，两曲线分离后压缩曲线不断上升，显然，此时将测不出材料的抗压强度。

4. 其他塑性材料在拉伸时的力学性能

图 2-11(a)所示为其他几种塑性材料拉伸时的 σ-ε 曲线，与 Q235 钢的 σ-ε 曲线相比，这些曲线没有明显的屈服阶段。对于没有明显屈服阶段的塑性材料，按国家标准(GB/T 10623—1989)规定，取试件产生 0.2%残余变形(塑性应变)时所对应的应力值作为名义屈服点，称为材料的屈服强度，用 $\sigma_{0.2}$ 表示(见图 2-11(b))。

5. 铸铁在拉伸和压缩时的力学性能

铸铁是脆性材料的典型代表。从图 2-11(a)所示拉伸时的 σ-ε 曲线可以看出：曲线没有明显的直线部分和屈服阶段，无缩颈现象就突然发生断裂破坏，断口平齐，塑性变形很小。

断裂时 σ-ε 曲线最高点所对应的应力值，记作 σ_b，称为抗拉强度。铸铁的抗拉强度较低，其 σ_b 值一般在 100～200 MPa 之间。由于 σ-ε 曲线没有明显的直线部分，表明应力与应变的正比关系不存在。但铸铁总是在较小的拉应力下工作，故可认为近似地符合胡克定律，通常在 σ-ε 曲线上用割线(图 2-12(a)中的虚线)近似地代替曲线，并以割线的斜率作为其弹性模量 E。

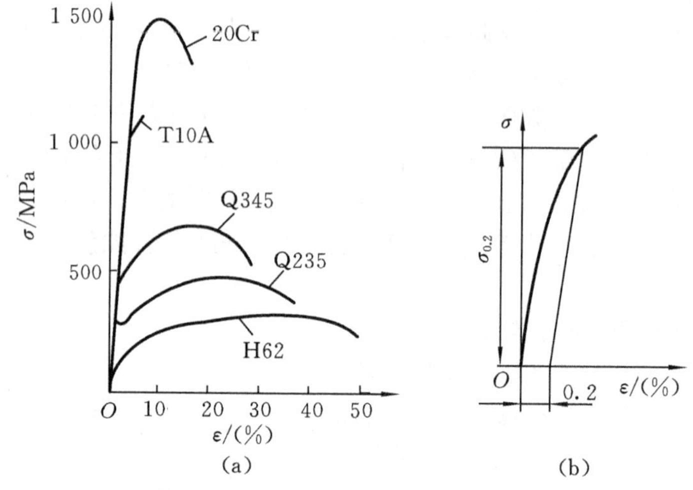

图 2-11　其他塑性材料拉伸时的 σ-ε 曲线

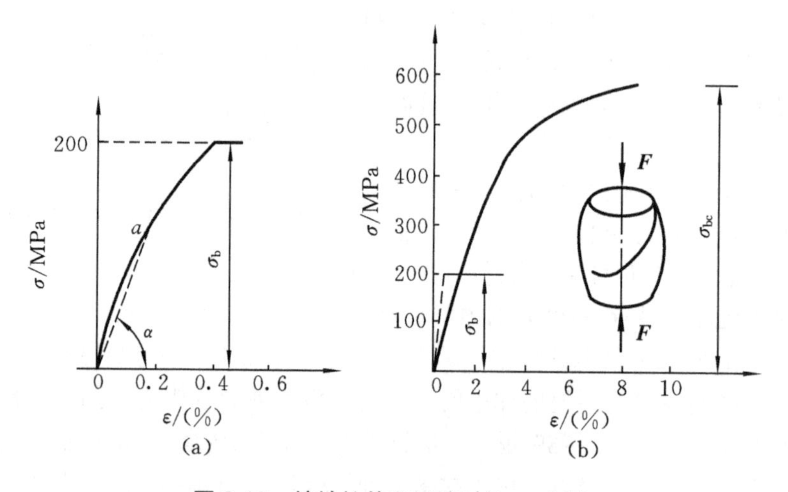

图 2-12　铸铁拉伸和压缩时的 σ-ε 曲线

图 2-12(b)所示为铸铁压缩时的 σ- ε 曲线。曲线没有明显的直线部分，在应力较小时可以近似地运用胡克定律。曲线也没有屈服阶段，在变形很小时沿与轴线大约成 45° 的斜截面发生破裂破坏，破坏时曲线最高点所对应的应力值，记作 σ_{bc}，称为抗压强度。与拉伸时的 σ- ε 曲线(虚线)相比较可见，铸铁的抗压强度约是抗拉强度的 4～5 倍，说明其抗压性能远优于抗拉性能，反映了脆性材料共有的特性。因此，工程中铸铁等脆性材料常用作承压构件，不用作承拉构件。

2.3 拉(压)杆件的强度计算

2.3.1 极限应力、许用应力和安全系数

通过对材料力学性能的分析可知，任何工程材料能承受的应力都是有限度的，一般把使材料丧失正常工作能力时的应力称为极限应力。对于脆性材料，当正应力达到抗拉强度σ_b或抗压强度σ_{bc}时，会引起断裂破坏；对于塑性材料，当正应力达到材料的屈服点σ_s(或屈服强度$\sigma_{0.2}$)时，将产生显著的塑性变形。构件工作时发生断裂是不允许的，发生屈服或出现显著的塑性变形也是不允许的。所以，从强度方面考虑，断裂是构件失效的一种形式；同样，屈服或出现显著的塑性变形也是构件失效的一种形式。这些失效现象都是强度不足造成的，因此，塑性材料的屈服点σ_s(或屈服强度$\sigma_{0.2}$)与脆性材料的抗拉强度σ_b(或抗压强度σ_{bc})都是材料的极限应力。

由于工程构件的受载难以精确估计，以及构件材质的均匀程度、计算方法的近似性等诸多因素，为确保构件安全，应使其有适当的强度储备，特别是因失效将带来严重后果的构件，更应具有较大的强度储备。因此，工程中一般把极限应力除以大于1的系数n作为工作应力的最大允许值，称为许用应力，用$[\sigma]$表示，其中，对于塑性材料

$$[\sigma]=\frac{\sigma_s}{n_s} \tag{2-4}$$

对于脆性材料

$$[\sigma]=\frac{\sigma_b}{n_b} \tag{2-5}$$

式中：n_s、n_b——与屈服强度、抗拉强度相对应的安全系数。

安全系数的选取是一个比较复杂的工程问题，如果安全系数取得过小，许用应力就会偏大，设计出的构件截面尺寸将偏小，虽能节省材料，但其安全可靠性会降低；如果安全系数取得过大，许用应力就会偏小，设计出的构件截面尺寸将偏大，虽构件能偏于安全，但需多用材料而造成浪费。因此，安全系数的选取是否恰当关系到构件的安全性和经济性。工程上一般在静载作用下，塑性材料的安全系数n_s取1.5～2.5之间，脆性材料的安全系数n_b取2.0~3.5之间。工程中对不同的构件选取不同的安全系数，可查阅有关的设计手册。

2.3.2 拉(压)杆的强度条件

为了保证拉(压)杆安全可靠地工作，必须使杆内的最大工作应力不超过材料

的拉(压)许用应力，即

$$\sigma_{max}=\frac{F_N}{A}\leqslant[\sigma] \tag{2-6}$$

式中：F_N、A——危险截面上的轴力和其横截面面积。该式称为拉(压)杆的强度条件。

根据强度条件，可以解决下列三类强度计算问题。

(1) 校核强度。若已知杆件的尺寸、所受的载荷及材料的许用应力，可用式(2-6)验算杆件是否满足强度条件。

(2) 设计截面尺寸。若已知杆件承受的载荷及材料的许用应力，由强度条件可确定杆件的安全横截面面积 A，即 $A\geqslant\dfrac{F_N}{[\sigma]}$，并可根据题意进一步设计截面的有关尺寸。

(3) 确定许可载荷。若已知杆件的横截面尺寸及材料的许用应力，由强度条件可确定杆件所能承受的最大轴力，即 $F_{Nmax}\leqslant A[\sigma]$，然后由轴力 F_{Nmax} 再确定结构的许可载荷。

2.3.3 强度条件的应用

例2-3 某机床工作台进给液压缸如图 2-13 所示。已知压力 $p=2$ MPa，液压缸内径 $D=75$ mm，活塞杆直径 $d=18$ mm，活塞杆材料的许用应力$[\sigma]=50$ MPa。试校核活塞杆的强度。

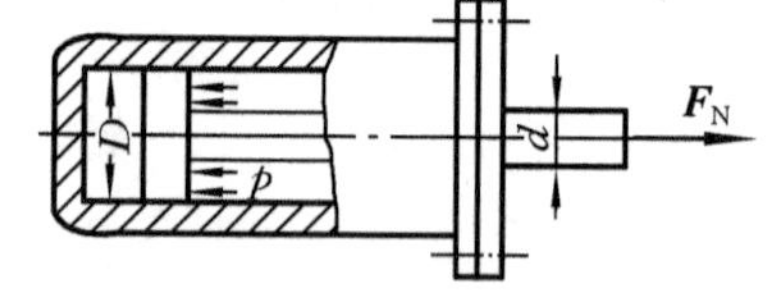

图 2-13 进给液压缸

解 (1) 求活塞杆的轴力。

$$F_N=pA_1=p\times\frac{\pi(D^2-d^2)}{4}=2\times\frac{3.14\times(75^2-18^2)}{4}\text{ N}=8.3\times10^3\text{ N}$$

(2) 校核强度，由强度条件式(2-6)得

$$\sigma=\frac{F_N}{A_2}=\frac{8.3\times10^3\times4}{\pi\times18^2}\text{ MPa}=32.6\text{ MPa}<[\sigma]=50\text{ MPa}$$

故活塞杆的强度足够。

例 2-4 某冷锻机的曲柄滑块机构如图 2-14 所示。锻压工件时，当连杆接近水平位置时锻压力 F 最大，$F=3\,780$ kN。连杆横截面为矩形，高与宽之比 $h/b=1.4$，材料的许用应力$[\sigma]=90$ MPa。试设计连杆的尺寸 h 和 b。

解 (1) 计算轴力。由于锻压时连杆处于水平位置，故其轴力为

$$F_N=F=3\,780\text{ kN}$$

(2) 求横截面面积 A。

$$A \geqslant \frac{F_N}{[\sigma]} = \frac{3\,780 \times 10^3}{90}\,\text{mm}^2 = 4.2 \times 10^4\,\text{mm}^2$$

(3) 设计尺寸 h 和 b。以 $h/b = 1.4$ 代入

$$A = b \times h = 1.4b^2 \geqslant 4.2 \times 10^4\ \text{mm}^2$$

得
$$b \geqslant 173.21\ \text{mm}$$

$$h = 1.4\,b = 1.4 \times 173.21\ \text{mm} = 242.49\ \text{mm}$$

具体设计时可将其数值圆整为 $b = 175$ mm，$h = 245$ mm。

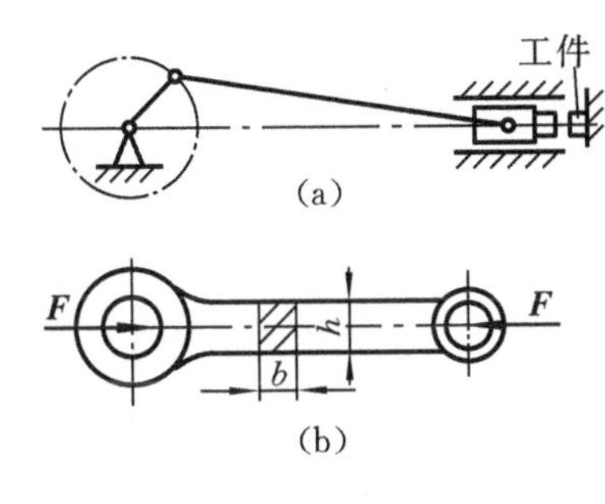

图 2-14　曲柄滑块机构

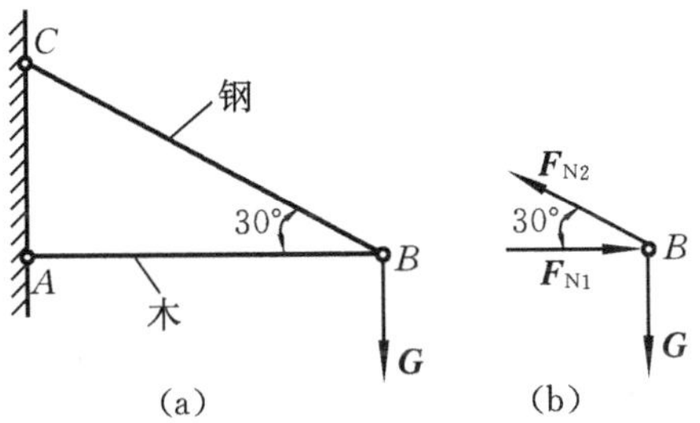

图 2-15　支架

例 2-5　图 2-15(a)所示的支架，在 B 点处受载荷 G 的作用，杆 AB、BC 分别是木杆和钢杆，木杆 AB 的横截面面积 $A_1 = 10\,000\,\text{mm}^2$，许用应力$[\sigma_1] = 7$ MPa，钢杆 BC 的横截面面积 $A_2 = 600\ \text{mm}^2$，许用应力$[\sigma_2] = 160$ MPa。求支架的许可载荷$[G]$。

解　(1) 以 B 点为研究对象，设 AB 杆受压，BC 杆受拉，画 B 点的受力图(见图 2-15(b)),求两杆的轴力 F_{N1}、F_{N2}。解

$$\sum F_x = 0\,,\quad F_{N1} - F_{N2}\sin 30^\circ = 0$$

得
$$F_{N1} = \frac{\sqrt{3}}{2}F_{N2}$$

再解
$$\sum F_y = 0\,,\quad F_{N2}\sin 30^\circ - G = 0$$

得
$$F_{N2} = 2G,\quad F_{N1} = \sqrt{3}G$$

(2) 应用强度条件，分别确定木杆、钢杆的许可载荷$[G_1]$、$[G_2]$。

对于木杆，有

$$\sigma_1 = \frac{F_{N1}}{A_1} = \frac{\sqrt{3}G_1}{A_1} \leqslant [\sigma_1]$$

$$G_1 \leqslant \frac{A_1[\sigma_1]}{\sqrt{3}} = \frac{10\,000 \times 7}{\sqrt{3}} \text{ N} = 40.41 \times 10^3 \text{ N} = 40.41 \text{ kN}$$

对于钢杆，有

$$\sigma_2 = \frac{F_{N2}}{A_2} = \frac{2G_2}{A_2} \leqslant [\sigma_2]$$

$$[G_2] \leqslant \frac{A_2[\sigma_2]}{2} = \frac{600 \times 160}{2} \text{ N} = 48 \times 10^3 \text{ N} = 48 \text{ kN}$$

比较$[G_1]$、$[G_2]$的大小，得该支架的许可载荷$[G] = 40.41$ kN。

2.4 拉(压)杆件的变形

2.4.1 变形与线应变

如图 2-16 所示，等截面直杆的原长为 l，横向尺寸为 b，在轴向外力的作用下，纵向伸长到 l_1，横向缩短到 b_1，则拉(压)杆的纵向伸长(或缩短)量称为绝对变形，用Δl 表示；横向绝对变形用Δb 表示。因此，杆的纵向绝对变形为

图 2-16 拉杆的变形与线应变

$$\Delta l = l_1 - l$$

杆的横向绝对变形为

$$\Delta b = b_1 - b$$

拉伸时Δl 为正，Δb 为负；压缩时Δl 为负，Δb 为正。

为了度量杆的变形程度，可用单位长度内杆的变形即线应变来衡量。与上述两种绝对变形相对应的线应变为

纵向线应变

$$\varepsilon = \frac{\Delta l}{l} = \frac{l_1 - l}{l}$$

横向线应变

$$\varepsilon' = \frac{\Delta b}{b} = \frac{b_1 - b}{b}$$

线应变表示杆件的相对变形，它们都是量纲为 1 的量。

实验表明，当杆内应力不超过某一限度时，横向线应变与纵向线应变的比值为一常数，称为横向变形系数，或称泊松比，用符号 μ 表示，即

$$\left|\frac{\varepsilon'}{\varepsilon}\right| = \mu \text{ 或 } \varepsilon' = -\mu\varepsilon \tag{2-7}$$

几种常用工程材料的 E、μ 值见表 2-1。

表 2-1　几种常用工程材料的 E、μ 值

材料名称	E/GPa	μ
低碳钢	196～216	0.25～033
合金钢	186～216	0.24～0.33
灰铸铁	78.5～157	0.23～0.27
铜合金	72.6～128	0.31～0.42
铝合金	70	0.33

2.4.2　胡克定律

实验表明，对等截面、等内力的拉(压)杆，当杆的正应力σ不超过某一极限值时，杆的纵向变形Δl与轴力$\boldsymbol{F}_{\mathrm{N}}$成正比，与杆长$l$成正比，与横截面面积$A$成反比。这一比例关系称为胡克定律。引入比例常数$E$，得

$$\Delta l = \frac{F_{\mathrm{N}} l}{EA} \tag{2-8}$$

式中：E——材料的拉(压)弹性模量，具有与应力相同的单位。各种材料的E值是由实验测定的。几种常用材料的E值见表 2-1。

由式(2-8)可知，轴力、杆长、横截面面积相同的直杆，E值越大，Δl就越小，所以E值代表了材料抵抗拉(压)变形的能力，是衡量材料的刚度指标。式(2-8)中分母EA与杆件的变形Δl成反比，EA值越大，Δl就越小，拉(压)杆抵抗变形的能力就越强，所以，EA值是拉(压)杆抵抗变形能力的量度，称为杆件的抗拉(压)刚度。

若将式$\sigma=\dfrac{F_{\mathrm{N}}}{A}$和$\varepsilon=\dfrac{\Delta l}{l}$代入式(2-8)，则可得胡克定律的另一种表达式为

$$\sigma = E\varepsilon \tag{2-9}$$

式(2-9)表明：当应力不超过某一极限值时，应力与应变成正比。

2.4.3　拉(压)杆的变形计算

应用式(2-8)和式(2-9)时，要注意它们的适用条件：应力不超过材料的比例极限。各种材料的比例极限值可由实验测定。式(2-8)中，在杆长l内，F_{N}、E、A均固定不变，否则应分段计算。

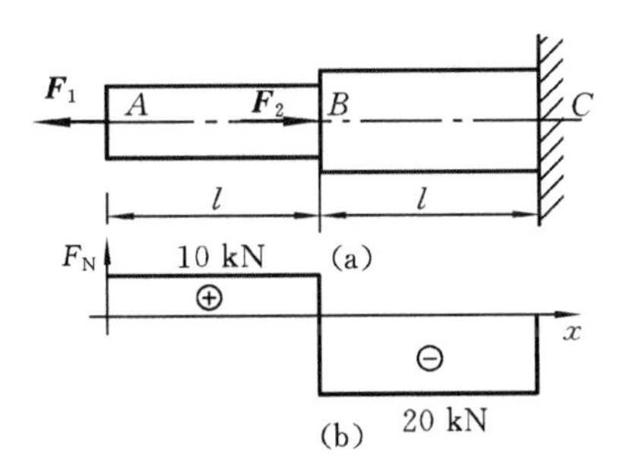

图 2-17　阶梯形钢杆

例 2-6　图 2-17(a)所示的阶梯形钢杆，已知AB段和BC段横截面面积A_1=200 mm^2，A_2 = 500 mm^2，钢材的弹性模量E = 200

GPa，轴向作用力 $F_1 = 10$ kN，$F_2 = 30$ kN，$l = 100$ mm。试求各段横截面上的正应力和杆件的总变形。

解 (1) 求杆件各段轴力并画轴力图。

AB 段 $F_{N1} = F_1 = 10$ kN(拉力)

BC 段 $F_{N2} = F_1 - F_2 = (10 - 30)$ kN $= -20$ kN(压力)

画杆件的轴力图，如图 2-17(b)所示。

(2) 求杆件各段横截面上的应力。

AB 段 $$\sigma_1 = \frac{F_{N1}}{A_1} = \frac{10 \times 10^3}{200}\ \text{MPa} = 50\ \text{MPa}(拉应力)$$

BC 段 $$\sigma_2 = \frac{F_{N2}}{A_2} = \frac{-20 \times 10^3}{500}\ \text{MPa} = -40\ \text{MPa}(压应力)$$

(3) 计算杆的总变形。

由于杆各段轴力和横截面面积均不同，故需分段计算，总变形等于各段变形的代数和。

$$\Delta L_1 = \frac{F_{N1} l}{EA_1} = \frac{10 \times 10^3 \times 100}{200 \times 10^3 \times 200}\ \text{mm} = 0.025\ \text{mm}\ (伸长)$$

$$\Delta L_2 = \frac{F_{N2} l}{EA_2} = \frac{-20 \times 10^3 \times 100}{200 \times 10^3 \times 500}\ \text{mm} = -0.02\ \text{mm}\ (缩短)$$

故总变形量

$$\Delta L = \Delta L_1 + \Delta L_2 = [0.025 + (-0.02)]\ \text{mm} = 0.005\ \text{mm}\ (伸长)$$

例 2-7 图 2-18 所示的螺栓连接，已知螺栓小径 $d = 10.1$ mm，拧紧后测得长度 $l = 80$ mm 内的伸长量 $\Delta l = 0.04$ mm，$E = 200$ GPa，试求螺栓拧紧后横截面上的正应力及螺栓对钢板的预紧力。

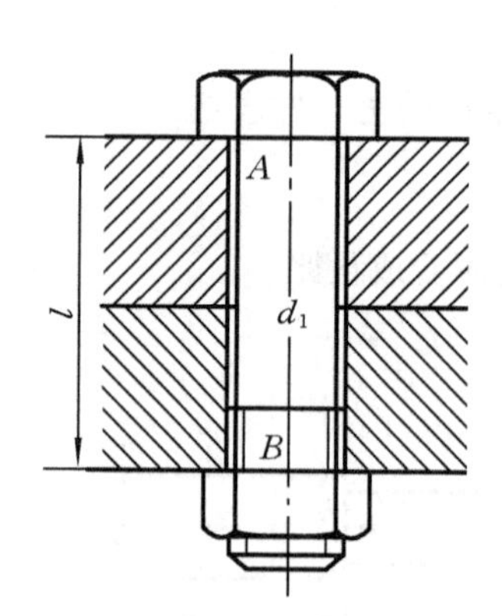

图 2-18 螺栓连接

解 (1) 螺栓的轴向线应变为

$$\varepsilon = \frac{\Delta l}{l} = \frac{0.04}{80} = 5.0 \times 10^{-4}$$

(2) 由胡克定律(式(2-9))，螺栓横截面上的正应力为

$$\sigma = E\varepsilon = 200 \times 10^3 \times 5.0 \times 10^{-4}\ \text{MPa} = 100\ \text{MPa}\ (拉应力)$$

(3) 由应力公式(式(2-1))，螺栓的轴向预紧力为

$$F = \sigma A = \frac{100 \times \pi \times 10.1^2}{4}\ \text{N} = 7.31 \times 10^3\ \text{N} = 7.31\ \text{kN}\ (拉力)$$

由作用力与反作用力公理，螺栓对钢板的预紧力为 7.31 kN。

2.5 应力集中的概念

实验研究表明，对于横截面形状和尺寸有突然改变，如带有圆孔、刀槽、螺纹和轴肩的杆件，如图 2-19 所示，当其受到轴向载荷时，在横截面形状和尺寸突变的局部范围内将会出现较大的应力，且其应力分布是不均匀的。这种因横截面形状和尺寸突变而引起局部应力增大的现象称为应力集中。

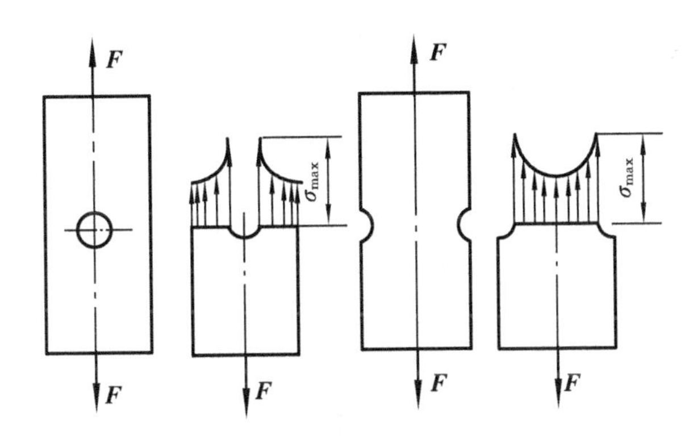

图 2-19 应力集中

对于用塑性材料制作的构件，在静载作用下可以不考虑应力集中对其强度的影响。这是因为构件局部的应力达到材料的屈服点后，该局部即发生塑性变形，外力增加，塑性变形增大，但应力值仍在材料屈服点的临近范围内，使截面的应力趋于均匀分布。由此可见，材料的屈服具有缓和应力集中的作用。

对于用脆性材料制成的构件，由于脆性材料没有屈服阶段，局部应力随外力的增大而急剧增大，当达到其抗拉强度时，应力集中处的有效截面很快被削弱导致构件断裂破坏，因此，应力集中对于组织均匀的脆性材料影响较大，会大大降低其承载能力。应力集中对组织不均匀的脆性材料(如铸铁等)影响较小，这是由于材质本身的不均匀和缺陷较多的缘故。

需要指出的是：在动荷应力、交变应力或冲击载荷的作用下，不论是塑性材料还是脆性材料制成的构件，应力集中对构件的强度将会产生重大的影响，且往往是导致构件破坏的根本原因，必须予以重视。

思考题与习题

2-1 试判别题 2-1 图所示构件中哪些属于轴向拉伸或轴向压缩?

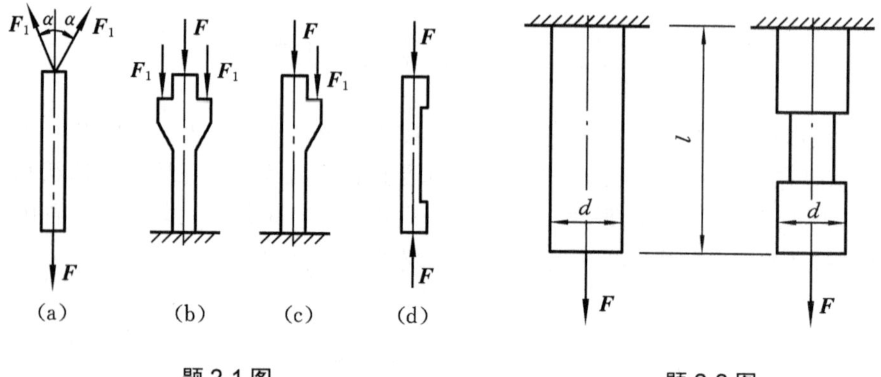

题 2-1 图　　　　题 2-2 图

2-2　两根材料相同的拉杆如题 2-2 图所示。试说明它们的绝对变形是否相同？如不相同，哪根变形大？另外，不等截面杆的各段应变是否相同？为什么？

2-3　钢的弹性模量 $E_1 = 200$ GPa，铝的弹性模量 $E_2 = 71$ GPa。试比较：在应力相同的情况下，哪种材料的应变大？在相同应变的情况下，哪种材料的应力大？

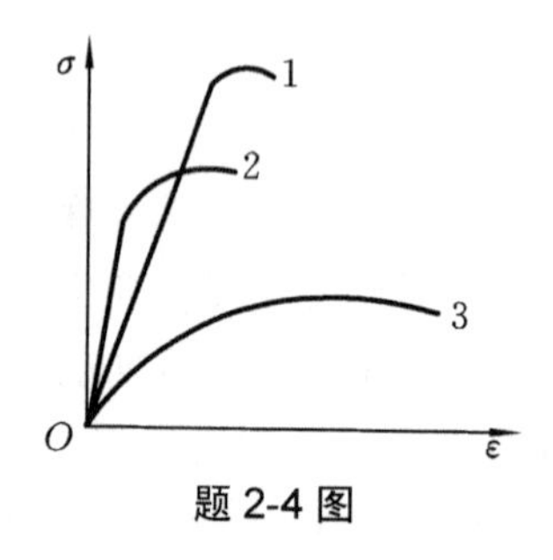

题 2-4 图

2-4　三种材料的 σ-ε 曲线如题 2-4 图所示。试说明哪种材料的强度高？哪种材料的塑性好？哪种材料在弹性范围内的弹性模量大？

2-5　用截面法求题 2-5 图所示各拉(压)杆指定截面的轴力，并作各杆的轴力图。

2-6　一钢质圆杆长 3 m，直径为 25 mm，两端受到 100 kN 的轴向拉力作用时伸长了 2.5 mm，试计算此时钢杆的应力和应变。

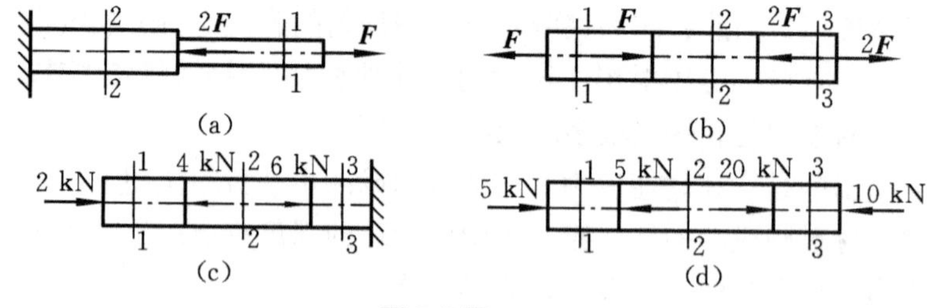

题 2-5 图

2-7　一简易起重机如题 2-7 图所示。起重杆 AB 为一钢管，其外径 $D = 20$ mm，内径 $d = 18$ mm，钢丝绳的横截面面积为 0.1 cm^2。已知起重载荷 $G = 2$ kN，试计算起重杆和钢丝绳的应力。

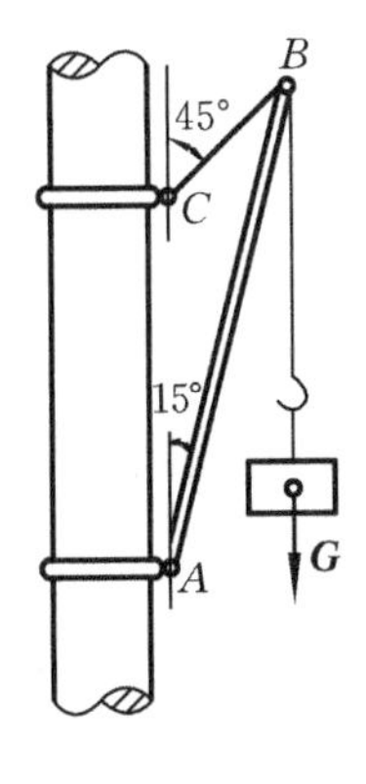

题 2-7 图

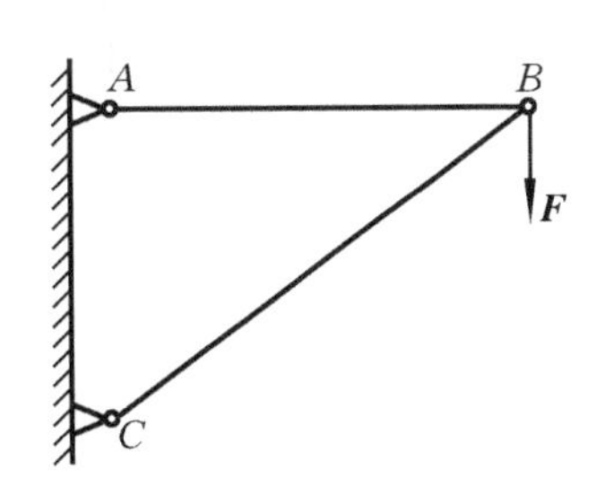

题 2-8 图

2-8　在题 2-8 图所示的结构中，*AB* 为直径 8 mm、长 1.9 m 的钢杆，其弹性模量 $E_1 = 200$ GPa；*BC* 杆为截面积 $A = 200\ \text{mm} \times 200\ \text{mm}$、长 2.5 m 的木柱，其弹性模量 $E_2 = 100$ GPa，试计算节点 *B* 的位移。

2-9　某简易吊车如题 2-9 图所示。已知最大起重载荷 $G = 20$ kN，*AB* 杆为圆钢，其许用应力$[\sigma]$=120 MPa，试设计 *AB* 杆的直径 *d*。

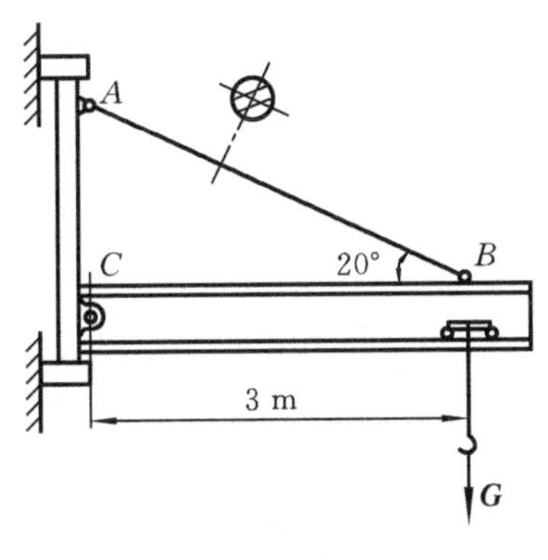

题 2-9 图

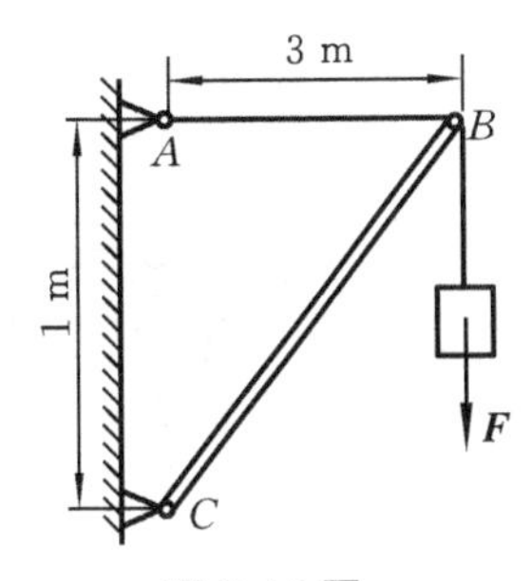

题 2-10 图

2-10　角架结构如题 2-10 图所示。已知 *AB* 杆为钢杆，其横截面面积 $A_1 = 600\ \text{mm}^2$，许用应力$[\sigma]$ = 140 MPa；*BC* 杆为木杆，横截面面积 $A_2 = 30\ 000\ \text{mm}^2$，许用压应力$[\sigma]$ = 3.5 MPa，试求许可载荷$[F]$。

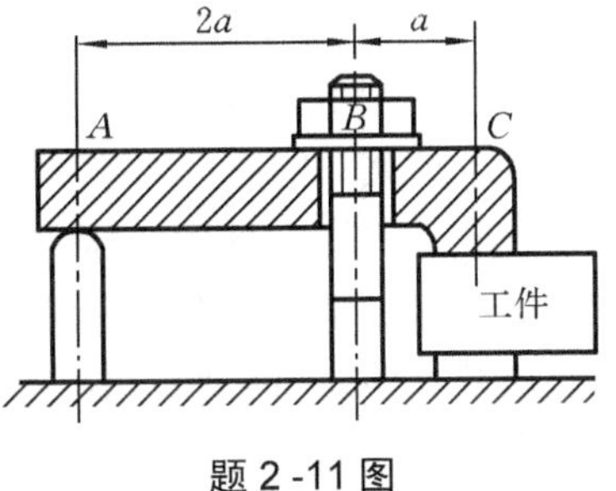

题 2-11 图

2-11　在题 2-11 图所示的螺旋压板装置中，已知螺栓的小径 $d_1 = 13.84$ mm，材料的许用应力$[\sigma]$ = 50 MPa，若工件在加工过程中所需要的夹紧力为 $F = 3$ kN，试校核该螺栓的抗拉强度。

第3章　直梁弯曲

3.1　平面弯曲概念及弯曲内力

3.1.1　平面弯曲概念

在工程结构和机械零件中，存在大量弯曲问题。如火车轮轴(见图3-1(a))、桥式起重机大梁(见图3-2(a))等，在外力作用下其轴线发生了弯曲。这种变形的形式称为弯曲变形。工程中把以发生弯曲变形为主的杆件通常称为梁。轴线为直线的梁称为直梁。

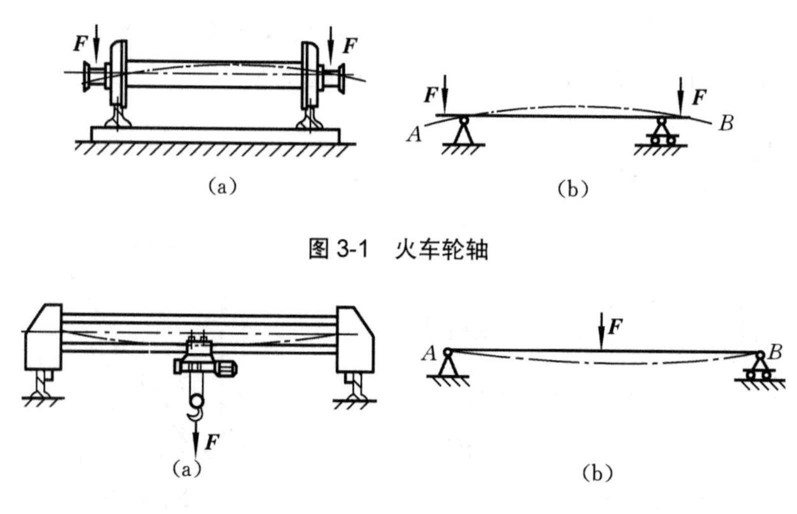

图3-1　火车轮轴

图3-2　桥式起重机大梁

工程结构中，常见直梁的横截面大多有一根纵向对称轴，如图3-3所示。梁的无数个横截面的纵向对称轴构成了梁的纵向对称平面(见图3-4)。

若梁上的所有外力(包括外力偶)都作用在梁的纵向对称平面内，梁的轴线将在其纵向对称平面内弯成一条平面曲线，梁的这种弯曲称为平面弯曲。它是最常见、最基本的弯曲变形。本节将主要讨论直梁的平面弯曲变形。

由以上工程实例可以得出，直梁平面弯曲时的受力与变形特点是：外力作用于梁的纵向对称平面内；梁的轴线在纵向对称平面内弯成一条平面曲线。

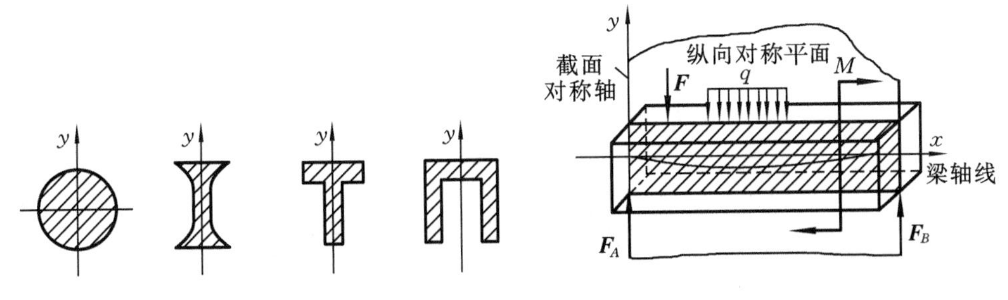

图 3-3　梁横截面的纵向对称轴

图 3-4　直梁的纵向对称平面

3.1.2　梁的力学模型与基本形式

1. 梁的简化

由上述平面弯曲的概念可知，载荷都作用在梁的纵向对称平面内，梁的轴线将弯成一条平面曲线。因此，无论梁的外形尺寸如何复杂，都可用梁的轴线来代替梁以使问题得到简化。例如，图 3-1(b)和图 3-2(b)中分别用梁的轴线 *AB* 代替梁以简化梁。

2. 载荷的简化

作用于梁上的外力，包括载荷和支座的约束力，都可以简化为下列三种类型。

(1) 集中力。当载荷的作用范围较小时，可将载荷简化为作用于一点的集中力，如火车车厢对轮轴的作用力及起重机吊重对大梁的作用力等，都可以简化为集中力(见图 3-1 和图 3-2)。

(2) 集中力偶。通过微小梁段作用在梁的纵向对称平面内的外力偶，如图 3-4 中的 *M*。

(3) 均布载荷。若载荷连续作用于梁上，则简化为均布载荷。通常用载荷集度 q 表示均布载荷，其单位为 N/m(见图 3-4)。

3. 支座的简化

按支座对梁的不同约束特性，静定梁的约束支座可按静力学中对约束简化的力学模型，分别简化为固定铰支座、活动铰支座和固定端支座。

4. 静定梁的基本形式

通过对梁、载荷和支座进行简化，就可以得到梁的力学模型。根据梁所受的不同支座的约束，梁平面弯曲时的基本力学模型可分为以下三种基本形式。

(1) 简支梁：梁的两端分别为固定铰支座和活动铰支座(见图 3-2(b))。

(2) 外伸梁：具有一端或两端外伸部分的简支梁(见图 3-1(b))。

(3) 悬臂梁：梁的一端为固定端约束，另一端为自由端。如图 3-5(a)所示的车刀，刀架限制了车刀的随意移动和转动，故可简化为固定端，车刀则简化为悬臂梁(见图 3-5(b))。

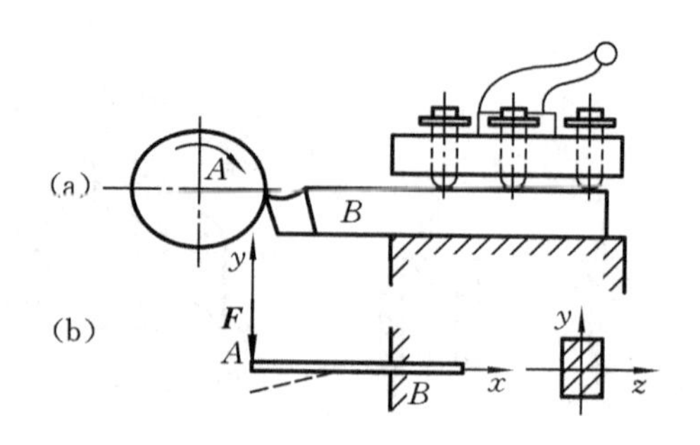

图 3-5　车刀的简化

以上梁的支座约束力均可通过静力学平衡方程求得，因此称为静定梁。若梁的支座约束力的个数多于静力学平衡方程的个数，支座约束力不能完全由静力平衡方程确定，这样的梁就称为静不定梁。本书仅讨论静定梁。

3.1.3　梁的内力——剪力和弯矩

当作用在梁上的全部外力(包括载荷和支座约束力)确定后，运用截面法可求出梁任一横截面上的内力。

1. 用截面法求梁的内力

图 3-6(a)所示的悬臂梁 AB，在其自由端作用一集中力 F，由静力平衡方程可求出其固定端的约束力 $F_B=F$，约束力偶矩 $M_B=Fl$(见图 3-6(b))。

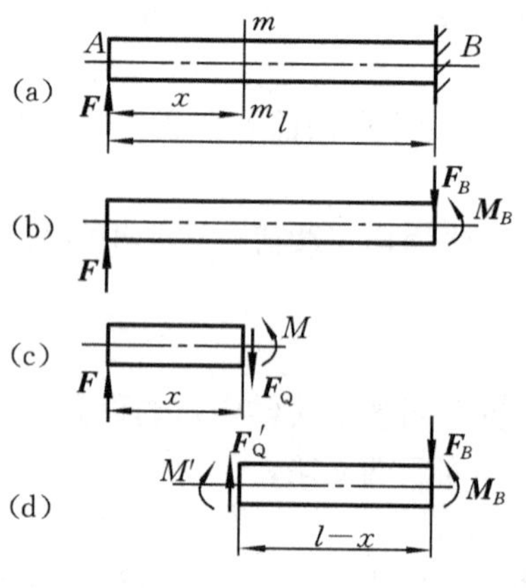

图 3-6　梁的内力——剪力和弯矩

为了求出梁任意横截面 m—m 上的内力，可在 m—m 处将梁截开，取左段梁为研究对象(见图 3-6(c))。由于整个梁在外力作用下是平衡的，所以梁的各段也必平衡。要使左段梁处于平衡，那么横截面上必定有一个作用线与外力 $\boldsymbol{F}$ 平行的内力 $\boldsymbol{F}_{\mathrm{Q}}$ 和一个在梁的纵向对称平面内的内力偶 M。由平衡方程求解

$$\sum F_y=0\,,\quad F-F_{\mathrm{Q}}=0$$

得

$$\sum F_{\mathrm{Q}}=F$$

这个作用线平行于横截面的内力称为剪力，用符号 $\boldsymbol{F}_{\mathrm{Q}}$ 表示。

解

$$\sum M_C(\boldsymbol{F})=0\,,\qquad M-Fx=0$$

得

$$M=Fx$$

其中，矩心 C 是横截面的形心。这个作用平面垂直于横截面的内力偶矩称为弯矩，用符号 M 表示。

同理，如取右段梁为研究对象(见图 3-6(d))，也可以求得截面 $m—m$ 上的剪力 F_Q' 和弯矩 M'，但它与取左段梁的结果是等值、反向的。

2. 剪力 F_Q 和弯矩 M 的正负号规定

为了使取同一截面左段梁或右段梁所得到的剪力与弯矩不仅数值相等而且符号一致，对剪力和弯矩的正负号规定如下。

(1) 剪力的正负规定：某梁段上左侧截面向上或右侧截面向下的剪力为正，反之为负(见图 3-7(a))。

(2) 弯矩的正负规定：某梁段上左侧截面顺时针转向或右侧截面逆时针转向的弯矩为正，反之为负(见图 3-7(b))。

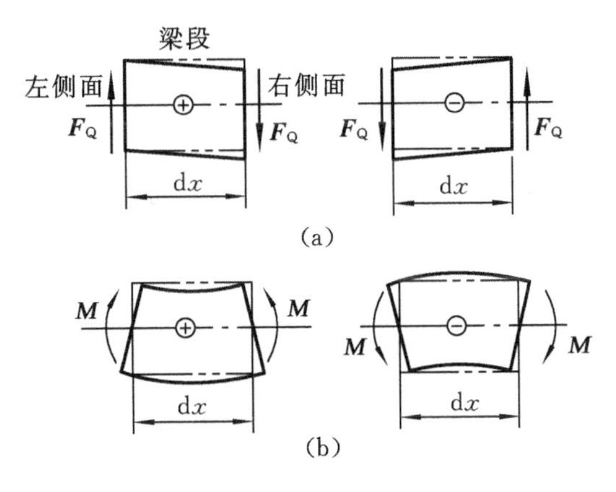

图 3-7　外伸梁

3. 任意截面上剪力和弯矩的计算

由截面法求任意截面的剪力和弯矩可得以下结论。

(1) 任意截面的剪力等于该截面左段梁或右段梁上所有外力的代数和，左段梁向上的外力或右段梁向下的外力产生正值剪力，反之产生负值剪力。简述为：$F_Q(x)=x$ 截面左(或右)段梁上外力的代数和，“左上、右下为正”。

(2) 任意截面的弯矩等于截面左段梁或右段梁上所有外力对截面形心力矩的代数和，左段梁上顺时针转向或右段梁上逆时针转向的外力矩产生正值弯矩，反之产生负值弯矩。简述为：$M(x)=x$ 截面左(或右)段梁上外力对截面形心力矩的代数和，“左顺、右逆为正”。

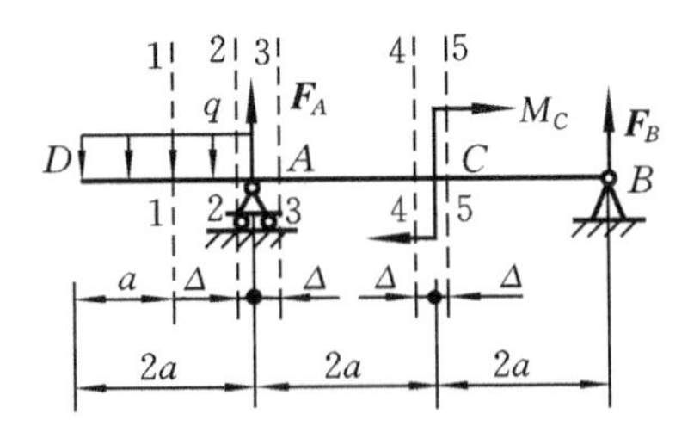

图 3-8　剪力和弯矩的正负号规定

例 3-1　外伸梁 DB 受力如图 3-8 所示。已知均布载荷为 q，集中力偶 $M_C=3qa^2$。图中 2—2 与 3—3 截面称为 A 点处的临近截面，即$\varDelta \to 0$；同样，4—4 与 5—5 截面为 C 点处的临近截面。试求梁各指定截面的剪力和弯矩。

解 (1) 求梁支座的约束力。

取整个梁为研究对象，画受力图，列平衡方程求解

$$\sum M_B(F)=0,\quad -F_A\times 4a-M_C+q\times 2a\times 5a=0$$

得
$$F_A=\frac{7qa}{4}$$

解
$$\sum F_y=0,\quad F_B+F_A-q\times 2a=0$$

得
$$F_B=\frac{qa}{4}$$

(2) 求各指定截面的剪力和弯矩。

1—1 截面：由 1—1 截面左段梁上外力的代数和求得该截面的剪力为

$$F_{Q1}=-qa$$

由 1—1 截面左段梁上外力对截面形心力矩的代数和求得该截面的弯矩为

$$M_1=-qa\times\frac{a}{2}=-\frac{qa^2}{2}$$

2—2 截面：取 2—2 截面左段梁计算，得

$$F_{Q2}=-q(2a-\varDelta)=-2qa$$
$$M_2=-q\times 2a(a-\varDelta)=2qa^2$$

其中，$\varDelta$是一个无穷小量，计算时当做零来处理。

3—3 截面：取 3—3 截面左段梁计算，得

$$F_{Q3}=-q\times 2a+F_A=-2qa+\frac{7qa}{4}=-\frac{qa}{4}$$
$$M_3=-q\times 2a(a+\varDelta)+F_A\varDelta=-2qa^2$$

4—4 截面：取 4—4 截面右段梁计算，得

$$F_{Q4}=-F_D=-\frac{qa}{4}$$

$$M_4=F_B(2a+\varDelta)-M_C=\frac{qa^2}{2}-3qa^2=-\frac{5a^2}{2}q$$

5—5 截面：取 5—5 截面右段梁计算，得

$$F_{Q5}=-F_B=-\frac{qa}{4}$$

$$M_5=F_B\times(2a-\varDelta)=\frac{qa^2}{2}$$

由以上计算结果可以得出如下结论。

(1) 集中力作用处的两侧临近截面的弯矩相同，但剪力不同，说明剪力在集

中力作用处产生了突变，突变的幅值就等于集中力的大小。

(2) 集中力偶作用处的两侧临近截面的剪力相同，但弯矩不同，说明弯矩在集中力偶作用处产生了突变，突变的幅值就等于集中力偶矩的大小。

(3) 由于集中力和集中力偶的作用截面上剪力和弯矩有突变，因此，应用截面法求任一指定截面的剪力和弯矩时，截面不能取在集中力或集中力偶的作用截面处。

3.1.4 剪力图和弯矩图

1. 根据剪力方程、弯矩方程画剪力图、弯矩图

在一般情况下，梁截面上的剪力和弯矩是随横截面位置的变化而连续变化的，若取梁的轴线为 x 轴，即以坐标 x 表示横截面的位置，则剪力和弯矩可表示为截面坐标 x 的单值连续函数，即

$$F_Q = F_Q(x) \ , \quad M = M(x)$$

上述两式分别称为剪力方程和弯矩方程。为了能够直观地表明梁各截面上剪力和弯矩的大小及正负，通常把剪力方程和弯矩方程用图表示，称为剪力图和弯矩图。

剪力图和弯矩图的基本作法是：先求出梁支座的约束力，沿轴线取截面坐标 x，再建立剪力方程和弯矩方程，然后应用函数作图法画出 $F_Q(x)$、$M(x)$的函数图。

例 3-2 台钻手柄 AB 用螺纹固定在转盘上(见图 3-9(a))，其长度为 l，自由端作用力 $\boldsymbol{F}$。试建立手柄 AB 的剪力、弯矩方程，并画其剪力、弯矩图。

解 (1) 建立手柄 AB 的力学模型。对图 3-9(b)所示的悬臂梁列平衡方程，求出支座约束力 $F_A = F$，$M_A = Fl$。

(2) 列剪力、弯矩方程。以梁的左端 A 点为坐标原点，选取任意位置 x 截面(见图 3-9(b))，用 x 截面处左段梁上的外力求 x 截面上的剪力、弯矩，即可得到手柄 AB 的剪力、弯矩方程为

$$F_Q(x) = F_A = F \qquad (0 < x < l)$$

$$M(x) = F_A x - M_A = -F(l - x) \qquad (0 < x \leqslant l)$$

(3) 画剪力、弯矩图。由剪力方程 $F_Q(x) = F$ 可知，梁的各横截面的剪力均等于 F，且为正值。剪力图为平行于 x 轴的水平线(见图 3-9(c))。

由弯矩方程 $M(x) = -F(l - x)$ 可知，梁的各横截面弯矩是截面坐标 x 的一次函数(直线)，确定直线两点的坐标，即 A 端截面的弯矩 $M(0) = -Fl$，B 端截面的弯矩 $M(l) = 0$，连接两点坐标即得此梁的弯矩图(见图 3-9(d))。

(4) 最大弯矩值。由弯矩图可见，手柄 AB 固定端截面上弯矩的绝对值最大，即

$$\left| M_{\max} \right| = Fl$$

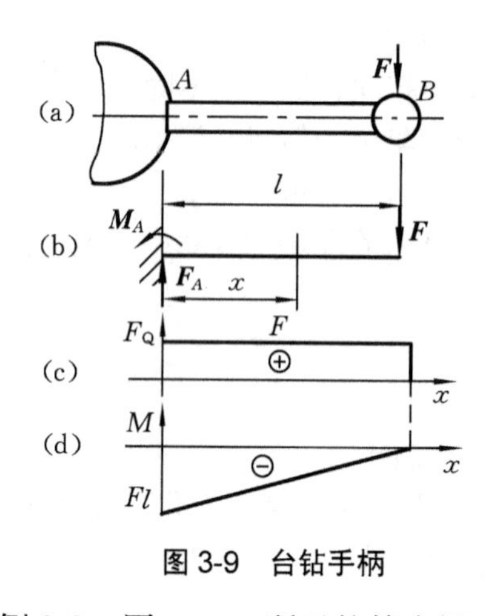

图 3-9　台钻手柄

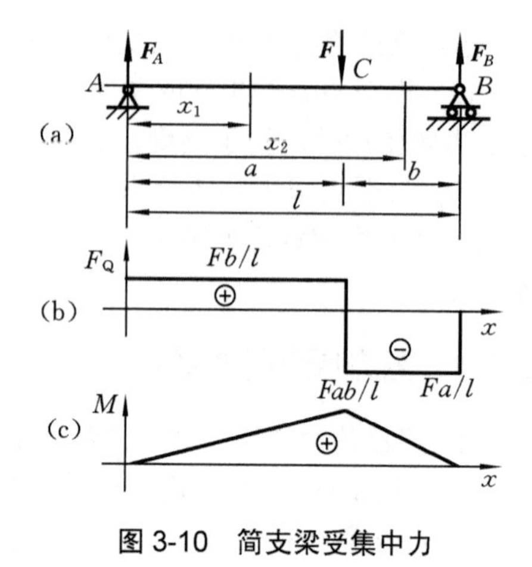

图 3-10　简支梁受集中力

例 3-3　图 3-10(a)所示的简支梁 AB，在 C 点处作用集中力 $\boldsymbol{F}$，试画出此梁的剪力、弯矩图。

解　(1) 画受力图求支座约束力。由平衡方程求得 $F_A=Fb/l,\ F_B=Fa/l$。

(2) 建立剪力、弯矩方程。由于集中力作用点两侧临近截面上剪力有突变，所以剪力方程在 C 点就不连续，因此要把梁 AB 分为 AC、CB 两段来考虑。

在 AC 段($0\leqslant x_1<a$)内取与梁左端 A 相距为 x_1 的任意截面(见图 3-10(a))，该截面左段梁上只有向上的外力 $\boldsymbol{F}_A$，因此 x_1 截面上的剪力和弯矩分别为

$$F_Q(x_1)=F_A=\frac{Fb}{l}\quad(0<x_1<a)$$

$$M(x_1)=F_Ax_1=\frac{Fb}{l}x_1\quad(0\leqslant x_1\leqslant a)$$

同理，在 CB 段($a\leqslant x_2\leqslant l$)取与 A 点相距为 x_2 的任意截面(见图 3-10(a))，该截面右段梁上有向上的外力 $\boldsymbol{F}_B$，在 C 点有向下的外力 $\boldsymbol{F}$，因此 x_2 截面上的剪力和弯矩分别为

$$F_Q(x_2)=F_A-F=-\frac{Fa}{l}\quad(a<x_2<l)$$

$$M(x_2)=F_Ax_2-F(x_2-a)=\frac{Fb}{l}x_2-F(x_2-a)\quad(a\leqslant x_2\leqslant l)$$

(3) 画剪力、弯矩图。由函数作图法可知，AC 段剪力为常量，弯矩图是斜直线；CB 段剪力也为常量，弯矩图也是斜直线(见图 3-10(c))。

从剪力图和弯矩图可知，当 $a>b$ 时，$\left|F_{Q\max}\right|=Fa/l$，在 C 截面有最大弯矩值 $\left|M_{\max}\right|=Fab/l$，即集中力作用在梁的中点时，梁的中点处有最大弯矩值。

例 3-4　图 3-11(a)所示的简支梁 AB，在 C 点处作用集中力偶 M，试画出此梁的剪力、弯矩图。

解 (1) 画受力图求支座约束力。由平衡方程求得

$$F_A = -M/l \ , \ F_B = M/l$$

(2) 建立剪力、弯矩方程。由于集中力偶作用点两侧临近截面上弯矩有突变，弯矩方程在该点就不连续，因此要把 AB 梁分为 AC、BC 两段来考虑。截面坐标 x 的选取如图 3-11(a)所示。

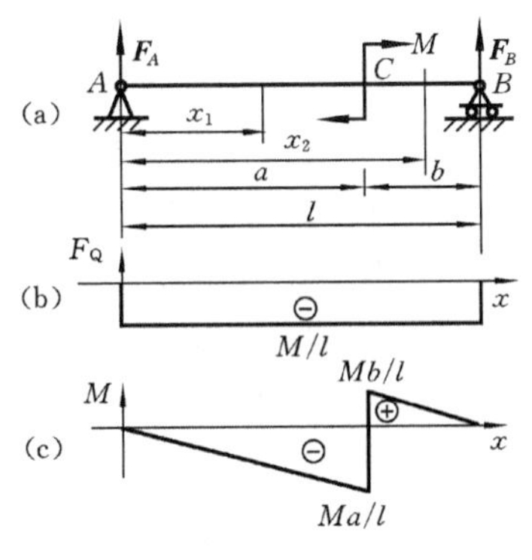

图 3-11 简支梁受集中力偶

AC 段内的剪力、弯矩方程分别为

$$F_Q(x_1) = F_A = -\frac{M}{l} \quad (0 < x_1 < a)$$

$$M(x_1) = F_A x_1 = -\frac{M}{l} x_1 \quad (0 \leqslant x_1 \leqslant a)$$

CB 段内的剪力、弯矩方程分别为

$$F_Q(x_2) = F_A = -\frac{M}{l} \quad (a < x_2 < l)$$

$$M(x_2) = F_A x_2 + M = -\frac{M}{l} x_2 + M \quad (a \leqslant x_2 \leqslant l)$$

(3) 画剪力、弯矩图。由剪力、弯矩方程分别绘出剪力、弯矩图(见图 3-11(b)、(c))。

例 3-5 图 3-12(a)所示的简支梁 AB，作用有均布载荷 q，试画出该梁的剪力、弯矩图。

解 (1) 画受力图求支座约束力。由平衡方程求解得

$$F_A = ql/2 \ , \ F = ql/2$$

(2) 建立剪力、弯矩方程。由于均布载荷作用在全梁上，梁中间没有其他集中力或集中力偶作用，所以梁不需要分段，剪力方程和弯矩方程在全梁上是截面坐标x的单值连续函数，选取任意截面位置x，如图 3-12(a)所示，得

$$F_Q(x) = F_A - qx = \frac{ql}{2} - qx \quad (0 < x < l)$$

$$M(x) = F_A x - qx \times \frac{x}{2} = \frac{ql}{2} x - \frac{q}{2} x^2 \quad (0 \leqslant x \leqslant l)$$

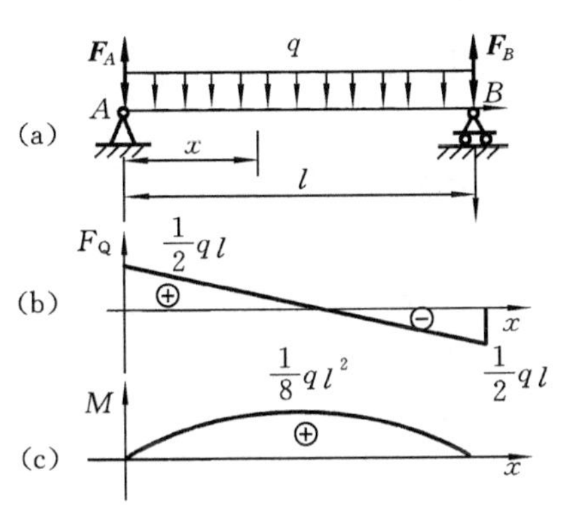

图 3-12 简支梁受均布载荷

(3) 画剪力、弯矩图。剪力方程表明剪力是截面坐标 x 的一次函数(直线)，只需确定直线两点的坐标 $F_Q(0)=ql/2$，$F_Q(l)=-ql/2$，作这两点的连线即得剪力图(见图 3-12(b))。弯矩方程表明截面弯矩是截面坐标 x 的二次函数，弯矩图应为一抛物线，由函数作图法

便可绘出弯矩图(见图 3-12(c))。

由图可见，$\left|F_{\mathrm{Q\,max}}\right| = ql/2$；最大弯矩值出现在梁的中点截面，且$\left|M_{\max}\right| = ql^2/8$。

2. 用内力随外力的变化规律画剪力、弯矩图

从上述例题可知，若从梁的左端向右端作图，剪力、弯矩图随外力的变化具有以下变化规律。

(1) 剪力、弯矩方程在全梁上一般不是截面坐标 x 的连续函数，而是分段定义的函数。载荷变化处(集中力、集中力偶作用处，均布载荷的始末端)为 $F_{\mathrm{Q}}(x)$、$M(x)$方程的不连续点，需分段建立方程。

(2) 无载荷作用的梁段上，剪力图为水平线，弯矩图为斜直线。

(3) 在集中力作用处，剪力图有突变，突变的幅值等于集中力的大小，突变的方向与集中力同向；弯矩图则在该处发生转折。

(4) 在集中力偶作用处，剪力图无变化，弯矩图有突变，突变的幅值等于集中力偶矩的值，突变的方向为：集中力偶顺时针转向时弯矩正向突变，反之则负向突变。

(5) 在均布载荷作用的梁段上，剪力图为斜直线，弯矩图为二次曲线，曲线的凹向与均布载荷同向，通常在剪力等于零的截面曲线有极值。

尽管用剪力、弯矩方程能够画出剪力、弯矩图，但是应用剪力、弯矩图随外力的变化规律来画剪力、弯矩图会更简捷。

例 3-6 图 3-13(a)所示的外伸梁 AD 上，作用有均布载荷 q，集中力偶 $M=3qa^2/2$，集中力 $F=qa/2$，试画出该梁的剪力、弯矩图。

解 (1) 画受力图求支座约束力。由平衡方程求解得 $F_A=3qa/4$，$F_B=-qa/4$。根据集中力、集中力偶作用位置和均布载荷的始末端将全梁分为 AC、CB、BD 三段。

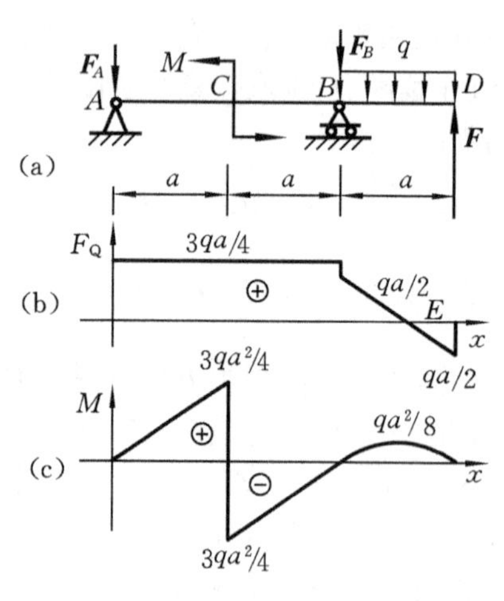

图 3-13　外伸梁的剪力图和弯矩图

(2) 画剪力图。从梁的左端开始作图，A 点处有集中力 $F_A=3qa/4$ 作用，剪力图沿 $\boldsymbol{F}_A$ 方向向上突变 $3qa/4$；AC 段无载荷作用，剪力值为常量(即水平线)；C 点处有集中力偶作用，剪力图无变化；CB 段无载荷作用，剪力值仍为常量；B 点处有集中力 $F_B=qa/4$ 作用，剪力图沿 $\boldsymbol{F}_B$实际方向向下突变 $qa/4$(剪力值尚余 $qa/2$)；BD 段有均布载荷 q 作用，剪力图为斜直线，B 点右侧临近截面(记作 B_+)的剪力 $F_{\mathrm{Q}B_+}=qa/2$，D 点左侧临近截面(记作 D_-)的剪力

$F_{QD_-}=-qa/2$，画出此两点的连线；D 点有集中力 $F=qa/2$ 作用，剪力图沿 $\boldsymbol{F}$ 方向向上突变 $qa/2$ 回到坐标轴。由此得图 3-13(b)所示的剪力图。

(3) 画弯矩图。从梁的左端开始作图，A 点处有集中力 F_A 作用，弯矩图有转折点；AC 段无载荷作用，弯矩图为斜直线，确定 A_+、C_-两截面的弯矩值 $M_{A_+}=0$，$M_{C_-}=3qa^2/4$，过这两点连线；C 点处有逆时针转向的集中力偶作用，弯矩图向下突变 $M=3qa^2/2$，则 $M_{C_+}=3qa^2/4-3qa^2/2=-3qa^2/4$；$CB$ 段无载荷作用，弯矩图为斜直线，确定 C_+、B_-两截面的弯矩值 $M_{C_+}=-3qa^2/4$，$M_{B_-}=0$，过这两点连线；B 点处有集中力 $\boldsymbol{F}_B$ 作用，弯矩图有转折点；BD 段有曲线，其凹向与均布载荷同向即向下，确定 B_+、E、D 截面的弯矩值 $M_{B_+}=0$，$M_E=(qa/2)\times(a/2)-(qa/2)\times(a/4)=qa^2/8$，$M_D=0$，过这三点的弯矩值描出抛物线，即得图 3-13(c)所示的弯矩图。

3.1.5 梁弯曲时横截面上的正应力

在确定了梁横截面的内力之后，还需进一步研究横截面上的应力与截面内力之间的定量关系，从而建立梁的强度设计条件，进行强度计算。

1. 纯弯曲与横力弯曲

火车轮轴的力学模型为图 3-14(a)所示的外伸梁。画其剪力、弯矩图(见图 3-14(b)、(c))，在其 AC、BD 段内各横截面上有弯矩 M 和剪力 $\boldsymbol{F}_Q$ 同时存在，故梁在这些段内发生弯曲变形的同时还会发生剪切变形，这种变形称为剪切弯曲，也称为横力弯曲。在其 CD 段内各横截面，只有弯矩 M 而无剪力 F_Q，梁的这种弯曲称为纯弯曲。

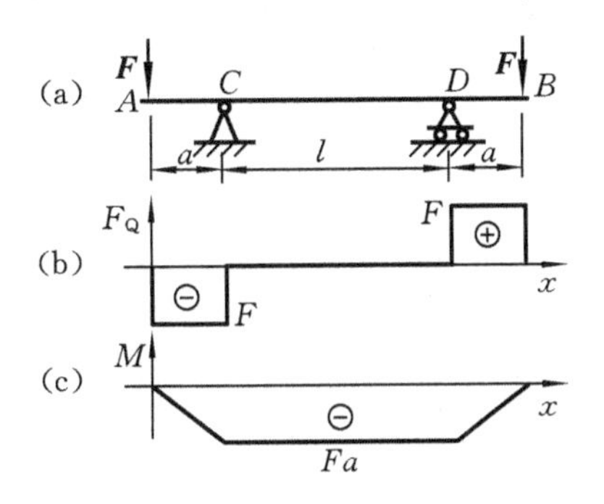

图 3-14 梁的纯弯曲变形现象

2. 梁纯弯曲时横截面上的正应力

如图 3-15(a)所示，取一矩形截面梁，弯曲前在其表面画两条横向线 $m—m$ 和 $n—n$，再画两条纵向线 $a—a$ 和 $b—b$，然后在其两端作用外力偶矩 M，梁将发生平面纯弯曲变形(见图 3-15(b))。此时可以观察到如下变形现象。

(1) 横向线 $m—m$ 和 $n—n$ 仍为直线且与纵向线正交，但绕某点相对转动了一个微小角度。

(2) 纵向线 $a—a$ 和 $b—b$ 弯成了曲线，且 $a—a$ 线缩短，而 $b—b$ 线伸长。

由于梁内部材料的变化无法观察，因此假设横截面在变形过程中始终保持为平面，这就是梁纯弯曲时的平面假设。可以设想梁由无数条纵向纤维组成，且纵向纤维间无相互的挤压作用，处于单向受拉或受压状态。

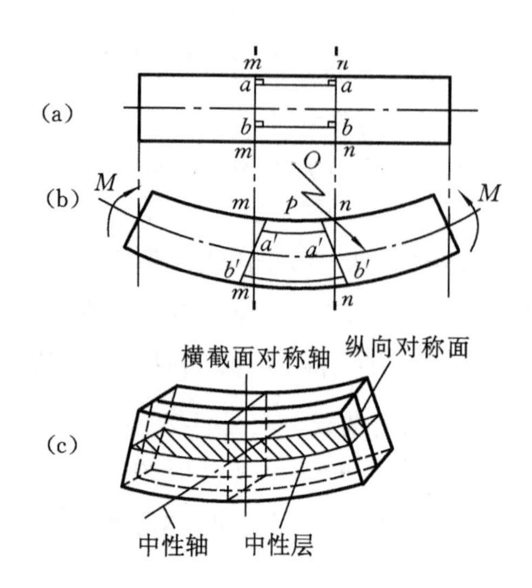

图 3-15　梁的纯弯曲与横力弯曲

从图 3-15(b)中可以看出，梁纯弯曲时，从凸边纤维伸长连续变化到凹边纤维缩短，其间必有一层纤维既不伸长也不缩短，这一纵向纤维层称为中性层(见图 3-15(c))。中性层与横截面的交线称为中性轴。梁弯曲时，横截面绕中性轴转动了一个角度。

由上述分析可知，矩形截面梁在纯弯曲时的应力分布有如下特点。

(1) 中性轴上的线应变为零，所以其正应力亦为零。

(2) 距中性轴距离相等的各点，其线应变相等。根据胡克定律，它们的正应力也必相等。

(3) 在图 3-15(b)所示的受力情况下，中性轴上部各点正应力为压应力(即负值)，中性轴下部各点正应力为拉应力(即正值)。

(4) 横截面上的正应力沿 y 轴呈线性分布，即 $\sigma = ky$(k 为待定常数)，如图 3-16 所示。最大正应力(绝对值)在离中性轴最远的上、下边缘处。

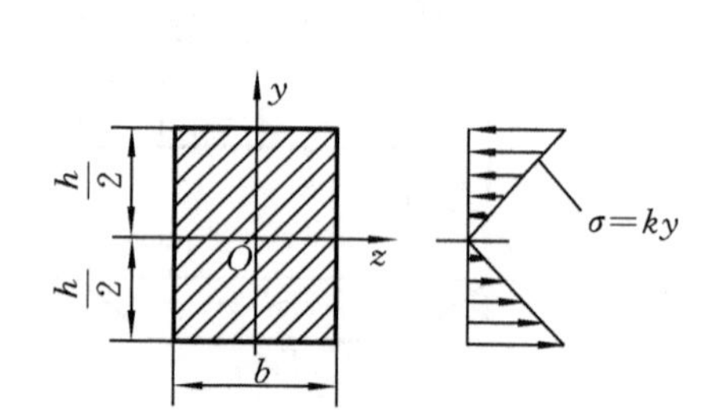

图 3-16　正应力分布图

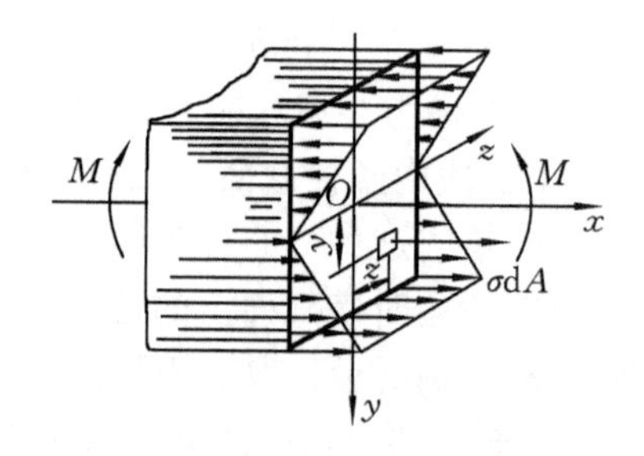

图 3-17　梁纯弯曲时横截面上的内力和应力

由于距离中性层上、下的纵向纤维的线应变与到中性层的距离 y 成正比，当其正应力不超过材料的比例极限时，由胡克定律可知

$$\sigma = E \cdot \varepsilon = E \cdot \frac{y}{\rho} = \frac{E}{\rho} \cdot y \tag{3-1}$$

对于指定的横截面，$\dfrac{E}{\rho}$ 为常数(即为上述的 k 值)，由于此时梁轴线的曲率半径 ρ 还是一个未知量，在纯弯曲时，中性轴的曲率半径 ρ 的计算公式为

$$\frac{1}{\rho}=\frac{M}{EI_z} \tag{3-2}$$

这是研究梁变形的一个基本公式，其中，EI_z值的大小反映了梁抵抗弯曲变形的能力，称为梁的抗弯刚度。

将式(3-2)代入式(3-1)，即得到梁在纯弯曲时横截面上任一点(见图3-17)处的正应力计算公式为

$$\sigma=\frac{My}{I_z} \tag{3-3}$$

为计算梁横截面上的最大正应力，可定义抗弯截面系数$W_z=\frac{I_z}{y_{\max}}$，则式(3-3)可写为

$$\sigma_{\max}=\frac{M}{W_z} \tag{3-4}$$

式中：M——截面上的弯矩(N·mm)；

W_z——抗弯截面系数(mm^3)。

I_z、W_z是仅与截面几何尺寸有关的量，常用型钢的I_z、W_z值可在有关设计手册中查得。

式(3-2)和式(3-3)是由梁受纯弯曲变形推导出的，但只要梁具有纵向对称面且载荷作用在其纵向对称面内、梁的跨度又较大时，横力弯曲也可应用上述两式。当梁横截面上的最大应力大于其材料的比例极限时，公式不再适用。

3. 惯性矩和抗弯截面系数的计算

梁常见横截面的I_z、W_z值计算公式见表3-1。

表3-1 常见截面的I_z、W_z值计算公式

截面形状	y, z, h, b	y, z, D	y, z, D, d
惯性矩	$I_z=\frac{bh^3}{12}$ $I_y=\frac{hb^3}{12}$	$I_z=I_y=\frac{\pi D^2}{64}\approx 0.05D^4$	$I_z=I_y=\frac{\pi}{64}(D^4-d^4)\approx 0.05D^4(1-\alpha^4)$ 其中，$\alpha=\frac{d}{D}$

续表

抗弯截面系数	$W_z=\frac{bh^2}{6}$ $W_y=\frac{hb^2}{6}$	$W_z=W_y=\frac{\pi D^3}{32}\approx 0.1D^3$	$W_z=W_y=\frac{\pi D^3}{32}(1-\alpha^4)\approx 0.1D^3(1-\alpha^4)$ 其中，$\alpha=\frac{d}{D}$

3.2 梁的弯曲强度计算

3.2.1 梁的弯曲正应力强度条件

由式(3-3)可知，梁弯曲时横截面上的最大正应力出现在离中性轴最远的上、下边缘处。对于等截面梁，全梁的最大正应力 $\sigma_{\max}$ 一定出现在最大弯矩所在截面的上、下边缘处。这个最大弯矩 $M_{\max}$ 所在的截面通常称为危险截面，其上、下边缘处称为危险点。要使梁具有足够的抗弯强度，必须使梁危险截面上危险点处的工作应力不超过材料的许用应力$[\sigma]$，即梁弯曲时的正应力强度条件为

$$\sigma_{\max}=\frac{M_{\max}}{W_z}\leqslant[\sigma] \tag{3-5}$$

3.2.2 梁的弯曲正应力强度计算

应用梁的弯曲正应力强度条件式(3-5)，可以解决梁的弯曲正应力强度计算的三类问题，即校核强度、设计截面尺寸和确定许可载荷。

必须注意，用式(3-5)进行计算时，需具体问题具体分析。工程实际中，为充分发挥梁的抗弯能力，对抗拉性能和抗压性能相同的塑性材料，即$[\sigma^+]=[\sigma^-]$，一般宜采用上、下对称于中性轴的截面形状；对抗拉性能和抗压性能不同的脆性材料，即$[\sigma^+]<[\sigma^-]$，一般宜采用上、下不对称于中性轴的截面形状，其强度条件为

$$\left.\begin{aligned}\sigma_{\max}^{+}&=\frac{M_{\max}y^{+}}{I_z}\leqslant[\sigma^{+}]\\ \sigma_{\max}^{-}&=\frac{M_{\max}y^{-}}{I_z}\leqslant[\sigma^{-}]\end{aligned}\right\} \tag{3-6}$$

例 3-7 图 3-18(a)所示的螺旋压板装置，已知工件受到的压紧力 $F=3$ kN，板长为 $3a$，$a=50$ mm，压板材料的许用应力$[\sigma]=140$ MPa，试校核压板的弯曲正应力强度。

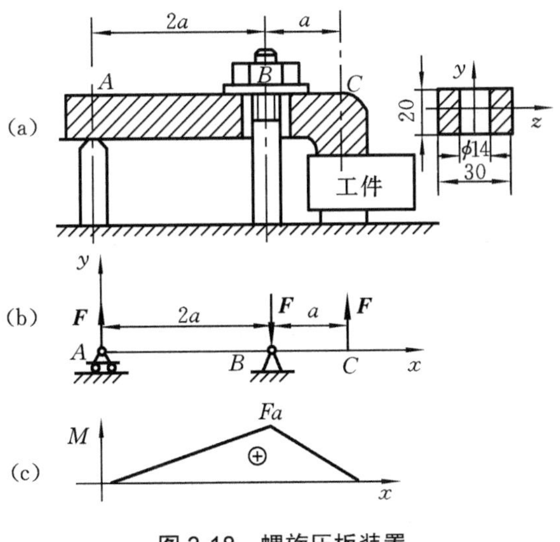

图 3-18　螺旋压板装置

解　压板发生弯曲变形，建立压板的力学模型为图 3-18(b)所示的外伸梁。画该梁的弯矩图如图 3-18(c)所示。

由弯矩图可见 B 截面的弯矩最大，是梁的危险截面，其值为

$$M_{\max} = Fa = 3\times10^3\times50\ \text{N}\cdot\text{mm} = 1.5\times10^5\ \ \text{N}\cdot\text{mm}$$

压板 B 截面的抗弯截面系数最小，其值为

$$I_z = \left(\frac{30\times20^3}{12} - \frac{14\times20^3}{12}\right)\ \text{mm}^4 = 1.07\times10^4\ \ \text{mm}^4$$

$$W_z = \frac{I_z}{y_{\max}} = \frac{1.07\times10^4}{10}\ \ \text{mm}^3 = 1.07\times10^3\ \ \text{mm}^3$$

校核压板的弯曲正应力强度，得

$$\sigma_{\max} = \frac{M_{\max}}{W_z} = \frac{1.5\times10^5}{1.07\times10^3}\ \ \text{MPa} = 140.19\ \ \text{MPa} > [\sigma]$$

按有关设计规范，允许压板的最大工作应力在其许用应力的 5% 以内。试计算下式有

$$\frac{\sigma_{\max} - [\sigma]}{[\sigma]}\times100\% = \frac{140.19-140}{140}\times100\% = 0.14\% < 5\%$$

所以，压板的弯曲正应力强度满足工作要求。

例 3-8　图 3-19(a)所示桥式起重机的大梁由 32b 工字钢制成，跨长 l=10 m，材料的许用应力为 $[\sigma]=140$ MPa，电动葫芦重 G=0.5 kN，梁的自重不计，求梁能够承受的最大吊重 F。

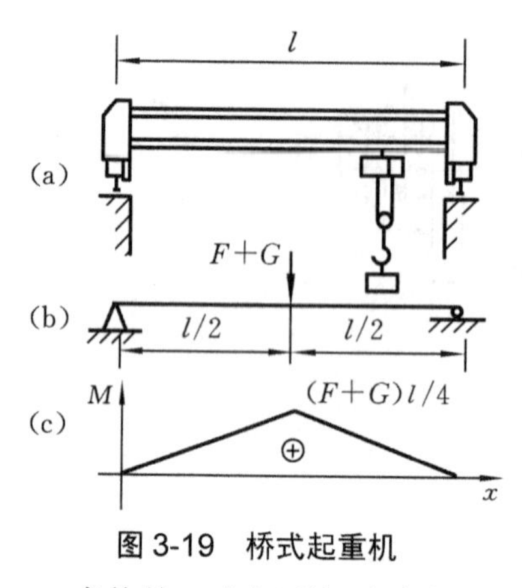

图 3-19　桥式起重机

解　起重机大梁的力学模型为图 3-19(b)所示的简支梁。电动葫芦移动到梁跨长的中点，梁中点截面处将产生最大弯矩，画弯矩图(见图 3-19(c))。梁中点截面为危险截面，其最大弯矩为

$$M_{\max}=\frac{(G+F)l}{4}$$

由梁的抗弯强度条件 $\sigma_{\max}=\dfrac{M_{\max}}{W_z}\leqslant[\sigma]$

得
$$\frac{(G+F)l}{4}\leqslant[\sigma]W_z$$

查热轧工字钢型钢表中的32b工字钢知，其 $W_z=726.33\ \text{cm}^3=7.26\times10^5\ \text{mm}^3$，代入上式得

$$F\leqslant\frac{4[\sigma]W_z}{l}-G=\left(\frac{4\times140\times7.26\times10^5}{10\times10^3}-0.5\times10^3\right)\text{N}$$
$$=40.38\times10^3\ \text{N}=40.38\ \text{kN}$$

所以梁能够承受的最大吊重为 40.38 kN。

例 3-9　图 3-20(a)所示为 T 形截面铸铁梁，已知 F_1=9 kN，F_2=4 kN，a=1m，许用拉应力 $[\sigma^+]=30$ MPa，许用压应力 $[\sigma^-]=60$ MPa，T 形截面尺寸如图 3-20(b)所示。已知截面对形心轴 z 的惯性矩 $I_z=763\ \text{cm}^4$，$y_1=52$ mm，试校核梁的抗弯强度。

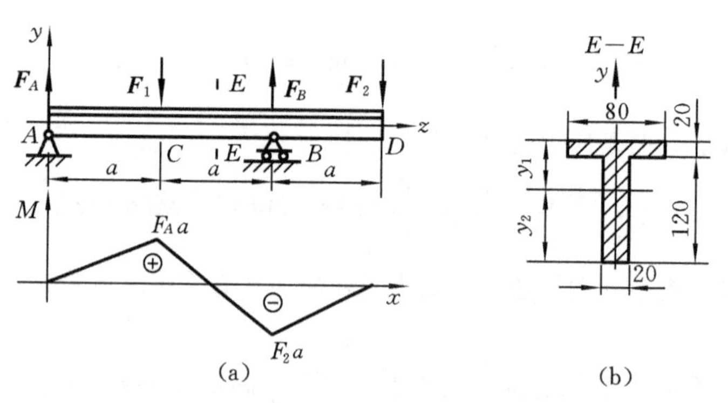

图 3-20　T 形截面铸铁梁

解　求梁支座的约束力为 $F_A=2.5$ kN，$F_B=10.5$ kN，画梁的弯矩图(见图 3-20(a))。由图可见，最大弯矩为：正值在 C 截面，$M_C=F_Aa=2.5$ kN·m，负值在 B 截面，$M_B=-F_2a=-4$ kN·m。

铸铁梁 B 截面上的最大拉压力出现在截面的上边缘各点处，最大压应力出现

在截面的下边缘各点处，分别为

$$\sigma_B^+ = \frac{M_B y_1}{I_z} = \frac{4\times10^6\times52}{763\times10^4}\ \text{MPa} = 27.26\ \text{MPa}$$

$$\sigma_B^- = \frac{M_B y_2}{I_z} = \frac{4\times10^6\times(120+20-52)}{763\times10^4}\ \text{MPa} = 46.13\ \text{MPa}$$

铸铁梁 C 截面上的最大拉应力出现在截面的下边缘各点处，最大压应力出现在截面的上边缘各点处，分别为

$$\sigma_C^+ = \frac{M_C y_2}{I_z} = \frac{2.5\times10^6\times(120+20-52)}{763\times10^4}\ \text{MPa} = 28.83\ \text{MPa}$$

$$\sigma_C^- = \frac{M_C y_1}{I_z} = \frac{2.5\times10^6\times52}{763\times10^4}\ \text{MPa} = 17.04\ \text{MPa}$$

所以，梁的最大拉应力出现在 C 截面的下边缘各点处，最大压应力出现在 B 截面的下边缘各点处，即

$$\sigma_{\max}^+ = \sigma_C^+ = 28.83\ \ \text{MPa} < [\sigma^+]$$

$$\sigma_{\max}^- = \sigma_C^- = 46.13\ \ \text{MPa} < [\sigma^-]$$

故梁的抗弯强度足够。

3.3 拉伸(压缩)与弯曲组合变形的强度计算

工程上大多数杆件在外力作用下产生的变形较为复杂，经分析可知，这些复杂变形均可看成由若干种基本变形组合而成，其中拉伸(压缩)与弯曲组合变形是较为常见的一种组合变形。

图 3-21(a)所示为钻床，下面分析钻床立柱的变形情况。用截面法将立柱沿 m—m 截面截开，取上半部分为研究对象，上半部分在外力 $\boldsymbol{F}$ 及截面内力作用下应处于平衡状态，故截面上有轴力 $\boldsymbol{F}_\text{N}$ 和弯矩 M 共同作用，如图 3-21(b)所示。由平衡方程求解得

$$F_\text{N} = F,\quad M = Fe$$

所以，立柱将发生拉弯组合变形。由于其截面上既有均匀分布的拉伸正应力，又有不均匀分布的弯曲正应力，截面上各点同时作用的正应力可以进行代数相加，如图 3-21(c)所示。截面左侧边缘的点处有最大压应力，截面右侧边缘的点处有最大拉应力，其值分别为

$$\sigma_{\max}^- = \frac{F_\text{N}}{A} - \frac{M}{W_z},\qquad \sigma_{\max}^+ = \frac{F_\text{N}}{A} + \frac{M}{W_z}$$

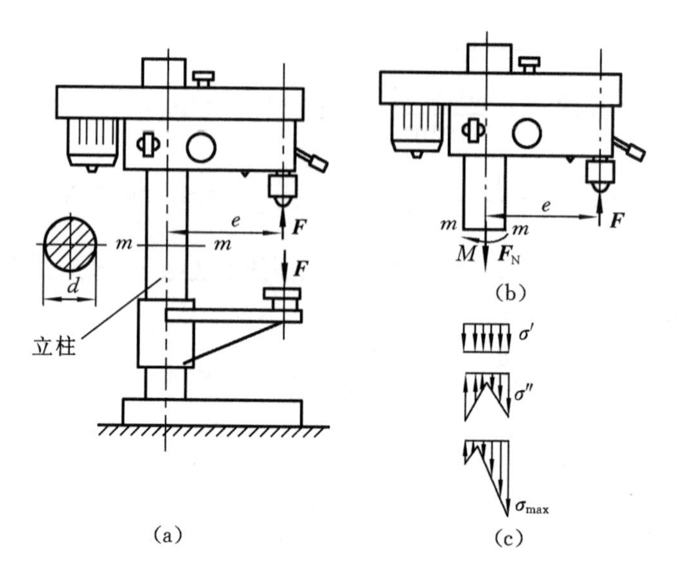

图 3-21　钻床立柱的变形分析

当杆件发生轴向拉伸(压缩)与弯曲的组合变形时，对于抗拉(压)强度相同的塑性材料，只需按截面上的最大应力进行强度计算，其强度条件为

$$\sigma_{\max}=\frac{F_{\mathrm{N}}}{A}+\frac{M}{W_z}\leqslant[\sigma] \tag{3-7}$$

对于抗压强度大于抗拉强度的脆性材料，则要分别按最大拉应力和最大压应力进行强度计算，其强度条件分别为

$$\left.\begin{aligned}\sigma_{\max}^{+}=\frac{F_{\mathrm{N}}}{A}+\frac{M}{W_z}\leqslant[\sigma^{+}]\\ \sigma_{\max}^{-}=\frac{F_{\mathrm{N}}}{A}-\frac{M}{W_z}\leqslant[\sigma^{-}]\end{aligned}\right\} \tag{3-8}$$

例 3-10　如图 3-21(a)所示钻床钻孔时，钻削力 $F=15$ kN，偏心距 $e=0.4$ m，圆截面铸铁立柱的直径 $d=125$ mm，许用拉应力$[\sigma^{+}]=35$ MPa，许用压应力$[\sigma^{-}]=120$ MPa。试校核立柱的强度。

解　(1) 计算内力。由上述分析可知，立柱的各截面发生拉弯组合变形，其内力分别为

$$F_{\mathrm{N}}=F=15\ \mathrm{kN}$$
$$M=Fe=15\times0.4\ \mathrm{kN\cdot m}=6\ \mathrm{kN\cdot m}$$

(2) 校核强度。由于立柱材料为铸铁，且抗压性能优于抗拉性能，故只需对立柱截面右侧边缘点处的拉应力进行强度校核，即

$$\sigma_{\max}^{+}=\frac{F_{\mathrm{N}}}{A}+\frac{M}{W_z}$$

$$=\left(\frac{15\times10^3\times4}{\pi\times125^2}+\frac{6\times10^6}{0.1\times125^3}\right)\mathrm{MPa}$$

$$=32.5\ \mathrm{MPa}<[\sigma^{+}]$$

所以，立柱的强度足够。

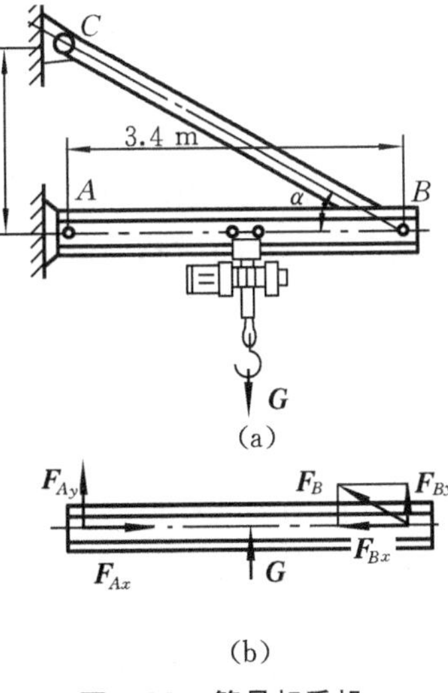

图 3-22　简易起重机

例 3-11　图 3-22(a)所示为简易起重机，其最大起吊重量 $G=15.5\ \mathrm{kN}$，横梁 AB 为工字钢，许用应力 $[\sigma]=170\ \mathrm{MPa}$，若梁重不计，试按正应力强度条件选择工字钢的型号。

解　(1) 横梁的变形分析。横梁 AB 可简化为简支梁，由前述分析可知，当电葫芦移动到梁跨中点时，梁处于最危险的状态。将拉杆 BC 的作用力 $\boldsymbol{F}_B$ 分解为 F_{Bx} 和 F_{By}(见图 3-22(b))，列平衡方程求解得

$$F_{By}=F_{Ay}=\frac{G}{2}=7.75\ \mathrm{kN}$$

$$F_{Bx}=F_{Ax}=F_{Ay}\cot\alpha=7.75\times\frac{3.4}{1.5}\ \mathrm{kN}=17.57\ \mathrm{kN}$$

力 G、F_{Ay}、F_{By} 沿 AB 梁横向作用使梁 AB 发生弯曲变形，力 F_{Ax} 与 F_{Bx} 沿 AB 梁的轴向作用使梁 AB 发生轴向压缩变形，所以梁 AB 发生压缩与弯曲的组合变形。

(2) 横梁的内力分析。当载荷作用于梁跨中点时，简支梁 AB 中点截面的弯矩值最大，其值为

$$M_{\max}=\frac{Gl}{4}=\frac{15.5\times3.4}{4}\ \mathrm{kN\cdot m}=13.18\ \mathrm{kN\cdot m}$$

故横梁各横截面的轴向压力为

$$F_{\mathrm{N}}=F_{Ax}=17.57\ \mathrm{kN}$$

(3) 初选工字钢型号。按抗弯强度条件初选工字钢的型号。由

$$\sigma_{\max}=\frac{M_{\max}}{W_z}\leqslant[\sigma]$$

得

$$W_z\geqslant\frac{M_{\max}}{[\sigma]}=\frac{13.18\times10^6}{170}\ \mathrm{mm^3}=77.5\times10^3\ \mathrm{mm^3}=77.5\ \mathrm{cm^3}$$

查型钢表，初选工字钢型号为 14 号工字钢，其 $W_z=102\ \mathrm{cm^3}$，$A=21.5\ \mathrm{cm^2}$。

(4) 校核横梁的抗组合变形强度。横梁的最大压应力出现在中点截面的上边缘各点处。由压弯组合变形的强度条件

$$\sigma_{\max}=\frac{F_{\mathrm{N}}}{A}+\frac{M_{\max}}{W_z}=\left(\frac{17.57\times10^3}{21.5\times10^2}+\frac{13.18\times10^6}{102\times10^3}\right)\text{MPa}$$

$$=137\ \text{MPa}<[\sigma]$$

故选用 14 号工字钢作为横梁强度足够。倘若强度不满足，可以将所选的工字钢型号再放大一号进行校核，直到满足强度条件为止。

3.4　梁的弯曲刚度简介

梁满足弯曲强度条件，表明其能安全工作，但梁变形过大也会影响机器的正常运行。如齿轮轴变形过大，会使齿轮不能正常啮合，产生振动和噪声；起重机横梁(见图 3-23(a))的变形过大，会使电葫芦移动困难；机械加工中刀杆或工件的变形(见图 3-23(b))，会产生较大的制造误差。所以对某些构件而言，除满足抗弯强度外，还要将其变形限制在一定的范围内，即必须满足刚度条件。

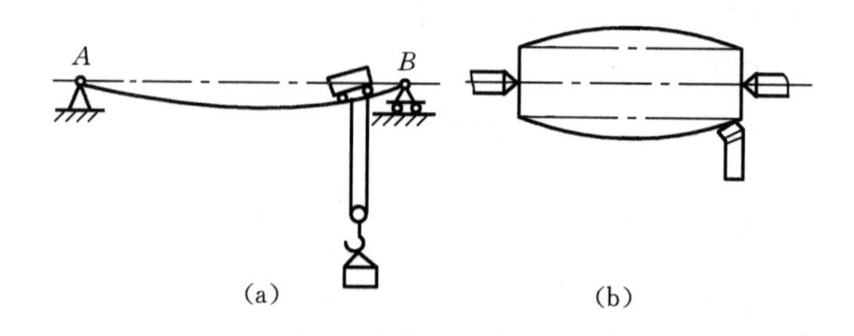

图 3-23　起重机横梁和车削工件的变形

1. 挠度和转角

度量梁的变形的两个基本物理量是挠度和转角。它们主要因弯矩而产生，剪力的影响可以忽略不计。以悬臂梁为例，变形前梁的轴线为直线 AB，m—m 是梁的某一横截面(见图 3-24)；变形后直线 AB 变为光滑的连续曲线 AB_1，m—m 转到了 m_1—m_1 的位置。轴线 AB 上各点在 y 方向上的位移称为挠度，在 x 方向上的位移很小，可忽略不计。各横截面相对原来位置转过的角度称为转角。图 3-24 中的$\widehat{CC_1}$即为 C 点的挠度。现规定向上的挠度为正值，故$\widehat{CC_1}$为负值；图中 θ 为 m—m 截面的转角，规定逆时针转向的转角为正，反之为负，故图中的转角 θ 为负值。可以看出，转角的大小与挠曲线上 C_1 点的切线与 x 轴的夹角相等。

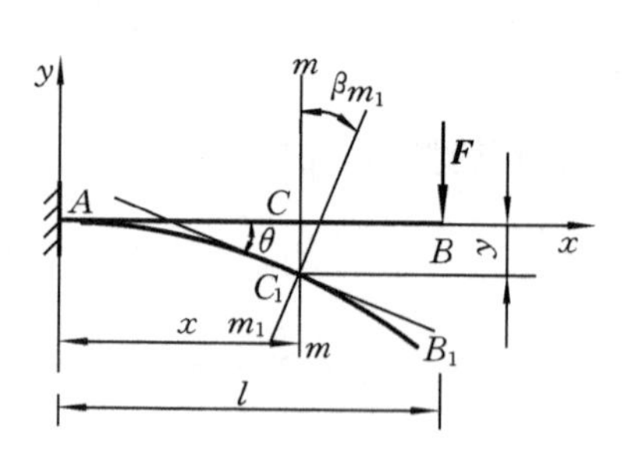

图 3-24　悬臂梁的挠度和转角

图 3-24 中，曲线 AB_1 表示了全梁各截面的挠度值，故称为挠曲线。挠曲线显然是梁截面位置 x 的函数，记作

$$y = f(x)$$

此式即称为挠曲线方程。因为转角 θ 很小，所以 $\theta \approx \tan\theta = f'(x)$，此式称为转角方程，其中 θ 的单位为 rad。

2. 梁的刚度条件

梁的刚度条件为

$$y_{\max} \leqslant [y] \text{和} \theta_{\max} \leqslant [\theta]$$

其中，$[y]$ 为许用挠度，$[\theta]$ 为许用转角，其值均可根据工作要求或参照有关工程设计手册确定。

在设计梁时，一般应使其先满足抗弯强度条件，再校核刚度条件。如所选截面不能满足刚度条件，再考虑重新设计。

3.5 提高梁的抗弯强度和刚度的措施

在梁的强度、刚度设计中，常遇到如何根据工程实际情况来提高梁的抗弯强度和刚度的问题。从梁的弯曲正应力强度条件等情况可以知道：降低梁的最大弯矩、提高梁的抗弯截面系数和减小跨长，都可提高梁的抗弯承载能力，所以，可以采取下列措施来提高梁的抗弯强度和抗弯刚度。

1. 降低梁的最大弯矩

通过减小梁上的载荷来降低梁的最大弯矩意义不大。只有在载荷不变的前提下，通过合理布置载荷和合理安排支座来降低梁的最大弯矩才具有实际应用意义。

(1) 集中力远离简支梁的中点。图 3-25(a)所示的简支梁作用有集中力 $\boldsymbol{F}$，由弯矩图可见，最大弯矩为 $M_{\max}=Fab/l$，若集中力 $\boldsymbol{F}$ 作用在梁的中点，即 $a=b=l/2$，

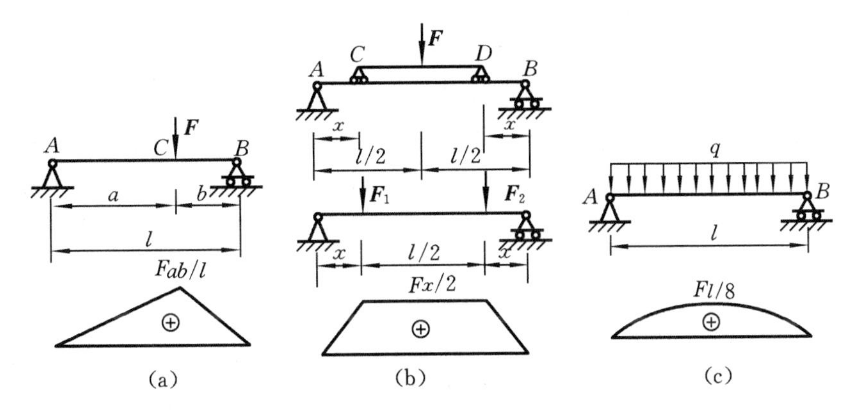

图 3-25 合理布置载荷的简支梁

则最大弯矩为 $M_{max}=Fl/4$；若集中力 $\boldsymbol{F}$ 作用点偏离梁的中点，当 $a=l/4$ 时，则最大弯矩 $M_{max}=3Fl/16$；$a=l/6$ 时，最大弯矩 $M_{max}=5Fl/36$；若集中力 $\boldsymbol{F}$ 作用点偏离梁的中点最远，无限靠近支座 A，即 $a\to0$ 时，则最大弯矩 $M_{max}\to0$。由此可见，集中力远离简支梁的中点或靠近支座作用可降低最大弯矩，提高梁的抗弯强度。

(2) 将载荷分散作用。图 3-25(b)所示的简支梁，若必须在中点作用载荷时，可通过增加辅助梁 CD，使集中力 $\boldsymbol{F}$ 在 AB 梁上分散作用。集中力作用于梁中点的最大弯矩为 $M_{max}=Fl/4$，增加辅助梁 CD 后，$M_{max}=Fx/2$，当 $x=l/4$ 时，$M_{max}=Fl/8$。必须注意，附加辅助梁 CD 的跨长要选择得适当，太长会降低辅助梁的强度，太短不能有效提高 AB 梁的抗弯强度。

若将作用于简支梁中点的集中力均匀分散作用于梁的跨长上(见图 3-25(c))，均匀载荷集度 $q=F/l$，则梁的最大弯矩为 $M_{max}=ql^2/8=Fl/8$。由此可见，在梁的跨长上分散作用载荷，可降低最大弯矩值，提高梁的抗弯强度。

(3) 合理安排支座位置。图 3-26(a)所示受均布载荷作用的简支梁，若将其改为两端外伸的外伸梁(见图 3-26(b))，则梁的最大弯矩值将大为降低。

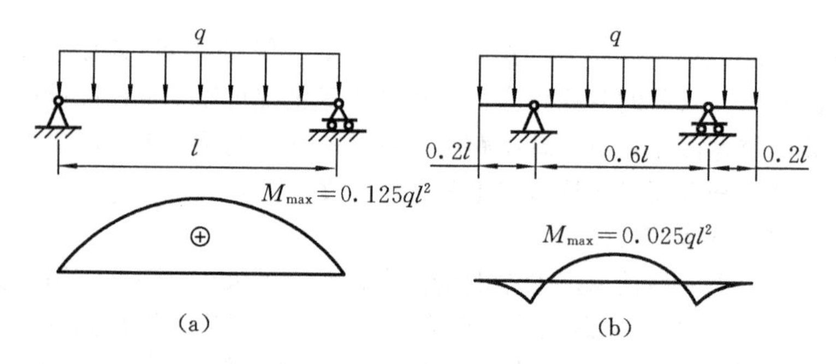

图 3-26　受均布载荷的简支梁和两端外伸的梁

2. 选择梁的合理截面

梁的抗弯截面系数 W_z 与截面的面积、形状有关，在满足 W_z 的情况下选择适当的截面形状，使其面积减小，可达到节约材料、减轻自重的目的。

由于横截面上的正应力与各点到中性轴的距离成正比，靠近中性轴处受正应力较小，界面边缘处受正应力较大，故可将中性轴处的截面面积减小，并加大界面边缘处的截面面积，将必然使该处 W_z 增大。工字钢和槽钢制成的梁的截面就较为合理。

3. 采用等强度梁

等截面直梁的尺寸是由最大弯矩 M_{max} 确定的，但是其他截面的弯矩值较小，其截面上、下边缘点的应力也未达到许用应力，材料未得到充分利用。故工程中出现了变截面梁，即采用等强度梁，它们的截面尺寸随截面弯矩的大小而改变，使各截面的最大应力同时近似地等于材料的许用应力，以期最大限度地利用材料。例如，摇臂钻的摇臂 AB(见图 3-27(a))、汽车上的板簧(见图 3-27(b))、阶梯轴(见图 3-27(c))等，都是等强度梁的应用实例。

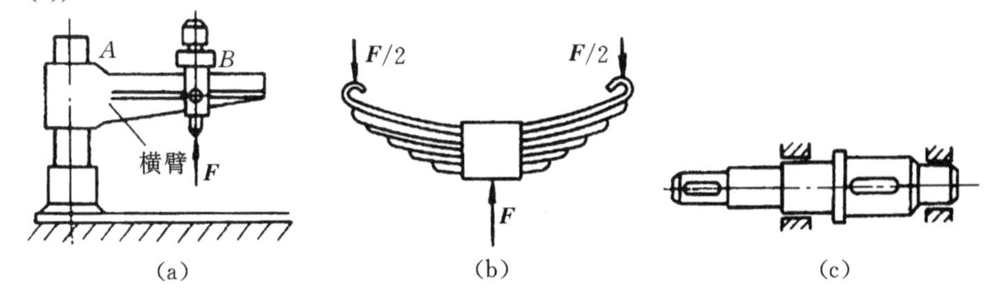

图 3-27 等强度梁实例

4. 增加约束，减小跨长

度量梁的变形指标为挠度和转角，各种形式的梁承受不同载荷的挠度和转角值均可查有关手册。从查得的结果可以知道，其挠度值均与跨长的三次方量级成正比，而转角值均与跨长的二次方量级成正比。因此，减少梁的跨长是提高梁抗弯刚度的主要措施之一。如果梁的跨长无法减小，可通过增加约束，使其成为静不定梁。例如，车床加工细长工件时，为了提高加工精度，可增加一个中间支架或在工件末端加上尾架顶针(见图 3-28(a))。再如镗深孔时，为了提高加工精度，常在镗刀杆上加内支架(见图 3-28(b))。

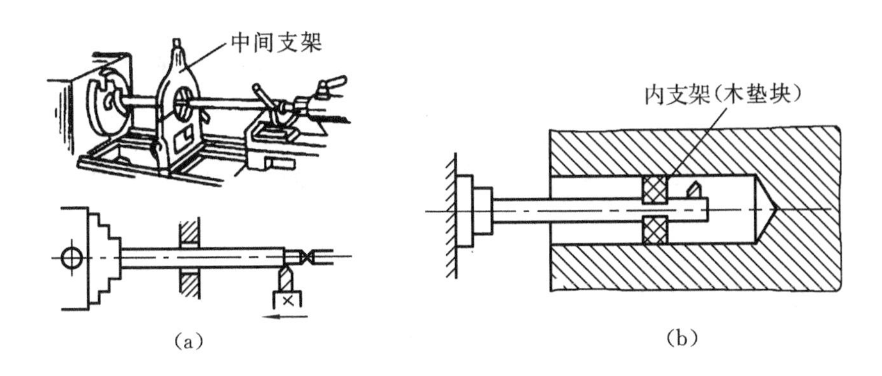

图 3-28 提高梁抗弯刚度的实例

梁的抗弯刚度还取决于材料的弹性模量 E，但是各类钢材的 E 值都很接近，故通过采用优质高强度钢材来提高梁的抗弯刚度既不经济又收效甚微，工程实际中基本上不采用此方法。

思考题与习题

3-1　悬臂梁受集中力 **F** 作用，**F** 与 y 轴的夹角β如题 3-1 图(b)所示。试问哪些截面形状的梁发生了平面弯曲？

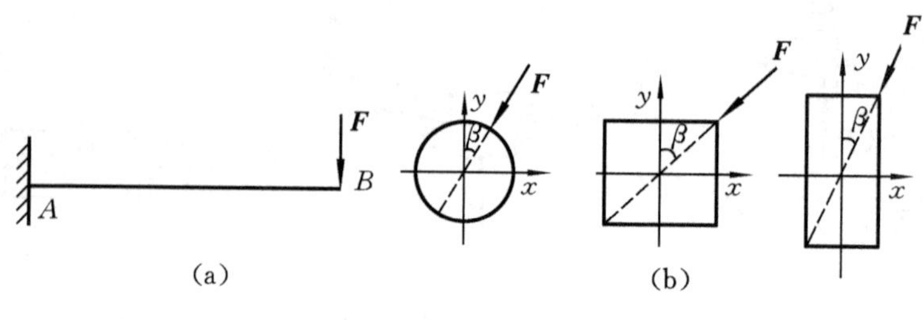

题 3-1 图

3-2　挑东西的扁担常在中间折断，而游泳池的跳水板易在固定端处折断，为什么？

3-3　矩形截面梁的横截面高度增加到原来的 2 倍，梁的抗弯强度将增大到原来的几倍？若其宽度增加到原来的 2 倍，则梁的抗弯强度增大到原来的几倍？

3-4　T 形截面铸铁梁，承受最大正弯矩小于最大负弯矩(绝对值)，则如何放置才合理？

3-5　用叠加原理处理组合变形问题，将外力分组时应注意些什么？

3-6　拉弯组合杆件危险点的位置如何确定？建立强度条件时为什么不必利用强度理论？

3-7　试判断题 3-7 图所示各梁的弯矩图是否正确。若有错误，请指出产生错误的原因并加以纠正。

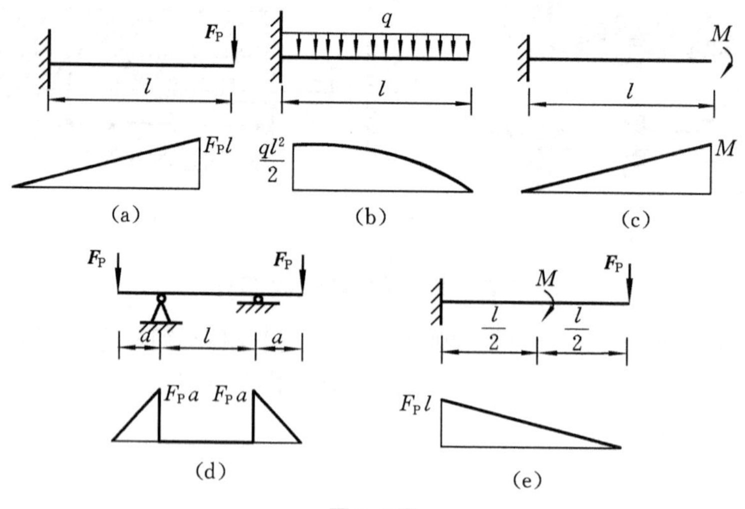

题 3-7 图

3-8　试求题 3-8 图所示各梁指定截面上的剪力和弯矩。设 q、$\boldsymbol{F}$、a 均为已知。

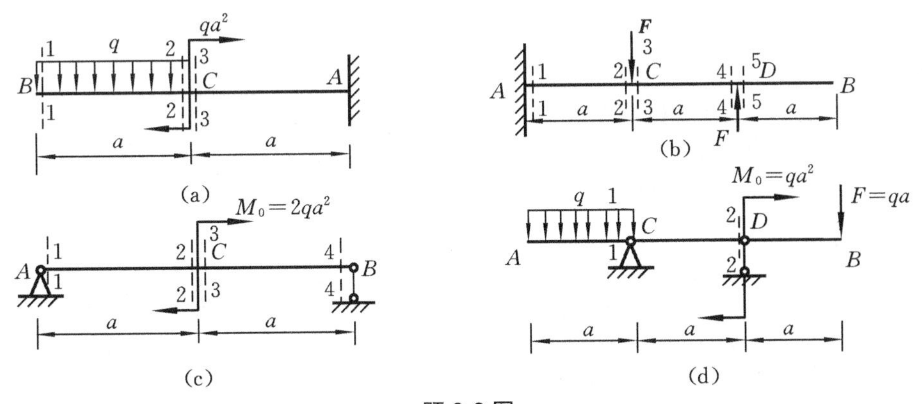

题 3-8 图

3-9　已知梁的弯矩图如题 3-9 图所示，试作梁的载荷分布图和剪力图。

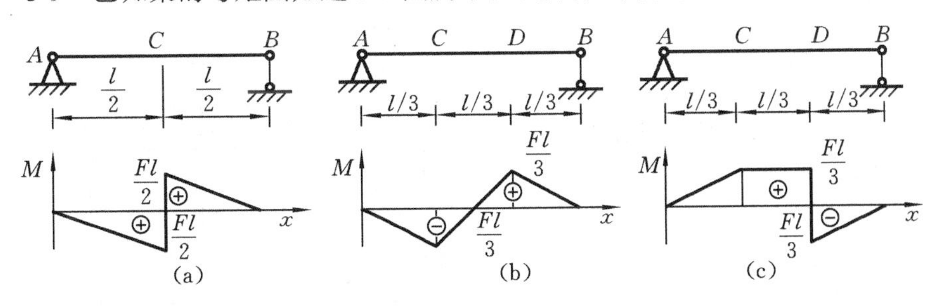

题 3-9 图

3-10　试作题 3-10 图所示各梁的剪力图和弯矩图，并求出剪力和弯矩绝对值的最大值，设 $\boldsymbol{F}$、q、l、a 均为已知。

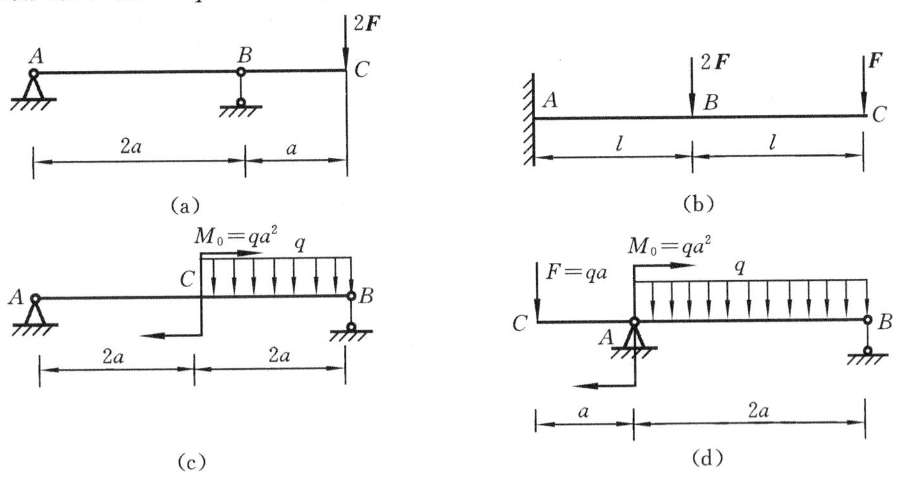

题 3-10 图

3-11　试判断题 3-11 图中所示的各梁剪力图和弯矩图是否有错。若有错，请改正图中的错误。

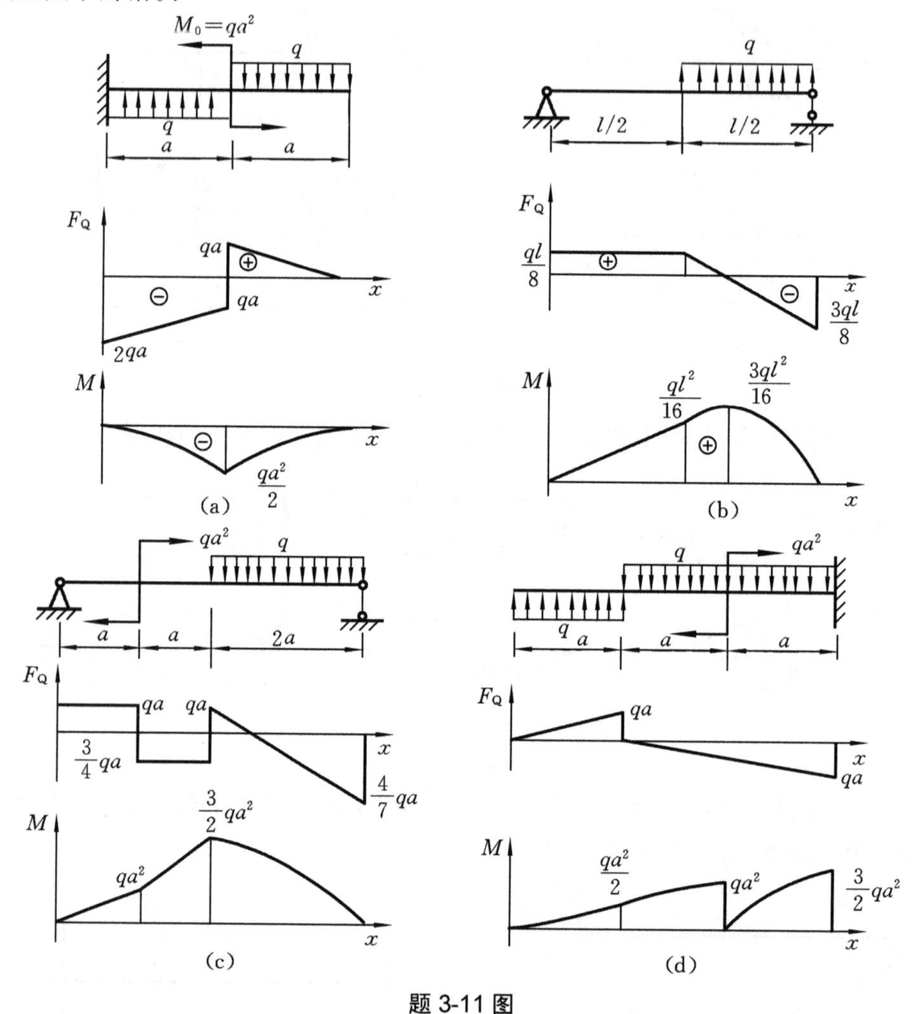

题 3-11 图

3-12　如题 3-12 图所示四梁的 l、F、$[\sigma]$、W_z 均相同，试判断哪一根梁具有最高的强度。

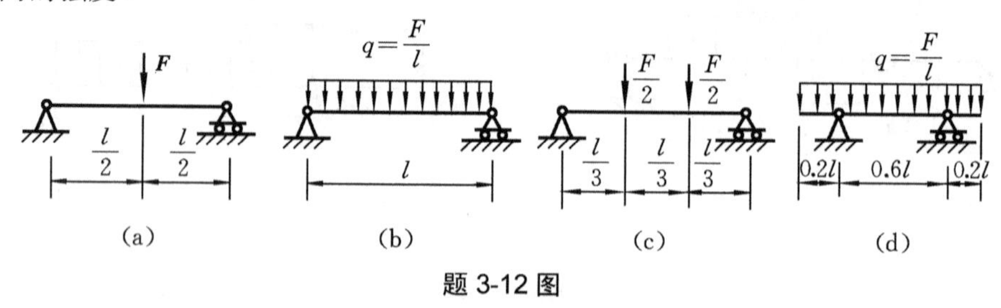

题 3-12 图

3-13　压力机机架材料为铸铁，其受力情况如题 3-13 图所示。从强度方面考虑，其横截面 m— m 采用哪种截面形状合理？为什么？

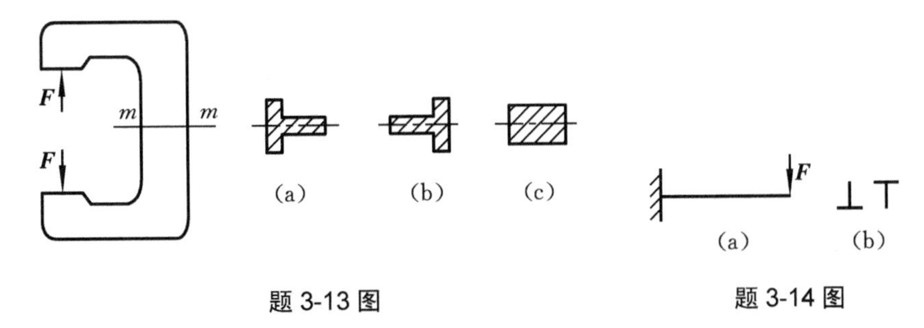

题 3-13 图　　　　　　　　题 3-14 图

3-14　T 形截面铸铁悬臂梁受力如题 3-14 图(a)所示，力 $\boldsymbol{F}$ 作用线沿铅垂方向。试从提高强度的角度分析，在题 3-14 图(b)中所示的两种放置方式中选择哪一种最合理？为什么？

3-15　题 3-15 图所示的简支梁上作用有均布载荷 $q=2$ kN/m，梁材料的许用应力$[\sigma]=140$ MPa，梁截面采用空心圆截面，其外径 $D_1=50$ mm，内径 d_1=40 mm。(1) 校核梁的强度；(2) 若采用实心圆截面代替空心圆截面，试求在强度相等的条件下实心梁与空心梁的质量比。

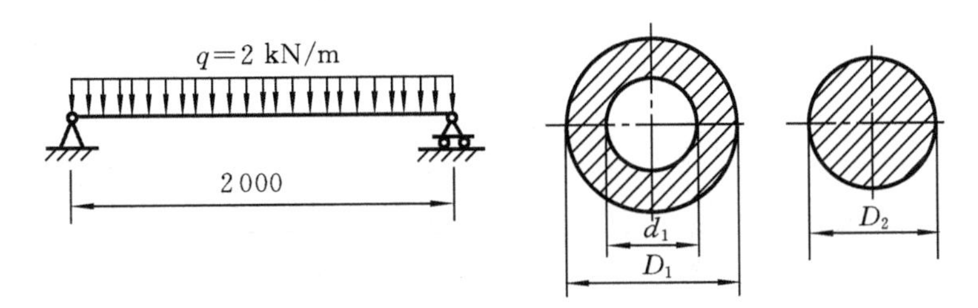

题 3-15 图

3-16　夹具压板的受力及尺寸如题 3-16 图所示，已知 A—A 截面为空心矩形截面，压板材料的许用应力$[\sigma]=250$ MPa。试校核压板的强度。

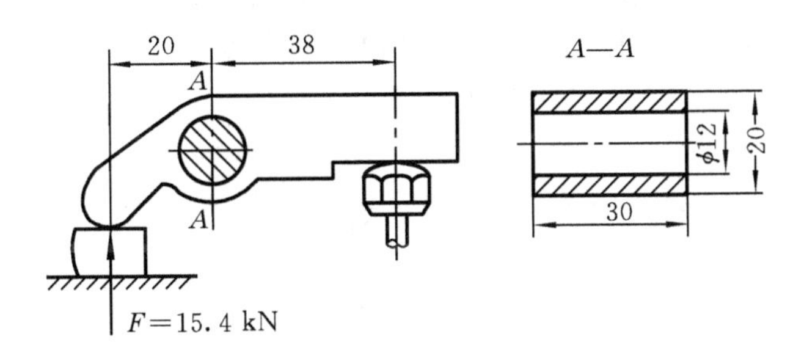

题 3-16 图

3-17　T 形铸铁架如题 3-17 图所示，已知作用力 $F=10$ kN，$l=300$ mm，材料的许用拉应力$[\sigma^+]=40$ MPa，许用压应力$[\sigma^-]=120$ MPa，截面 $n—n$ 对中性轴的惯性矩 $I_z=2.0\times10^6$ mm^4，$y_1=25$ mm，$y_2=75$ mm，各截面的承载能力大致相同。试校核托架 $n—n$ 截面的正应力强度。

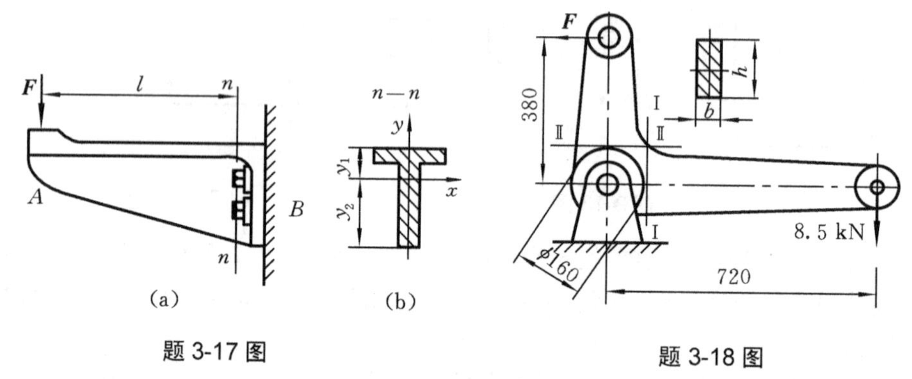

题 3-17 图　　　　题 3-18 图

3-18　如题 3-18 图所示，空气泵的操纵杆右端受力为 8.5 kN，截面Ⅰ—Ⅰ和截面Ⅱ—Ⅱ均为矩形，其高宽比均为 $h/b=3$，操纵杆的许用正应力$[\sigma]=50$ MPa。试设计这两矩形截面的尺寸。

3-19　槽形铸铁梁受载如题 3-19 图所示。槽形截面对中性轴 z 的惯性矩 $I_z=40\times10^6$ mm^4，材料的许用拉应力$[\sigma^+]=40$ MPa，许用压应力$[\sigma^-]=150$ MPa。试校核此梁的强度。

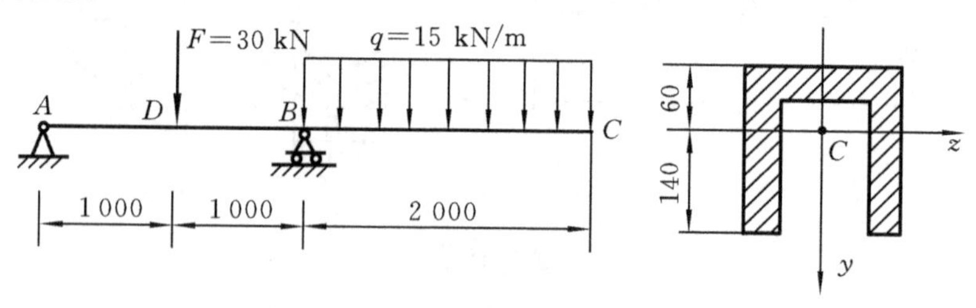

题 3-19 图

3-20　由 20b 工字钢制成的外伸梁如题 3-20 图所示，在外伸端 C 处作用集中载荷 $\boldsymbol{F}$，已知材料的许用应力$[\sigma]=160$ MPa，外伸端的长度为 2 m，抗弯截面系数 $W_z=25\times10^5$ mm^3。求最大许可载荷$[F]$。

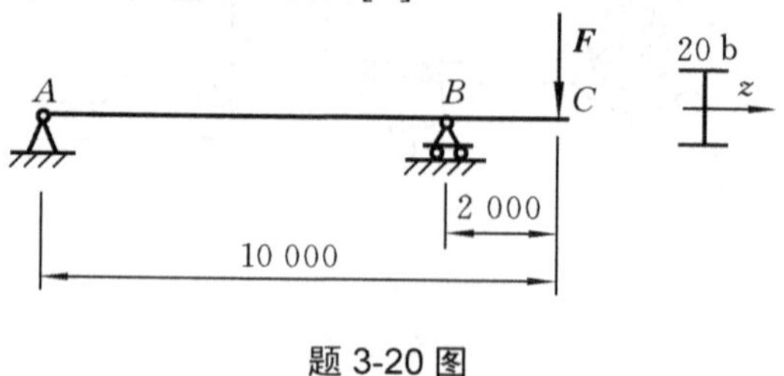

题 3-20 图

3-21　如题 3-21 图所示起重构架的梁 ACD 由两根槽钢组成。已知 $a=3$ m，$b=1$ m，$F=30$ kN，槽钢的许用应力$[\sigma]=140$ MPa，各槽钢的抗弯截面系数 $W_z=1.41\times10^5\ \text{mm}^3$。试校核梁的强度。

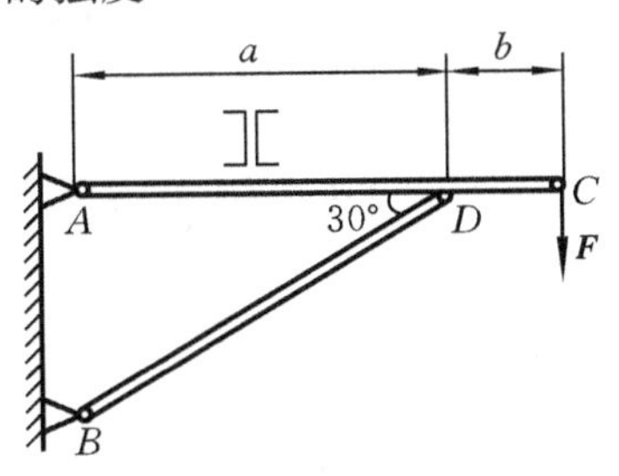

题 3-21 图

第 4 章　剪切、挤压与圆轴扭转

4.1　剪切与挤压

4.1.1　剪切与挤压的工程实例和概念

工程上常用的连接件如螺栓、销钉和键等，都是剪切与挤压的工程实例。如图 4-1 所示的键连接和图 4-2 所示的铆钉连接，当构件工作时，此类连接件的两侧面上都作用有大小相等、方向相反、作用线平行且相距很近的一对外力，在两外力作用线之间的截面则发生了相对错动，这种变形称为剪切变形，产生相对错动的截面称为剪切面。

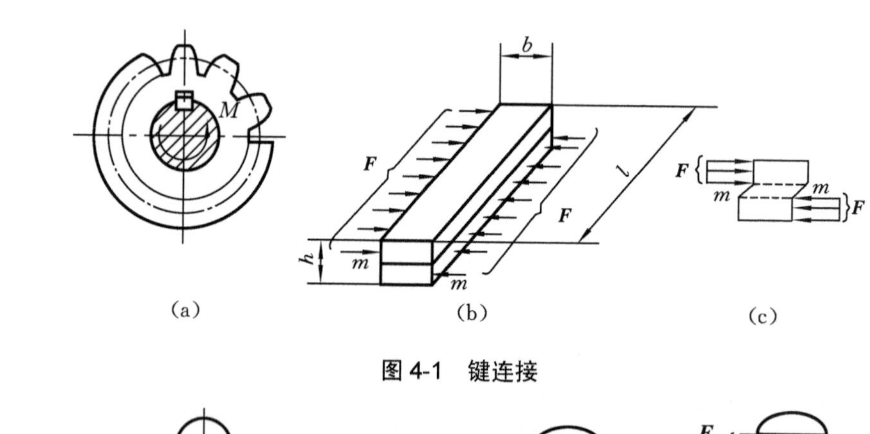

图 4-1　键连接

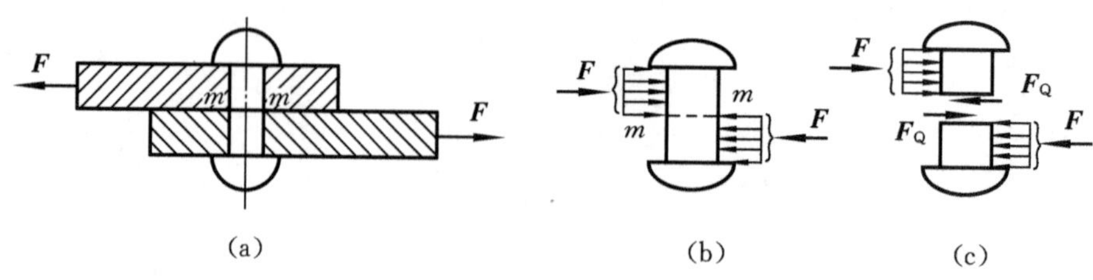

图 4-2　铆钉连接

由此可见，剪切的受力与变形特点是：沿构件两侧作用大小相等、方向相反、作用线平行且相距很近的两外力，夹在两外力作用线之间的剪切面发生了相对错动。

连接件发生剪切变形的同时，连接件与被连接件的接触面相互作用而压紧，这种现象称为挤压。挤压力过大时，在接触面的局部范围内将发生塑性变形或压溃的现象，从而导致构件挤压破坏。挤压与压缩是两个完全不同的概念，挤压变形发生在两构件相互接触的表面，而压缩则发生在整个构件上。

4.1.2 剪切与挤压的计算

1. 剪切的实用计算

为了对连接件进行抗剪强度计算，需先求出剪切面上的内力，在图4-2(a)所示的铆钉连接中，用截面法假想地将铆钉沿其剪切面 $m—m$ 截开，任取一部分为研究对象(见图 4-2(c))，由平衡方程求得

$$F_Q = F$$

这个与截面相切的内力称为剪力，用 F_Q 表示。由于切应力在剪切面上的分布比较复杂，工程上通常采用实用计算，即假定剪切面上的切应力是均匀分布的，于是有

$$\tau = \frac{F_Q}{A} \tag{4-1}$$

式中：A——剪切面的面积。

为了保证连接件安全可靠地工作，要求切应力 τ 不得超过连接件材料的许用切应力[τ]，则相应的抗剪强度条件为

$$\tau = \frac{F_Q}{A} \leqslant [\tau] \tag{4-2}$$

式中：$[\tau] = \tau_b / n_\tau$。τ_b 为材料的抗剪强度，n_τ为与剪切变形相对应的安全系数。

剪切实用计算中的许用切应力$[\tau]$与许用拉应力$[\sigma]$之间有一定关系。一般对塑性较好的钢材有

$$[\tau] = (0.75 \sim 0.8)[\sigma]$$

对脆性材料有

$$[\tau] = (0.8 \sim 1.0)[\sigma]$$

应用式(4-1)同样可以解决连接件抗剪强度计算的三类问题。

2. 挤压的实用计算

如图 4-3(a) 所示，键与键槽相互接触并产生挤压的侧面称为挤压面。挤压面上的作用力称为挤压力，用 F_{jy} 表示。挤压面上由挤压力引起的应力称为挤压应力，用 σ_{jy} 表示。由于挤压应力在挤压面上的分布也是比较复杂的，所以工程上同样常采用实用计算，即假定挤压应力在挤压面上也是均匀分布的。为了保证连接不致因挤压而失效，则相应的抗挤压强度条件为

$$\sigma_{jy} = \frac{F_{jy}}{A_{jy}} \leqslant [\sigma_{jy}] \tag{4-3}$$

式中：A_{jy}——挤压面的计算面积。

在抗挤压强度的计算中，A_{jy}要根据接触面的具体情况而定。若接触面为平面，则挤压面积为有效接触面面积，如图 4-3(a)所示的键，挤压面积 $A_{jy}=hl/2$。若接触面是圆柱形曲面，如铆钉、销钉、螺栓等圆柱形连接件，如图 4-3(b)、(c)所示，则挤压计算面积按半圆柱侧面的受压投影面积计算，即 $A_{jy}=dl$。由于挤压应力实际上并不是均匀分布的，而最大挤压应力出现在半圆柱形侧面的中间部分，所以采用半圆柱形侧面的正投影面积作为挤压计算面积，所得的应力与接触面的实际最大挤压应力大致相近。

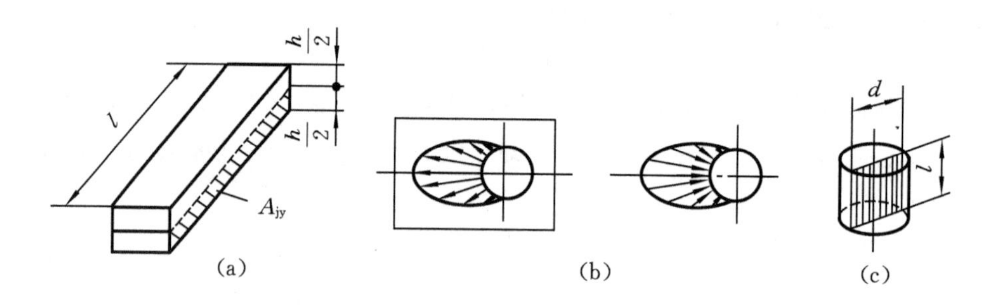

图 4-3　挤压面

材料的许用挤压应力$[\sigma_{jy}]$的数值可由实验获得。常用材料的$[\sigma_{jy}]$值可从有关手册中查得，对于金属材料，许用挤压应力$[\sigma_{jy}]$与许用拉应力$[\sigma]$之间有如下关系：

塑性材料　　$[\sigma_{jy}]=(1.7\sim2.0)[\sigma]$

脆性材料　　$[\sigma_{jy}]=(0.9\sim1.5)[\sigma]$

必须注意，如果两个相互挤压的构件材料不同，则应对材料抗挤压强度较小的构件进行计算。

3. 应用举例

例 4-1　如图 4-4(a) 所示，某齿轮用平键与轴连接(图中未画出齿轮)，已知轴的直径 $d=56$ mm，键的尺寸为 $b\times h\times l=16\text{ mm}\times10\text{ mm}\times80\text{ mm}$，轴传递的外力偶矩 $M=1$ kN·m，键的许用切应力$[\tau]=60$ MPa，许用挤压应力$[\sigma_{jy}]=100$ MPa，试校核键的强度。

解　以键和轴为研究对象，其受力如图 4-4 所示，键所受的力由平衡方程求得

$$F=\frac{2M}{d}=\frac{2\times1\times10^3}{0.056}\text{ N}=35.71\times10^3\text{ N}=35.71\text{ kN}$$

由图 4-4(b)可知，键的破坏可能是沿 m—m 截面被剪断或与键槽之间发生挤压塑性变形。由图可得剪力和挤压力为

$$F_Q=F_{jy}=F=35.71\text{ kN}$$

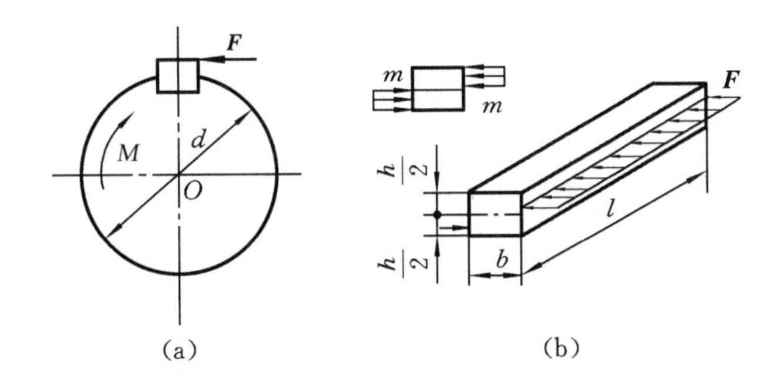

图 4-4　键连接

键的剪切面面积 $A=bl$，挤压面面积 $A_{jy}=hl/2$，则键的抗剪强度和抗挤压强度分别为

$$\tau=\frac{F_Q}{A}=\frac{35.71\times10^3}{16\times80}\text{ MPa}=27.6\text{ MPa}<[\tau]$$

$$\sigma_{jy}=\frac{F_{jy}}{A_{jy}}=\frac{35.71\times10^3\times2}{10\times80}\text{ MPa}=89.3\text{ MPa}<[\sigma_{jy}]$$

所以，键的抗剪强度和抗挤压强度均满足。

由计算可以看出，键的抗剪强度有较大的储备，而抗挤压强度的储备较少，因此，工程上通常对键只作抗挤压强度的校核。

例 4-2　如图 4-5(a)所示，拖车的挂钩用插销连接，已知挂钩厚度 $\delta=10$ mm，挂钩的许用切应力$[\tau]=100$ MPa，许用挤压应力$[\sigma_{jy}]=200$ MPa，拉力 $F=56$ kN，试确定插销的直径 d。

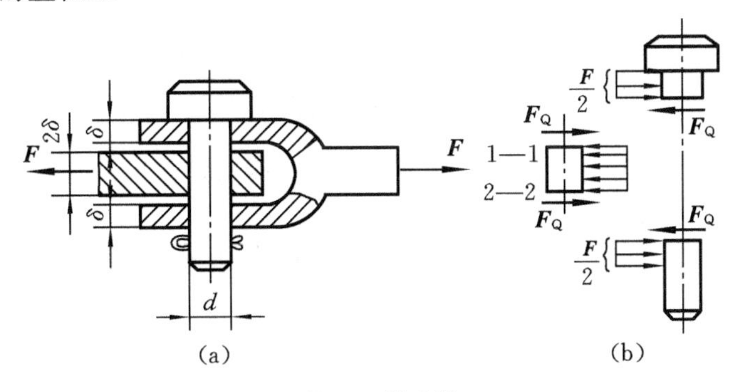

图 4-5　销连接

解　(1) 分析破坏形式。从图 4-5(b)可以看出，插销受剪切和挤压，它的破坏形式可能是被剪断或与孔壁间的挤压破坏。

(2) 求剪力和挤压力。插销有两个剪切面，由平衡方程求得

$$F_Q=\frac{F}{2}=28\text{ kN},\quad F_{jy}=F=56\text{ kN}$$

(3) 按抗剪强度条件确定插销直径。由

$$A=\frac{\pi d^{2}}{4} \geqslant \frac{F_{Q}}{[\tau]}$$

得
$$d \geqslant \sqrt{\frac{4F_{Q}}{\pi [\tau]}}=\sqrt{\frac{4\times 28\times 10^{3}}{3.14\times 100}}\ \text{mm}=18.9\ \text{mm}$$

(4) 按抗挤压强度条件确定插销直径。由

$$A_{jy}=d\times 2\delta \geqslant \frac{F_{jy}}{[\sigma_{jy}]}$$

得
$$d \geqslant \frac{F_{jy}}{2\delta [\sigma_{jy}]}=\frac{56\times 10^{3}}{2\times 10\times 200}\ \text{mm}=14\ \text{mm}$$

由于插销需同时满足抗剪强度和抗挤压强度的要求，故其最小直径应选择 $d=18.9$ mm，按此最小直径，再从有关设计手册中查取插销的公称直径为 $d=20$ mm。

例 4-3 图 4-6 所示两块钢板搭焊在一起，钢板 A 的厚度 $\delta=8$ mm，已知 $F=150$ kN，焊缝的许用切应力$[\tau]=108$ MPa，试求焊缝满足抗剪强度所需的长度 l。

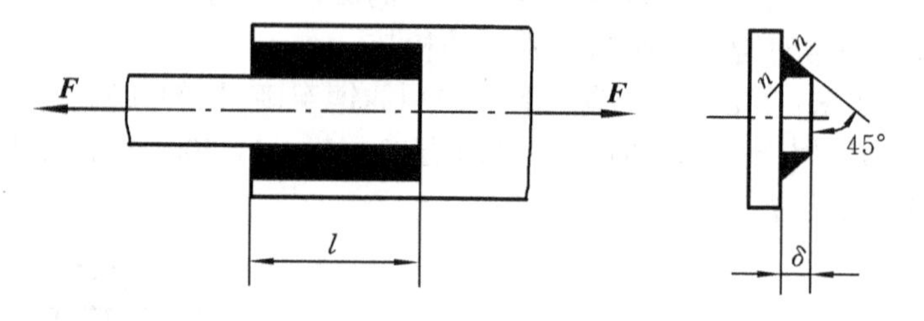

图 4-6 焊缝连接

解 在图中所示的受力情况下，焊缝主要是受剪切作用，两条焊缝承受的总剪力和总的剪切面面积分别为

$$F_{Q}=F, \quad A=2\delta\cos45°l\ (n—n\ \text{截面})$$

由抗剪强度条件

$$\tau=\frac{F_{Q}}{A}=\frac{F_{Q}}{2\delta\cos45°l} \leqslant [\tau]$$

得
$$l \geqslant \frac{F_{Q}}{2\delta\cos45°[\tau]}=\frac{150\times 10^{3}}{2\times 8\times \cos45°\times 108}\ \text{mm}=123\ \text{mm}$$

考虑到焊缝两端有可能未焊透，故实际的焊缝长度应稍大于计算长度，一般应在计算长度上再加 2δ（δ为钢板的厚度)，故该焊缝长度可取为 $l=140$ mm。

例 4-4 冲床的最大冲力 F 为 400 kN，冲头材料的许用压应力$[\sigma]=440$ MPa，

被冲剪钢板的抗剪强度$\tau_b = 360$ MPa，求在最大冲力作用下能冲剪的圆孔最小直径d和钢板的最大厚度δ(见图 4-7)。

解 (1) 确定圆孔的最小直径。冲床冲剪的孔径等于冲头的直径，冲头工作时需满足抗压强度条件，即

$$\sigma = \frac{F_N}{A} = \frac{4F}{\pi d^2} \leqslant [\sigma]$$

得 $d \geqslant \sqrt{\frac{4F}{\pi [\sigma]}} = \sqrt{\frac{4 \times 400 \times 10^3}{3.14 \times 4.40}}$ mm $= 34.03$ mm

故可取最小直径为 35 mm。

图 4-7 冲孔

(2) 求被冲剪钢板的最大厚度。钢板剪切面上的剪力$F_Q = F$，剪切面面积$A = \pi d\delta$，为能冲出圆孔，需满足下列条件

$$\tau = \frac{F_Q}{A} = \frac{F}{\pi d\delta} \geqslant \tau_b$$

得 $$\delta \leqslant \frac{F}{\pi d \tau_b} = \frac{400 \times 10^3}{3.14 \times 35 \times 360} \text{mm} = 10.11 \text{mm}$$

所以取钢板的最大厚度为 10 mm。

4.1.3 剪切胡克定律

现在，可以从图 4-8 中键的剪切面处取出一个微小的正六面体——单元体，并且顺时针旋转 90°，如图 4-8(a)所示。

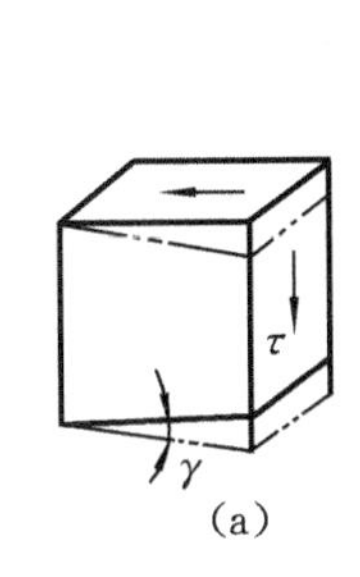

(a)

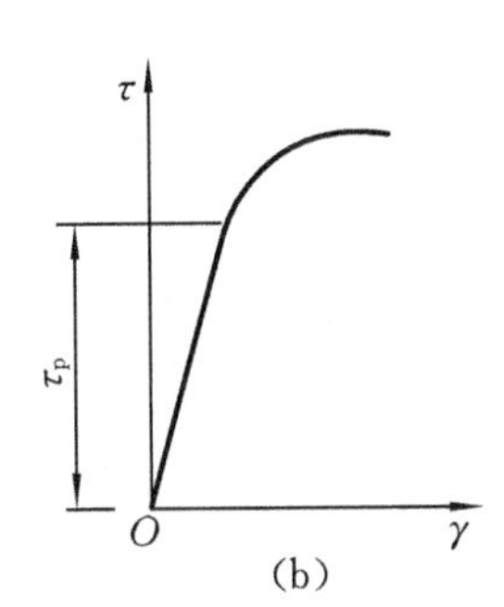

(b)

图 4-8 单元体与τ-γ曲线

在与剪力相应的切应力的作用下，单元体的右面相对于左面发生错动，使原来的直角改变了一个微量γ，这就是切应变。

实验表明：当切应力不超过材料的剪切比例极限τ_p时，切应力τ与切应变γ成

正比(见图 4-8(b))。这就是材料的剪切胡克定律，即

$$\tau = G\gamma \tag{4-4}$$

式中：G——比例常数，与材料有关，称为材料的切变模量。

G 的量纲与 τ 的相同。一般钢材的 G 约为 80 GPa，铸铁的 G 约为 45 GPa，其他材料的 G 值可从有关设计手册中查得。切应变 γ 是直角的微小改变量，用弧度(rad)度量。

4.2 圆轴扭转的概念及其内力

4.2.1 圆轴扭转的工程实例

在工程实际中，经常会看到一些发生扭转变形的杆件，例如图 4-9(a)所示的传动轴、图 4-9(b)所示的水轮发电机的主轴等。将图 4-9(a)中传动轴的 AB 段和水轮发电机主轴的受力进行简化，可以得到图 4-10 所示的力学模型。

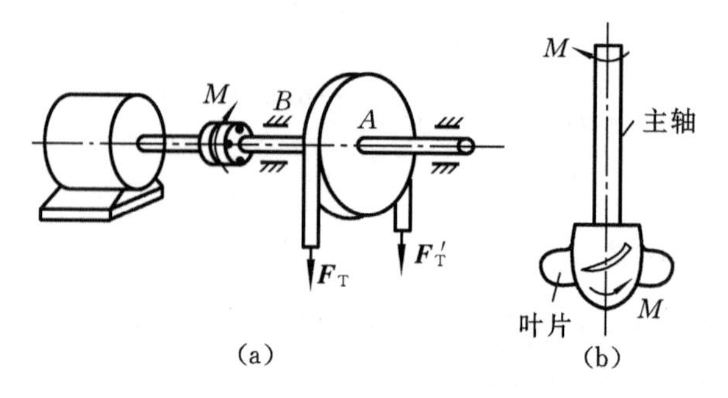

图 4-9 扭转实例

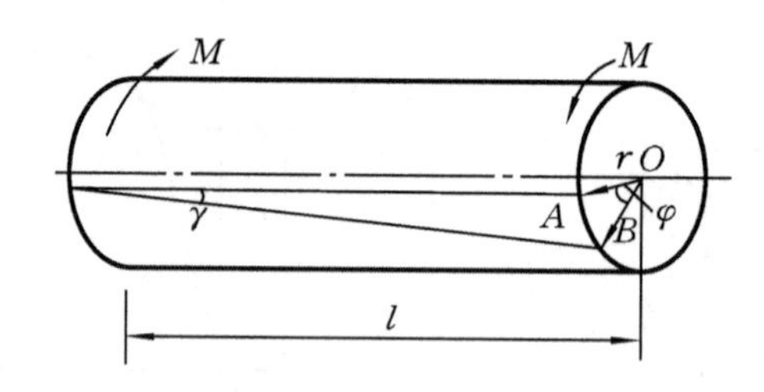

图 4-10 扭转变形的力学模型

由图 4-10 可知，扭转变形的受力特点是：杆件的两端受到一对大小相等、转向相反、作用面垂直于杆轴线的外力偶作用；其变形特点是：两外力偶作用面之间的各横截面都绕轴线产生相对转动。图中，左、右两端横截面绕轴线相对转动的角度，称为扭转角 φ。

4.2.2　扭矩和扭矩图

1. 外力偶矩的计算

工程中作用于轴上的外力偶矩通常并不直接给出，而是给出轴的转速和所传递的功率，它们的换算关系为

$$M = 9\,550\frac{P}{n} \tag{4-5}$$

式中：M——外力偶矩(N·m)；

P——轴传递的功率(kW)；

n——轴的转速(r / min)。

在确定外力偶的转向时应注意，输入功率所产生的外力偶为主动力偶，其转向与轴的转向相同，而从动轮的输出功率所产生的外力偶为阻力偶，其转向与轴的转向相反。

2. 扭矩与扭矩图

若已知轴上作用的外力偶矩，则可用截面法求圆轴扭转时横截面上的内力。现分析图 4-11(a)所示的圆轴，在任意截面 $m—m$ 处，将轴截为两段。取左段为研究对象(见图 4-11(b))，因 A 端有外力偶作用，为保持该段平衡，在 $m—m$ 截面上必有一个内力偶 T 与之平衡，该内力偶的力偶矩称为扭矩。由平衡方程求解。

$$\sum M_x(\boldsymbol{F})=0,\ T-M=0$$

得

$$T=M$$

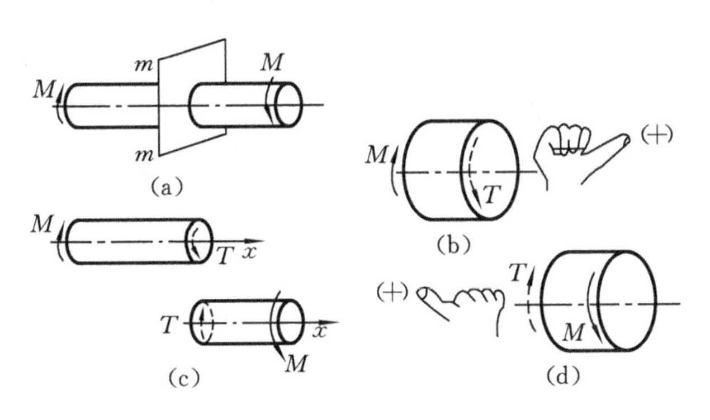

图 4-11　圆轴的扭转

同理，也可以取截面右段为研究对象，此时求得的扭矩与取左段为研究对象所求得的扭矩大小相等，但转向相反(见图 4-11(c))。

为了使所取截面左段或右段求得的同一截面上的扭矩相一致，通常用右手法则规定扭矩的正负：以右手手心对着轴线，四指沿扭矩的方向弯曲，大拇指的方

向离开截面时，扭矩为正；反之为负，如图 4-11(d)所示。在计算扭矩时，仍通常采用“设正法”。

当轴上作用有多个外力偶时，需以外力偶所在的截面将轴分成数段，逐段求出其扭矩。为形象地表示扭矩沿轴线的变化情况，可仿照画轴力图的方法画扭矩图。作图时，沿轴线方向取坐标表示横截面的位置，以垂直于轴线的方向取坐标表示扭矩。下面举例说明。

例 4-5 传动轴如图 4-12(a) 所示，主动轮 A 输入功率 $P_A = 50$ kW，从动轮 B、C 输出功率分别为 $P_B = 30$ kW，$P_C = 20$ kW，轴的转速为 $n = 300$ r / min。(1) 画出轴的扭矩图，并求轴的最大扭矩 $T_{\max}$；(2) 若将 A 轮置于齿轮 B 和 C 中间，则两种布置形式哪一种较为合理?

解 (1) 计算外力偶矩。由式(4-5)得

$$M_A = 9\,550\frac{P_A}{n} = 9\,550 \times \frac{50}{300}\ \text{N}\cdot\text{m} = 1\,592\ \text{N}\cdot\text{m}$$

$$M_B = 9\,550\frac{P_B}{n} = 9\,550 \times \frac{30}{300}\ \text{N}\cdot\text{m} = 955\ \text{N}\cdot\text{m}$$

$$M_C = 9\,550\frac{P_C}{n} = 9\,550 \times \frac{20}{300}\ \text{N}\cdot\text{m} = 637\ \text{N}\cdot\text{m}$$

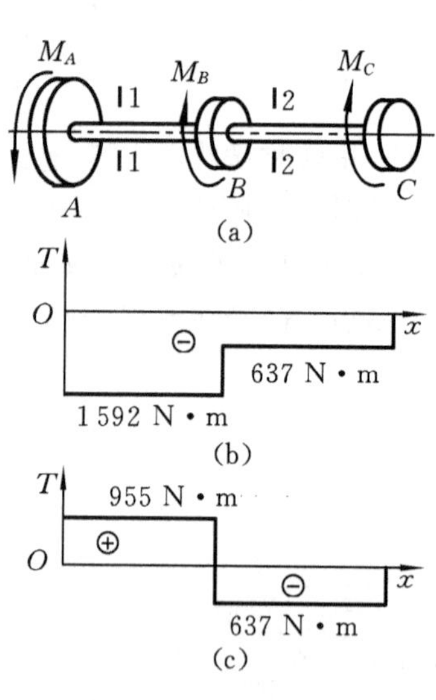

图 4-12 扭矩及正负号

(2) 计算扭矩。将轴分为 AB、BC 两段，逐段计算扭矩。由截面法得

$$T_1 = -M_A = -1\,592\ \text{N}\cdot\text{m}$$

$$T_2 = -M_A + M_B = (-1\,592 + 955)\ \text{N}\cdot\text{m} = -637\ \text{N}\cdot\text{m}$$

(3) 画扭矩图。根据以上计算结果，以适当比例画扭矩图(见图 4-12(b))。由图可以看出，在外力偶作用面处，扭矩值发生突变，其突变值等于该外力偶矩的大小。最大扭矩在 AB 段内，其绝对值为 $|T_{\max}| = 1\,592$ N • m。

(4) 计算最大扭矩值。若将 A 轮置于齿轮 B 和 C 的中间，轴的扭矩图则如图 4-12(c)所示，其最大扭矩 $T_{\max} = 955$ N •m，可见，传动轮系上各轮布置位置不同，轴的最大扭矩值就不同。显然，从力学角度考虑，后者的布置较为合理。

4.2.3 圆轴扭转时横截面上的应力

1. 圆轴扭转时横截面上的应力分布规律

为了研究圆轴扭转时横截面上的应力分布情况，可进行扭转实验。首先在图 4-13(a) 所示的圆轴表面画若干垂直于轴线的圆周线和平行于轴线的纵向线，然后

在两端施加一对转向相反、大小相等的外力偶使其产生扭转变形，可以观察到圆轴扭转变形(见图 4-13(b))的如下现象。

(1) 各圆周线均绕轴线旋转了一微小角度φ，而圆周线的形状、大小及间距均无变化。

(2) 各纵向线都倾斜了同一个微小角度 γ，原来轴表面上的小矩形都歪斜成平行四边形。

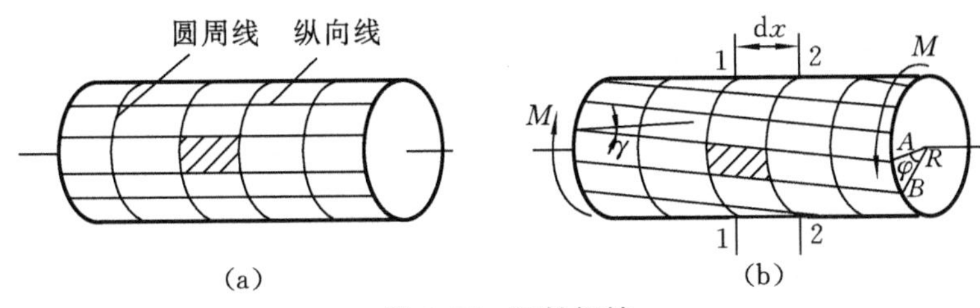

图 4-13　圆轴扭转

由上述现象可以认为，圆轴扭转变形后，轴的横截面仍保持平面，其形状和大小不变，半径仍为直线。这就是圆轴扭转的平面假设。由此可知，其横截面上沿半径方向无切应力作用，而相邻横截面上的间距不变，故横截面上无正应力。但由于相邻横截面发生了绕轴线的相对转动，纵向线倾斜了同一角度 γ，产生了切应变，由剪切胡克定律可知，因此横截面上各点必有切应力存在，且垂直于半径呈线性分布(见图 4-14(a)、(b))，因此，横截面上距圆心 ρ 处切应力 τ_ρ 为

$$\tau_\rho = G\gamma = G\rho\frac{\mathrm{d}\varphi}{\mathrm{d}x}$$

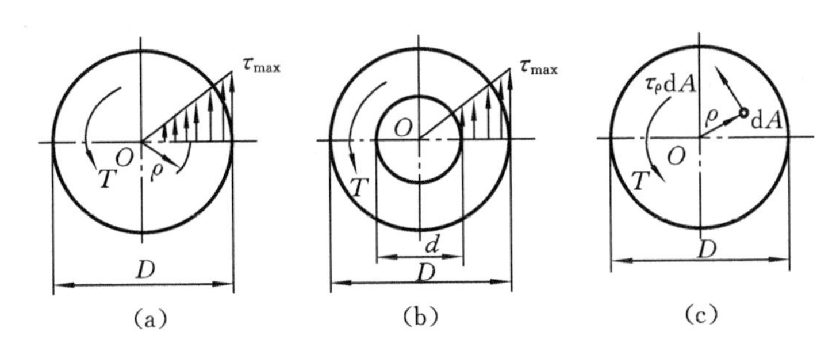

图 4-14　圆轴扭转时横截面上的切应力

下面分析扭转时横截面上切应力的计算。如图 4-14(c) 所示，圆轴横截面上微面积 dA 上的微内力$\tau_\rho \mathrm{d}A$，它对截面中心 O 的微力矩为$\tau_\rho \mathrm{d}A \cdot \rho$。整个横截面上所有微力矩之和应等于该截面上的扭矩 T，则有

$$T = \int_A \tau_\rho \,\mathrm{d}A \cdot \rho$$

将$\tau_\rho = G\gamma = G\rho\frac{\mathrm{d}\varphi}{\mathrm{d}x}$代入，并注意到$G$和$\frac{\mathrm{d}\varphi}{\mathrm{d}x}$为常量，可得

$$T = \int_A \tau_\rho \,\mathrm{d}A \cdot \rho = \int_A G\frac{\mathrm{d}\varphi}{\mathrm{d}x}\mathrm{d}A \cdot \rho = G\frac{\mathrm{d}\varphi}{\mathrm{d}x}\int_A \rho^2 \mathrm{d}A$$

令$I_\mathrm{p} = \int_A \rho^2 \,\mathrm{d}A$，称为横截面对圆心的极惯性矩，则

$$T = G\frac{\mathrm{d}\varphi}{\mathrm{d}x}I_\mathrm{p}$$

将上式代入$\tau_\rho = G\rho\frac{\mathrm{d}\varphi}{\mathrm{d}x}$得

$$\tau_\rho = \frac{T \cdot \rho}{I_\mathrm{p}} \tag{4-6}$$

显然，当ρ=0时，τ=0；当$\rho = \frac{D}{2}$时，切应力最大，$\tau_{\max} = \frac{TD}{2I_\mathrm{p}}$。

令$W_\mathrm{p} = \frac{I_\mathrm{p}}{D/2}$，则

$$\tau_{\max} = \frac{T}{W_\mathrm{p}} \tag{4-7}$$

式中：T——截面上的扭矩(N·mm)；

W_p——抗扭截面系数(mm^3)。

必须指出，式(4-7)只适用于圆截面轴，并且其横截面上的$\tau_{\max}$不超过材料的剪切比例极限。

2. 极惯性矩I_p和抗扭截面系数W_p

(1) 圆截面。如图4-15(a) 所示，设截面的直径为D，若取微面积为一圆环，即$\mathrm{d}A = 2\pi\rho\,\mathrm{d}\rho$，则其极惯性矩为

$$I_\mathrm{p} = \int_A \rho^2 \mathrm{d}A = \int_0^{\frac{D}{2}} 2\pi\rho^3 \mathrm{d}\rho = \frac{\pi D^4}{32} \approx 0.1D^4 \tag{4-8}$$

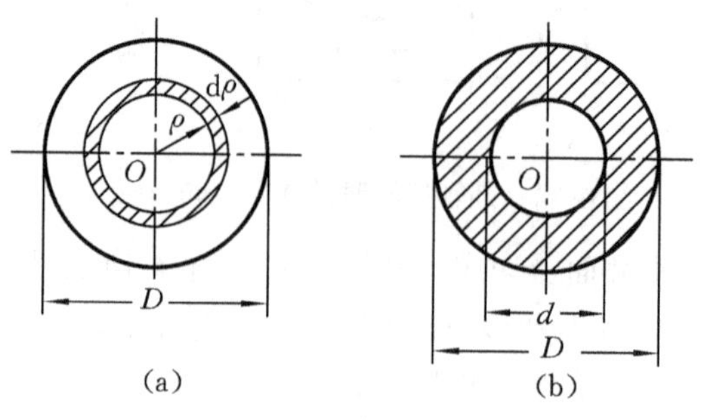

图4-15 求空心圆截面的极惯性矩

抗扭截面系数为

$$W_{\mathrm{p}}=\frac{I_{\mathrm{p}}}{D/2}=\frac{\pi D^{3}}{16}\approx 0.2D^{3} \tag{4-9}$$

(2) 空心圆截面。如图 4-15(b) 所示，设截面的外径为 D，内径为 d，内外径之比 $d/D=\alpha$，同理可得其极惯性矩为

$$I_{\mathrm{p}}=\frac{\pi}{32}(D^{4}-d^{4})=\frac{\pi D^{4}}{32}(1-\alpha^{4})\approx 0.1D^{4}(1-\alpha^{4}) \tag{4-10}$$

抗扭截面系数为

$$W_{\mathrm{p}}=\frac{I_{\mathrm{p}}}{D/2}=\frac{\pi D^{3}}{16}(1-\alpha^{4})\approx 0.2D^{3}(1-\alpha^{4}) \tag{4-11}$$

4.3 圆轴扭转时的强度和刚度计算

4.3.1 圆轴扭转时的强度计算

由式(4-7)可知，等直圆轴的最大切应力发生在最大扭矩所在截面的外周边各点处。为了使圆轴能正常工作，必须使其最大工作切应力不超过材料的许用切应力，因此，等直圆轴扭转时的抗扭强度条件为

$$\tau_{\max}=\frac{T_{\max}}{W_{\mathrm{p}}}\leqslant[\tau] \tag{4-12}$$

对于阶梯轴，由于 W_{p} 各段不同，因此 $\tau_{\max}$ 不一定发生在 $|T_{\max}|$ 所在的截面上，必须综合考虑 W_{p} 和 T 两个因素来确定。

例 4-6 阶梯轴如图 4-16(a) 所示，已知 $M_1=5\ \mathrm{kN\cdot m}$，$M_2=3.2\ \mathrm{kN\cdot m}$，$M_3=1.8\ \mathrm{kN\cdot m}$，材料的许用切应力$[\tau]=60\ \mathrm{MPa}$，试校核该轴的强度。

解 画出阶梯轴的扭矩图如图 4-16(b) 所示。因两段轴的扭矩、直径各不相同，需分别校核轴的强度。

对 AB 段

$$W_{\mathrm{p1}}=\frac{\pi D_1^{3}}{16}=\frac{3.14\times 80^{3}}{16}\mathrm{mm}^{3}=1.005\times 10^{5}\ \mathrm{mm}^{3},\quad |T_1|=5\times 10^{3}\ \mathrm{N\cdot m}$$

$$\tau_{\max 1}=\frac{|T_1|}{W_{\mathrm{p1}}}=\frac{5\times 10^{6}}{1.005\times 10^{5}}\mathrm{MPa}=49.75\ \mathrm{MPa}$$

对 BC 段

$$W_{\mathrm{p2}}=\frac{\pi D_2^{3}}{16}=\frac{3.14\times 50^{3}}{16}\mathrm{mm}^{3}=2.45\times 10^{4}\ \mathrm{mm}^{3},\quad |T_2|=1.8\times 10^{3}\ \mathrm{N\cdot m}$$

$$\tau_{\max 2}=\frac{|T_2|}{W_{\mathrm{p2}}}=\frac{1.8\times 10^{6}}{2.45\times 10^{4}}\mathrm{MPa}=73.33\ \mathrm{MPa}$$

从以上计算结果可以看出：最大切应力发生在扭矩较小的 BC 段。由于$\tau_{max} = 73.33$ MPa > [τ]，所以本阶梯轴的抗扭强度不够。

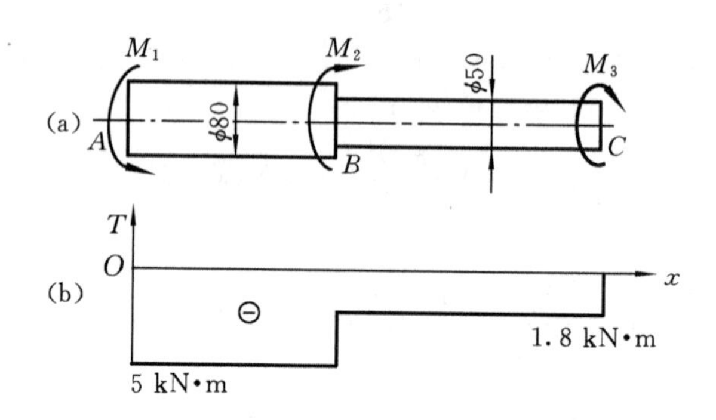

图 4-16　阶梯轴

例 4-7　某汽车的传动轴是由无缝钢管制成的。已知轴的外径 $D=90$ mm，壁厚 $\delta=2.5$ mm，传递的最大外力偶矩 M=1.5 kN·m，轴的材料为 45 钢，许用切应力[τ]=60 MPa。(1) 试校核轴的强度；(2) 若改用相同材料的实心轴，并要求它与原轴强度相同，试确定其直径；(3) 比较实心轴和空心轴的质量。

解　(1) 校核轴的强度。传动轴各截面的扭矩均为

$$T=M=1.5\text{ kN}\cdot\text{m}$$

抗扭截面系数

$$W_p=\frac{\pi D^3}{16}(1-\alpha^4)=\frac{3.14\times 90^3}{16}\times\left[1-\left(\frac{85}{90}\right)^4\right]\text{mm}^3=2.928\times 10^4\ \text{mm}^3$$

最大切应力为

$$\tau=\frac{T}{W_p}=\frac{1.5\times 10^6}{2.928\times 10^4}\text{MPa}=51.23\text{ MPa}<[\tau]$$

故轴的强度足够。

(2) 确定实心轴直径 D_1。由于实心轴和原空心轴的扭矩相同，当要求它们的抗扭强度相同时，实际上使它们的抗扭截面系数相等即可，故

$$W_p=\frac{\pi D_1^3}{16}=\frac{\pi D^3}{16}(1-\alpha^4)$$

$$D_1=D\sqrt[3]{1-\alpha^4}=90\times\sqrt[3]{1-\left(\frac{85}{90}\right)^4}\ \text{mm}=53\ \text{mm}$$

(3) 质量比较。由于两轴材料、长度均相同，故质量比即为横截面面积之比。设空心轴的横截面积为 A，实心轴的横截面积为 A_1，则有

$$\frac{m}{m_1}=\frac{A}{A_1}=\frac{\pi\ (D^2-d^2)/4}{\pi\ D_1^2/4}=\frac{90^2-85^2}{53^2}=0.31$$

计算结果表明，在等强度条件下，空心轴质量约为实心轴的 31％，节省材料效果明显。这是因为切应力沿半径呈线性分布，圆心附近处应力较小，材料未能充分发挥作用。因此，空心圆截面是圆轴扭转时较合理的截面形状。

4.3.2 圆轴扭转时的刚度计算

1. 圆轴扭转时的变形计算

扭转变形是用两个横截面绕轴线的相对转角φ来表示的(见图 4-13)。对于扭矩 T 为常值的等截面圆轴，由于其 γ 很小，由几何关系可得

$$\widehat{AB}=\gamma l,\quad \widehat{AB}=R\varphi$$

所以

$$\varphi=\gamma l/R$$

将胡克定律$\gamma=\dfrac{\tau}{G}=\dfrac{T\rho}{GI_p}$代入上式，得

$$\varphi=\frac{Tl}{GI_p} \tag{4-13}$$

其中，GI_p 反映了截面抵抗扭转变形的能力，称为截面的抗扭刚度。

当两个截面间的 T 或 I_p 有变化时，需分段计算扭转角，然后求其代数和以求得全轴的扭转角。扭转角的正负号与扭矩的正负号判断方法相同。

例 4-8 图 4-17(a)所示的传动轴，已知 $M_1=640$ N • m，$M_2=840$ N • m，$M_3=200$ N • m，轴材料的切变模量 $G=80$ GPa，试求截面 C 相对于截面 A 的扭转角。

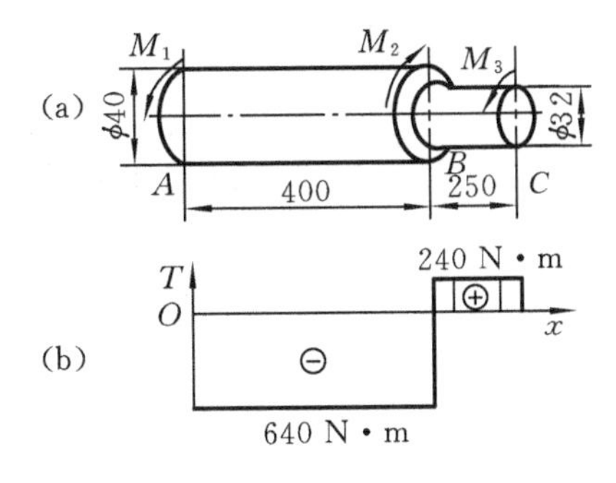

图 4-17 阶梯传动轴

解 画出传动轴的扭矩图如图 4-17(b)所示。从图中可以看出：

AB 段 $T_1=-640$ N • m

BC 段 $T_2=200$ N • m

由于 A、C 两截面间的扭矩 T 和极惯性矩 I_p 均有变化，故应分段计算后再叠加。由

$$\varphi_{AB}=\frac{T_1l_1}{GI_{p1}}=\frac{-640\times10^3\times400}{80\times10^3\times0.1\times40^3}\ \text{rad}=-0.013\ \text{rad}$$

$$\varphi_{BC}=\frac{T_2l_2}{GI_{p2}}=\frac{-200\times10^3\times150}{80\times10^3\times0.1\times32^3}\ \text{rad}=-0.004\ \text{rad}$$

得

$$\varphi_{AC}=\varphi_{AB}+\varphi_{BC}=(-0.013+0.004)\ \text{rad}=-0.009\ \text{rad}$$

2. 圆轴扭转时的刚度计算

设计轴类构件时，不仅要满足强度要求，有些轴还要考虑刚度问题．工程上通常是限制单位长度的扭转角 θ，使它不超过规定的许用值[θ]。由式(4-13)可知，单位长度的扭转角为

$$\theta=\frac{\varphi}{l}=\frac{T}{GI_{\mathrm{p}}}$$

因此，圆轴扭转的刚度条件为

$$\theta_{\max}=\frac{T_{\max}}{GI_{\mathrm{p}}}\leqslant[\theta]$$

其中，θ的单位为 rad／m，而工程上常用的许用扭转角单位是“°/m”。考虑单位的换算，圆轴扭转的刚度条件为

$$\theta_{\max}=\frac{T_{\max}}{GI_{\mathrm{p}}}\times\frac{180}{\pi}\leqslant[\theta] \tag{4-14}$$

轴的单位长度许用扭转角[θ]的取值，可查阅有关工程设计手册。

应用轴的刚度条件，可以解决刚度计算的三类问题，即校核刚度、设计截面尺寸和确定许可载荷。

例 4-9 图 4-18(a)所示的传动轴的转速 $n=300$ r/min，主动轮 C 输入外力偶矩 $M_C=955$ N • m，从动轮 A、B、D 输出的外力偶矩分别为 $M_A=159.2$ N • m，$M_B=318.3$ N • m，$M_D=477.5$ N • m，已知材料的切变模量 $G=80$ GPa，许用切应力[τ] ＝40 MPa，许用扭转角[θ]＝1°/m，试按轴的强度和刚度条件设计轴的直径。

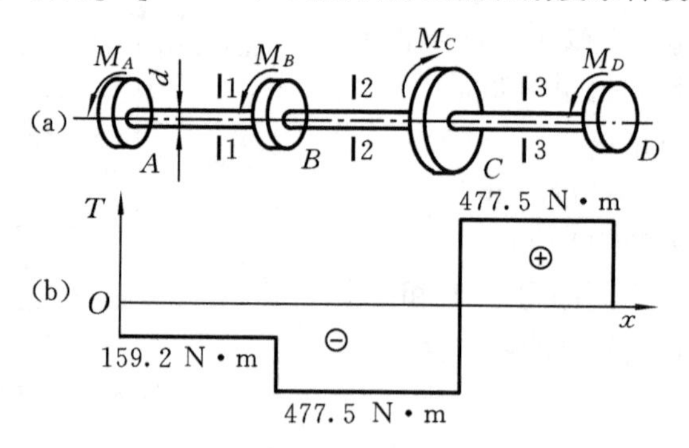

图 4-18 四轮传动轴

解 (1) 画出传动轴的扭矩图如图 4-18(b)所示，由图可知，最大扭矩发生在 BC 段和 CD 段，即

$$T_{\max}=477.5\ \text{N}\cdot\text{m}$$

(2) 按抗扭强度条件设计轴径。由 $\tau_{\max}=\dfrac{T_{\max}}{W_{\mathrm{p}}}\leqslant[\tau]$ 和 $W_{\mathrm{p}}=\dfrac{\pi D^3}{16}$ 得

$$D\geqslant\sqrt[3]{\frac{16T_{\max}}{\pi[\tau]}}=\sqrt[3]{\frac{16\times477.5\times10^3}{3.14\times40}}\ \mathrm{mm}=39.32\ \mathrm{mm}$$

(3) 按刚度条件取轴径。由 $\theta_{\max}=\dfrac{T_{\max}}{GI_{\mathrm{p}}}\times\dfrac{180}{\tau}\leqslant[\theta]$ 和 $I_{\mathrm{p}}=\dfrac{\pi D^4}{32}$ 得

$$D\geqslant\sqrt[4]{\frac{32T_{\max}\times180}{\pi^2G[\theta]}}=\sqrt[4]{\frac{32\times447.5\times180}{3.14^2\times80\times10^9\times1}}\ \mathrm{m}=0.043\,2\ \mathrm{m}=43.2\ \mathrm{mm}$$

为使轴既满足强度条件又满足刚度条件，轴径应选取较大的值，即取 $D=45$ mm。

4.4 弯曲与扭转组合变形的强度计算

1. 弯曲与扭转组合变形的概念

机械设备中的轴类构件，大多发生弯曲与扭转的组合变形。如图 4-19(a)所示的一端固定、一端自由的圆轴，A 端装有半径为 R 的圆轮，在轮缘上 C 点作用一个与轮缘相切的水平力 $\boldsymbol{F}$。建立图 4-19 所示空间直角坐标系 $Axyz$，将梁简化并把力 $\boldsymbol{F}$ 向 A 点平移，得到一横向平移力 $\boldsymbol{F}$ 和一附加力偶 M_A(见图 4-19(b))。横向力 $\boldsymbol{F}$ 使 AB 轴在 xy 平面内发生弯曲变形，力偶 M_A 使轴发生扭转变形。构件这种既发生弯曲又发生扭转的变形，称为弯曲与扭转组合变形，简称弯扭组合变形。

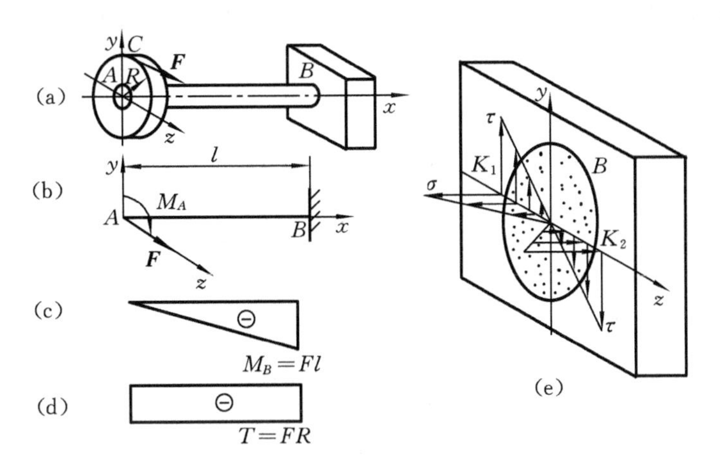

图 4-19　弯扭组合变形的圆轴

2. 应力分析与强度条件

为了确定 AB 轴危险截面的位置，必须先分析轴的内力情况。分别考虑横向力 $\boldsymbol{F}$ 和力偶 M_A 的作用(横向力 $\boldsymbol{F}$ 的剪切作用略去不计)，画出 AB 轴的弯矩图(见

图 4-19(c))和扭矩图(见图 4-19(d))。由图可见，圆轴各横截面上的扭矩相同，而弯矩则在固定端 B 截面处为最大，故 B 截面为危险截面，其弯矩值和扭矩值分别为 $M_{max}-Fl$ 和 $T=FR$。

由于在横截面 B 上同时存在弯矩和扭矩，因此该截面上各点相应有弯曲正应力和扭转切应力，应力分布如图 4-19(e)所示。由图可知，B 截面上 K_1 和 K_2 两点处弯曲正应力和扭转切应力同时为最大值，所以这两点称为危险截面上的危险点。危险点上的正应力和切应力分别为

$$\sigma_{max}=\frac{M_{max}}{W_z}，\quad \tau_{max}=\frac{T}{W_p}$$

式中：M_{max}，T——危险截面上的弯矩和扭矩；

W_z，W_p——抗弯截面系数和抗扭截面系数。

由于弯扭组合变形中危险点上既有正应力，又有切应力，属于复杂应力状态，不能将正应力和切应力简单地代数相加，而必须应用强度理论来建立强度条件。对于塑性材料在弯扭组合变形这样的复杂应力状态下，一般应用第三、第四强度理论来建立强度条件进行强度计算。第三、第四强度理论的强度条件分别为

$$\sigma_{xD3}=\sqrt{\sigma^2+4\tau^2}\leqslant[\sigma]$$

$$\sigma_{xD4}=\sqrt{\sigma^2+3\tau^2}\leqslant[\sigma]$$

式中：σ_{xD3}——第三强度理论的相当应力(MPa)；

σ_{xD4}——第四强度理论的相当应力(MPa)。

将圆轴弯扭组合变形的弯曲正应力 $\sigma_{max}=M_{max}/W_z$ 和扭转切应力 $\tau_{max}=T/W_p$，及 $W_p=2W_z$ 代入上式，即得到圆轴弯扭组合变形时第三、第四强度理论的强度条件分别为

$$\sigma_{xD3}=\frac{\sqrt{M_{max}^2+T^2}}{W_z}\leqslant[\sigma] \tag{4-15}$$

$$\sigma_{xD4}=\frac{\sqrt{M_{max}^2+0.75T^2}}{W_z}\leqslant[\sigma] \tag{4-16}$$

3. 强度计算实例

例 4-10 图 4-20(a)所示的转轴 AB，在轴右端的联轴器上作用外力偶 M 驱动轴转动。已知带轮直径 $D=0.5$ m，带拉力 $F_{T1}=8$ kN，$F_{T2}=4$ kN，轴的直径 d=90 mm，轴间距 $a=500$ mm。若轴的许用应力$[\sigma]=50$ MPa，试按第三强度理论校核轴的强度。

解 (1) 外力分析。将带的拉力平移到轴线上，画该轴的力学模型，如图 4-20(b)所示，作用于轴上的载荷有 C 点垂直向下的 $F_{T1}+F_{T2}$ 和作用面垂直于轴线的附加力偶矩$(F_{T1}-F_{T2})D/2$，其值分别为

$$F_{T1}+F_{T2}=(8+4)\ \text{kN}=12\ \text{kN}$$

$$M=\frac{(F_{T1}-F_{T2})D}{2}=\frac{(8-4)\times 0.5}{2}\ \text{kN·m}=1\ \text{kN·m}$$

$F_{T1}+F_{T2}$与A、B处的约束力使轴产生弯曲变形，附加力偶M与联轴器上的外力偶使轴产生扭转变形，因此，AB发生弯扭组合变形。

(2) 内力分析。作轴的弯矩图和扭矩图，如图4-20(c)、(d)所示，由图可知，轴的C截面为危险截面，该截面上的弯矩和扭矩分别为

$$M_{\max}=\frac{(F_{T1}+F_{T2})a}{2}=\frac{(8+4)\times 0.5}{2}\ \text{kN·m}=3\ \text{kN·m}$$

$$T=M=1\ \text{kN·m}$$

(3) 校核强度。由以上分析可知，C截面的上、下边缘点是轴的危险点，按第三强度理论，其最大相当应力为

$$\sigma_{xD3}=\frac{\sqrt{M_{\max}^2+T^2}}{W_z}=\frac{\sqrt{(3\times 10^6)^2+(1\times 10^6)^2}}{0.1\times 90^3}\ \text{MPa}=43.4\ \text{MPa}<[\sigma]$$

所以，轴的强度满足要求。

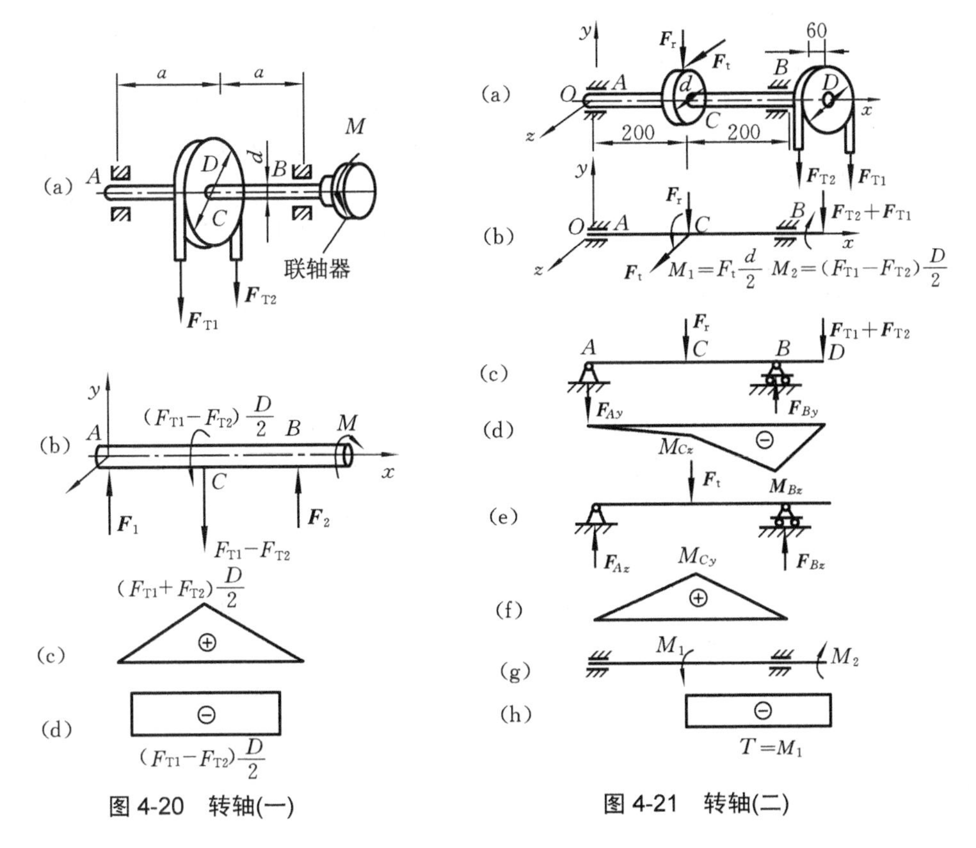

图4-20　转轴(一)　　　　图4-21　转轴(二)

例 4-11 图 4-21(a)所示的转轴，已知带拉力 $F_{T1}=5$ kN，$F_{T2}=2$ kN，带轮直径 $D=160$ mm，直齿圆柱齿轮的分度圆直径 $d=100$ mm，压力角 $\alpha=20°$，轴的许用应力为$[\sigma]=80$ MPa，试按第四强度理论设计轴的直径。

解 (1) 外力分析与计算。将带的拉力 F_{T1}、F_{T2}和齿轮上的圆周力 F_t 平移到轴线，画轴的力学模型，如图 4-21(b)所示，图中的附加力偶矩为

$$M_1=F_t\times\frac{d}{2}=M_2=(F_{T1}-F_{T2})\times\frac{D}{2}$$

$$=(5-2)\times\frac{0.16}{2}\ \text{kN}\cdot\text{m}=0.24\ \text{kN}\cdot\text{m}$$

故圆周力为

$$F_t=\frac{2M_1}{d}=\frac{2\times0.24}{0.1}\ \text{kN}=4.8\ \text{kN}$$

径向力为

$$F_r=F_t\tan20°=4.8\times0.36\ \text{kN}=1.74\ \text{KN}$$

作用于轴上的带拉力 F_{T1}、F_{T2}，径向力 F_r 和支座约束力 F_{Ay}、F_{By}，使轴在 xy 平面(铅垂平面)内发生弯曲变形；圆周力 F_r 和支座约束力 F_{Az}、F_{Bz} 使轴在 xz 平面(水平面)内发生弯曲变形；力偶 M_1、M_2 使轴发生扭转变形。因此，轴 AB 将发生双向弯曲与扭转的组合变形。

(2) 内力分析。将轴的力学模型图向铅垂面 xy 平面投影(见图 4-21(c))，求出支座约束力 $F_{Ay}=0.18$ kN，$F_{By}=8.92$ kN，画出轴在 xy 平面内的弯矩图(见图 4-21(d))。C、B 截面的弯矩值分别为

$$M_{Cz}=F_{Ay}\times0.2=0.18\times0.2\ \text{kN}\cdot\text{m}=0.036\ \text{kN}\cdot\text{m}$$

$$M_{Bz}=(F_{T1}+F_{T2})\times0.06=(5+2)\times0.06\ \text{kN}\cdot\text{m}=0.42\ \text{kN}\cdot\text{m}$$

将轴的力学模型图向水平面 xz 平面投影(见图 4-21(e))，求支座约束力：

$$F_{Az}=F_{Bz}=F_r/2=4.8\ \text{kN}/2=2.4\ \text{kN}$$

画轴在 xz 平面内的弯矩图(见图 4-21(f))，C 截面的弯矩值为

$$M_{Cy}=F_{Az}\times0.2=2.4\times0.2\ \text{kN}\cdot\text{m}=0.48\ \text{kN}\cdot\text{m}$$

圆轴在两相互垂直的平面内同时发生的平面弯曲变形，可以合成为另一个平面内的平面弯曲变形，这个平面内的弯矩称为合成弯矩，其各截面的合成弯矩大小用 $M=\sqrt{M_y^2+M_z^2}$ 计算。

由 xz 平面和 xy 平面的弯矩图(见图 4-21(d)、(f))可见，轴的 C 截面是最大合成弯矩所在的截面，即轴的危险截面，其最大合成弯矩为

$$M_C=\sqrt{M_{Cz}^2+M_{Cy}^2}=\sqrt{36^2+480^2}\ \text{N}\cdot\text{m}=481\ \text{N}\cdot\text{m}$$

若轴的最大合成弯矩所在截面不易看出，则需分别计算几个可能的危险截面的合成弯矩，最后通过比较来确定危险截面。

轴在垂直于轴线的两平行平面内受外力偶 M_1、M_2 作用发生扭转变形(见图 4-21(g))，作轴的扭矩图(见图 4-21(h))，CD 段内各横截面的扭矩为

$$T=M_1=M_2=0.24\ \text{kN}\cdot\text{m}$$

(3) 设计轴的直径。由第四强度理论的强度条件

$$\sigma_{xD4}=\frac{\sqrt{M_{max}^2+0.75T^2}}{W_z}\leqslant[\sigma]\text{和 } W_z\approx 0.1\,d^3$$

得

$$d\geqslant\sqrt[3]{\frac{\sqrt{M_C^2+0.75T^2}}{0.1[\sigma]}}=\sqrt[3]{\frac{\sqrt{(481\times10^3)^2+0.75\times(0.24\times10^6)^2}}{0.1\times80}}\ \text{mm}=40.31\ \text{mm}$$

所以，轴的直径可取 $d=42$ mm。

思考题与习题

4-1 挤压应力与一般的压应力有何区别？

4-2 剪切和挤压的实用计算采用了什么假设？

4-3 题 4-3 图中的钢质拉杆和木板之间放置的金属垫圈起何作用？

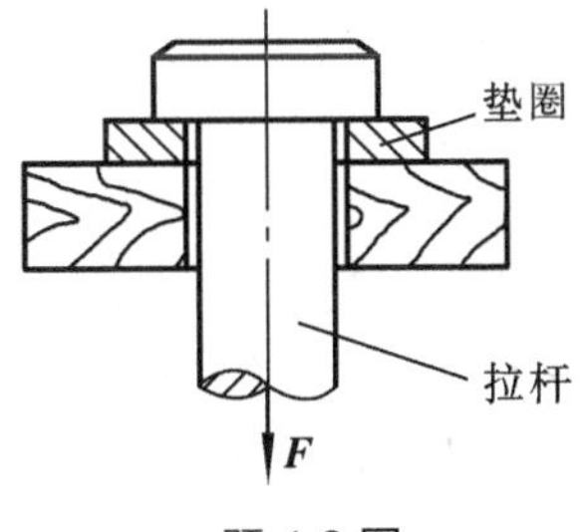

题 4-3 图

4-4 减速箱中，高速轴直径较大还是低速轴直径较大？为什么？

4-5 若两轴上的外力偶矩及各段轴长相等而截面尺寸不同，那么其扭矩图相同吗？

4-6 扭转切应力与扭矩方向是否一致？判定题 4-6 图所示的切应力分布图中哪些是正确的？哪些是错误的？

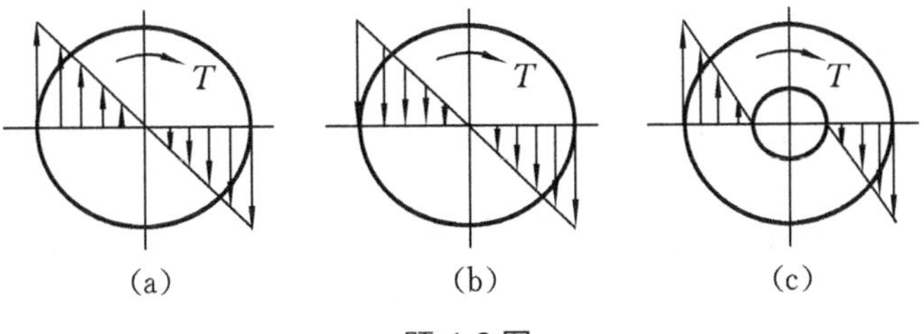

题 4-6 图

4-7 一空心圆轴外径为 D，内径为 d，其极惯性矩 I_p 和抗扭截面系数 W_p 按下式计算是否正确(式中 $\alpha=\dfrac{d}{D}$)？

$$I_p=\frac{\pi D^4}{32}-\frac{\pi d^4}{32},\qquad W_p=\frac{\pi D^3}{16}(1-\alpha^3)$$

4-8 拉弯组合杆件危险点的位置如何确定？建立强度条件时为什么不必利用强度理论？

4-9 对于弯扭组合的圆截面杆，在建立强度条件时，为什么要用强度理论？

4-10 同时受轴向拉伸、扭转和弯曲变形的圆截面杆，按第三强度理论建立的强度条件是什么？

4-11 在题 4-11 图所示的切料装置中，欲用刀将料模中ϕ12 mm 的棒料切断，已知棒料的抗剪强度$\tau_b = 320$ MPa，试计算切断力 $\boldsymbol{F}$ 至少应为多大？

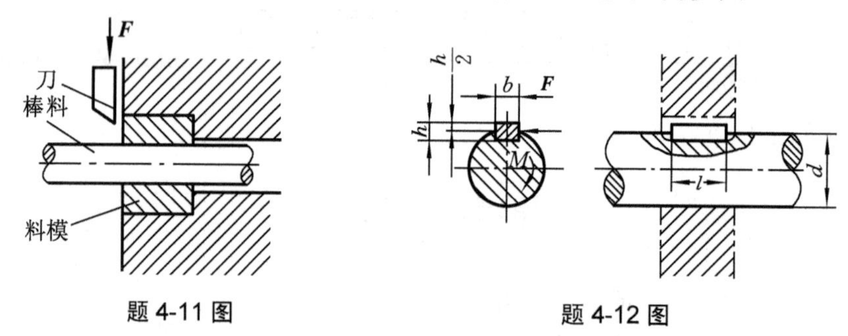

题 4-11 图　　　　　　题 4-12 图

4-12 轴的直径 $d = 80$ mm，键的尺寸为 $b=24$ mm，$h = 14$ mm，如题 4-12 图所示，键的许用切应力$[\tau]=40$ MPa，许用挤压应力$[\sigma_{jy}] = 90$ MPa，轴通过键所传递的转矩为 3 kN・m，求键的长度 l。

4-13 已知焊缝的许用切应力$[\tau] = 100$ MPa，钢板的许用拉应力$[\sigma] = 160$ MPa，试计算题 4-13 图所示焊接板的许可载荷$[F]$。

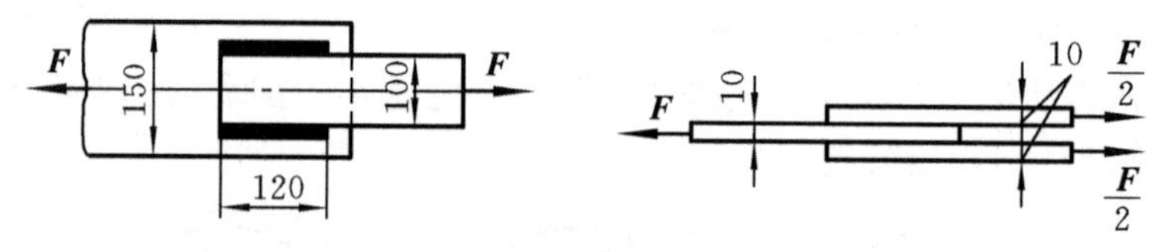

题 4-13 图

4-14 试画出题 4-14 图所示两轴的扭矩图。

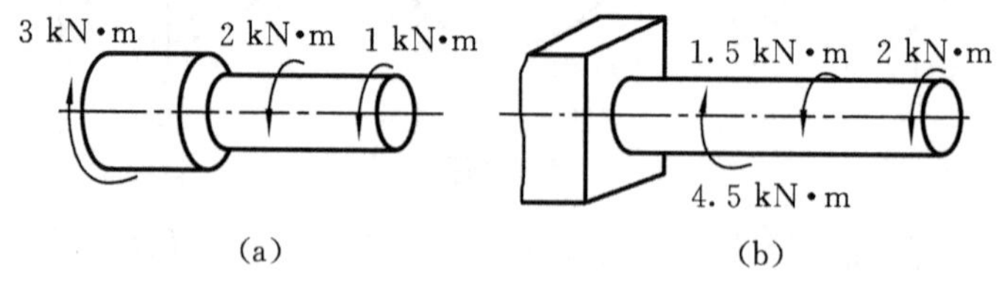

题 4-14 图

4-15 如题 4-15 图所示，某传动轴的转速 n=400 r / min，主动轮 2 的输入功率为 60 kW，从动轮 1、3、4 和 5 的输出功率分别为 $P_1 = 18$ kW，$P_3 = 12$ kW，P_4

$=22$ kW，$P_5=8$ kW，试画该轴的扭矩图。

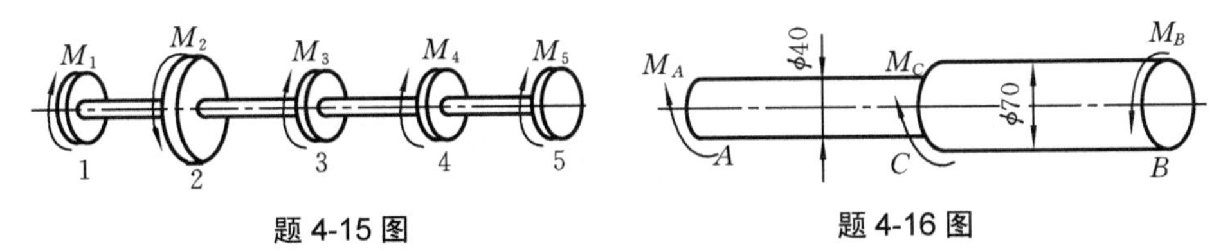

题 4-15 图　　　　题 4-16 图

4-16　阶梯轴 AB 如题 4-16 图所示，AC 段直径 $d_1=40$ mm，CB 段直径 $d_2=70$ mm，B 轮输入功率 $P_B=35$ kW，A 轮输出功率 $P_A=15$ kW，轴匀速转动，转速 $n=200$ r/min，$G=80$ GPa，$[\tau]=60$ MPa，$[\theta]=2°/\text{m}$，试校核轴的强度和刚度。

4-17　船用推进轴如题 4-17 图所示，一端是实心轴，其直径 $d_1=28$ cm；另一端是空心轴，其内径 $d=14.8$ cm，外径 $D=29.6$ cm。若$[\tau]=50$ MPa，试计算此轴允许传递的最大外力偶矩。

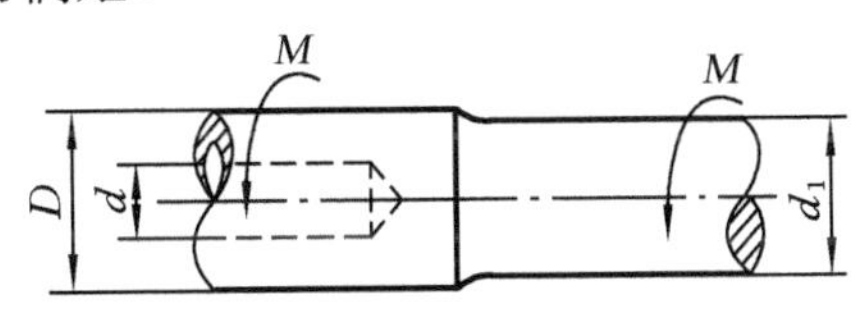

题 4-17 图

4-18　某齿轮变速箱内的轴如题 4-18 图所示，轴所传递的功率 $P=5.5$ kW，转速 $n=200$ r/min，$[\tau]=40$ MPa，试按扭转强度条件初步设计轴的直径 d。

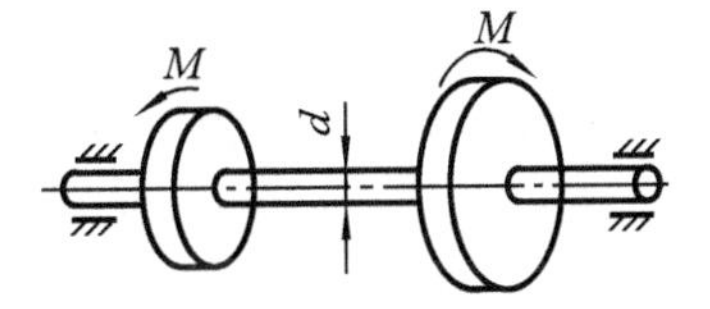

题 4-18 图

4-19　桥式起重机如题 4-19 图所示，若传动轴传递的力偶矩 $M=1.08$ kN·m，材料的许用切应力$[\tau]=40$ MPa，单位长度许用扭转角$[\theta]=0.5°/\text{m}$。试设计传动轴的直径。

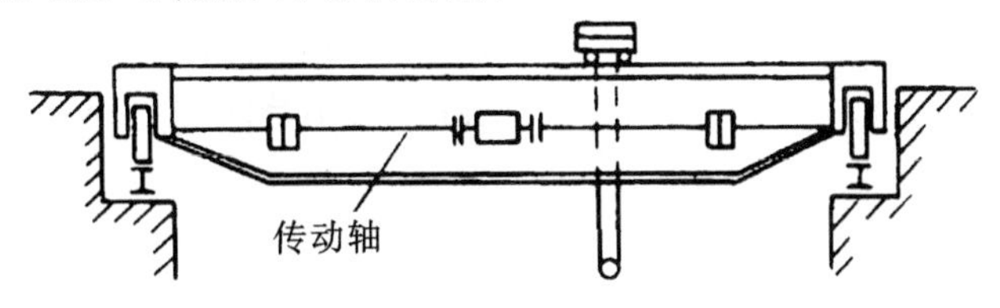

题 4-19 图

4-20　简支梁受载如题 4-20 图所示。已知 $F=10$ kN，$q=10$ kN / m，$l=4$ m，$c=1$ m，$[\sigma]=160$ MPa，试设计正方形截面和 $b/h=1/2$ 的矩形截面，并比较它们横截面面积的大小。

4-21　题 4-21 图所示折杆的 AB 段为圆截面，AB 垂直于 BC，已知 AB 杆直径 $d=100$ mm，材料许用应力$[\sigma]=80$ MPa。试按第三强度理论确定许可载荷$[F]$。

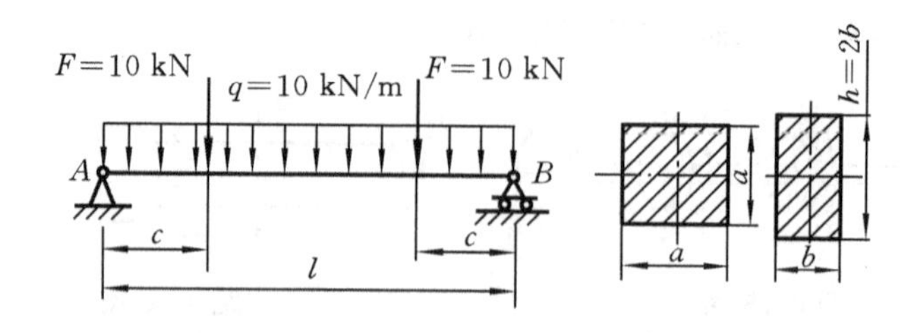

题 4-20 图

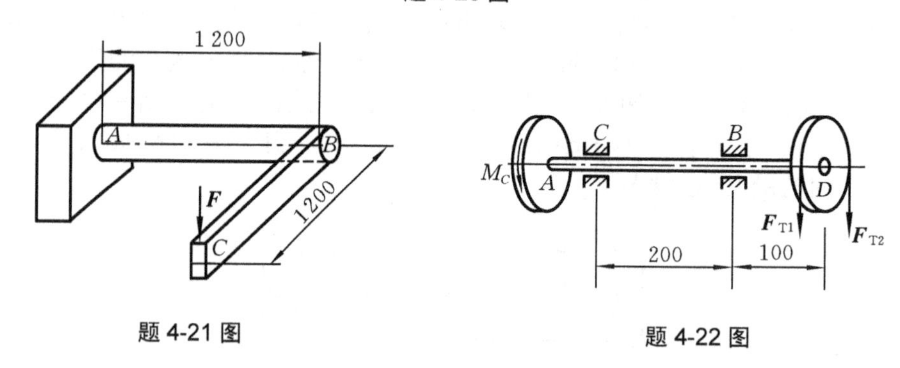

题 4-21 图

题 4-22 图

4-22　题 4-22 图所示轴传递的功率 $P=2$ kW，转速 $n=100$ r／min，带轮直径 $D=250$ mm，带拉力 $F_{T2}=2F_{T1}$，轴材料的许用应力$[\sigma]=80$ MPa，轴的直径 d=45 mm，试按第三强度理论校核轴的强度。

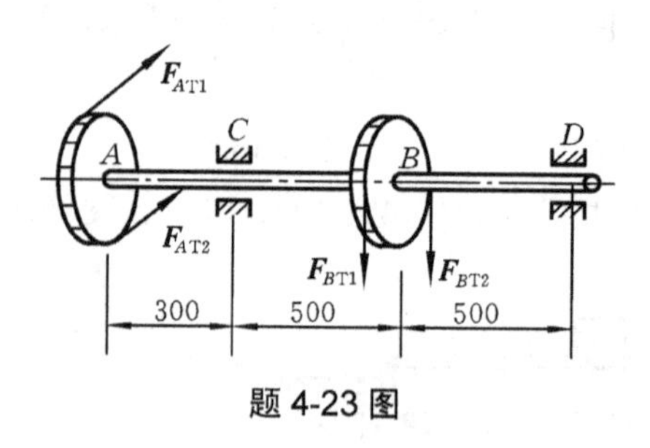

题 4-23 图

4-23　题 4-23 图所示轴传递的功率 $P=8$ kW，转速 $n=50$ r/min，轮 A 带的拉力沿水平方向，轮 B 带的拉力沿铅垂方向，两轮的直径均为 D=1 m，重力 W=5 kN，松边拉力 $F_{AT2}=F_{BT2}=2$ kN，轴的直径 d=70 mm，材料的许用应力$[\sigma]=90$ MPa，试按第四强度理论校核轴的强度。

第 2 篇

常用平面机构

机器和机构的主要特征是各个构件相互间都在作确定的运动，所以必须用运动的观点(即各个构件时刻都在运动)来观察机构的运动特征和规律。机器的类型虽然很多，然而构成各种机器的机构类型却是有限的。经过对各种机器的剖析可以看到，即使是非常复杂的机器，其机构部分也无非是由连杆、凸轮或齿轮等一些常用的机构组合而成的。因此，对这些常用机构的运动情况和工作特性进行分析，并探索为满足一定运动和工作的要求来设计这些机构的方法，是十分必要的。

本篇在分析平面机构组成的基础上，讨论平面连杆机构、凸轮机构、间歇运动机构等常用机构的组成和工作原理、应用场合，以及机构的运动规律、各部分尺寸对工作的影响等。

第 5 章　平面机构的组成

5.1　构件和运动副

5.1.1　构件及其自由度

由前述可知，构件是机构中具有相对运动的单元体，因此它是组成机构的主要因素之一。

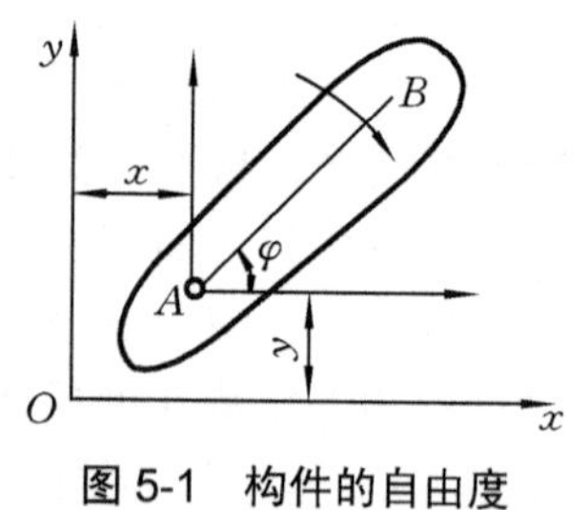

图 5-1　构件的自由度

自由度是构件可能出现的独立运动。任何一个构件在空间自由运动时皆有六个自由度。它可表示为在直角坐标系内沿着三个坐标轴的移动和绕三个坐标轴的转动。而一个作平面运动的构件只有三个自由度，如图 5-1 所示，构件 AB 可在 Oxy 平面内绕任意一点 A 转动，也可沿 x 轴移动或沿 y 轴移动。

5.1.2　运动副和约束

因为机构是由两个以上具有相对运动的构件系统组成的，所以必须采用能使两构件产生一定相对运动的连接形式。通常把两构件直接接触而又能产生一定形式的相对运动的连接，称为运动副。两构件参与接触的形式有点、线、面三种，如图 5-2、图 5-3、图 5-4 所示。

一个作平面内运动的构件有三个自由度，但由于两构件接触，使某些原有的相对运动受到限制，于是把对物体运动的限制称为约束。引入一个约束将减少一个自由度，而约束的多少及约束的特点取决于运动副的形式。

1. 转动副

如图 5-2(a)所示，构件 2 和构件 1 相互限制了沿 x 轴移动和沿 y 轴移动，只允许绕 $A—A$ 轴转动，这种运动副称为转动副。转动副引入了 2 个约束，保留了 1 个自由度。图 5-2(b) 为转动副的符号，小圆中心表示转动轴线的位置。

2. 移动副

如图 5-3(a)所示，构件 2 和构件 1 相互限制了沿 y 轴的移动和在 Oxy 平面内绕任意一点的转动，只允许沿 x 轴移动。移动副也引入了 2 个约束，保留了 1 个自由度。

转动副和移动副都是面接触，统称为低副。

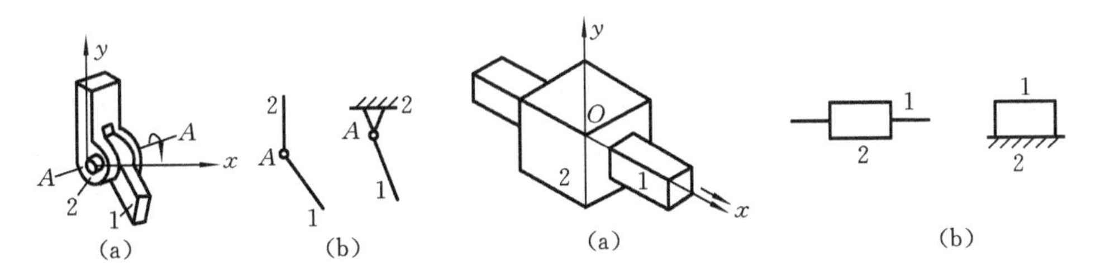

图 5-2　转动副及其符号　　　　图 5-3　移动副及其符号

3. 平面高副

如图 5-4 所示，构件 2 和构件 1 只相互限制了沿法线 n—n 方向的移动，而保留了沿切线 t—t 方向独立的相对移动和绕接触线 A—A 或接触点 A 独立的相对转动，这种运动副引入了 1 个约束，保留了 2 个自由度。一般把点接触或线接触的运动副称为高副。

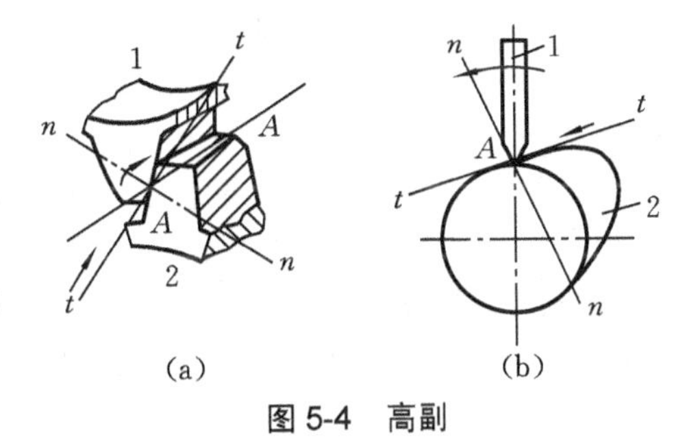

图 5-4　高副

5.1.3　构件的分类

机构中的构件可分为以下三类。

(1) 机架。机架是机构中视作固定不动的构件，它支承着其他活动构件。

(2) 原动件。原动件是机构中接受外部给定运动规律的活动构件。

(3) 从动件。从动件是机构中随原动件运动的活动构件。

5.2　机构运动简图

无论是研究已有的机械，还是设计新的机械，都需要运用能够表明某一机构运动情况的机构运动简图。因为机构各构件间的相对运动，是由原动件的运动规律、机构中所有的运动副的类型、数目及其相对位置（即转动副的中心位置、移动副的中心线位置和高副接触点的位置）决定的，而与构件的外形、断面尺寸、组成构件的零件数目及其固连方式和运动副的具体结构无关。因此可以撇开构件的复杂外形和运动副的具体构造，用简单的线条和规定的符号代表构件和运动副，并按比例确定各运动副的相对位置。这种能准确表达机构运动情况的简化图形称为机构运动简图。

绘制平面机构运动简图的步骤如下所述。

(1) 首先要搞清楚所要绘制机构的结构及运动情况，即找出机构中的原动件、从动件、机架，并按运动的传递路线搞清楚该机构原动部分的运动如何经传动部分传递到工作部分。

(2) 分析清楚该机构是由多少个构件组成的，并根据相连的两构件间的接触情况及相对运动的性质，确定各个运动副的类型。

(3) 选择与机构中多数构件的运动平面相平行的平面作为绘制机构运动简图的投影面。

(4) 选择合适的长度比例尺，确定各运动副之间的相对位置，以规定的符号将各运动副表示出来，并用直线或曲线将同一构件上各运动副连接起来，对机构中的原动件画出表示运动方向的箭头，即得到要画的机构运动简图。

图 5-5(a)所示的颚式破碎机由六个构件组成。根据机构的工作原理，构件 1 是机架；构件 2 是原动件，分别与机架 1 和构件 3 组成转动副，其回转中心分别为 O_1 点和 A 点；构件 3 是一个三副构件，分别与构件 4 和构件 5 组成转动副。构件 5 和机架 1、构件 4 和动颚板 6、动颚板 6 与机架 1 也分别组成转动副。它们的回转中心分别是 C、B、O_2、D、O_3 的位置。用转动副符号表示各转动副，再用直线把各转动副连接起来，在机架上加上短斜线，在原动件上加上箭头，即得如图 5-5(b)所示颚式破碎机的机构运动简图。

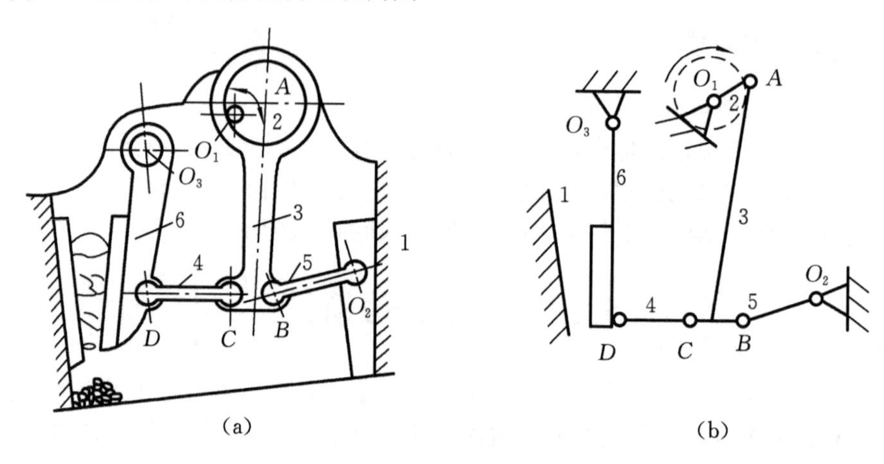

图 5-5　颚式破碎机机构

根据各构件大小和合理布置机构在图纸上的位置来选定长度比例尺，其值为

$$\mu_l=\frac{\text{实际构件长度(m)}}{\text{图示构件长度(mm)}} \tag{5-1}$$

若图 5-5(b) 不按精确比例绘制，仅仅为了表示机构的结构特征，这种简图就称为机构示意图。

5.3 平面机构的自由度

若干个构件通过运动副连接后组成的构件系统能否成为机构，还需经过平面机构自由度计算后才能确定。

5.3.1 平面机构的自由度

设有 N 个作平面运动的活动构件，在未用运动副连接前，各构件都是自由的，应有 $3n$ 个自由度，当用 P_L 个低副、P_H 个高副将各构件连接起来组成机构后，由于 1 个低副引入 2 个约束，1 个高副引入 1 个约束，则引入 $2P_L+P_H$ 个约束，即要减去 $2P_L+P_H$ 个自由度，因此，该机构的自由度 F 的计算公式应为

$$F=3n-2P_L-P_H \tag{5-2}$$

机构自由度是机构实现独立运动的可能性，只有当机构自由度数等于接受外部给定运动规律的原动件个数 W 时，机构才不会随意乱动。换句话说，机构具有确定的相对运动的条件是

$$W=F=3n-2P_L-P_H \tag{5-3}$$

式(5-2)、式(5-3)可用来判断、检验或确定机构原动件的个数；同时说明活动构件、低副、高副个数如何分配才能组成机构。机构自由度不能为 0，否则将没有接受外部输入运动的原动件，因而各构件之间也就没有相对运动。

例 5-1 试判断图 5-5 所示颚式破碎机是否具有确定的相对运动。

分析 该机构中包含 6 个构件，其中构件 1 是机架，所以共有 5 个活动构件，即 $n=5$，另外有 7 个低副，即 $P_L=7$，没有高副，即 $P_H=0$，所以

$$F=3\times5-2\times7-1\times0=1$$

该机构有一个原动件（构件 2），满足 $W=F=1$ 条件，故该机构具有确定的相对运动。

例 5-2 试判断图 5-6 所示的桁架组合机构与图 5-7 所示的铰链五杆组合机构是否具有确定的相对运动。

分析 图 5-6 所示的机构包含 3 个构件，其中 1 个构件是机架，所以共有 2 个活动构件，即 $n=2$，另外有 3 个低副，即 $P_L=3$，没有高副，即 $P_H=0$，由式(5-2)得

$$F=3\times2-2\times3-1\times0=0$$

该机构组合的自由度为 0，即该机构不能运动，所以是一个桁架。

图 5-7 所示的机构包含 5 个构件，其中构件 5 是机架，所以共有 4 个活动构件，即 $n=4$，另外有 5 个低副，即 $P_L=5$，没有高副，即 $P_H=0$，由式(5-2)得

$$F=3\times4-2\times5-1\times0=2$$

如果只有构件 1 作为原动件，则 $W\neq F$，当构件 1 在 φ_1 位置时，由于构件 4

的位置不确定，所以构件 2 和 3 可以处在图示的实线位置或虚线位置，也可以处在其他位置，即从动件的运动不确定。

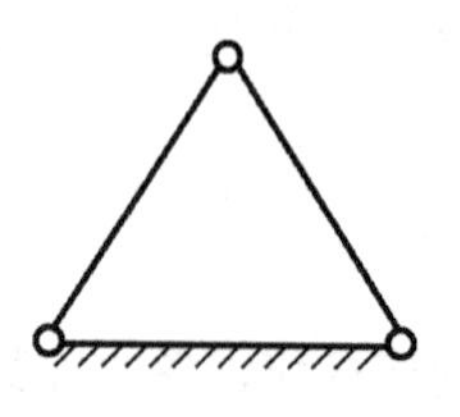

图 5-6 桁架示意图

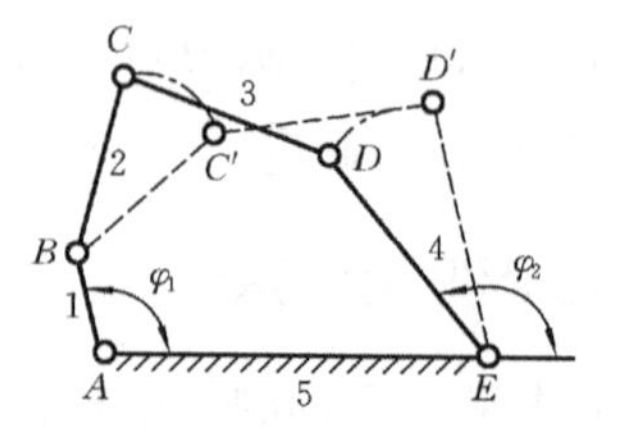

图 5-7 铰链五杆机构

若取构件 1 和 4 为原动件，则 $W=F$，φ_1 和 φ_4 分别表示构件 1 和 4 的独立运动。如图 5-7 所示，每当给定一组 φ_1 和 φ_4 的数值，从动件 2 和 3 便具有一个确定的相应位置。由此可见，只有当自由度等于原动件数目时，机构才有确定的相对运动。

5.3.2 计算机构自由度的注意事项

应用式(5-2)计算机构的自由度时，必须注意以下几个问题。

1. 复合铰链

两个以上的构件共用同一转动轴线所构成的转动副称为复合铰链。如图 5-8(a)所示，构件 1、2、3 在同一处构成转动副，而从左视图(图 5-8(b))可知，该机构包含两个转动副。显然，如有 m 个构件汇集在一处，应有 $m-1$ 个转动副。

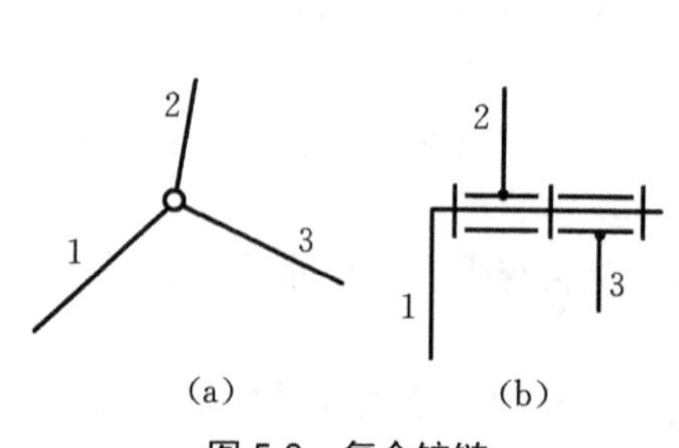

图 5-8 复合铰链

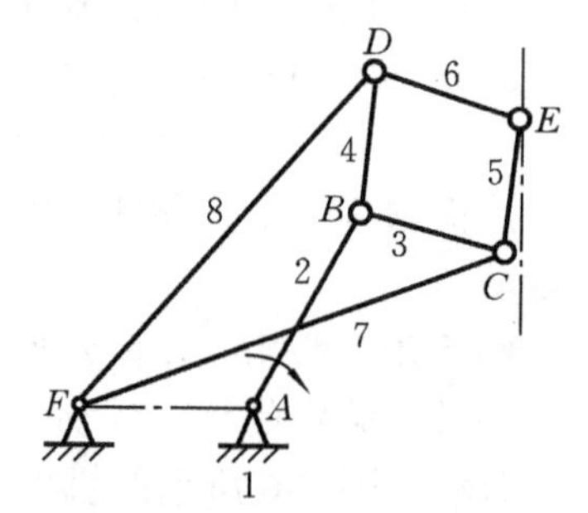

图 5-9 含有复合铰链的机构

例 5-2 计算图 5-9 所示机构的自由度。

解 此机构的 B、C、D、F 四处都是由三个构件组成的复合铰链，各具有两个转动副，所以对于这个机构有 $n=7$、$P_L=10$、$P_H=0$，由式(5-2)得

$$F=3\times7-2\times10-0=1$$

2. 局部自由度

在图 5-10 所示的凸轮机构中，为了减少高副中顶杆对凸轮的磨损，通常将顶

杆的顶部安装一只滚子，若按式(5-2)计算机构的自由度时，机构的自由度为

$$F=3\times3-2\times3-1\times1=2$$

计算结果与实际情况并不相符，因为滚子的转动自由度对顶杆的运动并没有影响。通常把这种与输出构件运动无关的自由度称为局部自由度。在计算这种机构的自由度时，应将滚子与顶杆固连成一体，消除局部自由度。所以图 5-10 所示的机构的自由度正确的计算方法是

$$F=3\times2-2\times2-1\times1=1$$

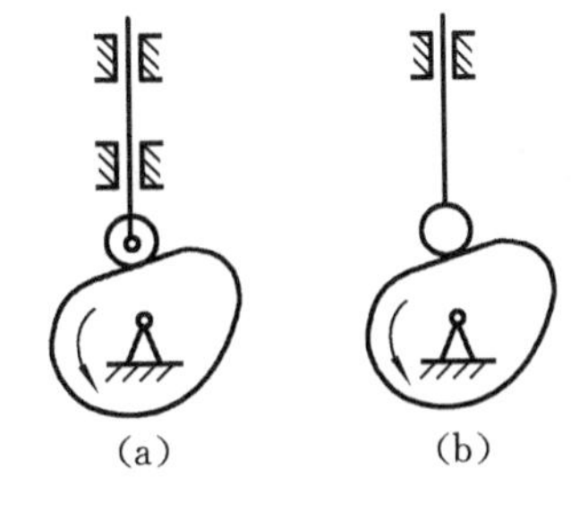

图 5-10　局部自由度

3. 虚约束

对运动不起独立限制作用的约束称为虚约束。在计算自由度时应先除去虚约束。

虚约束常在下列情况下发生。

(1) 轨迹重合。如果机构中有两构件用转动副相连接，而两构件上连接点的轨迹相重合，则改连接将带入 1 个虚约束。如图 5-11(b) 所示，由于 EF 平行并等于 AB 及 CD，杆 5 上 E 点轨迹与杆 3 上 E 点轨迹重合，因此，EF 杆带入了虚约束，计算时先将其简化，如图 5-11(a) 所示。但如果不满足上述几何条件，则 EF 杆带入的为有效约束，如图 5-11(c) 所示，此时该机构的自由度 $F=3\times4-2\times6=0$。

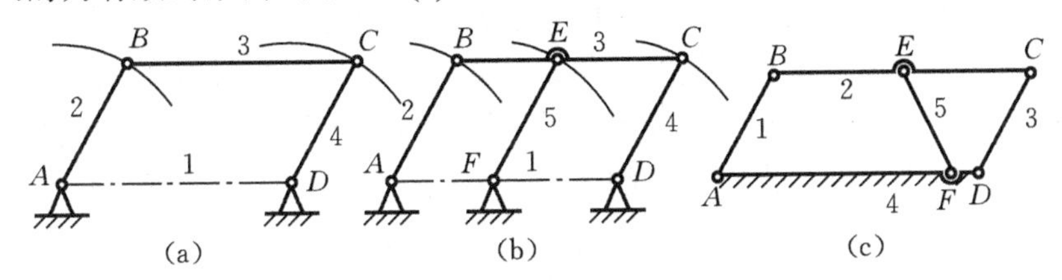

图 5-11　运动轨迹重合引入虚约束

(2) 转动副轴线重合。当两构件构成多个转动副且其轴线相互重合时，这时只有一个转动副起约束作用，其余转动副都是虚约束，如图 5-12 所示，则只需考虑其中一处的约束，其余各处带入的约束均为虚约束。

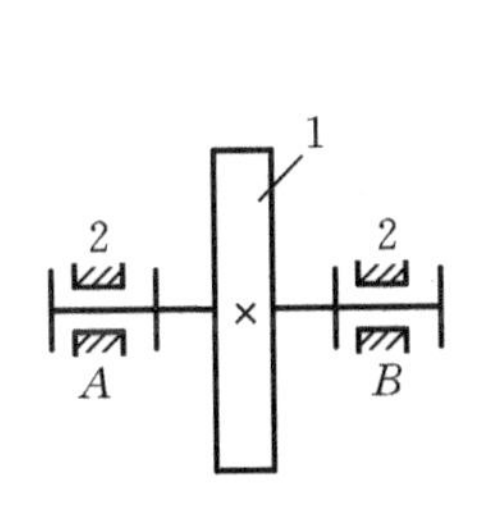

图 5-12　轴线重合引入的虚约束图

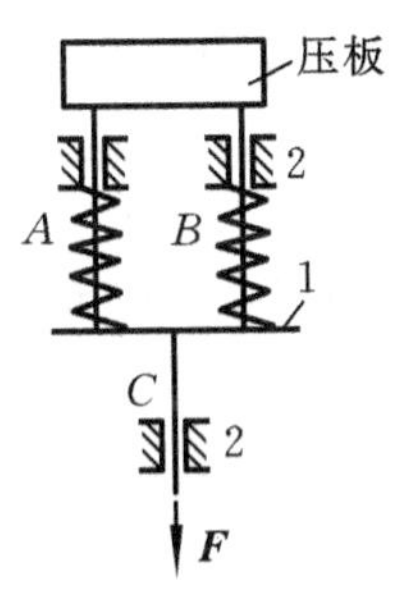

图 5-13　移动方向一致引入的约束

(3) 移动副导路平行。两构件构成多个移动副且其导路相互平行，这时只有一个移动副起约束作用，其余移动副都是虚约束，如图 5-13 所示。

(4) 机构存在对运动起重复约束作用的对称部分。在机构中，某些不影响机构运动传递的重复部分所带入的约束也称为虚约束。如图 5-14 所示的差动齿轮系，只需要一个齿轮 2 便可传递运动。为了提高承载能力并使机构受力均匀，图中采用了三个行星轮对称布置。这里每增加一个行星轮(包括两个高副和一个低副)便引入一个虚约束。

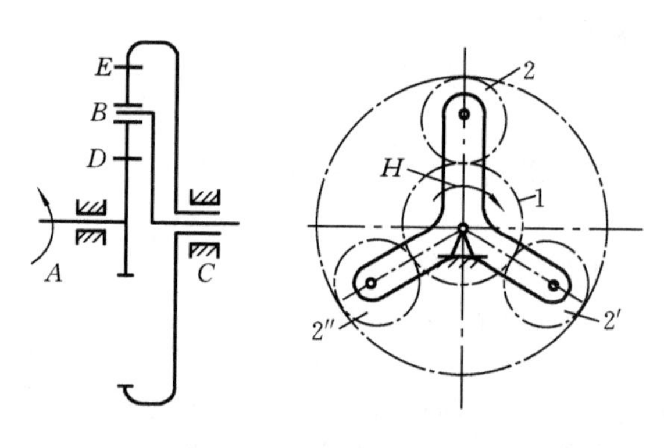

图 5-14　差动轮系

虚约束虽不影响机构的运动，但能增加机构的刚度，改善其受力状况，因而被广泛采用。但是虚约束对机构的几何条件要求较高，例如两构件组成的各移动副要保持重合或平行，两构件组成的各转动副轴线就应保持重合，否则虚约束会转化为有效的约束，从而影响机构的运动。因此，对机构的加工和装配精度也提出了较高的要求。

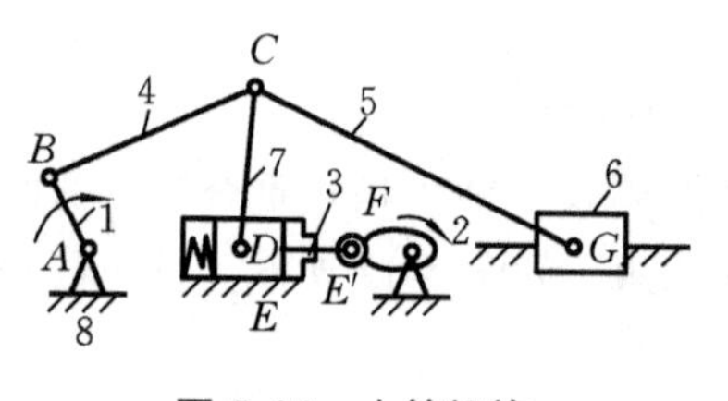

图 5-15　大筛机构

例 5-3　试计算图 5-15 所示的大筛机构的自由度。

解　图中滚子具有局部自由度。E 和 E' 为两构件组成的导路平行的移动副，其中之一必为虚约束。C 处为复合铰链。在计算自由度时，将滚子 F 与构件 3 看成是连接在一起的整体，即消除局部自由度，再去掉移动副 E、E'中的任一个虚约束，则可得该机构的可动构件数 n=7，低副数 P_L=9，高副数 P_L=1，按式(5-2)得

$$F=3n-2P_L-P_H=3\times7-2\times9-1\times1=2$$

此机构应当有两个主动件。

思考题与习题

5-1 什么是运动副？它在机构中起什么作用？转动副、移动副和高副各限制构件间哪些相对运动，保留哪些相对运动？

5-2 机构运动简图有什么作用？如何绘制机构运动简图？

5-3 在计算机构的自由度时，应注意哪些事项？

5-4 绘制题 5-4 图所示各机构的运动简图，并计算其自由度。

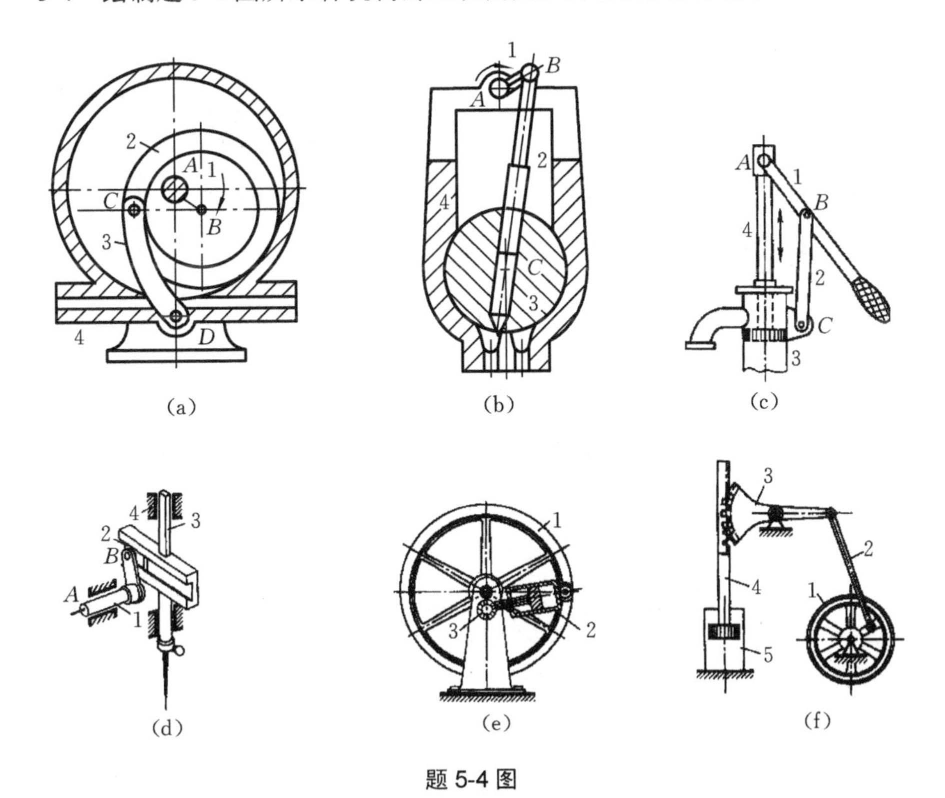

题 5-4 图

5-5 机构具有确定运动的条件是什么？

5-6 既然虚约束对机构的运动不起直接的限制作用，为什么在实际的机构中常出现虚约束？在什么情况下才能保证虚约束不成为有效约束？

5-7 指出题 5-7 图中的复合铰链、局部自由度和虚约束，计算其自由度，并说明欲使其具有确定运动需要有几个原动件。

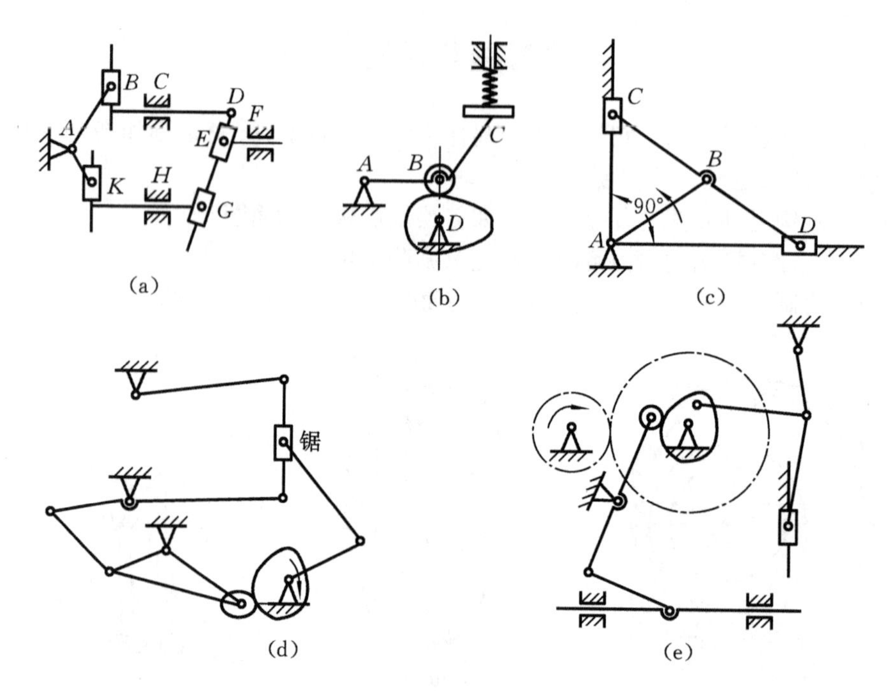

题 5-7 图

5-8　计算题 5-8 图所示的机构自由度，并判断其能否成为机构。

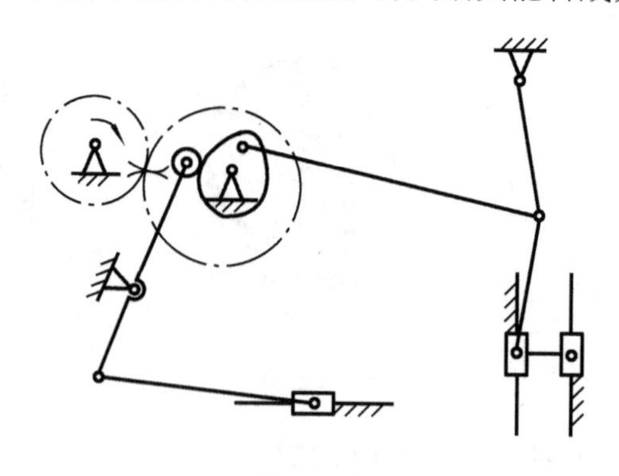

题 5-8 图

第 6 章　平面连杆机构及其设计

连杆机构由若干个构件用平面低副（转动副、移动副）连接而成，各构件在同一平面或平行平面内运动，故又称为低副机构。由于低副是面接触，压强低，磨损量小，且接触面是圆柱面或平面，制造简单，容易获得较高的制造精度，又由于这类机构容易实现转动、移动等基本运动形式及其转换，所以连杆机构在一般机械中得到了广泛的应用。连杆机构的缺点是：低副中存在的间隙不易消除，会引起运动误差；此外，连杆机构还不易精确地实现复杂的运动规律。

连杆机构中的构件常称为杆，一般连杆机构以其含有的杆件的数目命名，工程中应用最广泛的是平面四杆机构，本章主要讨论平面四杆机构的类型、特性及常用的设计方法。

6.1　铰链四杆机构的基本形式及其演化

6.1.1　铰链四杆机构及其基本形式

如图 6-1 所示，所有运动副均为转动副的平面四杆机构称为铰链四杆机构，它是平面四杆机构的基本形式。图中固定不动的杆 *AD* 称为机架，不与机架相连的杆 *BC* 称为连杆，与机架相连的两杆 *AB*、*CD* 称为连架杆。在连架杆中，能绕其轴线回转 360°者称为曲柄，仅能绕其轴线往复摆动的称为摇杆。按照两连架杆运动形式的不同，可将铰链四杆机构分为以下三种形式。

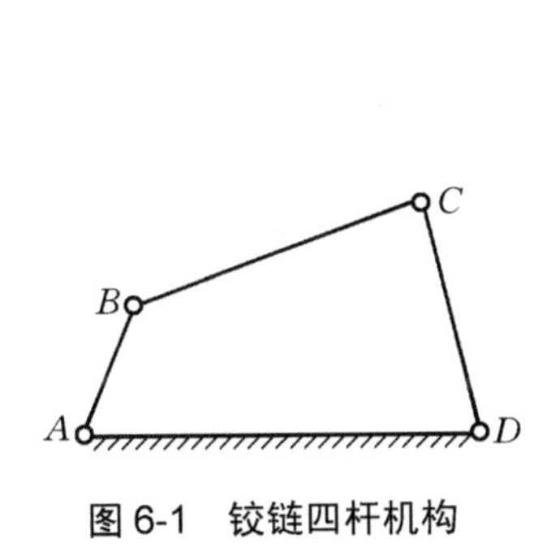

图 6-1　铰链四杆机构

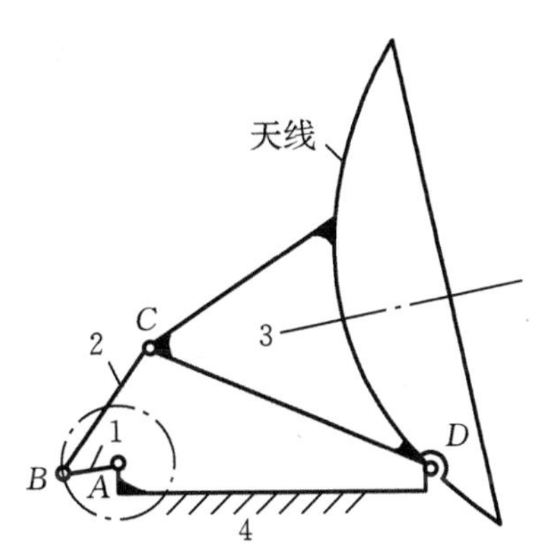

图 6-2　雷达天线俯仰角调整机构

1. 曲柄摇杆机构

铰链四杆机构中，当一个连架杆为曲柄，另一个连架杆为摇杆时，则成为曲柄摇杆机构。通常曲柄为原动件，作匀速转动，而摇杆为从动件，作变速往复摆动。

图 6-2 所示为调整雷达天线俯仰角的曲柄摇杆机构。原动件——曲柄 1 缓慢地匀速转动，通过连杆 2，使摇杆 3 在一定角度范围内摆动，以调整天线俯仰角的大小。

曲柄摇杆机构中，也有摇杆为主动件的，如缝纫机踏板机构即为其实例。

2. 双曲柄机构

铰链四杆机构中，两连架杆均为曲柄时，组成双曲柄机构。

图 6-3 所示的惯性筛中应用的铰链四杆机构即为双曲柄机构。当主动曲柄 AB 绕铰 A 匀速转动一周时，从动曲柄 CD 便绕铰 D 变速转动一周，从而使筛子的速度有较大的变化，达到筛选物料的目的。

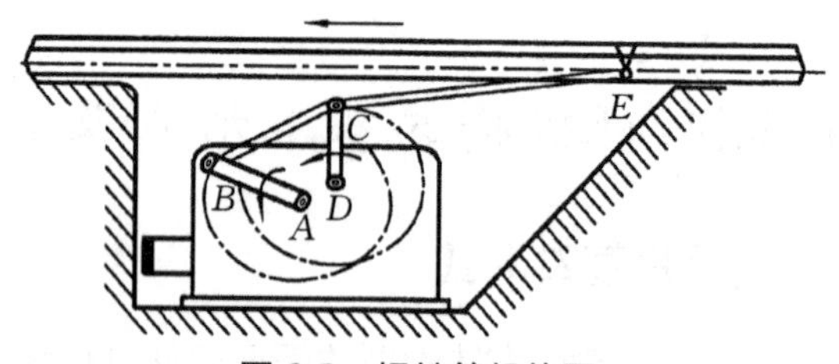

图 6-3 惯性筛机构图

在双曲柄机构中，如果两曲柄的长度相等，且连杆与机架的长度也相等，两曲柄转向相同，如图 6-4(a)所示，则称为平行双曲柄机构。这种机构的运动特点是两曲柄的角速度时时相等，连杆作平动。如果两曲柄的长度相等，且连杆与机架的长度也相等，但两曲柄的转向相反，如图 6-4(b)所示，则称为反向双曲柄机构。这种机构的运动特点是两曲柄的转向相反，且角速度不等。

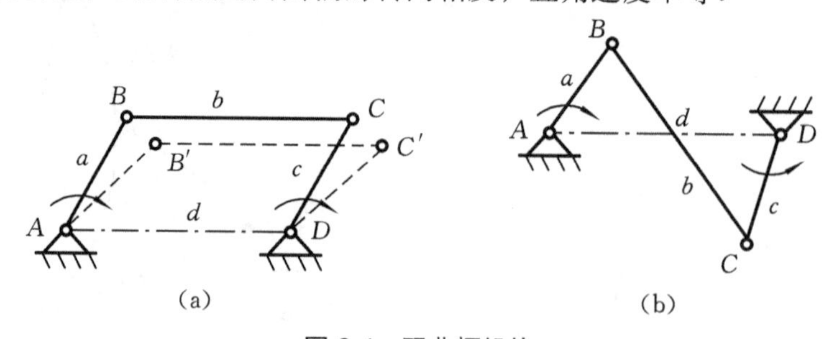

图 6-4 双曲柄机构

3. 双摇杆机构

铰链四杆机构中，两连架杆均为摇杆时，组成双摇杆机构。

图 6-5 所示的港口起重机变幅机构为一双摇杆机构的应用实例。当摇杆 CD 摆动时，可使悬挂在连杆 BC 延长部分 M 处的吊钩沿近似水平直线移动，避免重物不必要的升降而消耗能量。

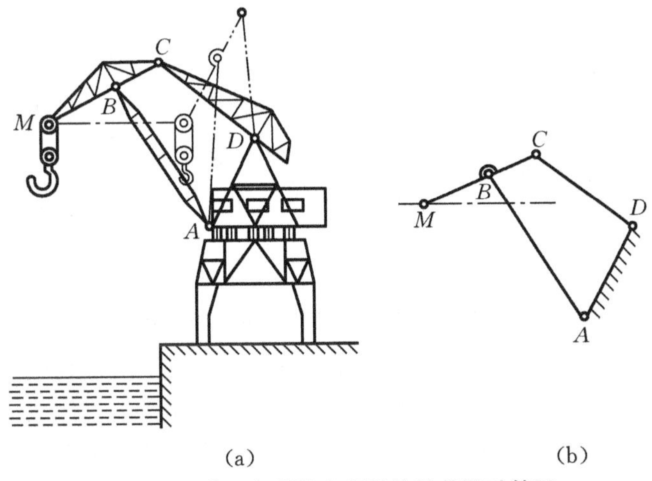

图 6-5 港口起重机变幅机构及其运动简图

6.1.2 铰链四杆机构的演化

除了上述铰链四杆机构以外，还有其他形式的平面四杆机构，且这些平面四杆机构可由上述基本形式演变而成。

1. 转动副演化成移动副

1) 一个转动副的演化

在图 6-6(a)所示的曲柄摇杆机构中，摇杆 3 上 C 点的轨迹是以 D 为圆心、CD 为半径的圆弧 $\widehat{mm}$。若将它改为图(b)所示形式，则机构运动的特性完全一样。实际上，由于构件 3 仅在部分环形槽内运动，因此若将环形槽的多余部分去除，再将圆弧的半径增大至无穷，则圆弧槽就会变成直槽，CD 杆的杆长也变成无穷大，相应地，滑块 C 的运动轨迹由圆弧 $\widehat{mm}$ 变成了直线，也就得到如图(c)所示的曲柄滑块机构。

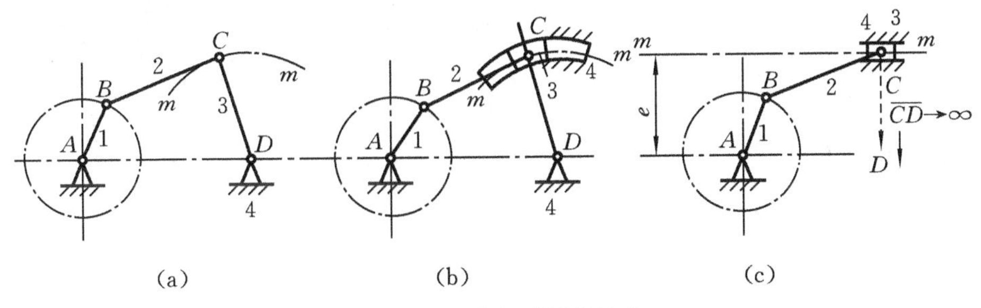

图 6-6 一个转动副的演化

根据滑块的移动路线 mm 是否通过曲柄的转动中心 A，可将曲柄滑块机构分为偏置曲柄滑块机构和对心曲柄滑块机构两种。

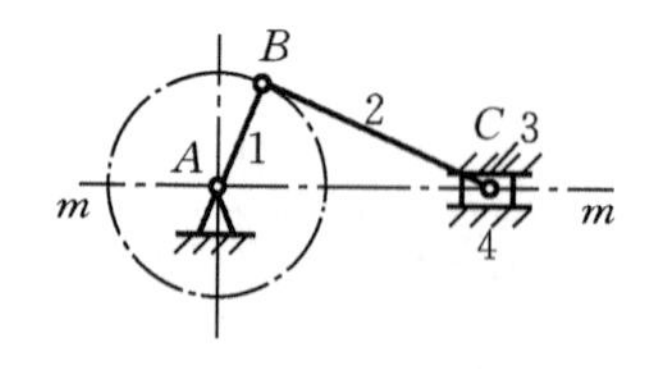

图 6-7 对心曲柄滑块机构

滑块的移动路线 mm 不通过曲柄的转动中心 A，故称为偏置曲柄滑块机构，如图 6-6(c)所示。滑块移动导路线 mm 至曲柄的转动中心 A 的垂直距离称为偏距 e。当 e=0 时，滑块移动路线通过曲柄的转动中心，称为对心曲柄滑块机构,如图 6-7 所示。

曲柄滑块机构在冲床、空压机、内燃机等机械设备中得到了广泛应用。

2) 两个转动副的演化

将曲柄摇杆机构进行演化后即得到如图 6-8(a)所示的曲柄滑块机构，按同样的演化原理,如图 6-8(b)所示。将 B 点的转动副演变成移动副,即可得到如图 6-8(c)所示的含有两个移动副的机构，此时机构中连杆 2 转化为沿直线 mm 移动的滑块 2，滑块 3 演变成为移动导杆，转动副 C 则变成了移动副，故该机构称为曲柄移动导杆机构(又称为正弦机构)。图 6-9 所示的缝纫机刺布机构是这种机构的应用实例。

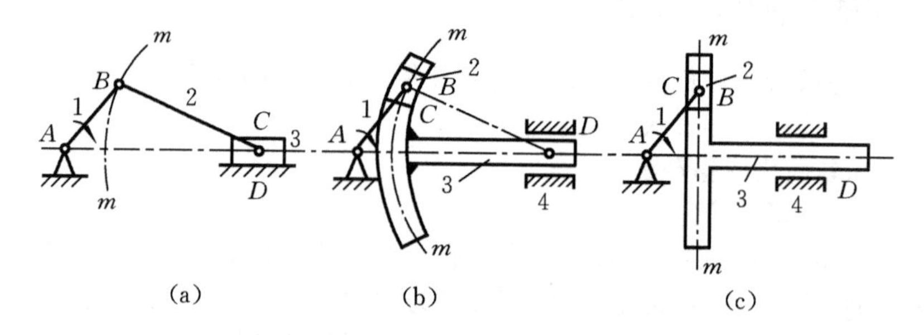

图 6-8 两个转动副的演化

2. 取不同构件为机架

低副机构具有运动可逆性，即无论哪个构件为机架，机构各构件间的相对运动不变。但选取不同构件为机架时，却得到不同形式的机构。

表 6-1 所示为曲柄摇杆机构、曲柄滑块机构、曲柄移动导杆机构分别进行倒置变换并进行相应的演变后得到的机构。

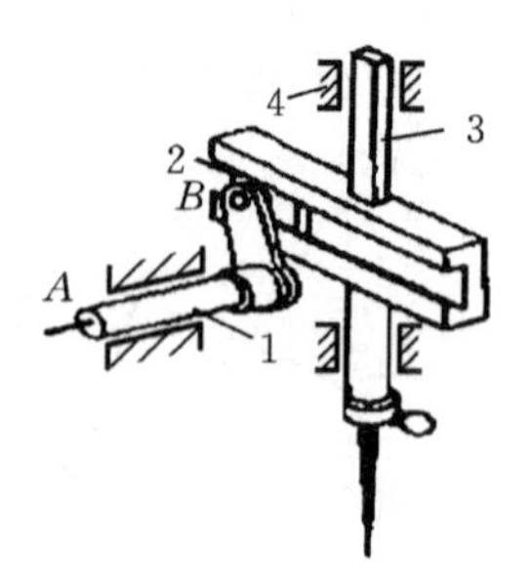

图 6-9 刺布机构

表 6-1　取不同的构件为机架后得到的机构

铰链四杆机构	含有一个移动副的四杆机构	含有两个移动副的四杆机构
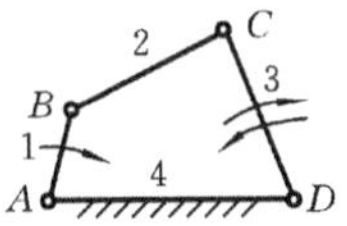 C 2 3 B 1 A 4 D (a) 曲柄摇杆机构	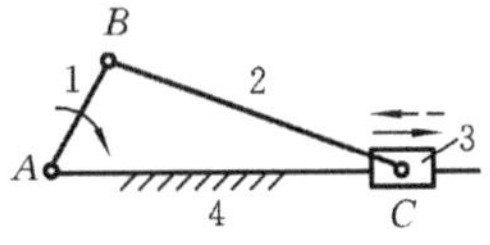 B 1 2 3 A 4 C (a) 曲柄滑块机构	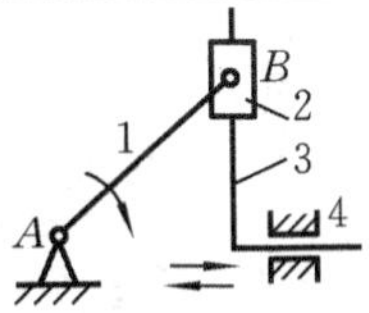 B 2 1 3 A 4 (a) 曲柄移动导杆机构
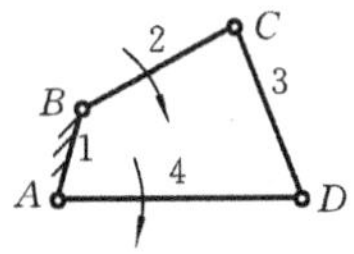 C 2 3 B 1 A 4 D (b) 双曲柄机构	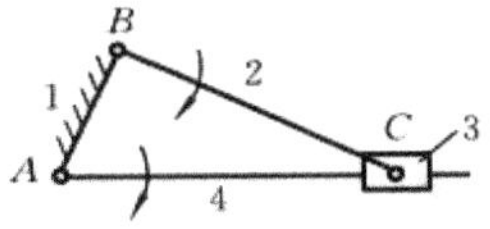 B 1 2 C 3 A 4 (b) 曲柄转动导杆机构	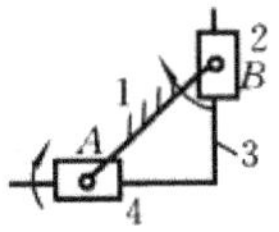 2 B 1 A 3 4 (b) 双转块机构
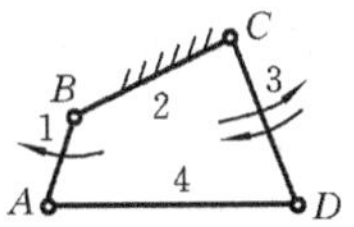 C B 2 3 1 A 4 D (c) 曲柄摇杆机构	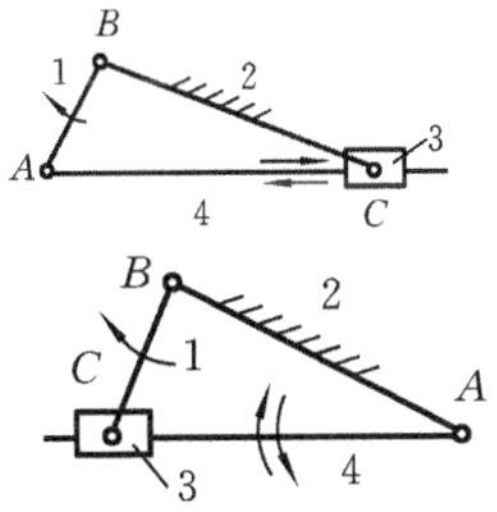 B 1 2 3 A 4 C B 2 C 1 A 3 4 (c) 曲柄摇块机构	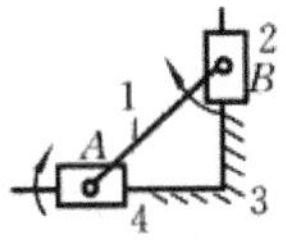 2 B 1 A 4 3 (c) 双滑块机构
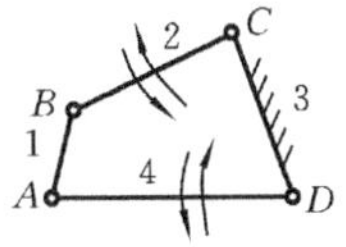 C 2 B 3 1 A 4 D (d) 双摇杆机构	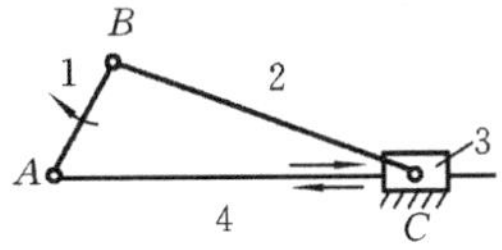 B 1 2 3 A 4 C (d) 定块机构	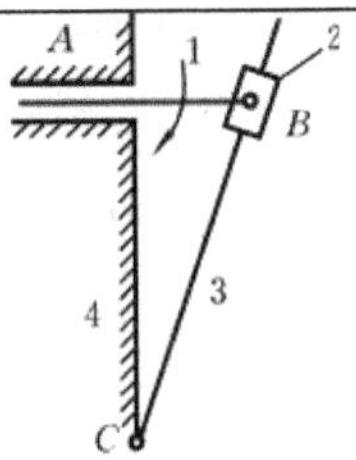 A 1 2 B 4 3 C (d) 摆动导杆滑块机构

1) 曲柄摇杆机构

如表 6-1 中第一列图(a)所示，杆 1 是曲柄，杆 4 是机架。若取杆 1 为机架，则得到图(b)所示的双曲柄机构；若取杆 2 为机架，则得到图(c)所示的另一个曲柄摇杆机构；若取杆 3 为机架，则得到图(d)所示的双摇杆机构。

2) 曲柄滑块机构

如表 6-1 中第二列图(a)所示，杆 1 是曲柄，杆 4 是机架。若取杆 1 为机架，则得到图(b)所示的曲柄转动导杆机构。导杆机构广泛应用于回转式油泵(见图 6-10)、牛头刨床(见图 6-11)以及插床等机器中。

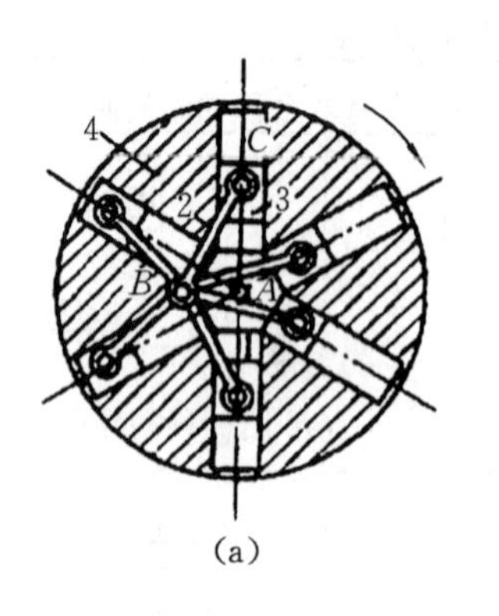

(a)

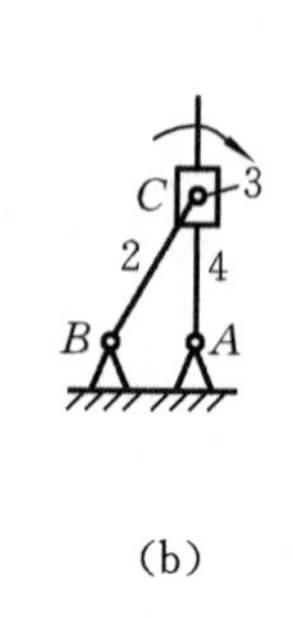

(b)

图 6-10 回转油泵

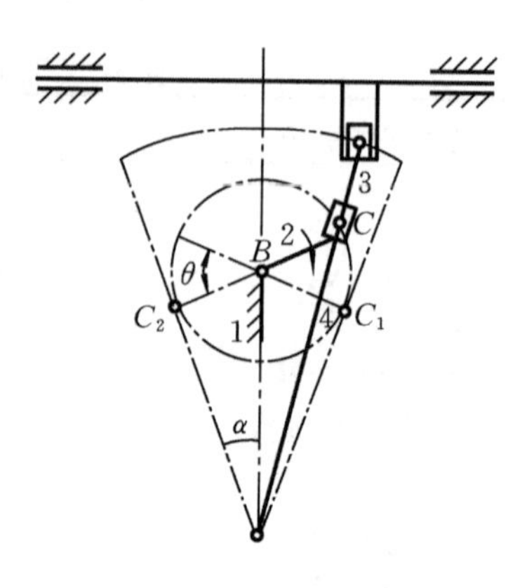

图 6-11 牛头刨床

若取杆 2 为机架，则得到图(c)所示的曲柄摇块机构。摇块机构在卡车自动卸料机构(见图 6-12)及摆缸式原动机等机器中得到了广泛应用。

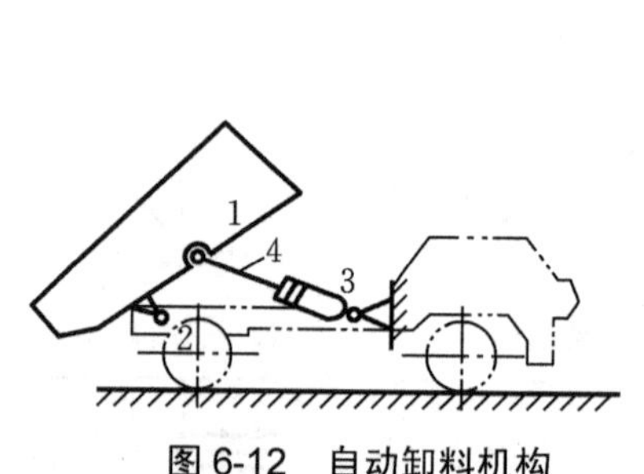

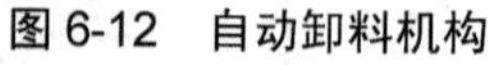
图 6-12 自动卸料机构

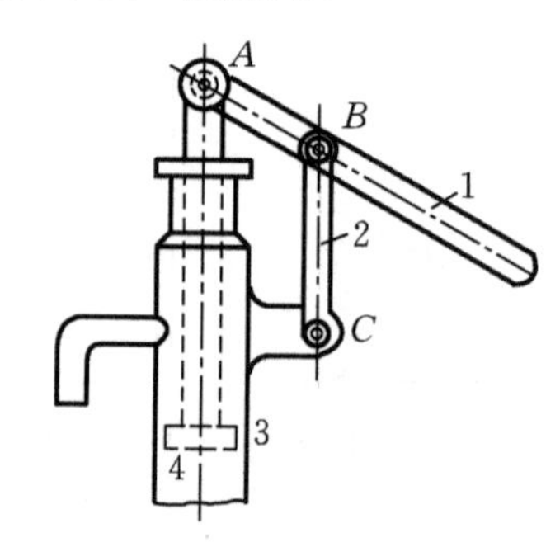

图 6-13 唧筒机构

若取杆 3 为机架，则得到图(d)所示的定块机构。这种机构常用于手压唧筒(见图 6-13)和抽油泵等机器或设备中。

3) 曲柄移动导杆机构

如表 6-1 中第三列图(a)所示，杆 1 是曲柄，杆 4 是机架。若取杆 1 为机架，则得到图(b)所示的双转块机构；若取杆 2 为机架，则得到另一个曲柄移动导杆机构；若取杆 3 为机架，则得到图(c)所示的双滑块机构；若取杆 4 为机架，则得到图(d)所示的摆动导杆滑块机构。

6.2 平面四杆机构的基本特性

6.2.1 铰链四杆机构有曲柄的条件

在工程实际中，用于驱动机构运动的原动机(如电动机、内燃机等)通常是整周转动的。因此，要求机构的主动件也能整周转动，即希望主动件是曲柄。下面仅以铰链四杆机构为例来分析曲柄存在的条件。

设图 6-14(a)所示的铰链四杆机构 $ABCD$ 各杆的长度分别为 a、b、c、d。设构件 1 为曲柄，当其回转到与杆 4 共线(见图 6-14(b))和重叠共线(见图 6-14 (c))两个特殊位置，即构成两个三角形 BCD。由图中三角形的边长关系可得

在图 6-14 (b)中

$$a+d<b+c$$

在图 6-14 (c)中

$$\left.\begin{array}{l} d-a+b>c\text{，即 } a+c<b+d\ (\text{若 } b>c) \\ d-a+c>b\text{，即 } a+b<c+d\ (\text{若 } c>d) \end{array}\right\}$$

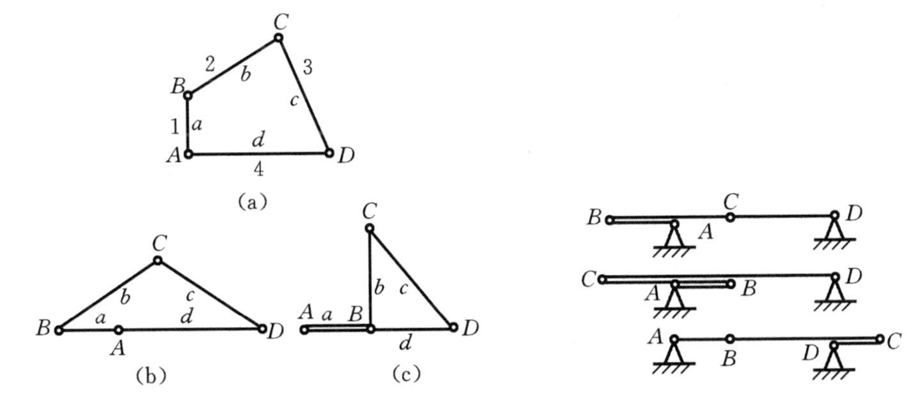

图 6-14 铰链四杆机构的演化

图 6-15 运动中可能出现的四构件共线情况

当四构件在运动中出现如图 6-15 所示的三种共线情况时，上述不等式就变成了如下的等式：

$$a+d\leqslant b+c \tag{6-1}$$

$$a+c\leqslant b+d \tag{6-2}$$

$$a+b\leqslant c+d \tag{6-3}$$

将以上的任意两式相加,可得

$$a\leqslant b \tag{6-4}$$

$$a\leqslant c \tag{6-5}$$

$$a\leqslant d \tag{6-6}$$

上述的情况是在杆 1 与杆 4 的关系为 $d\geqslant a$ 的情况下，即如图 6-14（a）所示的情况下，但若在杆 2、杆 3 长度不变，而杆 1 与杆 4 的关系为 $d\leqslant a$ 的情况下，同理可得

$$d\leqslant a,\quad d\leqslant b,\quad d\leqslant c$$

由此可推出平面铰链四杆机构中有曲柄的条件为：

(1) 连架杆与机架中必有一杆为四杆机构中的最短杆；

(2) 最长杆与最短杆的长度之和小于或等于其余两杆长度之和。

由以上的结论，向前再推可得如下结论。

(1) 当最长杆与最短杆的之和大于其余两杆之和时，机构中不存在曲柄，即得到双摇杆机构。

(2) 当最长杆与最短杆长度之和小于或等于其余两杆长度之和时：

① 最短杆为机架时，得到双曲柄机构；

② 最短杆的相邻杆为机架时，得到曲柄摇杆机构；

③ 最短杆的对面杆为机架时，得到双摇杆机构。

6.2.2 平面四杆机构的压力角、传动角和死点

1. 压力角和传动角

在图 6-16 所示的铰链四杆机构中，若不考虑构件的重力、惯性力和运动副中摩擦力的影响，则主动件 AB 上的驱动力通过连杆 BC 传给输出件 CD 的力 F 是沿 BC 方向作用的。现将力 F 沿平行于受力点的速度 v_C 方向和垂直于 v_C 方向分解，得到两个分力 F_t 和 F_n，且

$$\left.\begin{aligned} F_t &= F\cos\alpha = F\sin\gamma \\ F_n &= F\sin\alpha = F\cos\gamma \end{aligned}\right\} \tag{6-7}$$

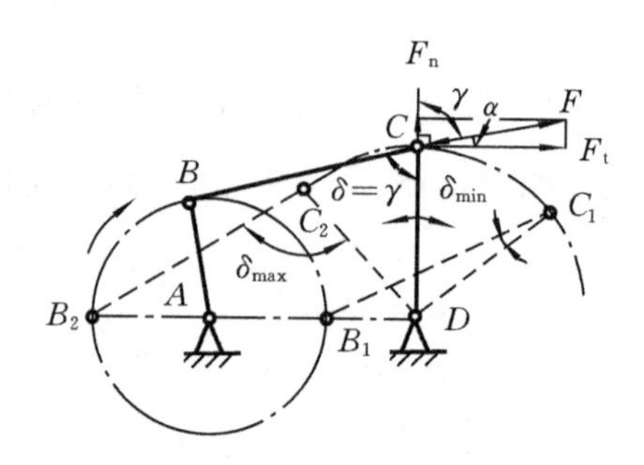

图 6-16　压力角和传动角

由图 6-16 可知，F_t 对输出件 CD 产生有效转动力矩。因此，为使机构传力效果良好，显然应使 F_t 愈大愈好，即要求角 α 愈小愈好，所以角 α 是反映机构传力效果好坏的一个重要参数，一般称它为机构的压力角。它的余角 γ 称为传动角。显然，α 角越小，或者 γ 角越大，从动杆的有效分力就越大，对机构传动越有利。由此可见，α 和 γ 是反映机构传动性能的重要指标，由于 γ 角便于观察和测量，工程上常以 γ 角来衡量连杆机构的传动性能。由于机构运转时其传动角 γ 是变化的，为了保证机构传动性能良好，设计时一般应使 $\gamma_{min} \geqslant 40°$，对于高速大功率机械，

应使$\gamma_{\min} \geqslant 50°$。为此，必须确定$\gamma=\gamma_{\min}$时机构的位置并检验$\gamma_{\min}$的值是否不小于上述许用值。

从图 6-16 可知，当角δ为锐角时，$\gamma=\delta$；当角δ为钝角时，则$\gamma=180°-\delta$，故δ具有$\delta_{\min}$及$\delta_{\max}$的位置即为有可能出现$\gamma_{\min}$的位置。又由图可知，在$\triangle BCD$中，BC和CD为定长，BD随δ变化而变化，即δ变大，则BD变长；δ变小，则BD变短。因此，当$\delta=\delta_{\max}$时，$\overline{BD}=\overline{BD}_{\max}$；当$\delta=\delta_{\min}$时，$\overline{BD}=\overline{BD}_{\min}$。对于图 6-16 所示的机构，$\overline{BD}_{\max}=\overline{AD}+\overline{AB}_2$，$\overline{BD}_{\min}=\overline{AD}-\overline{AB}_1$，即此机构在曲柄与机架共线的两位置处出现最小传动角。

对于曲柄滑块机构，当主动件为曲柄时，最小传动角出现在曲柄与机架垂直的位置，如图 6-17 所示。对于图 6-18 所示的导杆机构，由于在任何位置时主动曲柄通过滑块传给从动杆的力的方向，与从动杆上的受力点的速度方向始终一致，所以传动角始终等于 90°。

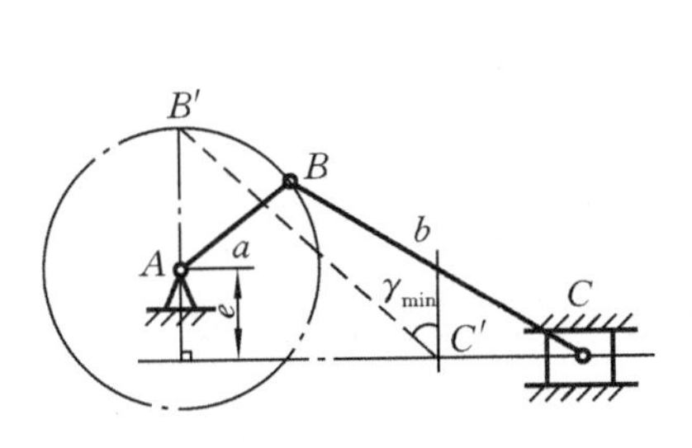

图 6-17　曲柄滑块机构的最小传动角

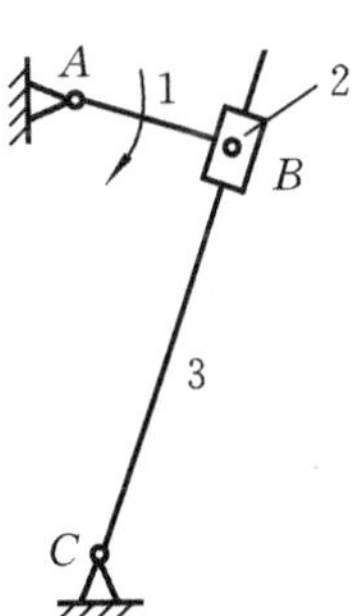

图 6-18　导杆机构

2. 死点

由前述讨论可知，在不计构件重力、惯性力和运动副中摩擦阻力的条件下，当机构处于$\alpha=90°$（$\gamma=0°$）位置时，由于$F_t=F\cos 90°=0$，因此，无论给机构主动件上的驱动力或驱动力矩有多大，均不能使机构运动，这个位置称为机构的死点位置。如图 6-19 所示的曲柄摇杆机构，当摇杆CD为主动件时，在曲柄与连杆共线的位置出现传动角等于 0°的情况，这时不论连杆BC对曲柄AB的作用力

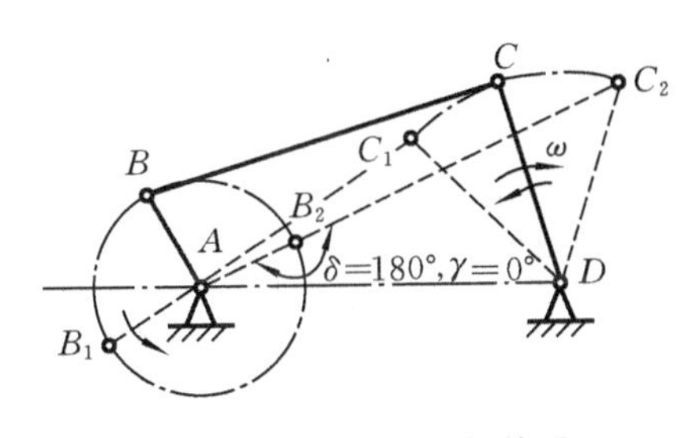

图 6-19　死点的位置

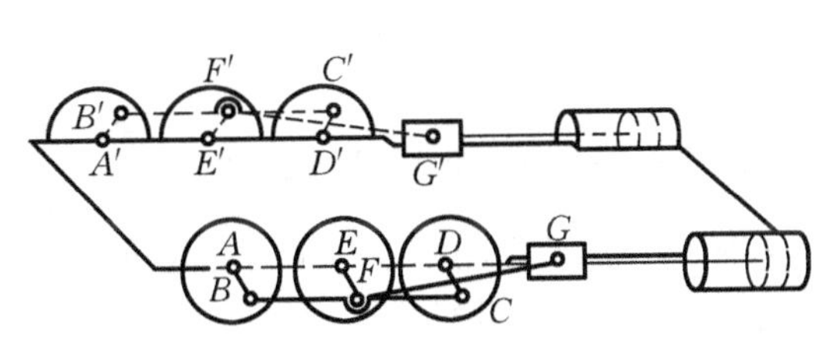

图 6-20　车轮联动机构

有多大，都不能使杆 *AB* 转动。四杆机构中是否存在死点，取决于从动件是否与连杆共线。对曲柄摇杆机构而言，当曲柄为主动件时，摇杆与连杆无共线位置，不出现死点；当以摇杆为主动件时，曲柄与连杆有共线位置，出现死点。

工程上常借用飞轮使机构越过死点，如缝纫机，曲柄与大皮带轮为同一构件，利用皮带轮的惯性使机构越过死点。另外还可利用机构错位排列的方法越过死点，如图 6-20 所示的机车车轮联动机构，当一个机构处于死点位置时，可借助另一个机构来越过死点。

工程上有时也利用死点来实现一定的工作要求。如图 6-21 所示的飞机起落架，当机轮放下时 *BC* 杆与 *CD* 杆共线，机构处于死点位置，地面对机轮的力不会使 *CD* 杆转动，使起落可靠。又如图 6-22 所示的夹具，工件夹紧后，*BCD* 成一条线，即使工件反力很大也不能使机构反转，因此使夹紧牢固可靠。

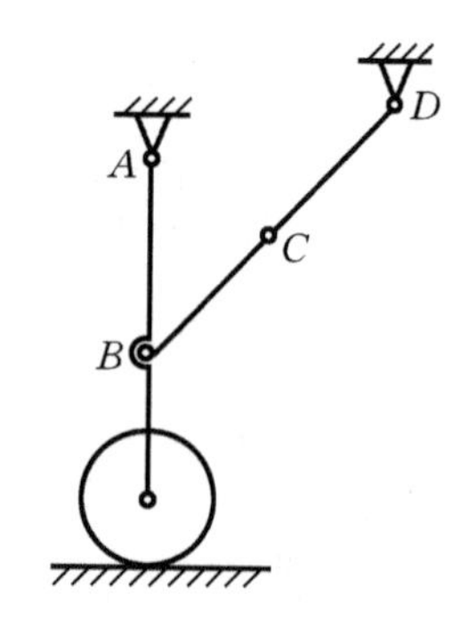

图 6-21　起落架机构

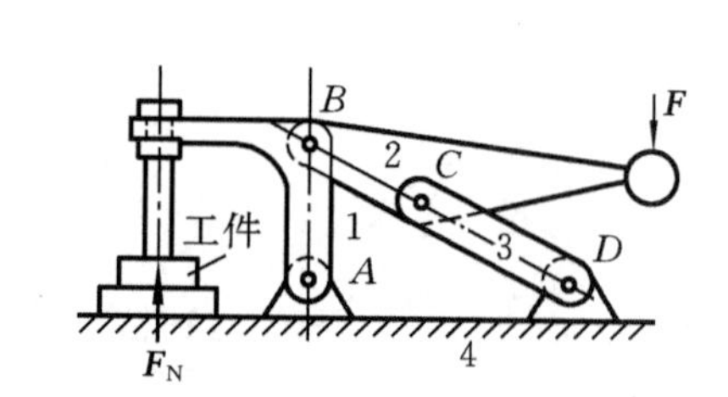

图 6-22　夹紧机构

6.2.3　急回特性

图 6-23 所示的曲柄摇杆机构中,当主动件曲柄 *AB* 作等速回转时,摇杆 *CD* 作往复变速摆动。在图 6-23 中，曲柄 *AB* 在整周的运动过程中有两次与连杆 *BC* 共线的位置。这时摇杆 *CD* 也分别在左、右两个极限位置 C_1D、C_2D。此两极限位置时曲柄所在直线之间的锐角θ称为极位夹角。

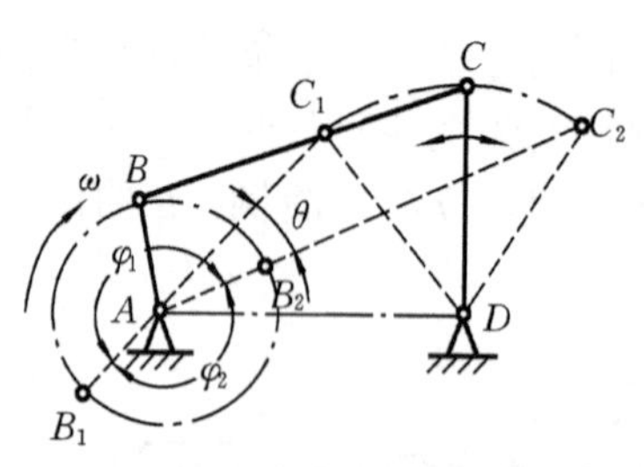

图 6-23　曲柄摇杆机构的极位夹角

由图可知，曲柄顺时针转动，摇杆从 C_1 到 C_2，曲柄转过的角度φ_1=180° +θ；摇杆从 C_2 到 C_1，曲柄转过角度φ_2=180° −θ；由于$\varphi_1 > \varphi_2$，因此当曲柄以等角速度转过这两个角度时，对应的时间 $t_1 > t_2$，所以当曲柄等速转动时，摇杆来回摆动的速度不同，返回时速度较大。机构的这种性质，称为机构的急回特性，通常用行程系数 *K* 来表示这种特性，即

$$K=\frac{从动件回程平均速度}{从动件工作平均速度}=\frac{\widehat{C_1C_2}/t_2}{\widehat{C_1C_2}/t_1}=\frac{t_1}{t_2}=\frac{\varphi_1}{\varphi_2}=\frac{180^\circ+\theta}{180^\circ-\theta} \tag{6-8}$$

$$\theta=180^\circ\frac{K-1}{K+1} \tag{6-9}$$

图 6-24(a)所示为偏置曲柄滑块机构，偏距为 e。当 $e=0$ 时，$\theta=0^\circ$，则 $K=1$，无急回特性；$e\neq 0$ 时，$\theta\neq 0^\circ$，则 $K>1$，机构有急回特性。图 6-24(b)所示为导杆机构，其极位夹角 θ 恒等于导杆摆角 φ，必然有急回特性。

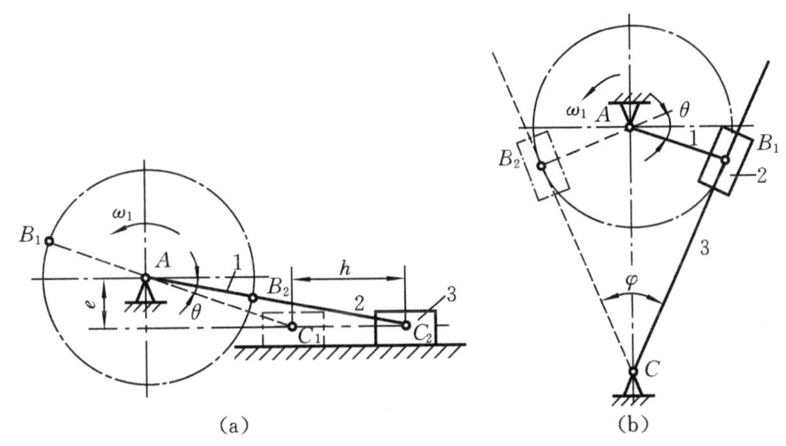

图 6-24　有急回特性的机构

平面四杆机构的急回特性可以节省空回行程时间，提高生产率，如牛头刨床中退刀速度明显高于工作速度，就是利用了摆动导杆机构的急回特性。

6.3　平面四杆机构的设计

平面四杆机构的设计指的是运动设计，即根据机构工作要求所提出的预定设计条件（运动条件、几何条件和动力条件等），确定绘制机构运动简图所必需的尺寸参数。它包括各运动副之间的相对位置尺寸（或角度），描绘连杆曲线的点的位置尺寸等。生产实践中的四杆机构设计问题可归纳为以下两类设计问题。

(1) 实现给定的从动件运动规律（位置、速度、加速度）。如原动件等速运动时，使从动件按某种速度运动，或使从动件具有急回特性等。

(2) 实现给定的运动轨迹。如要求连杆上某一点能沿着给定轨迹运动等。

平面四杆机构的设计方法有图解法、解析法和实验法三种。图解法直观但精度不高，解析法精确但计算复杂，实验法简便但不实用。三种方法各有优缺点，本书仅介绍图解法。

6.3.1 按给定连杆位置设计平面四杆机构

图 6-25 所示为加热炉的炉门，要求设计一个四杆机构，把炉门从开启位置 B_2C_2(炉门水平位置，受热面向下)转到为关闭位置 B_1C_1(炉门垂直位置，受热面朝向炉膛)。

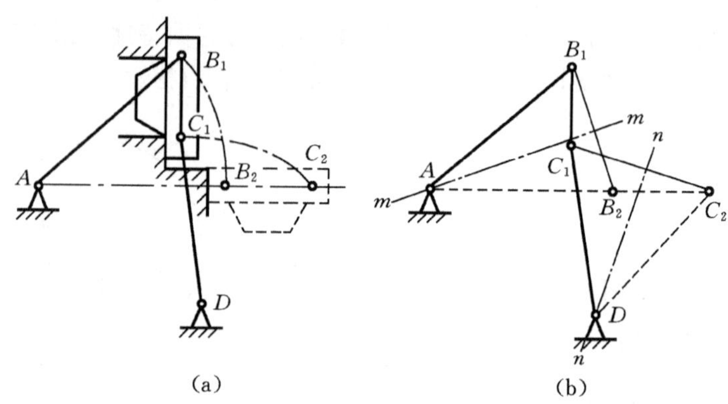

图 6-25 加热炉门的设计

本例中，炉门即是要设计的平面四杆机构中的连杆。因此设计的主要问题是根据给定的连杆长度及两个位置来确定另外三杆的长度(实际上即是确定两连架杆 AB 及 CD 的回转中心 A 和 D 的位置)。

由于连杆上 B 点的运动轨迹是以 A 为圆心、以 AB 长为半径的圆弧，所以 A 点必在 B_1、B_2 连线的垂直平分线上，同理可得点 D 也在 C_1、C_2 连线的垂直平分线上。因此可得设计步骤如下。

(1) 选取适当的长度比例尺 μ_l (μ_l = 实际尺寸/作图尺寸)，按已知条件画出连杆(如本例中的炉门)BC 的两个位置 B_1C_1、B_2C_2。

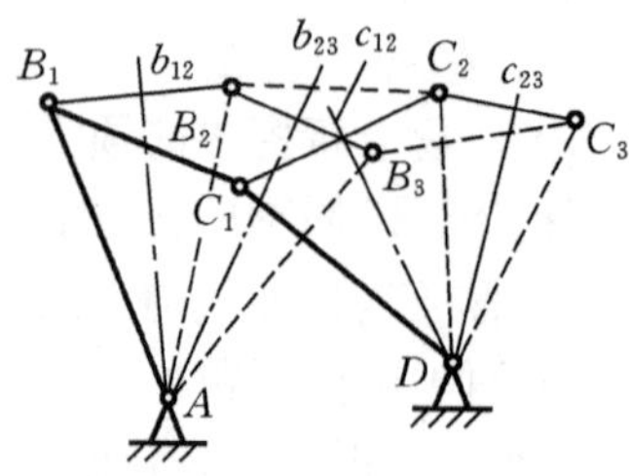

图 6-26 按给定连杆三位置设计四杆机构

(2) 连接 B_1B_2、C_1C_2，分别作 B_1B_2、C_1C_2 的垂直平分线 mm、nn。

(3) 分别在直线 mm、nn 上任意选取一点作为转动中心 A、D，如图 6-25(b)所示。

由上例可见，若只给定连杆的两个位置，则有无穷多个解，一般再根据具体情况由辅助条件(比如最小传动角、各杆尺寸范围或其他结构要求等)得到确定解。如果给定连杆的三个位置，设计过程与上述相同，但由于三点(如 B_1、B_2、B_3)可确定一个圆，故转动中心 A、D 能够唯一确定，即有唯一解，如图 6-26 所示。

6.3.2 按给定行程速度变化系数 K 设计平面四杆机构

已知摇杆 CD 的长度 l_{CD}、摆角φ和行程速度变化系数 K，试设计一个曲柄摇杆机构。

设计的关键是确定固定铰链 A 的位置，具体设计步骤如下。

(1) 选取适当比例尺μ_l，按摇杆长度 l_{CD} 和摆角φ作出摇杆的两极限位置 C_1D 和 C_2D，如图 6-27 所示。

(2) 由公式$\theta = 180° \dfrac{K-1}{K+1}$算出极位夹角$\theta$。

(3) 连接C_1C_2,作$\angle C_1C_2O = \angle C_2C_1O = 90° - \theta$，得一点 O，以 O 点为圆心、$\overline{OC_1}$ 为半径作辅助圆，则弧$\widehat{C_1C_2}$所对圆心角为 2θ，所对的圆周角为θ。

(4) 在辅助圆的圆周上(允许范围内)任取一点 A，则$\angle C_1AC_2=\theta$。

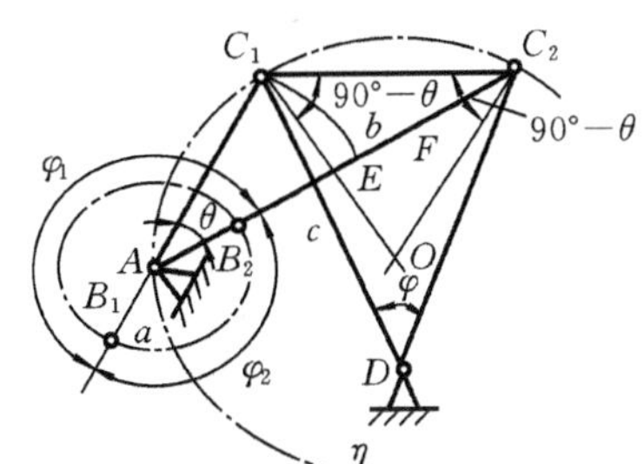

图 6-27 按行程速度变化系数设计

(5) 由于摇杆在极限位置时，连杆与曲柄共线，则有$\overline{AC_1} = \overline{BC} - \overline{AB}$，$\overline{AC_2} = \overline{BC} + \overline{AB}$，故有

$$\overline{AB} = \frac{\overline{AC_2} - \overline{AC_1}}{2}, \quad \overline{BC} = \frac{\overline{AC_2} + \overline{AC_1}}{2}$$

由上述两式求得$\overline{AB}$、$\overline{BC}$，并由图中量取$\overline{AD}$后，可得曲柄、连杆、机架的实际长度分别为

$$l_{AB} = \overline{AB} \cdot \mu_l, \quad l_{BC} = \overline{BC} \cdot \mu_l, \quad l_{AD} = \overline{AD} \cdot \mu_l$$

思考题与习题

6-1 铰链四杆机构有哪几种形式？它们各有何区别？

6-2 何谓曲柄？铰链四杆机构中曲柄存在的条件是什么？曲柄是否一定是最短杆？

6-3 试根据题 6-3 图中注明的尺寸判断下列铰链四杆机构是曲柄摇杆机构、双曲柄机构，还是双摇杆机构。

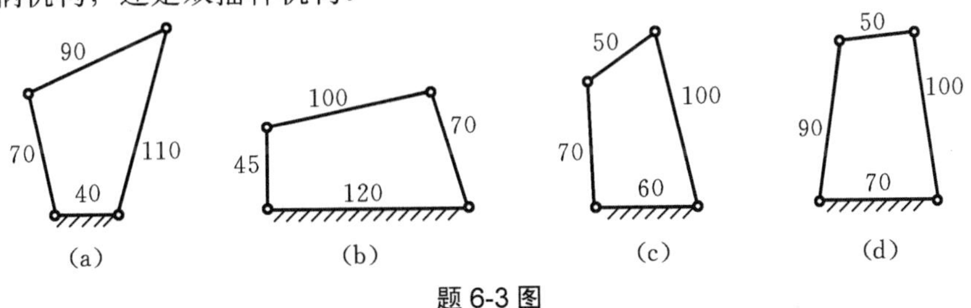

题 6-3 图

6-4　题 6-4 图所示四铰链运动链中，已知各构件长度分别为：l_{AB}=55 mm，l_{BC}=40 mm，l_{CD}=50 mm，l_{AD}=25 mm。试问：

(1) 哪个构件固定可获得曲柄摇杆机构?

(2) 哪个构件固定可获得双曲柄机构?

(3) 哪个构件固定可获得双摇杆机构?

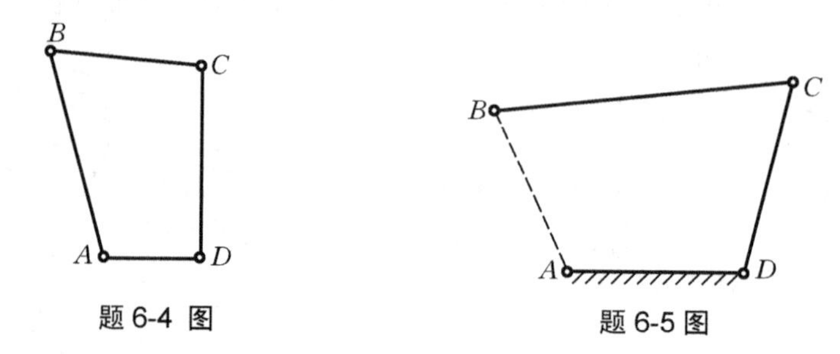

题 6-4 图　　题 6-5 图

6-5　在题 6-5 图所示四铰链机构中，已知：l_{BC}=50 mm，l_{CD}=35 mm，l_{AD}=30 mm，AD 为机架。

(1) 如果能成为曲柄摇杆机构，且 AB 是曲柄，求 l_{AB} 的极限值；

(2) 如果能成为双曲柄机构，求 l_{AB} 的取值范围；

(3) 如果能成为双摇杆机构，求 l_{AB} 的取值范围。

6-6　连杆机构的急回特性的含义是什么？什么条件下连杆机构才具有急回特性?

6-7　何谓连杆机构的死点？是否所有四杆机构都存在死点？什么情况下出现死点？请举出避免死点和利用死点的例子。

6-8　设计一脚踏轧棉机的曲柄摇杆机构。要求踏板 CD 在水平线上下各摆 10°，且 l_{CD}=500 mm，l_{AD}=1 000 mm，如题 6-8 图所示，试用图解法求曲柄 AB 和连杆 BC 的长度。

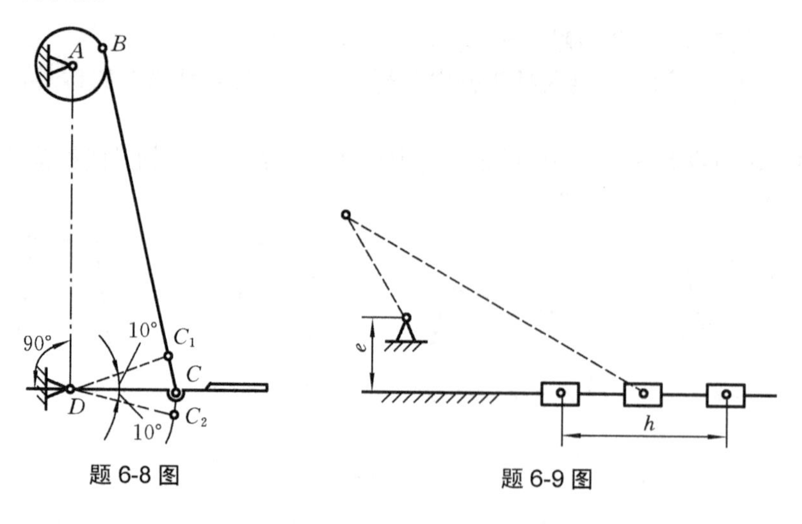

题 6-8 图　　题 6-9 图

6-9　设计一如题 6-9 图所示的曲柄滑块机构。已知滑块的行程 h=50 mm，偏距 e=16 mm，行程速度变化系数 K=1.2，求曲柄与连杆的长度。

6-10　试用图解法设计如题 6-10 图所示铰链四杆机构。已知摇杆 CD 的长度 l_{CD}=0.075 m，行程速度变化系数 K=1.5，机架 AD 的长度为 l_{AD}=0.1 m，摇杆的一个极限位置与机架间的夹角为 45°，求曲柄 AB 的长度 l_{AB} 和连杆 BC 的长度 l_{BC}。

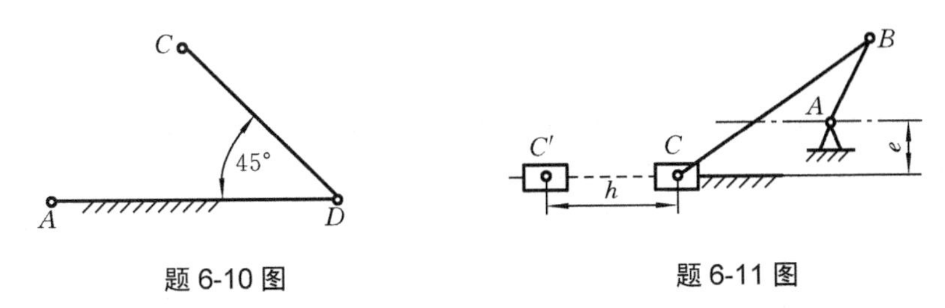

题 6-10 图　　　　题 6-11 图

6-11　如题 6-11 图所示的偏置曲柄滑块机构，已知行程速度变化系数 K=1.5，滑块的行程 h=50 mm，偏距 e=16 mm，试用图解法求：

(1) 曲柄长度 l_{AB} 和连杆长度 l_{BC}；

(2) 滑块为原动件时的机构的死点位置。

第 7 章　凸轮机构及其设计

7.1　概　　述

凸轮机构是由凸轮、从动件(也称推杆)和机架组成的高副机构。一般情况下，凸轮是具有曲线轮廓的盘状体或凹槽的柱状体。从动件可以作往复直线运动，也可以作往复的摆动。通常凸轮为主动件，且作等速运动。图 7-1 所示为盘状凸轮机构示意图。

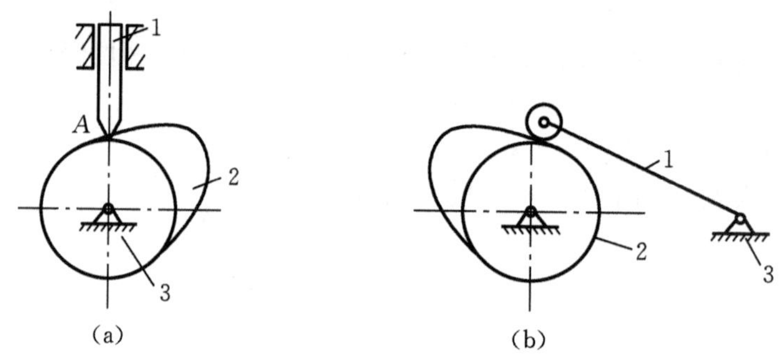

图 7-1　盘状凸轮机构示意图

凸轮机构应用广泛，特别是在印刷机、纺织机、内燃机以及各种自动机中的应用非常普遍。

7.1.1　凸轮机构的组成、应用及特点

在自动化机械中，广泛应用着各种凸轮机构。它的作用主要是将凸轮(主动件)的连续转动转化成从动件的往复移动或摆动。例如图 7-2 所示为一内燃机配气机构中控制气门启闭的凸轮机构：凸轮以等角速度 ω 绕固定轴回转，驱动从动件(气门杆)作上下运动；气门杆有规律地作往复移动，从而控制气门的开启或关闭。凸轮轮廓的形状决定了气门开启或关闭的时间长短及其速度、加速度的变化规律。

图 7-3 所示为自动机床刀架进给机构。当圆柱凸轮 1 等速回转时，从动件 2 绕轴 O 点按加工所要求的规律摆动,通过齿轮齿条使刀架完成快速接近工件、等速直线进刀及快速退刀等运动。

由上面的分析可知，凸轮机构主要具有以下的特点：

(1) 结构简单、紧凑；

(2) 只要改变凸轮轮廓，就可让从动件得到不同的运动规律，设计方便；

(3) 凸轮与从动件为点接触或线接触，故较易磨损；

(4) 当凸轮轮廓曲线复杂时，其加工较困难。

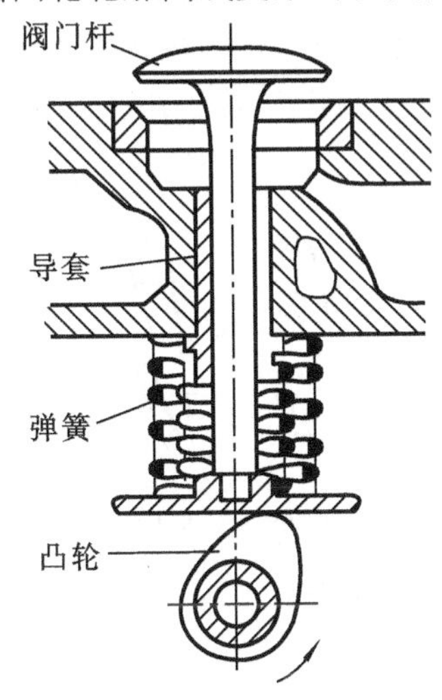

图 7-2　内燃机配气机构

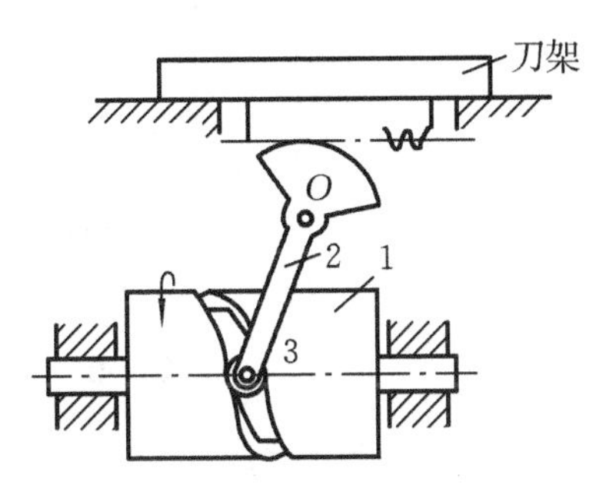

图 7-3　自动机床刀架进给机构

7.1.2　凸轮的分类

凸轮的种类很多，一般情况下可按凸轮的形状、从动件的形状和运动形式、凸轮与从动件维持高副接触的方式等特点对凸轮机构进行分类。

1. 按凸轮形状分类

(1) 盘形凸轮，如图 7-1、图 7-2 所示。盘形凸轮是一个变曲率半径的圆盘，作定轴转动。

(2) 圆柱凸轮，如图 7-3 所示。在圆柱体上开出曲面轮廓的凹槽或在其端面上加工出曲面状轮廓，称为圆柱凸轮。

(3) 移动凸轮，如图 7-4 所示。具有曲线形状的构件作往复直线移动，从而驱动从动件作直线运动或定轴摆动，称为移动凸轮。

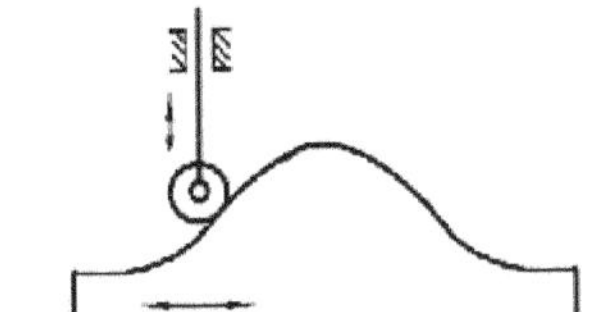

图 7-4　移动凸轮

盘形凸轮使用较多，本章主要讨论这种凸轮。

2. 按从动件端部结构分类

(1) 尖顶从动件凸轮机构，如图 7-5(a)、(d)所示。这种从动件结构简单，且能与复杂的凸轮轮廓保持接触，但其尖顶容易磨损，一般用于传递动力较小的低速凸轮机构中。

(2) 滚子从动件凸轮机构，如图 7-5(b)、(e)所示。从运动学角度看，从动件的滚子运动是多余的，但滚子把从动件与凸轮间的滑动摩擦转变为滚动摩擦，减小了磨损，故应用广泛。

(3) 平底从动件凸轮机构，如图 7-5(c)、(f)所示。这种凸轮机构的特点是从动件受力比较平稳(不计摩擦时，凸轮对平底从动件的作用力垂直于平底)，凸轮与平底之间容易形成油膜，润滑较好。但不能用于凸轮轮廓呈凹形的场合。

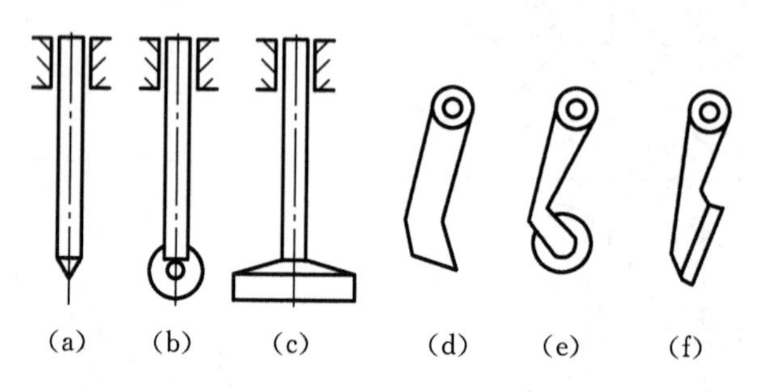

图 7-5　从动件的端部结构形式

3. 按锁合方式分类

按锁合方式凸轮可分为：力锁合凸轮，如靠弹簧力(见图 7-6(a)、(b))锁合的凸轮等；形锁合凸轮，如沟槽凸轮(见图 7-6(c))、等径及等宽凸轮(见图 7-6(d))、共轭凸轮(见图 7-6(e))等。

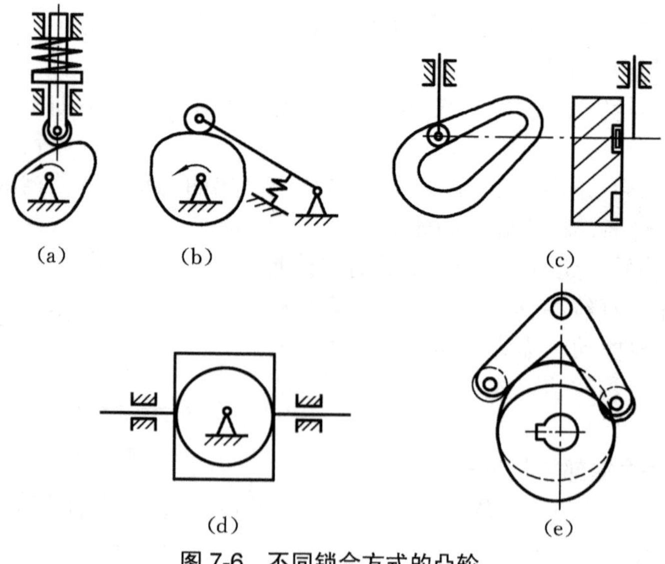

图 7-6　不同锁合方式的凸轮

7.2 常用的从动件运动规律

从动件运动规律是指从动件的位移、速度、加速度与凸轮转角(或时间)之间的函数关系，如图 7-7(图(b)为位移与时间的函数关系)所示。同样，凸轮的轮廓曲线也取决于从动件的运动规律，故从动件的运动规律是设计凸轮的重要依据。常用的运动规律种类很多，这里仅介绍几种最基本的运动规律。

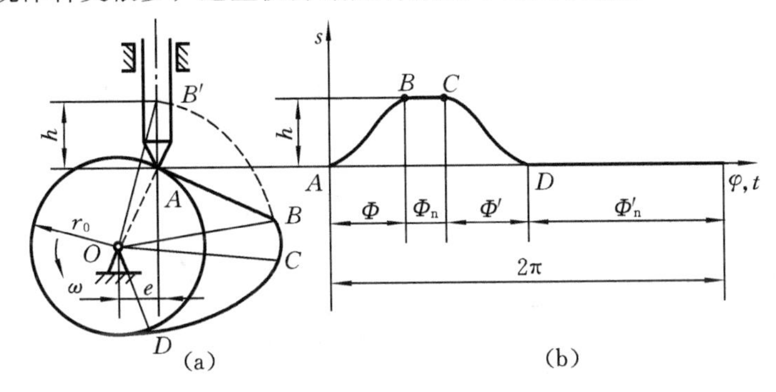

图 7-7　凸轮机构的运动过程

7.2.1　分析从动件运动规律的几个基本概念

如图 7-7(a)所示，以凸轮轮廓的最小向径 r_0 为半径所作的圆称为基圆，r_0 为基圆半径。当凸轮以等角速度ω逆时针转动时，尖顶与点 A 接触，此时顶尖所处位置是整个运动过程的最低点，当顶尖运动到点 B 时，所处的位置是整个运动过程的最高点，从动件由最低点到最高点的这一过程称为推程，与之对应的转角($\angle BOB'$)称为推程运动角Φ；从动件移动的距离 AB'称为行程，用 h 表示。接着圆弧 BC 段与尖顶接触，从动件在最远处停止不动，对应的转角称为远休止角Φ_n。凸轮继续转动，尖顶与向径逐渐变小的 CD 段轮廓接触，从动件返回，这一过程称为回程，与之对应的转角称为回程运动角Φ'。当圆弧 DA 段与尖顶接触时，从动件在最近处停止不动，对应的转角称为近休止角Φ'_n。当凸轮继续回转时，从动件重复上述的升—停—降—停的运动循环。

从动件的位移 s 与凸轮转角φ的关系可以用从动件的位移线图来表示，如图 7-7(b)所示。由于大多数凸轮作等速转动，转角与时间成正比，因此横坐标也可以代表时间 t。

7.2.2　常用的从动件运动规律

常用的从动件运动规律有等速运动规律、等加速-等减速运动规律、余弦加速度运动规律以及正弦加速度运动规律等，它们的运动线图分别如图 7-8(a)～(d)所示，运动方程分别列于表 7-1 中。

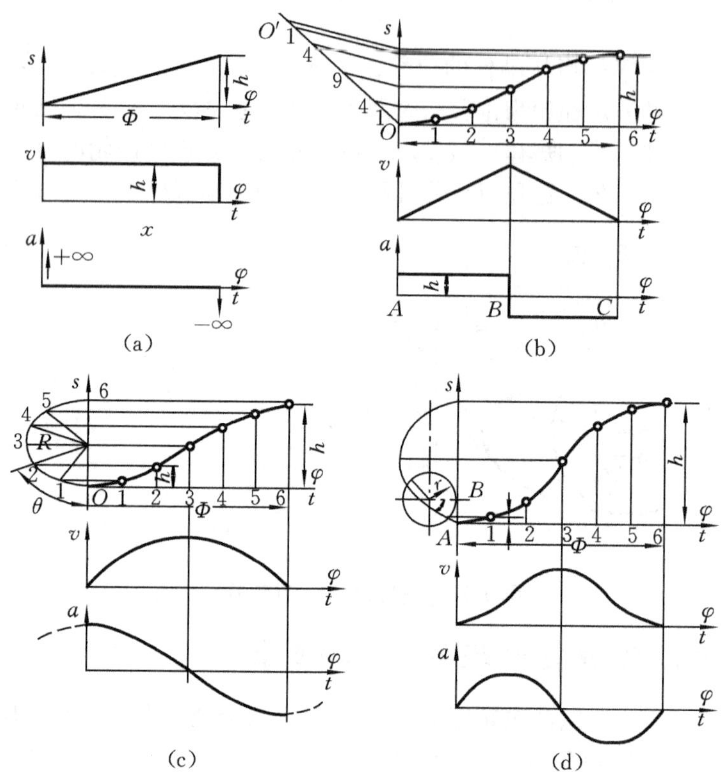

图 7-8 常用的从动件运动规律

表 7-1 常用的从动件运动规律

运动规律	运动方程	
	推程($0° \leqslant \varphi \leqslant \Phi$)	回程($0° \leqslant \varphi' \leqslant \Phi'$)
等速运动	$s=(h/\Phi)\varphi$ $v=h\omega/\Phi$ $a=0$	$s=h-(h/\Phi')\varphi'$ $v=-h\omega/\Phi'$ $a=0$
等加速-等减速运动	$0° \leqslant \varphi \leqslant \Phi/2$ $s=(2h/\Phi^2)\varphi^2$ $v=(4h\omega/\Phi^2)\varphi$ $a=4h\omega^2/\Phi^2$	$0° \leqslant \varphi' \leqslant \Phi'/2$ $s=h-(2h/\Phi'^2)\varphi'^2$ $v=-(4h\omega/\Phi'^2)\varphi'$ $a=-4h\omega^2/\Phi'^2$

续表

运动规律	运动方程	
	推程($0° \leqslant \varphi \leqslant \Phi$)	回程($0° \leqslant \varphi' \leqslant \Phi'$)
等加速-等减速运动	$\Phi_0/2 \leqslant \varphi \leqslant \Phi$ $s = h - 2h(\Phi - \varphi)^2/\Phi^2$ $v = 4h\omega(\Phi - \varphi)\Phi^2$ $a = -4h\omega^2/\Phi^2$	$\Phi'/2 \leqslant \varphi' \leqslant \Phi'$ $s = 2h(\Phi' - \varphi')^2/\Phi'^2$ $v = -4h\omega(\Phi' - \varphi')\Phi'^2$ $a = 4h\omega^2/\Phi'^2$
余弦加速度运动(简谐运动)	$s = h/2[1 - \cos(\pi\varphi/\Phi)]$ $v = (\pi h\omega/2\Phi)\sin(\pi\varphi/\Phi)$ $a = (\pi^2 h\omega^2/2\Phi^2)\cos(\pi\varphi/\Phi)$	$s = h/2[1 + \cos(\pi\varphi'/\Phi')]$ $v = -(\pi h\omega/2\Phi')\sin(\pi\varphi'/\Phi')$ $a = -(\pi^2 h\omega^2/2\Phi'^2)\cos(\pi\varphi'/\Phi')$
正弦加速度运动(摆线运动)	$s = h[\varphi/\Phi - (1/2\pi)\sin(2\pi\varphi/\Phi)]$ $v = (h\omega/\Phi)[1 - \cos(2\pi\varphi/\Phi)]$ $a = (2\pi h\omega^2/\Phi^2)\sin(2\pi\varphi/\Phi)$	$s = h[1 - \varphi'/\Phi' + (1/2\pi)\sin(2\pi\varphi'/\Phi')]$ $v = -(h\omega/\Phi')[1 - \cos(2\pi\varphi'/\Phi')]$ $a = -(2\pi h\omega^2/\Phi'^2)\sin(2\pi\varphi'/\Phi')$

注：① 回程方程式中的$\varphi' = \varphi - (\Phi + \Phi_n)$，参见图 7-7(b)。

② 对于摆动从动件，只需将式中的s、v、a和h相应改为ψ、Ω、ε、ψ_{max}。

从图 7-8 中可以看出：从动件作等速运动时，行程始末速度有突变，理论上加速度可以达到无穷大，产生极大的惯性力，导致机构产生强烈的刚性冲击，因此等速运动只能用于低速轻载的场合；从动件作等加速-等减速运动时，在A、B、C三点加速度有有限值突变，导致机构产生柔性冲击，因此等加速-等减速运动可用于中速轻载的场合；从动件按余弦加速度规律运动时，在行程始末加速度有有限值突变，也将导致机构产生柔性冲击，因此余弦加速度运动适用于中速场合；从动件按正弦加速度规律运动时，在全行程中无速度和加速度的突变，不产生冲击，因此正弦加速度运动适用于高速场合。

7.2.3 从动件运动规律的选择

在选择从动件的运动规律时，应根据机器工作时的运动要求来确定。如机床中控制刀架进刀的凸轮机构，要求刀架进刀时作等速运动，则从动件应选择等速运动规律，至于行程始末端，可以通过拼接其他运动规律的曲线来消除冲击。对无一定运动要求，只需要从动件有一定位移量的凸轮机构，如夹紧送料等凸轮机构，可只考虑加工方便，采用圆弧、直线等组成的凸轮轮廓。对于高速机构，应减小惯性力、改善动力性能，可选用正弦加速度运动规律或其他改进型的运动规律。

7.3 凸轮轮廓的设计

在选定从动件的运动规律及凸轮的转向和基圆半径 r_0 后，就可以设计凸轮轮廓了。凸轮轮廓可以用图解法或解析法确定。图解法直观、方便；解析法精确但计算较为烦琐，若采用计算机辅助设计，速度既快，结果也精确。本书只介绍图解法。

图解法是建立在反转法的基础上的，其原理是：给整个机构加上一个反向转动，各构件之间的相对运动并不改变。根据反转法这一原理，设想给整个凸轮机构加上一个反向转动(即加上一个与凸轮角速度转向相反、数值相等、绕凸轮回转中心 O 的角速度为$-\omega$的转动)，则凸轮处于相对静止状态，从动件一方面随机架以角速度$-\omega$绕 O 点转动，另一方面又按给定的运动规律作往复移动或摆动。对于尖顶式从动件，由于它的尖顶始终与凸轮轮廓相接触，所以反转过程中从动件尖顶运动轨迹就是所要设计的凸轮轮廓。因此，凸轮轮廓的设计，实际上就是将凸轮视作固定，求出从动件尖顶相对于凸轮的运动轨迹。

7.3.1 对心移动尖顶从动件凸轮轮廓曲线的绘制

设凸轮机构中，凸轮以等角速度 ω_1 顺时针转动。从动件导路中线通过凸轮回转中心 O，凸轮基圆半径为 r_0，从动件运动规律为：当凸轮转过推程运动角 $\Phi=180°$ 时，从动件等速上升距离 h；凸轮转过远休止角 $\Phi_n=60°$ 后，从动件在最高位置静止不动；凸轮继续转过回程运动角 $\Phi'=120°$ 时，从动件以等加速-等减速运动下降距离 h；此时凸轮回转一周。根据此运动规律，则凸轮轮廓曲线的绘制步骤如下。

(1) 选取长度比例尺 μ_l 和角度比例尺 μ_Φ，作从动件位移曲线 $s=s(\Phi)$，如图7-9(b)所示。

(2) 将位移曲线的推程运动角 $\Phi=180°$ 和回程运动角 $\Phi'=120°$ 分成若干等份，并通过各等分点作垂线，与位移曲线相交，即得相应凸轮各转角时从动件的位移 $11'$，$22'$，…

(3) 用同样的比例尺 μ_l 以 O 点为圆心，以 $\overline{OB_0}=r_0/\mu_l$ 为半径画圆，如图 7-9(a)所示，此基圆与从动件导路的交点 B_0 即为从动件尖顶的起始位置。

(4) 自 OB_0 沿 ω_1 的相反方向取角度 $\Phi=180°$，$\Phi_n=60°$，$\Phi'=120°$，并将它们各分成与图 7-9(b)所对应的若干等份，得 C_1，C_2，C_3，…连接 $OC_1, OC_2, OC_3, \cdots$ 并延长各向径，它们便是反转后从动件导路的各个位置。

(5) 在位移曲线中量取各个位移量，并取 $\overline{C_1B_1}=11', \overline{C_2B_2}=22', \overline{C_3B_3}=33', \cdots$ 得反转后从动件尖顶的一系列位置 B_1，B_2，B_3，…

(6) 将 B_0，B_1，B_2，B_3，… 连成光滑的曲线，即是要求的凸轮轮廓曲线。

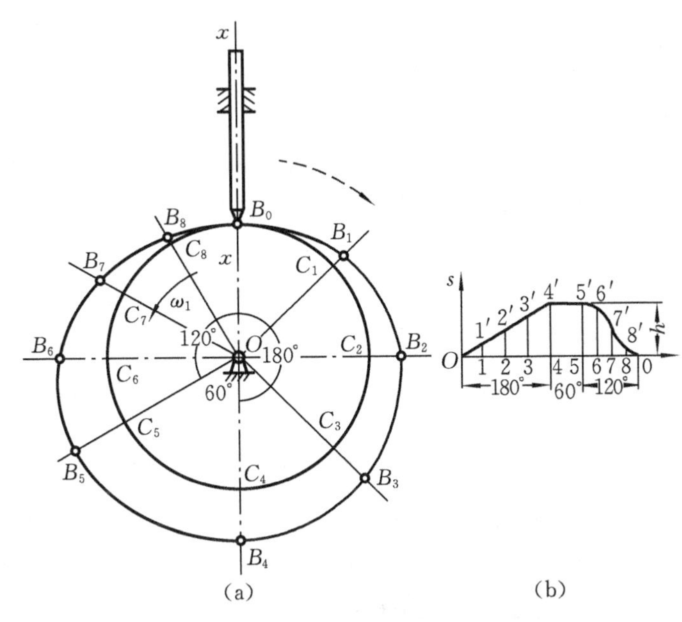

图 7-9　对心移动尖顶从动件凸轮轮廓曲线的绘制

7.3.2　偏置直动尖顶从动件盘形凸轮轮廓的设计

已知偏距为e，基圆半径为r_0，凸轮以角速度ω顺时针转动，从动件位移线图如图 7-10(b)所示，设计该凸轮的轮廓曲线。

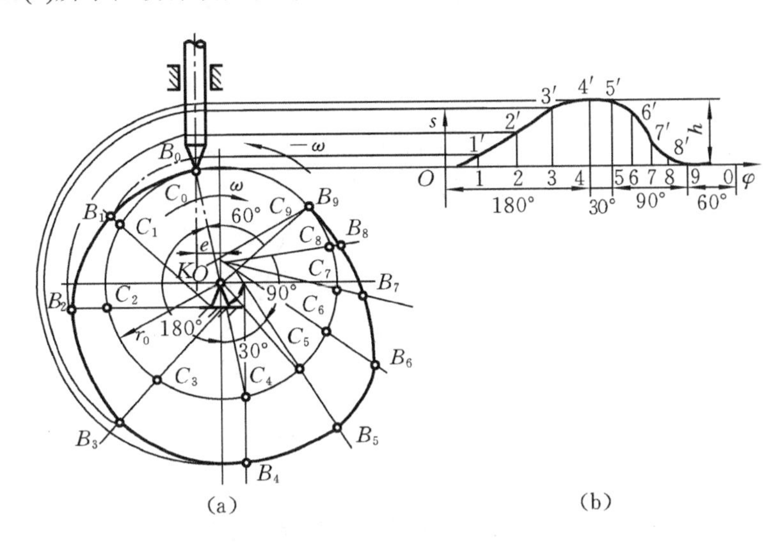

图 7-10　偏置直动尖顶从动件盘形凸轮设计

该凸轮的具体设计步骤如下。

(1) 以与位移线图相同的比例尺作出偏距圆及基圆，过偏距圆上任一点 K 作偏距圆的切线作为从动件导路，并与基圆相交于点 B_0，该点也就是从动件尖顶的起始位置，如图 7-10(a)所示。

(2) 从 OB_0 开始按 $-\omega$ 方向在基圆上画出推程运动角 $\Phi=180°$，远休止角 $\Phi_n=30°$，回程运动角 $\Phi'=90°$，近休止角 $\Phi'_n=30°$，并在相应段与位移线图对应划分出若干等份，得分点 C_1，C_2，C_3，…。

(3) 过各分点 C_1，C_2，C_3，…向偏距圆作切线，作为从动件反转后的导路线。

(4) 在以上的导路线上，从基圆上的点 C_1，C_2，C_3，…开始向外量取相应的位移量得 B_1，B_2，B_3，…，即 $\overline{B_1C_1}=11'$，$\overline{B_2C_2}=22'$，$\overline{B_3C_3}=33'$，…，得出反转后从动件尖顶的位置。

(5) 将点 B_1，B_2，B_3，…连成光滑曲线，得到凸轮的轮廓曲线。

当 $e=0$ 时，偏距圆的切线就是过点 O 的径向线(即从动件反转后的导路线)，按上述相同方法设计即得到上面提到的对心直动尖顶从动件盘形凸轮。

7.3.3 滚子从动件盘形凸轮轮廓的设计

将滚子中心看做尖顶，按上述方法作出轮廓曲线 η(称为理论轮廓曲线)，然后以 η 上各点为圆心，以滚子半径 r_T 为半径作一系列的圆，最后作出这些圆的包络线 η'，η' 就是滚子从动件盘形凸轮的轮廓曲线(即为实际轮廓曲线)，如图 7-11 所示。从图中可知，滚子从动件盘形凸轮的基圆半径是在理论轮廓上度量的。

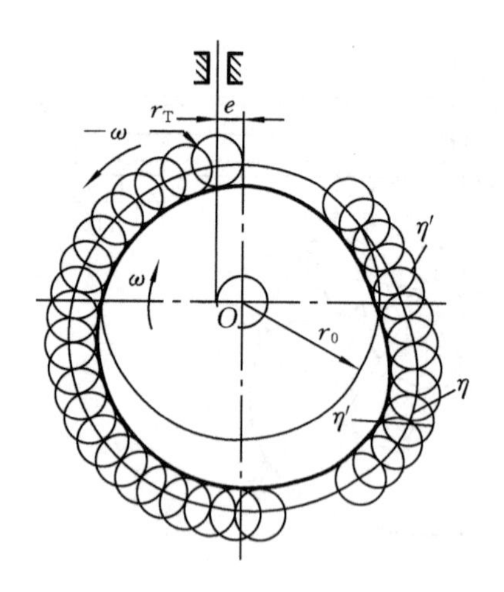

图 7-11　滚子从动件盘形凸轮设计

7.4 凸轮设计中应注意的几个问题

设计凸轮机构时，不仅要保证从动件实现预定的运动规律，还要求传力性能良好，结构紧凑。因此，在设计凸轮机构时应注意下述问题。

7.4.1 滚子半径的选择

滚子半径取大时，凸轮与滚子的接触应力降低，但对凸轮的实际轮廓曲线影响很大，有时甚至使从动件不能完成预定的运动规律。如图 7-12 所示，设凸轮理论轮廓曲线的最小曲率半径为ρ_{min}，滚子半径为 r_T，实际轮廓曲线最小曲率半径为ρ_a。对于轮廓曲线的内凹部分，有$\rho_a=\rho_{min}+r_T$，不论滚子半径 r_T 有多大，ρ_a总大于零，因此总能作出凸轮实际轮廓，如图 7-12(a)所示。对于轮廓曲线的外凸部分，有$\rho_a=\rho_{min}-r_T$，若$\rho_{min}>r_T$，如图 7-12(b)所示，同样可作出凸轮实际轮廓；若$\rho_{min}=r_T$，如图 7-12(c)所示，则实际轮廓出现尖点，极易磨损；若$\rho_{min}<r_T$，如图 7-12(d)所示，则实际轮廓发生交叉，在加工凸轮时，轮廓上交叉部分(图中阴影部分)将被切去。凸轮实际轮廓上的尖点被磨损或交叉部分被切去后，都将使滚子中心不在理论轮廓曲线上，这就会造成从动件的运动失真现象。

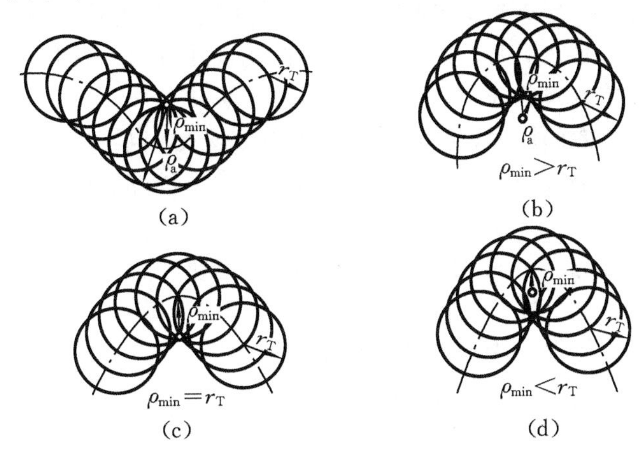

图 7-12　滚子半径与凸轮轮廓曲线曲率半径的关系

根据上述分析可知，滚子半径 r_T 不宜过大，否则产生运动失真；但滚子半径也不宜过小，否则凸轮与滚子接触应力过大且难于装在销轴上，因此在实际设计时，一般推荐$r_T\leqslant 0.8\rho_{min}$。若从结构上考虑，可使 $r_T\leqslant 0.4r_0$；为避免出现尖顶点，一般要求$\rho_a>3\sim5$ mm。

7.4.2 压力角的选择和检验

图 7-13 所示为对心移动尖顶从动件盘形凸轮机构在推程任一位置的受力情

况。凸轮在某一位置时对从动件的法向力 **F** 与从动件上该力作用点的速度方向所夹的锐角称为凸轮机构在该位置的压力角。若将 **F** 力分解为沿从动件运动方向的有用分力 $\boldsymbol{F}_1$ 和垂直从动件运动方向紧压导路的有害分力 $\boldsymbol{F}_2$，其关系由图可知

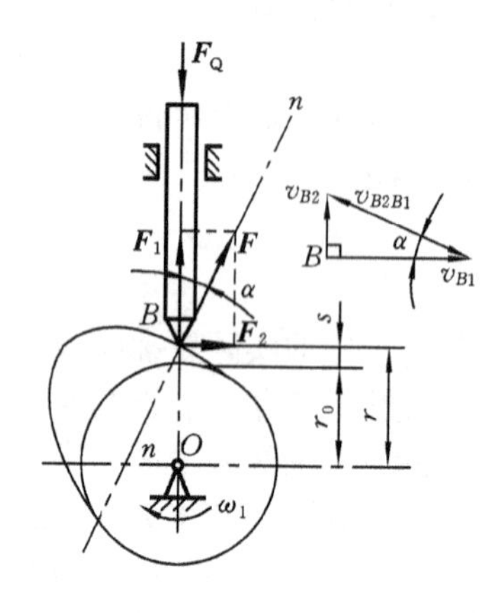

图 7-13　凸轮机构的压力角

$$\left.\begin{aligned}F_1 &= F\cos\alpha\\F_2 &= F\sin\alpha\end{aligned}\right\}\tag{7-1}$$

当压力角α增大到一定值时，由有害分力 $\boldsymbol{F}_2$ 引起的摩擦阻力将超过有用分力 $\boldsymbol{F}_1$。此时，无论凸轮给从动件的力 **F** 有多大，都不能使从动件运动，这种现象称为自锁。因此，从改善受力情况、提高效率、避免自锁的观点看，压力角愈小愈好。

但是，压力角的大小不仅仅只与从动件的受力情况有关。根据运动学知识，可得

$$r_0 = \frac{v}{\omega\tan\alpha} - s\tag{7-2}$$

由式(7-2)可知，压力角α与基圆半径 r_0 成反比，压力角α愈小，基圆半径 r_0 就愈大，凸轮尺寸随着变大。所以，为避免凸轮尺寸过大，使机构尺寸更加紧凑，凸轮机构的压力角愈大愈好。

综合上述两方面的原因，压力角α 值既不能过大，也不能过小，应有许用值，用$[\alpha]$表示，且应使$\alpha_{max}\leqslant[\alpha]$。在一般工程设计中，推荐的许用压力角值$[\alpha]$如下所述。

(1) 推程(工作行程)：移动从动件$[\alpha]=30°$，摆动从动件$[\alpha]=45°$。

(2) 回程(空回行程)：因受力较小且无自锁问题，所以$[\alpha]$可取大些，通常取$[\alpha]=70°\sim80°$。

凸轮轮廓曲线上各点的压力角是变化的，在绘出凸轮轮廓曲线后，必须对理论轮廓曲线，特别是对推程段轮廓曲线上各点压力角进行检验，以防超过许用值。常用的简便检验方法如图 7-14 所示，在理论轮廓曲线上某几处最陡的地方取几点，作这几点的法线，再用量角器检验各点法线与该点向径之间的夹角是否超过许用压力角值。若超过许用值，则要修改设计；通常采用增大凸轮基圆半径 r_0 的方法使α_{max} 减小。

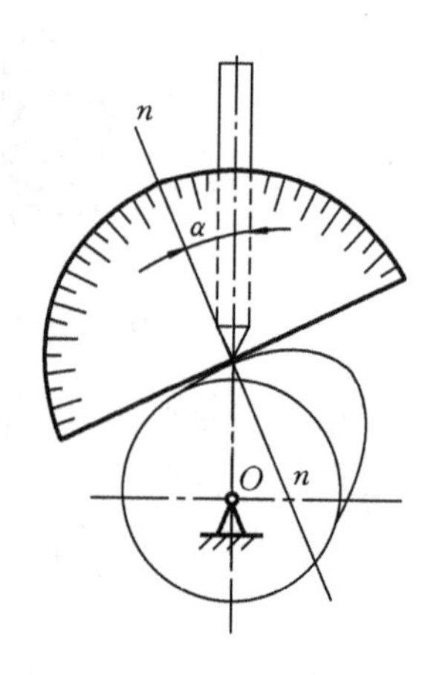

图 7-14　压力角的检验

7.4.3 基圆半径的确定

由前述可知，在设计凸轮机构中，基圆半径过小，会引起压力角过大；若超过许用压力角，机构效率降低，甚至会发生自锁。因此，基圆半径的确定，应考虑满足最大压力角小于许用值的要求，即根据式(7-2)由许用压力角$[\alpha]$值求出凸轮许用的最小基圆半径$[r_0]$，再按结构条件取基圆半径 $r_0 \leqslant [r_0]$。

由于按这一方法确定的基圆半径比较小，且方法烦琐，所以实际设计时，通常都是由结构条件初步定出基圆半径 r_0，并进行凸轮轮廓设计和压力角检验直至满足$\alpha_{max} \leqslant [\alpha]$为止。

工程实际中，还可按经验来确定基圆半径 r_0。当凸轮与轴制成一体时，可取凸轮半径 r_0 略大于轴的半径；当凸轮与轴分开制造时，r_0 由下面的经验公式确定：

$$r_0=(1.6\sim2)r \tag{7-3}$$

式中：r——安装凸轮处轴颈的半径。

思考题与习题

7-1　凸轮机构有哪些应用特点？该机构是由哪几个基本构件组成的？

7-2　在凸轮机构中，从动件的运动规律有哪几种？各有何特点？

7-3　用作图法求出下列各凸轮从题 7-3 图所示位置转到点 B 而与从动件接触时凸轮的转角 φ (在图上标出来)。

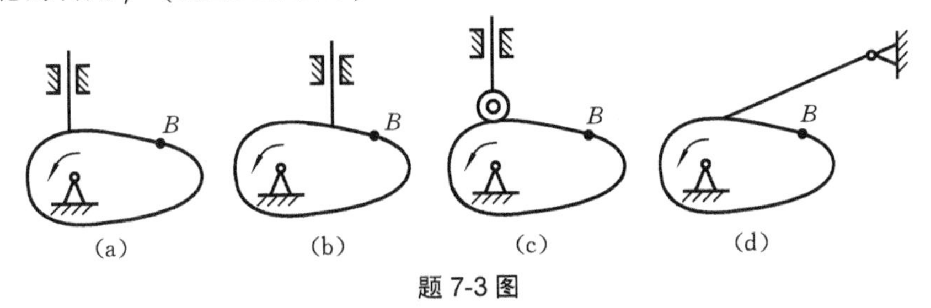

题 7-3 图

7-4　用作图法求出下列各凸轮从题 7-4 图所示位置转过 45°后机构的压力角 α (在图上标出来)。

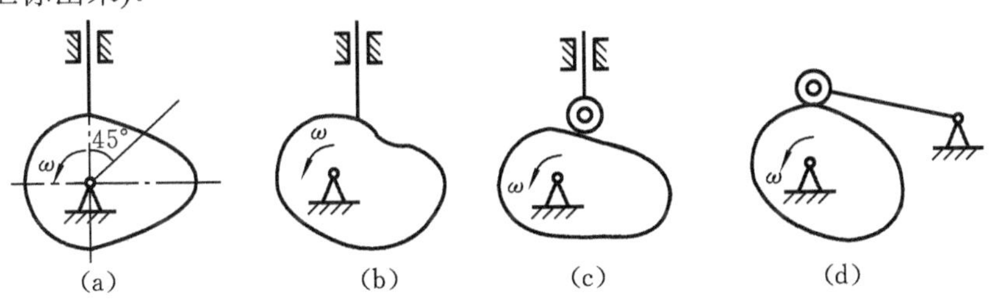

题 7-4 图

7-5　一尖顶对心从动件盘形凸轮机构，凸轮按逆时针方向转动，其运动规律如下：

凸轮转角δ	0°～90°	90°～150°	150°～240°	240°～360°
从动件位移 s	等速上升 40 mm	停止不动	等加速等减速下降至原处	停止不动

要求：(1) 绘制出位移曲线；(2) 若基圆半径 r_0=45 mm，绘制出凸轮轮廓；(3) 校核从动件在起始位置和回程中最大速度时的压力角。

7-6　在题 7-5 中，如果改为滚子从动件，滚子半径 r_T=12 mm，其余条件不变，试绘制凸轮轮廓并校核题 7-5 中给定位置压力角，并与题 7-5 作比较。

第 8 章　间歇运动机构

在生产中，经常需要某些机构的主动件作连续运动时，从动件能够产生周期性的运动—停止—运动……这样的间歇运动。而实现这种运动的机构，称为间歇运动机构。

最常见的间歇运动机构有棘轮机构和槽轮机构。本章主要介绍棘轮机构和槽轮机构的工作原理、运动特性及其应用。

8.1　棘 轮 机 构

8.1.1　棘轮机构的工作原理

图 8-1 所示为机械传动系统中常用的棘轮机构，它有外啮合(图(a))和内啮合(图(b))两种形式，主要由摇杆 1、棘爪 2、棘轮 3、制动爪 4 和机架 5 等组成。

当摇杆 1 逆时针摆动时，驱动棘爪 2 插入棘轮 3 的齿槽中，推动棘轮转过一定的角度，而制动爪 4 则在棘轮的齿背上滑动。当摇杆顺时针摆动时，驱动棘爪 2 在棘轮的齿背上滑过，而制动爪 4 则阻止棘轮作顺时针转动，棘轮静止不动，如图 8-1(a)所示。因此，当摇杆作连续的往复摆动时，棘轮将作单向间歇运动。

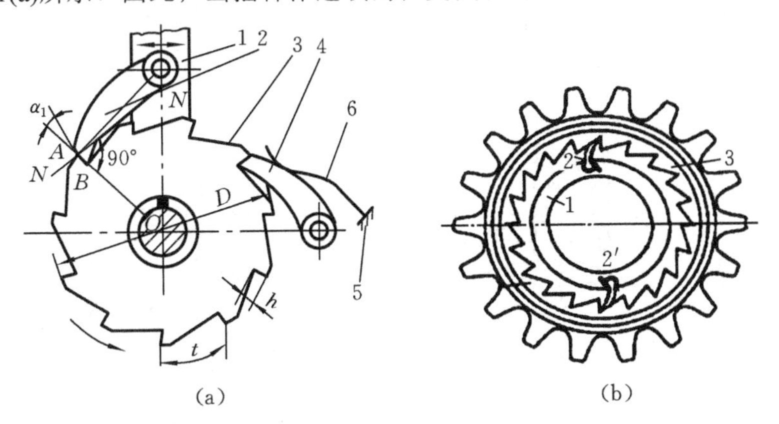

图 8-1　棘轮机构

8.1.2　棘轮机构的分类、特点及应用

按照棘轮机构的结构特点，常用的棘轮机构有下列两大类。

1. 具有轮齿的棘轮机构

这种棘轮的外缘或内缘上有刚性轮齿，如图 8-1 所示。根据棘轮机构的运动情况，棘轮机构又可分为以下两种。

(1) 单动式棘轮机构(见图 8-1)，其特点是主动件往复摆动一次时，棘轮单向间歇转动一次。

(2) 双动式棘轮机构(见图 8-2)，其特点是主动件往复摆动一次时，棘轮沿同一方向间歇转动两次。当载荷较大且受棘轮尺寸所限、齿数较少或摆杆摆角小于齿距角时，均需采用双动式棘轮机构。该机构的棘爪可制成平头撑杆式(见图 8-2(a))或钩头拉杆式(见图 8-2(b))。

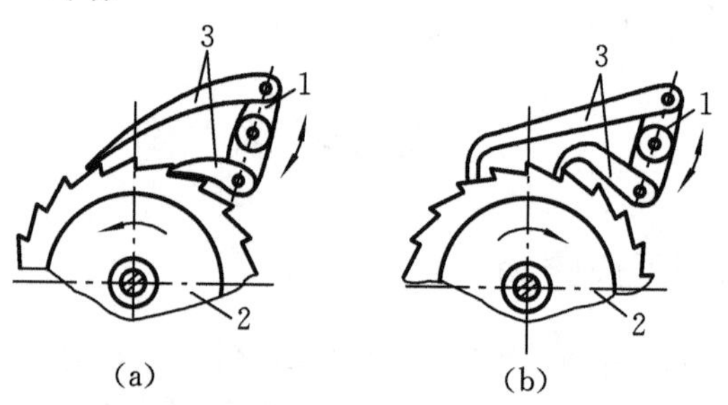

图 8-2 双动式棘轮机构

以上棘轮齿形一般采用锯形齿或不对称的梯形齿。

2. 可变向棘轮机构

图 8-3 所示为可双向间歇运动的棘轮机构，即棘爪可以让棘轮双向转动，其结构与其他棘轮机构的结构相比也有所差别，例如，其棘轮齿形是对称的梯形齿或矩形齿，与之匹配的棘爪也是对称的棘爪。图 8-3(a)采用的是翻转棘爪，当棘

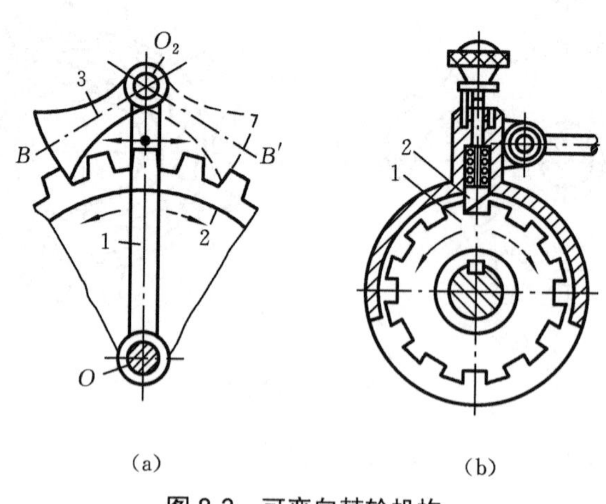

图 8-3 可变向棘轮机构

爪位于实线位置时，棘轮作逆时针转动；当棘爪位于虚线位置时，棘轮作顺时针转动。图 8-3(b)采用的是回转棘爪，当棘爪按图示位置放置时，棘轮作逆时针间歇运动；若将棘爪提起并绕本身轴线转 180°后再插入棘轮齿槽时，棘轮将作顺时针间歇运动；若将棘爪提起后绕本身轴线转 90°，棘爪将被架在壳体顶部并与棘轮齿槽分开，此时棘轮静止不动。这种棘轮机构常用于实现工作台的间隙送进运动，如在牛头刨床中用于实现工作台横向送进运动。

棘轮机构在生产中除可实现间歇送进和转位分度等运动外，还能实现如图 8-4 所示的棘轮制动和如图 8-5 所示自行车后轮轴上的超越运动，即后轮轴 5 在滑坡时可以超越后轮 3 而转动。

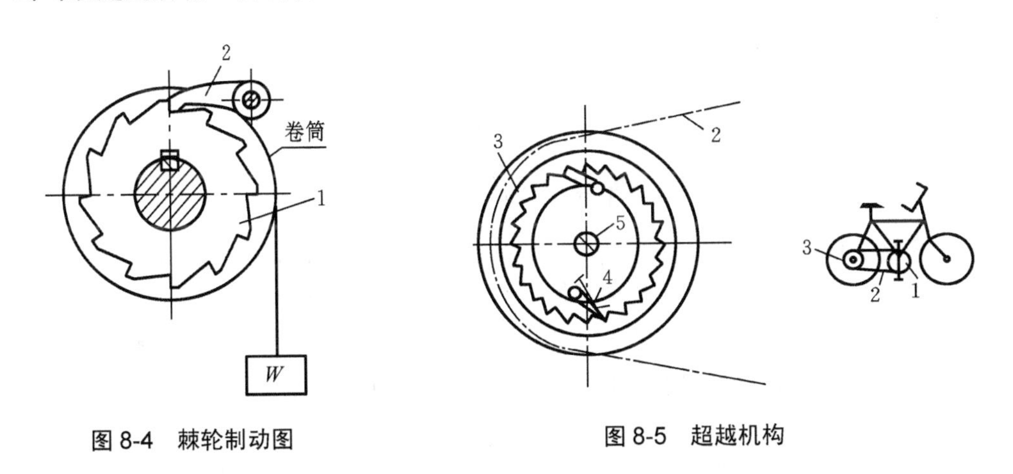

图 8-4　棘轮制动图　　　　图 8-5　超越机构

8.2 槽 轮 机 构

8.2.1 槽轮机构的工作原理

图 8-6 所示为槽轮机构(又称马氏机构)，它由主动拨盘 1、从动槽轮 2 及机架 3 等组成。拨盘 1 以等角速度 ω_1 作连续回转，槽轮 2 作间歇运动。当拨盘 1 上的圆柱销 A 没有进入槽轮的径向槽时，槽轮 2 内凹锁止弧面β被拨盘 1 上的外凸锁止弧面 α 卡住，槽轮 2 静止不动。当圆柱销 A 进入槽轮的径向槽时，锁止弧面被松开，则圆柱销 A 驱动槽轮 2 转动。当拨盘 1 上的圆柱销 A 离开径向槽时，下一个锁止弧面又被卡住，槽轮 2 又静止不动。由此将主动件的连续转动转换为从动槽轮的间歇转动。

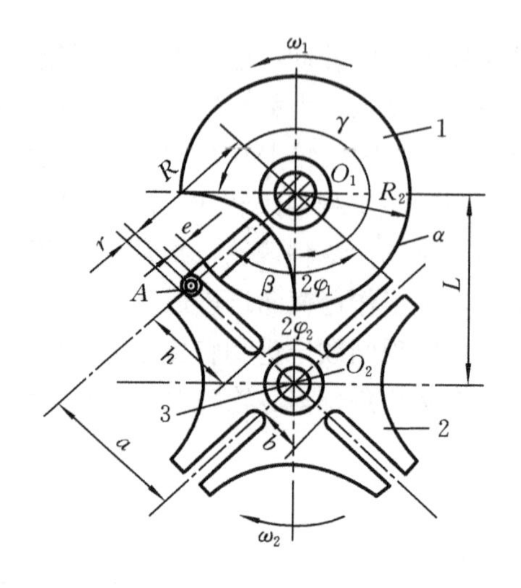

图 8-6　槽轮机构

8.2.2　槽轮机构的分类、特点及应用

槽轮机构根据其啮合的方式不同可分为外啮合槽轮机构(见图 8-6)和内啮合槽轮机构(见图 8-7)两种。此两种槽轮机构均应用在平行轴之间的间歇传动。当槽轮的直径无穷大时，槽轮的间歇转动将变成间歇移动。当需要在两交错轴之间进行间歇传动时，可采用球面槽轮机构，如图 8-8 所示。

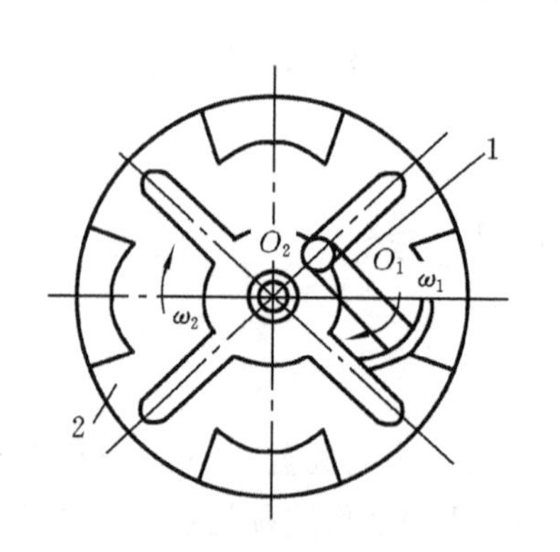

图 8-7　内啮合槽轮机构

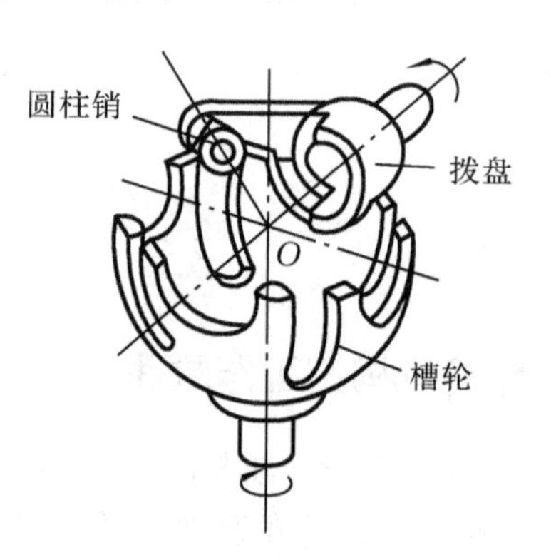

图 8-8　球面槽轮机构

槽轮机构结构简单、工作可靠、机械效率高，在设计合理的前提下，拨销进入和退出啮合时，槽轮的运动较为平稳。由于槽轮每次转过的角度与槽轮的槽数有关，因此，要想改变其转角的大小，则必须更换具有相应槽数的槽轮，所以槽轮机构多用于不需要经常调整转角的转位运动中。运转中槽轮机构有较大的动载荷，当槽数越少时动载荷越大，故槽轮机构一般不用于高速场合。此外，由于制造工艺、机构

尺寸等条件的限制，槽轮的槽数不宜过多，故使得槽轮两次停歇之间的转角较大。

槽轮机构在各种自动机械中应用很广泛，如用于自动机床、轻工机械、食品机械的转位机构等，电影放映机中也用到了槽轮机构。

8.2.3 槽轮机构设计

槽轮机构的设计主要是根据间歇运动的要求，确定槽轮的槽数、圆销的数目以及槽轮机构的基本尺寸。

由于槽轮的运动是周期性的间歇运动，对于槽轮的径向槽为对称均布的槽轮机构，槽轮每转动一次和停歇一次便构成一个运动循环，在一个运动循环(拨盘转一周)，槽轮的运动时间 t_m 与拨盘转一周的运动时间 t 之比称为运动系数，用 τ 表示。

如图 8-6 所示，为了避免或减轻槽轮在开始转动和停止转动时的碰撞或冲击，圆柱销 A 在开始进入径向槽或从径向槽脱出的瞬时，圆柱销中心的线速度方向均需要沿着径向槽的中心线方向，以使槽轮在启动和停止时的瞬时角速度为零，即要求 $O_2A \perp O_1A$。设 z 为均匀分布的径向槽数目，则由图 8-6 可知，当槽轮 2 转过 $2\varphi_2$ 时，拨盘 1 的转角 $2\varphi_1$ 为

$$2\varphi_1 = \pi - 2\varphi_2 = \pi - \frac{2\pi}{z} \tag{8-1}$$

在一个运动循环内，当拨盘 1 作等速转动时， τ 也可用转角之比来表示。对于只有一个圆柱销的槽轮机构来说，t_m 和 t 分别为拨盘 1 转过角度 $2\varphi_1$ 和 2π 所用的时间，因此这种槽轮机构的运动系数 τ 为

$$\tau = \frac{t_m}{t} = \frac{2\varphi_1}{2\pi} = \frac{\pi - 2\pi / z}{2\pi} = \frac{z-2}{2z} \tag{8-2}$$

由此可知，在槽轮机构设计过程中应注意以下几个问题。

(1) 为了保证槽轮能被拨盘驱动，运动系数 τ 应大于零，即槽轮的槽数应大于或等于 3。

(2) 运动系数 τ 随着槽数的增大而增大，即意味着槽数的增加，导致槽轮在一个间歇运动周期里的运动时间增加。

(3) 如要求槽轮机构的 τ 大于 0.5，则可在拨盘上安装多个圆柱销。设拨盘 1 上均匀分布 k 个圆柱销，则在一个运动循环内，槽轮的运动时间为只有一个圆柱销时的 k 倍，因此

$$\tau = \frac{kt_m}{t} = \frac{2k\varphi_1}{2\pi} = \frac{k(\pi - 2\pi / z)}{2\pi} = \frac{k(z-2)}{2z} \tag{8-3}$$

由于槽轮是作间歇转动的，故必须有停歇时间，所以运动系数应总是小于 1。因此由式(8-3)可得，主动拨盘的圆柱销数 k 与槽轮槽数 z 的关系为

$$k < \frac{2z}{z-2} \tag{8-4}$$

由式(8-4)可知，当 z=3 时，k 可取 1～5；当 z = 4 或 5 时，k 可取 1～3；当 z ≥6 时，则 k 可取 1 或 2。

思考题与习题

8-1　棘轮机构是如何实现间歇运动的？棘轮机构有哪些类型？

8-2　槽轮机构如何实现间歇运动？

8-3　某外啮合槽轮机构中槽轮的槽数 z=6，圆柱销的数目 k=1，若槽轮的静止时间 t_1=2 s/r，试求主动拨盘的转速 n。

8-4　在六角车床上六角刀架转位用的外啮合槽轮机构中，已知槽轮槽数 z=6，槽轮停歇时间 $t_1=\frac{5}{6}$ s/r，运动时间 $t_m=\frac{5}{3}$ s/r，求槽轮机构的运动系数 τ 及所需的圆柱销数目 k。

第 3 篇

机械传动与轴系零件

在工业生产中，机械传动是一种最基本的传动方式。在分析一台机器，如车床、内燃机、推土机等时，可发现其工作过程实际上包含着多种机构和零部件的运动过程，它们常利用带传动、链传动、齿轮传动、螺旋传动等各种传动机构，通过组成不同形式的传动装置来传递运动和动力。

轴系零件主要是指轴和安装在轴上的键、轴承、螺纹连接件以及联轴器或离合器等零部件。如轴与轴毂的连接常要用到键、销，轴的支承常要选用合适的轴承，轴与轴的连接常要用到联轴器或离合器，这些都是机械传动中应用最广的基础零件。本篇主要介绍机械中最常用的传动方式和通用零件。

第 9 章　螺纹连接和螺旋传动

螺纹连接和螺旋传动都是利用螺纹零件工作的。但两者的工作性质不同，在技术要求上也是有差别的。前者作为紧固连接件用，要求保证连接强度(有时还要求紧密性)；后者则作为传动件用，要求保证螺旋副的传动精度、传动效率和磨损寿命等。

9.1　螺纹连接的基本知识

9.1.1　螺纹的类型和应用

1. 螺纹的形成

如图 9-1 所示，将一直角三角形绕在直径为 d_2 的圆柱体表面上，使三角形底边与圆柱体底边重合，则三角形的斜边在圆柱体表面形成一条螺旋线，三角形的斜边与底边的夹角 λ 称为螺纹升角。若取一平面图形，使其平面始终通过圆柱体的轴线并沿着螺旋线运动，则这个平面图形在空间形成一个螺旋形体，称为螺纹。

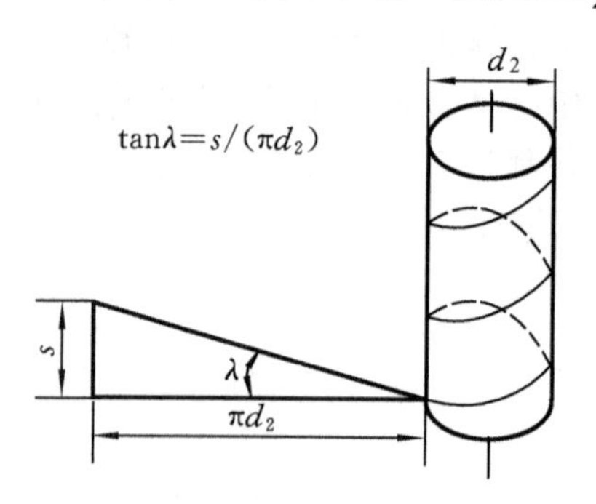

图 9-1　螺纹形成原理

2. 螺纹的类型

螺纹有外螺纹和内螺纹之分，共同组成螺旋副。起连接作用的螺纹称为连接螺纹，起传动作用的螺纹称为传动螺纹。螺纹又分为米制和英制(螺距以每英寸牙数表示)两类。我国除管螺纹外，多采用米制螺纹。

常用螺纹的类型主要有三角形螺纹、矩形螺纹、梯形螺纹、锯齿形螺纹、管螺纹，分别如图 9-2(a)～(e)所示。其中除矩形螺纹外都已标准化。标准螺纹的基本尺寸，可以查阅有关标准。

(1) 三角形螺纹：可分为普通三角形螺纹(见图 9-2(a))和管螺纹(见图 9-2(e))。普通三角形螺纹的牙型角为 60°，又可分为粗牙螺纹和细牙螺纹。粗牙螺纹用于一般连接，细牙螺纹在具有与粗牙螺纹相同的公称直径时，螺距小，螺纹深度浅，导程和升角也小，自锁性能好，适用于薄壁零件和微调装置。管螺纹属英制细牙三角形螺纹，多用于有紧密性要求的管件连接，牙型角为 55°。

(2) 矩形螺纹：牙型角为0°，传动效率高，但齿根强度较低，适用于作传动螺纹(见图 9-2(b))。

(3) 梯形螺纹：牙型角为30°，是应用最广泛的一种传动螺纹(见图 9-2(c))。

(4) 锯齿形螺纹：两侧牙型斜角分别为 $\beta=3°$ 和 $\beta'=30°$。前者的侧面用来承受载荷，可得到较高效率；后者的侧面用来增加牙根强度，适用于单向受载的传动螺旋(见图 9-2(d))。

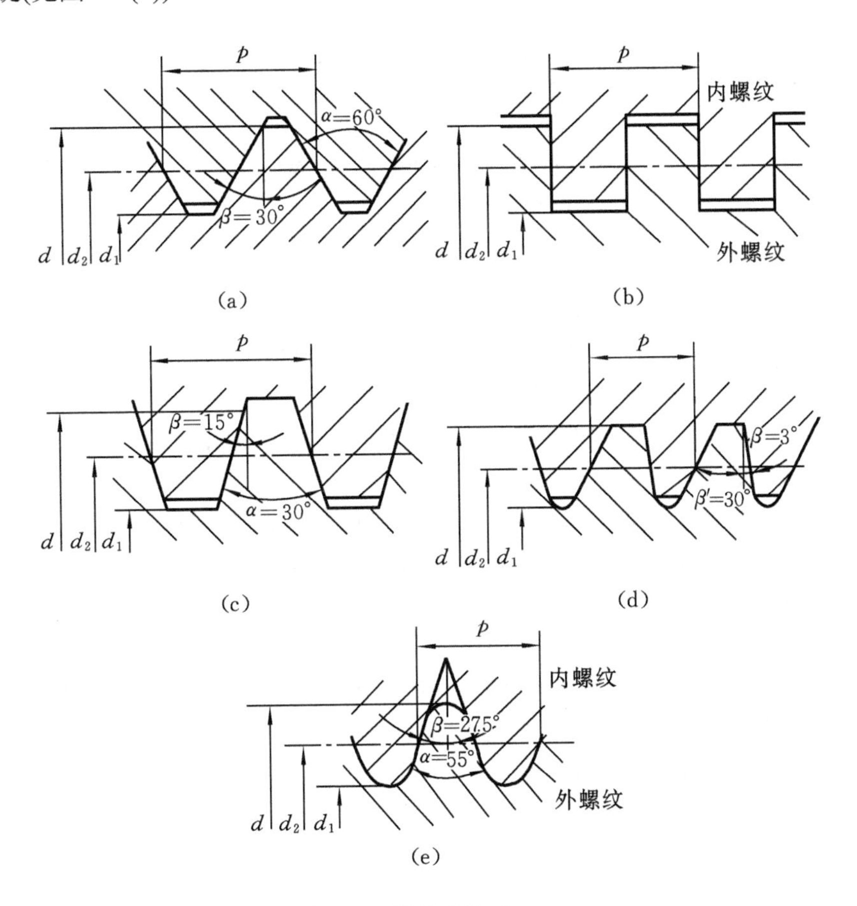

图 9-2　螺纹的类型

3. 螺纹连接的特点

(1) 螺纹拧紧时能产生很大的轴向力。

(2) 它能方便地实现自锁。

(3) 外形尺寸小。

(4) 制造简单，能保持较高的精度。

9.1.2 螺纹的主要参数

圆柱形螺纹的主要参数(见图 9-3)有以下几项。

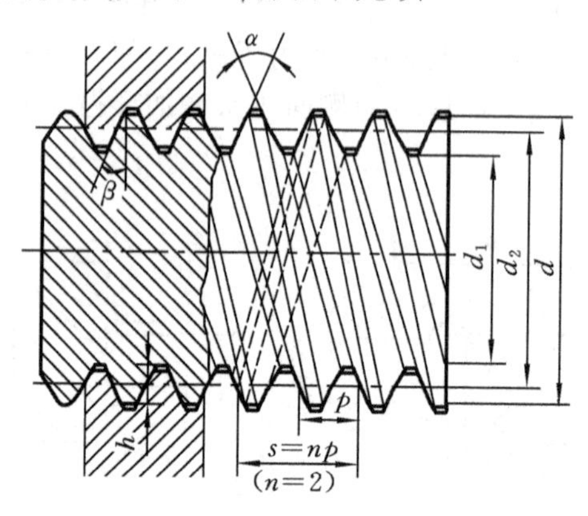

图 9-3 螺纹的主要参数

(1) 大径 d、D：与外螺纹的牙顶(或内螺纹牙底)相重合的假想圆柱面的直径，这个直径是螺纹的公称直径(管螺纹除外)。

(2) 小径 d_1、D_1：与外螺纹的牙底 (或内螺纹牙顶)相重合的假想圆柱面的直径。常用作危险剖面的计算直径。

(3) 中径 d_2、D_2：一假想的与螺栓同心的圆柱直径，此圆柱周向切割螺纹，使螺纹在此圆柱面上的牙厚和牙间距相等。

(4) 螺距 p：相邻两螺牙在中径线上对应两点间的轴向距离，是螺纹的基本参数。

(5) 线数 n：螺纹的螺旋线根数。沿一条螺旋线形成的螺纹称为单线螺纹，沿 n 条等距螺旋线形成的螺纹称为 n 线螺纹。

(6) 导程 s：螺栓在固定的螺母中旋转一周时，沿自身轴线所移动的距离。在单头螺纹中，螺距和导程是一致的；在多头螺纹中，导程等于螺距 p 和线数 n 的乘积。

(7) 升角 λ：螺纹中径上螺旋线的切线与垂直于螺纹轴心线的平面之间的夹角，由几何关系可得

$$\tan\lambda = \frac{s}{\pi d_2} = \frac{np}{\pi d_2} \tag{9-1}$$

(8) 牙型角 α：螺纹牙在轴向截面上量出的两直线侧边间的夹角。

(9) 牙廓的工作高度 h ：螺栓和螺母的螺纹圈发生接触的牙廓高度。牙廓的工作高度是沿径向测量的，等于外螺纹外径和内螺纹内径之差的一半。

粗牙普通螺纹的基本尺寸见表 9-1。

表 9-1　粗牙普通螺纹的基本尺寸　(单位：mm)

公称直径 d	螺距 p	中径 d_2	小径 d_1	公称直径 d	螺距 p	中径 d_2	小径 d_1
6	1	5.35	4.92	20	2.5	18.38	17.29
8	1.25	7.19	6.65	[22]	2.5	20.38	19.29
10	1.5	9.03	8.38	24	3	22.05	20.75
12	1.75	10.86	10.11	[27]	3	25.05	23.75
[14]	2	12.70	11.84	30	3.5	27.73	26.21
16	2	14.70	13.84	[33]	3.5	30.73	29.21
[18]	2.5	16.38	15.29	36	4	33.40	31.67

注：括号内为第二系列，应优先选择第一系列，其次才是第二系列。

9.2　螺纹副的受力分析、效率和自锁

螺纹副的受力图如图 9-4 所示，将螺纹副简化成沿倾角为λ的斜面以速度 v 匀速上升(见图 9-4(a))或下降的滑块(见图 9-4(b))，设 $\boldsymbol{Q}$ 为作用于滑块上的轴向载荷，$\boldsymbol{N}$ 为斜面对滑块的法向反力，f 为摩擦系数，则滑块上的摩擦力 $F_f=Nf$，方向与 v 相反，总反力 $\boldsymbol{F}_{\mathrm{R}}$ 与力 $\boldsymbol{Q}$ 的夹角为$(\lambda+\rho_{\mathrm{v}})$或$(\lambda-\rho_{\mathrm{v}})$，其中 ρ_{v} 为当量摩擦角($\rho_{\mathrm{v}}=\arctan f_{\mathrm{v}}$，$f_{\mathrm{v}}$ 为当量摩擦系数)。

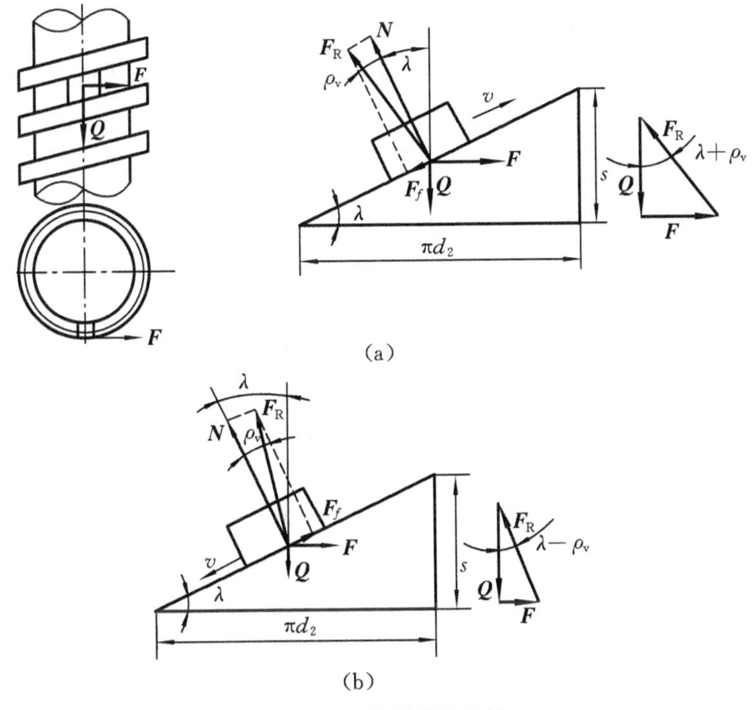

图 9-4　螺纹副受力分析

由螺纹形成原理可知，拧紧螺母时，可看做推动重物沿螺纹表面运动。将螺纹沿中径处展开，滑块代表螺母，螺母和螺杆间的运动可视为滑块在斜面上运动。根据力的平衡条件可得旋紧螺母时作用在螺纹中径上的水平推力(圆周力)为

$$F = Q\tan(\lambda + \rho_{\mathrm{v}}) \tag{9-2}$$

转动螺纹需要的转矩为

$$T_1 = F\frac{d_2}{2} = \frac{Qd_2}{2}\tan(\lambda + \rho_{\mathrm{v}}) \tag{9-3}$$

螺杆传动的效率为

$$\eta = \frac{Qs}{2\pi T_1} = \frac{Q\pi d_2 \tan\lambda}{2\pi \dfrac{Qd_2}{2}\tan(\lambda + \rho_{\mathrm{v}})} = \frac{\tan\lambda}{\tan(\lambda + \rho_{\mathrm{v}})} \tag{9-4}$$

同理，可得到松开螺母时的圆周力和效率分别为

$$F = Q\tan\left(\lambda - \rho_{\mathrm{v}}\right) \tag{9-5}$$

$$\eta = \frac{F\pi d_2}{Qs} = \frac{Q\tan(\lambda - \rho_{\mathrm{v}})\pi d_2}{Q\pi d_2 \tan\lambda} = \frac{\tan(\lambda - \rho_{\mathrm{v}})}{\tan\lambda} \tag{9-6}$$

由式(9-5)可以看出，当$\lambda \leqslant \rho_{\mathrm{v}}$时，$F \leqslant 0$。也就是说，即使没有水平支持力 F，不论轴向载荷 Q 多大，螺母也不会自动松开，这种现象称为螺旋副的自锁。

自锁条件为

$$\lambda \leqslant \rho_{\mathrm{v}} \tag{9-7}$$

三角形螺纹升角λ小，当量摩擦系数 f_{v} 大，自锁性好，主要用于连接；其余三种螺纹用于传动。为提高传动效率，线数要尽可能多一些，但线数过多，加工困难，所以，常用的线数为 2～3，最多为 4。

9.3 螺 旋 传 动

9.3.1 螺旋传动的类型和应用

螺旋传动是用螺杆和螺母传递运动和动力的机械传动，主要用于把旋转运动转换成直线运动，同时传递运动和动力。螺旋传动按运动和用途分类如下。

按相对运动关系，螺旋传动常用的运动形式有以下三种类型：

(1) 螺杆原位转动、螺母移动，多用于机床进给机构(见图 9-5(a))；

(2) 螺母固定、螺杆转动和移动，多用于螺旋压力机构(见图 9-5(b))；

(3) 螺母原位转动、螺杆移动，用于升降装置(见图 9-5(c))。

螺杆与螺母间的相对螺旋运动关系为

$$l = \frac{s}{2\pi}\varphi \tag{9-8}$$

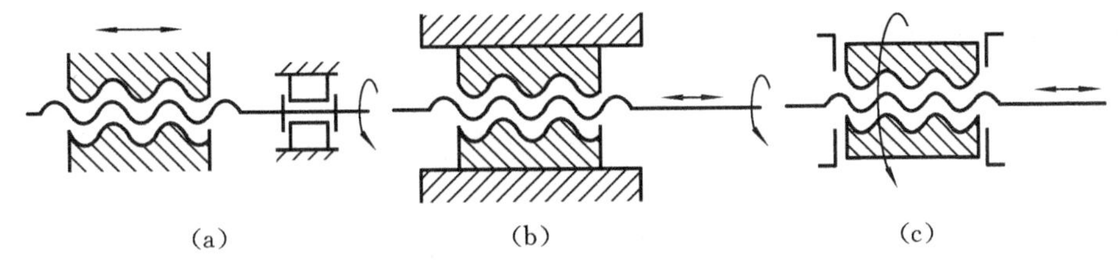

图 9-5　螺旋传动的运动形式

式中：l——螺杆与螺母间的相对位移(mm)；

　　φ——螺杆与螺母间的相对角位移(rad)；

　　s——螺纹导程(mm)。

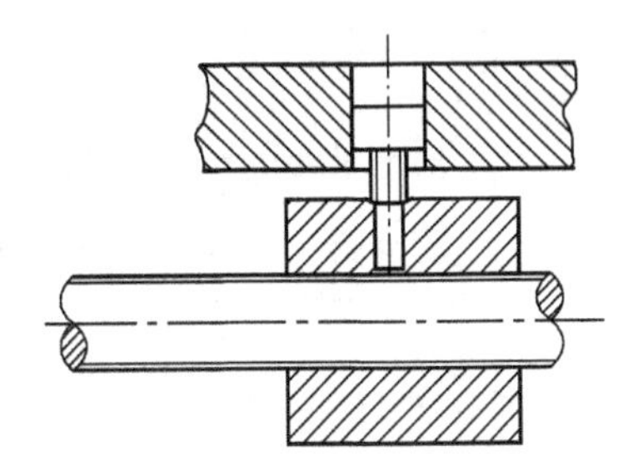
图 9-6　机床进给螺旋

螺旋按其用途还可分为传动螺旋、传导螺旋和调整螺旋三种类型。

(1) 传动螺旋。它以传递动力为主，要求用较小的转矩产生较大的轴向推力。一般为间歇工作，工作速度不高，而且通常要求自锁，多用于摩擦压力机、螺旋千斤顶等中。

(2) 传导螺旋。它以传递运动为主，常要求具有高的运动精度。一般在较长时间内连续工作，工作速度也较高。例如用于机床进给机构的传导螺旋(见图 9-6)，螺杆旋转，推动螺母连同滑板和刀架作直线运动。

(3) 调整螺旋。它用以调整并固定零件或部件之间的相对位置。一般不在工作载荷作用下转动，要求能自锁，有时也要求有很高的精度。如机床、仪器及测试装置中微调机构的螺旋。

9.3.2　滚动螺旋传动简介

滚珠丝杠就是在具有螺旋槽的螺杆和螺母之间，连续填装滚珠作为滚动体的滚动螺旋传动。如图 9-7 所示，机架 7 上的滚动轴承支承着螺母 6，当螺母 6 被齿轮 1 通过键 3 带动而旋转时，利用滚珠 4 在螺旋槽内滚动使螺杆 5 作直线运动。滚珠沿螺旋槽向前滚动，并借助于导向装置将滚珠导入返回滚道 2，然后再进入工作滚道中，如此往复循环，使滚珠形成一个闭合的循环回路。

滚动螺旋传动的特点是：传动效率高，传动精度高，启动阻力矩小，传动灵活平稳，工作寿命长。滚动螺旋传动常应用于机床、汽车、拖拉机中以及航空、军工等制造业中。

滚珠丝杠按滚珠循环方式分为内循环和外循环两类。

(1) 内循环：滚珠始终和螺杆接触，内循环螺母上开有侧孔，孔内装有反向器将相邻的滚道连通。滚珠在同一圈滚道内形成封闭的循环回路。螺母上有两个封闭循环回路时有两个在圆周上相隔 180° 的反向器，螺母上有三个封闭循环回路时有三个相隔 120° 的反向器。内循环式滚珠丝杠的特点是：流动性好，效率高，径向尺寸小。但反向器和螺母上的定位孔的加工要求较高，如图 9-8 所示。

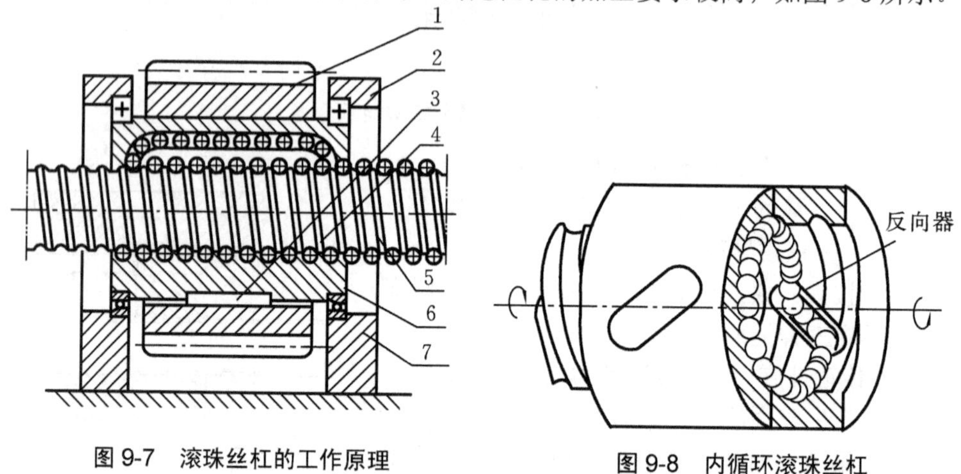

图 9-7 滚珠丝杠的工作原理

图 9-8 内循环滚珠丝杠

(2) 外循环：滚珠在回程时与螺杆的滚道分离，在螺旋滚道外进行循环，工艺性好。目前常用的外循环滚珠丝杠分为螺旋槽式、插管式两种，如图 9-9 和图 9-10 所示。

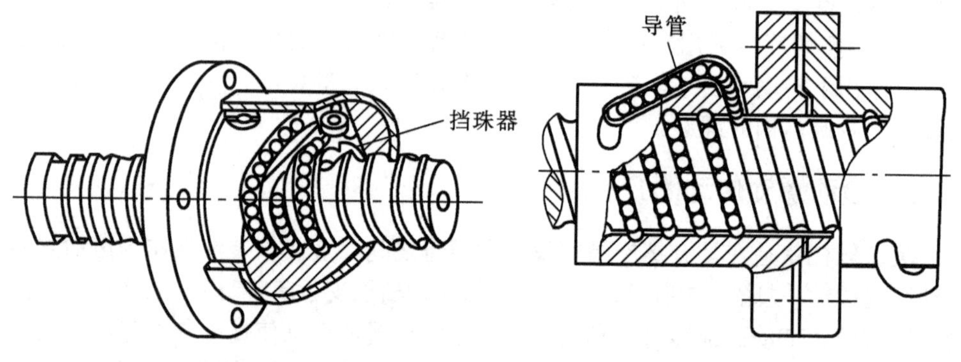

图 9-9 螺旋槽式外循环滚珠丝杠

图 9-10 插管式外循环滚珠丝杠

9.4 螺纹连接的基本类型、预紧和防松

9.4.1 螺纹连接的基本类型

1. 螺栓连接

螺栓连接是将螺栓杆穿过被连接件的孔，拧上螺母，将几个被连接件连成一体。被连接件的孔不需加工螺纹，因而不受被连接件材料的限制。通常用于被连

接件不太厚，且有足够装配空间的场合。螺栓连接有普通螺栓连接和铰制孔用螺栓连接之分。

图 9-11(a)所示为普通螺栓连接，被连接件上的孔和螺栓杆之间有间隙，故孔的加工精度可以较低，其结构简单，装拆方便，应用广泛。

图 9-11(b)所示为铰制孔用螺栓连接，孔和螺栓杆之间常采用基孔制过渡配合，因而孔的加工精度要求较高，一般用于需螺栓承受横向载荷或需靠螺栓杆精确固定被连接件相对位置的场合。

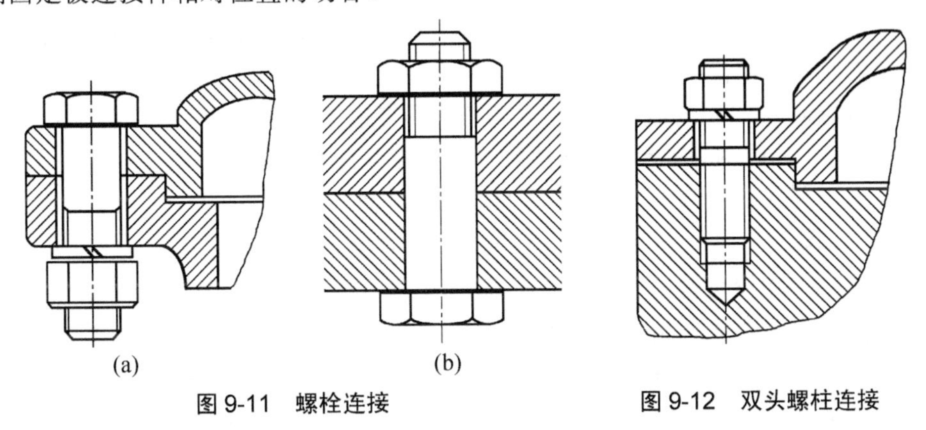

图 9-11　螺栓连接　　　　图 9-12　双头螺柱连接

2. 双头螺柱连接

如图 9-12 所示，这种连接用于被连接件之一太厚，且需经常装拆或结构上受到限制不能采用螺栓连接的场合。

3. 螺钉连接

如图 9-13 所示，不用螺母，直接将螺栓(或螺钉)旋入被连接件之一的螺纹孔内而实现连接。这种连接也是用于被连接件之一较厚的场合，但由于经常装拆容易使螺纹孔损坏，所以不宜用于需经常装拆的场合。

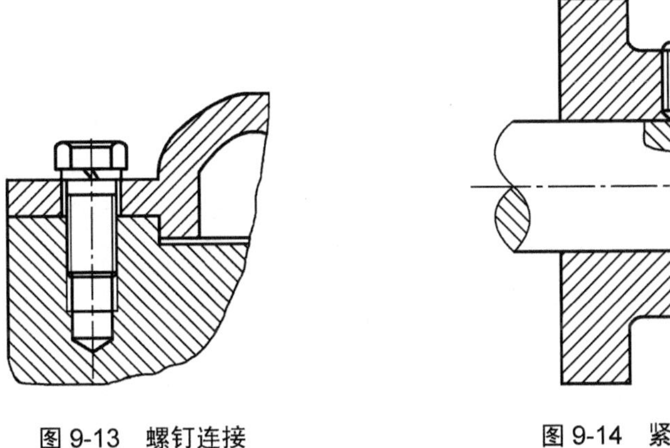

图 9-13　螺钉连接　　　　图 9-14　紧定螺钉连接

4. 紧定螺钉连接

如图 9-14 所示，利用紧定螺钉旋入并穿过一零件，以其末端压紧或嵌入另一零件，用以固定两零件之间的相对位置，并可传递不大的力或扭矩，多用于轴上零件的连接。

9.4.2 螺纹连接的预紧

在实际运用中，绝大多数螺纹连接在装配时都必须拧紧，使连接在承受工作载荷之前预先受到力的作用。这个预加的力称为预紧力。预紧的目的在于增强连接的可靠性和紧密性，以防止受载后连接件间出现缝隙或发生相对滑移。

通常规定，拧紧后螺纹连接件的预紧应力不得超过其材料的屈服极限 σ_s 的 80%。对于一般连接用的钢制螺栓连接的预紧力 Q_p，推荐按下列关系确定：

碳素钢螺栓　　$Q_p \leqslant (0.6 \sim 0.7)\sigma_s A_1$

合金钢螺栓　　$Q_p \leqslant (0.5 \sim 0.6)\sigma_s A_1$

式中：σ_s——螺栓材料的屈服极限；

A_1——螺栓危险剖面的面积，$A_1 = \pi d_1^2/4$。

预紧力的具体数值应根据载荷性质、连接刚度等具体工作条件确定。对于重要的或有特殊要求的螺栓连接，预紧力的数值应在装配图上作为技术条件注明，以便在装配时加以保证。

预紧力的大小与拧紧螺母或螺栓所需的拧紧力矩有关，要控制预紧力的大小就应控制拧紧力矩的大小，拧紧力矩的控制可以靠定力矩扳手或测力矩扳手来实现。

所需的拧紧力矩的大小为

$$T \approx 0.2 Q_p d \tag{9-9}$$

式中：Q_p——螺栓连接的预紧力；

d——螺栓杆直径。

9.4.3 螺纹连接的防松

螺纹连接件一般采用单线普通螺纹，在静载荷作用下可以满足自锁条件，不可能出现松脱。但在冲击、振动或变载荷的作用下螺旋副间的摩擦力可能减小或瞬间消失。这种现象多次重复后就会使连接松动；在高温或温度变化较大时，螺栓与被连接件的温度变形差或材料的蠕变也可能导致连接的松脱。螺纹连接一旦出现松脱，轻者会影响机器的正常运转，严重的会造成重大事故。因此，设计时应采取有效的防松措施。

防松的根本目的就是防止螺旋副相对转动。常用的防松方法按其工作原理可分为摩擦防松、机械防松。

1. 摩擦防松

(1) 对顶螺母：两螺母拧紧后螺栓旋合段受拉而螺母受压，使螺纹副纵向压紧(见图 9-15(a))。

(2) 弹簧垫圈防松：拧紧螺母时，弹簧垫圈被压平后产生的弹性力使螺纹副纵向压紧(见图 9-15(b))。

(3) 金属锁紧螺母：螺母末端椭圆口的弹性变形箍紧螺栓，横向压紧螺纹副(见图 9-15(c))。

(4) 尼龙圈锁紧螺母：螺母末端的尼龙圈箍紧螺栓，横向压紧螺纹副(见图 9-15(d))。

(5) 楔紧螺纹锁紧螺母：利用楔紧螺纹，使螺纹副纵、横向压紧(见图 9-15(e))。

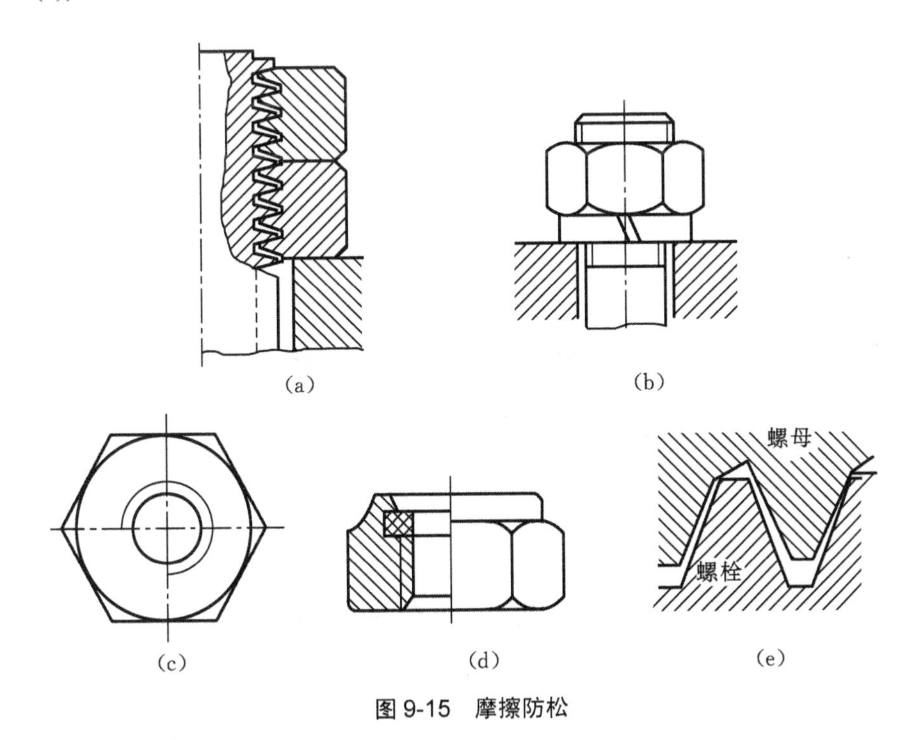

图 9-15 摩擦防松

2. 机械防松

(1) 槽形螺母和开口销防松：利用开口销使螺栓、螺母相互约束(见图 9-16(a))。

(2) 止动垫片：垫片约束螺母而自身又被约束在被连接件上(见图 9-16(b))。

(3) 串联金属丝：利用金属丝使一组螺栓头部相互约束，当有松动趋势时，金属丝更加拉紧(见图 9-16(c))。

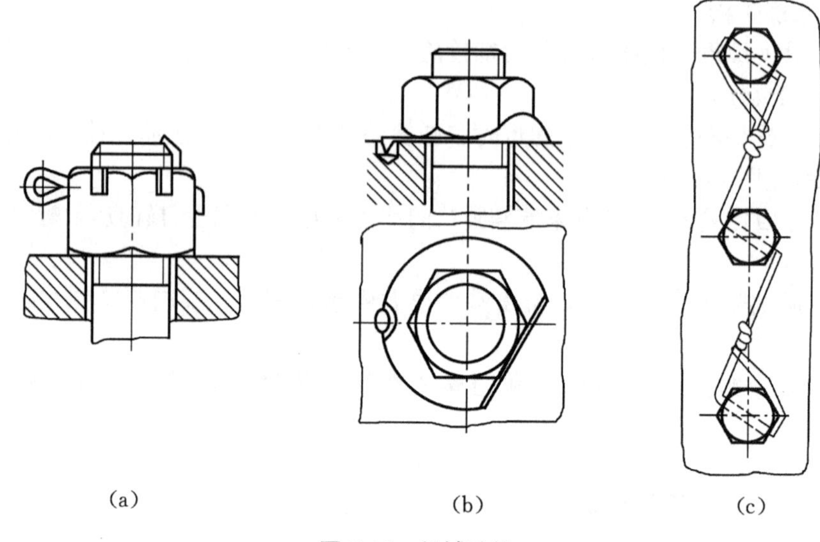

图 9-16　机械防松

3. 破坏螺纹副防松

利用焊死、冲点(见图 9-17)和黏合的办法破坏螺纹副，排除螺母相对螺栓转动的可能。

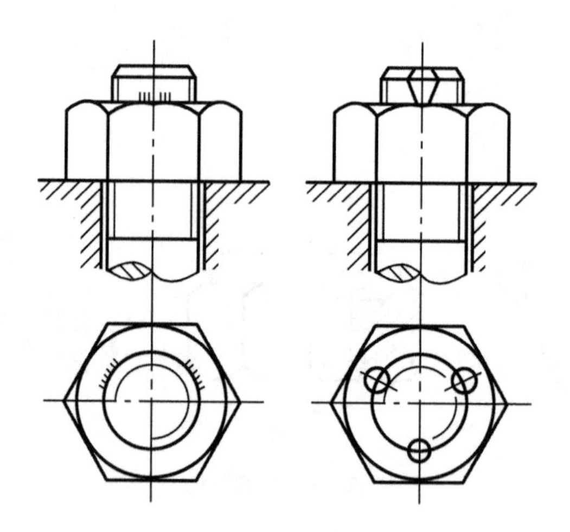

图 9-17　破坏螺纹副防松

9.5　螺栓组连接的结构设计

螺栓组连接结构设计的主要目的在于合理地确定连接接合面的几何形状和螺栓的布置形式，力求各螺栓和连接接合面间受力均匀，便于加工和装配。因此，设计时应综合考虑以下几个方面的问题。

(1) 连接接合面的几何形状一般都设计成轴对称的简单几何形状(见图 9-18)，这样不但便于加工制造，而且使连接的接合面受力比较均匀。

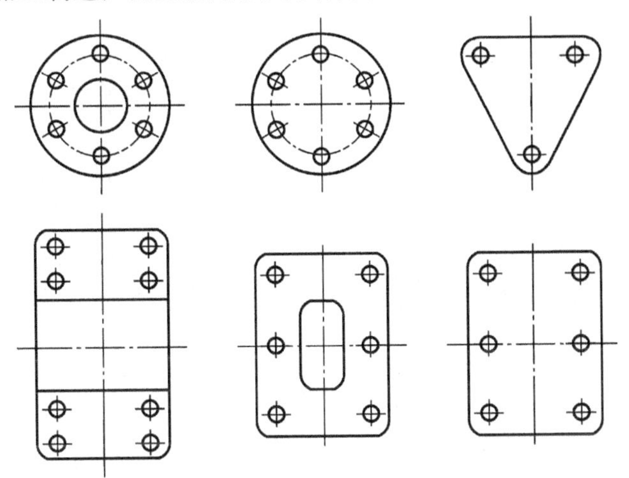

图 9-18 螺栓组连接接合面常用的形状

(2) 螺栓的数目应取为易于分度的数目(如 3、4、6、8、12 等)，以利于划线钻孔。同一组螺栓的材料、直径和长度应尽量相同，以简化结构和便于装配。

(3) 应有合理的间距、边距和足够的扳手空间。布置螺栓时各螺栓轴线间以及螺栓轴线和机体壁间的最小间距，应根据扳手所需活动空间的大小来确定，如图 9-19 所示。

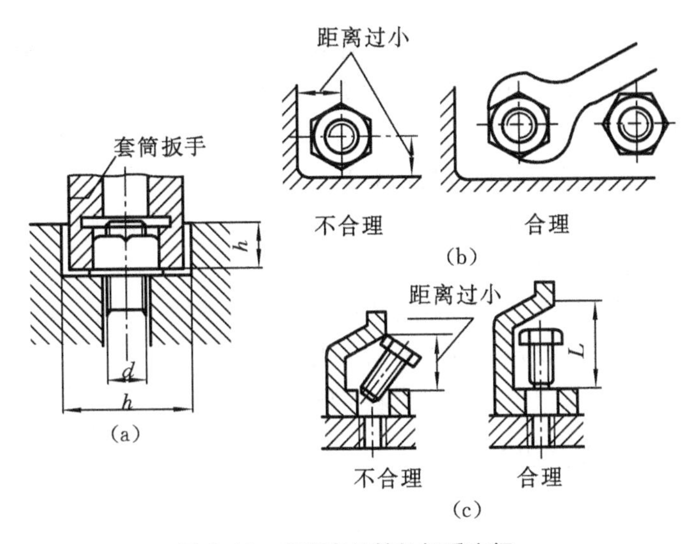

图 9-19 应留有足够的扳手空间

(4) 避免螺栓承受偏心载荷。在铸、锻件等的粗糙表面上安装螺栓时，被连接件上的支承面应做成凸台(见图 9-20(a))或沉头座(见图 9-20(b))；当支承面为斜面时应采用斜面垫圈，以免引起偏心载荷而削弱螺栓的强度。

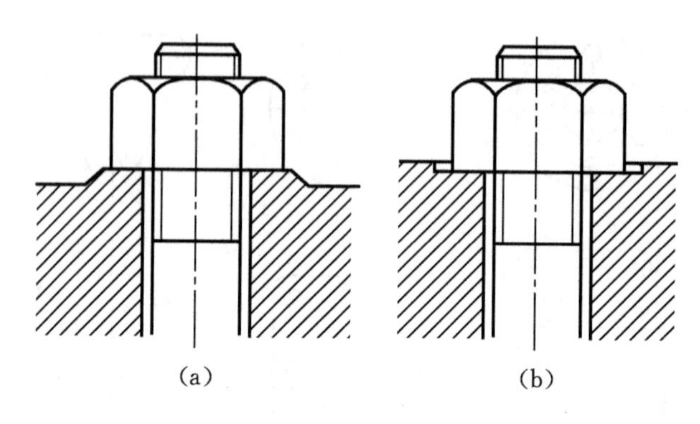

图 9-20　凸台和沉头座

(5) 螺栓的布置应使各螺栓受力合理。对于配合螺栓连接，不要在平行于工作载荷方向上成排地布置 8 个以上的螺栓，以免载荷分布过度不均。当螺栓连接承受弯矩或扭矩时，应使螺栓的位置适当靠近连接接合面的边缘，以减小螺栓的受力。

(6) 要有可靠的防松装置。

9.6　单个螺栓连接的强度计算

单个螺栓连接的强度计算是螺栓连接强度计算的基础。对单个螺栓连接而言，其受力的形式无非是受轴向力或受横向力。在轴向力的作用下，螺栓杆和螺纹部分可能发生塑性变形或断裂；而在横向力的作用下，当采用配合螺栓时，螺栓杆和孔壁间可能发生压溃或螺栓杆被剪断等。根据统计分析，在静载荷作用下螺栓连接很少发生破坏，只有在严重过载的情况下才会发生。就破坏性质而言，约有 90％的螺栓属于疲劳破坏。

因此，对于受拉螺栓，要保证螺栓的静力拉伸强度；对于受剪螺栓，其设计准则是保证被连接件的挤压强度和剪切强度。

螺栓连接的强度计算方法，对于双头螺柱和螺钉连接也适用。

9.6.1　松螺栓连接强度计算

松螺栓连接装配时，螺母不需要拧紧。在承受工作载荷之前，螺栓不受力。这种连接的应用范围有限，如拉杆、起重吊钩等，如图 9-21 所示。

这种连接的强度计算只要保证螺栓的危险剖面上的工作应力不超过螺栓材料的许用应力就可以了。若螺栓承受的拉力为 Q，螺栓的危险剖面直径一般为螺纹牙根处直径 d_1，则

$$\sigma=\frac{Q}{\frac{\pi}{4}d_1^2}\leqslant[\sigma] \tag{9-10}$$

或

$$d_1\geqslant\sqrt{\frac{4Q}{\pi[\sigma]}} \tag{9-11}$$

式中：d_1——螺栓危险剖面直径(mm)；

$[\sigma]$——螺栓材料的许用应力(MPa)，$[\sigma]=\sigma_s/S$，其中，σ_s 为螺栓材料的屈服极限(见表 9-2)，S 为安全系数(见表 9-3)。

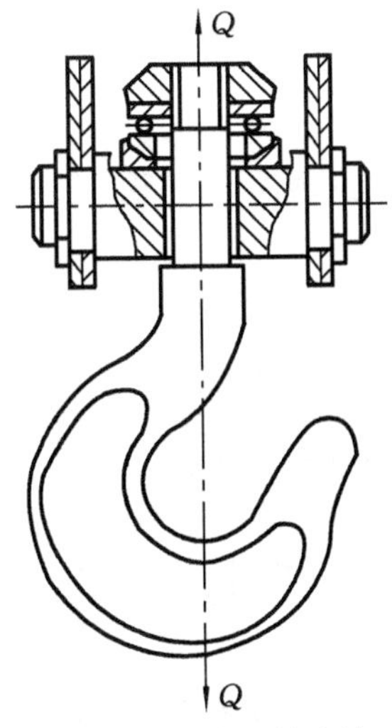

图 9-21　吊钩螺栓连接

表 9-2　螺纹连接件常用材料的机械性能

材料	抗拉强度极限 σ_b/MPa	屈服极限 σ_s/MPa	疲劳极限 σ_{-1}/MPa
10	340～420	210	160～220
Q215	340～420	220	—
Q235	410～470	240	170～220
35	540	320	220～300
45	610	360	250～340
40Cr	750～1000	650～900	320～440

表 9-3　螺纹连接件的许用应力和安全系数

连接情况	受载情况	许用应力[σ]和安全系数 S
松连接	轴向静载荷	$[\sigma]=\frac{\sigma_s}{S}, S=1.2\sim1.7$（未淬火钢取较小值）
紧连接	轴向静载荷 横向静载荷	$[\sigma]=\frac{\sigma_s}{S}$,控制预紧力时,$S=1.2\sim1.7$；不控制预紧力时，$S$ 查表 9-4
铰制孔用螺栓连接	横向静载荷	$[\tau]=\frac{\sigma_s}{2.5}$,被连接件为钢时,$[\sigma_p]=\frac{\sigma_s}{1.25}$；被连接件为铸铁时,$[\sigma_p]=\frac{\sigma_s}{2\sim2.5}$
	横向变载荷	$[\tau]=\frac{\sigma_s}{3.5\sim5}$,$[\sigma_p]$按静载荷的$[\sigma_p]$值降低20%～30%

9.6.2 紧螺栓连接强度计算

1. 只受预紧力作用的紧螺栓连接

这种连接(见图 9-22)靠螺栓旋紧后使被连接件之间产生正压力，进而产生摩擦力来抵抗外横向载荷，通常采用普通螺栓，螺栓受旋紧螺母而产生的预紧力 Q_p 和螺纹副间的摩擦力矩 T_1 的作用。

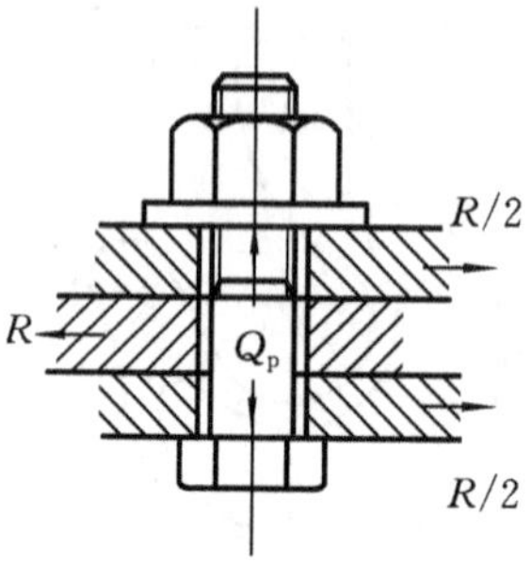

图 9-22 承受横向载荷的普通螺栓连接

每个螺栓的预紧力 Q_p 即每个螺栓作用于被连接件的压力，其大小为

$$Q_p fzm \geqslant KR \quad \text{或} \quad Q_p \geqslant \frac{KR}{fzm} \tag{9-12}$$

考虑到紧螺栓连接时在受到预紧力拉伸作用的同时还要受到螺纹力矩产生的扭转作用，故将所受拉力增大 30%来考虑由此引起的扭转应力的影响。

螺栓危险剖面的拉伸强度条件为

$$\sigma = \frac{1.3Q_p}{\frac{\pi}{4}d_1^2} \leqslant [\sigma] \tag{9-13}$$

式中：Q_p——单个螺栓的预紧力(N)；

R——横向外载荷(N)；

f——被连接零件表面的摩擦系数；

z——连接螺栓的个数；

m——接合面数（图 9-22 中，m=2）；

K——过载系数，通常取 K=1.2；

$[\sigma]$——紧螺栓连接时的许用应力（MPa），见表 9-2、表 9-3。

表 9-4 不控制预紧力时紧螺栓连接的安全系数

材　料	M6～M16	M16～M30	M30～M60
碳　钢	4～3	3～2	2～1.3
合金钢	5～4	4～2.5	2.5

2. 受预紧力和轴向工作载荷作用的紧螺栓连接

这类连接在拧紧后还要承受轴向工作载荷 Q_W。由于弹性变形的影响，螺栓所受的总拉力 Q 并不等于预紧力 Q_p 和工作载荷 Q_W 之和，还与螺栓的刚度 C_1、被连接件的刚度 C_2 等因素有关。这类螺栓也常用普通螺栓连接。

图 9-23 所示为单个螺栓连接的受力与变形情况，其中：图(a)为螺母刚好拧到

与被连接件接触，此时螺栓与被连接件未受力，也不产生变形；图(b)是螺母已拧紧，但尚未承受工作拉力，螺栓仅受预紧力 Q_p 的作用，此时，螺栓产生伸长量 δ_1，被连接件产生压缩量 δ_2，但 $\delta_1 \neq \delta_2$，因为 $C_1 \neq C_2$；图(c)是螺栓受轴向工作载荷 Q_w 后的情况，这时，螺栓拉力增大到 Q，拉力增量为 $Q-Q_w$，伸长增量为 $\Delta\delta_1$，被连接件由于螺栓的继续伸长而放松，所受压力由 Q_p 减小到 Q_r (称为剩余预紧力)，压缩减量为 $\Delta\delta_2$；图(d)为工作载荷过大时连接出现间隙。

因为连接件和被连接件变形的相互制约和协调，有 $\Delta\delta_1 = \Delta\delta_2$。

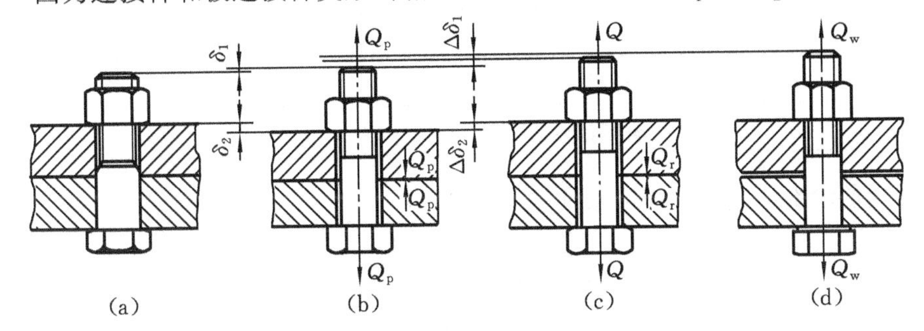

图 9-23　受轴向载荷时螺栓和被连接件的受力与变形情况

由上可知，紧螺栓受轴向载荷后，被连接件反作用在螺栓上的力已不是原来的预紧力 Q_p，而是剩余预紧力 Q_r，螺栓所受的总拉力 Q 为轴向工作载荷与剩余预紧力之和

$$Q = Q_r + Q_w \tag{9-14}$$

或

$$Q = Q_p + \frac{C_1}{C_1 + C_2} Q_w \tag{9-15}$$

式中：$\dfrac{C_1}{C_1 + C_2}$——螺栓的相对刚度，与螺栓及被连接件的材料、结构、尺寸和垫片等有关，其值在 0～1 之间。若 C_2 很大，C_1 很小，则螺栓的相对刚度趋于零，这时，$Q \approx Q_p$；反之，相对刚度趋于 1，这时，$Q \approx Q_p + Q_w$。由此可知，为了降低螺栓的受力，应使螺栓的相对刚度尽可能小一些。设计时可按表 9-5 查取。

表 9-5　螺栓的相对刚度

被连接件(为钢时)所用垫片类别	$C_1/(C_1+C_2)$
金属垫片(或无垫片)	0.2～0.3
皮革垫片	0.7
铜皮石棉垫片	0.8
橡胶垫片	0.9

为了保证连接的刚度或紧密度，残余预紧力 Q_r 应大于零。表 9-6 给出了不同情况下残余预紧力的大致范围，可供设计时参考。

同只受预紧力作用的紧螺栓连接相似，可得螺栓所受的当量拉力为

$$Q_v = 1.3Q \tag{9-16}$$

表 9-6　残余预紧力与工作载荷的比值

一般连接	工作载荷稳定	0.2～0.6
	工作载荷变化	0.6～1.0
有紧密性要求		1.5～1.8
地脚螺栓连接		≥1

于是螺栓危险剖面的拉伸强度条件为

$$\sigma = \frac{Q_v}{\frac{\pi}{4}d_1^2} = \frac{1.3Q}{\frac{\pi}{4}d_1^2} \leqslant [\sigma] \tag{9-17}$$

或

$$d_1 \geqslant \sqrt{\frac{4 \times 1.3Q}{\pi[\sigma]}} \tag{9-18}$$

式中各符号的意义同前。

3. 受剪的铰制孔螺栓连接

如图 9-24 所示，这种螺栓连接是利用配合螺栓抗剪来承受载荷 F 的。螺栓杆与螺栓孔壁间无间隙，接触表面受挤压；在连接接合面处，螺栓杆则受剪切。因此应分别按挤压强度和剪切强度条件计算。

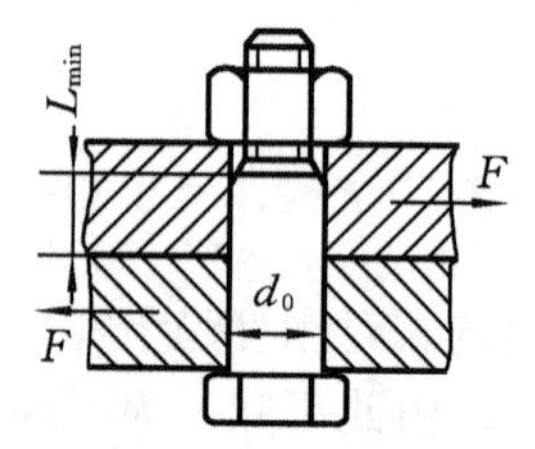

图 9-24　受剪紧螺栓连接

螺栓杆与孔壁间的挤压强度条件为

$$\sigma_p = \frac{F}{d_0 L_{min}} \leqslant [\sigma_p] \tag{9-19}$$

螺栓杆的剪切强度条件为

$$\tau = \frac{F}{\frac{\pi}{4}d_0^2} \leqslant [\tau] \tag{9-20}$$

式中：F——螺栓所受工作剪力(N)；

d_0——螺栓剪切面直径(可取螺栓孔的直径)(mm)；

L_{min}——螺栓杆与孔壁挤压面的最小高度(mm)，设计时应使 $L_{min} \geqslant 1.25\,d_0$；

$[\sigma_p]$——螺栓或孔壁材料的许用挤压应力(MPa)，见表 9-2、表 9-3。

例 9-1　如图 9-25 所示为汽缸盖螺栓连接，已知汽缸内径为 $D = 200$ mm，

汽缸内的气体工作压力为 $p=1.2\ \text{MPa}$，缸盖与缸体之间采用橡胶垫圈密封。若 $D_0=260\ \text{mm}$，螺栓数目 $z=10$，试确定螺栓直径并检查螺栓间距是否满足表 9-7 规定的数值及是否符合扳手空间要求。

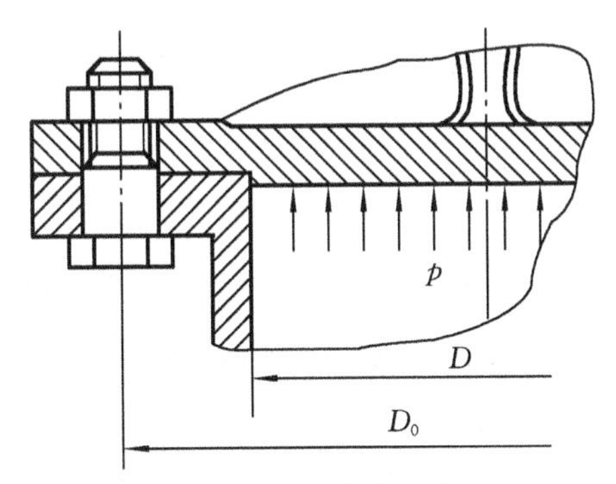

图 9-25　汽缸盖螺栓连接

表 9-7　压力容器的螺栓间距

工作压力 p/MPa	$t_0<$	工作压力 p/MPa	$t_0<$
≤1.6	$7d$	16～20	$3.5d$
1.6～10	$4.5d$	20～30	$3d$
10～16	$4d$	—	—

解　(1) 确定每个螺栓所受的轴向工作载荷为

$$Q_{\text{w}}=\frac{p\pi D^2}{4z}=\frac{1.2\times3.14\times200^2}{4\times10}\text{N}=3\ 770\ \text{N}$$

(2) 计算每个螺栓所受的总拉力。

由于汽缸盖螺栓连接有密封要求，根据表 9-6，$Q_{\text{r}}=(1.5\sim1.8)Q_{\text{w}}$，取 $Q_{\text{r}}=1.8Q_{\text{w}}$，由式(9-14)，每个螺栓所受总拉力为

$$Q=Q_{\text{w}}+Q_{\text{r}}=Q_{\text{w}}+1.8Q_{\text{w}}=2.8Q_{\text{w}}=2.8\times3\ 770\ \text{N}=10\ 556\ \text{N}$$

(3) 计算螺栓公称直径。

螺栓材料选为 45 钢，由表 9-2 查得 $\sigma_{\text{s}}=360\ \text{MPa}$，若装配时不控制预紧力，则螺栓的许用应力与其直径有关，故采用试算法。试选螺栓直径 $d=16\ \text{mm}$，由表 9-4 查得 $S=3$，则由表 9-3 的许用应力计算公式得

$$[\sigma]=\frac{\sigma_{\text{s}}}{S}=\frac{360}{3}\text{MPa}=120\ \text{MPa}$$

由式(9-18)求得螺栓小径

$$d_1 \geqslant \sqrt{\frac{4\times1.3Q}{\pi[\sigma]}}=\sqrt{\frac{4\times1.3\times10\,556}{\pi\times120}}\text{ mm}=12.07\text{ mm}$$

由表 9-1 查得M16的螺栓直径$d=16$ mm，$d_1=13.84$ mm，故合适。

(4) 校验螺栓间距。

螺栓间距为

$$t_0=\frac{\pi D_0}{z}=\frac{\pi\times260}{10}\text{ mm}=81.68\text{ mm}$$

由表 9-7，当 $p<1.6$ MPa 时，压力容器螺栓间距 $t_0<7d=7\times16$ mm $=112$ mm，故满足紧密性要求。

查有关的设计手册，M16 的扳手空间 $A=48$ mm。而 $t_0>A$，故能满足扳手空间要求。

若以上要求不能满足，应重选螺栓个数，按上述步骤进行计算，直至合格为止。

思考题与习题

9-1　常用螺纹的种类有哪些？各用于何种场合？

9-2　螺纹的主要参数有哪些？

9-3　连接螺纹常采用何种螺纹？传动螺纹常采用何种螺纹？为什么？

9-4　螺纹的失效形式有哪些？失效主要发生在什么部位？

9-5　在受轴向拉力的紧螺栓连接的强度计算中，为什么要将螺栓所受的载荷增加 30%?

9-6　螺纹连接为什么要防松？按防松原理可分为几类？各有何特点？

9-7　在图 9-21 所示的起重吊钩松螺栓连接中，已知作用在螺栓上的工作载荷 Q=50 kN，螺栓材料为 Q235，试确定螺栓直径。

9-8　如题 9-8 图所示为一悬挂的轴承座，用两个普通螺栓与顶板连接。如果每个螺栓与被连接件的刚度相等，即 $C_1=C_2$，每个螺栓的预紧力为 1 000 N，当轴承受载时，要求轴承座与顶板结合面间不出现间隙。问轴承上能承受的垂直载荷 R 是多少？

9-9　如题 9-9 图所示为一刚性联轴器，联轴器材料为 HT250（$[\sigma_b]$=240 MPa）其结构尺寸如图所示，用六个 M10 的铰制孔用螺栓(GB 27—1988)连接。螺栓材料为 45 钢。试计算该连接允许传递的最大转矩。若传递的最大转矩不变，改用普通螺栓连接，试求螺栓直径。(两个半联轴器间的摩擦系数为 f= 0.16。)

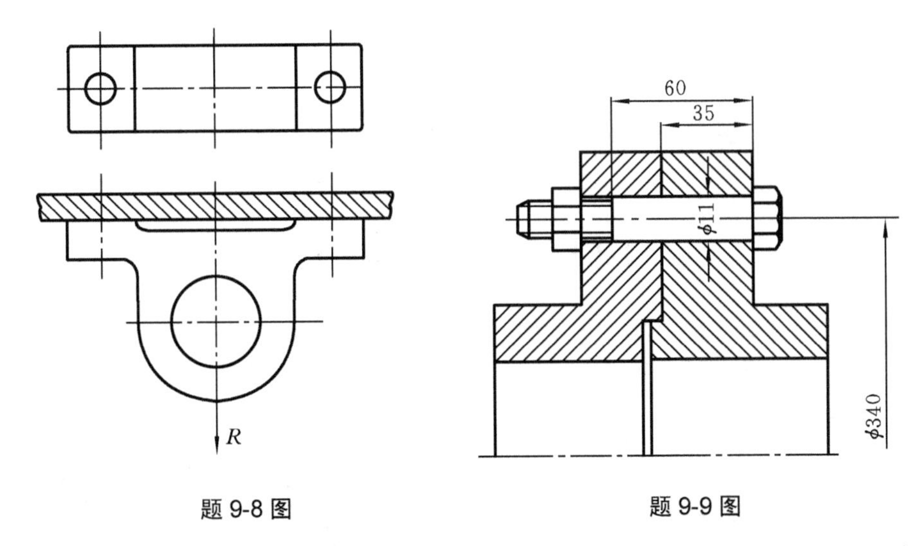

题 9-8 图　　　　题 9-9 图

9-10　某汽缸盖螺栓连接（见图 9-25），汽缸中的气压为 $p=1.2$ MPa，汽缸内直径为 $D=200$ mm。为了保证汽缸紧密性要求，取剩余预紧力为 $Q_r=1.5Q_W$。螺栓数 $z=12$，试设计此螺栓连接。

第 10 章　带传动和链传动

10.1　带传动概述

在机械传动中，带传动是常见的形式之一。带传动主要由主动轮、从动轮和紧套在两轮上的带以及机架组成，按工作原理的不同可分为摩擦型带传动和啮合型带传动两类，如图 10-1 所示。

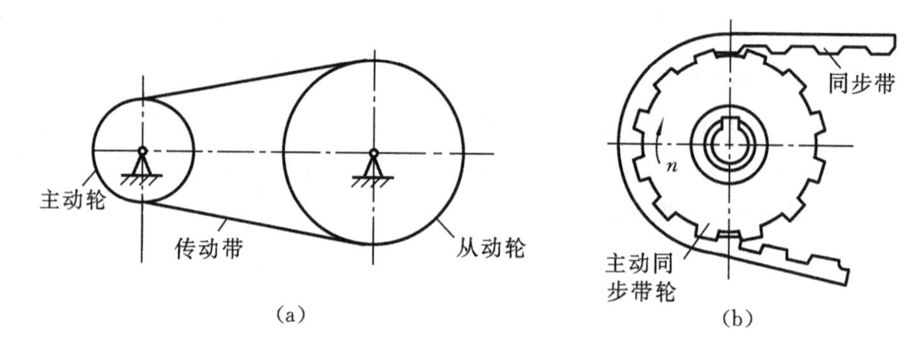

图 10-1　摩擦型带传动和啮合型带传动

本章重点介绍摩擦型带传动中普通 V 带传动的工作原理、受力分析、设计方法以及带和带轮的结构等有关内容，并且通过实例来阐明带传动的设计步骤。

10.1.1　带传动的工作原理

带传动由主动带轮 1、从动带轮 2 和紧套在带轮上的传动带 3 所组成。传动带张紧在带轮上，使带与带轮之间在接触面上产生正压力，如图 10-2 所示。当主

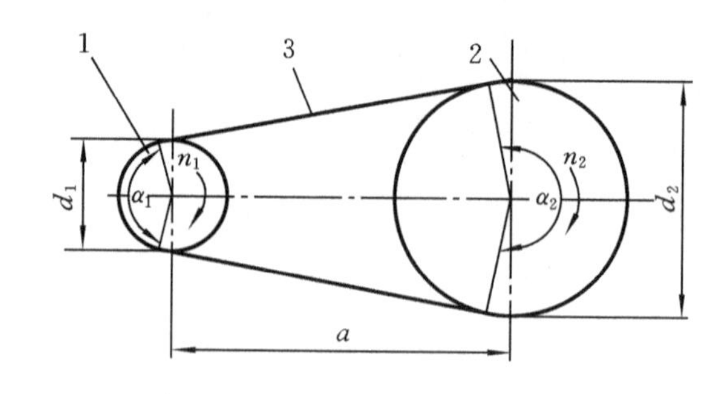

图 10-2　带传动的工作原理

动轮转动时，带与带轮之间就会产生摩擦力，带传动就是靠此摩擦力来传递运动和动力的。而啮合带传动则依靠带齿与带轮之间的啮合来实现传动。

10.1.2 带传动的特点

带传动利用具有挠性的传动带作为中间挠性件,并通过摩擦力来传动。因此，带传动具有以下特点。

(1) 有良好的弹性，能缓冲吸振，传动平稳无噪声。

(2) 结构简单，维护方便，成本低廉，适合于两轴中心距较大的场合。

(3) 过载时，带在带轮上打滑，可防止其他零件损坏，起到安全保护作用。

(4) 工作时有弹性滑动，不能保持准确的传动比。

(5) 带需要张紧，故作用在轴和轴承上的力较大，传动效率较低。

带传动主要应用于传动平稳，传动比要求不准确的 100 kW 以下中小功率的远距离传动。带的速度一般为 5～25 m/s；传动比 $i \leqslant 7$；效率约为 0.94～0.96。

10.1.3 带传动的类型

按传动带的截面形状不同，带传动可分为以下几种类型。

(1) 平带传动。平带的横截面为扁平矩形，内表面为工作面。常用的平带为橡胶帆布带(见图 10-3(a))。

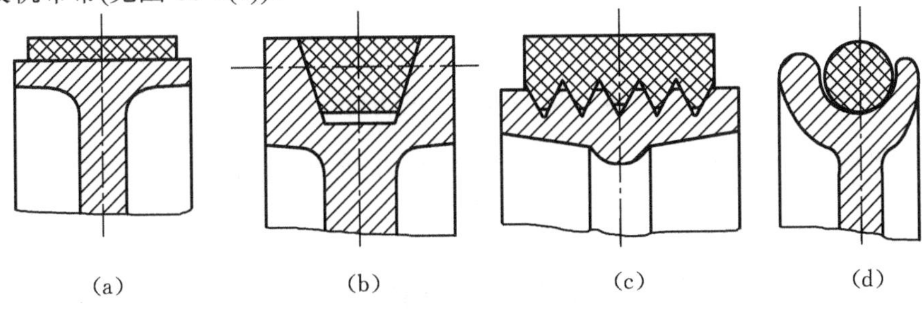

图 10-3 带传动的类型

(2) V 带传动。V 带的横截面为梯形，其工作面为两侧面。V 带传动由一根或数根 V 带和带轮组成。V 带与平带相比，由于正压力作用在楔形截面上，其摩擦力较大，能传递较大的功率，故 V 带传动在机械中应用很广泛(见图 10-3(b))。

(3) 多楔带传动。多楔带传动是在平带基体上有若干纵向楔的传动带，其工作面为楔的侧面，多楔带可以取代若干根 V 带，用于要求传动平稳、结构紧凑的场合(见图 10-3(c))。

(4) 圆带传动。圆带的横截面为圆形，一般用于小功率传动，如缝纫机、仪表仪器等(见图 10-3(d))。

近年来，为了适应工业上发展的需要，又出现了一些新型的带传动，如同步带传动等。

10.2　带传动的基本理论

10.2.1　带传动的受力分析

1. 紧边拉力、松边拉力和有效拉力

如图 10-4(a)所示，安装带时，需以一定的初拉力 F_0 紧套在带轮上。带不工作时，带两边的拉力均等于初拉力 F_0。当带传动传递动力时，由于带和带轮间的摩擦力作用，带绕入主动轮的一边的拉力由 F_0 增大到 F_1，这一边称为紧边，F_1 为紧边拉力；另一边拉力由 F_0 减少到 F_2，称为松边，F_2 为松边拉力，如图 10-4(b)所示。在假设环形带的总长度不变的条件下，紧边拉力的增量等于松边拉力的减量，即

$$F_1 - F_0 = F_0 - F_2 \tag{10-1}$$

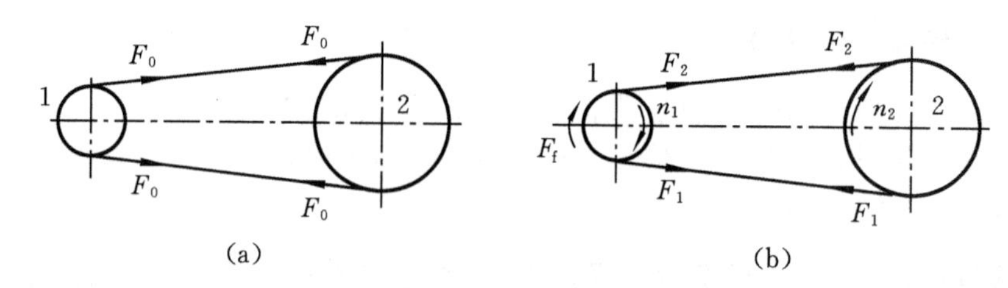

图 10-4　带传动的受力情况

带的紧边拉力和松边拉力之差称为有效拉力(等于带所传递的圆周力)，即

$$F = F_1 - F_2 \tag{10-2}$$

圆周力等于带与带轮接触部分摩擦力的总和，在一定的条件下，摩擦力的总和有一极限值。圆周力 F (N)，带速 v (m/s)和传递功率 P (kW)之间的关系为

$$P = \frac{Fv}{1\ 000} \tag{10-3}$$

当要求带所传递的圆周力超过带与带轮接触部分摩擦力的总和时，带将在带轮表面上产生较显著的相对滑动，这种现象称为打滑。当带在带轮上即将打滑时，F_1 和 F_2 的关系为

$$\frac{F_1}{F_2} = e^{f_v \alpha} \tag{10-4}$$

式中：e——自然对数的底，e ≈2.718；

f_v——当量摩擦系数，$f_v = \dfrac{f}{\sin(\varphi/2)}$ （其中，f 为带与带轮之间的摩擦系

数，φ 为 V 带轮轮槽角)；

α——包角 (rad)。

式(10-4)为忽略了离心力等条件下挠性体摩擦的欧拉公式。

由式(10-2)和式(10-4)可得带的最大有效圆周力

$$F_{max}=F_1-F_2=F_1(1-\frac{1}{e^{f_v\alpha}})=F_2(e^{f_v\alpha}-1) \tag{10-5}$$

将式(10-5)代入式(10-1)可得

$$F_{max}=2F_0\frac{e^{f_v\alpha}-1}{e^{f_v\alpha}+1} \tag{10-6}$$

式(10-6)表明：带传动不发生打滑时所能传递的最大有效圆周力 F 与摩擦系数 f_v、包角 α 和初拉力 F_0 有关，因此增大 f_v、α 和 F_0 都可以提高带传动的工作能力，但 F_0 过大将缩短带的寿命。

当平带传动与 V 带传动的初拉力相等(即压紧力 F_N 相等，见图 10-5)时，它们产生的法向压力 N 却不同，因此极限摩擦力也不同。

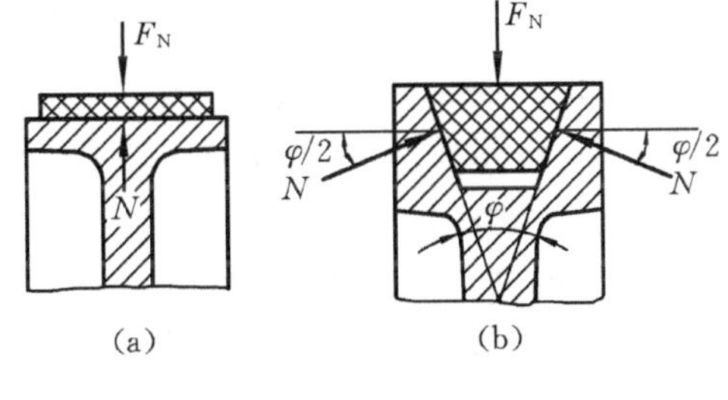

图 10-5　带与带轮之间的法向压力

平带的极限摩擦力为

$$fN=fF_N$$

V 带的极限摩擦力为

$$fN=\frac{fF_N}{\sin\frac{\varphi}{2}}=f_vF_N$$

当 $\varphi=38°$ 时，$f_vN=\dfrac{fF_N}{\sin\frac{\varphi}{2}}=\dfrac{fF_N}{\sin\frac{38°}{2}}\approx 3.07fF_N$。

由此可知，在相同的条件下，V 带的传动能力为平带的传动能力的 3 倍多，故 V 带传动应用较为广泛。

2. 离心拉力

带传动工作时，带绕在带轮上作圆周运动时产生离心力。虽然离心力只产生在带作圆周运动的部分，但由离心力所产生的离心拉力 F_c 却作用于带的全长，其大小为

$$F_c=qv^2 \tag{10-7}$$

式中：q——传动带单位长度的质量(kg/m)；

v——带速(m/s)。

10.2.2　带传动的应力分析

带传动在工作时，带中的应力包括以下三个应力。

1. 由紧边拉力和松边拉力产生的拉应力

带的紧边和松边产生的拉应力分别为

$$\sigma_1=\frac{F_1}{A},\qquad \sigma_2=\frac{F_2}{A}$$

式中：A——带的横截面面积(mm^2)。

2. 由带的弯曲产生的弯曲应力

带绕在带轮上后，因弯曲而产生弯曲应力，由材料力学知弯曲应力为

$$\sigma_\mathrm{b}=\frac{2Ey}{d}$$

式中：E——带的弹性模量(MPa)；

d——带轮的直径(mm)，对V带传动，d应为基准直径d_d(见后述)；

y——带的中性层到最外层的垂直距离(mm)。

由此可见，带轮的直径越小，带的弯曲应力就越大，故小带轮的直径不宜过小。为了限制带传动中的最大弯曲应力σ_b，应规定小带轮基准直径d_d1的最小直径d_dmin，见表10-1。

表10-1　V带轮的最小直径d_dmin和带的单位长度质量q

V带型号	Y	Z	A	B	C	D	E
d_dmin/mm	20	50	75	125	200	355	500
q/(kg/m)	0.04	0.06	0.10	0.17	0.30	0.62	0.90

3. 由离心力产生的离心拉力

离心拉力产生的拉应力为

$$\sigma_\mathrm{c}=\frac{F_\mathrm{c}}{A}=\frac{qv^2}{A}$$

图10-6所示为带传动时应力分布情况，其中小带轮主动，各截面应力的大小用自该点引出的径向线或带的垂线长短来表示。显然，在带的任一截面上产生的应力随带的工作位置的改变而变化。因此，带是在变应力条件下工作的。最大应力发生在紧边与主动小带轮接触的截面上，其值为

$$\sigma_\mathrm{max}=\sigma_1+\sigma_\mathrm{c}+\sigma_\mathrm{b1}$$

在长期的变应力作用下，带会发生疲劳破坏，开始在带的局部产生疲劳裂纹脱层，以后在该处逐步松散，最后断裂导致传动失效。

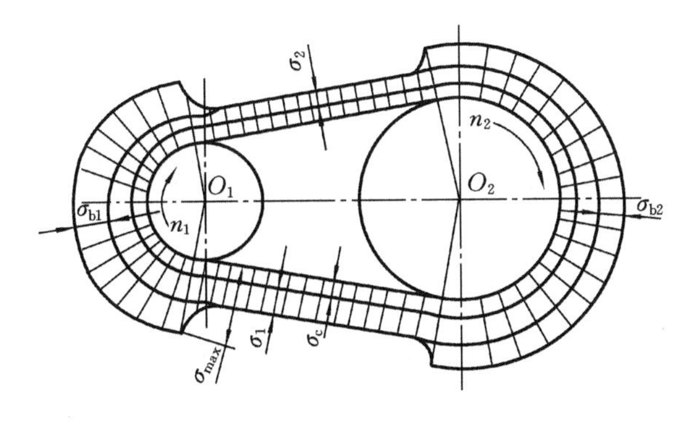

图 10-6　带的应力分布

10.2.3　带的弹性滑动与打滑

1. 弹性滑动

由于带是弹性体，因此在受力后会产生弹性变形。由于紧边和松边的受力不同，因而产生的弹性变形也不相同。当带开始绕入主动轮时，所受拉力为 F_1，这时带速 v 等于主动轮的圆周速度 v_1。进入主动轮以后，F_1 逐渐减小到 F_2，带的弹性伸长量也随之减小，带沿带轮的运动是一面绕进，一面向后收缩，带速 v 也逐渐低于主动轮的圆周速度 v_1，所以带与带轮之间发生了相对滑动。在从动轮上也有这种相对滑动现象，但情况恰好相反。这种由于带的伸长量引起的带与带轮之间的相对滑动现象称为弹性滑动。它是带传动正常工作时不可避免的，是带传动不能保持准确传动比的根本原因。主动轮的圆周速度 v_1、从动轮圆周速度 v_2 和带速 v 之间的关系为：$v_1 > v > v_2$。

由弹性滑动而引起的从动轮圆周速度的降低率称为滑动率，用 ε 表示，即

$$\varepsilon = \frac{v_1 - v_2}{v_1} = 1 - \frac{v_2}{v_1} = 1 - \frac{d_2 n_2}{d_1 n_1} \tag{10-8}$$

若考虑 ε 影响，则带传动的传动比

$$i = \frac{n_1}{n_2} = \frac{d_2}{d_1(1-\varepsilon)} \tag{10-9}$$

式中：d_1、d_2——主、从动轮的直径(mm)；

n_1、n_2——主、从动轮的转速(r/min)。

对于带传动，一般取 ε= 1%～2%。无须精确计算从动轮转速时，可不计 ε 影响。

2. 打滑

当带需传递的圆周力超过带与带轮表面之间的极限摩擦力时，带与带轮表面之间将发生全面的相对滑动，这种现象称为打滑。打滑将使带严重磨损，传动效

率急剧下降，最终导致传动失效。由于打滑是因为过载而引起的，因此防止过载就可以避免发生打滑。

10.3 V带及V带轮

10.3.1 V带的结构标准

V带已标准化，其横截面结构如图10-7所示，其中图(a)为帘布结构，图(b)为绳芯结构，这两种结构的V带均由以下四部分组成：①伸张层，由胶料构成，带弯曲时受拉；②强力层，由几层挂胶的帘布或浸胶的尼龙绳构成，工作时主要承受拉力；③压缩层，由胶料构成，带弯曲时受压；④包布层，由挂胶的帘布构成。

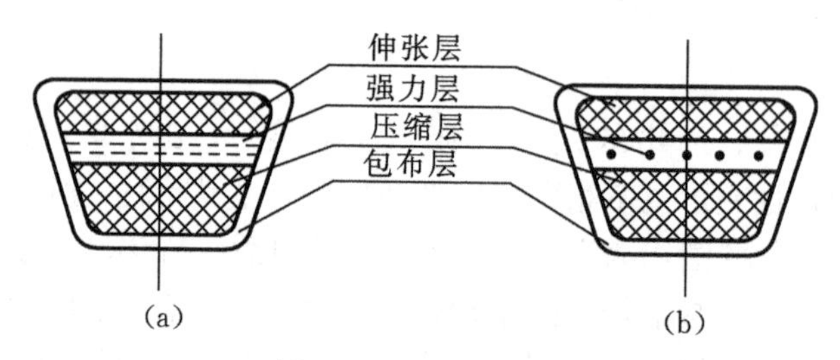

图10-7　V带的结构

一般用途的带传动主要用帘布结构的V带。绳芯结构的V带比较柔软，抗弯强度高，抗拉强度稍差，适用于转速较高、载荷不大或带轮直径较小的场合。按照带的截面高度与其节宽的比值不同，V带又分为普通V带(h/b_p=0.7)、窄V带(h/b_p=0.9)、半宽V带(h/b_p=0.5)、宽V带(h/b_p=0.3)等。普通V带按截面尺寸由小到大分为Y、Z、A、B、C、D、E七种型号，各型号的普通V带截面尺寸见表10-2。

表10-2　普通V带截面尺寸(摘自GB/T 11544—1997)　(单位：mm)

截型	截面尺寸			
	节宽 b_p	顶宽 b	高度 h	楔角 φ
Y	5.3	6	4	40°
Z	8.5	10	6	
A	11	13	8	
B	14	17	11	
C	19	22	14	
D	27	32	19	
E	32	38	23	

普通 V 带为无接头的环形带。V 带弯曲时，伸张层伸长，压缩层缩短，两者之间有一长度不变的中性层。在中性层上的任一条周线称为节线；由全部节线构成的面称为节面。带的节面宽度称为节宽，以 b_p 表示。在 V 带轮上与所配用 V 带的节宽 b_p 相对应的带轮直径称为带轮基准直径 d_d。V 带在规定的张力下，位于测量带轮基准直径上的周线长度称为 V 带的基准长度 L_d。普通 V 带基准长度系列尺寸见表 10-5。

表 10-3　普通 V 带轮槽截面尺寸(摘自 GB/T 13575.1—1992)　(单位：mm)

槽型	$h_{a\max}$	$h_{f\min}$	e	$f_{\min}$
Y	1.6	4.7	8 ± 0.3	7_{-1}^{+1}
Z	2.0	7.0	12 ± 0.3	8_{-1}^{+1}
A	2.75	8.7	15 ± 0.3	10_{-1}^{+2}
B	3.5	10.8	19 ± 0.4	12.5_{-1}^{+2}
C	4.8	14.3	25.5 ± 0.5	17_{-1}^{+2}
D	8.1	19.9	37 ± 0.6	23_{-1}^{+3}
E	9.6	23.4	44.5 ± 0.7	29_{-1}^{+4}

普通 V 带的标记为：带型　基准长度　国标号。例如，A 型普通 V 带，基准长度为 1 000 mm，其标记为：A 1000　GB/T 11544—1997。

图 10-8 所示为 V 带带轮结构图，V 带带轮由工作轮缘 1、起连接作用的辐板 2 和起支承作用的轮毂 3 组成。

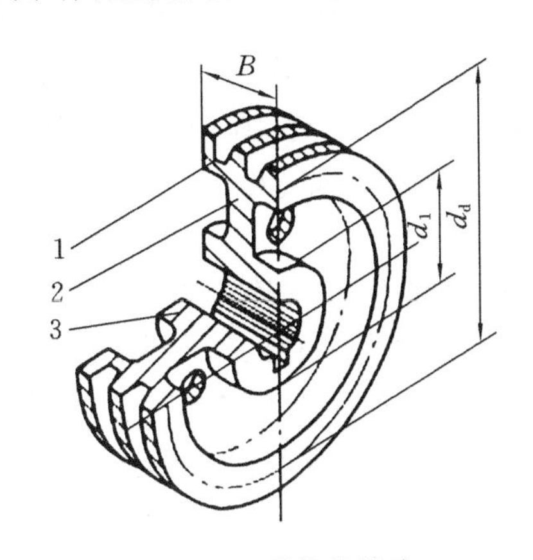

图 10-8　V 带带轮结构

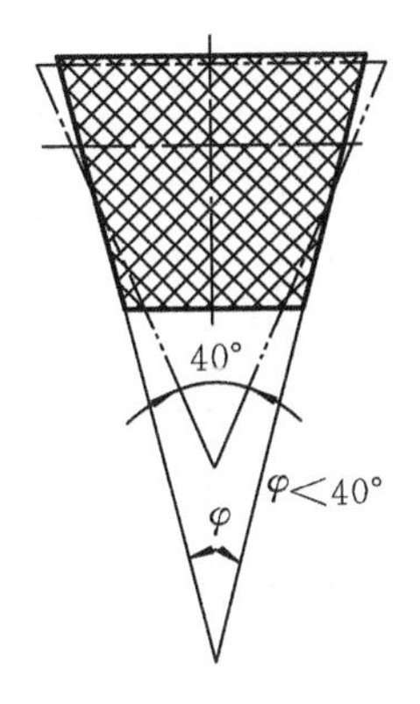

图 10-9　V 带横截面楔角

轮缘是带轮外圈环形部分，在其表面制有轮槽，轮槽尺寸可根据表 10-3 查得。轮槽角有 32°、34°、36°、38° 等几种。轮槽角小于 V 带两侧面夹角 40° 的原因是：V 带在带轮上弯曲时截面形状发生了变化，带外表面受拉而变窄，内表面受压而变宽，因而使带的楔角变小。如图 10-9 所示，粗线为带弯曲后的截面，双点画线为原始截面，带轮直径越小，这种现象越显著。为使带侧面和带轮槽有较好的接触，应使带轮槽小于 40°，带轮直径越小，轮槽角也越小。为了减少带的磨损，槽侧面的表面粗糙度值 R_z 不应大于 3.2～1.6 μm。为使带轮自身惯性力尽可能平衡，高速带轮的轮缘内表面也应加工。

轮毂是带轮与轴的配合部分，其孔径与支承轴径相同，外径和长度可按下面经验公式计算：

$$d_1=(1.8\sim2)d_0,\quad L=(1.5\sim2)d_0$$

式中：d_0——轴孔直径。

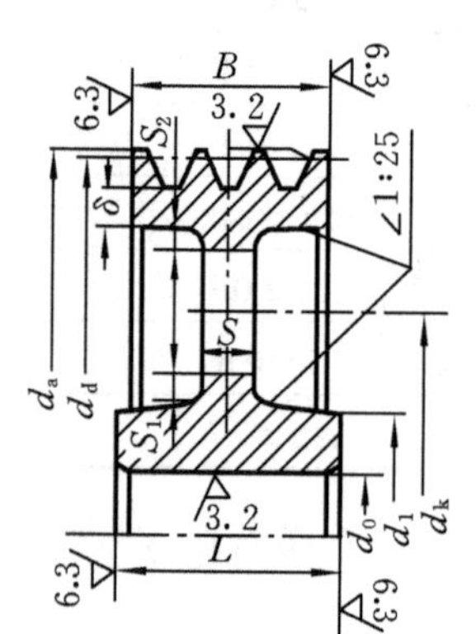

图 10-10　辐板式带轮

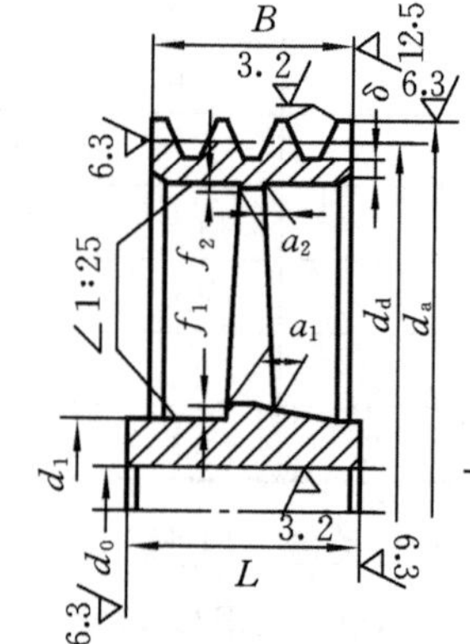

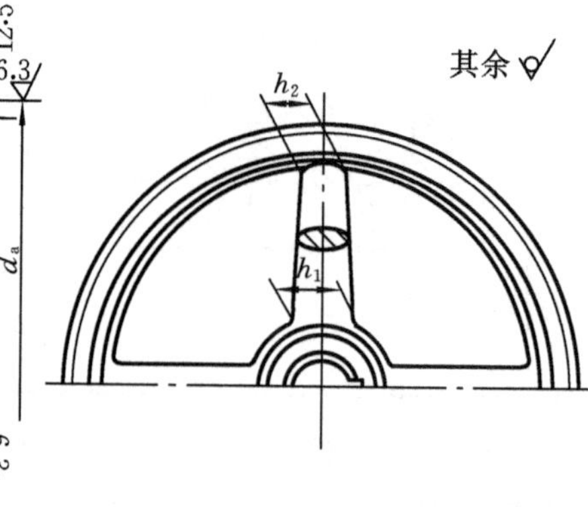

图 10-11　轮辐式带轮

辐板(轮辐)是连接轮毂与轮缘的中间部分，其形式有辐板式(见图 10-10)和轮辐式(见图 10-11)两种。直径很小的带轮其轮缘和轮毂可制成一体，称为实心式(见图 10-12)。轮辐形式应根据带轮计算直径和孔径的相对尺寸而定，可参阅有关手册。

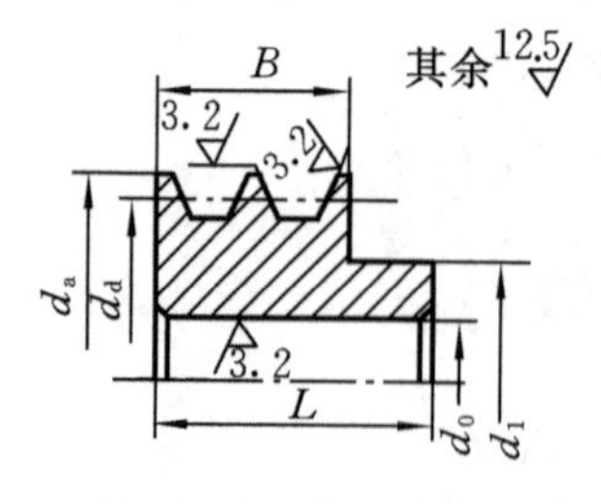

图 10-12　实心式带轮

带轮材料常选用灰铸铁。当圆周速度 v 小于 25 m/s 时，通常采用 HT150；当圆周速度 v 接近或等于 25 m/s 时，可采用 HT200。对于特别重要或速度较高的带轮，可选用铸钢。为了减轻带轮的重量，也可选用铝合金及工程塑料。

10.4　普通 V 带传动的设计计算

10.4.1　失效形式及设计准则

如前所述，带传动的主要失效形式是打滑和疲劳破坏，故带传动的设计准则是：保证带传动工作时在不发生失效的前提下具有足够的疲劳强度。

为保证带传动不打滑，必须限制带传动所需传递的有效拉力，使其不超过最大的有效拉力 F_{max}。F_{max} 在数值上等于带与小带轮之间产生的摩擦力的总和，即摩擦力的极限值。

根据式(10-3)得带传动的功率为

$$P=\frac{Fv}{1000}$$

由此得到带传动不发生打滑所能传递的功率为

$$P'=\frac{F_{max}v}{1000}=\frac{\sigma_1 A\left(1-\frac{1}{e^{f_v\alpha}}\right)v}{1000} \tag{10-10}$$

为了保证带具有足够的疲劳强度，带在工作时还应满足下式：

$$\sigma_{max}=\sigma_1+\sigma_c+\sigma_{b1}\leqslant[\sigma] \quad 或 \quad \sigma_1\leqslant[\sigma]-\sigma_c-\sigma_{b1} \tag{10-11}$$

式中：$[\sigma]$——带疲劳强度的许用拉应力。

将式(10-11)代入式(10-10)即可得单根 V 带既不打滑又有足够疲劳强度所能传递的极限功率为

$$[P]=([\sigma]-\sigma_c-\sigma_{b1})\left(1-\frac{1}{e^{f_v\alpha}}\right)\frac{Av}{1000} \tag{10-12}$$

式(10-12)是通过对有效拉力和许用应力公式的变换推导而得到的带传动的极限功率计算公式。带传动的设计准则是以功率形式来描述的，即带所传递的实际功率不能超过规定的极限功率值，以公式表示为

$$P\leqslant[P]$$

10.4.2 单根 V 带所能传递的基本额定功率

由于带传动的极限功率[P]与很多因素有关，其离散性很强，故一般通过特定实验得到在正确安装和维护的前提下，按规定的几何尺寸和环境条件在规定的时间内(即特定的条件下)单根 V 带所能传递的极限功率，该功率称为单根 V 带传动的基本额定功率，以 P_0 表示。

在特定的实验条件(主要指：传动比 i =1，即α_1=α_2=180°；特定带长；载荷平稳；抗拉体为化纤材质)下，将通过实验和计算所得各种截型的单根 V 带的基本额定功率值 P_0 列成表格(见表 10-4)，以便设计时选用。

当带传动的实际传动比与上述实验条件不同，即 $i\neq1$ 时，就需要对基本额定功率 P_0 加以修正，即在 P_0 的基础上加上实际条件下功率增量ΔP_0，ΔP_0值也列于表 10-4 中。

表 10-4　普通 V 带的基本额定功率 P_0 及功率增量 ΔP_0 (GB/T 13575—1992)

截型	小带轮转速 n/(r/min)	P_0/kW 小带轮直径 d_1/mm						ΔP_0/kW 传动比 i								
								1.02~1.04	1.05~1.08	1.09~1.12	1.13~1.18	1.19~1.24	1.25~1.34	1.35~1.50	1.51~1.99	>1.99
Z	—	50	56	63	71	80	90	—	—	—	—	—	—	—	—	—
	950	0.12	0.14	0.18	0.23	0.26	0.28	0.00	0.00	0.00	0.01	0.01	0.01	0.01	0.02	0.02
	1 200	0.14	0.17	0.22	0.27	0.30	0.33	0.00	0.00	0.01	0.01	0.01	0.01	0.02	0.02	0.03
	1 450	0.16	0.19	0.25	0.30	0.35	0.36	0.00	0.01	0.01	0.01	0.02	0.02	0.02	0.02	0.03
	1 600	0.17	0.20	0.27	0.33	0.39	0.40	0.01	0.01	0.01	0.01	0.02	0.02	0.02	0.03	0.03
A	—	75	90	100	112	125	140	—	—	—	—	—	—	—	—	—
	950	0.51	0.77	0.95	1.15	1.37	1.62	0.01	0.03	0.04	0.05	0.06	0.07	0.08	0.10	0.11
	1200	0.60	0.93	1.14	1.39	1.66	1.96	0.02	0.03	0.05	0.07	0.08	0.10	0.11	0.13	0.15
	1450	0.68	1.07	1.32	1.61	1.92	2.28	0.02	0.04	0.06	0.08	0.09	0.11	0.13	0.15	0.17
	1600	0.73	1.15	1.42	1.74	2.07	2.45	0.02	0.04	0.06	0.09	0.11	0.13	0.15	0.17	0.19
B	—	125	140	160	180	200	224	—	—	—	—	—	—	—	—	—
	950	1.64	2.08	2.66	3.22	3.77	4.42	0.03	0.07	0.10	0.13	0.17	0.20	0.23	0.26	0.30
	1200	1.93	2.47	3.17	3.85	4.50	5.26	0.04	0.08	0.13	0.17	0.21	0.25	0.30	0.34	0.38
	1450	2.19	2.82	3.62	4.39	5.13	5.97	0.05	0.10	0.15	0.20	0.25	0.31	0.36	0.40	0.46
	1600	2.33	3.00	3.86	4.68	5.46	6.33	0.06	0.11	0.17	0.23	0.28	0.34	0.39	0.45	0.51
C	—	200	224	250	280	315	355	—	—	—	—	—	—	—	—	—
	500	2.87	3.58	4.33	5.19	6.17	7.27	0.05	0.10	0.15	0.20	0.24	0.29	0.34	0.39	0.44
	600	3.30	4.12	5.00	6.00	7.14	8.45	0.06	0.12	0.18	0.24	0.29	0.35	0.41	0.47	0.53
	700	3.69	4.64	5.64	6.76	8.09	9.50	0.07	0.14	0. 12	0.27	0.34	0.41	0.48	0.55	0.62
	800	4.07	5.12	6.23	7.52	8.92	10.46	0.08	0.16	0.23	0.31	0.39	0.47	0.55	0.63	0.71
	950	4.58	5.78	8.04	8.49	10.05	11.73	0.09	0.19	0.27	0.37	0.47	0.56	0.65	0.74	0.83
D	—	355	400	450	500	560	630	—	—	—	—	—	—	—	—	—
	300	7.35	9.13	11.02	12.88	15.07	17.57	0.10	0.21	0.31	0.42	0.52	0.62	0.73	0.83	0.94
	400	9.24	11.45	13.85	16.20	18.95	22.05	0.14	0.28	0.42	0.56	0.70	0.83	0.97	1.11	1.25
	500	10.90	13.55	16.40	19.17	22.38	25. 94	0.17	0.35	1. 25	0.70	0.87	1.04	1.22	1.39	1. 56
	600	12.39	15.42	18.67	21.78	25.32	29.18	0.21	0.42	0.62	0.83	1.04	1.25	1.46	1.67	1.88
	700	13.70	17.07	20.63	23.99	27.73	31.68	0.24	0.49	0.73	0.97	1.22	1.46	1.70	1.95	2.19
E	—	500	560	630	710	800	900	—	—	—	—	—	—	—	—	—
	200	10.86	13. 09	15.65	18.52	21.70	25.15	0.14	0.28	0.41	0.55	0.69	0.83	0.96	1.10	1.24
	300	14.96	18.10	21.69	25.69	30.05	34.71	0.21	0.41	0.62	0.83	1.03	1.24	1.45	1.65	1.86
	400	18.55	22.49	26.95	31.83	37.05	42.49	0.28	0.55	0.83	1.00	1.38	1.65	1.93	2.20	2.48
	500	21.65	26.25	31.36	36.85	42.53	48.20	0.34	0.64	1.03	1.38	1.72	2.07	2.41	2.75	3.10

注：当传动比 i=1.00~1.01 时，功率增量 ΔP_0 均为 0。

若带长、包角与特定实验条件不同时，还应引入相应的带长修正系数 K_L、包

角修正系数 K_α，对基本额定功率 P_0 加以修正。带长修正系数 K_L 见表 10-5，包角修正系数 K_α见表 10-6。

表 10-5　普通 V 带带长修正系数 K_L

基准长度 L_d/mm	带长修正系数 K_L					
	Z	A	B	C	D	E
400	0.87	—	—	—	—	—
450	0.89	—	—	—	—	—
500	0.91	—	—	—	—	—
560	0.94	—	—	—	—	—
630	0.96	0.81	—	—	—	—
710	0.99	0.82	—	—	—	—
800	1.00	0.85	—	—	—	—
900	1.03	0.87	0.81	—	—	—
1 000	1.06	0.89	0.84	—	—	—
1 120	1.08	0.91	0.86	—	—	—
1 250	1.11	0.93	0.88	—	—	—
1 400	1.14	0.96	0.90	—	—	—
1 600	1.16	0.99	0.93	0.84	—	—
1 800	1.18	1.01	0.95	0.85	—	—
2 000	—	1.03	0.98	0.88	—	—
2 240	—	1.06	1.00	0.91	—	—
2 500	—	1.09	1.03	0.93	—	—
2 800	—	1.11	1.05	0.95	0.83	—
3 150	—	1.13	1.07	0.97	0.86	—
3 550	—	1.17	1.10	0.98	0.89	—
4 000	—	1.19	1.13	1.02	0.91	—
4 500	—	—	1.15	1.04	0.93	0.90
5 000	—	—	1.18	1.07	0.96	0.92
5 600	—	—	—	1.09	0.98	0.95
6 300	—	—	—	1.12	1.00	0.97
7 100	—	—	—	1.15	1.03	1.00
8 000	—	—	—	1.18	1.06	1.02
9 000	—	—	—	1.21	1.08	1.05
10 000	—	—	—	1.23	1.11	1.07

表 10-6　包角修正系数 K_α

α	180°	175°	170°	165°	160°	155°	150°	145°	140°	135°	130°	125°	120°	115°	110°	105°	100°	95°	90°
K_α	1	0.99	0.98	0.96	0.95	0.93	0.92	0.91	0.89	0.88	0.86	0.84	0.82	0.80	0.78	0.76	0.74	0.72	0.69

10.4.3　普通 V 带传动设计

普通 V 带传动设计的主要内容是确定以下参数：在给定的工作条件下 V 带的型号、长度和根数；带轮的材料、结构和尺寸；传动中心距 a；作用在轴上的压力 F_Q 等。

普通 V 带传动设计的步骤和方法如下。

1. 计算设计功率 P_c，选择 V 带型号

设计功率 P_c 的计算公式为

$$P_c = K_A P \tag{10-13}$$

式中：P_c——设计功率(kW)；

K_A——工作情况系数，由表 10-7 选取；

P——带传动所需传递的额定功率(kW)。

表 10-7　工作情况系数 K_A

工作机		原动机					
		Ⅰ类			Ⅱ类		
		工作时间/(h/d)					
		≤10	10~16	>16	≤10	10~16	>16
载荷平稳	液体搅拌机、离心式水泵、通风机和鼓风机(≤7.5kW)、离心式压缩机、轻型输送机	1.0	1.1	1.2	1.1	1.2	1.3
载荷变动小	带式输送机(运送砂石、谷物)、通风机(>7.5kW)发动机、旋转式水泵、金属切削机床、剪床、压力机、印刷机、振动筛	1.1	1.2	1.3	1.2	1.3	1.4
载荷变动较大	螺旋输送机、斗式提升机、往复式水泵和压缩机、锻锤、磨粉机、锯木机和水工机械、纺织机械	1.2	1.3	1.4	1.3	1.5	1.6
载荷变动很大	破碎机(旋转式、颚式)、球磨机、棒磨机、起重机、挖掘机、橡胶压辊机	1.3	1.4	1.5	1.4	1.6	1.8

注：① Ⅰ类是指普通鼠笼式交流电动机、同步电动机(并励)、$n \geqslant 600$ r/min 的内燃机。

② Ⅱ类是指交流电动机(双鼠笼式、滑环式、单相、大转差率)、直流电动机(复励、串励)、单缸发动机、$n \leqslant 600$ r/min 的内燃机。

③ 反复启动、正反转频繁、工作条件恶劣等场合，K_A 应乘以 1.1。

普通 V 带的型号根据带传动设计功率和小带轮的转速按图 10-13 选取。

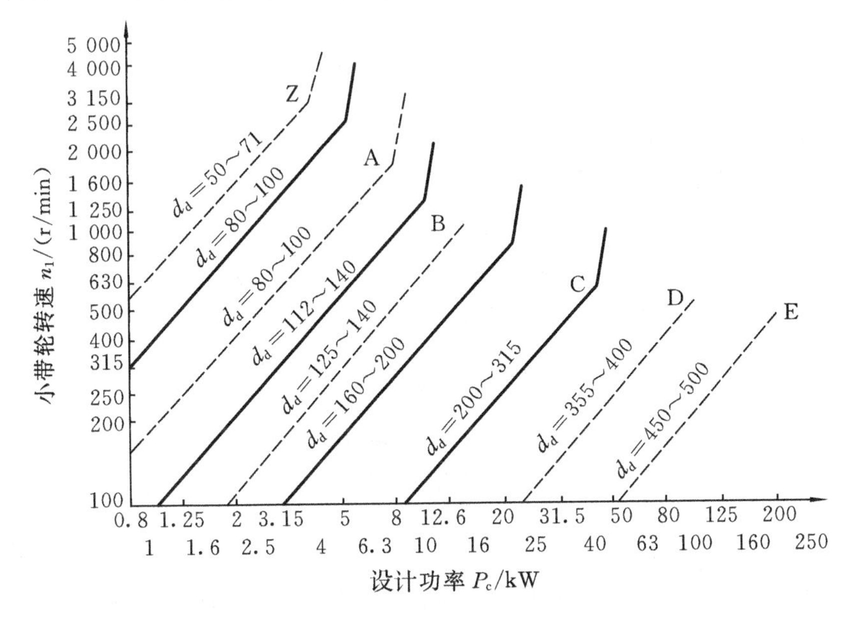

图 10-13 V 带型号选择图

2. 确定带轮基准直径，校核带速

带轮直径小可使传动紧凑，但会增加带的弯曲应力，降低带的使用寿命，且在一定转矩下带的有效拉力增大，使带的根数增多，所以带轮直径不宜过小。各种型号的 V 带都规定了最小基准直径，设计时，应使小带轮的基准直径 $d_{d1} \geqslant d_{min}$，d_{min} 的值由表 10-1 查取。大带轮直径一般可按 $d_{d2} \approx n_1 d_{d1}/n_2$ 或 $d_{d2} \approx i d_{d1}$ 计算，并按表 10-8 的带轮基准直径系列圆整。

表 10-8 普通 V 带带轮基准直径系列(摘自 GB/T 13575.1—1992)

型　号	Z	A	B	C	D	E
d_{dmin}/mm	71(63)	100(90)	140(125)	200	315	500
带轮直径 d_d/mm	63 71 80 90 95 100 106 112 118 125 132 140 150 160 170 180 200 212 224 236 250 265 280 300 315 335 355 375 400 425 450 475 500 530 560 600 630 670 710 750 800 900 1 000					

当传递功率一定时，提高带速，有效拉力将变小，从而可减少带的根数。但带速过高，由于离心力增大，使带和带轮间正压力减小，反而降低带传动能力，并影响带的寿命。故一般应使带的工作速度在 5～25 m/s 范围内。带速 v 的校核计算公式为

$$v=\frac{\pi d_{d1}n_1}{10^3\times 60} \tag{10-14}$$

3. 初定带传动中心距和基准带长，校验小带轮包角

传动中心距小则结构紧凑，但因带较短，且带的绕转次数增多，从而降低了带的寿命，同时使包角减小，从而降低了传动能力。若中心距过大，则传动的结构尺寸增大，在带速较高时使带产生颤动。因此，设计时应根据带传动的具体结构要求或者按下式初步确定中心距 a_0：

$$0.7(d_{d1}+d_{d2})\leqslant a_0\leqslant 2(d_{d1}+d_{d2})$$

对开口带传动，可根据几何关系得到带的基准长度的计算公式为

$$L=2a_0+\frac{\pi}{2}(d_{d1}+d_{d2})+\frac{(d_{d2}-d_{d1})^2}{4a_0} \tag{10-15}$$

由式(10-15)初步算出带长 L 后，应根据表 10-5 选取最接近的带的基准长度 L_d，然后再按下式计算实际中心距 a 的近似值：

$$a=a_0+\frac{L_d-L}{2} \tag{10-16}$$

考虑到安装、高速和补偿初拉力等方面的需要，中心距应留出 $\pm 0.03L_d$ 的调整余量。

由于小带轮的包角也直接影响带传动的能力，所以小带轮的包角 α_1 不能太小，设计中应按下式验算小带轮的包角值 α_1：

$$\alpha_1=180^\circ-\frac{d_{d2}-d_{d1}}{a}\times 57.3^\circ \tag{10-17}$$

一般应使 $\alpha_1\geqslant 120^\circ$（特殊情况下允许 $\alpha_1\geqslant 90^\circ$）。若不满足此条件，可增大中心距或减小两带轮的直径差，使小带轮的包角值 α_1 增大。

4. 确定 V 带根数

根据单根 V 带所能传递的基本额定功率，考虑实际工作条件与试验特定条件的不同，对基本额定功率进行修正后得到的单根 V 带所能传递的功率极限为

$$[P]=(P_0+\Delta P_0)K_L K_\alpha \tag{10-18}$$

由带的设计准则可知，带传动所需传递的功率应小于若干根带所能传递的极限功率的总和，设带的根数为 z，应有

$$P_c\leqslant z[P]$$

即当传递的设计功率为 P_c 时，带传动所需的带的根数为

$$z\geqslant\frac{P_c}{[P]}=\frac{P_c}{(P_0+\Delta P_0)K_L K_\alpha} \tag{10-19}$$

带的根数应根据计算结果向上圆整取整数。为使每根带受力比较均匀，带的根数不宜过多，一般 $z=3\sim6$，$z_{max}\leqslant 10$。若计算所得结果超出范围，应改选 V 带

型号或加大带轮直径后重新设计。

5. 计算V带的初拉力和对带轮轴的压力

适当的初拉力是保证带传动正常工作的前提，初拉力过小易发生打滑，初拉力过大则带的寿命降低，且对轴和轴承的压力增大。单根 V 带合适的初拉力 F_0 可按下式计算：

$$F_0 = \frac{500P_c}{zv}\left(\frac{2.5}{K_\alpha}-1\right)+qv^2 \tag{10-20}$$

安装新带时的初拉力应取计算值的 1.5 倍。V 带的张紧对轴和轴承产生的压力 F_Q 会影响轴和轴承的强度及寿命。为简化带传动对轴的压力的分析，一般根据初拉力 F_0 按下式进行近似计算。由图 10-14 可得

$$F_Q = 2zF_0\sin\frac{\alpha_1}{2} \tag{10-21}$$

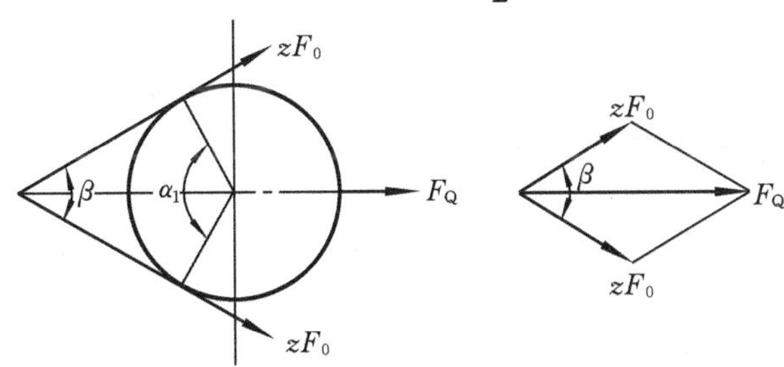

图 10-14　带传动作用在轴上的压力

6. 带轮结构设计

对 V 带的设计计算完成后，还要进行带轮的结构设计，并绘制其零件图。

例 10-1　设计一带式输送机的 V 带传动。已知：异步电动机的额定功率 P=7.5 kW，转速 n_1=1 440 r/min，从动轮转速 n_2=565 r/min，三班制工作，要求中心距 $a \leqslant 500$ mm。

解　(1) 选择普通 V 带截型。

由表 10-7 查得 K_A=1.3。由式(10-13)得

$$P_c = K_A P = 1.3\times 7.5\ \text{kW} = 9.75\ \text{kW}$$

由图 10-13 知，应选用 B 型 V 带。

(2) 确定带轮基准直径，并验算带速。

由图 10-13 知，推荐的小带轮基准直径为 125～140 mm，则取

$$d_{d1} = 140\ \text{mm} > d_{\min} = 125\ \text{mm}$$

故有

$$d_{d2} = \frac{n_1}{n_2} = d_{d1} = \frac{1\,440}{565}\times 140\ \text{mm} = 356.8\ \text{mm}$$

由表 10-8，取 $d_{d2} = 355$ mm，则实际从动轮转速为

$$n_2 = n_1 \frac{d_{d1}}{d_{d2}} = 1\,440 \times \frac{140}{355} \text{ r/min} = 567.9 \text{ r/min}$$

转速误差为 $0.5\% < 5\%$，允许。

带速为

$$v = \frac{\pi d_{d1} n_1}{10^3 \times 60} = \frac{3.14 \times 140 \times 1\,440}{10^3 \times 60} \text{ m/s} = 10.6 \text{ m/s}$$

在 5～25 m/s 范围内，带速合适。

(3) 确定带长和中心距。

由中心距推荐公式 $0.7(d_{d1}+d_{d2}) \leqslant a_0 \leqslant 2(d_{d1}+d_{d2})$可得

$$0.7 \times (140+355) \text{ mm} \leqslant a_0 \leqslant 2 \times (140+355) \text{ mm}$$

所以有

$$346.5 \text{ mm} \leqslant a_0 \leqslant 990 \text{ mm}$$

按题意取 $a_0 = 500$ mm。由式(10-15)计算带长：

$$L = 2a_0 + \frac{\pi}{2}(d_{d1} + d_{d2}) + \frac{(d_{d2} - d_{d1})^2}{4a_0}$$

$$= \left[2 \times 500 + 1.57 \times (140 + 355) + \frac{(355 - 140)^2}{4 \times 500}\right] \text{mm}$$

$$= 1\,800.3 \text{ mm}$$

由表 10-5，取 L_d =1 800 mm。

由式(10-16)计算中心距：

$$a = a_0 + \frac{L_d - L}{2} = \left(500 + \frac{1800 - 1800.3}{2}\right) \text{ mm} \approx 500 \text{ mm}$$

(4) 验算小带轮包角。

由式(10-17)验算小带轮包角：

$$\alpha_1 = 180° - \frac{d_{d2} - d_{d1}}{a} \times 57.3° = 180° - \frac{355 - 140}{500} \times 57.3° = 155.4° > 120°$$

小带轮包角合适。

(5) 确定带的根数。

由表 10-4 查得 P_0= 2.81 kW，ΔP_0= 0.46 kW，由表 10-5 查得 $K_L = 0.95$，由表 10-6 查得 K_α =0.93，由式(10-19)得

$$z \geqslant \frac{P_c}{[P]} = \frac{P_c}{(P_0 + \Delta P_0) K_L K_\alpha} = \frac{9.75}{(2.81 + 0.46) \times 0.93 \times 0.95} = 3.4$$

故取 $z = 4$ 根。

(6) 计算轴上的压力。

由表 10-1 查得 $q = 0.17$ kg/m，由式(10-20)计算单根 V 带的初拉力为

$$F_0 = \frac{500P_c}{zv}\left(\frac{2.5}{K_\alpha}-1\right)+qv^2$$
$$=\left[\frac{500\times 9.75}{4\times 10.6}\times\left(\frac{2.5}{0.93}-1\right)+0.17\times 10.6^2\right]\text{N}$$
$$=213.2\text{N}$$

则作用在轴上的压力，可由式(10-21)求得

$$F_Q = 2zF_0\sin\frac{\alpha_1}{2} = 2\times 4\times 213.2\sin\frac{155.4^\circ}{2}\text{N} = 1\,666.4\text{ N}$$

(7) 绘制带轮工作图(略)。

10.5 同步带传动简介

这种带传动综合了齿轮传动和带传动的特点，发展成具有齿形的同步带。同步带由强力层 1 和基体 2 两部分组成(见图 10-15)。强力层是齿形带承受拉力的部分，通常用钢丝绳或玻璃纤维绳制成。基体用聚氨酯橡胶或氯丁橡胶制成。工作时，同步带上的齿与带轮上的齿相互啮合，借以传递动力。由于是啮合传动，带与带之间没有相对滑动，主动轮与从动轮速度同步，故称同步齿形带传动。其优点是：传动比恒定，传递功率大(可达 200 kW)，效率高(约为 0.98)；其缺点是价格较高。

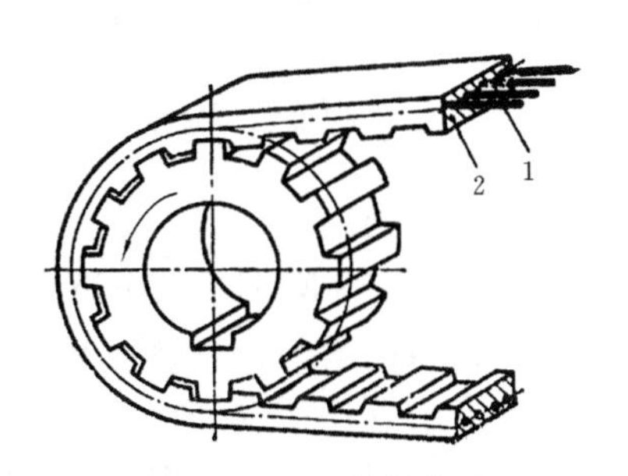

图 10-15 同步带传动

同步带常用于要求传动比准确的中小功率传动，如放映机、录音机、磨床及医疗器械中。

10.6 链传动的基本知识

10.6.1 链传动的特点和应用

1. 链传动的结构和类型

链传动是由主动链轮、从动链轮和套在链轮上的链条组成的(见图 10-16)。它依靠链节和链轮齿的啮合来传递运动和动力。

机械中传递动力的传动链主要有滚子链(见图 10-16)和齿形链(见图 10-17)。齿形链是由许多齿形链板用铰链链接而成的，它运转平稳、噪声小，但重量大、成本较高，多用于高速传动，链速可达 40 m/s。

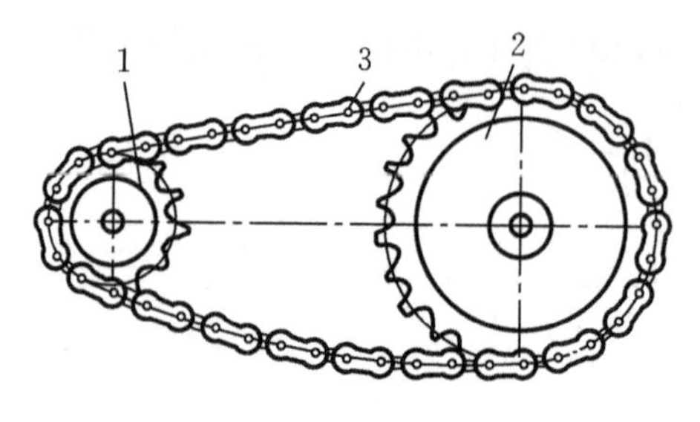

图 10-16　链传动

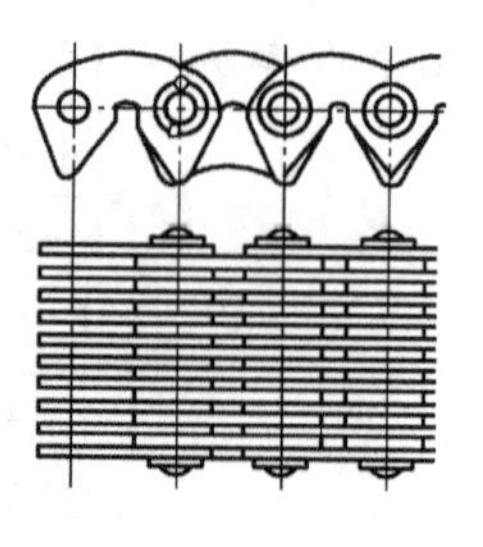

图 10-17　齿形链

2. 链传动的特点和应用

链传动为具有中间挠性件的啮合传动。中心距适用范围较大，与带传动相比，能得到准确的平均传动比，张紧力小，故对轴的压力小，结构较紧凑，可在高温、油污、潮湿等恶劣环境下工作；但其传动平稳性差，工作时有噪声，且制造成本较高。链传动适用于两平行轴间中心距较大的低速传动。

目前链传动的应用范围为：传递的功率 $P \leqslant 100$ kW；传动比 $i \leqslant 8$；中心距 $a \leqslant 6$ m；链速 $v \leqslant 15$ m/s；传动效率约为 0.95～0.98。

10.6.2　滚子链和链轮

1. 滚子链

如图 10-18 所示，滚子链由内链板 1、外链板 2、销轴 3、套筒 4、滚子 5 组成。内链板与套筒、外链板与销轴均为过盈配合，套筒与销轴、滚子与套筒均为间隙配合；这样使内外链节间构成可相对转动的活络环节，并减少链条与链轮间的摩擦和磨损。为减轻重量和使链板各截面强度接近相等，链板制成“8”字形。

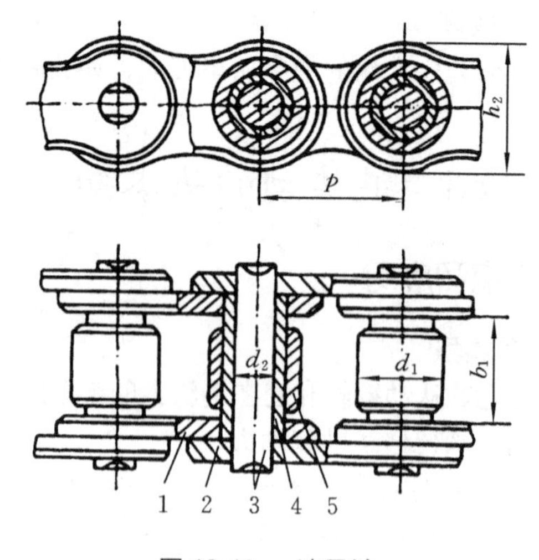

图 10-18　滚子链

滚子链使用时为封闭环形，当链节数为偶数时，链条一端的外链板正好与另一端内链板相连，接头处用开口销(见图 10-19(a))或弹簧夹(见图 10-19(b))锁紧。若链节数为奇数，则需采用过渡链节(见图 10-19(c))连接。链条受拉时，过渡链节的弯链板承受附加的弯矩作用，所以设计时链节数应尽量避免取奇数。

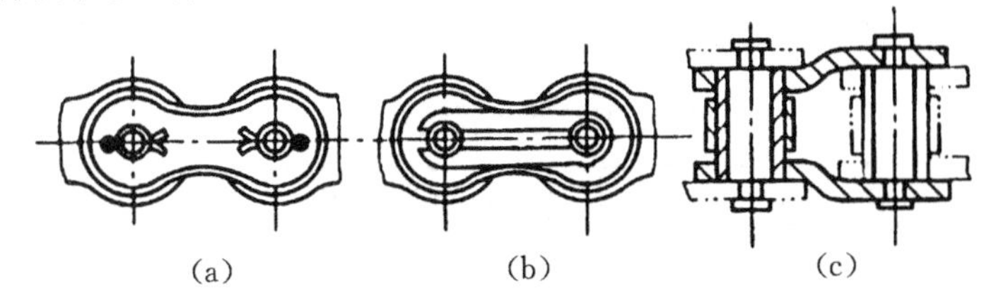

图 10-19　滚子链接头形式

滚子链上相邻两滚子的中心距离称为链节距，用 p 表示，它是链的主要参数。链节距越大，链各部分尺寸也越大，承载能力也越高。当传递的功率较大而又要结构紧凑时，可采用双排链或多排链，如图 10-20 所示。但排数越多，各排受力越不均匀，故一般不超过 3～4 排。滚子链已标准化，表 10-9 列出了常用 A 系列滚子链的主要参数。表中链号乘以 $\frac{25.4}{16}$ (mm)即为链节距值。

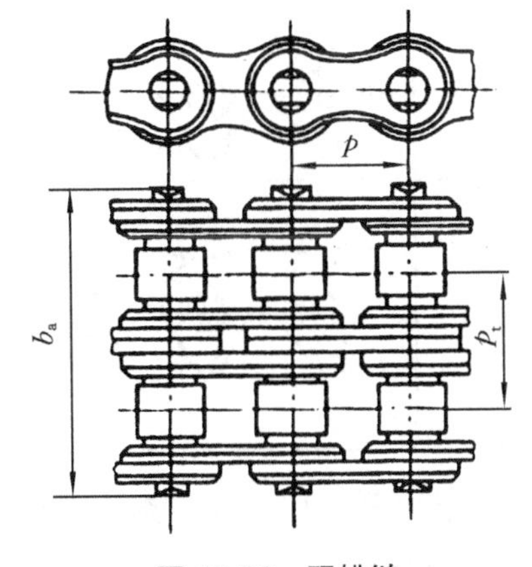

图 10-20　双排链

表 10-9　A 系列滚子链的主要参数(摘自 GB/T 1234—1997)

链号	链节距 p/mm	滚子外径 d_1/mm	销轴直径 d_2/mm	内链节内宽 b_1/mm	内链节外宽 b_2/mm	排距 p_t/mm	单排链单位长度质量 q/(kg・m^{-1})	极限拉伸载荷(单排)F_{lim}/kN
08A	12.70	7.95	3.96	7.85	11.18	14.38	0.6	13.8
10A	15.875	10.16	5.08	9.40	13.84	18.11	1.0	21.8
12A	19.05	11.91	5.94	12.57	17.75	22.78	1.5	31.1
16A	25.4	15.88	7.92	15.75	22.61	29.29	2.6	55.6
20A	31.75	19.05	9.53	22.61	27.46	35.76	3.8	86.7
24A	38.10	22.23	11.10	25.22	35.46	45.44	5.6	124.6
28A	44.45	25.40	12.70	25.22	37.19	48.87	7.5	169
32A	50.80	28.58	14.27	31.55	45.21	58.55	10.10	222.4
40A	63.50	39.68	19.84	37.85	54.89	71.55	16.10	347

滚子链的标记方法是：链号-排数×链节数　标准号。例如，节距为 15.875 mm，单排，86 节的 A 系列滚子链，其标记为：10A-1×86　GB/T 1234—1997。

2. 齿形链

齿形链又称无声链，由两个齿形链板铰接而成，链板两工作侧面夹角为 60°。齿形链按铰链形式不同又可分为三种，它们的主要结构和特点见表 10-10。

表 10-10　齿形链铰链形式

铰链形式	简　图	主要结构	特　点
圆销式		链片用圆柱销铰接，销片孔与销轴是动配合	铰链承压面积小，压强大，磨损严重，应用较少
轴瓦式		链片有成形孔，两组链片转动时，销轴与轴瓦相对滑动，最大转角为 60°	轴瓦沿全链宽受载均匀，压强小，耐磨性较好
滚销式		链片成形孔内装入瓦片形滚销，两组链片转动时，两滚销相互滚动	链节相对转动时，滚动中心变化，实际节距随之变化，可补偿链传动运动的不均匀性，传动平稳，耐磨性好

与滚子链相比，齿形链传动平稳、承受载荷冲击的性能好、噪声小，但价格较贵、结构复杂、也较重，多用于高速(链速可达 30 m/s)、运动精度要求较高的场合。

3. 滚子链链轮

滚子链链轮的齿形已标准化，图 10-21 所示为目前常用的一种三圆弧一直线齿形，齿廓工作表面 $abcd$ 由三圆弧 $\widehat{aa}$、$\widehat{ab}$、$\widehat{cd}$ 和一直线 bc 组成。因齿形用标准刀具加工，在链轮工作图上不必画出端面齿形，只需注明“齿形按 GB 1244—1995 制造”即可。但链轮的轴向齿形需画出，轴向尺寸和齿形应符合 GB/T 1243—1997 的规定(见图 10-22 及表 10-11)。

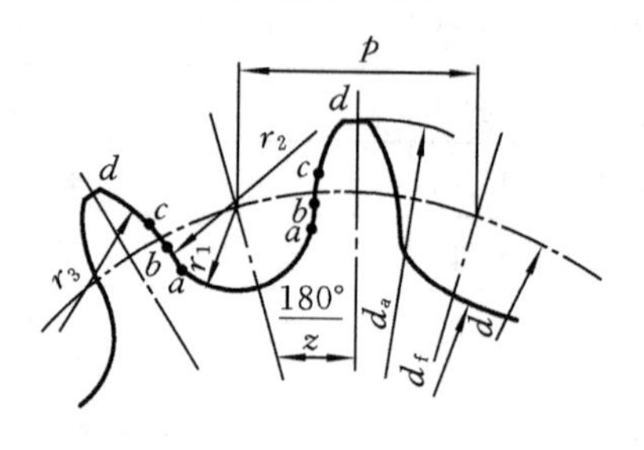

图 10-21　滚子链链轮的端面齿形

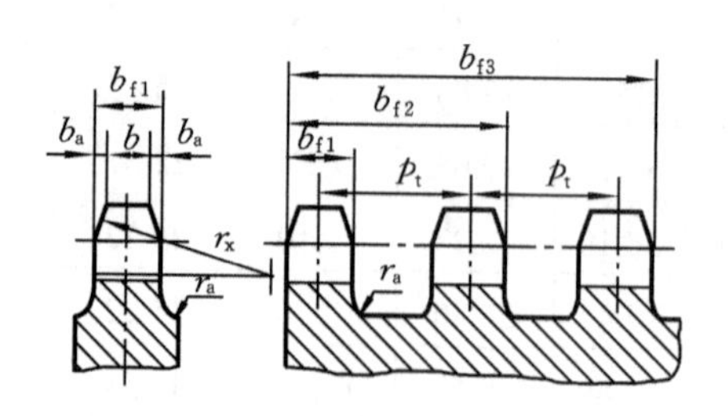

图 10-22　滚子链链轮的轴向齿形

表 10-11　滚子链链轮的轴向齿廓尺寸　　(单位：mm)

<table>
<tr><th colspan="2" rowspan="2">名　称</th><th rowspan="2">代号</th><th colspan="2">计算公式</th><th rowspan="2">备　注</th></tr>
<tr><th>$p \leqslant 12.7$</th><th>$p > 12.7$</th></tr>
<tr><td rowspan="3">齿宽</td><td>单排</td><td rowspan="3">b_{f1}</td><td>$0.93\ b_1$</td><td>$0.95\ b_1$</td><td rowspan="3">$p > 12.7$ 时经制造厂同意，亦可使用 $p \leqslant 12.7$ 时的齿宽(b_1 为内链节内宽，见表 10-9)</td></tr>
<tr><td>双排、三排</td><td>$0.91\ b_1$</td><td>$0.93\ b_1$</td></tr>
<tr><td>四排以上</td><td>$0.88\ b_1$</td><td>$0.93\ b_1$</td></tr>
<tr><td colspan="2">倒角宽</td><td>b_a</td><td colspan="2">$b_a=(0.1\sim0.15)p$</td><td rowspan="4">—</td></tr>
<tr><td colspan="2">倒角半径</td><td>r_x</td><td colspan="2">$r_x \geqslant p$</td></tr>
<tr><td colspan="2">齿侧凸缘(或排间槽)圆角半径</td><td>r_a</td><td colspan="2">$r_a \approx 0.04\,p$</td></tr>
<tr><td colspan="2">链轮总齿宽</td><td>b_{fn}</td><td colspan="2">$b_{fn}=(n-1)\,p_t$
(式中：n——排数)</td></tr>
</table>

(1) 链轮主要尺寸计算公式。

分度圆直径　$$d=\frac{p}{\sin(180°/z)}$$

齿顶圆直径　$$d=p[0.54+\cot(180°/z)]$$

齿根圆直径　$$d_f=d-d_r$$

最大齿根距离 L_x 如图 10-23 所示。

偶数齿时　$$L_x=d_f$$

奇数齿时　$$L_x=d\cos(90°/z)-d_r$$

式中：d_r——滚子外径(mm)。

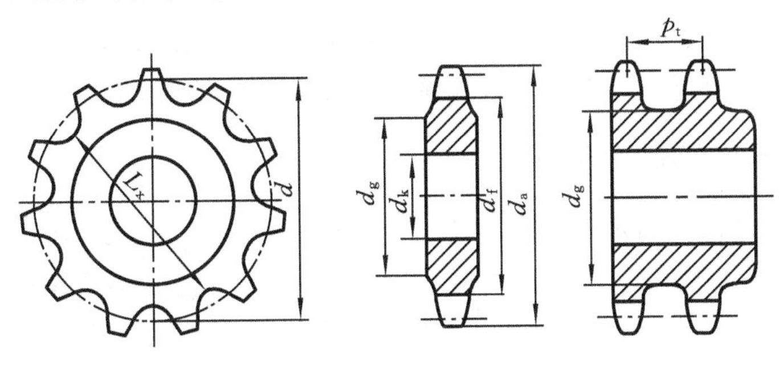

图 10-23　滚子链链轮

(2) 链轮的结构与材料。

链轮的结构视尺寸大小可采用实心式(见图 10-24(a))、辐板式(见图 10-24(b))、轮辐式(见图 10-24(c))、齿圈式(见图 10-24(d))等形式。选用多排链时，可采用多排链轮。链轮的材料应满足强度和耐磨性要求。荐用材料及热处理方法见表 10-12。

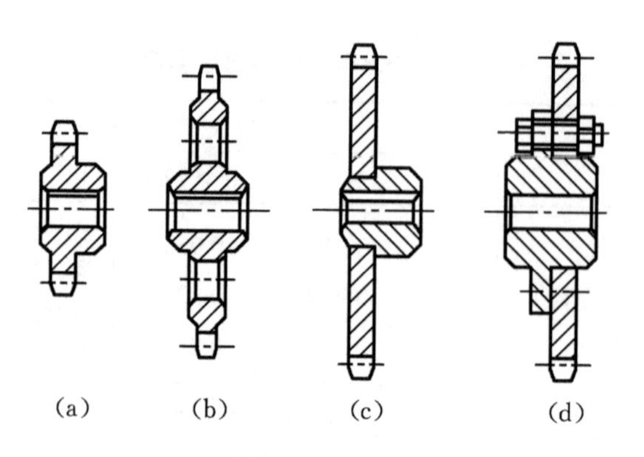

图 10-24 链轮结构图

表 10-12 链轮常用材料及齿面硬度

材 料	热处理	齿面硬度	应 用
15、20	渗碳、淬火、回火	50～60 HRC	$z\leqslant 25$ 有冲击载荷的链轮
35	正火	160～200 HBS	$z>25$ 的链轮
45、50，ZG310-570	淬火、回火	40～50 HRC	无剧烈振动及冲击载荷的链轮
15Cr、20Cr	渗碳、淬火、回火	50～60 HRC	$z<25$ 的大链轮
40Cr、35SiMn、35CrMo	淬火、回火	40～50 HRC	重要的、A 系列链条的链轮
Q235、Q255	焊接后退火	约 140 HBS	中低速、中等功率、直径较大的链轮

考虑到小链轮轮齿的啮合次数比大链轮轮齿的啮合次数多，磨损、冲击大，为使两链轮寿命接近，小链轮材料的强度和齿面硬度应比大链轮高一些。

10.6.3 链传动的运动特性

链传动由刚性链节组成的链条绕在两链轮上，相当于两多边形轮子间的带传动，如图 10-25 所示，链条节距 p 和链轮齿数 z 分别为多边形的边长和边数。设 z_1 和 z_2 分别为两链轮齿数，n_1 和 n_2 分别为两链轮转数(r/min)，则链的平均速度(m/s)为

$$v=\frac{z_1 p n_1}{60\times 1000}=\frac{z_2 p n_2}{60\times 1000} \tag{10-22}$$

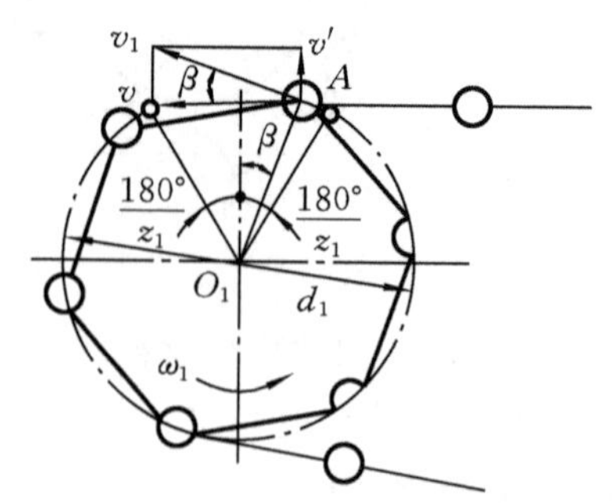

图 10-25 链传动的速度分析

于是得链传动的平均传动比为

$$v=\frac{n_1}{n_2}=\frac{z_2}{z_1}=常数 \tag{10-23}$$

但应注意，链的速度和链传动的瞬时传动比皆是变化的。图 10-25 所示为铰链进入啮合时的瞬时位置。为便于分析，设链条的紧边在传动时始终处于水平位置，主动轮以角速度ω_1回转，其圆周速度$v_1=d_1\omega_1/2$，它在沿链条前进方向的分速度即为链速v，其值为

$$v=v_1\cos\beta=\frac{d_1\omega_1}{2}\cos\beta \tag{10-24}$$

式中，β——销轴A的圆周速度v_1与水平线的夹角，其变化范围为$\pm 180°/z_1$。当β=0°时，链速最大，$v_{\max}=d_1\omega_1/2$；$\beta=\pm 180°/z_1$时，链速最小，$v_{\min}=\frac{d_1\omega_1}{2}\cos\frac{180°}{z_1}$。由此可见，即使$\omega_1$为常数，链瞬时速度也是周期性变化的。这种由于多边形啮合传动而引起的速度不均匀性称为多边形效应。当链轮齿数多，β的变化范围小时，多边形效应将减弱。

由于链速的变化使链产生加速度，从动轮产生角加速度，引起动载荷 。同时，链在垂直方向的分速度$v'=v_1\sin\beta=d_1\omega_1\sin(\beta/2)$也作周期性变化，引起链条上下抖动。另外，链节进入链轮的瞬间，以一定相对速度相啮合，使链轮受到冲击。所以，链传动工作时，不可避免地要产生振动冲击和动载荷。因此，链传动不宜用在高速级，且当链速v一定时，应采用较多链齿和较小链节距，这对减少冲击和动载荷是有利的。

10.7 滚子链传动的设计

10.7.1 链传动的主要失效形式

1. 链板的疲劳破坏

链传动在工作中，由于松、紧边拉力不同，受到变应力的作用，使链板发生疲劳断裂。在正常的润滑条件下，链板的疲劳强度是决定链传动承载能力的主要因素。

2. 多次冲击破断

在中、高速闭式链传动中，滚子、套筒和销轴会因反复多次的啮合冲击而发生冲击疲劳破坏，或在经常启动、反转、制动的链传动中，由于过载造成冲击破断。

3. 链条铰链的磨损

铰链磨损会使链节距增大而脱链。这种失效形式一般发生在润滑密封不良的开式传动中。

4. 销轴和套筒的胶合

当链速过高或润滑不良时，销轴和套筒的工作表面上将发生胶合破坏。它限定了链传动的极限转速。

5. 静强度拉断

在低速重载或严重过载下，链条被拉断。

10.7.2 功率曲线图

在特定的实验条件下，可求得链传动不失效所能传递的功率 P_0，并绘制功率曲线图。图 10-26 为滚子链在下列特定的条件下绘制的功率曲线图：两链轮端面共面，小链轮齿数 z_1=19，传动比 i=3，中心距为 40 节($a = 40p$)，单排链，载荷平稳，采用推荐的润滑方式润滑，工作寿命为 15 000 h。

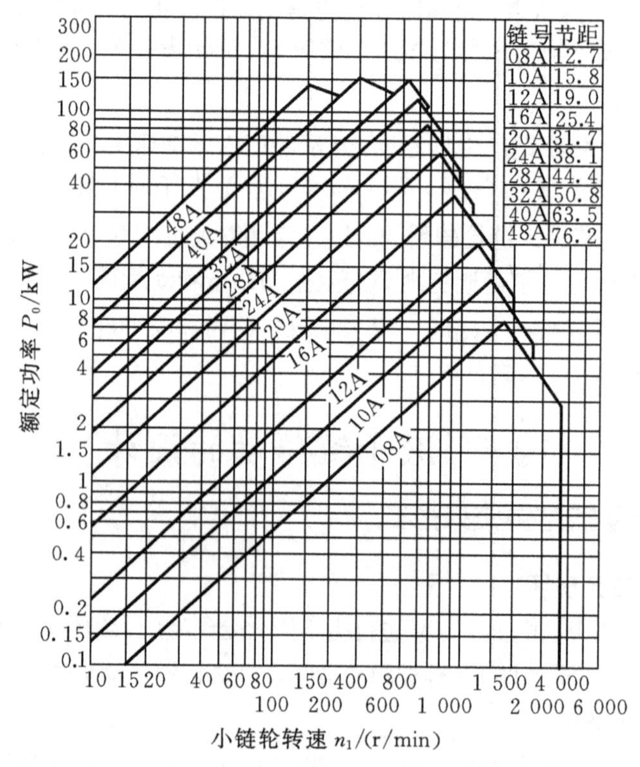

图 10-26 A 系列滚子链的额定功率曲线

润滑情况对链传动的许用功率有很大影响，一般可按图 10-27 推荐的润滑方式选取。设计时若不能采用推荐的润滑方式润滑，则应将图中查得的 P_0 值降低到下列数值：$v \leqslant 1.5$ m/s 时，取图值的 50%；1.5 m/s $< v \leqslant 7$ m/s 时，取图值的 15%～30%。

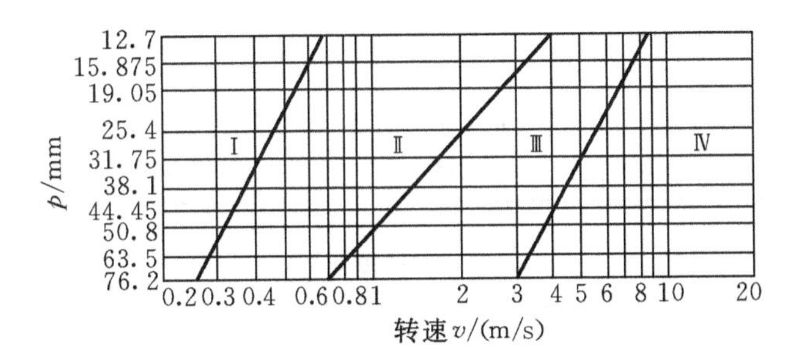

图 10-27 推荐的润滑方式

Ⅰ—人工定期润滑；Ⅱ—滴油润滑；Ⅲ—油浴式飞溅润滑；Ⅳ—压力喷油润滑

10.7.3 链传动的设计计算

1. 中、高速链传动

对于中、高速链传动($v > 0.6$ m/s)，其主要失效形式是链条疲劳或冲击疲劳破坏，可按滚子链额定功率曲线图进行设计。

当实际工作条件与上述特定条件不同时，应对查得的 P_0 值加以修正，则链传动所能传递的功率为

$$P \leqslant \frac{P_0}{K_A} K_z K_i K_\alpha K_{pt} \tag{10-25}$$

式中：P——名义功率(kW)；

K_A——工作情况系数，查表 10-13；

K_z——小链轮齿数系数，查表 10-14；

K_i——传动比系数，查表 10-15；

K_a——中心距系数，查表 10-16；

K_{pt}——多排链系数，查表 10-17。

表 10-13 工作情况系数 K_A

载荷性质＼原动机	内燃机带液力传动	电动机或汽轮机	内燃机带机械传动
平稳载荷	1.0	1.0	1.2
中等冲击	1.2	1.3	1.4
较大冲击	1.4	1.5	1.7

表 10-14 小链轮齿数系数 K_z

z_1	9	11	13	15	17	19	21	23	25	27	29	31	33	35	37
K_z	0.446	0.555	0.667	0.775	0.893	1.00	1.12	1.23	1.35	1.46	1.58	1.70	1.81	1.94	2.12

表 10-15　传动比系数 K_i

i	1	2	3	5	≥7
K_i	0.82	0.925	1.00	1.09	1.15

表 10-16　中心距系数 K_a

a	$20p$	$40p$	$80p$	$160p$
K_a	0.87	1.00	1.18	1.45

表 10-17　多排链系数 K_{pt}

排数	1	2	3	4	5	6
K_{pt}	1.0	1.7	2.5	3.3	4.1	5.0

2. 低速链传动

对于低速链传动($v \leqslant 0.6$ m/s)，其主要失效形式为链条过载拉断，必须对其进行静强度计算。通常是校核链的静强度安全系数 S，其计算式为

$$S = \frac{F_{lim}}{K_A F} \geqslant 4 \sim 8 \tag{10-26}$$

式中：F_{lim}——极限拉伸载荷(N)，可查表 10-9；

F——链的工作压力(N)，$F = \dfrac{1000P}{v}$；

P——链传动名义功率(kW)；

v——链速(m/s)。

10.7.4　链传动主要参数的选择

1. 链节距

链节距越大，承载能力越强，但动载荷越大，传动平稳性越差，噪声越大，且传动尺寸也越大，所以设计时，应尽量选择节距小的链条，高速重载时可采用小节距的多排链。

2. 链轮齿数

为减小链传动的动载荷，提高传动的平稳性，小链轮齿数不宜过少，其最少齿数应 $z_{min} \geqslant 17$，设计时可参考表 10-18 选取。大链轮的齿数 $z_2 = iz_1$。大链轮的齿数也不宜过多。如图 10-28 所示，链条铰链磨损后，节距变大，其增长量为 Δp，使链节沿齿面向外移动。此时，实际链节分布圆直径增大 Δd，由图中几何关系可得

$$\Delta d = \frac{\Delta p}{\sin(180^\circ / z)}$$

当 Δp 一定时，z 越大，Δd 就越大，传动越容易发生跳齿和脱链现象，所以应使大链轮齿数 $z_2 \leqslant 120$。

表 10-18　小链轮齿数推荐值

传动比 i	1～2	2～3	3～4
z	31～27	27～25	25～23
传动比 i	4～5	5～6	>6
z	23～21	21～17	17～15

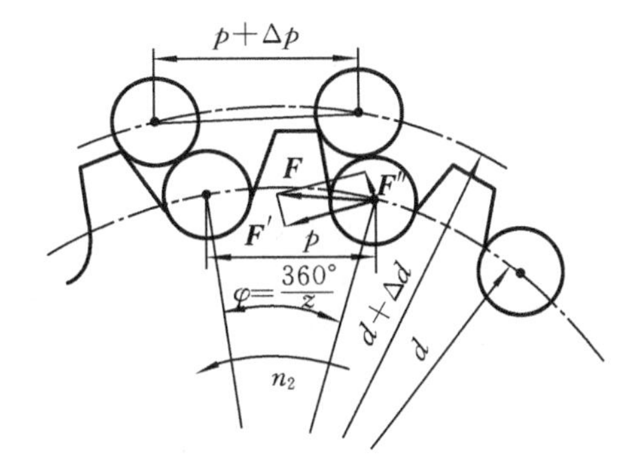

图 10-28　链节伸长量与分度圆外移量和关系

通常链节数为偶数，为使磨损均匀，链轮齿数宜取奇数。

3. 中心距和链节数

中心距过小，链在小链轮上的包角减小，且使链的屈伸次数增加而影响传动寿命。中心距过大，不仅使结构尺寸增大，且易因链条松边垂度太大而产生抖动。一般中心距 $a_0=(30\sim50)p$，推荐 $a_0=40p$，最大中心距 $a_{0\max}=80p$。

链的长度以链节数 L_p 表示。L_p 的计算公式如下：

$$L_p=\frac{2a_0}{p}+\frac{z_1+z_2}{2}+\frac{p}{a_0}\left(\frac{z_2-z_1}{2\pi}\right)^2 \tag{10-27}$$

用式(10-27)计算得到的链节数应圆整为整数，最好取偶数。

由 L_p 计算实际中心距的公式如下：

$$a=\frac{p}{4}\left[\left(L_p-\frac{z_1+z_2}{2}\right)+\sqrt{\left(L_p-\frac{z_1+z_2}{2}\right)^2-8\left(\frac{z_2-z_1}{2\pi}\right)^2}\right] \tag{10-28}$$

10.8　链传动的布置、张紧和润滑

10.8.1　链传动的布置

链传动的两轮轴线应平行，两轮端面应共面。两链轮轴线连线为水平布置(见图 10-29(a))或倾斜布置(见图 10-29(b))时，均应使紧边在上、松边在下，以避免松边下垂量增大后，链条和链轮卡死。倾斜布置时，应使倾角 φ 小于 45°。当传动作铅垂布置时(见图 10-29(c))时，链下垂量增大后，下链轮与链的啮合齿数减少，使传动能力降低，此时可调整中心距或采用张紧装置。

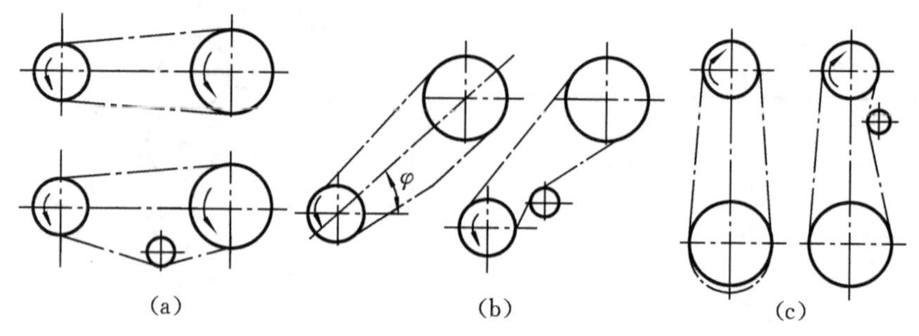

图 10-29　链传动的布置和张紧

10.8.2　链传动的张紧

链传动靠链条和链轮的啮合传递动力，不需要很大的张紧力。链传动张紧的目的主要是为了避免垂度过大引起啮合不良。一般链传动设计成可调整的中心距，通过调整中心距来张紧链条；也可采用张紧轮(见图 10-29)，张紧轮可布置在松边的外侧或内侧。由于链传动的张紧力不大，所以对轴的压力 F_Q 也不大，一般取 $F_Q=(1.2\sim1.3)F$ (F 为圆周力，即链的工作拉力)。有冲击和振动时取较大值。

10.8.3　链传动的润滑

良好的润滑能减少链条铰链的磨损，延长使用寿命，因此，润滑对链传动是必不可少的。图 10-30 所示为几种常见的润滑方法：图(a)为用油刷或油壶人工定期润滑；图(b)为滴油润滑，用油杯通过油管将油滴入松边链条元件各摩擦面间；图

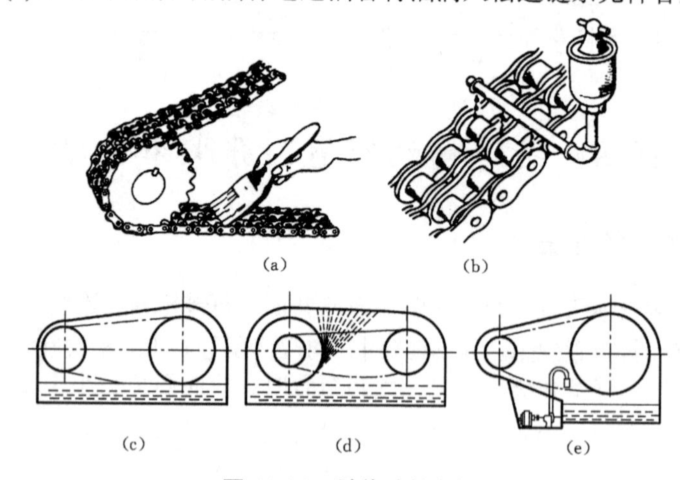

图 10-30　链传动的润滑

(c)为链浸入油池的油浴润滑；图(d)为飞溅润滑，由甩油轮将油甩起进行润滑；图(e)为压力润滑，润滑油由油泵经油管喷在链条上，循环的润滑油还可起冷却作用。

润滑油可采用 L-AN32、L-AN46、L-AN68 等牌号的机械油。对开放式和重载、低速链传动，应在油中加入 MoS_2、WS_2 等添加剂，以提高润滑效果。为了安全与防尘，链传动应装防护罩。

下面举例介绍滚子链传动设计的步骤和方法。

例 10-2 用电动机通过滚子链传动驱动水泥搅拌机，有中等冲击，电动机功率 $P=5.5\,\text{kW}$，转速 $n_1=970\,\text{r/min}$，传动比 $i_{12}=2.5$，试设计此链传动。

解 (1) 选择链轮齿数。

由表 10-18，按 i 选取 $z_1=25$，$z_2=i_{12}z_1=2.5\times25=62.5$，取 $z_2=63$。

(2) 计算实际传动比。

$$i_{12}=\frac{z_2}{z_1}=\frac{63}{25}=2.52$$

(3) 初定中心距。

取 $a_0=40p$。

(4) 按功率曲线确定链型号。

由表 10-13 查得 $K_A=1.3$，由表 10-14 查得 $K_z=1.35$，由表 10-15 查得 $K_i=0.96$，由表 10-16 查得 $K_a=1$，采用单排链，由表 10-17 查得 $K_{pt}=1$。

由式(10-25)计算特定条件下链传递的功率：

$$P_0\geqslant\frac{K_A P}{K_z K_i K_a K_{pt}}=\frac{1.3\times5.5}{1.35\times0.96\times1\times1}\,\text{kW}=5.5\,\text{kW}$$

由图 10-26 选取链号为 10A，节距 $p=15.875\,\text{mm}$。

(5) 计算链速、确定润滑方式。

由式(10-22) 计算链速得

$$v=\frac{z_1 p n_1}{60\times1000}=\frac{25\times15.875\times970}{60\times1000}\,\text{m/s}=6.42\,\text{m/s}$$

由图 10-27 选用油浴式飞溅润滑。

(6) 确定链节数。

由式(10-27)计算链节数得

$$L_p=2\frac{a_0}{p}+\frac{z_1+z_2}{2}+\frac{p}{a_0}\left(\frac{z_2-z_1}{2\pi}\right)^2=\frac{2\times40p}{p}+\frac{25+63}{2}+\frac{p}{40p}\left(\frac{63-25}{2\pi}\right)^2=124.9$$

取 $L_p=124$。

(7) 计算实际中心距。

由式(10-28)计算中心距得

$$a=\frac{p}{4}\left[\left(L_{\mathrm{p}}-\frac{z_1+z_2}{2}\right)+\sqrt{\left(L_{\mathrm{p}}-\frac{z_1+z_2}{2}\right)^2-8\left(\frac{z_2-z_1}{2\pi}\right)^2}\right]$$

$$=\frac{15.875}{4}\times\left[\left(124-\frac{25+63}{2}\right)+\sqrt{\left(124-\frac{25+63}{2}\right)^2-8\times\left(\frac{63-25}{2\pi}\right)^2}\right]\text{mm}$$

$$=627.66\ \text{mm}$$

若中心距设计成可调整的，则不必精确计算实际中心距，即可取

$$a\approx a_0=40p=40\times15.875\ \text{mm}=635\ \text{mm}$$

(8) 计算作用在轴上的压力。

$$F=1000\frac{P}{v}=1000\times\frac{5.5}{6.42}\ \text{N}=856.7\ \text{N}$$

取

$$F_{\mathrm{Q}}=1.25F=1.25\times856.7\ \text{N}=1\ 070.9\ \text{N}$$

思考题与习题

10-1　带传动的工作原理及主要特点是什么？

10-2　为什么一般都将带传动配置在高速级？

10-3　带传动的弹性滑动是怎样产生的？能否避免？对传动有何影响？它与打滑有何不同？

10-4　为避免打滑，安装带传动时，初拉力 F_0 是否越大越好？

10-5　为什么带传动的带速不宜过高也不宜过低？

10-6　为什么要规定小带轮的最小直径？

10-7　带传动的中心距为什么要限制在一定的范围？

10-8　V 带传动中为什么带的根数不宜过多？如计算根数过多，应如何解决？

10-9　带传动传递功率 5.5 kW，带速 v=15.5 m/s，若紧边拉力是松边拉力的两倍，即 $F_1=2F_2$，求紧边拉力及有效拉力。

10-10　V 带传动传递功率 $P=5$ kW，主动轮的转速 $n_1=1\ 450$ r/min，主动轮直径 $d_{\mathrm{d1}}=100$ mm，中心距 $a=1\ 550$ mm，从动轮直径 $d_{\mathrm{d2}}=400$ mm，带与带轮间的当量摩擦系数 $f_{\mathrm{v}}=0.2$，求带速 v、小带轮的包角 α_1 及紧边拉力 F_1。

10-11　试设计轻型输送机的普通 V 带传动。电动机的额定功率为 P=3 kW，转速 $n_1=1\ 420$ r/min，传动比 $i=2.5$，传动中心距 $a\approx400$ mm，二班制工作。

10-12　与带传动和齿轮传动相比，链传动有哪些优缺点？

10-13　链传动的失效形式有哪些？

10-14　滚子链传动由电动机驱动，主动链轮转速 n_1=940 r/min，齿数 z_1=21，链条的标记为 10A-1×102　GB/T 1243—1997，求此链传动能传递的功率。

10-15　试设计带式输送机传动系统中的滚子链传动。已知：传递的功率 $P = 5.2$ kW，载荷平稳，主动链轮由电动机带动，其转速 $n_1 = 720$ r/min，$i = 3.2$。

第11章 齿轮传动

11.1 齿轮传动概述

齿轮传动用于传递空间任意两轴间的运动和动力，是应用最广泛的一种机械传动。齿轮传动与其他机械传动相比，具有传动比准确、效率高、寿命长、工作可靠、结构紧凑、适用的速度和功率范围广等优点。齿轮传动的主要缺点是：制造和安装精度要求较高，不宜在两轴中心距很大的场合使用等。

11.1.1 齿轮传动的类型、特点和应用

齿轮传动的类型很多，有不同的分类方法。按照齿轮副中两齿轮轴线的相对位置，齿轮传动可分为平行轴齿轮传动、相交轴齿轮传动和交错轴齿轮传动三大类。齿轮传动的主要类型、特点和应用见表11-1。

表11-1 齿轮传动的类型、特点和应用

分类		名称	示意图	特点和应用
平行轴齿轮传动	直齿圆柱齿轮传动	外啮合直齿圆柱齿轮传动		两齿轮转向相反，轮齿与轴线平行，工作时无轴向力，重合度小，传动平稳性较差，承载能力较低，多用于速度较低的传动，尤其适用做变速箱的换挡齿轮
		内啮合直齿轮圆柱齿轮传动		两齿轮转向相同，重合度大，轴间距离小，结构紧凑，效率较高
		齿轮齿条传动		齿条相当于一个半径为无限大的齿轮，用于连续转动到往复移动的运动变换

续表

分类		名称	示意图	特点和应用
平行轴齿轮传动	斜齿圆柱齿轮传动	外啮合斜齿圆柱齿轮传动		两齿轮转向相反，齿轮与轴线成一夹角，工作时存在轴向力，所需支承较复杂，重合度较大，传动较平稳，承载能力较高，适用于速度较高、载荷较大或要求结构较紧凑的场合
	人字齿轮传动	外啮合人字齿圆柱齿轮传动		两齿轮转向相反，承载能力高，轴向力能抵消，多用于重载传动
相交轴锥齿轮传动		直齿锥齿轮传动		两轴线相交，轴交角为 90° 的应用较广；制造和安装简便，传动平稳性较差，承载能力较低，轴向力较大，用于速度较低(<5 m/s)，载荷小而稳定的传动
		曲线齿锥齿轮传动		两轴线相交，重合度大，工作平稳，承载能力高，轴向力较大，且与齿轮转向有关，用于速度较高及载荷较大的传动
交错轴齿轮传动		交错轴斜齿轮传动		两轴线交错，两齿轮点接触，传动效率高，适用于载荷小、速度较低的传动
		蜗杆传动		两轴线交错，一般成 90°。传动比较大(一般 i=10~80)，结构紧凑，传动平稳，噪声和振动小，传动效率低，易发热

齿轮传动按齿轮的工作条件可分为以下三种。

(1) 开式齿轮传动。齿轮传动无箱无盖地暴露在外，故不能防尘且润滑不良，因而齿轮易磨损，寿命短，用于低速或低精度的场合，如水泥搅拌机齿轮、卷扬机齿轮等。

(2) 闭式齿轮传动。齿轮传动安装在密闭的箱体内，故密封条件好，且易于保证良好的润滑，使用寿命长，用于较重要的场合，如机床主轴箱齿轮、汽车变速箱齿轮、减速器齿轮等。

(3) 半开式齿轮传动。介于开式齿轮传动和闭式齿轮传动之间，通常在齿轮的外面安装有简易的罩子，如车床交换架齿轮等。

11.1.2 对齿轮传动的基本要求

齿轮常用于传递运动和动力，故对其提出以下两个基本要求。

(1) 传动准确、平稳，即要求齿轮在传动过程中的瞬时角速比恒定不变，以免产生动载荷、冲击、振动和噪声。这与齿轮的齿廓形状和制造、安装精度等因素有关。

(2) 承载能力强，即要求齿轮在传动过程中有足够的强度、刚度，并能传递较大的动力，在使用寿命内不发生断齿、点蚀和过度磨损等现象。这与齿轮的尺寸、材料和热处理工艺等因素有关。

由于齿轮的齿廓曲线不同，齿轮又可分为渐开线齿轮、圆弧齿轮、摆线齿轮等，而渐开线齿轮不仅能满足传动满足传动平稳的基本要求，且便于制造和安装，互换性好，承载能力强，所以应用最广泛。本章只讨论渐开线齿轮传动。

11.2 渐开线齿廓啮合的几个重要性质

11.2.1 渐开线的形成及其特性

如图 11-1 所示，在平面上当一直线 L 沿半径为 r_b 的圆作纯滚动时，此直线上任一点 K 的轨迹称为该圆的渐开线。该圆称为渐开线的基圆，基圆半径用 r_b 表示，直线 L 称为渐开线的发生线。

由渐开线的形成过程可以知道渐开线具有下列特性。

(1) 发生线在基圆上滚动过的线段长度 $\overline{NK}$ 等于基圆上被滚过的弧长 $\overset{\frown}{NA}$，即 $\overline{NK}=\overset{\frown}{NA}$ (见图 11-1)。

(2) 当发生线沿基圆作纯滚动时，N 点为渐开线在 K 点的曲率中心，线段 NK 为曲率半径。由图 11-1 可知，渐开线上各点的曲率半径不同，即渐开线在基圆上的始点 A 的曲率半径为零，由 A 向外展开，曲率半径由小变大，因而渐开线由弯曲逐渐趋向平直。N 点还是这一纯滚动的瞬时转动中心，所以发生线 NK 即为渐开线在点 K 的法线。

(3) 渐开线的形状取决于基圆的大小。基圆半径相同时，所形成的渐开线形状相同。基圆半径越小，渐开线越弯曲；基圆半径越大，渐开线越平直；当基圆半径趋于无穷大时，渐开线成为一条直线，渐开线齿轮就变成了齿条。故直线齿廓的齿条是渐开线齿轮的一个特例。

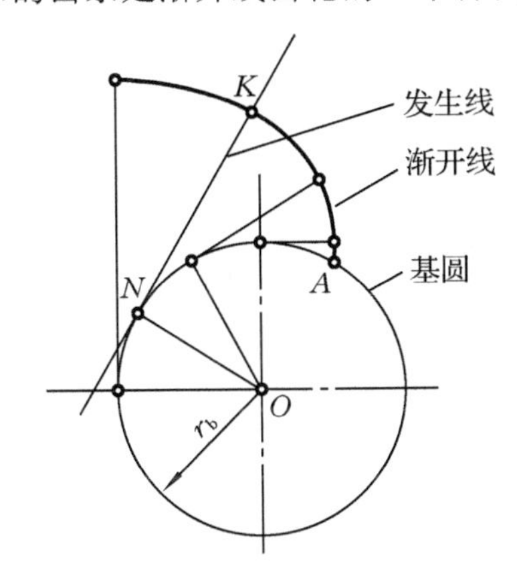

图 11-1 渐开线的形成

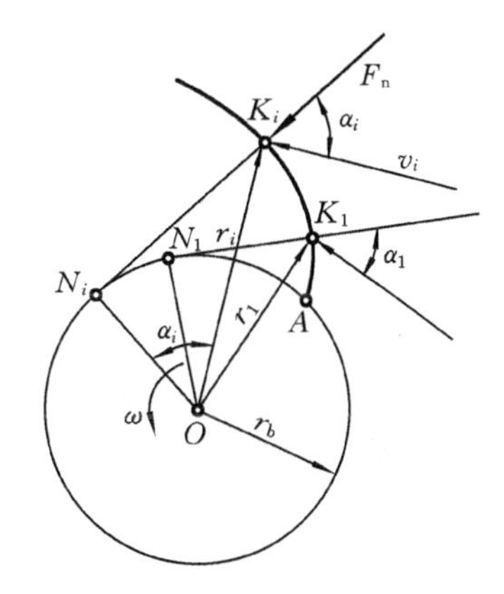

图 11-2 渐开线的压力角

(4) 渐开线上各点的压力角不同。渐开线上任一点 K_i 处的法向压力 F_n 的方向线与该点速度 v_i 的方向线之间所夹的锐角 α_i 称为渐开线上 K_i 点处的压力角（见图 11-2）。由图可知，在直角△ K_iON_i 中，$\angle K_iON_i$ 的两边与 K_i 点压力角 α_i 的两边对应垂直，即 $\angle K_iON_i=\alpha_i$，故有

$$\cos\alpha_i=\frac{\overline{ON_i}}{\overline{OK_i}}=\frac{r_b}{r_i} \tag{11-1}$$

式中：基圆半径 r_b 为一定值。所以渐开线上各点压力角将随各点的向径 r_i 的不同而不同，在基圆上($r_i=r_b$)的压力角为零，K_i 点离基圆愈远，r_i 愈大，压力角 α_i 愈大。压力角的大小将直接影响一对齿轮的传力性能，所以它是齿轮传动中的一个重要参数。

(5) 基圆内无渐开线。

11.2.2 渐开线齿廓啮合的几个重要性质

1．渐开线齿廓能保证定传动比传动

图 11-3 所示为一对渐开线齿轮传动，设主动轮 1 以角速度 ω_1 顺时针转动，驱动从动轮 2 以角速度 ω_2 逆时针转动。一对齿廓在任意点 K 相啮合，根据渐开线特

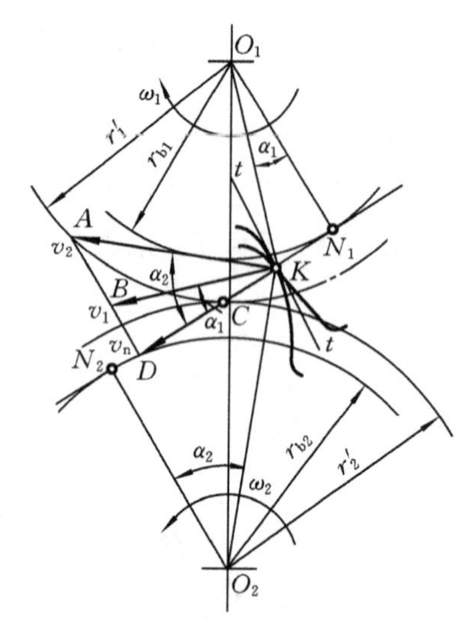

图 11-3　渐开线齿廓啮合能保证传动比为常数

性，过 K 点作齿廓的公法线 N_1N_2 必为两基圆的内公切线，设 N_1 和 N_2 为切点。图中 v_1 为轮 1 的齿廓上 K 点的速度，垂直于 O_1K；v_2 为轮 2 的齿廓上 K 点的速度，垂直于 O_2K。由于两齿廓啮合时，既不分离，也不嵌入，故 v_1 和 v_2 在齿廓啮合点 K 的公法线 N_1N_2 上的分速度必相等，均为 v_n。又因为 $\angle BKD=\angle KO_1N_1=\alpha_1$，$\angle AKD=\angle KO_2N_2=\alpha_2$，故有

$$v_n=v_1\cos\alpha_1=v_1\frac{\overline{O_1N_1}}{\overline{O_1K}}=r_{b1}\omega_1$$

$$v_n=v_2\cos\alpha_2=v_2\frac{\overline{O_2N_2}}{\overline{O_2K}}=r_{b2}\omega_1$$

即

$$r_{b1}\omega_1=r_{b2}\omega_2$$

由此可得

$$i=\frac{\omega_1}{\omega_2}=\frac{r_{b2}}{r_{b1}} \tag{11-2}$$

由于两轮的基圆半径 r_{b1} 和 r_{b2} 均为定值，所以式(11-2)表明：一对渐开线齿轮的齿廓在任意点啮合时，其传动比为一常数，且与两轮基圆半径成反比，这是渐开线齿轮传动的一大优点。

在图 11-3 中，由于$\triangle O_1CN_1\backsim\triangle O_2CN_2$，所以式(11-2)又可以写为

$$i=\frac{\omega_1}{\omega_2}=\frac{r_{b2}}{r_{b1}}=\frac{\overline{O_2C}}{\overline{O_1C}}=\frac{r_2'}{r_1}=\text{常数}$$

上式表明，两轮的传动比也与节圆半径成反比。由此可得

$$\omega_1\cdot\overline{O_1C}=\omega_2\cdot\overline{O_2C}$$

即

$$v_{1C}=v_{2C}$$

且两点的速度方向相同，均垂直于 O_1O_2。

这说明，两齿轮齿廓在节点 C 处啮合时，节点 C 处具有完全相同的圆周速度，所以一对齿轮传动相当于两节圆相切作纯滚动。

2．啮合线为一定直线，啮合角为一常数

一对渐开线齿廓啮合传动时，两齿廓啮合点的轨迹称为啮合线。如图 11-4 所示，不论齿廓在 K、C、K'的哪一点啮合，过啮合点的齿廓公法线总是同时与两轮的基圆相切(根据渐开线特性)，均为两基圆的内公切线 N_1N_2。这就说明，一对渐开线齿轮在啮合传动过程中，其啮合点始终在直线 N_1N_2 上，即啮合线为一条定直线。

啮合线 N_1N_2 与两节圆的公切线 t—t 所夹的锐角称为啮合角，以 α' 表示。由于啮合过程中 N_1N_2 和 t—t 线均不变，故啮合角 α' 为常数，且恒等于节圆压力角，所以两者用同一符号表示。

综上所述，N_1N_2 线同时有四种含义：两基圆的内公切线；啮合点 K 的轨迹线——(理论)啮合线；两轮齿廓啮合点 K 的公法线；在两齿廓之间不计摩擦时力的作用线。

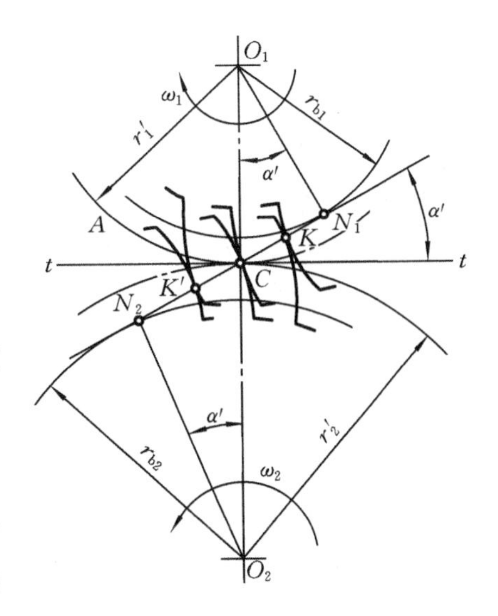

图 11-4　渐开线齿廓啮合时，啮合线为直线、啮合角为常数

3. 传力平稳性

由上述 N_1N_2 为多线合一可知，当一对渐开线齿轮传动所传递的功率一定，两轮转速为定值时，则传动力矩为定值。在传动过程中，主、从动轮的齿廓上所受的法向压力的大小和方向始终保持不变。此即渐开线齿轮传力平稳的特性，它对改善齿轮传动的动力特性和提高齿轮传动的承载能力都非常有利。

4. 渐开线齿轮具有“可分性”

由式(11-2)可知：渐开线齿轮的传动比取决于两基圆半径的大小。当一对渐开线齿轮制成后，两轮的基圆半径就已确定，即使两轮中心距稍有变化而使节圆半径有变化，但由于两轮基圆半径不变，所以传动比保持不变。这种中心距变化，传动比保持不变的性质称为渐开线齿轮的“可分性”。在实用上，它对齿轮的制造和安装都是十分有利的，这是渐开线齿廓的一个重要优点。

11.3　渐开线标准直齿圆柱齿轮的基本参数和几何尺寸计算

11.3.1　齿轮各部分的名称及代号

图 11-5 所示为直齿圆柱齿轮的局部图。依据 GB/T 3374—1992 的规定，齿轮各部分几何名称和符号如下。

(1) 齿顶圆(顶圆)。齿轮齿顶圆柱面与端平面的交线，其直径(半径)用 $d_a(r_a)$ 表示。

(2) 齿根圆(根圆)。齿轮齿根圆柱面与端平面的交线，其直径(半径)用 $d_f(r_f)$ 表

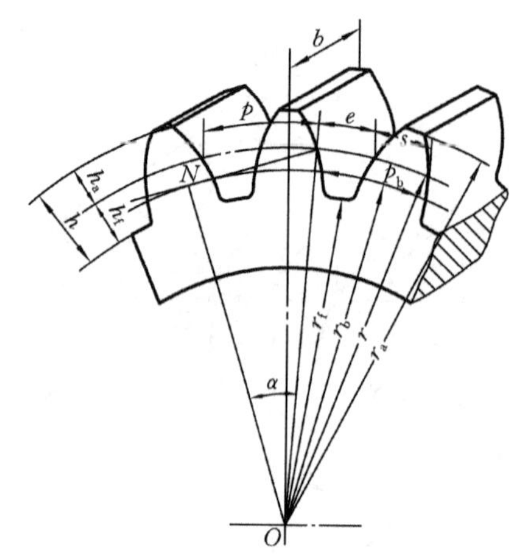

图 11-5　齿轮的基本参数

示。

(3) 分度圆。为设计、计算方便，在齿顶圆柱面与齿根圆柱面之间规定了一个特定的圆柱面，称为分度圆柱面。齿轮的轮齿尺寸均以此圆柱面为基准来确定，分度圆柱面与端平面的交线称为分度圆，其直径(半径)用 $d(r)$表示。

(4) 齿厚。在圆柱齿轮的端面上，一个齿的两侧齿廓之间的分度圆弧长，用 s 表示。

(5) 槽宽。在圆柱齿轮的端面上，一个齿槽(相邻两齿之间的空间)两侧齿廓之间的分度圆弧长，用 e 表示。

(6) 齿距。在圆柱齿轮的端面上，两相邻轮齿同侧齿廓之间的分度圆弧长，用 p 表示。

(7) 齿顶高。齿顶圆与分度圆之间的径向距离，用 h_a 表示。

(8) 齿根高。分度圆与齿根圆之间的径向距离，用 h_f 表示。

(9) 齿高。齿顶圆与齿根圆之间的径向距离，用 h 表示。

(10) 齿宽。轮齿两个端面之间的距离，用 b 表示。

11.3.2　基本参数

(1) 齿数。在齿轮整个圆周上轮齿的总数称为齿数，用 z 表示。

(2) 模数。齿距与分度圆直径有如下计算关系：

$$zp = \pi d$$

因而

$$d = \frac{p}{\pi} z$$

上式含有无理数π，致使计算和测量多有不便，故有比值 $\frac{p}{\pi}$ 为一系列较完整的数，称为模数，用 m 表示，单位为 mm。于是分度圆上的齿距 p 和分度圆直径 d 分别表示为

$$p = \pi m \tag{11-3}$$

$$d = mz \tag{11-4}$$

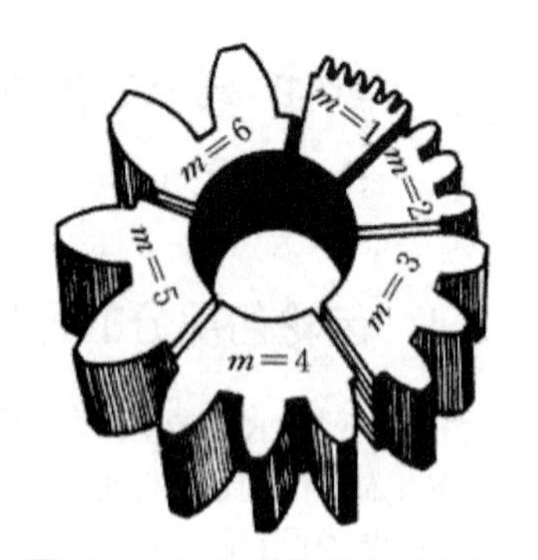

图11-6　不同模数的齿形比较

模数 m 是决定齿轮尺寸的一个基本参数。模数越大，则轮齿越大。图 11-6 表示了不同模数的齿轮齿形。分度圆上的模数是标

准值。模数标准系列见表 11-2。

(3) 压力角。由前述渐开线特性知，在不同圆周上渐开线的压力角是不同的。国家标准规定在分度圆上的压力角为 20°，用α表示，称为标准压力角。于是依式(11-1)有

$$\alpha = \arccos(r_b / r) \quad 或 \quad r_b = r\cos\alpha \tag{11-5}$$

(4) 齿顶高系数 h_a^*和顶隙系数 c^*。为了以模数 m 作为基本参数进行计算，齿顶高和齿根高可取为

$$h_a = h_a^* m \tag{11-6}$$

$$h_f = (h_a^* + c^*) m \tag{11-7}$$

式中：h_a^*——齿顶高系数；

c^*——顶隙系数。

表 11-2　标准模数系列表(摘自 GB 1357—1987)　(单位：mm)

第一系列	0.1	0.12	0.15	0.2	0.25	0.3	0.4	0.5	0.6	0.8
	1	1.25	1.5	2	2.5	3	4	5	6	8
	10	12	16	20	25	32	40	50		
第二系列	0.35	0.7	0.9	1.75	2.25	2.75	3.25	3.5	(3.75)	4.5　5.5
	(6.5)	7	9	(11)	14	18	22	28	(30)	36　45

注：选用模数时，应优先采用第一系列，其次是第二系列，括号内的模数尽可能不用。

标准规定，对正常齿制，$h_a^*=1$，$c^*=0.25$；对短齿制，$h_a^*=0.8$，$c^*=0.3$。

凡模数、压力角、齿顶高系数和顶隙系数均为标准值，且分度圆上的齿厚和槽宽相等的齿轮，即 $s = e = \dfrac{p}{2} = \dfrac{\pi m}{2}$，称为标准齿轮。

11.3.3　标准直齿圆柱齿轮的几何尺寸

依据上述五个基本参数(z、m、α、h_a^*、c^*)，利用表 11-3 中列出的计算公式就可以计算出标准直齿圆柱齿轮各部分的几何尺寸。内齿轮和齿条的尺寸计算公式请读者自行分析得出。

表 11-3　渐开线标准直齿圆柱齿轮传动几何尺寸计算公式

名称	代号	计算公式	
		小齿轮	大齿轮
模数	m	根据齿轮受力情况和结构需要确定，选取标准值	
压力角	α	选取标准值	
分度圆直径	d	$d_1 = mz_1$	$d_2 = mz_2$

续表

名称	代号	计算公式	
		小齿轮	大齿轮
齿顶高	h_a	$h_{a1}=h_{a2}=h_a^* m$	
齿根高	h_f	$h_{f1}=h_{f2}=(h_a^*+c^*)m$	
齿全高	h	$h_1=h_2=(2h_a^*+c^*)m$	
齿顶圆直径	d_a	$d_{a1}=(z_1+2h_a^*)m$	$d_{a2}=(z_2+2h_a^*)m$
齿根圆直径	d_f	$d_{f1}=(z_1-2h_a^*-c^*)m$	$d_{f2}=(z_2-2h_a^*-c^*)m$
基圆直径	d_b	$d_{b1}=d_1\cos\alpha$	$d_{b2}=d_2\cos\alpha$
齿距	p	$p=\pi m$	
基圆齿距	p_b	$p_b=p\cos\alpha$	
齿厚	s	$s=\pi m/2$	
槽宽	e	$e=\pi m/2$	
顶隙	c	$c=c^* m$	
标准中心距	a	$a=m(z_1+z_2)/2$	
节圆	d'	当中心距为标准中心距 a 时，$d'=d$	
传动比	i	$i_{12}=\omega_1/\omega_2=z_2/z_1=d_2'/d_1'=d_2/d_1=d_{b2}/d_{b1}$	

11.3.4　公法线长度与径节制齿轮

1. 公法线长度

在齿轮检验与加工过程中，经常要测量公法线长度，用来控制轮齿齿侧间隙公差。在齿轮上跨过若干齿数 k 所量得的渐开线间的法线距离，称为齿轮的公法线长度。标准直齿圆柱齿轮的公法线长度常用游标卡尺或公法线千分尺的两个卡脚卡住若干的轮齿进行测量。图 11-7 所示为卡住三个轮齿，并使卡尺的两个卡脚与两条反向渐开线相切，则两切点的连线长 w 称为两条反向渐开线切点处的公法线长度，由图可知，$w=(3-1)p_b+s_b$（p_b 为齿轮的基圆齿距(mm)，s_b 为齿轮的基圆齿厚(mm)）。当卡脚卡住 k 个齿时，$w_k=(k-1)p_b+s_b$，由此得出公法线长度的计算公式为

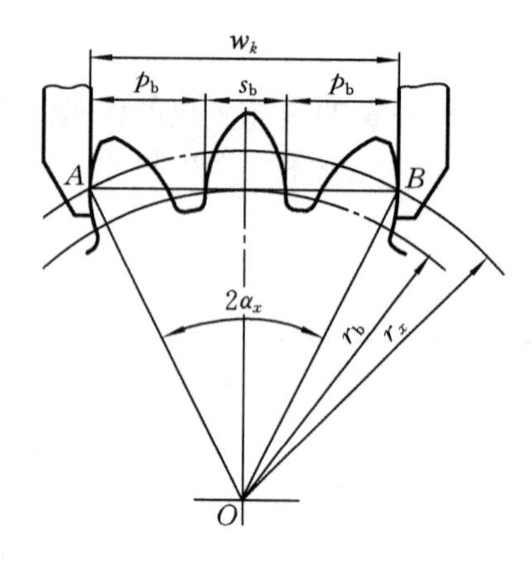

图 11-7　测量公法线长度

$$w_k = m\cos\alpha[\pi(k-0.5)+z(\tan\alpha-\alpha)]$$

式中：m——模数；

α——压力角；

z——齿数；

k——跨测齿数。

对于压力角 $\alpha=20°$ 的标准齿轮，有

$$w_k = m[2.952\ 1(k-0.5)+0.014z] \tag{11-8}$$

为了保证测量精度，卡尺的卡脚应位于渐开线齿轮的分度圆附近，可推导出此时的跨测齿数计算公式为

$$k=\frac{z}{9}+0.5 \tag{11-9}$$

计算出的跨测齿数应圆整为整数。

为了便于应用，工程中已将 $m=1$ 、$\alpha=20°$ 的标准直齿圆柱齿轮的公法线长度 w 、跨测齿数 k 列为表格，供使用时参考。因此，w 和 k 的值也可直接从机械设计手册中查得。

2. 径节制齿轮

采用英制单位的英国、美国等国家，齿轮不采用模数制而采用径节制。用径节作为计算齿轮几何尺寸的基本参数。径节为齿数与分度圆直径之比，即

$$p=\frac{z}{d} \tag{11-10}$$

式中：分度圆直径 d 的单位为 in（英寸）；径节 p 的单位为 1/in（1/英寸）。在径节制中，径节已标准化，其值为：1，$1\frac{1}{4}$，$1\frac{1}{2}$，2，$2\frac{1}{4}$，$2\frac{1}{2}$，$2\frac{3}{4}$，3，$3\frac{1}{2}$，4，$4\frac{1}{2}$，5，6，7，8，9，10，12，14，16，18，20。

模数 m 和径节 p 互为倒数，各自换算单位也不相同，它们的换算关系为

$$m=\frac{25.4}{p} \tag{11-11}$$

式中：径节 p 的单位为 1/in；模数 m 的单位为 mm。

11.4 渐开线标准直齿圆柱齿轮的啮合传动

11.4.1 正确啮合条件

要使一对渐开线直齿圆柱齿轮能正确啮合传动，必须满足一定的条件。

如前所述，一对渐开线齿轮传动时的齿廓啮合点都应在啮合线 N_1N_2 上。因此，如图 11-8 所示，要使处于啮合线上的各对齿轮都能正确地进入啮合状态，显然必须保证处于啮合线上的相邻两齿轮同侧齿廓之间的法向距离相等，即

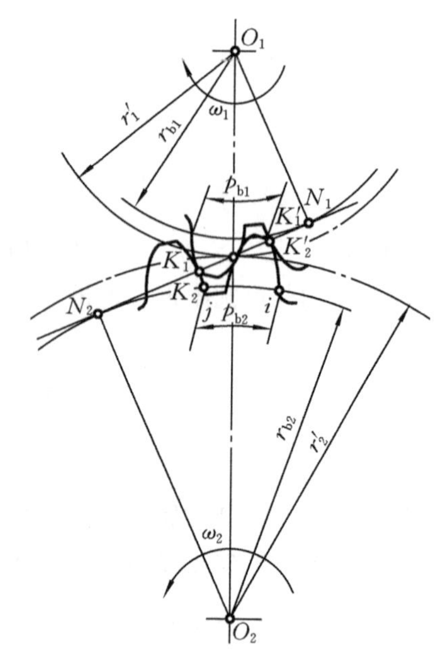

图 11-8　正确啮合条件

$$\overline{K_1K_1'} = \overline{K_2K_2'}$$

由渐开线特性可知，齿廓之间的法向距离应等于基圆齿距，即

$$\overline{K_2K_2'} = \overline{N_2K_2'} - \overline{N_2K_2} = \overline{N_2i} - \overline{N_2j} = \overline{ij} = p_{b2}$$

$$p_{b2} = \frac{\pi\, d_{b2}}{z_2} = \frac{\pi\, d_2 \cos\alpha_2}{z_2}$$

$$= p\cos\alpha_2 = \pi\, m_2 \cos\alpha_2$$

同理　　$\overline{K_1K_1'} = p_{b1}$，$p_{b1} = \pi\, m_1 \cos\alpha_1$

因此，欲满足 $\overline{K_1K_1'} = \overline{K_2K_2'}$，则应使

$$p_{b1} = p_{b2}$$

或

$$m_1 \cos\alpha_1 = m_2 \cos\alpha_2$$

式中：m_1、m_2，α_1、α_2——两轮的模数和压力角。由于模数和压力角均已标准化，要使上式得到满足，则须

$$\left.\begin{aligned} m_1 = m_2 = m \\ \alpha_1 = \alpha_2 = \alpha \end{aligned}\right\} \tag{11-12}$$

式(11-12)表明：渐开线齿轮的正确啮合条件是两轮的模数和压力角必须分别相等。

11.4.2　连续传动的条件

为了保证一对渐开线齿轮能够连续传动，必须做到前一对啮合轮齿在脱离啮合之前，后一对轮齿必须进入啮合，否则传动就会中断。

图 11-9 所示为两个齿轮轮齿啮合的过程。当主动轮以齿根拨动从动轮的齿顶，使接触点在啮合线 N_1N_2 上的 B_2 点（即开始啮合点），待主动轮以齿顶拨动从动轮齿根，其接触点在啮合线 N_1N_2 上的 B_1 点时，一对齿轮啮合即告终止，B_1 点为啮合终止点(如一对虚线齿廓在图中所示)。可见，实际上两齿轮只在线段 B_1B_2 上啮合，B_1B_2 称为实际啮合线，N_1N_2 为理论啮合线。要求齿轮能连续传动，则要求前一对轮齿在啮合终点 B_1 以前的 K 点接触时，后一对轮齿已进入 B_2 点啮合。因此，保证连续传动的条件为

$$\overline{B_1B_2} \geqslant \overline{B_2K}$$

由渐开线的特性可知，线段 B_2K 等于基圆的齿距 p_b，即 $\overline{B_2K}=p_b$，故上式可改写为

$$\overline{B_1B_2} \geqslant p_b$$

实际啮合线 B_1B_2 与基圆齿距 p_b 的比值称为齿轮传动的端面重合度，用 ε_a 表示，则渐开线齿轮连接传动的条件为

$$\varepsilon_a=\frac{\overline{B_1B_2}}{p_b}\geqslant 1 \tag{11-13}$$

外啮合标准齿轮传动时，ε_a 的计算式(推导从略)为

$$\varepsilon_a=\frac{1}{2\pi}[z_1(\tan\alpha_{a1}-\tan\alpha')+z_2(\tan\alpha_{a2}-\tan\alpha')] \tag{11-14}$$

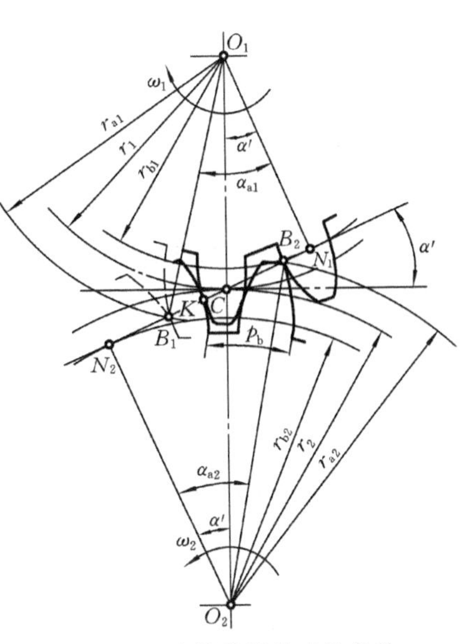

图 11-9 齿轮连续传动的条件

式中：α'——啮合角，标准齿轮传动时，$\alpha'=\alpha$；

α_{a1}、α_{a2}——齿轮 1、2 的齿顶圆压力角，其值可由式(11-1)确定。

从理论上讲，$\varepsilon_a=1$ 能保证齿轮连续转动，但因齿轮制造和安装的误差，实际上必须 $\varepsilon_a>1$。在一般机械制造中，要求 $\varepsilon_a=1.1\sim1.4$。

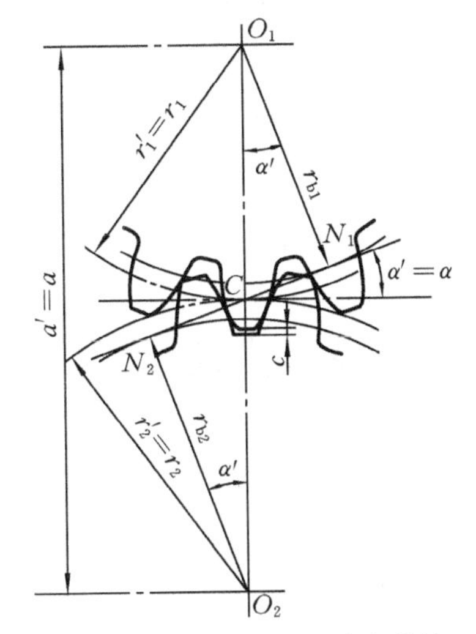

图 11-10 标准齿轮正确安装的标准中心距

11.4.3 标准中心距

图 11-10 表示一对外啮合的渐开线标准齿轮传动，假设没有齿侧间隙(实际齿侧间隙是由制造公差来控制的)，则因标准齿轮在分度圆上的齿厚与槽宽相等，所以两轮的分度圆相切，且作纯滚动，这时两轮的节圆与分度圆重合，按这样标准安装的齿轮称为标准齿轮。

显然，在标准安装下，两轮之间的中心距为

$$a'=a=r_1'+r_2'=r_1+r_2=\frac{m}{2}(z_1+z_2) \tag{11-15}$$

式中：r_1'、r_2'——两轮节圆半径；

r_1、r_2——两轮分度圆半径；

a'——一对标准齿轮传动的实际中心距；

a——一对标准齿轮传动的标准中心距。

两轮之间的径向间隙，即顶隙为

$$c = h_f - h_a = (h_a^* + c^*)m - h_a^* m = c^* m \tag{11-16}$$

顶隙是当一对齿轮啮合传动时，为避免一轮的齿顶与另一轮的齿槽底部相抵触，并储存润滑油，在一轮的齿顶圆与另一轮的齿根圆之间留有的一定的间隙。

例 11-1 正常齿制的标准直齿圆柱齿轮，齿数 $z_1 = 20$，模数 m =2 mm，拟将该齿轮用作某传动的主动轮 1，现需配一从动轮 2，要求传动比 i=3.5，试计算从动轮 2 的几何尺寸及两轮的中心距。

解 具体计算过程如下。

(1) 计算从动轮齿数 z_2。

$$z_2 = iz_1 = 3.5 \times 20 = 70$$

(2) 计算从动轮各部分几何尺寸。

根据正确啮合条件式（11-12）得

$$m_1 = m_2 = m = 2\ \text{mm}$$

根据表 11-3 计算公式分别计算以下几何尺寸。

分度圆直径 d_2：

$$d_2 = mz_2 = 2 \times 70\ \text{mm} = 140\ \text{mm}$$

齿顶圆直径 d_{a2}：

$$d_{a2} = (z_2 + 2h_a^*)m = (70 + 2 \times 1) \times 2\ \text{mm} = 144\ \text{mm}$$

齿根圆直径 d_{f2}：

$$d_{f2} = (z_2 - 2h_a^* - 2c^*)m = (70 - 2 \times 1 - 2 \times 0.25) \times 2\ \text{mm} = 137\ \text{mm}$$

齿高 h：

$$h = (2h_a^* + c^*)m = (2 \times 1 + 0.25) \times 2\ \text{mm} = 4.5\ \text{mm}$$

(3) 计算中心距 a。

$$a = \frac{m}{2}(z_1 + z_2) = \frac{2}{2} \times (20 + 70)\ \text{mm} = 90\ \text{mm}$$

11.5 渐开线直齿圆柱齿轮的加工方法及根切现象

11.5.1 齿轮的加工方法

齿轮的加工方法很多，如铸造、模锻、冷轧、热轧、切削加工等，但最常用的是切削加工方法。切削加工方法又分为仿形法和展成法两种。

1. 仿形法

仿形法是最简单的切齿方法。齿轮的轮齿是在普通机床上用盘状铣刀(见图 11-11(a))或指状齿轮铣刀(见图 11-11(b))铣出来的。铣刀的轴剖面形状与齿轮的齿槽形状相同。切齿时，铣刀绕本身的轴线旋转，齿轮毛坯随机床工作台沿平行于齿轮轴线方向作直线移动。切出齿槽后，将毛坯转过 360°/z，再切第二个齿槽，直至加工出全部轮齿。

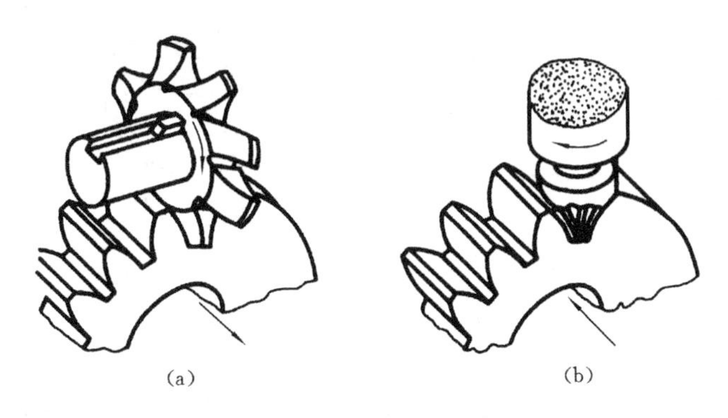

图 11-11　仿形法切齿轮

用仿形法铣削齿轮，其齿形的准确程度是通过铣刀切削刃的形状来保证的。根据渐开线的特性可知，渐开线曲线形状取决于基圆的大小，而基圆直径则由模数、齿数和压力角决定，即 $d_b = mz\cos\alpha$ 。当模数一定、压力角为标准值时，不同齿数的齿轮，齿形渐开线不同。因此，要铣出正确的齿形，理论上要求在同一模数下，每一种齿数的齿轮应有一把铣刀。这是不可能的。生产实际中，为减少铣刀的品种、数量，通常一种模数只配备 8 把(铣精密齿轮配备 15 把)铣刀，每把铣刀加工一定范围齿数的齿轮，故齿形误差不可避免，致使加工精度低。表 11-4 给出了 8 把铣刀加工齿数的范围。

表 11-4　刀号及其加工齿数的范围

刀　号	1	2	3	4	5	6	7	8
加工齿数的范围	12~13	14~16	17~20	21~25	26~34	35~54	55~134	135 以上

综上所述，仿形法只适用于对精度要求不高的齿轮的生产，以及修配等单件生产方式。

2. 展成法

展成法是指根据一对齿轮啮合的原理进行切齿加工(见图 11-12(a))。设想将一对相互啮合传动的齿轮(或齿条与齿轮)之一做出切削刃形成刀具，而另一个则为毛坯(无轮齿的齿轮毛坯)，并强制使两者仍按原定的传动比关系进行传动，进行展成运动。在展成运动过程中，刀具渐开线齿廓在一系列位置时的包络线就是被加工齿轮的渐开线齿廓曲线，这就是展成法切齿的基本原理。插齿、滚齿、剃齿和磨齿等均属于展成法。

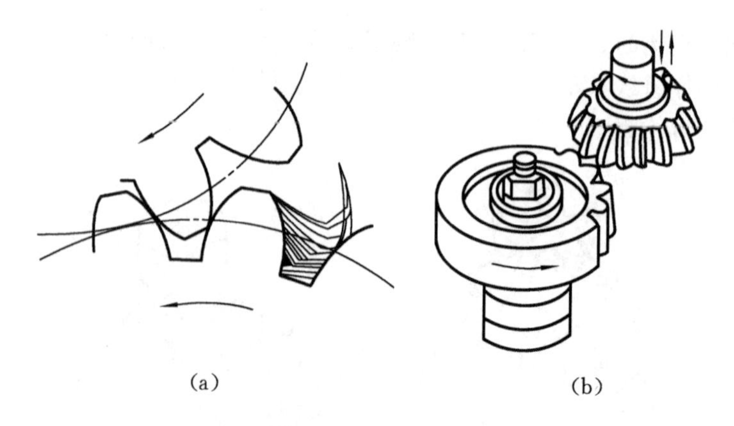

图 11-12　齿轮插刀切齿

(1) 齿轮插刀插齿。图 11-12(b)所示为齿轮插刀插齿的情形。齿轮插刀的外形就像一个具有切削刃的齿轮，当用齿数为 $z_{刀}$ 的齿轮插刀去加工一个模数、压力角均与插刀相同的待加工齿轮时，通过机床的传动系统使刀具与轮坯按恒定传动比 $i=\dfrac{\omega_{刀}}{\omega_{坯}}=\dfrac{z_{坯}}{z_{刀}}$ 连续转动(展成运动)，并使刀具沿轮坯轴线方向作往复直线运动(切削运动)，从而把与切削刃相遇的轮坯材料切去，于是插刀切削刃在各个位置的包络线便形成了待加工齿轮的渐开线齿廓，即切出了齿槽，形成了齿轮。

(2) 齿条插刀插齿。当齿轮插刀的齿数增至无限多时，其基圆半径变为无穷大，插刀的渐开线的齿廓形成直线齿廓，齿轮插刀就成为齿条插刀，其切削原理与齿轮插刀插齿相同，如图 11-13 所示。

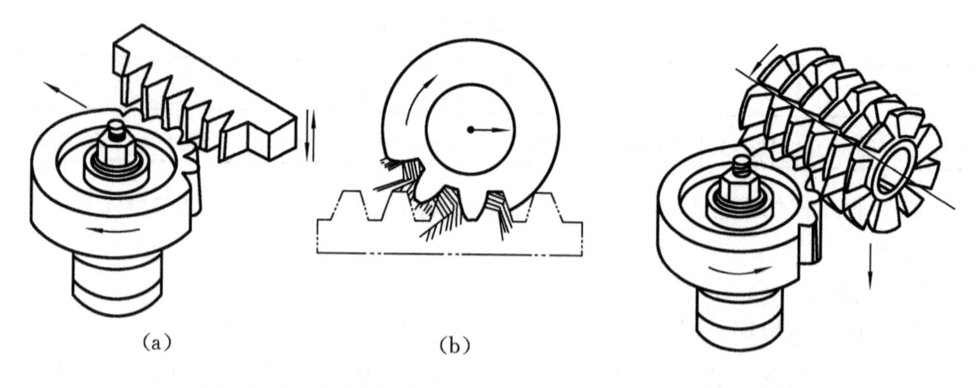

图 11-13　齿条插刀切齿

图 11-14　齿轮滚刀切齿

(3) 齿轮滚刀滚齿。上述插刀插齿加工齿轮，其切削是不连续的，生产率低。用齿轮滚刀加工齿轮能实现连续切削，生产率高，广泛地应用在生产中。图 11-14 所示为齿轮滚刀切削齿轮坯的情形。通常用阿基米德螺旋线滚刀，其轴向剖面为一标准齿条齿廓，滚刀形状很像螺旋。当滚刀绕其轴线回转时，就相当于齿条在连续不断地移动。当滚刀与齿坯分别绕各自轴线转动时，便按范成原理切出齿轮的渐开线齿廓。

展成法与仿形法相比，只需刀具的模数和压力角与被加工齿轮的模数和压力角相同，便可用同一把刀具加工出各种齿数的齿轮，因而大大减少了刀具的品种规格。同时，展成法加工精度也较高。此外，展成法加工无需分度运动，且滚齿时连续切削，因此生产率很高。展成法的缺点是需要专用的齿轮加工机床。因此，展成法广泛应用于批量生产中。

11.5.2 根切现象与最少齿数

用展成法加工渐开线齿轮时，若被加工齿轮的齿数过少，切削刃会把齿轮根部已展成出的渐开线切去一部分，这种现象称为根切，如图 11-15 所示。根切使齿根抗弯强度削弱，齿廓渐开线变短，端面重合度降低，影响传动的平稳性，因此应避免。

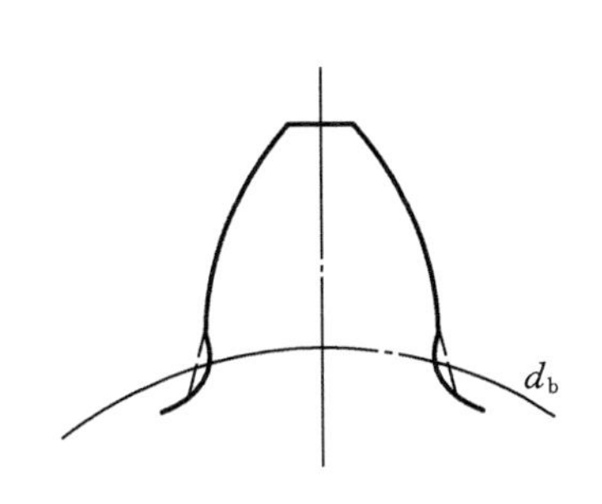

图 11-15 轮齿的根切

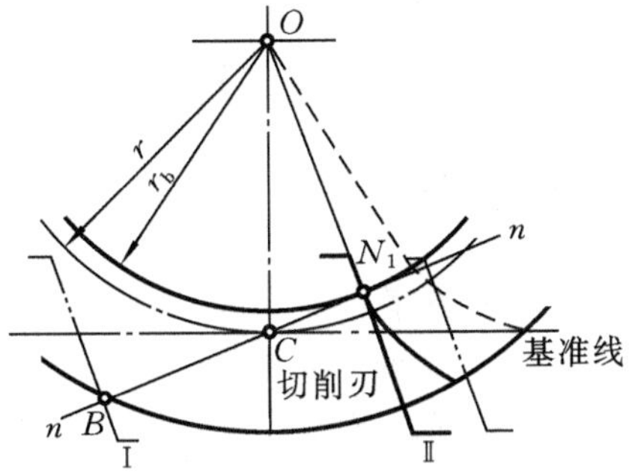

图 11-16 用齿条刀具切制标准齿轮的根切现象

图 11-16 所示的是用齿条刀具切制标准齿轮时产生根切的情况。此时被加工齿轮的分度圆与刀具基准线相切。用展成法加工时，若被加工齿轮的齿数太少，刀具的齿顶线(或齿顶圆)将超过啮合线与被加工齿轮基圆的切点 N_1(称为啮合极限点)，产生根切。如图中切削刃由位置Ⅰ(B 点处)开始切削齿轮的渐开线，切削刃移到位置Ⅱ(N_1点处)时，被切齿轮齿廓的渐开线部分已全部切出。如果刀具齿顶线超过 N_1，由于机床的强制展成运动，刀具会继续右移，将已展成的渐开线切去一部分，产生根切现象。

因此，产生根切的原因为刀具齿顶线超过啮合极限点 N_1，所以要防止根切就得设法改变它们的位置。N_1 的位置与被加工齿轮基圆半径 r_b 的大小有关，如图 11-17 所示。$r_b > r_b'$，N_1 比 N_1' 高，即高出齿条刀具齿顶线与啮合线交点 B，则不发

生根切的条件可写成

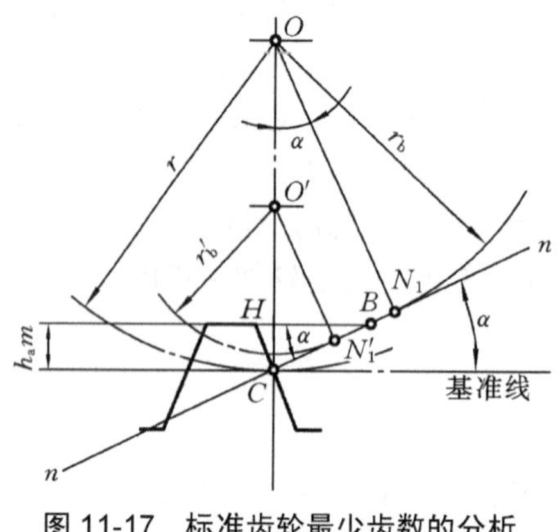

图 11-17　标准齿轮最少齿数的分析

$$\overline{CN_1} \geqslant \overline{CB}$$

由此不难推出，用标准齿条插刀或滚刀加工标准直齿圆柱齿轮时，不产生根切的最少齿数为 $z_{\min}=17$，即应使标准齿轮的齿数 $z \geqslant 17$。

当希望小齿轮的齿数小于 17 而又不发生根切时，必须采用(正)变位齿轮，即刀具相对轮坯离开一小段距离 xm(比加工标准齿轮时)，其中 m 为模数，x 为变位系数，xm 为变位量。有关变位齿轮的详细介绍，请参阅有关书籍。

11.6　齿轮传动的失效形式与常用材料

11.6.1　齿轮传动的失效形式及计算准则

1. 齿轮传动的失效形式

大多数齿轮传动既传递运动又传递动力，因此，齿轮传动除运动必须平稳外，还必须有足够的承载能力。实践证明，齿轮传动失效主要发生在轮齿上。其主要失效形式有以下几种。

(1) 轮齿折断。轮齿折断是指齿轮的一个或多个齿的整体或局部的断裂。通常有疲劳折断和过载折断两种。

① 疲劳折断。轮齿的受载可看成是悬臂梁，齿根部的弯曲应力最大。当齿轮单向运转时，其弯曲应力按对称循环变化。当轮齿在过高的交变应力多次作用下，齿根处将形成疲劳裂纹并不断地扩展，从而导致轮齿的疲劳折断。

对宽度较小的直齿轮，轮齿一般沿整个齿宽折断。对接触线倾斜的斜齿轮或人字齿轮以及齿宽较大的直齿轮，多发生轮齿的局部折断(见图 11-18)。

② 过载折断。通常是指由于短时的严重过载所造成的轮齿折断。

增大齿根过渡圆角半径、提高表面精度以减小应力集中以及对齿根处进行强化处理(如喷丸、碾压)等，都可提高轮齿的抗折断能力。

(2) 齿面点蚀。齿轮工作时，轮齿齿面在法向力的作用下将产生接触应力，并按脉冲循环变化。齿面在过高的交变接触应力的反复作用下，齿面金属将呈小块脱落，在节点附近形成麻点状的凹坑，称为点蚀(见图 11-19)。点蚀多发生在闭式传动、良好润滑条件下。

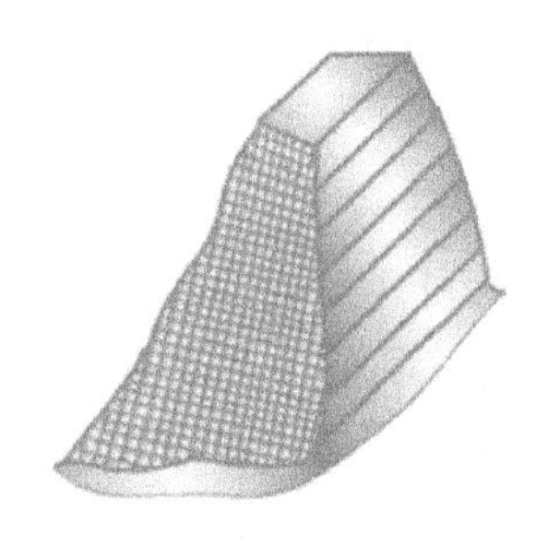

图 11-18　轮齿折断的形式

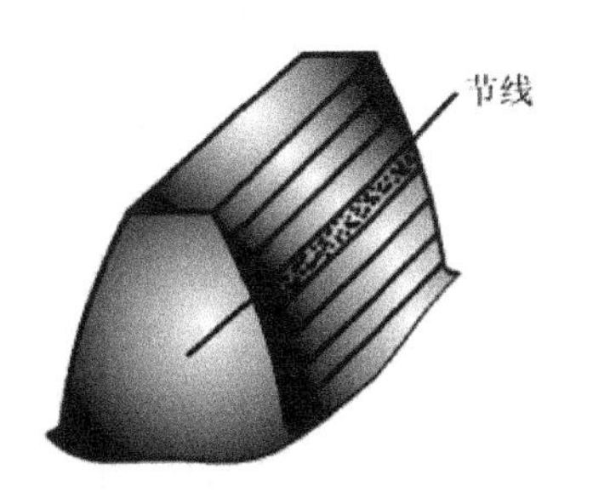

图 11-19　齿面点蚀

提高齿面硬度、接触精度及润滑油黏度，进行合理的变位等措施，均能提高齿面抗点蚀能力。

(3) 齿面胶合。对高速重载的齿轮传动，齿面间的压力大、产生的摩擦热过大、润滑效果差，会使两齿面间某些接触点熔焊在一起，随后又被撕开，从而使齿面上滑动速度较大的齿顶和齿根处产生沿相对滑动方向的撕裂痕迹，如图 11-20 所示。这种破坏为胶合，多发生在闭式软齿面齿轮传动中。

提高齿面硬度和表面精度，采用抗胶合性能强的润滑油，选用抗胶合性能好的齿轮材料，采用合理的变位等，均能提高齿轮传动的抗胶合能力。

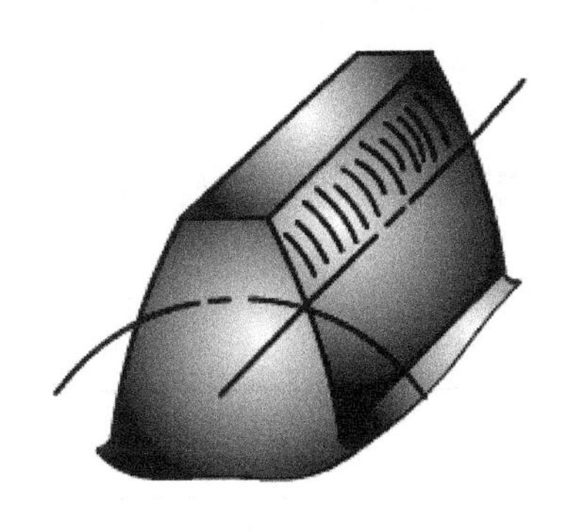

图 11-20　齿面胶合

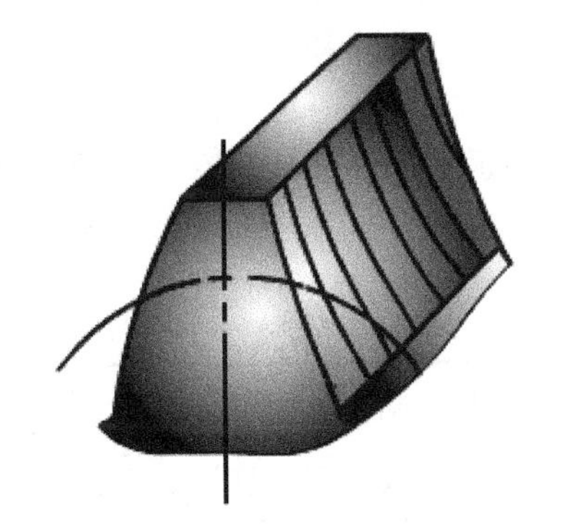

图 11-21　齿面磨损

(4) 齿面磨损。在齿轮啮合传动中，齿面磨损一方面导致渐开线齿形被破坏，引起噪声和系统振动；另一方面使轮齿变薄，可间接导致轮齿折断。齿面磨损失效多发生在开式齿轮传动中。图 11-21 为磨损后的齿面。

为了减少磨损，重要的齿轮传动应采用闭式传动，并经常注意润滑油的清洁和更换。

(5) 塑性变形。在过大的压力作用下，轮齿材料因屈服产生沿摩擦力方向的塑性流动，这种现象称为塑性变形。在启动频繁和过载传动中，这种齿面损坏形式容易产生。

适当选配主、从动齿轮的材料和表面硬度，进行适当的跑合，以及选用合适的润滑油和润滑方法等均能减少和防止齿面塑性变形。

2. 齿轮传动强度计算准则

设计齿轮传动时，应根据实际工作条件，分析其可能发生的主要失效形式，选择相应的齿轮传动强度计算准则。一般情况下齿轮传动的计算准则如下。

(1) 闭式软齿面(≤350 HBS)齿轮传动的主要失效形式是齿面点蚀，故按齿面接触疲劳强度进行设计计算，得到齿轮传动的主要尺寸(分度圆直径或中心距)，并按齿根弯曲疲劳强度校核。

(2) 闭式硬齿面(＞350 HBS)齿轮传动的主要失效形式是齿轮折断，故应先按齿根弯曲疲劳强度设计，再校核齿面接触疲劳强度。

(3) 开式(半开式)齿轮传动的主要失效形式是齿面磨损和齿根弯曲疲劳折断，故应按齿根弯曲疲劳强度设计，并考虑磨损影响，将强度计算所得的模数放大10%~20%。

11.6.2 齿轮的常用材料和热处理

根据齿轮失效形式的分析可知，齿轮材料应具备如下性能：①齿面有足够的硬度，以获得较高的抗点蚀、抗磨损、抗胶合的能力；②齿轮心部有足够的韧度，以获得较高的抗弯曲和抗冲击载荷的能力；③具有良好的加工工艺性和热处理性能。

为了满足上述要求，齿轮多使用锻钢、铸钢、铸铁等金属材料，并经热处理，也可使用工程塑料等非金属材料。齿轮常用材料列于表 11-5。

表 11-5 齿轮常用材料

材 料	热处理方法	硬 度		应 用
		HBS	HRC	
45	正火	169~217	—	低速轻载；中、低速中载(如通用机械中的齿轮)；高速中载、无剧烈冲击(如机床变速箱中的齿轮)
	调质	217~255		
	表面淬火	—	40~50	
40Cr	调质	240~260	—	低速中载；高速中载、无剧烈冲击
	表面淬火	—	48~55	
20Cr，20CrMnTi	渗碳、淬火回火	—	56~62(齿心 28~33)	高速中、重载，承受冲击载荷的齿轮(如汽车、拖拉机中的重要齿轮)
ZG310-570	正火	160~210	—	重型机械中的低速齿轮
	表面淬火	—	40~50	

续表

材料	热处理方法	硬度		应用
		HBS	HRC	
ZG340-640	正火	170~230	—	重型机械中的低速齿轮
	调质	240~270	—	标准系列减速器的大齿轮
HT200	人工时效（低温退火）	170~230	—	不受冲击的不重要齿轮；开式传动中的齿轮
HT300		187~235	—	
QT500-5	正火	147~241	—	可代替铸钢
QT600-2		220~280	—	

下面提出几点注意事项，供选用齿轮材料时参考。

(1) 软齿面齿轮(如表 11-5 中经正火或调质处理的钢齿轮和铸铁齿轮等)工艺简单、生产率高，故比较经济。但因齿面硬度不高，限制了承载能力，故适用于载荷、速度、精度要求均不高的场合。硬齿面齿轮(如表11-5 中经表面淬火、渗碳淬火或渗氮等表面硬化处理后的齿轮等)承载能力高，但成本相应也较高，故适用于载荷、速度和精度要求均很高的重要齿轮。

(2) 相啮合传动的一对齿轮，在同样时间内，小齿轮轮齿的工作次数较大齿轮轮齿的多，小齿轮轮齿的齿根弯曲疲劳强度较大齿轮轮齿的低，为使它们的轮齿的强度和寿命接近，应使大、小齿轮的材料和齿面硬度有所区别。小齿轮齿面硬度较大齿轮齿面硬度应高 20~50 HBS。可以通过选用不同的材料或不同的热处理方法来实现。

(3) 由于锻钢的力学性能优于同类铸钢，所以齿轮材料应优先选用锻钢。对于结构形状复杂的大型齿轮($d_a > 500$ mm)，受锻造工艺或锻造设备条件的限制，可采用铸钢制造，如低速重载的轧钢机、矿山机械的大型齿轮。

(4) 在小功率和精度要求不高的高速齿轮传动中，为了减少噪声，其小齿轮常用尼龙、夹布胶木、聚甲醛等非金属材料制造。但配对的大齿轮仍采用钢或铸铁制造，以利于散热。

11.7 渐开线标准直齿圆柱齿轮传动的强度计算

如前所述，齿轮的失效主要是指轮齿的失效。因此，齿轮传动的强度计算主要是针对轮齿的。该计算根据国家标准 GB 3480—1983《渐开线圆柱齿轮承载能力计算方法》及 GB 10063—1988《通用机械渐开线圆柱齿轮承载能力简化计算方法》进行。

11.7.1 直齿圆柱齿轮传动的载荷计算

1. 齿轮的受力分析

在对轮齿进行强度计算以及设计轴和轴承等轴系零件时，都需要对齿轮传动进行受力分析。图 11-22 所示为一对外啮合标准直齿圆柱齿轮传动，当主动轮 1 沿逆时针方向转动时，通过两轮齿沿齿宽方向分布的作用力推动从动轮 2 沿顺时针方向转动。对轮齿进行受力分析时，为便于计算，按分度圆受力进行，并忽略摩擦力，并将沿齿宽分布的作用力以作用在齿宽中点的集中力来代替。根据渐开线特性可知，两齿廓在节点 C 接触时，其法向作用力(即齿宽中点的集中力) F_n 应沿啮合线 N_1N_2 方向。在分度圆上 F_n 沿圆周方向和半径方向分解为两个相互垂直的力：切于分度圆的圆周力 F_t 和指向轮心的径向力 F_r。

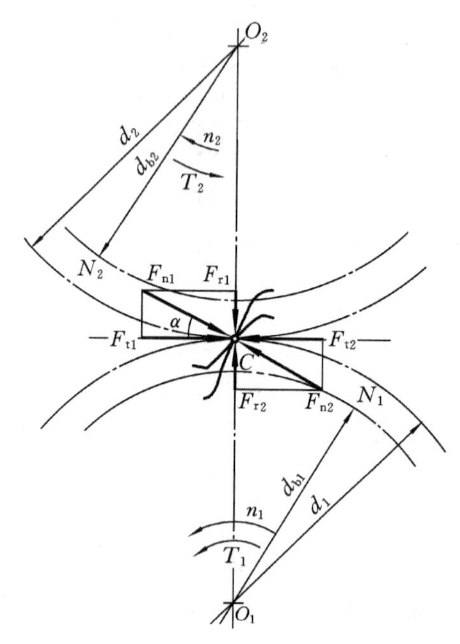

图 11-22 标准直齿圆柱齿轮受力分析

F_t、F_r 与 F_n 的大小为

$$F_t = F_{t1} = F_{t2} = \frac{2T_1}{d_1} = \frac{2T_2}{d_2} \tag{11-16}$$

$$F_r = F_{r1} = F_{r2} = F_t \tan\alpha \tag{11-17}$$

$$F_n = F_{n1} = F_{n2} = \frac{F_t}{\cos\alpha} \tag{11-18}$$

式中：T_1——主动轮 1 上的转矩(N·mm)，其计算式为

$$T_1 = 9.55\times10^6 \frac{P_1}{n_1} \tag{11-19}$$

P_1——主动轮 1 传递的功率(kW)；

n_1——主动轮 1 的转速(r/min)；

d_1——主动轮 1 的分度圆直径(mm)；

α——分度圆压力角，α= 20°。

作用在主动轮和从动轮上的各对力大小相等、方向相反。

各力的方向为：主动轮上的圆周力 F_{t1} 与其转向相反，从动轮上的圆周力 F_{t2} 与其转向相同；主、从动轮的径向力 F_{r1}、F_{r2} 各自指向轮心。

2. 轮齿的计算载荷

上述作用于齿轮上的法向载荷 F_n 为理想状况的名义载荷。实际上考虑到原动机的动力性能和工作载荷的不平稳、齿轮制造误差造成的附加动载荷、齿向载荷分布的不均匀以及齿间载荷分配的不均匀、齿轮相对于轴承的布置等诸多不利因素的影响，应引入一个系数 K 来加以修正。如齿轮所受的法向力可表达为

$$F_{nc} = KF_n \tag{11-20}$$

式中：F_{nc}——计算载荷(N)；

K—— 载荷系数(见表 11-6)。

表 11-6　载荷系数 K

工作机的特性	工作机器	电动机、匀速转动的汽轮机	多缸内燃机	单缸内燃机
均匀、轻微冲击	发电机,均匀传送的带式输送机,螺旋输送机,轻微升降机,包装机,机床进给机构,板式输送机等	1.0～1.2	1.2～1.6	1.6～1.8
中等冲击	不均匀传送的带式输送机，机床的主传动机构,重型升降机,橡胶挤压机,轻型球磨机,木工机械,单缸活塞泵等	1.2～1.6	1.6～1.8	1.8～2.0
强烈冲击	挖掘机,重型球磨机,橡胶揉合机,破碎机,重型给水泵,旋转式钻探装置,压砖机,带材冷轧机,压坯机等	1.6～1.8	1.9～2.1	2.2～2.4

注：① 对斜齿，圆周速度低、精度高、齿宽系数小，齿轮在两轴承间对称布置，取较小值；

② 对直齿，圆周速度高、精度低、齿宽系数大，齿轮在两轴承间不对称布置，取较大值。

11.7.2　齿面接触疲劳强度计算

齿面疲劳点蚀是闭式软齿面齿轮传动的主要失效形式，而点蚀是由于传动过程中齿面受接触应力的反复作用所致，故与齿面接触应力大小有关。由弹性力学可知：图 11-23 所示两个宽度为 b 的圆柱体，在法向力 F_n 作用下相互压紧，接触处的最大接触应力 σ_H (MPa)可用赫兹(Hertz)应力公式计算，即

$$\sigma_H = \sqrt{\frac{F_n}{\pi b} \cdot \frac{\frac{1}{\rho}}{\frac{1-\mu_1^2}{E_1} + \frac{1-\mu_2^2}{E_2}}} \tag{11-21}$$

式中：F_n——两圆柱上的法向力(N)；

E_1、E_2——两圆柱体材料的弹性模量(MPa)；

μ_1、μ_2——两圆柱体材料的泊松比；

ρ——当量曲率半径(mm)，$\dfrac{1}{\rho}=\dfrac{1}{\rho_1}\pm\dfrac{1}{\rho_2}$，其中，$\rho_1$、$\rho_2$分别为两圆柱体的曲率半径(mm)，"+"号用于外接触，"−"号用于内接触；

b——接触宽度(mm)。

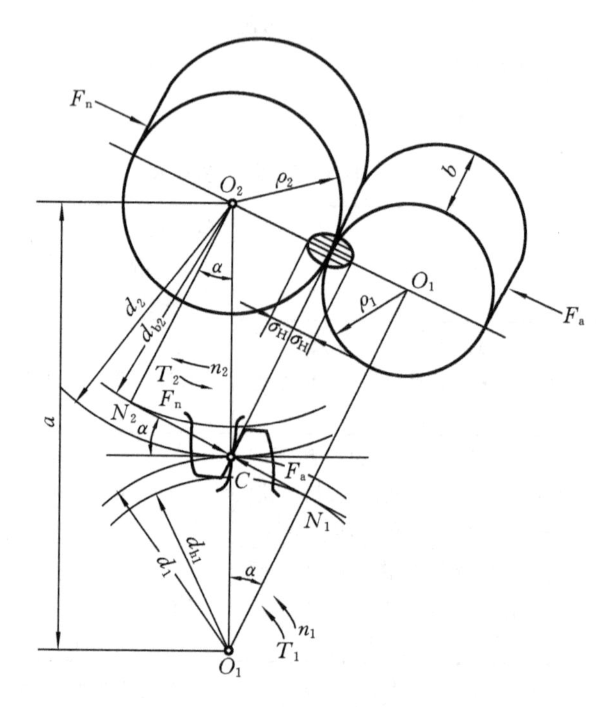

图 11-23　齿轮接触应力

由式(11-21)可知，当两圆柱体的材料选定，F_n和b均为一定值，接触应力σ_H的大小取决于当量曲率半径ρ的大小，即ρ_1和ρ_2的大小。

因μ、E都与齿轮材料有关，令

$$Z_E=\sqrt{\frac{1}{\pi\left(\dfrac{1-\mu_1^{\,2}}{E_1}+\dfrac{1-\mu_2^{\,2}}{E_2}\right)}}$$

式中：Z_E——齿轮材料的弹性系数，其值见表 11-7。将Z_E代入式(11-21)得

$$\sigma_H=Z_E\sqrt{\frac{F_n}{b\rho}} \tag{11-22}$$

表 11-7　弹性系数 Z_E（$\sqrt{\text{MPa}}$）

两齿轮材料组合	两齿轮均为钢	钢与铸铁	两齿轮均为铸铁
Z_E	189.8	165.4	144

注：计算 Z_E 值时，钢铁材料的μ=0.3；钢的 Z_E=2.06×10^5 MPa；铸铁的 Z_E=1.18×10^5 MPa。

将式(11-22)应用于相啮合的一对齿廓(见图 11-23)。当两相啮合的齿轮材料选定，作用于两齿廓的法向力 F_n 一定，齿轮宽度 b 一定时，齿廓上接触应力 σ_H 的大小取决于啮合点处的当量曲率半径 ρ。由于节点 C 靠近齿根处，且为单齿对啮合，所以这一部位的接触应力较大。实践证明：齿面疲劳点蚀首先出现在节点附近靠近齿根部位上。因此选择在节点 C 啮合时，作为齿面接触应力的计算点。在节点 C 处，两个齿廓的曲率半径为

$$\rho_1 = \overline{N_1C} = \frac{d_1}{2}\sin\alpha$$

$$\rho_2 = \overline{N_2C} = \frac{d_2}{2}\sin\alpha$$

令大、小齿轮的齿数比为 u，即 $u = \frac{z_2}{z_1}$，经整理可得

$$\frac{1}{\rho} = \frac{1}{\rho_1} \pm \frac{1}{\rho_2} = \frac{2}{d_1\sin\alpha}\cdot\frac{u\pm1}{u}$$

将此式代入式(11-22)并将 $F_n = \frac{F_t}{\cos\alpha}$ 代入，得

$$\sigma_H = Z_E\sqrt{\frac{F_{t1}}{b\cos\alpha}}\sqrt{\frac{2}{d_1\sin\alpha}\cdot\frac{u\pm1}{u}} = Z_E\sqrt{\frac{F_{t1}}{bd_1}\cdot\frac{u\pm1}{u}}\sqrt{\frac{2}{\sin\alpha\cos\alpha}}$$

对于标准齿轮，因 α=20°，令

$$Z_H = \sqrt{\frac{2}{\sin\alpha\cos\alpha}} = \sqrt{\frac{4}{\sin 40^\circ}} = 2.49$$

式中：Z_H——节点区域系数，代入上式得

$$\sigma_H = 2.49Z_E\sqrt{\frac{F_{t1}}{bd_1}\cdot\frac{u\pm1}{u}} \tag{11-23}$$

为计算方便，代入式(11-16)即转矩 $F_t = 2T_1/d_1$，并考虑影响齿轮载荷的各种因素，引入载荷系数 K，则根据强度条件可得标准直齿圆柱齿轮传动齿面接触疲劳强度的校核公式为

$$\sigma_H = 3.52Z_E\sqrt{\frac{KT_1}{bd_1^2}\left(\frac{u\pm1}{u}\right)} \leqslant [\sigma_H] \tag{11-24}$$

引入齿宽系数$\psi_{d}=\dfrac{b}{d_{1}}$，代入式(11-24)，可得按齿面接触疲劳强度确定的小齿轮分度圆直径的设计公式为

$$d_{1} \geqslant \sqrt[3]{\frac{KT_{1}(u \pm 1)}{\psi_{d} u}\left(\frac{3.52 Z_{E}}{[\sigma_{H}]}\right)^{2}} \tag{11-25}$$

式(11-24)与式(11-25)中各参数含义如下：

σ_{H}——齿面接触应力(MPa)；

d_{1}——小齿轮分度圆直径(mm)；

$[\sigma_{H}]$——齿轮材料的许用接触应力(MPa)；

T_{1}——小齿轮上的转矩(N·mm)；

Z_{E}——齿轮副材料的弹性系数($\sqrt{\text{MPa}}$)，由表 11-7 查得；

“+”、“−”号分别用于外啮合与内啮合。

对一对钢制标准齿轮，$Z_{E}=189.8\sqrt{\text{MPa}}$，将其代入式(11-25)，经整理后可得一对钢制齿轮齿面接触疲劳强度的应力校核公式为

$$\sigma_{H}=668\sqrt{\frac{KT_{1}}{bd_{1}^{2}}\left(\frac{u \pm 1}{u}\right)} \leqslant [\sigma_{H}] \tag{11-26}$$

设计公式为

$$d_{1} \geqslant 76.43\sqrt[3]{\frac{KT_{1}(u \pm 1)}{\psi_{d}[\sigma_{H}]^{2} u}} \tag{11-27}$$

应用上述公式时应注意以下几点。

(1) 进行齿面接触疲劳强度计算时，接触处两轮齿面的接触应力σ_{H1}和σ_{H2}是相等的；但由于两轮的材料及齿面硬度不同，因此其许用接触应力$[\sigma_{H1}]$与$[\sigma_{H2}]$一般不同，计算时应取两者中较小值。

(2) 齿轮的齿面接触疲劳强度与齿轮的直径或中心距的大小有关，即与模数m与z的乘积有关，而与模数m的大小无关。当一对齿轮的材料、齿宽系数、齿数比一定时，由齿面接触疲劳强度所决定的承载能力仅与齿轮的直径或中心距有关。

11.7.3 齿根弯曲疲劳强度计算

不论是开式齿轮传动还是闭式齿轮传动，轮齿均反复受弯曲应力作用，致使在弯曲强度较弱的齿根处发生疲劳折断，为此要计算齿根处的弯曲应力。

计算轮齿齿根弯曲应力时，可将轮齿视为一宽度为齿宽的悬臂梁，如图 11-24 所示，其危险截面是与轮齿齿廓对称线成 30° 角的两直线与齿根过渡曲线相切点连线的齿根截面。将作用于齿顶的法向力F_{n}沿作用线移至作用线与轮齿对称线的

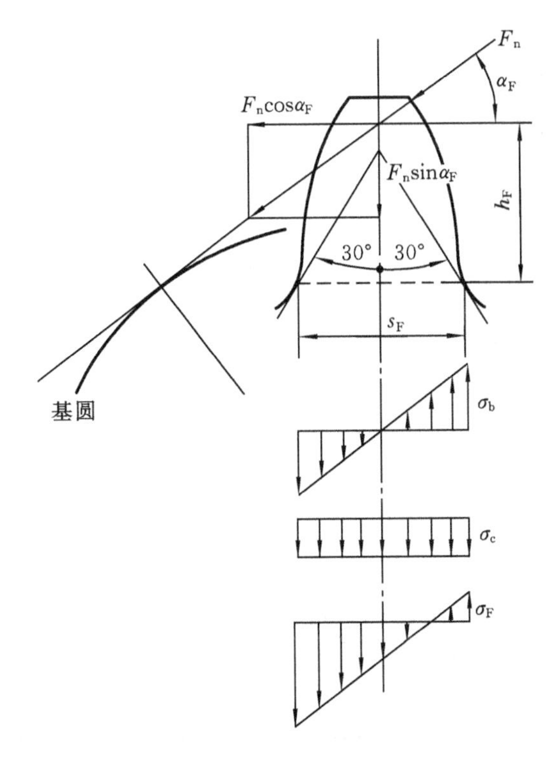

图 11-24 齿根弯曲应力

交点处，且 F_n 与对称线的垂线所夹锐角为 α_F 。

从理论上说，对于重合度大于 1 的齿轮传动，当一对齿轮的齿顶啮合时，相邻的另一对齿轮也在啮合中，理应由两对轮齿分担载荷。然而，考虑到制造、安装的误差不能保证载荷由两对轮齿平均承担，故作齿根弯曲疲劳强度计算时，仍假定全部载荷作用在一对轮齿上。

若不计摩擦力，F_n 可分解为 $F_n\cos\alpha_F$ 和 $F_n\sin\alpha_F$ 两个分力。其中 $F_n\cos\alpha_F$ 在齿根危险截面上引起弯曲应力和切应力；$F_n\sin\alpha_F$ 引起压应力。与弯曲应力相比，切应力和压应力很小可略去。故在计算轮齿齿根弯曲疲劳强度时只考虑弯曲应力的作用。

轮齿齿顶受载时，齿根危险截面上弯曲应力为

$$\sigma_F = \frac{M}{W} = \frac{F_n\cos\alpha_F h_F}{\dfrac{bs_F^2}{6}} \tag{11-28}$$

式中：M——危险截面弯距；

h_F——弯曲力臂；

W——危险截面抗弯截面模量；

b——轮齿宽度；

s_F——危险截面齿厚。

将式(11-28)中的法向力用 F_n 的计算载荷 F_{nc} 和式(11-20)代入，同时分子、分母同除以模数 m^2，并引入应力集中和压应力对轮齿齿根弯曲疲劳强度影响的应力修正系数 Y_S，则得

$$\sigma_F = \frac{KF_t 6\left(\frac{h_F}{m}\right)\cos\alpha_F}{bm\cos\alpha\left(\frac{s_F}{m}\right)^2} Y_S$$

令

$$Y_F = \frac{6\left(\frac{h_F}{m}\right)\cos\alpha_F}{\left(\frac{s_F}{m}\right)^2\cos\alpha}$$

式中：Y_F——齿形系数，其值只与齿形有关，而与模数无关，对于标准齿轮，则仅取决于齿数的多少。齿形系数 Y_F 和应力修正系数 Y_S 的值由表 11-8 查取。

表 11-8　齿形系数 Y_F 及应力修正系数 Y_S

z	17	18	19	20	21	22	23	24	25	26	27	28	29
Y_F	2.97	2.91	2.85	2.80	2.76	2.72	2.69	2.65	2.62	2.60	2.57	2.55	2.53
Y_s	1.52	1.53	1.54	1.55	1.56	1.57	1.575	1.58	1.59	1.595	1.60	1.61	1.61
z	30	35	40	45	50	60	70	80	90	100	150	200	∞
Y_F	2.52	2.45	2.40	2.35	2.32	2.28	2.24	2.22	2.20	2.18	2.14	2.12	2.06
Y_S	1.625	1.65	1.67	1.68	1.70	1.73	1.75	1.77	1.78	1.79	1.83	1.865	1.97

注：① 基准齿形的参数为 α=20°、$h_a^*=1$、$c^*=0.25$、$\rho=0.38m$(m 为齿轮模数)；

② 对内齿轮：当 α=20°、$h_a^*=1$、$c^*=0.25$、$\rho=0.15m$ 时，齿形系数 Y_F=2.65，Y_S=2.65。

将 Y_F 代入上述弯曲应力公式，并将式(11-16)代入整理后得到轮齿齿根弯曲疲劳强度的校核公式：

$$\sigma_F = \frac{2KT_1}{bmd_1}Y_F Y_S = \frac{2KT_1}{bm^2 z_1}Y_F Y_S \leqslant [\sigma_F] \tag{11-29}$$

式中：σ_F——齿根弯曲应力(MPa)；

$[\sigma_F]$——许用弯曲应力(MPa)；

m——模数(mm)；

其他参数含义及单位同前。

大、小齿轮轮齿上所受到的法向力 F_n 大小相等，但其齿形系数 Y_{F1} 和 Y_{F2}、齿

根弯曲应力σ_{F1}和σ_{F2}、两轮材料的许用弯曲应力$[\sigma_{F1}]$和$[\sigma_{F2}]$一般都不相等，故在作两轮轮齿弯曲疲劳强度校核时应分别满足各自的强度条件，即

$$\left.\begin{aligned}\sigma_{F1}&=\frac{2KT_1}{bm^2z_1}Y_{F1}Y_{S1}\leqslant[\sigma_{F1}]\\ \sigma_{F2}&=\sigma_{F1}\frac{Y_{F2}Y_{S2}}{Y_{F1}Y_{S1}}\leqslant[\sigma_{F2}]\end{aligned}\right\}\tag{11-30}$$

代入齿宽系数$\psi_d=\dfrac{b}{d_1}$，经整理，可将式(11-30)转换为按齿根弯曲疲劳强度确定齿轮模数m的设计公式，即

$$m\geqslant1.26\sqrt[3]{\frac{KT_1Y_{Fa}Y_{Sa}}{\psi_d z_1^2[\sigma_F]}}\tag{11-31}$$

必须说明，由于相啮合的一对齿轮的齿数和材料等不一定相同，为使大、小齿轮的齿根弯曲疲劳强度都能满足，在设计计算时，应将齿轮的$Y_{F1}Y_{S1}/[\sigma_{F1}]$和$Y_{F2}Y_{S2}/[\sigma_{F2}]$值中的较大者代入式(11-31)中进行计算。计算所得模数m应按表11-2取标准值。

11.7.4 齿轮的许用应力和主要参数的选择

1. 许用应力

许用接触应力$[\sigma_H]$可按下式确定：

$$[\sigma_H]=\frac{K_{HN}\sigma_{Hlim}}{S_H}\tag{11-32}$$

许用弯曲应力$[\sigma_F]$可按下式确定：

$$[\sigma_F]=\frac{K_{FN}\sigma_{Flim}}{S_F}\tag{11-33}$$

式中：σ_{Hlim}——试验齿轮材料的接触疲劳极限(MPa)，由图11-25查取，对于材料为碳素钢并经过调质的齿轮，当其硬度超过210 HBS时，可将图线向右延伸(硬度10 HV可按1 HBS对待)；

σ_{Flim}——试验齿轮材料的弯曲疲劳极限(MPa)，按图11-26查取，其值已计入应力集中的影响，对于受对称循环弯曲应力的齿轮，应将图中所查的值乘0.7；

S_H——接触疲劳强度安全系数，一般可靠度时取S_H=1.0～1.1，较高可靠度时取S_H=1.25～1.30，高可靠度时取S_H=1.5～1.6；

S_F——弯曲疲劳强度安全系数，一般可靠度时取S_F=1.0～1.1，较高可靠度时取S_F=1.25～1.30，高可靠度时取S_F=1.5～1.6；

K_{HN}——接触疲劳强度寿命系数，查图11-27；

K_{FN}——弯曲疲劳强度寿命系数，查图 11-28。

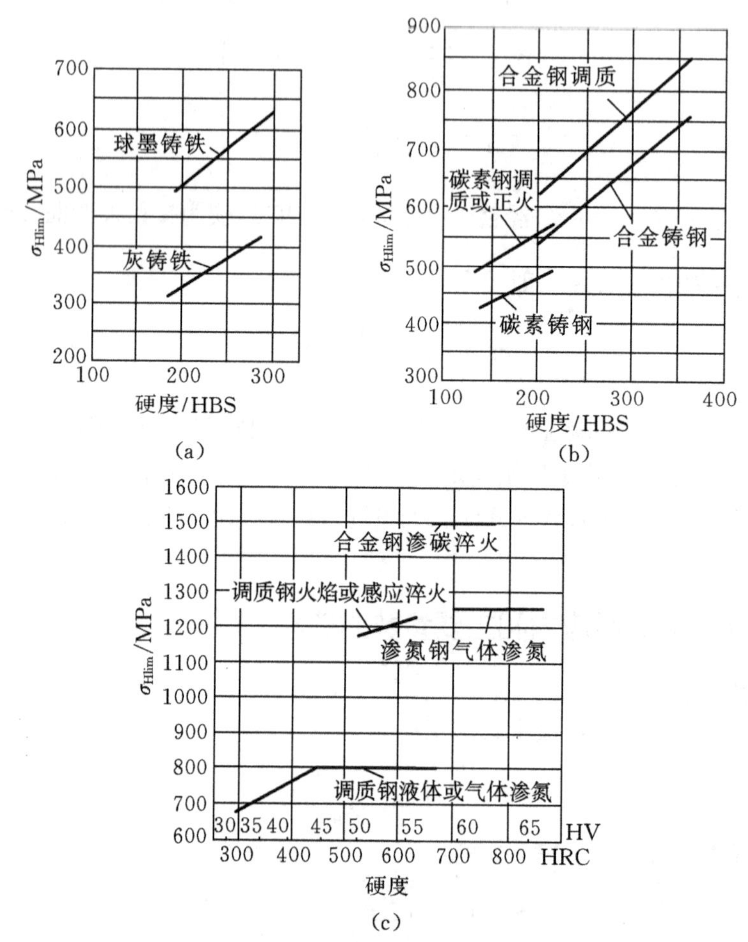

图 11-25　齿轮的接触疲劳极限 σ_{Hlim}

图 11-27 和图 11-28 中的 N 为应力循环次数，$N = 60njL_h$，其中 n 为齿轮转速(r/min)，j 为齿轮转动一周时同侧齿面的啮合次数，L_h 为齿轮的工作寿命(h)。

2. 主要参数选择

(1) 齿数比 u。

齿轮减速传动时，$u = i = \dfrac{n_1}{n_2} > 1$ (n_1、n_2 分别为主、从动轮转速)；增速传动时，$u = \dfrac{1}{i}\left(i = \dfrac{n_1}{n_2} < 1\right)$。

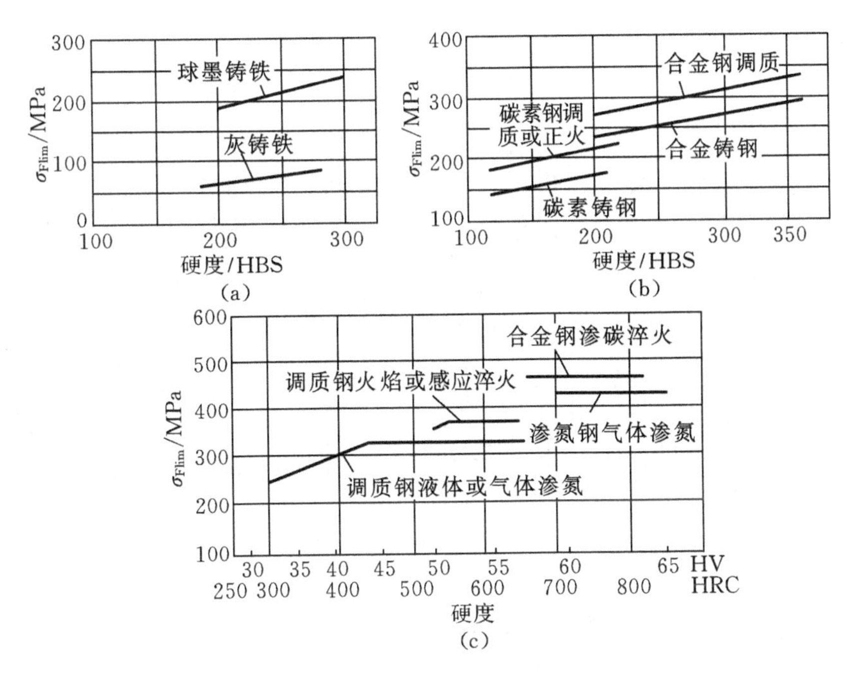

图 11-26 齿轮的弯曲疲劳极限σ_{Flim}

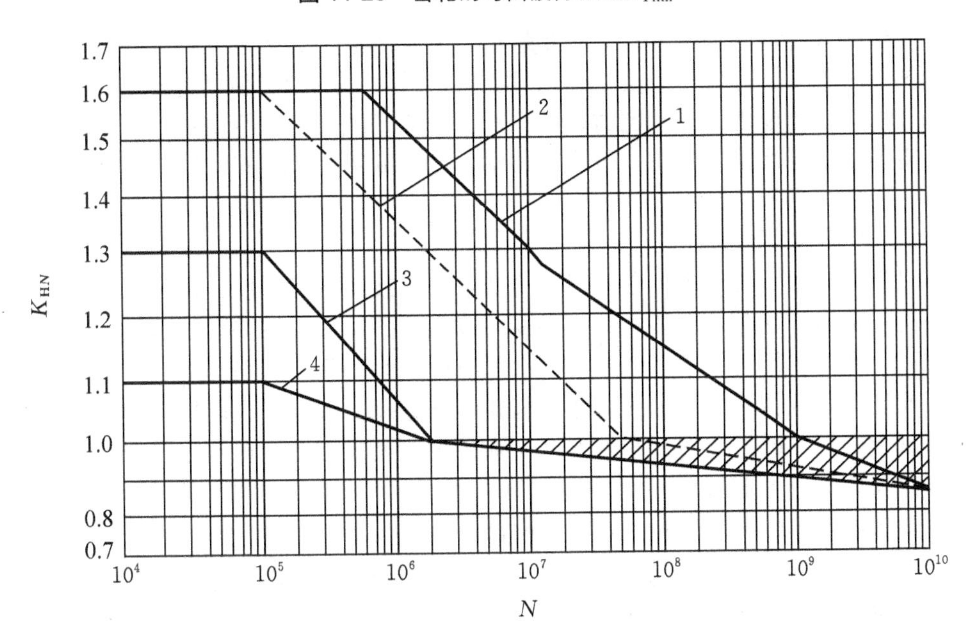

图 11-27 接触疲劳寿命系数

1—允许一定点蚀时的碳钢正火、调质、表面淬火，渗碳钢，球墨铸铁；

2—材料同 1，不允许出现点蚀；3—碳钢调质后气体渗氮，渗氮钢气体渗氮，灰铸铁；

4—碳钢调质后液体渗氮

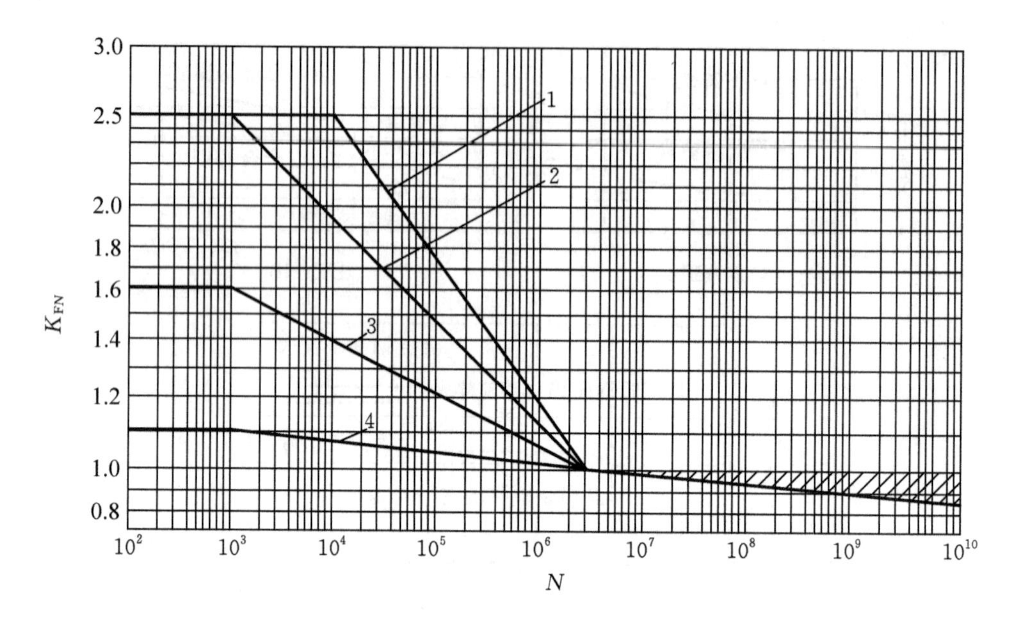

图 11-28　弯曲疲劳寿命系数

1—碳钢正火、调质，球墨铸铁；2—碳钢经表面淬火、渗碳；3—渗氮钢气体渗氮，灰铸铁；4—碳钢经调质后液体渗氮

单级闭式传动时，一般取 $i \leqslant 5$(直齿)、$i \leqslant 7$(斜齿)。传动比过大，则大、小齿轮的尺寸悬殊，会使传动的总体尺寸增大，且大、小齿轮强度差别大，不利于传动。所以，需要更大传动比时，可采用二级或二级以上的传动。

对传动比无严格要求的一般齿轮传动，实际传动比 i 允许有 ±(3%～5%)内的误差。

(2) 齿数 z_1 和模数 m 。

对于软齿面闭式传动，传动尺寸主要取决于接触疲劳强度，而弯曲疲劳强度往往比较富裕。这时，在传动尺寸不变并满足弯曲疲劳强度要求的前提下，小齿轮齿数 z_1 取多一些，以增大重合度 ε，改善传动的平稳性；模数减少后，齿高降低，使齿顶圆直径减小，因而减小了齿轮毛坯直径，减少了金属加工切削量，节省了制造费用。通常选用 $z_1 \geqslant 20 \sim 40$。对硬齿面闭式传动，首先应具有足够大的模数以保证齿根弯曲疲劳强度，为减小传动尺寸，其齿数一般可取 $z_1 = 17 \sim 25$。对开式传动，一般可取 $z_1 = 17 \sim 20$。允许有少量根切时，z_1 可少至 14。

模数 m (m_n 为斜齿轮的法面模数)的最小允许值，应根据抗弯曲疲劳强度确定。减速器中的齿轮传动，通常可取 m (m_n)=(0.007～0.02) a (a 为中心距)。载荷平稳、中心距大、软齿面齿轮传动取较小值；冲击载荷或过载大、中心距小、硬齿面齿轮传动取较大值。对开式传动，取 m (m_n)=0.02 a 左右。在动力传动中，通常应使 m (m_n)不小于 1.5～2 mm 。模数 m (m_n)应按表 11-2 取为标准值。

(3) 齿宽系数ψ_d及齿宽b。

齿宽系数$\psi_d = b/d_1$选大值时，轮齿齿宽b增大，可减小两轮分度圆直径和中心距，进而减小传动装置的径向尺寸。又由齿轮的强度计算公式可知，轮齿愈宽，承载能力也愈高，因而轮齿不宜过窄；但增大齿宽又会使载荷沿齿宽分布更趋不均匀，故齿宽系数应取得适当。

对一般齿轮传动，ψ_d可参照表 11-9 选取。

表 11-9　齿宽系数ψ_d

齿轮相对于轴承的布置	齿面硬度	
	软齿面(≤350 HBS)	硬齿面(>350 HBS)
对称布置	0.8～1.4	0.4～0.9
非对称布置	0.6～1.2	0.3～0.6
悬臂布置	0.3～0.4	0.2～0.25

对于标准圆柱齿轮减速器，齿宽系数亦可取$\psi_a = b/a$，a为中心距，$\psi_a = 2\psi_d/(1+u)$。ψ_a的标准值为：0.2，0.25，0.3，0.4，0.5，0.6，0.8，1.0，1.2。对于一般用途的减速器，可取ψ_a=0.4；对于开式齿轮传动，由于精度低，齿宽系数可取小些，ψ_a=0.1～0.3。

对于多级齿轮减速器，由于转矩T从高速级向低速级递增，因此设计时应使低速级的齿宽系数比高速级大些，以便协调各级的传动尺寸。

在圆柱齿轮减速器中，为了便于装配和调整，设计时通常使小齿轮的齿宽b_1比大齿轮的齿宽b_2大一些，常取$b_2 = b = \psi_d d_1$，而$b_1 = b_2$ +(5～10) mm。

(4) 齿轮精度等级的选择

GB 10095—1988 规定了渐开线圆柱齿轮传动的精度等级和公差。标准中将齿轮精度等级分为 12 级，1 级最高，12 级最低，其中常用 6～9 级。

齿轮的精度等级应根据齿轮传动的用途、使用条件、传递的功率、圆周速度以及经济性等技术要求选择。具体选择时可根据齿轮圆周速度参考表 11-10 进行。

关于齿轮精度等级的内容、规定及其相应公差值的大小，可查阅有关设计手册。

表 11-10　齿轮传动常用精度等级及其应用举例

精度等级	圆周速度 v/(m/s)			应 用 举 例
	直齿圆柱齿轮	斜齿圆柱齿轮	直齿锥齿轮	
6	≤15	≤30	≤9	要求运转精度或在高速重载下工作的齿轮；精密仪器和飞机、汽车、机床中的重要齿轮

续表

精度等级	圆周速度 v/(m/s)			应用举例
	直齿圆柱齿轮	斜齿圆柱齿轮	直齿锥齿轮	
7	≤10	≤20	≤6	一般机械中的重要齿轮；标准系列减速器齿轮；飞机、汽车和机床中的齿轮
8	≤5	≤9	3	一般机械中的齿轮；飞机、汽车和机床中的不重要齿轮；纺织机械中的齿轮；农业机械中的重要齿轮
9	≤3	≤6	≤2.5	工作要求不高的齿轮；农业机械中的齿轮

注：锥齿轮传动的圆周速度按齿宽中点分度圆直径计算。

例 11-2 试设计电动机驱动的带式运输机上单级直齿圆柱齿轮减速器中的齿轮传动。已知传递功率 $P_1=7.5$ kW，$n_1=960$ r/min，传动比 $i=4.2$，单向转动，齿轮相对轴承对称布置，两班制，每年工作 300 天，使用期限为 5 年。

解 设计计算过程如下。

1. 选择齿轮材料、精度等级及齿数

(1) 选择齿轮材料、热处理方法、齿面硬度。

考虑此对齿轮传递的功率不大，故大、小齿轮都采用软齿面。

小齿轮：40Cr 钢，调质，齿面硬度 250 HBS。

大齿轮：45 钢，调质，齿面硬度 230 HBS。

(2) 选取精度等级。

按一般齿轮传动，选 8 级精度。

(3) 确定齿数 z_1、z_2。

取小齿轮齿数 $z_1=30$，则大齿轮齿数 $z_2=iz_1=4.2\times30=126$。

2. 按齿面接触疲劳强度设计

(1) 选取载荷系数 K。

由表 11-6，取 $K=1.1$。

(2) 计算小齿轮传递扭矩。

$$T_1=9.55\times10^6\frac{P}{n_1}=9.55\times10^6\times\frac{7.5}{960}\ \text{N}\cdot\text{mm}=74\ 609\ \text{N}\cdot\text{mm}$$

(3) 选取齿宽系数 ψ_d。

由表 11-9，取 $\psi_d=1$。

(4) 查取接触疲劳极限 σ_{Hlim}。

由图 11-25 查得 $\sigma_{\text{Hlim1}}=700$ MPa，$\sigma_{\text{Hlim2}}=580$ MPa。

(5) 计算许用接触应力 $[\sigma_{\text{H1}}]$、$[\sigma_{\text{H2}}]$。

由 $N = 60njL_{\mathrm{h}}$ 求得应力循环次数

$$N_1 = 60njL_{\mathrm{h}} = 60 \times 960 \times 1 \times (16 \times 300 \times 5) = 1.38 \times 10^9$$

$$N_2 = \frac{N_1}{i} = \frac{1.38 \times 10^9}{4.2} = 3.29 \times 10^8$$

由图 11-27 查得：$K_{\mathrm{H}N1} = 0.91$，$K_{\mathrm{H}N2} = 0.97$。

按一般可靠度取安全系数 $S_{\mathrm{H}} = 1$，则两轮的许用接触应力为

$$[\sigma_{\mathrm{H1}}] = \frac{K_{\mathrm{H}N1}\sigma_{\mathrm{Hlim1}}}{S_{\mathrm{H}}} = \frac{0.91 \times 700}{1}\ \mathrm{MPa} = 637\ \mathrm{MPa}$$

$$[\sigma_{\mathrm{H2}}] = \frac{K_{\mathrm{H}N2}\sigma_{\mathrm{Hlim2}}}{S_{\mathrm{H}}} = \frac{0.97 \times 580}{1}\ \mathrm{MPa} = 562.6\ \mathrm{MPa}$$

(6) 计算小齿轮分度圆直径 d_1。

$$d_1 \geqslant 76.43\sqrt[3]{\frac{KT_1}{\psi_{\mathrm{d}}[\sigma_{\mathrm{H}}]^2} \cdot \frac{u+1}{u}}$$

$$= 76.43 \times \sqrt[3]{\frac{1.1 \times 74\,609}{1 \times 562.6^2} \cdot \frac{4.2+1}{4.2}}\ \mathrm{mm} = 52.33\ \mathrm{mm}$$

3. 确定齿轮传动主要参数及几何尺寸

(1) 模数 m。

$$m = \frac{d_1}{z_1} = \frac{52.33}{30}\ \mathrm{mm} = 1.74\ \mathrm{mm}$$

按表 11-2 取标准值 $m = 2\ \mathrm{mm}$。

(2) 分度圆直径 d_1、d_2。

$$d_1 = mz_1 = 2 \times 30\ \mathrm{mm} = 60\ \mathrm{mm}$$

$$d_2 = mz_2 = 2 \times 126\ \mathrm{mm} = 252\ \mathrm{mm}$$

(3) 传动中心距 a。

$$a = \frac{m}{2} = (z_1 + z_2) = \frac{2}{2} \times (30 + 126)\ \mathrm{mm} = 156\ \mathrm{mm}$$

(4) 齿宽 b_1、b_2。

$$b = \psi_{\mathrm{d}}\, d_1 = 1 \times 60\ \mathrm{mm} = 60\ \mathrm{mm}$$

取 $b_2 = 60\ \mathrm{mm}$，$b_1 = 65\ \mathrm{mm}$。

4. 校核齿根弯曲疲劳强度

(1) 弯曲疲劳极限应力 σ_{Flim}。

由图 11-26 取 σ_{Flim1}=290 MPa，σ_{Flim2}=230 MPa。

(2) 许用弯曲应力 $[\sigma_{\mathrm{F}}]$。

由图 11-28 查得：$K_{\mathrm{F}N1} = 0.87$，$K_{\mathrm{F}N2} = 0.91$。

按一般可靠度取安全系数 $S_{\mathrm{F}} = 1.25$，两轮的许用弯曲应力为

$$[\sigma_{F1}]=\frac{K_{FN1}\sigma_{Flim1}}{S_F}=\frac{0.87\times 290}{1.25}\text{ MPa}=201.84\text{ MPa}$$

$$[\sigma_{F2}]=\frac{K_{FN2}\sigma_{Flim2}}{S_F}=\frac{0.91\times 230}{1.25}\text{ MPa}=167.44\text{ MPa}$$

(3) 齿形系数Y_F和应力修正系数Y_S。

由表 11-8 查得$Y_{F1}=2.52$，$Y_{F2}=2.16$，$Y_{S1}=1.625$，$Y_{S2}=1.81$。

(4) 校核齿根弯曲疲劳强度。

$$\sigma_{F1}=\frac{2KT_1}{bm^2z_1}Y_{F1}Y_{S1}=\frac{2\times 1.1\times 74\,609}{60\times 2^2\times 30}\times 2.52\times 2.16\text{ MPa}=124.09\text{ MPa}$$

$$\sigma_{F2}=\sigma_{F1}\frac{Y_{F2}Y_{S2}}{Y_{F1}Y_{S1}}=124.09\times\frac{2.16\times 1.81}{2.52\times 1.625}\text{ MPa}=118.47\text{ MPa}$$

由于$\sigma_{F1}<[\sigma_{F1}]$，$\sigma_{F2}<[\sigma_{F2}]$，故安全可用。

(5) 验算齿轮圆周速度v。

$$v=\frac{\pi n_1 d_1}{60\times 1000}=\frac{\pi\times 960\times 60}{60\times 1000}\text{ m/s}=3.01\text{ m/s}$$

由表 11-10，选 8 级齿轮传动等级精度合适。

(6) 计算齿轮几何尺寸并绘制齿轮工作图。(略)

11.8　斜齿圆柱齿轮传动

11.8.1　斜齿圆柱齿轮传动形成原理及啮合特点

前面讨论的渐开线直齿圆柱齿轮传动是在垂直齿轮轴线的一个平面上进行的。然而，齿轮是有一定宽度的，每对轮齿的啮合并不是两条渐开线，而是两个渐开线曲面。发生面在基圆柱上作纯滚动时，发生面上任一条与基圆柱切线 NN 相平行的直线 KK 所形成的曲面为渐开线曲面(见图 11-29)。

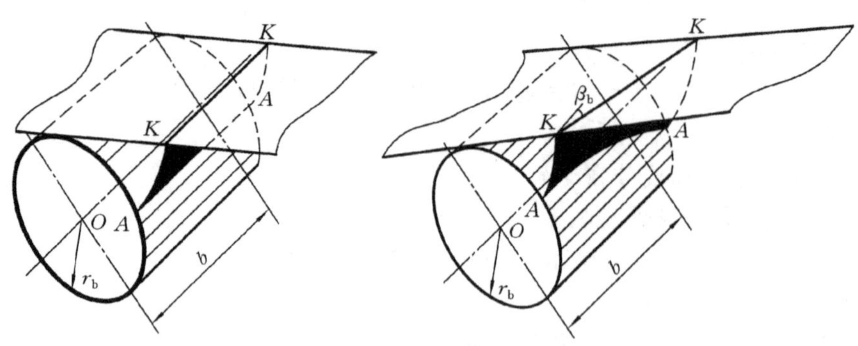

图 11-29　直齿圆柱齿轮的渐开曲面　　图 11-30　斜齿圆柱齿轮齿廓曲面的形成

在齿廓曲面形成过程中，当发生面上直线 KK 与基圆柱母线成一夹角 β_b 时，直线 KK 在空间的轨迹将形成一渐开螺旋面。若以渐开螺旋面作为齿轮的齿廓，则所得到的齿轮称为斜齿圆柱齿轮(或简称为斜齿轮，见图 11-30)。

从齿廓曲面的形成过程可看出，直齿圆柱齿轮(或简称为直齿轮)啮合转动时，两轮渐开线曲面的瞬时接触线是与轴线平行的一条直线(见图 11-31(a))，啮合开始和终止都是沿齿宽突然发生的，容易产生冲击振动和噪声，齿轮高速转动时更为严重。而斜齿轮啮合转动时，齿廓曲面的接触线为一条斜直线。齿面接触线分布如图 11-31(b)所示，开始啮合时为点接触，随后线接触，且长度逐渐增加，而后又逐渐减小，变化过程平缓，转动平稳，从而使承载能力提高。由于斜齿轮啮合是逐渐进入和逐渐退出的，且多齿啮合的时间比直齿轮长，故斜齿轮传动平稳、噪声小、重合度大、承载能力强，所以适合用在高速、重载场合。其缺点是斜齿圆柱齿轮传动产生轴向力，因而对轴的支承结构设计要求较高，为此可采用人字齿轮，使轴向力相互平衡，但人字齿轮制造困难，故主要用于重型机械。

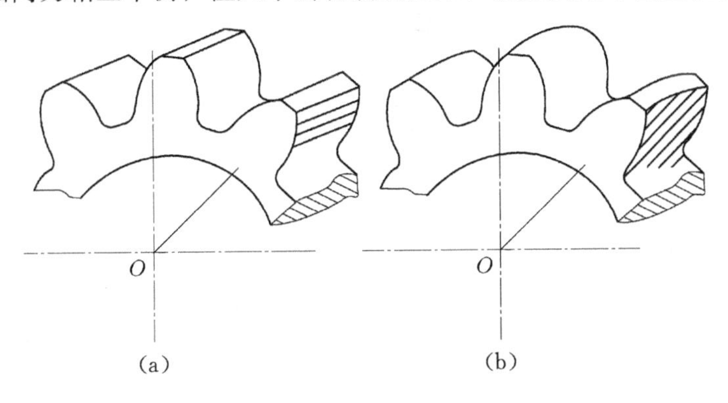

图 11-31　圆柱齿轮齿面接触线

11.8.2　斜齿圆柱齿轮的基本参数

斜齿圆柱齿轮的轮齿呈螺旋状，在不同的截面上，轮齿的齿形不同。若垂直于齿轮轴线的平面称为端(平)面，而垂直于轮齿螺旋线切线的平面称为法(平)面，则齿廓形状有端面和法面之分，因而斜齿轮的几何参数有端面和法面的区别。

1. 螺旋角

图 11-32 所示为斜齿轮的分度圆柱及其展开图。图中螺旋线展开所得的斜直线与轴线之间的夹角 β 称为分度圆柱上的螺旋角，简称螺旋角。它是斜齿轮的一个重要参数，可定量地反映其轮齿的倾斜程度。螺旋角太小，不能充分显示斜齿轮传动的优点，而螺旋角太大，则轴向力太大，将给支承设计带来不利和困难，为此一般取 β=8°~20°。

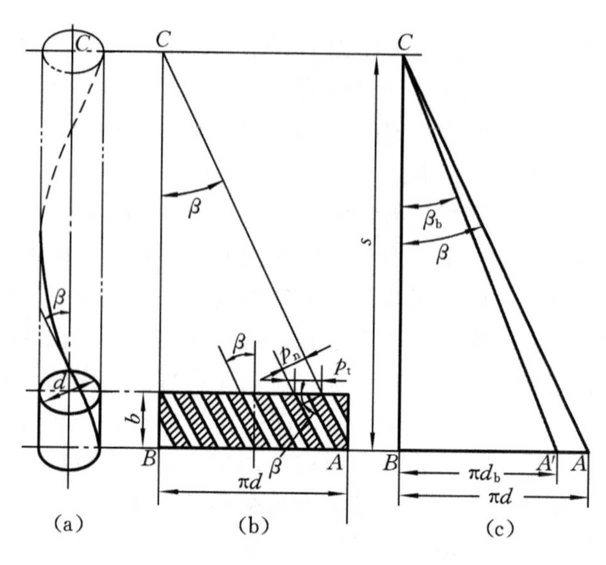

图 11-32 斜齿轮分度圆柱及其展开图

对于同一个斜齿轮，任一圆柱面上螺旋线导程 s 都相同。但不同圆柱面的直径不同，所以基圆柱面上的螺旋角 β_b 与分度圆柱面上的螺旋角 β 不同，它们之间的关系为

$$\tan\beta_b = \tan\beta\cos\alpha_t \tag{11-34}$$

式中：α_t——斜齿轮端面压力角。

斜齿轮轮齿的旋向可分为右旋和左旋两种，当斜齿轮的轴线垂直放置时，其螺旋线左高右低时为左旋(见图 11-32)；反之为右旋。也可用右手螺旋定则来判断旋向。

2. 其他基本参数

除螺旋角 β 外，斜齿轮与直齿轮一样，也有齿数、模数、压力角、齿顶高系数和顶隙系数五个基本参数。但由于有了螺旋角，斜齿轮的各参数均有端面和法面之分，分别用下标 t 和 n 以示区别，并且两者之间均有一定的对应关系。由图 11-32 可知

$$p_t = p_n/\cos\beta$$

上式两边同时除以π，则得

$$m_t = m_n/\cos\beta \tag{11-35}$$

同时由于法面和端面的齿顶高、齿根高、全齿高和顶隙等都是相等的，如齿顶高有 $h_{at}=h_{an}$，$h_{at}^* m_t = h_{an}^* m_n$，因此有

$$h_{at}^* = h_{an}^*\cos\beta \tag{11-36}$$

同理可得

$$c_t^* = c_n^* \cos\beta \tag{11-37}$$

此外，端面压力角α_t和法面压力角α_n之间有如下关系：

$$\tan\alpha_t = \frac{\tan\alpha_n}{\cos\beta} \tag{11-38}$$

(上式证明从略)

11.8.3 斜齿圆柱齿轮的几何尺寸计算

如上所述，斜齿轮以法面参数为标准值，然而由于法面倾斜于齿轮轴线，所以它与分度圆柱相截的交线为椭圆，齿轮就分布在该椭圆上；同时法面只与选定的齿垂直，而与其他轮齿方向之间的夹角各不相同，所以齿形也各不相同。然而在端面内各轮齿的大小、形状均相同，且各齿分布均匀，所以斜齿轮的齿数z是对端面而言的。又由前述斜齿轮齿面形成原理知，在端面上斜齿轮与直齿轮具有同样的渐开线齿形和渐开线特性，因此斜齿轮几何尺寸的计算同直齿轮一样也是在端面上进行的，故可将直齿轮的几何尺寸计算公式直接用于斜齿轮的端面尺寸计算。计算时须把法面标准参数换算为端面参数。外啮合标准斜齿圆柱齿轮的几何尺寸计算公式见表 11-11。

由表 11-11 所列中心距公式$a = \frac{1}{2}(d_1 + d_2) = \frac{m_n(z_1 + z_2)}{2\cos\beta}$可知，当两轮模数、齿数一定时，可通过改变螺旋角的大小配凑中心距，而不需采用变位齿轮传动。

表 11-11　外啮合标准斜齿圆柱齿轮的几何尺寸计算公式

序号	名　称	符　号	计算公式与说明
1	法面模数	m_n	由斜齿轮承载能力确定，并按表 11-2 取为标准值
2	端面模数	m_t	$m_t = m_n / \cos\beta$
3	法面压力角	α_n	α_n=20°
4	端面压力角	α_t	$\alpha_t = \arctan\frac{\tan\alpha_n}{\cos\beta}$
5	螺旋角	β	β一般取 8° ~20°
6	齿顶高	h_a	$h_a = h_{an}^* m_n$，齿顶高系数h_{an}^*=1
7	齿根高	h_f	$h_f = (h_{an}^* + c_n^*) m_n$，顶隙系数$c_n^*$=0.25
8	全齿高	h	$h = h_a + h_f = (2h_{an}^* + c_n^*) m_n$
9	分度圆直径	d	$d_1 = m_1 z_1 = \frac{m_n z_1}{\cos\beta}$； $d_2 = m_2 z_2 = \frac{m_n z_2}{\cos\beta}$

续表

序号	名　称	符　号	计算公式与说明
10	齿顶圆直径	d_a	$d_{a1}=d_1+2h_a$；$d_{a2}=d_2+2h_a$
11	齿根圆直径	d_f	$d_{f1}=d_1-2h_f$；$d_{f2}=d_2-2h_f$
12	基圆直径	d_b	$d_{b1}=d_1\cos\alpha_t$；$d_{b2}=d_2\cos\alpha_t$
13	中心距	a	$a=\dfrac{1}{2}(d_1+d_2)=\dfrac{m_n(z_1+z_2)}{2\cos\beta}$

11.8.4　斜齿圆柱齿轮正确啮合条件

斜齿圆柱齿轮传动在端面上的啮合相当于直齿圆柱齿轮啮合。因此一对斜齿圆柱齿轮转动时，除必须满足两轮的法面模数和法面压力角相等外，还应该满足螺旋角相等、旋向相反的条件。故斜齿圆柱齿轮传动的正确啮合条件为

$$\left.\begin{aligned} m_{n1}=m_{n2}=m_n \\ \alpha_{n1}=\alpha_{n2}=\alpha_n \\ \beta_1=\pm\beta_2 \end{aligned}\right\} \tag{11-39}$$

式中，“＋”号为内啮合，“－”号为外啮合。

11.8.5　斜齿圆柱齿轮的当量齿轮与当量齿数

齿轮铣刀加工斜齿轮时，刀具沿着螺旋形齿槽进入，斜齿轮的法面参数与刀具相同，故选择刀具时应以法面参数为依据；由于斜齿轮传动的载荷是沿法向传递的，故其传动强度、承载能力也是以法面齿形为依据的；斜齿轮检测的是法面齿厚，也需以法面齿形为依据，故需研究斜齿轮的法面齿形。为此虚拟一个直齿轮，其齿形与斜齿轮的法面齿形最接近，该直齿轮称为斜齿轮的当量齿轮，简称当量齿轮。当量齿轮的齿数称为当量齿数，以 z_v 表示。斜齿轮正是借助于当量齿轮，即以当量齿轮为介体，把直齿轮传动的强度理论应用到斜齿轮传动的强度计算中，进行斜齿轮的设计与计算的。

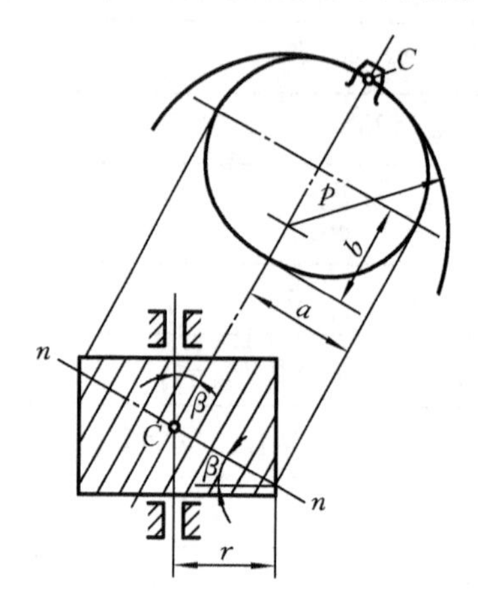

图 11-33　斜齿轮的法面齿形

为了求得当量齿数 z_v，如图 11-33 所示，在齿数为 z、分度圆直径为 d 的斜齿轮分度圆柱面上，过螺旋线上的一点 C，作此螺旋线的法向截面 n—n，将分度圆柱剖开，得到一椭圆剖面。在此剖面上，C 点附近的齿形，可近似地看做斜齿轮的法面齿形。而在椭圆的其他位置上，因齿向与

剖面 n—n 不垂直，故其齿形与斜齿轮的法面齿形不同。现以椭圆上 C 点的曲率半径 ρ 作一个圆，作为虚拟直齿轮，即当量齿轮的分度圆，其上的模数和压力角分别等于斜齿轮的法面模数 m_{n} 和法面压力角 α_{n}，其齿数即为当量齿数 z_{v}。显然 $z_{\mathrm{v}}=2\rho/m_{\mathrm{n}}$。

由图 11-33 可知，椭圆的长半轴 $a=r/\cos\beta$，短半轴 $b=r$。由高等数学知识知，椭圆在 C 点的曲率半径为

$$\rho=\frac{a^2}{b}=\left(\frac{r}{\cos\beta}\right)^2\cdot\frac{1}{r}=\frac{r}{\cos^2\beta}$$

因而

$$z_{\mathrm{v}}=\frac{2\rho}{m_{\mathrm{n}}}=\frac{2r}{m_{\mathrm{n}}\cos^2\beta}=\frac{m_{\mathrm{t}}z}{m_{\mathrm{n}}\cos^2\beta}$$

将式(11-33)代入上式，则得

$$z_{\mathrm{v}}=\frac{z}{\cos^3\beta} \tag{11-40}$$

当量齿数 z_{v} 是虚拟的，可以不是整数。z_{v} 在选择铣刀及计算斜齿轮轮齿弯曲强度时作为依据。

由式(11-40)可得到斜齿轮不发生根切的最少齿数为

$$z_{\min}=z_{\mathrm{v}\min}\cos^3\beta \tag{11-41}$$

式中：$z_{\mathrm{v}\min}$——当量直齿轮不发生根切的最少齿数，$z_{\mathrm{v}\min}<17$。

由此可看出，斜齿轮不产生根切的最少齿数比直齿轮要少，所以在同样条件下，斜齿轮的齿数可取得较少，从而使机构的尺寸较小，结构较紧凑。

11.9 斜齿圆柱齿轮传动的强度计算

11.9.1 轮齿受力分析

与直齿圆柱齿轮传动相同，可将沿齿宽接触线分布的作用力简化为作用在齿宽中点的集中力 F_{n}。忽略摩擦力，F_{n} 可分解为三个相互垂直的分力，即圆周力 F_{t}、径向力 F_{r} 和轴向力 F_{a}，如图 11-34 所示，各力大小为

$$F_{\mathrm{t}}=\frac{2T_1}{d_1} \tag{11-42}$$

$$F_{\mathrm{r}}=F_{\mathrm{t}}\tan\alpha_{\mathrm{t}}=F_{\mathrm{t}}\frac{\tan\alpha_{\mathrm{n}}}{\cos\beta} \tag{11-43}$$

$$F_{\mathrm{a}}=F_{\mathrm{t}}\tan\beta \tag{11-44}$$

$$F_n = \frac{F_t}{\cos\beta\cos\alpha_n} \tag{11-45}$$

式中：β——分度圆螺旋角；

α_t、α_n——端面压力角和法面压力角，α_n=20°。

其他参数的含义、单位同前。

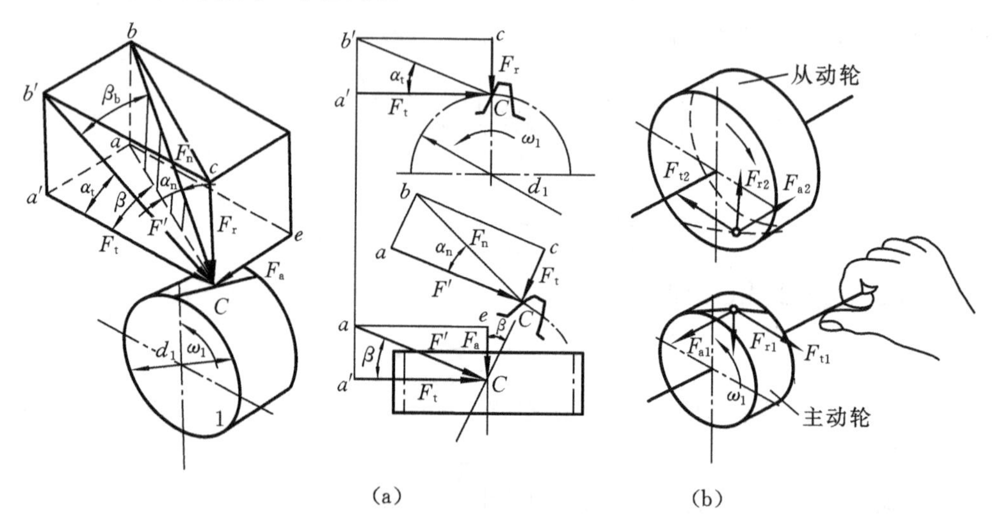

图 11-34　斜齿轮的轮齿受力分析

主动轮上的力 F_{t1}、F_{r1} 和 F_{a1} 与从动轮上的力 F_{t2}、F_{r2} 和 F_{a2} 对应，彼此大小相等、方向相反。

主、从动轮上的圆周力 F_{t1}、F_{t2} 和径向力 F_{r1}、F_{r2} 的确定方法与直齿圆柱齿轮相同；轴向力方向取决于齿轮回转方向和轮齿的螺旋线旋向，可用“主动轮左、右手法则”来判断，即当主动轮是右旋时用右手，主动轮是左旋时用左手，四指表示主动轮转向，则拇指的指向即为主动轮所受轴向力 F_{a1} 的方向。从动轮所受轴向力 F_{a2} 的方向与 F_{a1} 相反。

11.9.2　齿面接触疲劳强度计算

斜齿圆柱齿轮传动的齿面接触疲劳强度计算按节点处法面当量直齿圆柱齿轮传动进行，其基本原理与直齿圆柱齿轮相同。由赫兹应力公式(11-21)可知，齿廓接触处的曲率半径愈大，接触应力愈小。由于斜齿圆柱齿轮在法面内当量齿轮分度圆半径比斜齿圆柱齿轮端面分度圆半径大，故齿廓接触处的曲率半径比与斜齿轮尺寸相同的直齿圆柱齿轮的分度圆半径大，所以斜齿圆柱齿轮的齿面接触应力较直齿圆柱齿轮的有所降低。考虑上述这些特点，利用当量齿轮的概念可直接写出一对标准斜齿圆柱齿轮的齿面接触疲劳强度校核公式：

$$\sigma_{\mathrm{H}} = 3.17Z_{\mathrm{E}}\sqrt{\frac{KT_1}{bd_1^2}\left(\frac{u\pm 1}{u}\right)} \leqslant [\sigma_{\mathrm{H}}] \tag{11-46}$$

若取齿宽系数$\psi_{\mathrm{d}} = b/d_1$，可得一对标准斜齿圆柱齿轮以接触疲劳强度为条件的设计公式：

$$d_1 \geqslant \sqrt[3]{\frac{KT_1(u\pm 1)}{\psi_{\mathrm{d}}u}\left(\frac{3.17Z_{\mathrm{E}}}{[\sigma_{\mathrm{H}}]}\right)^2} \tag{11-47}$$

上两式中，K 为载荷系数。考虑斜齿圆柱齿轮传动重合度较大、传动较平稳，故取值较直齿圆柱齿轮传动小，其他参数的含义、单位及选取方法同直齿圆柱齿轮。

11.9.3 齿根弯曲疲劳强度计算

斜齿圆柱齿轮传动时，由于重合度大，且轮齿接触线倾斜(见图 11-35)，集中载荷作用点位于齿顶之下，相当于力臂减小，因而斜齿圆柱齿轮的齿根弯曲应力较直齿圆柱齿轮的有所降低，轮齿抗弯曲折断的能力有所增强。在具体计算时，通常仍是按斜齿圆柱齿轮法面当量直齿圆柱齿轮来进行。根据斜齿圆柱齿轮的上述特点，参照直齿圆柱齿轮齿根弯曲疲劳强度计算式的推导，可直接写出标准斜齿圆柱齿轮齿根弯曲疲劳强度校核公式：

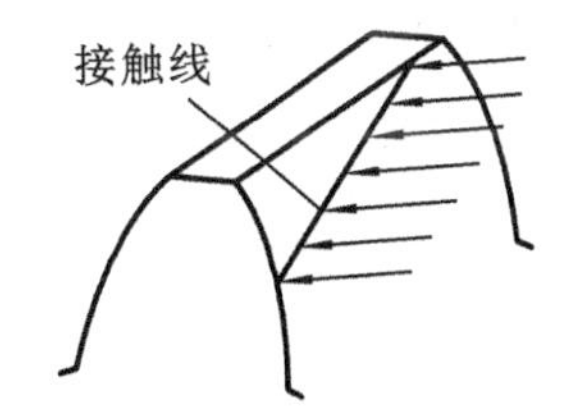

图 11-35　斜齿圆柱齿轮轮齿接触线

$$\sigma_{\mathrm{F}} = \frac{1.6KT_1}{bm_{\mathrm{n}}d_1}Y_{\mathrm{F}}Y_{\mathrm{S}} = \frac{1.6KT_1\cos\beta}{bz_1m_{\mathrm{n}}^2}Y_{\mathrm{F}}Y_{\mathrm{S}} \leqslant [\sigma_{\mathrm{F}}] \tag{11-48}$$

引入齿宽系数$\psi_{\mathrm{d}} = b/d_1$，得

$$b = \psi_{\mathrm{d}}d_1 = \psi_{\mathrm{d}}\frac{m_{\mathrm{n}}z_1}{\cos\beta}$$

代入上式，整理后得到设计公式为

$$m_{\mathrm{n}} \geqslant 1.17\sqrt[3]{\frac{KT_1\cos^2\beta}{\psi_{\mathrm{d}}z_1^2[\sigma_{\mathrm{F}}]}Y_{\mathrm{F}}Y_{\mathrm{S}}} \tag{11-49}$$

式中：m_{n} ——斜齿圆柱齿轮的法面模数(mm)；

K——载荷系数，取值同齿面接触疲劳强度计算；

Y_{F}、Y_{S}——齿形系数、应力修正系数，均按斜齿圆柱齿轮当量齿数 z_{v}($z_{\mathrm{v}}=z/\cos^3\beta$)，由表 11-8 查取。

用式(11-49)进行计算时，代入$\frac{Y_{\mathrm{F1}}Y_{\mathrm{S1}}}{[\sigma_{\mathrm{F1}}]}$和$\frac{Y_{\mathrm{F2}}Y_{\mathrm{S2}}}{[\sigma_{\mathrm{F2}}]}$中的较大者。

例 11-3 试设计用于重型机械中单级斜齿圆柱齿轮减速器中的齿轮传动。已知电动机功率 P=70 kW，转速 n_1= 960 r/min，联轴器与高速齿轮轴连接，传动比 $i=3$，载荷有中等冲击，单向运转，齿轮相对轴承对称布置，工作寿命 10 年(每年按 300 天计算)，单班制工作。

解 设计计算过程如下。

1. 选择齿轮材料精度等级及齿数

(1) 选择齿轮材料、热处理方法、齿面硬度。

因齿轮传递功率较大，选用硬齿面齿轮。

小齿轮：20CrMnTi 钢，渗碳淬火，齿面硬度为 60 HRC。

大齿轮：40Cr 钢，表面淬火，齿面硬度为 50 HRC。

(2) 选精度等级。

按一般齿轮传动，选 8 级精度。

(3) 选齿数 z_1、z_2。

取小齿轮齿数 $z_1=20$，则大齿轮齿数 $z_2=iz_1=3\times 20=60$。

2. 按齿根弯曲疲劳强度设计

硬齿面闭式齿轮传动，按齿根弯曲疲劳强度设计，齿面接触疲劳强度校核。

(1) 选载荷系数 K。

由表 11-6 查得 $K=1.3$。

(2) 初选螺旋角 β。

初选 β=14°。

(3) 计算小齿轮传递的扭矩。

$$T_1=9.55\times 10^6\frac{P}{n_1}=9.55\times 10^6\times\frac{70}{960}\,\text{N}\cdot\text{mm}=6.96\times 10^5\,\text{N}\cdot\text{mm}$$

(4) 选取齿宽系数 ψ_d。

由表 11-9，取 $\psi_\text{d}=0.8$。

(5) 齿根弯曲疲劳极限 σ_Flim。

由图 11-26 查得

$$\sigma_\text{Flim1}=460\text{ MPa},\quad \sigma_\text{Flim2}=360\text{ MPa}$$

(6) 寿命系数 K_{FN}。

由 $N=60njL_\text{h}$ 求得应力循环次数

$$N_1=60njL_\text{h}=60\times 960\times 1\times(8\times 300\times 10)=1.38\times 10^9$$

$$N_2=\frac{N_1}{i}=\frac{1.38\times 10^9}{3}=4.61\times 10^8$$

由图 11-28 查得 $K_{FN1}=0.87$，$K_{FN2}=0.89$。

(7) 计算当量齿数 z_v。

$$z_{v1}=\frac{z_1}{\cos^3\beta}=\frac{20}{(\cos 14°)^3}=21.89$$

$$z_{v2}=\frac{z_2}{\cos^3\beta}=\frac{60}{(\cos 14°)^3}=65.68$$

(8) 齿形系数Y_F和应力修正系数Y_S。

由表 11-8 查得$Y_{F1}=2.72$，$Y_{F2}=2.26$，$Y_{S1}=1.57$，$Y_{S2}=1.74$。

(9) 许用弯曲应力$[\sigma_F]$。

按一般可靠度取安全系数$S_F=1.25$，则两轮的许用弯曲应力为

$$[\sigma_{F1}]=\frac{K_{FN1}\sigma_{Flim1}}{S_F}=\frac{0.87\times 460}{1.25}\text{ MPa}=320.16\text{ MPa}$$

$$[\sigma_{F2}]=\frac{K_{FN2}\sigma_{Flim2}}{S_F}=\frac{0.89\times 360}{1.25}\text{ MPa}=256.32\text{ MPa}$$

(10) 确定法面模数m_n。

$$\frac{Y_{F1}Y_{S1}}{[\sigma_{F1}]}=\frac{2.72\times 1.57}{320.16}=0.013\ 338$$

$$\frac{Y_{F2}Y_{S2}}{[\sigma_{F2}]}=\frac{2.26\times 1.74}{256.32}=0.015\ 342$$

将二者中较小值代入求法面模数m_n。

$$m_n \geqslant 1.17\sqrt[3]{\frac{KT_1\cos^2\beta}{\psi_d z_1^2[\sigma_F]}Y_F Y_S}$$

$$=1.17\times\sqrt[3]{\frac{1.3\times 6.96\times 10^3\cos^2 14°}{0.8\times 20^2}\times 0.015\ 342}\text{ mm}=3.99\text{ mm}$$

按表 11-2，取$m_n=4$ mm。

3. 确定齿轮传动主要参数及几何尺寸

(1) 计算中心距。

$$a=\frac{m}{2}(z_1+z_2)=\frac{m_n(z_1+z_2)}{2\cos\beta}=\frac{4\times(20+60)}{2\times\cos 14°}\text{ mm}=164.898\text{ mm}$$

圆整后取$a=165$ mm。

(2) 精确计算螺旋角β。

$$\beta=\arccos\frac{m_n(z_1+z_2)}{2a}=\arccos\frac{4\times(20+60)}{2\times 165}=14.141\ 11°$$

(3) 计算分度圆直径d_1、d_2。

$$d_1=mz_1=\frac{m_n}{\cos\beta}z_1=\frac{4}{\cos 14.141\ 11°}\times 20\text{ mm}=82.5\text{ mm}$$

$$d_2 = mz_2 = \frac{m_n}{\cos\beta}z_2 = \frac{4}{\cos 14.141\,11^\circ}\times 60\ \text{mm} = 247.5\ \text{mm}$$

(4) 计算齿宽 b。

$$b_2 = b = \psi_d\ d_1 = 0.8\times 82.5\ \text{mm} = 66\ \text{mm}$$

取 $b_2 = 65\ \text{mm}$，$b_1 = b_2 + (5\sim 10)\ \text{mm} = 70\ \text{mm}$。

4. 校核齿面接触疲劳强度

(1) 查取齿轮副材料对传动尺寸的影响的弹性系数 Z_E。

由表 11-7，取 $Z_E = 189.8\sqrt{\text{MPa}}$。

(2) 查取接触疲劳极限 σ_{Hlim}。

由图 11-25 查得 $\sigma_{\text{Hlim1}} = 1\,500\ \text{MPa}$，$\sigma_{\text{Hlim2}} = 1\ 180\ \text{MPa}$。

(3) 计算许用接触应力 σ_H。

由图 11-27 查得 $K_{HN1} = 0.91$，$K_{HN2} = 0.94$。

按一般可靠度取安全系数 $S_H = 1$，则两轮的许用接触应力为

$$[\sigma_{H1}] = \frac{K_{HN1}\sigma_{\text{Hlim1}}}{S_H} = \frac{0.91\times 1\,500}{1}\ \text{MPa} = 1\ 365\ \text{MPa}$$

$$[\sigma_{H2}] = \frac{K_{HN2}\sigma_{\text{Hlim2}}}{S_H} = \frac{0.94\times 1180}{1}\ \text{MPa} = 1\ 109.2\ \text{MPa}$$

(4) 校核计算。

$$\sigma_H = 3.17 Z_E\sqrt{\frac{KT_1}{bd_1^2}\left(\frac{u\pm 1}{u}\right)}$$

$$= 3.17\times 189.8\times\sqrt{\frac{1.3\times 6.96\times 10^3}{65\times 82.5^2}\left(\frac{3+1}{3}\right)}\ \text{MPa} = 993.6\ \text{MPa}$$

因 $\sigma_H < [\sigma_{H2}]$，故安全可用。

(5) 计算圆周速度 v。

$$v = \frac{\pi\, n_1 d_1}{60\times 1\ 000} = \frac{\pi\times 960\times 82.5}{60\times 1\,000}\ \text{m/s} = 4.15\ \text{m/s}$$

由表 11-10 选 8 级齿轮传动等级精度合适。

(6) 计算齿轮的几何尺寸并绘制齿轮工作图。(略)

11.10　直齿锥齿轮传动简介

11.10.1　锥齿轮传动的特点及齿廓的形成

1. 锥齿轮传动的特点和类型

锥齿轮传动用于传递两相交轴之间的运动和动力，其轴交角 Σ 可任意，但在

一般机械中多用$\Sigma=90°$。锥齿轮的轮齿分布在锥角为δ的截圆锥体上，轮齿从大端到小端逐渐收缩，如图 11-36(a)所示。因此，相应有分度圆锥、齿顶圆锥、齿根圆锥。各圆锥的锥底圆分别为锥齿轮的分度圆(直径为d)、齿顶圆(直径为d_a)和齿根圆(直径为d_f)，如图 11-36(b)所示。

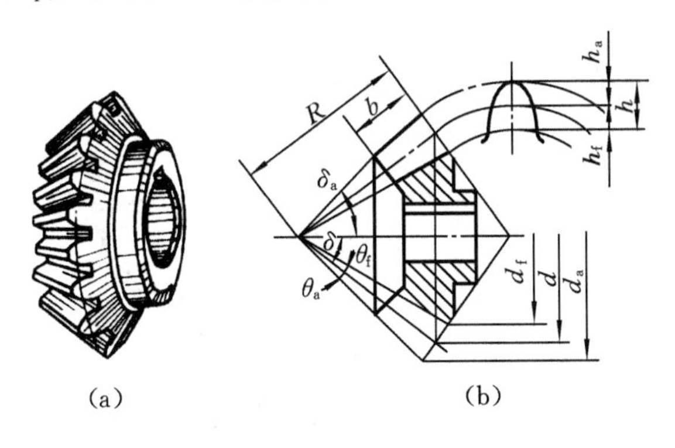

图 11-36　锥齿轮结构

锥齿轮的轮齿有直齿、斜齿和曲齿三种类型，直齿锥齿轮的设计、制造和安装都比较简单，故应用最广，本节只讨论直齿锥齿轮传动。

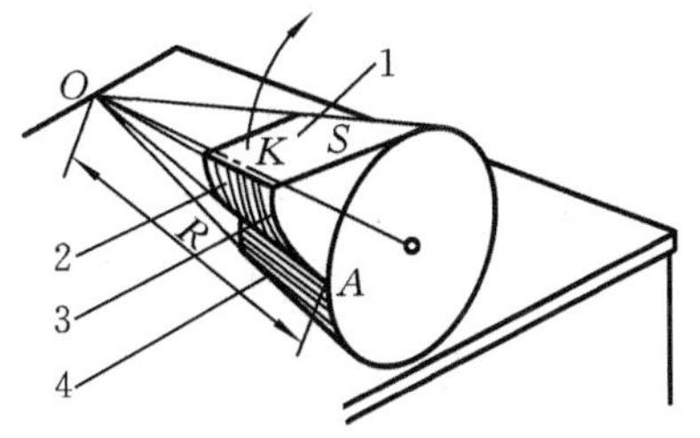

图 11-37　球面渐开线的形成

1—发生面；2、3—球面渐开面；4—基圆锥

2. 背锥与当量齿数

锥齿轮的齿廓是发生面 S 在基圆锥上作纯滚动时形成的，如图 11-37 所示。因此发生面上 K 点将在空间展出一渐开线 AK。显然，渐开线 AK 是在以锥顶 O 为中心，锥距 R(等于$\overline{OA}$)为半径的球面上，所以该渐开线称为球面渐开线。同样，在 K 点内侧临近的各点均展出球面渐开线，这样就形成了锥齿轮球面渐开面齿廓。

锥齿轮的齿廓曲线是球面渐开线，由于球面无法展成平面，致使锥齿轮的设计计算产生很多困难，故通常用与之近似的平面渐开线齿形代替。如图 11-38 所示，过两分度圆锥切线上的 C 点作渐开线所在球面的切线，与锥齿轮两轴线分别交于 O_1、O_2点，分别以$\overline{O_1C}$和$\overline{O_2C}$为母线长，以O_1O和O_2O为轴线作圆锥面，则此圆锥面称为背锥面(背锥)。

将锥齿轮大端球面渐开线齿形投影到背锥面上，得到的齿形与球面渐开线齿形很接近。因此，背锥面上的齿形就可以替代锥齿轮大端齿形。将背锥面展开为扇形平面，可得到一扇形齿轮。它可视为某一直齿圆柱齿轮的一部分。将扇形齿轮补足为一完整的齿轮，如图 11-38 中的当量齿轮 1，则该圆柱齿轮称为锥齿轮的当量齿轮，其分度圆半径等于锥齿轮的背锥距，模数等于锥齿轮大端端面模数，齿数称为锥齿轮的当量齿数，用 z_v 表示。

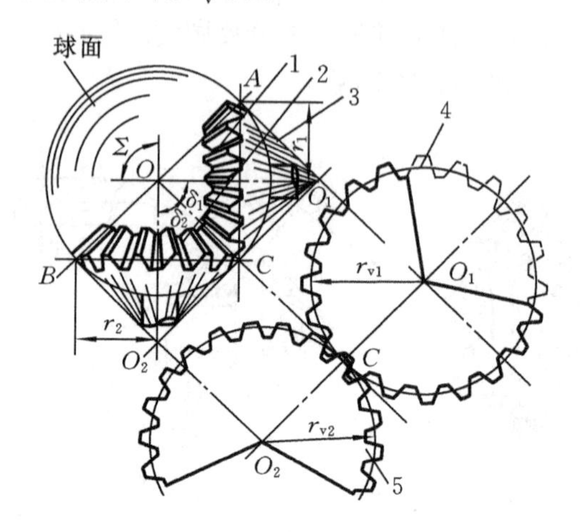

图 11-38 背锥与当量齿轮

1—锥齿轮 1；2—锥齿轮 2；3—背锥；4—当量齿轮 1；5—当量齿轮 2

由图 11-38 知

$$r_{v1} = \frac{r_1}{\cos\delta_1}$$

式中：r_{v1}——锥齿轮 1 的当量齿轮的分度圆半径；

δ_1——锥齿轮 1 的分度圆锥角(分锥角)；

r_1——锥齿轮 1 的大端分度圆半径，且 $r_1 = mz_1/2$。

将 $r_1 = mz_1/2$ 代入上式得

$$r_{v1} = \frac{mz_1}{2\cos\delta_1}$$

而 $r_{v1} = mz_{v1}/2$，故得

$$\left.\begin{aligned} z_{v1} &= \frac{z_1}{\cos\delta_1} \\ z_{v2} &= \frac{z_2}{\cos\delta_2} \end{aligned}\right\} \tag{11-50}$$

式中：δ_2——锥齿轮 2 的分度圆锥角；

z_1、z_2——锥齿轮 1、2 的实际齿数；

z_{v1}、z_{v2}——锥齿轮 1、2 的当量齿数。

借助于当量齿数的概念，可以将圆柱齿轮的一些结论直接应用于锥齿轮。例如：

(1) 采用仿形法加工直齿锥齿轮时，需要根据当量齿数 z_v 选择铣刀；

(2) 直齿锥齿轮传动的重合度可按当量齿轮的重合度计算，即用当量齿轮的参数代入式(11-14)进行计算；

(3) 可根据当量齿数 z_v 计算直齿锥齿轮不发生根切时的最少齿数 z_{min}，由式(11-50)得

$$z_{min} = z_{v\,min}\cos\delta$$

当 $\alpha = 20°$，h_a^*=1 时，z_{vmin}=17。若 $\delta = 40°$，可得

$$z_{min}=17\cos 40° \approx 13$$

11.10.2 直齿锥齿轮传动的几何关系及尺寸计算

(1) 基本参数。对于直齿锥齿轮，为便于尺寸计算和测量，通常以大端参数为标准值，锥齿轮的几何尺寸如分度圆直径、齿顶圆直径、齿根圆直径和齿高等均为大端尺寸。一般来说，锥齿轮模数等基本参数均指大端而言。例如：压力角 $\alpha = 20°$，齿顶高系数 h_a^*=1，顶隙系数 c^*= 0.2 等。锥齿轮的大端模数标准系列(摘自 GB12368—1990)如下：

…	1	1.125	1.25	1.375	1.5	1.75	2	2.25	2.5
2.75	3	3.25	3.5	3.75	4	4.5	5	5.5	6
6.5	7	8	9	10	…				

(2) 正确啮合条件。一对直齿锥齿轮传动相当于其当量直齿圆柱齿轮啮合，故一对锥齿轮的正确啮合条件为：两轮的大端模数和压力角分别相等。

(3) 传动比。一对锥齿轮传动时，其传动比

$$i_{12} = \frac{\omega_1}{\omega_2} = \frac{z_2}{z_1} = \frac{r_2}{r_1} = \frac{R\sin\delta_2}{R\sin\delta_1} = \frac{\sin\delta_2}{\sin\delta_1} \tag{11-51}$$

当两轮的轴交角 Σ =90° 时，式(11-51)可变为

$$i_{12} = \frac{\omega_1}{\omega_2} = \frac{z_2}{z_1} = \frac{r_2}{r_1} = \cot\delta_1 = \tan\delta_2 \tag{11-52}$$

在设计时，可根据给定的传动比 i_{12}，按式(11-51)确定两轮的分度圆锥角值。

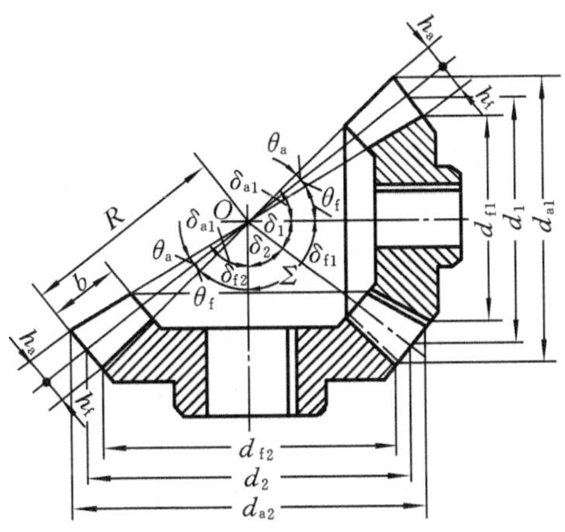

图 11-39 锥齿轮的几何尺寸

(4) 标准直齿锥齿轮的几何尺寸计算。锥齿轮的齿高是由大端到小端逐渐收缩的，称为收缩齿锥齿轮。按顶隙的不同，这类齿轮又分为正常收缩齿、等顶隙收缩齿及双重收缩齿三种。本书仅介绍正常收缩齿的锥齿轮。图 11-39 所示为一对正常收缩

齿的标准直齿锥齿轮传动，其两轮的分度圆锥、齿顶圆锥和齿根圆锥具有同一个锥顶 O，其几何尺寸计算见表 11-12。

表 11-12　标准直齿锥齿轮几何尺寸的计算公式($\Sigma=90°$)

名　　称	代　　号	计 算 公 式
分度圆直径	d	$d=mz$
齿顶高	h_a	$h_a=h_a^*m$
齿根高	h_f	$h_f=(h_a^*+c^*)m$
齿顶圆直径	d_a	$d_a=d+2h_a\cos\delta=(z+2h_a^*\cos\delta)m$
齿根圆直径	d_f	$d_f=d-2h_f\cos\delta=[z-2(h_a^*+c^*)\cos\delta]m$
齿顶角	θ_a	$\tan\theta_a=\dfrac{h_a}{R}$
齿根角	θ_f	$\tan\theta_f=\dfrac{h_f}{R}$
分度圆锥角	δ	$\tan\delta_2=\dfrac{z_2}{z_1};\cot\delta_1=\dfrac{z_2}{z_1};\quad \delta_1+\delta_2=90°$
顶锥角	δ_a	$\delta_a=\delta+\theta_a$
根锥角	δ_f	$\delta_f=\delta-\theta_f$
锥距	R	$R=\dfrac{r}{\sin\delta}=\dfrac{d}{2\sin\delta}=\dfrac{mz}{2\sin\delta}$ 或 $R=\dfrac{m}{2}\sqrt{z_1^2+z_2^2}$
分度圆齿厚	s	$s=\pi m/2$
齿宽	B	$b=(0.2\sim0.35)R$

直齿锥齿轮的受力分析和强度计算可参考有关资料，在此不作介绍。

11.11　齿轮的结构设计和齿轮传动的润滑

11.11.1　齿轮的结构设计

齿轮传动强度计算主要确定齿轮的主要参数，如齿数、模数和齿宽等，而齿轮的其他结构，如轮辐、轮毂等则由结构设计确定。

齿轮的结构设计与齿轮的直径大小、毛坯、材料、加工方法、生产批量、使用要求及经济性等因素有关。通常是先按齿轮的直径大小选定合适的结构形式，再根据推荐使用的经验数据进行结构设计。

齿轮的结构形式通常有以下几种。

1. 齿轮轴

对于直径较小的钢制圆柱齿轮，当齿轮的齿根圆至键槽底部的距离 $x \leqslant (2\sim2.5)m_n$（$m_n$ 为法面模数）时，对于圆锥齿轮，若小端齿根圆至键槽底部的距离 $x \leqslant (1.6\sim2)m$（m 为大端模数），则应将齿轮与轴做成一体，称为齿轮轴，如图 11-40 所示。此种齿轮常用锻造毛坯。当 x 值超过上述尺寸时，则应将齿轮与轴分开制造。

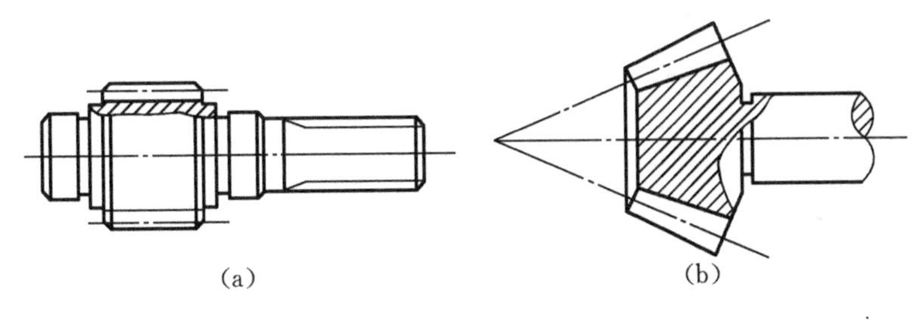

(a)　　(b)

图 11-40　齿轮轴

2. 实体式齿轮

当齿轮齿顶圆直径 $d_a \leqslant 200$ mm 时，可采用实体式结构，如图 11-41 所示。此种齿轮常用锻钢制造。

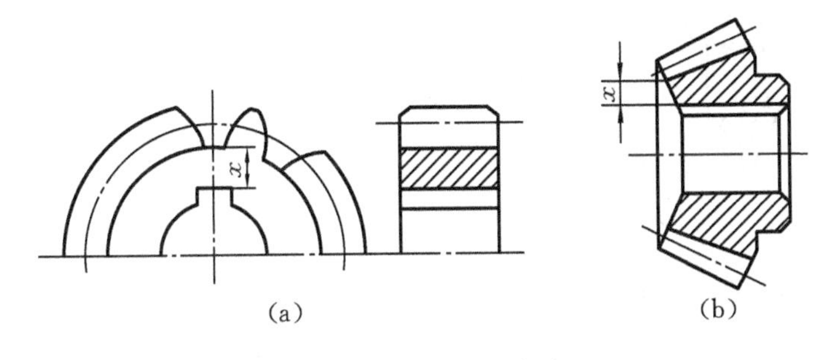

(a)　　(b)

图 11-41　实体式齿轮

3. 辐板式齿轮

当齿顶圆直径 d_a=200~500 mm 时，采用辐板式结构，如图 11-42 所示。此种齿轮常用锻钢制造，也可采用铸造毛坯制造。齿轮中各部分尺寸由图中经验公式确定。

4. 轮辐式齿轮

当齿顶圆直径 $d_a > 500$ mm 时，可采用轮辐式结构，如图 11-43 所示。此种齿轮因受锻造设备能力的限制，常用铸钢或铸铁制造，各部分尺寸由图中经验公式确定。

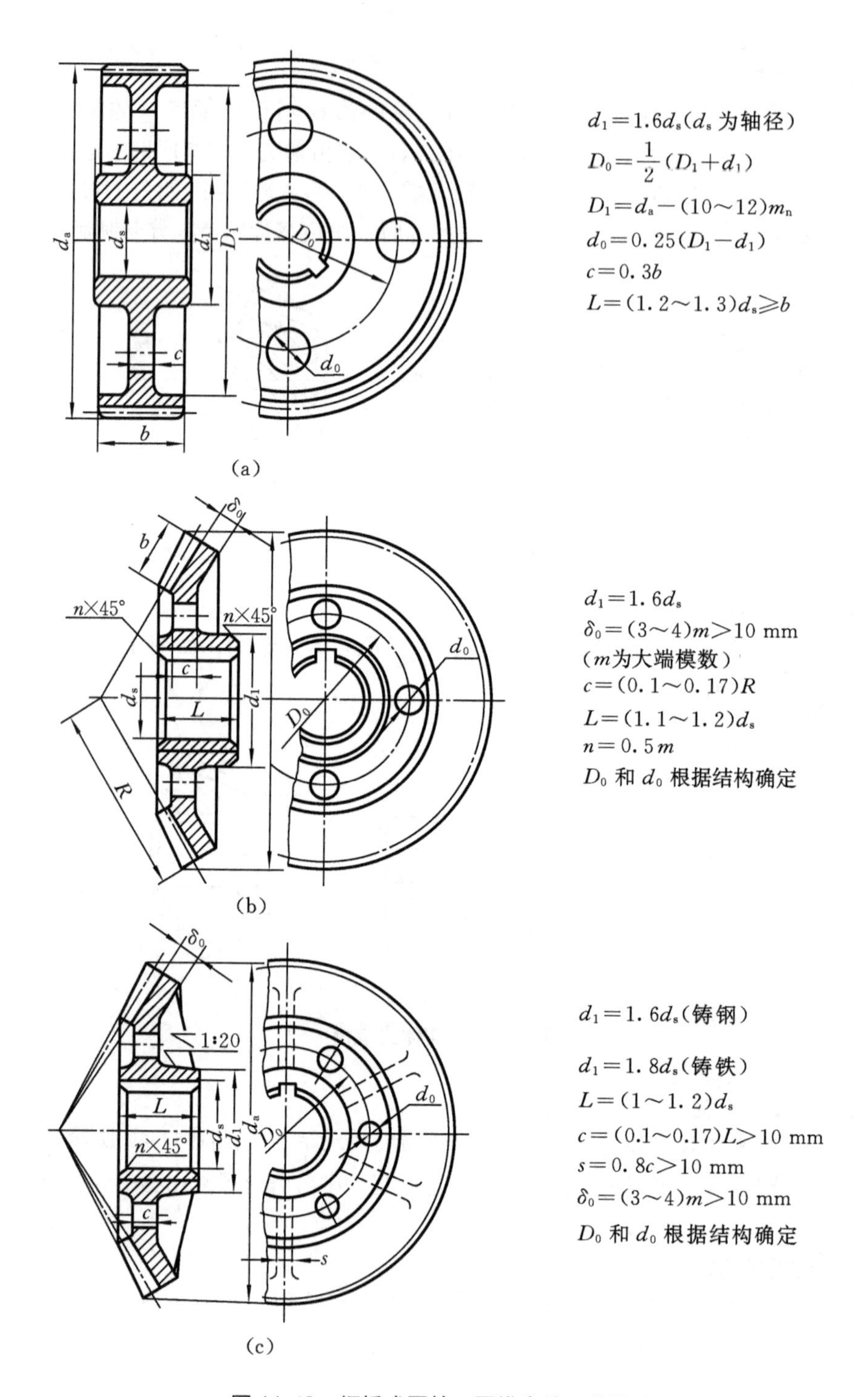

图 11-42　辐板式圆柱、圆锥齿轮及其设计

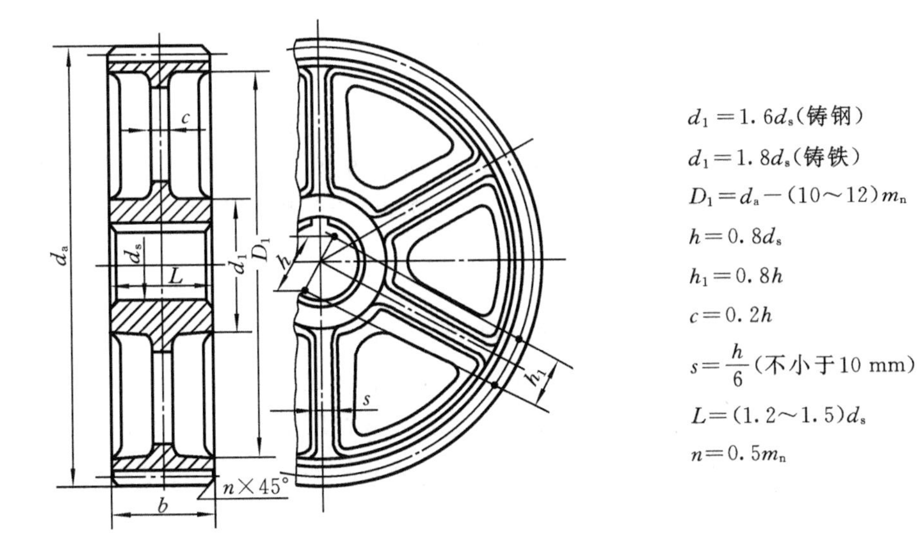

图 11-43　轮辐式圆柱齿轮及其设计

11.11.2　齿轮传动的润滑

齿轮传动的润滑可减少磨损和发热，还可以防锈和降低噪声，对防止和延缓轮齿失效，改善齿轮传动的工作状况起着重要作用。

1. 齿轮传动的润滑方式

开式和半开式齿轮传动及低速轻载的闭式齿轮传动，通常采用周期性的人工加油或脂方式润滑。

闭式齿轮传动可采用以下方式润滑。

(1) 浸油润滑。当齿轮的圆周速度 $v<12$ m/s 时，通常将大齿轮浸入油池中进行润滑，如图 11-44(a)所示，浸油深度约为 1~2 个齿高，速度高时取小值，但不应小于 10 mm。对锥齿轮传动，应浸入全齿宽，至少浸入半个齿宽。浸油深度过大会增大齿轮的搅油阻力，并使油温升高。在多级齿轮传动中，可采用带油轮将

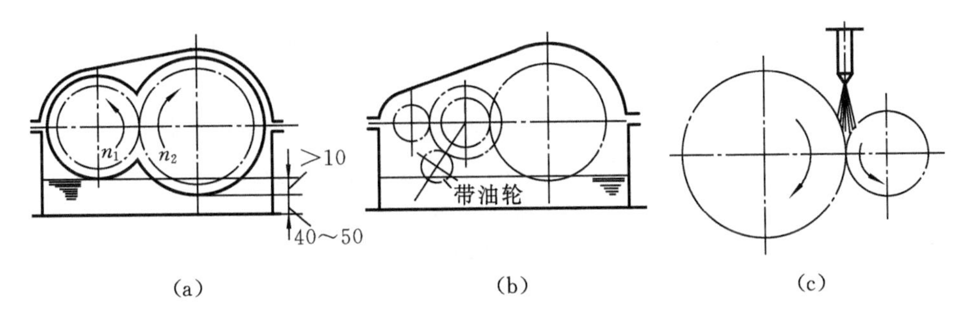

图 11-44　油池润滑与喷油润滑

油带到未浸入油池的轮齿齿面上，如图11-44(b)所示，同时可将油甩到齿轮箱壁面上散热，使油温下降。

(2) 喷油润滑。当齿轮圆周速度 $v > 12$ m/s 时，由于圆周速度大，齿轮搅油剧烈，且因离心力较大，会使沾附在齿廓面上的油被甩掉，因此不宜采用浸油润滑，可采用喷油润滑，即用油泵将具有一定压力的油经喷油嘴喷到啮合的齿面上，如图 11-44(c)所示。

2. 润滑剂的选择

齿轮传动常用的润滑剂有润滑油和润滑脂。选用润滑油时主要考虑的是油的黏度，一般来讲，转速越高，所用油的黏度越低，反之越高。对于变速、变载、重载或者频繁开车、停车等的齿轮传动，宜用黏度高的润滑油。润滑油的黏度通常根据齿轮的承载情况和圆周速度选取。闭式齿轮传动常用的润滑油黏度值可参考表 11-13 选用。

表 11-13　齿轮传动荐用的润滑油运动黏度值 $\nu_{40℃}$　　(单位：mm^2/s)

<table>
<tr><th rowspan="2">齿轮材料</th><th rowspan="2">强度极限/
MPa</th><th colspan="7">圆周速度/(m/s)</th></tr>
<tr><th>< 0.5</th><th>0.5~1</th><th>1~2.5</th><th>2.5~5</th><th>5~12.5</th><th>12.5~25</th><th>> 25</th></tr>
<tr><td>铸铁、青铜</td><td>—</td><td>320</td><td>220</td><td>150</td><td>100</td><td>68</td><td>46</td><td>—</td></tr>
<tr><td rowspan="3">钢</td><td>450~1 000</td><td>460</td><td>320</td><td>220</td><td>150</td><td>100</td><td>68</td><td>46</td></tr>
<tr><td>1 000~1 250</td><td>460</td><td>46</td><td>320</td><td>220</td><td>150</td><td>100</td><td>68</td></tr>
<tr><td>1 250~1 600</td><td rowspan="2">1 000</td><td rowspan="2">460</td><td rowspan="2">460</td><td rowspan="2">320</td><td rowspan="2">220</td><td rowspan="2">150</td><td rowspan="2">100</td></tr>
<tr><td colspan="2">渗碳钢或表面淬火钢</td></tr>
</table>

注：多级减速器的润滑油黏度应按各级粘度的平均值选取。

思考题与习题

11-1　渐开线有哪些重要性质？在研究渐开线齿轮啮合的哪些原理时曾经用到这些性质？

11-2　什么是齿轮的模数？它的大小说明什么？模数的单位是什么？

11-3　通常所讲的模数和压力角是指什么圆上的模数和压力角？

11-4　什么是啮合线？什么是啮合角？什么是理论啮合线长度？什么是实际啮合线长度？在已知一对齿轮的齿数、模数和压力角的条件下，怎样画出理论啮合线长度？怎样画出实际啮合线长度？

11-5　什么是直齿轮的重合度？连续传动的条件是什么？

11-6　试述仿形法加工齿轮和展成法加工齿轮的基本原理及它们的优缺点。

11-7　齿轮传动的主要失效形式有哪些？齿轮传动的设计准则通常是按哪些失效形式决定的？

11-8　为何设计一对软齿面齿轮时，要使两齿轮的齿面有一定的硬度差？该硬度差值通常取多大？为何硬齿面齿轮不需要有硬度差？

11-9　一对圆柱齿轮传动，其小齿轮和大齿轮在啮合处的接触应力是否相等？大、小齿轮的接触疲劳强度是否相同？

11-10　斜齿轮的齿廓曲面是怎样形成的？

11-11　斜齿轮的法面参数（m_n、α_n、h_{an}^*、c_n^*）与端面参数(m_t、α_t、h_{at}^*、c_t^*)中哪组参数是标准值？它们之间存在怎样的对应关系？

11-12　为什么斜齿轮传动强度计算在当量齿轮上进行？

11-13　什么是直齿锥齿轮的当量齿轮及当量齿数？它们有什么用处？

11-14　如何选择齿轮传动的润滑方式及润滑剂？如用油池润滑，如何确定齿轮浸油深度？又如何保证多级闭式传动的全润滑问题？

11-15　一对渐开线标准直齿圆柱齿轮传动，已知小齿轮的齿数$z_1=26$，传动比$i=5$，模数$m=3$，试求大齿轮的齿数、主要几何尺寸及中心距。

11-16　在技术革新中，拟使用现有的两个标准直齿圆柱齿轮，已测得齿数$z_1=22$、$z_2=98$，小齿轮顶圆直径$d_{a1}=240$ mm，大齿轮的全齿高$h=22.5$ mm(因大齿轮太大，不便测其顶圆直径)，试判定这两个齿轮能否正确啮合传动。

11-17　有一个标准直齿圆柱齿轮，跨齿数$K=3$，用游标卡尺测出公法线的长度为11.595 mm；跨齿数$K=4$，测得公法线长度为16.020 mm，问：这个齿轮的模数是多少？

11-18　某二级闭式减速器装置中的一对标准直齿圆柱齿轮传动，已知传递的功率$P_1=3.96$ kW，小齿轮转速$n_1=200$ r/min，传动比$i_{12}=3.28$，单向转动，载荷平稳，试确定该齿轮传动的主要尺寸。

11-19　某闭式渐开线标准直齿圆柱齿轮传动，中心距$a=120$ mm。现有两种方案。

方案一：$z_1=18$、$z_2=42$，$m=3$ mm，$\alpha=20^\circ$，$b=60$ mm；

方案二：$z_1=36$、$z_2=84$，$m=2$ mm，$\alpha=20^\circ$，$b=60$ mm。

如小齿轮为40Cr钢，表面淬火，齿面硬度为52 HRC，大齿轮均为45钢，表面淬火，表面硬度为45 HRC。问：

(1) 接触疲劳强度哪对较高？为什么？

(2) 弯曲疲劳强度哪对较高？为什么？

(3) 运转起来哪对较平稳？为什么？

11-20　已知一对渐开线标准斜齿圆柱齿轮的 $\alpha_n=20°$，$m_n=4$ mm，$z_1=23$，$z_2=98$，中心距 $a=250$ mm，试计算其螺旋角 β，端面模数 m_t，端面压力角 α_t，当量齿数 z_{v1}、z_{v2}，分度圆直径 d_1、d_2，顶圆直径 d_{a1}、d_{a2} 和齿根圆直径 d_{f1}、d_{f2}。

11-21　设计一单级直齿圆柱齿轮减速器的齿轮传动。已知所传递的功率 $P=8$ kW，高速轴转速 $n_1=720$ r/min，要求传动比 $i=3.6$，齿轮单向运转，载荷平稳。齿轮相对轴承为对称布置，电动机驱动。

11-22　设两级斜齿圆柱齿轮减速器的已知条件如题 11-22 图所示，试问：

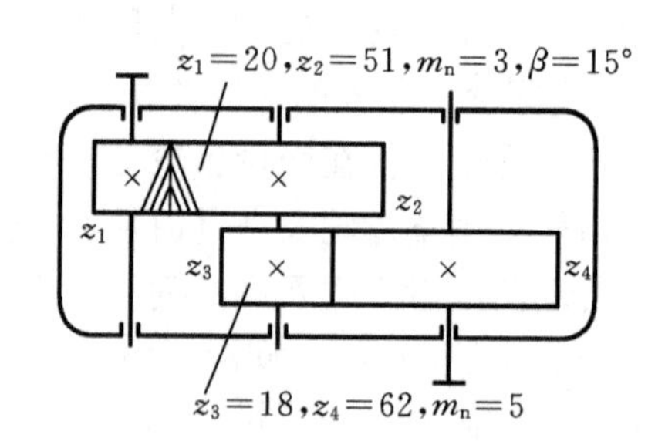

题 11-22 图　两级斜齿圆柱齿轮减速器

(1) 低速级斜齿轮的螺旋方向应如何选择才能使中间轴上两齿轮的轴向力相互抵消一部分？

(2) 低速级螺旋角 β 应取多大才使中间轴向力相互抵消？

11-23　已知单级闭式标准斜齿圆柱齿轮减速器，传递功率 $P_1=6.95$ kW，小齿轮的转速 $n_1=960$ r/min，传动比 $i=4$，电动机驱动，单向连续运转，中等冲击，试设计该对斜齿轮。

11-24　一对标准直齿圆锥齿轮的 $m=3$，$z_1=20$，$z_2=40$。试计算大齿轮的主要尺寸。

第 12 章　蜗 杆 传 动

蜗杆传动由蜗杆 1 和蜗轮 2 组成，如图 12-1 所示，常用于轴交角Σ =90° 的两轴间传递运动和动力。一般蜗杆为主动件，作减速运动。蜗杆传动具有传动比大而结构紧凑等优点，所以在各类机械，如机床、冶金机械、矿山机械、起重运输机械中得到了广泛应用。

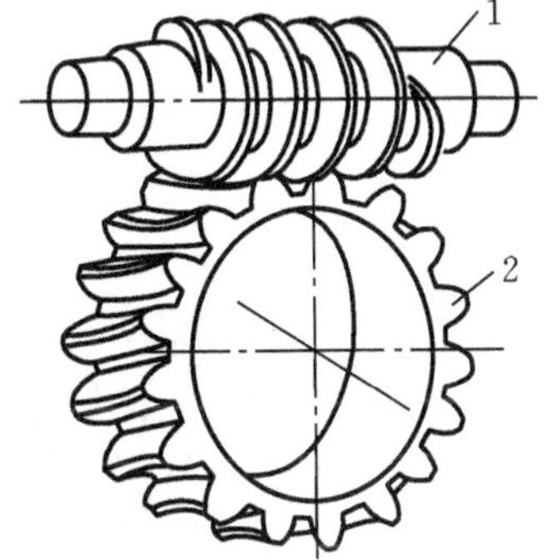

图 12-1　蜗杆传动

12.1　蜗杆传动的特点和类型

1. 蜗杆传动的特点

蜗杆传动的特点是：传动比大(在动力传动中一般 i=8~100，在分度机构中 i 可达 1 000)；传动平稳，噪声低；结构紧凑；在一定条件下可以实现自锁。但蜗杆传动效率较低，发热量大，磨损较严重，因此蜗轮齿圈部分常用减摩性能好的有色金属(如青铜)制造，成本较高。

2. 蜗杆传动的类型

根据蜗杆的不同形状，蜗杆传动可分为圆柱蜗杆传动(见图 12-2(a))、环面蜗杆传动(见图 12-2(b))、锥面蜗杆传动(见图 12-2(c))三种类型。

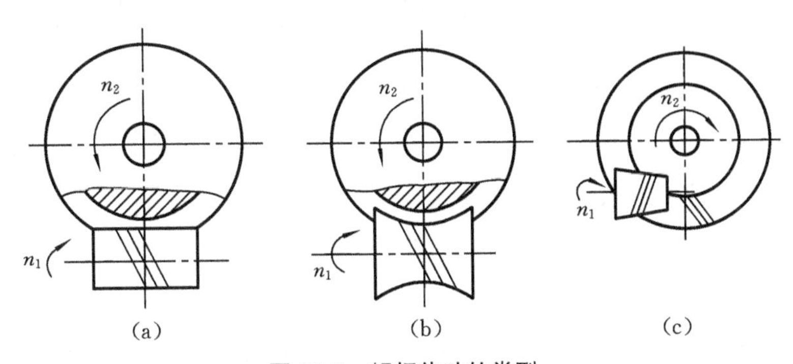

图 12-2　蜗杆传动的类型

圆柱蜗杆按螺旋齿面在相同剖面内的齿廓曲线形状可分为：阿基米德蜗杆(ZA 蜗杆)、法面直廓蜗杆(ZN 蜗杆)和渐开线蜗杆(ZI 蜗杆)。其中以阿基米德蜗杆加工最简便，在机械传动中应用最广泛。阿基米德蜗杆传动称为普通圆柱蜗杆传动，本章仅讨论这种传动。

阿基米德蜗杆是用直线刃刀具车削或铣削加工的，切削刃平面安装在与蜗杆轴线重合的同一水平面内，如图 12-3 所示。加工出来的蜗杆，在轴向剖面 I — I 内的齿廓为具有梯形齿条形的直齿廓，而在法向剖面 N — N 内齿廓外凸；在垂直于轴线的剖面(端面)上，齿廓曲线为阿基米德螺旋线，故称阿基米德蜗杆(ZA 蜗杆)。

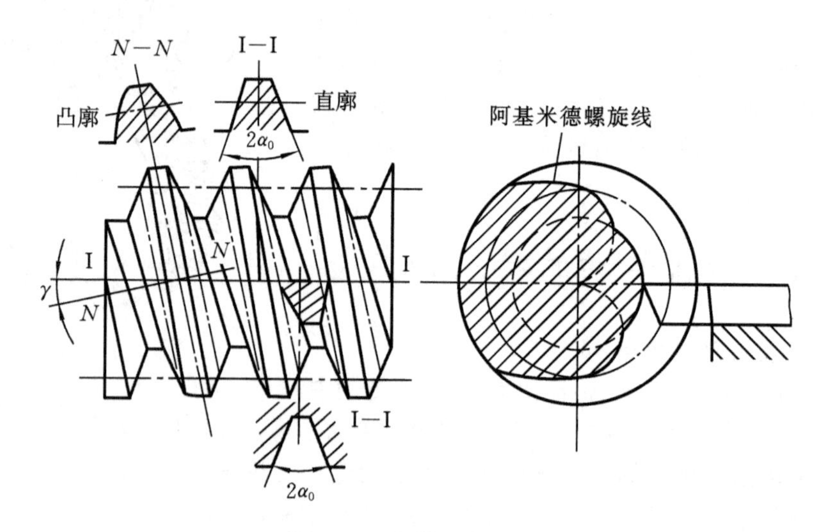

图 12-3　阿基米德蜗杆

蜗杆依据轮齿的旋向分为右旋蜗杆和左旋蜗杆(旋向判断同斜齿轮)。

12.2　圆柱蜗杆传动的主要参数及几何尺寸

圆柱蜗杆传动的主要参数与几何尺寸计算主要依据国家标准 GB10087—1988 和 GB 10088—1988。

12.2.1　圆柱蜗杆传动的主要参数

1. 模数、压力角和正确啮合条件

通过蜗杆轴线并与蜗轮轴线垂直的平面称为中间平面。它对蜗杆为对称面，对蜗轮为端面。在中间平面上，蜗杆的齿廓为直线，蜗轮的齿廓为渐开线，故相当于齿轮齿条传动，如图 12-4 所示。蜗杆、蜗轮都以中间平面内的参数为标准值，其正确啮合条件为：在中间平面内蜗杆与蜗轮的模数和压力角分别相等，即蜗杆的轴面模数 m_{x1} 应等于蜗轮的端面模数 m_{t2}，蜗杆轴面压力角 α_{x1} 应等于蜗轮端面压力角 α_{t2}，且均为标准值，即

$$\left.\begin{aligned} m_{x1} &= m_{t2} = m \\ \alpha_{x1} &= \alpha_{t2} = 20^\circ \end{aligned}\right\} \tag{12-1}$$

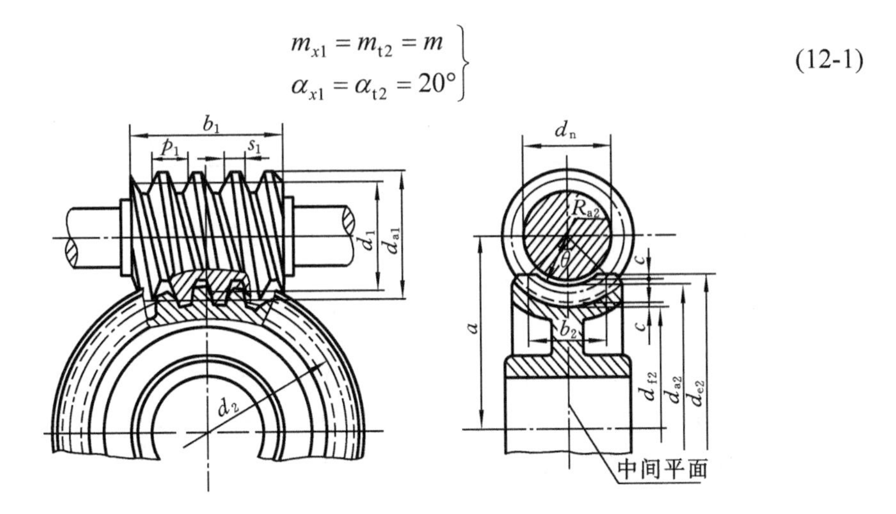

图 12-4　蜗杆传动的主要参数和几何尺寸

2. 蜗杆导程角γ

圆柱蜗杆分度圆柱螺旋线上任一点的切线与端面间所夹的锐角称为蜗杆分度圆柱导程角，简称蜗杆导程角，用γ表示，如图 12-5 所示。

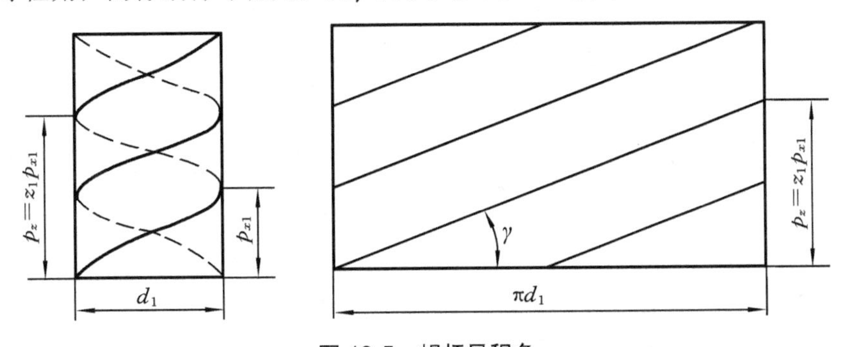

图 12-5　蜗杆导程角

蜗杆轴向齿距为 $p_{x1}=\pi m$，蜗杆导程为 $p_z=z_1 p_{x1}$，蜗杆导程角为

$$\tan\gamma=\frac{p_z}{\pi d_1}=\frac{\pi m z_1}{\pi d_1}=\frac{m z_1}{d_1} \tag{12-2}$$

式中：z_1——蜗杆头数。

蜗杆导程角大时，传动效率高。要求效率高的传动常取γ =15°～30°，采用多头螺杆；当$\gamma \leqslant 3°30'$ 时，采用单头蜗杆(z_1=1)，这时可实现反行程自锁。设计计算时可按表 12-1 推荐的范围初步选取。

为了正确啮合，除了应使 $m_{x1}=m_{t2}=m$，$\alpha_{x1}=\alpha_{t2}=20^\circ$ 外，蜗杆导程角γ 应和蜗轮的螺旋角β大小相等，螺旋线旋向相同。

表 12-1　蜗杆导程角γ的推荐范围

蜗杆头数 z_1	1	2	4	6
蜗杆导程角 γ	3°～8°	8°～16°	16°～30°	28°～33.5°

3. 蜗杆分度圆直径 d_1

由式(12-2)知，蜗杆分度圆直径d_1为

$$d_1 = \frac{mz_1}{\tan\gamma} \tag{12-3}$$

该式表明蜗杆分度圆直径d_1的大小取决于模数m、蜗杆头数z_1及导程角γ三个参数，即使模数m相同，仍然会有许多直径不同的蜗杆。这也意味着对于每一种蜗杆直径，都得配备一把蜗轮滚刀，才能加工出与该蜗杆相啮合的蜗轮。这很不经济。为了减少刀具数量，便于刀具标准化，标准 GB 10088—1988 中将蜗杆分度圆直径d_1规定为标准值，制定了d_1的标准系列，见表 12-2。

表 12-2　圆柱蜗杆的模数 m 和分度圆直径 d_1 的搭配值

模数 m	分度圆直径 d_1	蜗杆头数 z_1	m^2d /mm³	模数 m	分度圆直径 d_1	蜗杆头数 z_1	m^2d /mm³
1	18	1(自锁)	18	6.3	(80)	1，2，4	3 175
1.25	20	1	31.25		112	1(自锁)	4 445
	22.4	1(自锁)	35	8	(63)	1，2，4	4 032
1.6	20	1，2，4	51.2		80	1，2，4，6	5 120
	28	1	71.68		(100)	1，2，4	6 400
2	(18)	1，2，4	72		140	1(自锁)	8 960
	22.4	1，2，4	89.6	10	(71)	1，2，4	7 100
	(28)	1，2，4	112		90	1，2，4，6	9 000
	35.5	1(自锁)	142		(112)	1	11 200
2.5	(22.4)	1，2，4	140		160	1(自锁)	16 000
	28	1，2，4，6	175	12.5	(90)	1，2，4	14 062
	(35.5)	1，2，4	221.9		112	1，2，4	17 500
	45	1(自锁)	281		(140)	1，2，4	21 875
3.15	(2A8)	1，2，4	277.8		200	1(自锁)	31 250
	35.5	1，2，4，6	352.2	16	(112)	1，2，4	28 672
	(45)	1，2，4	446.5		140	1，2，4	35 840
	56	1(自锁)	556		(180)	1，2，4	46 080

续表

模数 m	分度圆直径 d_1	蜗杆头数 z_1	m^2d /mm^3	模数 m	分度圆直径 d_1	蜗杆头数 z_1	m^2d /mm^3
4	(31.5)	1，2，4	504		250	1(自锁)	64 000
	40	1，2，4，6	640	20	(140)	1，2，4	56 000
	(50)	1，2，4	800		160	1，2，4	64 000
	71	1(自锁)	1 130		(224)	1，2，4	89 600
5	(40)	1，2，4	1 000		315	1(自锁)	126000
	50	1，2，4，6	1 250	25	(180)	1，2，4	112 500
	(63)	1，2，4	1 570		200	1，2，4	125 000
	90	1(自锁)	2 250		(280)	1，2，4	175 000
6.3	(50)	1，2，4	1 985		400	1(自锁)	250 000
	63	1，2，4，6	2 500				

注：括号中的数字尽可能不采用。

4. 传动比

当蜗杆主动时为减速传动，传动比为

$$i=\frac{n_1}{n_2}=\frac{z_2}{z_1} \tag{12-4}$$

式中：n_1——蜗杆转速(r/min)；

n_2——蜗轮转速(r/min)；

z_1——蜗杆头数；

z_2——蜗轮齿数。

一般圆柱蜗杆传动装置的传动比 i 按下列数值选取：5，7.5，10，12.5，15，20，25，30，40，50，60，70，80。其中 10，20，40 和 80 为基本传动比，应优先采用。

5. 蜗杆头数 z_1 和蜗轮齿数 z_2

蜗杆头数推荐值为 z_1=1，2，4，6。当要求传动比大或传递转矩大时，z_1 取小值；要求自锁时 z_1 取 1；当要求传动功率大、传动效率高、传动速度大时，z_1 取大值(称为多头蜗杆)，一般可按表 12-3 选取。

蜗轮齿数 $z_2=iz_1$，在动力传动中，为增加同时啮合齿的对数，使传动平稳，通常规定 $z_{2\min}>28$，一般取 z_2=29~83。z_2 过多，会导致蜗杆过长而刚度不足，这样会影响蜗杆传动的啮合精度，因此，z_2 一般不超过 100。z_2 的选择可参考表 12-3。

表 12-3　蜗杆头数 z_1、蜗轮齿数 z_2 推荐值

传动比 $i=\frac{z_2}{z_1}$	5～8	7～16	15～32	30～83
蜗杆头数 z_1	6	4	2	1
蜗轮齿数 z_2	29～48	29～64	30～64	30～83

12.2.2　蜗杆传动的几何尺寸

普通圆柱蜗杆传动的主要参数和几何尺寸如图 12-4 所示，其计算公式参见表 12-4。

为了便于组织生产，减少箱体尺寸规格，有利于标准化、系列化，GB 10085—1988 中对一般蜗杆传动减速器装置的中心距 a(mm)推荐为：40，50，63，80，100，125，160，(180)，220，(225)，250，(280)，315，(335)，(400)，(450)，500。括号内的数字尽量不用。

表 12-4　普通圆柱蜗杆传动的主要几何尺寸

名　　称	代　　号	公　　式
蜗杆轴面模数或蜗轮端面模数	m	由强度条件确定，取标准值(见表 12-2)
中心距	a	$a=(d_1+d_2)/2$
传动比	i	$i=z_2/z_1$
蜗杆轴向齿距	P_{x1}	$P_{x1}=\pi m$
蜗杆导程	P_z	$P_z=z_1p_{x1}$
蜗杆分度圆导程角	γ	$\tan\gamma=mz_1/d_1$
蜗杆分度圆直径	d_1	$d_1=mz_1/\tan\gamma$(按强度计算确定，按表 12-2 选取)
蜗杆轴面压力角	α	$\alpha_{x1}=20°$(对阿基米德蜗杆，其$\alpha_n=20°$)
蜗杆齿顶高	h_a^*	$h_{a1}^*=h_a^*m$
蜗杆齿根高	h_{f1}	$h_{f1}=(h_a^*+c^*)m$
蜗杆全齿高	h_1	$h_1=h_{a1}+h_{f1}=(2h_a^*+c^*)m$
齿顶高系数	h_a^*	一般 $h_a^*=1$，短齿 $h_a^*=0.8$
顶隙系数	c^*	一般 $c^*=0.2$
蜗杆齿顶圆直径	d_{a1}	$d_{a1}=d_1+2h_{a1}=(d_1+2h_a^*)m$
蜗杆齿根圆直径	d_{f1}	$d_{f1}=d_1-2h_{f1}=d_1-2m(h_a^*+c^*)$

名　称	代　号	公　式
蜗杆宽度	b_1	当 z_1=1，2 时，$b_1 \geqslant (11+0.06\ z_2)m$；当 z_1=3，4 时，$b_1 \geqslant (12.5+0.09\ z_2)m$(其中，磨削蜗杆的加长量为：当 $m<10$ mm 时，Δb_1=15～25 mm；当 m=10～14 mm 时，Δb_1=35 mm；当 $m \geqslant 16$ mm 时，Δb_1 =50 mm)
蜗轮分度圆直径	d_2	$d_2 = mz_2$
蜗轮齿顶高	h_{a2}	$h_{a2}^* = h_a^* m$
蜗轮齿根高	h_{f2}	$h_{f2}=(h_a^*+c^*)m$
蜗轮齿顶圆直径	d_{a2}	$d_{a2}= d_2 + 2\ h_a^* m$
蜗轮齿根圆直径	d_{f2}	$d_{f2} = d_2 - 2\ m(h_a^* + c^*)$
蜗轮外圆直径	d_{e2}	当 z_1=1 时，$d_{e2}= d_{a2} + 2\ m$； 当 z_1=2~3 时，$d_{e2}= d_{a2} + 1.5m$； 当 z_1=4~6 时，$d_{e2}= d_{a2} + m$ 或按结构设计
蜗轮齿宽	b_2	当 $z_1 \leqslant 3$ 时，$b_2 \leqslant 0.75\ d_{a1}$； 当 z_1= 4~6 时，　$b_2 \leqslant 0.67\ d_{a1}$
蜗轮齿宽角	θ	一般 θ=90°～100°
蜗轮喉圆半径	r_{g2}	$r_{g2} = a - d_{a1}/2$

12.3　蜗杆传动的失效形式和材料选择

12.3.1　齿面间相对滑动速度

图 12-6 所示为轴交角 Σ = 90°的蜗杆传动，在轮齿节点 C 处，蜗杆的圆周速度 v_1 和蜗轮的圆周速度 v_2 也成 90°夹角，所以蜗杆与蜗轮啮合传动时，齿廓间沿蜗杆齿面螺旋线方向有较大的滑动速度 v_s，其大小为

$$v_s = \sqrt{v_1^2 + v_2^2} = \frac{v_1}{\cos\gamma} \tag{12-5}$$

滑动速度的大小，对齿面的润滑情况、齿面失效形式、发热以及传动效率都有很大影响。

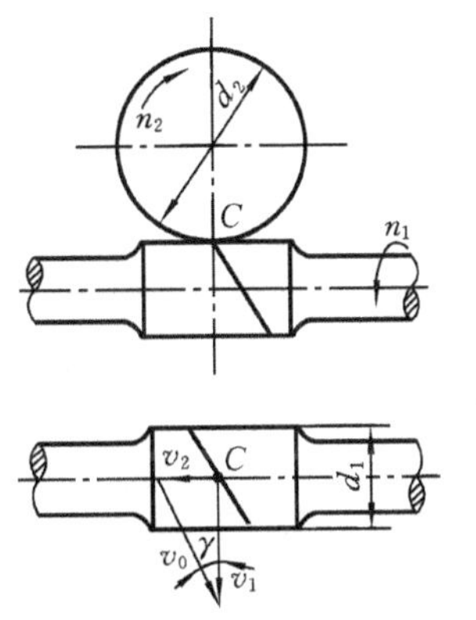

图 12-6　蜗杆传动的滑动速度

12.3.2 蜗杆传动失效形式及计算准则

蜗杆传动的失效形式与齿轮传动的基本相同，有胶合、磨损、疲劳点蚀和轮齿折断。由于蜗杆传动啮合面间的相对滑动速度较大、效率低、发热量大，在润滑和散热不良时，胶合和磨损为其主要失效形式。而蜗轮无论在材料的强度和结构方面均较蜗杆弱，所以失效多发生在蜗轮轮齿上，设计时只需对蜗轮进行承载能力计算。

蜗杆传动强度计算准则为：对闭式蜗杆传动，按蜗轮轮齿的齿面接触疲劳强度进行设计计算，按齿根弯曲疲劳强度校核，并进行热平衡验算；对开式蜗杆传动，按蜗轮轮齿的齿根弯曲疲劳强度进行设计。

12.3.3 蜗杆和蜗轮材料的选择

根据蜗杆传动失效形式可知，制造蜗杆副的组合材料首先应具有良好的跑合性、减摩性、耐磨性和抗胶合能力，并具有足够的强度。

蜗杆一般用碳钢或合金钢制造，常用材料为 40、45、40Cr、38SiMnMo 钢，经表面淬火到硬度为 45～55 HRC。高速、重载、重要传动的蜗杆常用 20Cr 或 20CrMnTi 钢并经渗碳淬火到硬度为 58～63 HRC，以上两种蜗杆均需磨削。对于低速、轻载、不重要传动的蜗杆，可用 40、45 钢调质处理，硬度为 220～250 HBS。

蜗轮常用的材料为锡青铜、铝青铜、灰铸铁等，见表 12-5。

表 12-5 蜗轮常用材料及应用

<table>
<tr><th>材料</th><th>牌 号</th><th>适用的滑动速度/(m/s)</th><th>特 性</th><th>应 用</th></tr>
<tr><td rowspan="2">锡青铜</td><td>ZCuSn10P1</td><td>≤25</td><td rowspan="2">耐磨性、跑合性、抗胶合能力、可加工性能均较好，但强度低，成本高</td><td>连续工作的高速、重载的重要传动</td></tr>
<tr><td>ZCuSn5Pb5Zn5</td><td>≤12</td><td>速度较高的轻、中、重载传动</td></tr>
<tr><td rowspan="2">铝青铜</td><td>ZCuAl10Fe3</td><td>≤10</td><td rowspan="3">耐冲击，强度较高，可加工性能好，抗胶合能力较差，价格较低</td><td>速度较低的重载传动</td></tr>
<tr><td>ZCuZn38Mn2Pb2</td><td>≤10</td><td rowspan="2">速度较低，载荷稳定的轻、中载传动</td></tr>
<tr><td>黄铜</td><td>ZCuZn38Mn2Pb2</td><td>≤10</td></tr>
</table>

材料	牌　号	适用的滑动速度/(m/s)	特　性	应　用
灰铸铁	HT150 HT200 HT250	≤2	铸造性能、加工性能好，价格低，抗点蚀和抗胶合能力强，抗弯强度低，冲击韧度低	低速，不重要的开式传动；蜗轮尺寸较大的传动；手动传动

12.4　蜗杆传动的强度计算

12.4.1　蜗杆传动的受力分析

1. 蜗轮旋转方向的判定

蜗轮旋转方向，按照蜗杆螺旋线旋向和旋转方向，应用左右手定则判定。

如图 12-7(a)所示，当蜗杆为右旋时，则用右手四个手指的方向沿蜗杆转向握起来，大拇指所指方向的相反方向即为蜗轮上啮合点的线速度方向，因此，蜗轮逆时针转动。当蜗杆为左旋时，则用左手按相同方法判定，如图 12-7(b)所示。

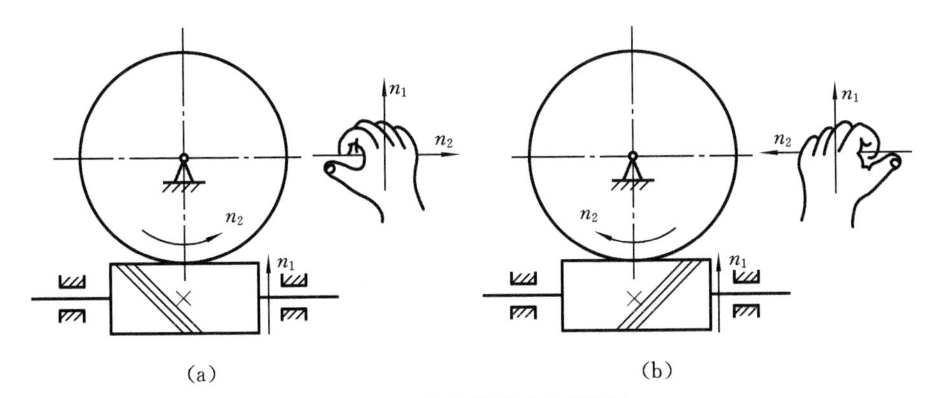

图 12-7　蜗轮旋转方向的判定

2. 轮齿上的作用力

蜗杆传动的受力与斜齿圆柱齿轮相似，如图 12-8 所示，若不计齿面间的摩擦力，蜗轮作用于蜗杆齿面上的法向力 F_{n1} 在节点 C 处可分解为三个互相垂直的分力：圆周力 F_{t1}、径向力 F_{r1}，轴向力 F_{a1}。由图可知：蜗轮上的圆周力 F_{t2} 等于蜗杆上的轴向力 F_{a1}；蜗轮上的径向力 F_{r2} 等于蜗杆上的径向力 F_{r1}；蜗轮上的轴向力

F_{a2}等于蜗杆上的圆周力 F_{t1}。这些对应的力大小相等、方向相反。

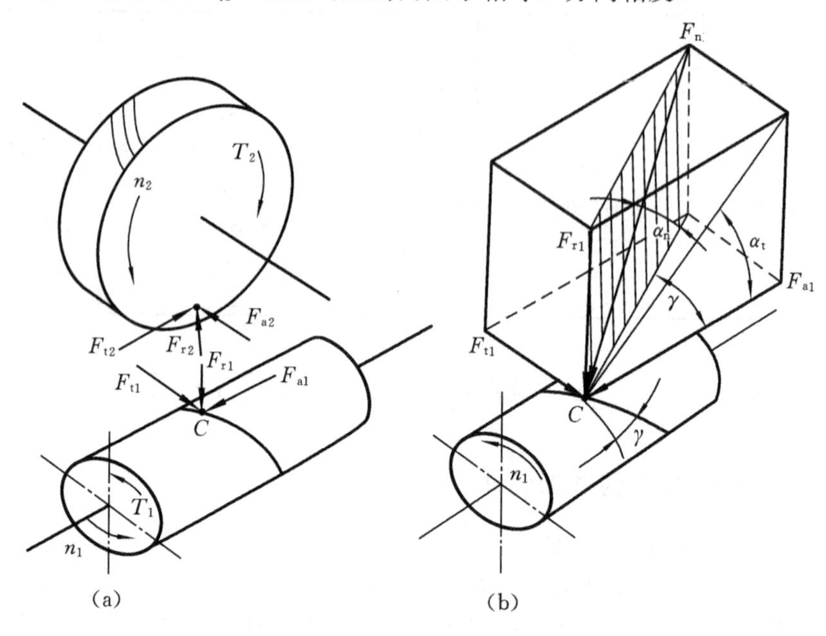

图 12-8　蜗杆传动的受力分析

各力间的关系为

$$\left.\begin{aligned} F_{t1} &= \frac{2T_1}{d_1} = -F_{a2} \\ F_{t2} &= \frac{2T_2}{d_2} = -F_{a1} \\ F_{r2} &= F_{t2}\tan\alpha = -F_{r1} \end{aligned}\right\} \tag{12-6}$$

式中：T_2——蜗轮转矩(N・mm)，其计算式为

$$T_2 = T_1 \cdot \eta_1 \cdot i = 9.55\times10^6 \frac{P_1\eta_1 i}{n_1} \tag{12-7}$$

T_1——蜗杆转矩(N・mm)；

P_1——蜗杆输入功率(kW)；

η_1——传动效率(可参考相关资料确定)；

α——中间平面分度圆上的压力角，$\alpha_{t2}=\alpha_{x1}=\alpha$。

当蜗杆为主动运动时，各力的方向为：蜗杆上圆周力 F_{t1} 的方向与蜗杆的转向相反；蜗轮上的圆周力 F_{t2} 的方向与蜗轮的转向相同；蜗杆和蜗轮上径向力 F_{r1}、F_{r2} 的方向，分别指向各自的轴心；蜗杆轴向力 F_{a1} 的方向与蜗杆的螺旋线方向和转向有关，可用主动轮左(右)手法则判断，即蜗杆为右(左)旋时用右(左)手，并以四指弯曲方向表示蜗杆转向，则大拇指所指方向为轴向力 F_{a1} 的方向。

12.4.2 蜗杆齿面接触疲劳强度计算

蜗轮的齿面接触疲劳强度计算公式与斜齿圆柱齿轮的相似，也是以节点啮合处的相应参数代入赫兹公式(11-21)导出的。当青铜蜗轮和钢制蜗杆配用时，蜗轮齿面接触疲劳强度校核公式为

$$\sigma_{\mathrm{H}}=500\sqrt{\frac{KT_2}{d_1 d_2^2}}\leqslant[\sigma_{\mathrm{H}}] \tag{12-8}$$

以 $d_2=mz_2$ 代入式(12-8)可得设计公式为

$$m^2 d_1\geqslant KT_2\left(\frac{500}{[\sigma_{\mathrm{H}}]z_2}\right)^2 \tag{12-9}$$

式中：σ_{H}——蜗轮齿面接触应力(MPa)；

K——载荷系数，一般取 K=1~1.4，当载荷平稳，蜗轮圆周速度 v_2≤3 m/s，7 级以上精度时取小值，否则取大值；

$[\sigma_{\mathrm{H}}]$——蜗轮的许用接触应力(MPa)，当蜗轮齿圈材料是锡青铜时，其齿面失效形式主要是疲劳点蚀，$[\sigma_{\mathrm{H}}]$按表 12-6 选取。当蜗轮齿圈材料是青铜和铸铁时，其齿面失效形式主要是胶合，但仍按齿面接触疲劳强度公式进行条件性计算，$[\sigma_{\mathrm{H}}]$按表 12-7 选取。

表 12-6　锡青铜蜗轮材料的许用接触应力$[\sigma_{\mathrm{H}}]$　（单位：MPa）

蜗轮材料	铸造方法	适用的滑动速度 v_s/(m/s)	蜗杆齿面硬度	
			≤350 HBS	>45 HRC
ZCuSn10P1	砂型	≤12	180	200
	金属型	≤25	200	220
ZCuSn5Pb5Zn5	砂型	≤10	110	125
	金属型	≤12	135	150

表 12-7　无锡青铜及铸铁蜗轮材料的许用接触应力$[\sigma_{\mathrm{H}}]$　（单位：MPa）

蜗轮材料	蜗杆材料	滑动速度 v_s/(m/s)						
		0.5	1	2	3	4	6	8
ZCuAl10Fe3	淬火钢	250	230	210	180	160	120	90
HT150 HT200	渗碳钢	130	115	90	—	—	—	—
HT150	调质钢	110	90	70	—	—	—	—

注：蜗杆未经淬火时，需将表中$[\sigma_{\mathrm{H}}]$值降低 20%。

蜗轮轮齿的弯曲疲劳强度所限定的承载能力大都超过齿面疲劳点蚀和热平衡计算所限定的承载能力。只有在少数情况下，如在受强烈冲击或重载的蜗杆传动或蜗轮采用脆性材料时，蜗轮轮齿的弯曲变形直接影响其运动精度或导致轮齿折断，计算弯曲强度才是必需的。需要计算时可参考有关资料。

12.5　蜗杆和蜗轮的结构

蜗杆因直径不大，常与轴做成一体，称为蜗杆轴，结构如图 12-9 所示。

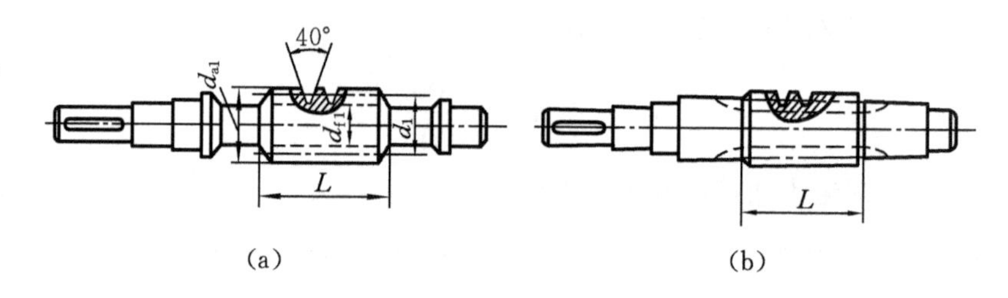

图 12-9　蜗杆轴

直径大的蜗轮，为了节约贵重的非铁金属，常采用组合式结构，即齿圈用非铁金属制造，而轮心用钢或铸铁制造。组合形式有以下三种。

(1) 齿圈压配式，如图 12-10(a)所示。这种结构用于尺寸不大且工作温度变化较小的场合。

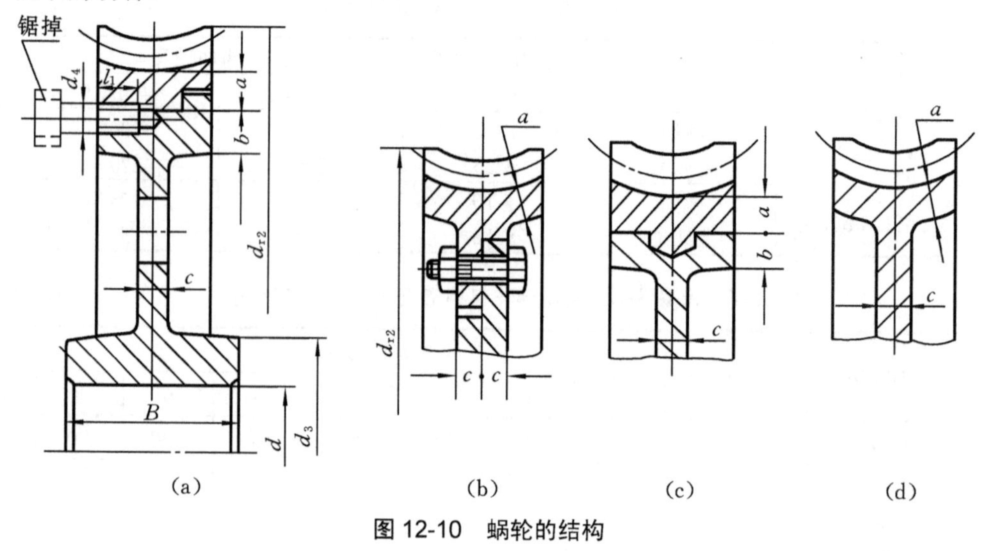

图 12-10　蜗轮的结构

(2) 螺栓连接式，如图 12-10(b)所示。这种结构多用于尺寸较大且磨损后需更换齿圈的场合。

(3) 浇铸式，如图 12-10(c)所示。这种结构仅用于成批生产的蜗轮。

铸铁蜗轮或直径小的青铜蜗轮可做成整体式，如图 12-10(d)所示。

12.6 蜗杆传动的效率、润滑和热平衡计算

12.6.1 蜗杆传动的效率

闭式蜗杆传动的总效率通常包括三部分：轮齿啮合齿面间摩擦损失的效率；浸油零件搅动润滑油时的溅油损耗效率和考虑轴承摩擦损失的效率。其中主要考虑轮齿齿面间摩擦损失的效率，其大小可近似地用螺旋传动的效率公式计算。后两项功率损失不大，其效率一般为 0.95～0.97，因此当蜗杆主动时，蜗杆传动的总效率为

$$\eta = (0.95 \sim 0.97)\frac{\tan\gamma}{\tan(\gamma+\rho_v)} \tag{12-10}$$

式中：γ——蜗杆导程角；

ρ_v——当量摩擦角，$\rho_v = \arctan f_v$；

f_v——当量摩擦系数，主要与蜗杆传动的材料、表面硬度和相对滑动速度有关，见表 12-8。

表 12-8 当量摩擦系数和当量摩擦角

蜗轮材料	锡青铜				无锡青铜		灰铸铁			
蜗杆齿面硬度	≥45 HRC		<45 HRC		≥45 HRC		≥45 HRC		<45 HRC	
滑动速度 v_c/(m/s)	f_v	ρ_v	f_v	ρ_v	f_v	ρ_v	f_v	ρ_v	f_v	ρ_v
0.01	0.11	6°17′	0.12	6°51′	0.18	10°12′	0.18	10°12′	0.19	10°45′
0.10	0.08	4°34′	0.09	5°09′	0.13	7°24′	0.13	7°24′	0.14	7°58′
0.25	0.065	3°43′	0.075	4°17′	0.10	5°43′	0.10	5°43′	0.12	6°51′
0.50	0.055	3°09′	0.065	3°43′	0.09	5°09′	0.09	5°09′	0.10	5°43′
1.00	0.045	2°35′	0.055	3°09′	0.07	4°00′	0.07	4°00′	0.09	5°09′
1.50	0.04	2°17′	0.05	2°52′	0.065	3°43′	0.065	3°43′	0.08	4°34′
2.00	0.035	2°00′	0.045	2°35′	0.055	3°09′	0.055	3°09′	0.07	4°00′
2.50	0.03	1°43′	0.04	2°17′	0.05	2°52′	—	—	—	—
3.00	0.028	1°36′	0.035	2°00′	0.045	2°35′	—	—	—	—
4.00	0.024	1°22′	0.031	1°47′	0.04	2°17′	—	—	—	—
5.00	0.022	1°16′	0.029	1°40′	0.035	2°00′	—	—	—	—
8.00	0.018	1°02′	0.026	1°29′	0.03	1°43′	—	—	—	—

续表

蜗轮材料	锡青铜				无锡青铜		灰铸铁			
蜗杆齿面硬度	≥45 HRC		<45 HRC		≥45 HRC		≥45 HRC		<45 HRC	
滑动速度 v_s/(m/s)	f_v	ρ_v	f_v	ρ_v	f_v	ρ_v	f_v	ρ_v	f_v	ρ_v
10.0	0.016	0°55′	0.024	1°22′	—	—	—	—	—	—
15.0	0.014	0°48′	0.020	1°09′	—	—	—	—	—	—
24.0	0.013	0°45′	—	—	—	—	—	—	—	—

注：硬度≥45 HRC时的ρ_v值是指蜗杆齿面经磨削、蜗杆传动经跑合，并有充分润滑的情况。

由式(12-10)可知，效率η在一定范围内随γ增大而增大，所以在传递动力时多采用多头蜗杆，但γ过大会使制造困难，且$\gamma>27°$时效率增大不明显，因此一般取$\gamma \leqslant 27°$。当$\gamma \leqslant \rho_v$时，蜗杆传动具有自锁性，但此时蜗杆传动效率很低(小于50%)。在进行设计时，开始η可按所选z_1估算取值，见表12-9。

表 12-9　蜗杆传动的效率

	闭式传动			开式传动η
z_1	1	2	4、6	1、2
η	0.70～0.75	0.75～0.82	0.82～0.92	0.60～0.70

12.6.2　蜗杆传动的润滑

蜗杆传动的润滑不仅能提高传动效率，而且可以避免轮齿的胶合和磨损，所以蜗杆传动保持良好的润滑是十分必要的。闭式蜗杆传动的润滑油黏度和给油方法，一般可根据相对滑动速度、载荷类型等参考表12-10选择。为提高蜗杆传动的胶合性能，宜选用黏度较高的润滑油。对青铜蜗轮，不允许采用抗胶合能力强的活性润滑油，以免腐蚀青铜齿面。

表 12-10　蜗杆传动的润滑油黏度及给油方法

滑动速度 v_s/(m/s)	0～1	0～0.25	0～5	>5～10	>10～15	>15～25	>25
工作条件	重载	重载	中载	—	—	—	—
黏度ν/cSt(40°C)①	900	500	350	220	150	100	80
给油方法	油池润滑			油池润滑或喷油润滑	压力喷油润滑及其压力/MPa		
					0.7	2	3

注：① 1cSt = 1×10^{-6} m^2/s。

12.6.3 热平衡计算

由于蜗杆传动效率较低，发热量大，在闭式蜗杆传动中，如果散热条件不好，会引起润滑不良而产生齿面胶合。因此，对闭式蜗杆传动应进行热平衡计算。

蜗杆传动产生的热量所消耗的功率 P_s 为

$$P_s = 1\,000(1-\eta)P_1 \tag{12-11}$$

经箱体散发的热量相当功率 P_c 为

$$P_c = k_s A(t_1 - t_0) \tag{12-12}$$

达到平衡，即 $P_s = P_c$ 时，可得到热平衡时的润滑油的工作温度 t_1 的计算公式：

$$t_1 = \frac{1\,000(1-\eta)P_1}{k_s A} + t_0 \leqslant [t_1] \tag{12-13}$$

式中：P_1——蜗杆传动输入功率(kW)；

k_s——散热系数，根据箱体周围通风条件，一般取 $k_s = 10 \sim 17$[W/(m$^2 \cdot {}^\circ$C)]（自然通风良好的地方取大值，反之取小值)；

η——传动效率；

A——散热面积(m^2)，指箱体外壁与空气接触而内壁被油飞溅到的箱体面积，对于箱体的散热片，其散热面积按50%计算；

t_0——周围空气温度(°C)，通常取 $t_0 = 20^\circ$C；

t_1——热平衡时的润滑油的工作温度(°C)；

$[t_1]$——齿面间润滑油许可的工作温度，通常取 $[t_1] = 70 \sim 90^\circ$C。

设计时，普通蜗杆传动的箱体散热面积 A 可用下式初步计算：

$$A = 0.33\left(\frac{a}{100}\right)^{1.75} \tag{12-14}$$

式中：a——中心距(mm)；

A——箱体散热面积(m^2)。

如果工作温度 t_1 超过许可温度 $[t_1]$，可采用以下冷却措施：

(1) 在箱壳外面增加散热片以增加散热面积 A；

(2) 在蜗杆轴上安装风扇（见图 12-11(a)）；或在箱体油池内装设蛇形冷却水管（见图 12-11(b)）；或用循环水冷却（见图 12-11(c)）。

例 12-1 设计一混料机的闭式蜗杆传动。已知：蜗杆输入功率 P_1=4 kW，转速 n_1=1 440 r/min，传动比 $i = 20$，单向运转，载荷稳定。

解 设计计算过程如下。

(1) 选择蜗杆、蜗轮材料。

由于功率不大，蜗杆采用45钢，轮齿表面淬火，硬度≥45 HRC。

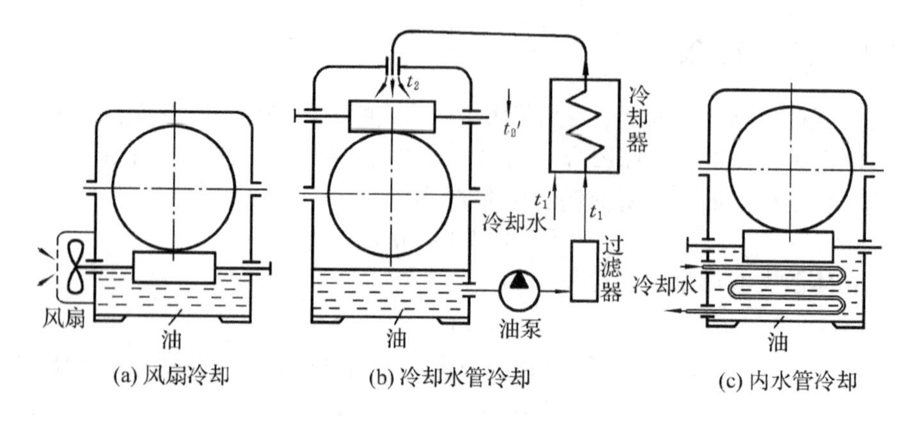

图 12-11 蜗杆传动散热方法

因为转速较高，蜗轮齿圈材料采用 ZCuSn5Pb5Zn5，砂型铸造，轮芯用 HT200 制造。由表 12-6 查得$[\sigma_{\mathrm{H}}]$=125 MPa。

(2) 选择蜗杆头数 z_1 和蜗轮齿数 z_2。

根据传动比 $i=20$ 查表 12-3 得蜗杆头数 $z_1=2$，则蜗轮齿数 $z_2=iz_1=20\times2=40$，z_2 在 30～40 之间，符合要求。

(3) 确定蜗轮传递的转矩 T_2。

查表 12-9 估计效率：根据 $z_1=2$，取 $\eta=0.8$。下面计算蜗轮传递的转矩。

$$T_2=T_1\cdot\eta\cdot i=9.55\times10^6\frac{P_1\eta i}{n_1}$$

$$=9.55\times10^6\times\frac{4\times0.8\times20}{1\,440}\ \mathrm{N\cdot mm}=424\,444\ \mathrm{N\cdot mm}$$

(4) 确定模数 m 和蜗杆分度圆直径 d_1。

因载荷平稳，取载荷系数 $K=1.1$，由式(12-9)得

$$m^2d_1\geqslant KT_2\left(\frac{500}{[\sigma_{\mathrm{H}}]z_2}\right)^2=1.1\times424\,444\times\left(\frac{500}{125\times40}\right)^2\ \mathrm{mm}^3=4\,669\ \mathrm{mm}^3$$

查表 12-2 得模数 $m=8$ mm，直径系数 $q=10$，蜗杆分度圆直径 $d_1=80$ mm。

(5) 计算主要尺寸。

蜗轮分度圆直径为

$$d_2=z_2m=40\times8\ \mathrm{mm}=320\ \mathrm{mm}$$

蜗杆导程角为

$$\gamma=\arctan\frac{z_1}{q}=\arctan\left(\frac{2}{10}\right)=11.31^\circ$$

中心距为

$$a=\frac{m}{2}(q+z_2)=\frac{8}{2}\times(10+40)\ \text{mm}=200\ \text{mm}$$

(6) 验算传动效率η。

蜗杆分度圆速度 v_1 为

$$v_1=\frac{\pi d_1 n_1}{60\times 1\,000}=\frac{3.14\times 80\times 1\,440}{60\times 1\,000}\ \text{m/s}=6.03\ \text{m/s}$$

相对滑动速度 v_c 为

$$v_c=\frac{v_1}{\cos\gamma}=\frac{6.03}{\cos 11.31^\circ}\ \text{m/s}=6.15\ \text{m/s}$$

查表 12-8 并用插值法计算得 $f_v=0.020\,4,\ \rho_v=1^\circ 9'(1.16^\circ)$。

由式（12-10）得

$$\eta=\frac{(0.95\sim 0.97)\tan\gamma}{\tan(\gamma+\rho_v)}$$

$$=(0.95\sim 0.97)\times\frac{\tan 11.31^\circ}{\tan(11.31^\circ+1.16^\circ)}=0.86\sim 0.87$$

η 略大于原估算效率，合适。

(7) 热平衡计算。

根据题意，箱体散热面积为

$$A=0.33\left(\frac{a}{100}\right)^{1.75}=0.33\left(\frac{200}{100}\right)^{1.75}\ \text{m}^2=1.1\ \text{m}^2$$

室温取 $t_0=20\ ^\circ\text{C}$。

根据箱体周围通风条件良好，取 $k_s=17\ \ [\text{W}/(\text{m}^2\cdot{}^\circ\text{C})]$。

润滑油的工作温度为

$$t_1=\frac{1\,000(1-\eta)P_1}{k_s A}+t_0=\left(\frac{1\,000\times(1-0.86)\times 4}{17\times 1.1}+20\right)\ ^\circ\text{C}=50\ ^\circ\text{C}\leqslant[t_1]$$

工作温度 t_1 符合要求。

思考题与习题

12-1　与齿轮传动相比，蜗杆传动有何优点？什么情况下宜采用蜗杆传动？为何传递大功率时很少采用蜗杆传动？

12-2　为何将蜗杆分度圆直径 d_1 规定为蜗杆传动中的标准参数？如何选用 d_1？

12-3　阿基米德蜗杆在中间平面内的啮合相当于哪种齿轮的啮合？

12-4　蜗杆传动常见的失效形式有哪些？其强度计算的准则是什么？

12-5　已知一圆柱蜗杆传动，m=5 mm，蜗杆分度圆直径 d_1=50 mm，蜗杆头

数 z_1=2，传动比 i=25，试计算该蜗杆传动的主要几何尺寸。

12-6　已知一阿基米德蜗杆传动，m= 8 mm，z_1 =1，γ=5°42′38″，α=20°，h_a^*=1，c^*–0.2，z_2=48。试求该蜗杆传动的 d_1、d_{a1}、d_{f1}、b_1、d_2、d_{a2}、d_{f2}、b_2 和 a。

12-7　题 12-7 图所示蜗杆传动，已知蜗杆的螺旋线方向和转动方向，试求：

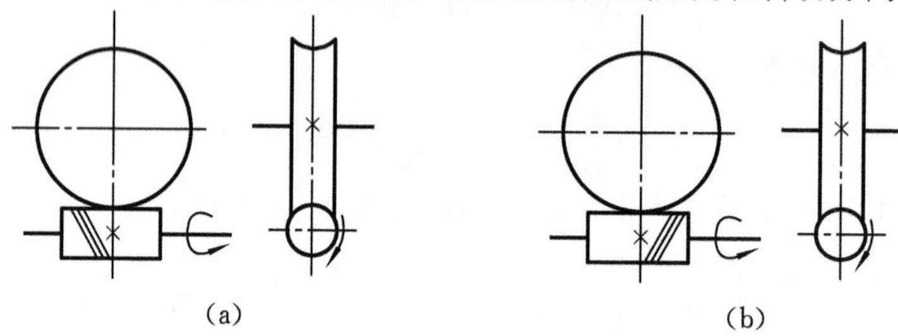

题 12-7 图

(1) 蜗轮转向；

(2) 标出节点处作用于蜗杆和蜗轮上的三个分力的方向；

(3) 若已知蜗杆转矩 T_1=20 N • m，m=4 mm，d_1=40 mm，α=20°，z_1=2，z_2=46，传动啮合效率 η = 0.75，试求节点处三个作用力的大小。

12-8　试设计带式运输机的蜗杆传动。已知：输入蜗杆的电动机功率 $P_1 = 7.5\ \text{kW}$，转速 $n_1 = 960\ \text{r/min}$，传动比 $i = 25$，单向运转，载荷稳定。

第13章　轮　　系

13.1　轮系及其分类

前面的“齿轮传动”一章介绍了一对齿轮的啮合传动问题。而仅仅一对齿轮的传动系统在实际中较少采用，通常是将若干个齿轮组合在一起用于传递运动和动力。这种由多个齿轮组成的齿轮传动装置称为轮系，轮系可以实现多方面的传动要求。一对齿轮的啮合传动是最简单的轮系。

齿轮以不同的方式组合得到的轮系有很大的差异。根据参与啮合传动的齿轮的轴线之间的位置关系，可以将轮系分为平面轮系和空间轮系。各齿轮的轴线相互平行的轮系称为平面轮系，如图13-1、图13-2所示。若轮系存在不平行的齿轮轴线，则称该轮系为空间轮系，如图13-3所示。

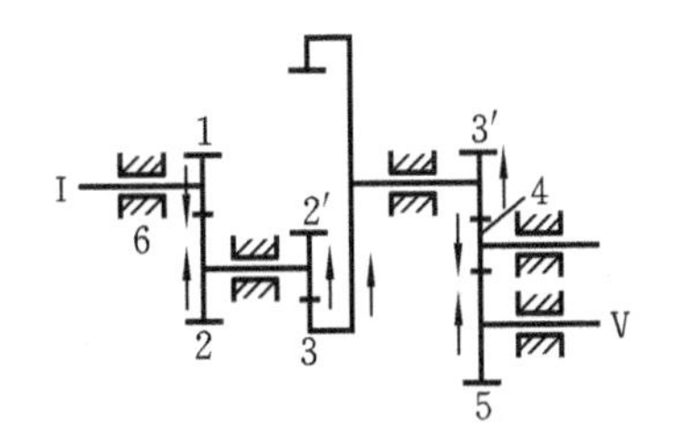

图13-1　定轴轮系

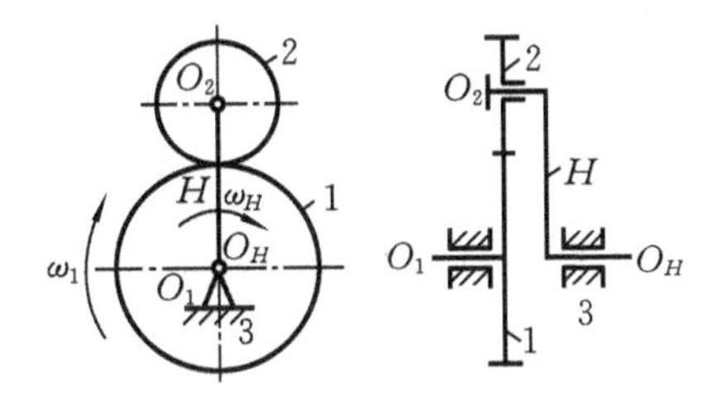

图13-2　周转轮系

根据轮系中各齿轮的轴线是否固定，轮系又可分为定轴轮系和周转轮系。

(1) 定轴轮系。各齿轮的轴线均固定不动的轮系称为定轴轮系，如图13-1所示。

(2) 周转轮系。只要有一个齿轮的轴线是绕其他齿轮的轴线转动的轮系称为周转轮系，如图13-2所示，齿轮2的轴线O_2绕齿轮1的轴线O_1转动，所以该轮系称为周转轮系。齿轮2因其轴线转动称为行星轮，支撑行星轮的构件H称为行星架。与行星轮相啮合而其轴线固定不动的齿轮1称为太阳轮。周转轮系又可分为差动轮系和行星轮系。

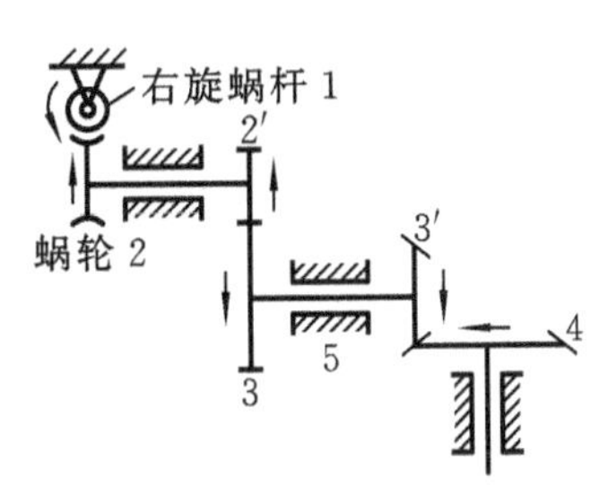

图13-3　空间轮系

13.2 定轴轮系传动比的计算

轮系运动时，输入轴的角速度与输出轴的角速度之比称为该轮系的传动比。定轴轮系的传动比就是第一个齿轮与最后一个齿轮的角速度之比。设 A 为输入轴，B 为输出轴，轮系的传动比 i_{AB} 表示为

$$i_{AB}=\frac{\omega_A}{\omega_B}=\frac{n_A}{n_B} \tag{13-1}$$

式中：ω_A、n_A——输入轴(或齿轮)的角速度、转速；

ω_B、n_B——输出轴(或齿轮)的角速度、转速。

1. 平面定轴轮系

如图 13-1 所示的轮系均由圆柱齿轮组成，它们的轴线均固定而且相互平行，故称为平面定轴轮系。当输入轴的转动方向与输出轴的转动方向相同时，轮系的传动比为正，否则为负。前面提到，一对齿轮啮合传动时，它们的角速度之比(传动比)与两轮的齿数成反比，外啮合时两齿轮转向相反，内啮合时两齿轮转向相同。下面据此推出定轴轮系的传动比计算公式。

设 I 为输入轴，V 为输出轴，各轮齿数分别为 z_1、z_2、$z_{2'}$、z_3、$z_{3'}$、z_4 及 z_5，各轮转速分别为 n_1、n_2、n_2'、n_3、n_3'、n_4 及 n_5，又因为齿轮 2、2′及齿轮 3、3′分别在同一轴上，所以 $n_2=n_2'$，$n_3=n_3'$，故

$$i_{12}=\frac{n_1}{n_2}=-\frac{z_2}{z_1},\quad i_{2'3}=\frac{n_{2'}}{n_3}=\frac{z_3}{z_{2'}}$$

$$i_{3'4}=\frac{n_{3'}}{n_4}=-\frac{z_4}{z_{3'}},\quad i_{45}=\frac{n_4}{n_5}=-\frac{z_5}{z_4}$$

将以上的各式相乘得

$$i_{12}\cdot i_{2'3}\cdot i_{3'4}\cdot i_{45}=\frac{n_1}{n_2}\frac{n_{2'}}{n_3}\frac{n_{3'}}{n_4}\frac{n_4}{n_5}=\left(-\frac{z_2}{z_1}\right)\left(\frac{z_3}{z_{2'}}\right)\left(-\frac{z_4}{z_{3'}}\right)\left(-\frac{z_5}{z_4}\right)$$

经过整理得到

$$i_{15}=\frac{n_1}{n_5}=(-1)^3\frac{z_2z_3z_4z_5}{z_1z_{2'}z_{3'}z_4}$$

上式第二个等号右边的分子为各对啮合齿轮的从动轮的齿数乘积，分母为主动轮的齿数乘积，“$(-1)^3$”是由于经过三次外啮合，转向改变了三次，内啮合不改变转向，不予考虑。下面推广到一般情况，从输入轴 A 到输出轴 B，经过了 m 次外啮合，则轮系的传动比为

$$i_{AB}=\frac{n_A}{n_B}=(-1)^m\frac{\text{各对啮合齿轮的从动轮齿数乘积}}{\text{各对啮合齿轮的主动轮齿数乘积}} \tag{13-2}$$

2. 空间定轴轮系

如图 13-3 所示的轮系中，有的轴线不是相互平行的，不能用转向相同或相反来描述参与啮合的齿轮的转向。空间定轴轮系传动比的大小仍然可用式(13-2)计算，但是$(-1)^m$没有意义，代入该公式计算时可以不考虑符号，齿轮的转向应通过画箭头的方法来确定。下面举例说明空间定轴轮系的传动比计算。

例 13-1 在图 13-3 所示的轮系中，z_1=1、z_2=40、$z_{2'}$=24、z_3=54、$z_{3'}$=25、z_4=50，n_1=3 000 r/min，试求齿轮 4 的转速n_4和转动方向。

解 因为该轮系中蜗杆传动及锥齿轮传动的轴线都不平行，用式(13-2)只能计算传动比的大小。

$$i_{14}=\frac{n_1}{n_4}=\frac{z_2 z_3 z_4}{z_1 z_{2'} z_{3'}}=\frac{40\times54\times50}{1\times24\times25}=180$$

$$n_4=\frac{n_1}{i_{14}}=\frac{3\,000}{180}\ \text{r/min}=16.67\ \text{r/min}$$

n_1与n_4的转向关系如图 13-3 中的箭头所示。注意：外啮合时，两个齿轮的箭头方向总是相向或相背。图中蜗轮的转向判定可参见第 12 章。

13.3 周转轮系传动比的计算

如图 13-4 所示，图中齿轮 2 是行星轮，H是行星架，与行星轮相啮合的是两个太阳轮 1 和 3，其中图 13-4(a)所示为差动轮系，自由度为 2，其特点是有两个活动太阳轮；图 13-4(b)所示为行星轮系，自由度为 1，其特点是有一个固定太阳轮。差动轮系由两个原动件输入运动，行星轮系由一个原动件输入运动。

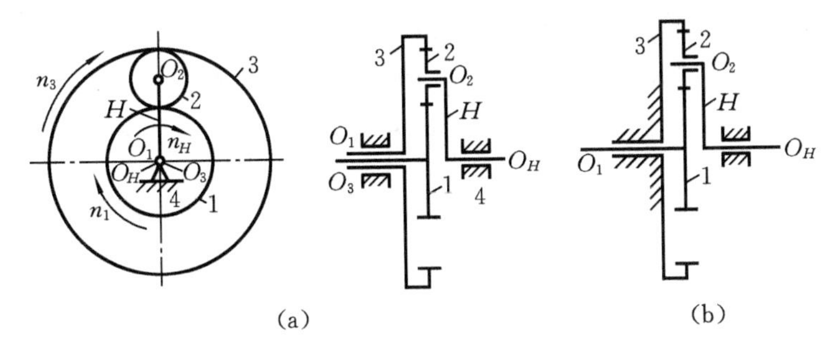

图 13-4 两种类型的周转轮系

1. 周转轮系的传动比

由于行星轮的运动不是绕固定轴转动，所以周转轮系的传动比不能直接引用定轴轮系的公式计算。如果设法使行星轮的轴线“固定不动”，则原周转轮系转化为“定轴轮系”，这样，就可以借用式(13-2)来计算周转轮系的转化机构的传动比。

这里仍然用到“反转法”。如图 13-4(a)所示，行星架的转速为n_H，给整个周转轮系加上一个绕O_H轴、转速为$-n_H$的运动。由相对运动原理可知，轮系中各构件的相对运动关系没有改变，而这时行星架 H 的转速为$n_H - n_H=0$，即行星架变为静止不动，周转轮系也因此转化为“定轴轮系”。原先的周转轮系中各构件的运动可视为相对机架运动，转化后的轮系中的各构件的运动可视为相对行星架的运动。各构件相对于行星架 H 的转速见表 13-1，表中n_1^H、n_2^H、n_3^H、n_H^H分别为转化后各构件的转速，即各构件相对行星架 H 的转速。

表 13-1　周转轮系中各构件相对于行星架 H 的转速

构件	原先的转速	转化后的转速	构件	原先的转速	转化后的转速
1	n_1	$n_1^H=n_1-n_H$	3	n_3	$n_3^H=n_3-n_H$
2	n_2	$n_2^H=n_2-n_H$	H	n_H	$n_H^H=n_H-n_H$

应用式(13-2)，得到转化后的“定轴轮系”的转动比的计算公式为

$$i_{13}^H=\frac{n_1^H}{n_3^H}=\frac{n_1-n_H}{n_3-n_H}=-\frac{z_3}{z_1}$$

式中：i_{13}^H——轮 1 与轮 3 相对行星架 H 的传动比。

将上式推广到一般情况。设周转轮系中任意两个齿轮 A 和 B，则它们相对于行星架 H 的传动比为

$$i_{AB}^H=\frac{n_A^H}{n_B^H}=\frac{n_A-n_H}{n_B-n_H}=(-1)^m\frac{\text{各对啮合齿轮的从动轮齿数乘积}}{\text{各对啮合齿轮的主动轮齿数乘积}} \tag{13-3}$$

在应用式(13-3)时，对于差动轮系，有三个转动构件：两个活动太阳轮和一个行星架。只有在这三个构件中的两个构件的运动已知时，才能计算出第三个构件的运动。如果两个构件的转向相反，则以其中一个为正值，另一个为负值代入，第三个构件的转向则根据计算结果的正负来判断。对于行星轮系，其中一个太阳轮不动，设$n_B=0$，则式(13-3)变为

$$i_{AB}^H=\frac{n_A-n_H}{n_B-n_H}=\frac{n_A-n_H}{0-n_H}=1-\frac{n_A}{n_H}=1-i_{AH}$$

因此

$$i_{AH}=1-i_{AB}^H \tag{13-4}$$

式中：i_{AH}——活动的太阳轮与行星架的传动比。

式(13-4)表明，行星轮系的活动太阳轮 A 对行星架的传动比等于 1 减去行星架固定时，活动太阳轮对固定太阳轮的传动比。式(13-4)仅适用于行星轮系，应用该式进行传动比计算较为简便。

2. 周转轮系传动比计算举例

例 13-2 在图 13-5 所示的差动轮系中，各轮齿数分别为：z_1=15、z_2=25、$z_{2'}$=20、z_3=60。已知n_1=200 r/min ,n_3=50 r/min，转向如图上箭头所示。求行星架 H 的转速n_H 。

解 因为轮 1 和轮 3 的转向相反,设轮 1 的转速n_1为正,则轮 3 的转速n_3为负，根据式(13-3)可以得到

$$i_{13}=\frac{n_1-n_H}{n_3-n_H}=(-1)^1\frac{z_2z_3}{z_1z_{2'}}$$

从而

$$\frac{200-n_H}{-50-n_H}=-\frac{25\times 60}{15\times 20}$$

解得$n_H=-8.33$ r/min，负号表示n_H转向与n_1转向相反。

该例中，如n_3的转向与n_1转向相同，则n_3以正值代入计算。读者可以自己分析一下。

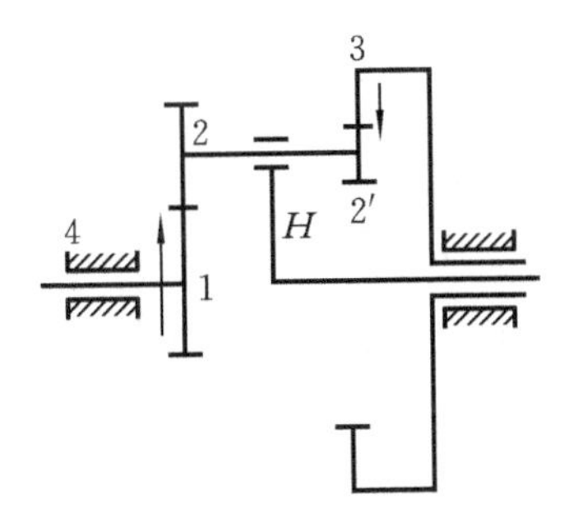

图 13-5 由差动轮系组成的减速器

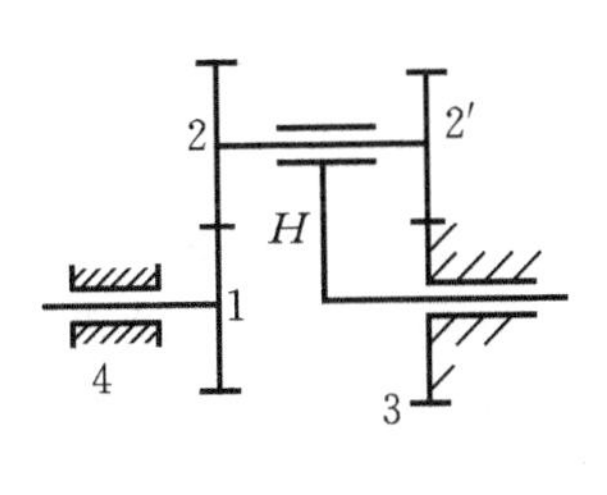

图 13-6 大传动比减速器图

例 13-3 图13-6 所示为一大传动比的减速器。已知各轮的齿数分别为：z_1=100、z_2=101、$z_{2'}$=100、z_3=99。求输入件 H 对输出件 1 的传动比i_{H1}。

解 当输入构件 H 运动时，双联齿轮 2—2′ 的轴线随之转动，因此，双联齿轮 2—2′ 为行星轮，与之相啮合的齿轮 1 为活动太阳轮，齿轮 3 为固定太阳轮，H 为行星架，这是一个行星轮系，由式(13-4)可得

$$i_{1H}=1-i_{13}^H=1-(-1)^2\frac{z_2z_3}{z_1z_{2'}}$$

所以

$$i_{H1}=\frac{1}{i_{1H}}=\frac{1}{1-\dfrac{z_2z_3}{z_1z_{2'}}}=\frac{1}{1-\dfrac{101\times 99}{99\times 100}}=10\,000$$

当 z_1=99，而其他齿数不变时，传动比

$$i_{H1}=\frac{1}{1-\frac{101\times 99}{99\times 100}}=-100$$

比较以上结果可知，当其中一个齿轮变动一个齿，轮系的传动比相差 100 倍，且转向改变，即原先行星架 H 与齿轮 1 转向相同，变化后，行星架 H 与齿轮 1 的转向相反。可见，周转轮系比起定轴轮系有更大的灵活性。

例 13-4 图 13-7 所示的差速器中，已知 z_1=48、z_2=42、$z_{2'}$=18、z_3=21，n_1=100 r/min、n_3=80 r/min，其转向如图所示，求 n_H。

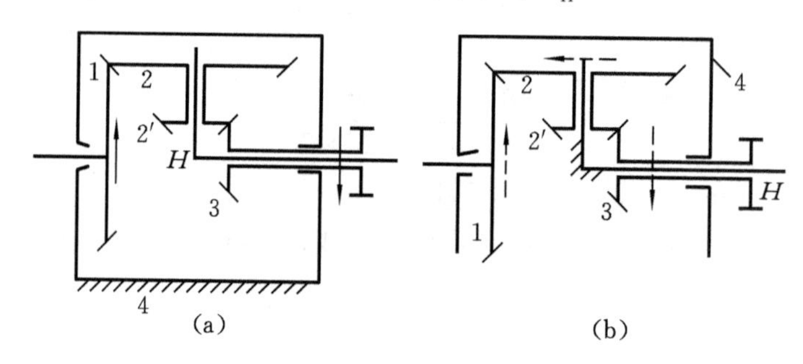

图 13-7 差速器示意图

解 这个差速器由锥齿轮 1、2、2′、3、行星架 H 以及机架 4 组成，双联齿轮 2—2′绕轴线运动，所以 2—2′是行星轮，与其啮合的两个活动太阳轮 1、3 的几何轴线重合，这是一个差动轮系，可用式(13-3)计算。齿数比之前的符号取负号。因为 i_{13}^H 可视为行星架固定不动，轮 1 与轮 3 的转动方向，如图 13-7(b)所示，用箭头表示，可知 n_3^H 与 n_1^H 方向相反。从图 13-7(a)可知，n_1 和 n_3 的方向相反，如设 n_1 为正值，则 n_3 为负值。代入式(13-3)得到

$$i_{13}^H=\frac{n_1-n_H}{n_3-n_H}=-\frac{z_2z_3}{z_1z_{2'}}$$

即

$$\frac{100-n_H}{-80-n_H}=-\frac{42\times 21}{48\times 18}$$

解得

$$n_H=9.07\ \text{r/min}$$

n_H 为正值，表示与 n_1 的转向相同。

13.4 混合轮系及其传动比的计算

1. 混合轮系

在机械传动中，常将周转轮系与定轴轮系或者几个周转轮系组合在一起，成为混合轮系，又称为复合轮系，如图 13-8 所示。

2. 混合轮系的传动比

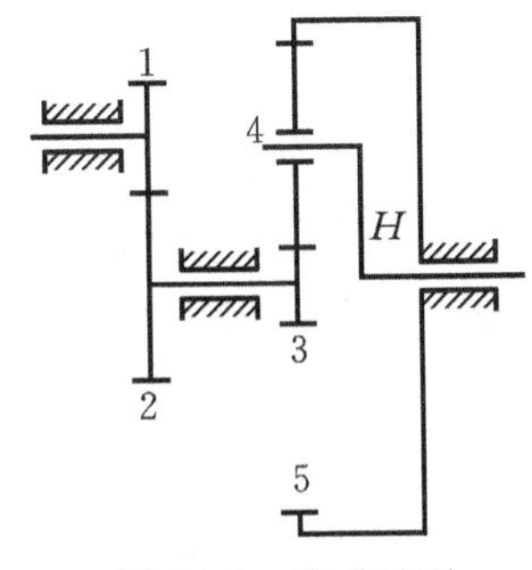

图 13-8　混合轮系

混合轮系结构复杂，不能直接引用定轴轮系或周转轮系的公式。对混合轮系进行传动比计算时，首先必须分析清楚它包含了哪些基本轮系，然后针对定轴轮系或者周转轮系分别引用式(13-2)至式(13-4)列出传动比计算式，最后结合构件连接关系，对上述各计算式联立求解，即可求出混合轮系的传动比。分析时应注意按照轮系的传动路线进行。

在混合轮系中区分定轴轮系部分和周转轮系部分的关键在于是否存在行星轮。在若干个啮合传动的齿轮中，如果各轮轴线都是固定不动的，这部分就是一个定轴轮系。如果某轮的轴线绕另外的轴线转动，则该轮为行星轮，支撑行星轮的构件为行星架，与行星轮啮合的即为太阳轮，这部分就是一个周转轮系。有两个活动太阳轮的就是差动轮系，有一个活动太阳轮和一个固定太阳轮的就是行星轮系。

例 13-5　图 13-8 所示轮系中，已知各轮齿数 $z_1=20$、$z_2=30$、$z_3=20$、$z_4=30$、$z_5=80$，轮 1 的转速 $n_1=300$ r/min，求行星架 H 的转速 n_H。

解　由图 13-8 可知，齿轮 1、2 的轴线固定不动，它们组成的是定轴轮系。齿轮 2、3 在同一个轴上，故 $n_2=n_3$。齿轮 4 的轴线转动，故齿轮 4 为行星轮，支撑齿轮 4 的 H 为行星架，与齿轮 4 相啮合的齿轮 3、5 为太阳轮，齿轮 5 固定不动，因此，齿轮 3、4、5、行星架 H 及机架组成了行星轮系。

由定轴轮系 1—2 得

$$i_{12}=\frac{n_1}{n_2}=-\frac{z_2}{z_1} \tag{a}$$

由行星轮系 3—4—5—H 得

$$i_{3H}=1-i_{35}^{H}=1-(-1)^1\frac{z_4 z_5}{z_3 z_4}=1+\frac{z_5}{z_3}$$

即

$$\frac{n_3}{n_H}=1+\frac{z_5}{z_3} \tag{b}$$

又有

$$n_2=n_3 \tag{c}$$

式(a)、(b)、(c)联立求解，可得

$$n_H=-\frac{n_1}{\frac{z_2}{z_1}\left(1+\frac{z_5}{z_3}\right)}=-\frac{300}{\frac{30}{20}\left(1+\frac{80}{20}\right)}\ \text{r/min}=-40\ \text{r/min}$$

n_H 为负值表明与 n_1 的方向相反。

该例的齿轮 4 对齿轮 3 而言是从动轮，而对齿轮 5 而言又是主动轮。由该例的式(b)可知，计算时它对传动比的大小没有影响，仅仅改变一次转动方向，这种齿轮称为惰轮。实际中常用到惰轮换向。

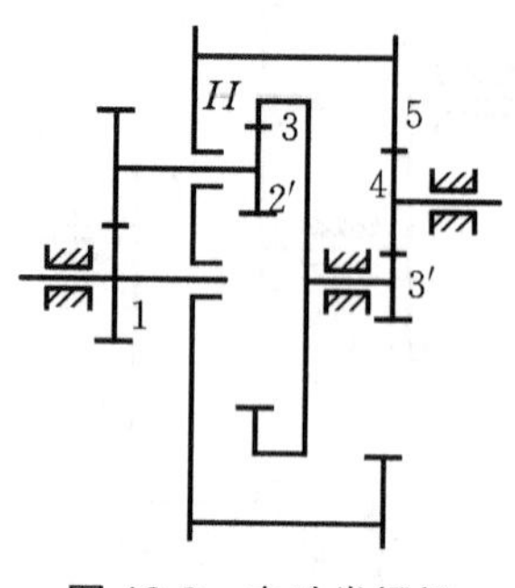

图 13-9　电动卷扬机

例 13-6　在图 13-9 所示的电动卷扬机中，已知各轮的齿数 $z_1=24$，$z_2=48$、$z_{2'}=30$、$z_3=90$、$z_{3'}=20$、$z_4=30$ 及 $z_5=80$，$n_1=1\,450$ r/min，求卷筒的转速 n_H。

解　该混合轮系中，传动路线是从齿轮 1 至 H。双联齿轮 2—2′的轴线绕轮 1 的轴线转动，齿轮 2—2′为行星轮，H 为行星架，齿轮 1、3 为两个太阳轮，因此齿轮 1、2—2′、3、行星架 H 与机架一起组成了差动轮系。齿轮 3′、4、5 以及机架组成了定轴轮系。3—3′为双联齿轮，$n_3=n_{3'}$。行星架 H 与齿轮 5 为同一构件，$n_5=n_H$。

由差动轮系 1—2—2′—3—H—6 得

$$i_{13}^{H}=\frac{n_1-n_H}{n_3-n_H}=-\frac{z_2z_3}{z_1z_{2'}}$$

由定轴轮系 3′—4—5—6 得

$$i_{3'5}=\frac{n_{3'}}{n_5}=-\frac{z_4z_5}{z_{3'}z_4}=-\frac{z_5}{z_{3'}}$$

又有 $n_3=n_{3'}$，$n_5=n_H$，则联立求解以上两式并代入数值，可得

$$n_H=\frac{1\,450}{31}\ \text{r/min}=46.77\ \text{r/min}$$

13.5　轮系的功用

轮系的功用大致可归纳为以下几个方面。

(1) 用于相距较远的两轴之间的传动。当主动轴与从动轴之间距离较远时，常用多个齿轮组成定轴轮系传动，这样可使结构紧凑，如图 13-10 所示。

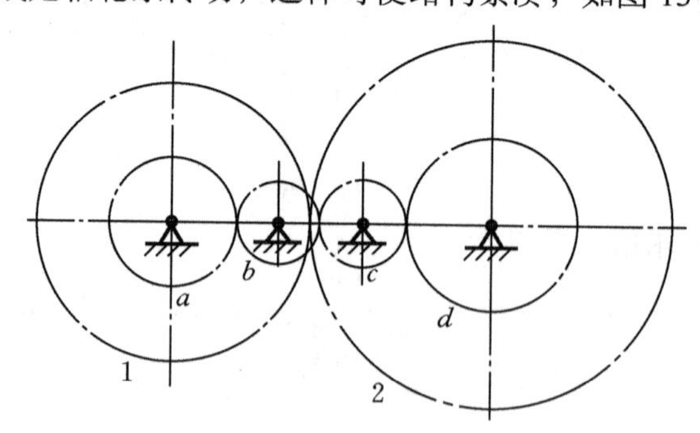

图 13-10　利用轮系传递较远距离的两轴之间的传动

(2) 实现变速和换向转动。图 13-11 所示为车床的换向机构，图示传动路线为

1—6—5—2，经三次外啮合传动，n_2与n_1反方向；当手柄3移至虚线位置时，传动路线为1—4—2，经两次外啮合传动，n_2与n_1同向。

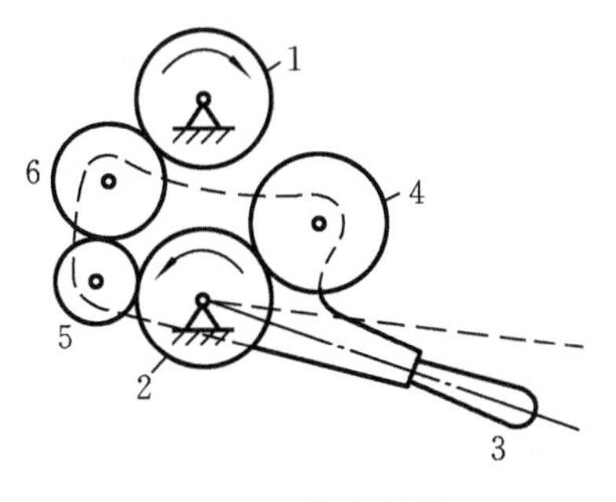

图 13-11　换向机构

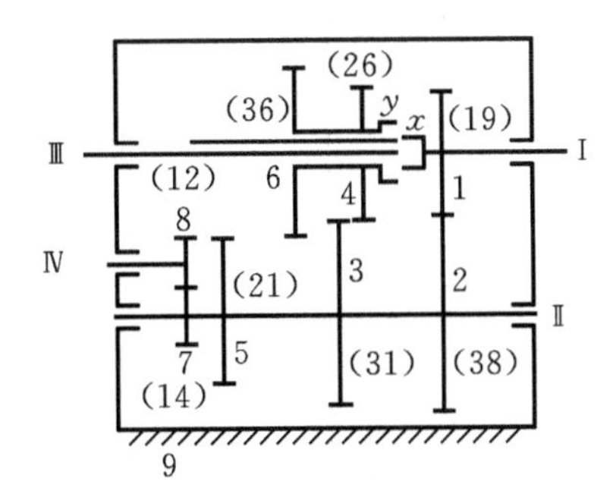

图 13-12　变速机构

图13-12所示为汽车齿轮变速机构，传动路线有四种情况：①离合器x、y接合时，(Ⅰ)—(Ⅲ)；②拨动双联齿轮使4、3啮合时，1(Ⅰ)—2(Ⅱ)—3—4(Ⅲ)；③拨动双联齿轮使6、5啮合时，1(Ⅰ)—2(Ⅱ)—5—6(Ⅲ)；④拨动双联齿轮使6、8啮合时，1(Ⅰ)—2(Ⅱ)—7—8(Ⅳ)—6(Ⅲ)。其中①、②、③分别为高、中、低速三个前进挡，④为低速倒车挡。

(3) 获取大的传动比。如图13-6所示大传动比减速器，传动比高达10 000。

(4) 实现分路传动。在同一主动轴带动下，利用轮系可以实现几个从动轴分路输出运动。如图13-13所示机械式钟表机构，其传动关系如下：

N(发条)—1┬2—M(分针)
　　　　　　├9—10—11—12—H(时针)
　　　　　　└3—4—5—6—S(秒针)

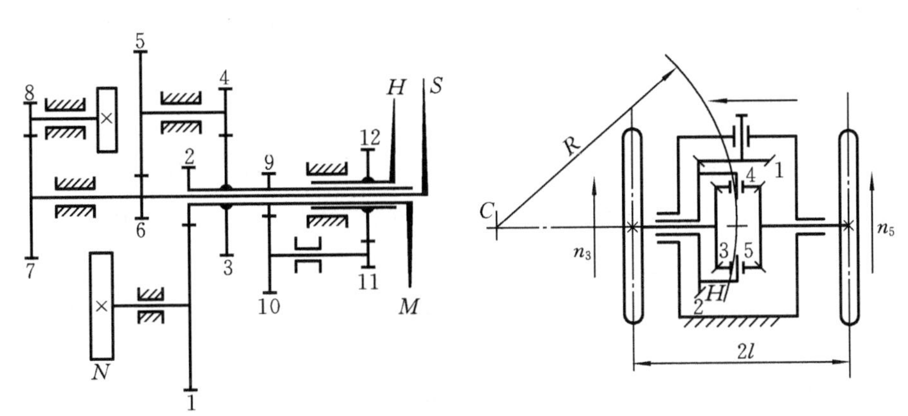

图 13-13　机械式钟表机构　　　　图 13-14　汽车后桥差速器

(5) 实现运动的合成和分解。如图13-7所示，给定太阳轮1和3的转动，就可以合成输出行星架 H 的转动。图 13-14 所示为汽车后桥差速器，当汽车转弯时，输入转动 n_1 分解成两车轮的转动 n_3 和 n_5， n_3 和 n_5 转速不同，使两车轮转弯时在地面上滚动，避免车轮与地面的滑动摩擦。

思考题与习题

13-1　什么是定轴轮系？

13-2　怎样求空间定轴轮系的传动比？

13-3　什么是周转轮系？

13-4　为什么用反转法求周转轮系的传动比？

13-5　如何求混合轮系的传动比？

13-6　题 13-6 图所示为一定轴轮系，图上标明了各齿轮的齿数，设轴 I 为输入轴，转速 n_1=1 440 r/min，试问：按图示啮合传动路线，轴 V 的转速 n_5 和转动方向如何？轴 5 能获得几种不同的转速？

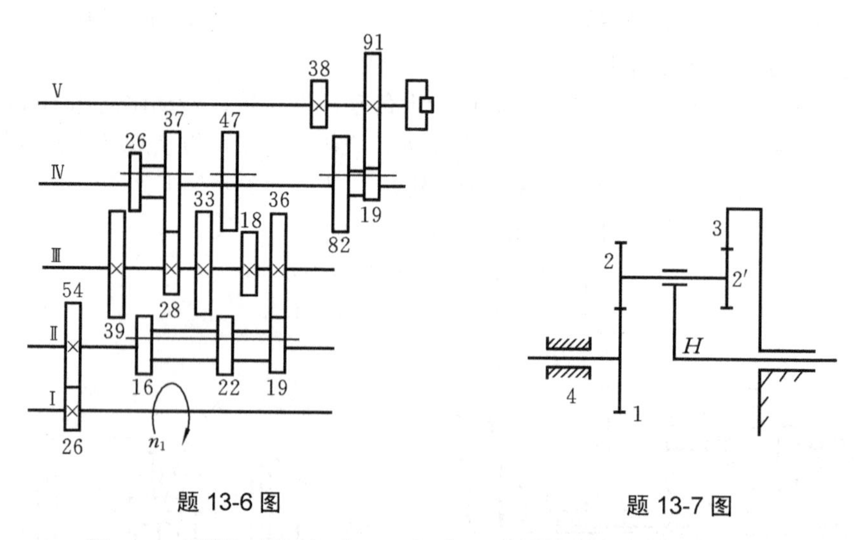

题 13-6 图　　　　题 13-7 图

13-7　题 13-7 图所示的轮系，已知各轮的齿数为 z_1=50、 z_2=30、$z_{2'}$=20、z_3=100，试求轮系的传动比 i_{1H} 。

13-8　题 13-8 图所示的轮系，已知 z_1=48、z_2=27、z_2'=45、z_3=102、z_4=120，设输入转速 n_1=3 750 r/min，试求传动比 i_{14} 和 n_4 。

13-9　题 13-9 图所示轮系中，各轮的齿数为 z_1=36、z_2=60、 z_3=23、 z_4=49、$z_{4'}$=69、 z_5=30、 z_6=131、 z_7=94、 z_8=36、 z_9=167。设输入转速 n_1=3 549 r/min，试求行星架 H 的转速 n_H 。

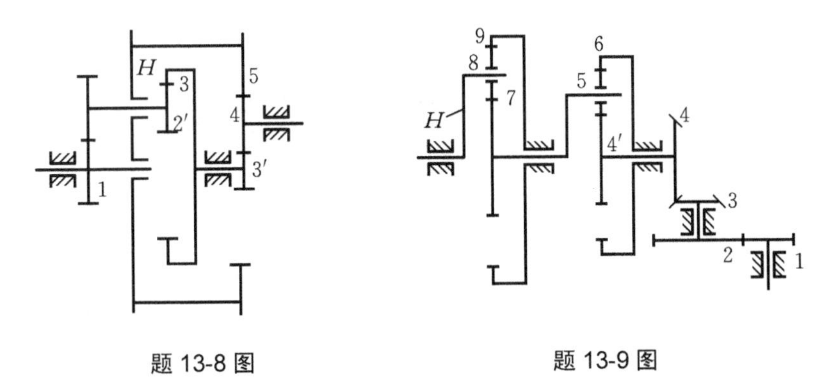

题 13-8 图　　　　题 13-9 图

13-10　题 13-10 图所示为一手动起重葫芦，各轮齿数为 z_1=12、z_2=28、$z_{2'}$=14、z_3=54，试求手动链轮 A 和起重链轮 B 的传动比 i_{AB}。

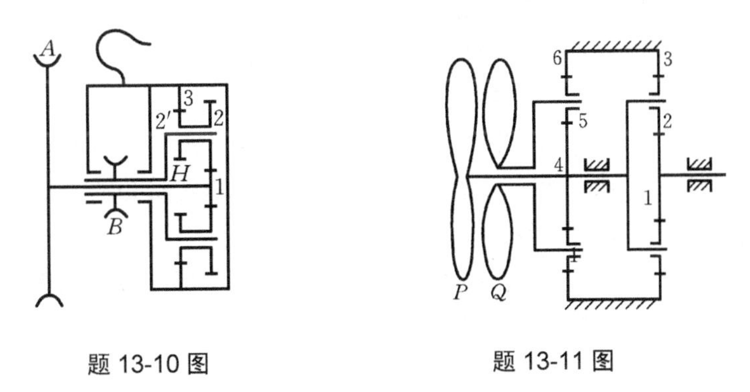

题 13-10 图　　　　题 13-11 图

13-11　题 13-11 图所示为双螺旋桨飞机的减速器，已知 z_1=26、z_2=20、z_4=30、z_5=18，及 n_1=15 000 r/min，试求 n_P 和 n_Q 的大小和方向。

13-12　题13-12 图所示轮系中，已知各齿轮的齿数 $z_1 = z_2 = 20$、$z_{2'} = 25$、$z_3 = 75$、$z_4 = 24$、$z_6 = 30$，若齿轮 1、3 转向相同，且 $n_1 = 100$ r/min，$n_3 = 200$ r/min，求齿轮 6 的转速 n_6 和各齿轮的转向。

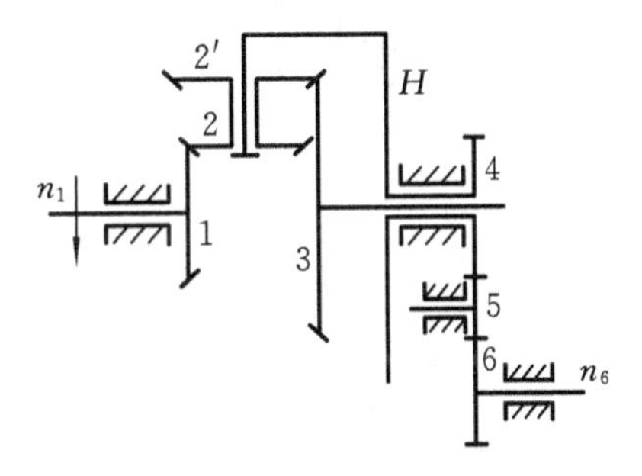

题 13-12 图

第 14 章　轴及轴毂连接

14.1　概　　述

轴是组成机器的重要零件之一，主要用来支承轴上的回转零件(如齿轮、带轮等)以传递运动和动力。

14.1.1　轴的分类

按轴的受载情况可分为以下几种。

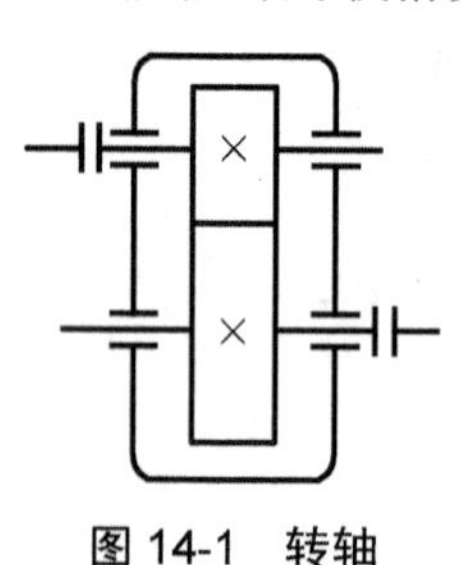

图 14-1　转轴

(1) 转轴。同时传递转矩和承受弯矩，如减速器轴(见图 14-1)。机器中大多数轴都属于这类。

(2) 心轴。只承受弯矩而不传递转矩的轴，分为固定心轴(如自行车前轴，见图 14-2(a))和转动心轴(如滑轮轴，见图 14-2(b))。

(3) 传动轴。只传递转矩而不承受弯矩或承受弯矩很小的轴。如汽车的传动轴(见图 14-3)。

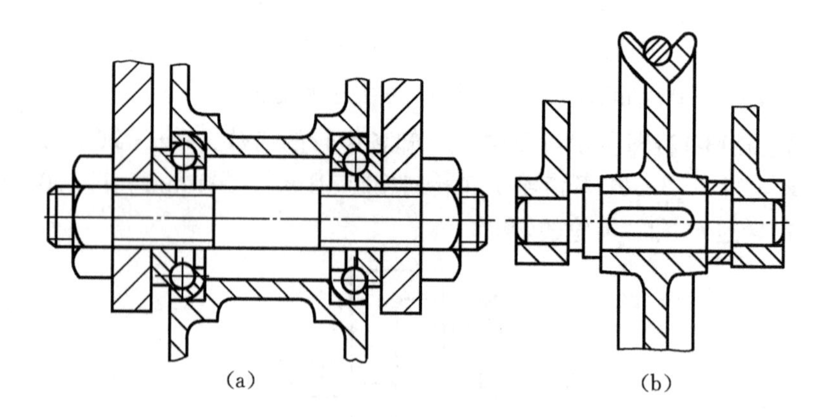

图 14-2　心轴

按轴的轴线形状可分为直轴、曲轴(见图 14-4)和挠性轴(见图 14-5)。此外，轴还可分为实心轴和空心轴、光轴和阶梯轴等。本章只研究直轴。

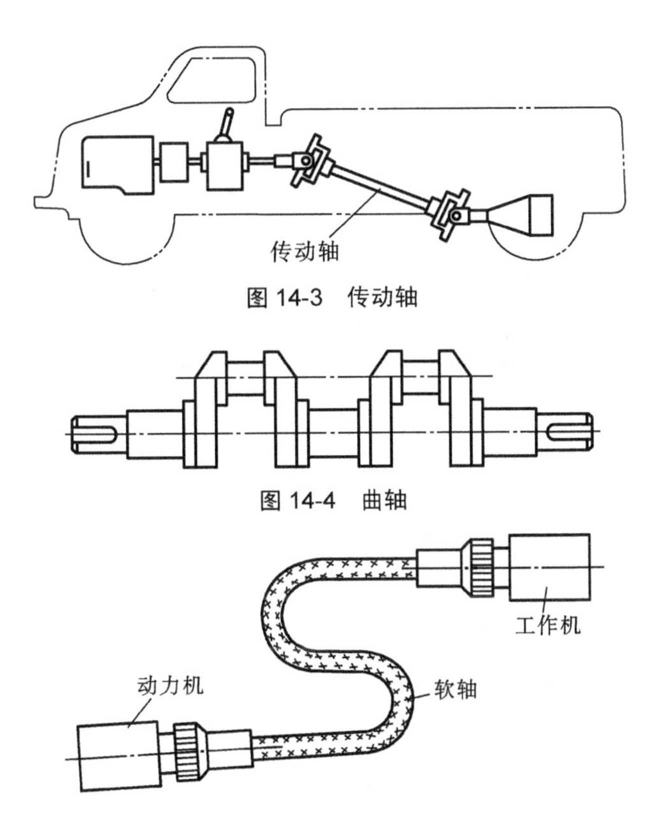

图 14-3　传动轴

图 14-4　曲轴

图 14-5　挠性轴

14.1.2　轴的设计要求

轴的设计基本要求是保证轴具有足够的强度和合理的结构。有的轴，如机床主轴应有足够的刚度；汽轮机转子轴还要进行振动稳定性验算等。

14.1.3　轴的材料

设计轴时，要根据用途和轴的受载情况来选用材料。

轴的材料常采用碳素钢或合金钢，钢轴的坯料大多是轧制圆钢或锻钢。

对于机器中承受载荷的轴，应用最为广泛的是优质中碳钢(如 45 钢等)。这类钢价格便宜，强度较高，供应充足，切削性能和热处理性能较好。较重要的轴一般要进行调质处理，以改善材料的力学性能。不重要或受力较小的轴可采用低碳钢或中碳钢。

合金钢比碳素钢机械强度高、淬透性好，还可变更合金的种类和含量以及热处理方法以得到各种特殊的性能，但价格较高，多用于有特殊要求的轴。在传递功率大，要求提高疲劳强度和耐磨性，处于高温或低温以及在腐蚀性工况下工作的轴，常采用合金钢。合金钢对应力集中的敏感性高，所以对合金钢轴应特别注意减小应力集中。合金钢的弹性模量与一般碳素钢相差不多，用合金钢来提高轴的刚度是没有效果的。

形状复杂的轴(如内燃机车的曲轴)可以用球墨铸铁或高强度铸铁铸成毛坯，再经机械加工成成品。它具有成本低、吸振性好、耐磨等优点。

轴的常用材料见表 14-1。

表 14-1　轴的常用材料及其主要力学性能和许用弯曲应力

钢号	热处理	毛坯直径/mm	硬度/HBS	力学性能/MPa				许用弯曲应力/MPa			应用
				抗拉强度σ_b	屈服极限σ_s	弯曲疲劳极限σ_{-1}	扭转疲劳极限τ_{-1}	静应力$[\sigma_{+1}]$	脉动循环应力σ_0	对称循环应力$[\sigma_{-1}]$	
Q235A	—	—	—	440	240	200	—	—	—	—	用于载荷不大和不重要的轴
Q275A	—	—	—	580	280	230	—	—	—	—	
35	正火	≤100	143~187	520	270	250	120	165	75	45	用于一般的轴
45	正火	≤100	169~217	600	300	275	140	195	95	55	应用最广泛
	调质	≤200	217~255	650	360	300	155	215	100	60	
40Cr	调质	≤100	240~260	750	550	350	200	245	120	70	用于载荷较大，而无很大冲击的重要的轴
40MnB	调质	≤200	240~286	735	490	345	195	245	120	70	性能接近 40Cr 钢，用于重要的轴
35SiMn	调质	≤100	229~286	750	550	350	210	275	120	70	用于较重要的轴
20Cr	渗碳淬火	≤60	表面 56~62 HRC	650	400	280	160	215	100	60	用于要求强度、韧性和耐磨性均较高的轴
QT600-3	—	—	197~269	600	370	215	185	150	—	—	用于制造形状复杂的轴

注：① 表中疲劳极限数值，均按下列各式计算：碳钢，$\sigma_{-1}\approx 0.43\sigma_b$；合金钢，$\sigma_{-1}\approx 0.2(\sigma_s+\sigma_b)+100$；不锈钢，$\sigma_{-1}\approx 0.27(\sigma_s+\sigma_b)$；各种钢$\tau_{-1}\approx 0.156(\sigma_s+\sigma_b)$；球墨铸铁，$\sigma_{-1}\approx 0.36\sigma_b$；$\tau_{-1}\approx 0.31\sigma_b$。

② 球墨铸铁的屈服点为$\sigma_{0.2}$。

③ 其他性能，一般可取$\tau_s\approx(0.55\sim0.62)\sigma_s$，$\sigma_0\approx 1.4\sigma_{-1}$，$\tau_0\approx 1.5\tau_{-1}$。

14.2 轴的结构设计

轴上与轴承配合的部分称为轴颈，与传动零件(如带轮、齿轮、联轴器等)配合的部分称为轴头，连接轴颈与轴头的非配合部分统称为轴身。

轴的结构设计包括确定出轴的合理外形和全部结构尺寸。其基本要求是：①轴和轴上零件有准确的工作位置；②轴上各零件应可靠地相对固定；③良好的制造和安装工艺性；④形状、尺寸应有利于减少应力集中。

下面以减速器轴为例，具体说明这些要求。

14.2.1 轴上零件的装配

为了使轴上零件能够顺利地进行装拆，轴的结构一般设计成中间粗、两端逐渐细的阶梯轴。图 14-6 所示为单级减速器的主动轴。为了便于轴上零件装拆，将轴做成阶梯形。对于剖分式箱体，轴的直径自中间向两端逐渐减小。如图 14-6 所示，首先将平键装在轴上，再从右端依次装入齿轮、套筒、右端轴承，再从左端装入左端轴承，然后将轴置于减速器箱体的轴承孔中，装上左、右轴承盖，再自右端装入平键和联轴器。

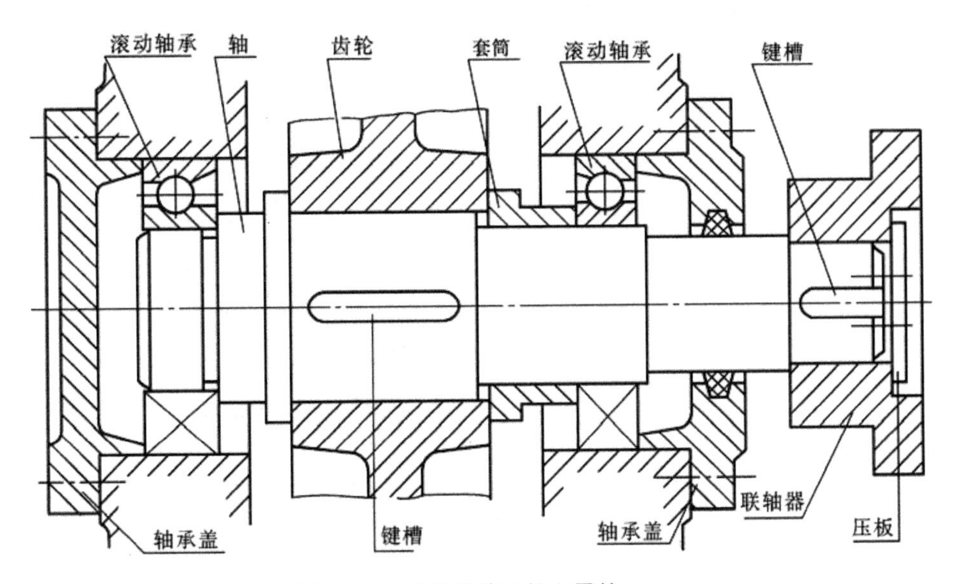

图 14-6　轴的结构及轴上零件

14.2.2 轴上零件的定位和固定

1. 轴向定位和固定

(1) 轴肩或轴环。阶梯轴上截面变化处称为轴肩，起到轴向定位和固定轴上零件的作用。如图 14-7 所示，为使零件能靠紧定位面，轴肩的圆角半径 r 应小于轴上零件孔端的倒角 C 或圆角半径 R。轴环或轴肩高度 h 必须大于 C 或 R。轴肩高度 $h \approx (0.07d+3) \sim (0.1d+5)$ mm，或取 $h=$（2～3）C_1，轴环宽度 $b \approx 1.4h$。轴环或轴肩尺寸 b、h 及零件孔端倒角 C 及圆角半径 R 的数值见表 14-2。装滚动轴承处的轴肩尺寸由轴承标准规定的安装尺寸确定。非定位轴肩高度和该处的圆角半径可不受此限制，一般可取轴肩高度 h=1.5～2 mm，圆角半径 $r \leqslant (D-d)/2$。轴肩定位简单可靠，可承受较大的轴向力。

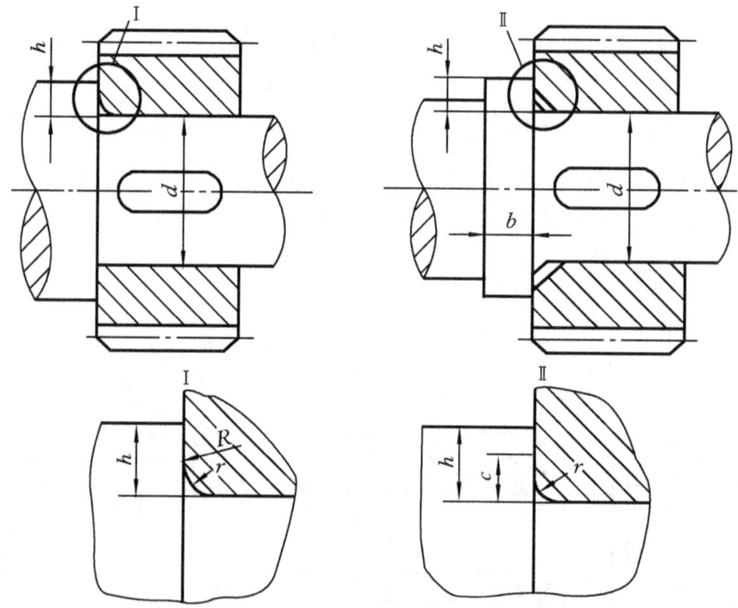

图 14-7　轴肩与轴环

表 14-2　轴环或轴肩尺寸 b、h 及零件孔端倒角 C 及圆角半径 R　　(单位：mm)

轴径 d	>10～18	>18～30	>30～50	>50～80	>80～100
r	0.8	1.0	1.6	2.0	2.5
R 或 C	1.6	2.0	3.0	4.0	5.0
h_{min}	2	2.5	3.5	4.5	5.5
b	$b=(0.1 \sim 0.15)d$ 或 $b \approx 1.4h$				

(2) 套筒和圆螺母。当轴上两零件相距较近时,用套筒相对固定(见图 14-6)，可简化轴的结构。当套筒太长时，可采用圆螺母加止动垫圈作轴向固定(见图 14-8)，

此时需要在轴上切制螺纹，因而会引起应力集中，对轴的疲劳强度影响较大。

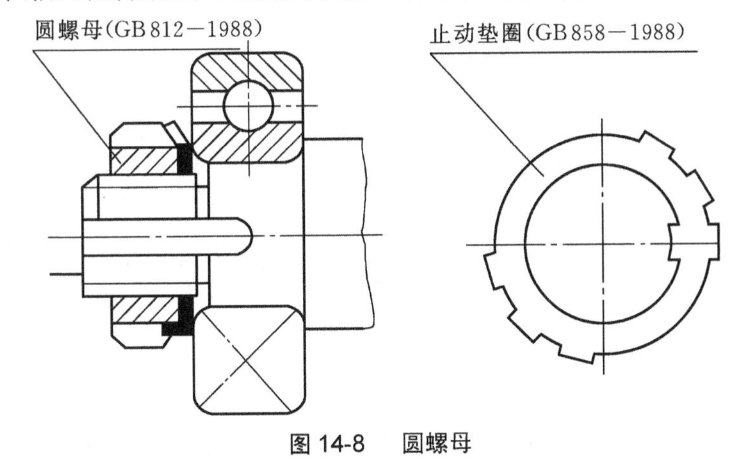

图 14-8　圆螺母

(3) 弹性挡圈(见图 14-9)和紧定螺钉(见图 14-10)。这两种紧固方法，结构简单，但只能承受较小的轴向力。

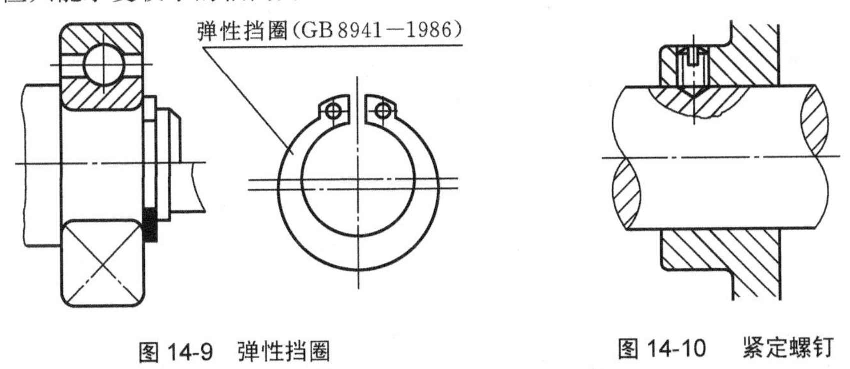

图 14-9　弹性挡圈　　　　图 14-10　紧定螺钉

(4) 轴端挡圈(见图 14-11)和圆锥面(见图 14-12)。这两种方法常用于轴端。锥面配合时，轴上零件装拆方便，多用于轴上零件与轴的同心度要求较高或轴受振动的场合。

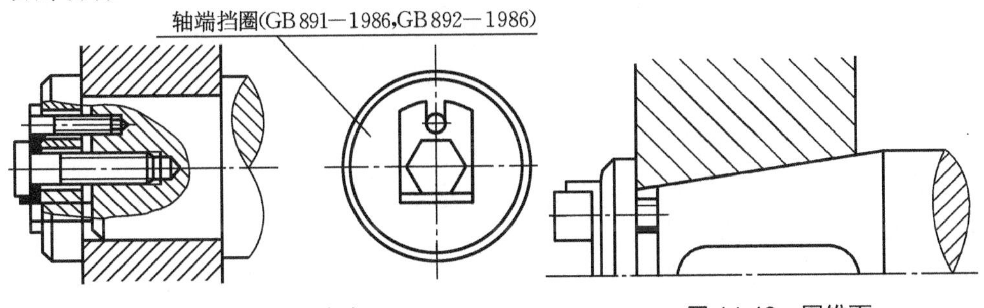

图 14-11　轴端挡圈　　　　图 14-12　圆锥面

用套筒、螺母和轴端挡圈作轴向固定时，轴上零件的轴段长度应比零件轮毂长度短 2～3 mm，以保证压紧零件，防止串动。

2. 周向定位和固定

零件在轴上周向定位和固定的方式有平键连接、花键连接、销连接、成形连接、过盈配合连接等，如图 14-13 所示。

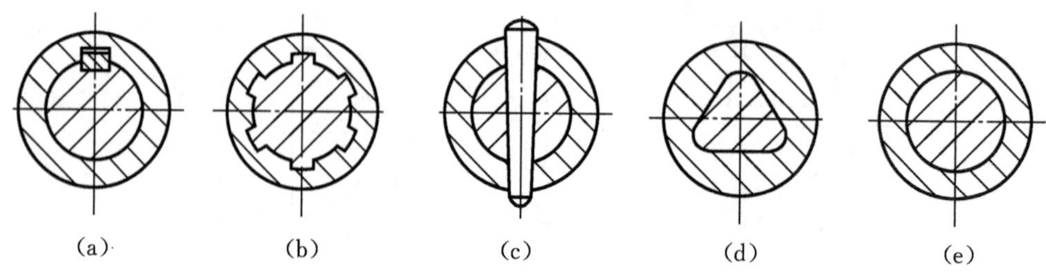

图 14-13 零件在轴上周向定位和固定的方式

键连接应用广泛。销连接主要用来固定零件的相互位置，也可传递不大的载荷，常用的有圆锥销和圆柱销。

成形连接是利用非圆剖面的轴与相同形状的轮毂孔构成的连接。这种连接对中性好，工作可靠，无应力集中，但加工困难，故应用少。

过盈配合连接是利用轴与毂孔间的过盈配合构成的连接。能同时实现周向和轴向固定。过盈配合连接结构简单，对轴的削弱小，但装拆不便，且对配合面加工精度要求较高。

14.2.3 制造和装配工艺性

轴的形状应简单，便于加工。轴上磨削和车螺纹的轴段应分别设有砂轮越程槽(见图 14-14(a))和螺纹退刀槽(见图 14-14(b))。

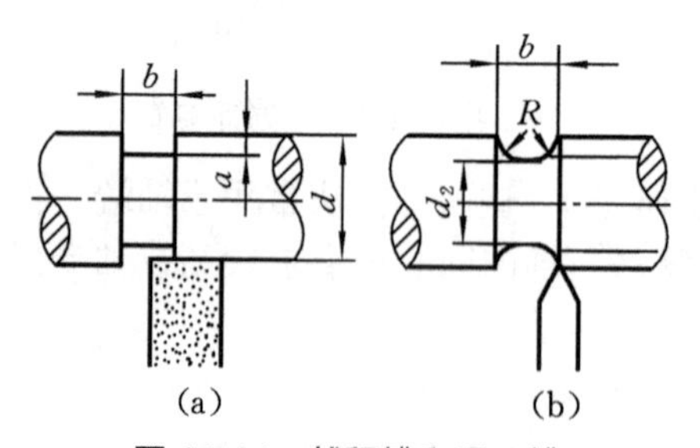

图 14-14 越程槽和退刀槽

轴上沿长度方向开有几个键槽时，应将键槽开在轴的同一母线上。

同一轴上所有的圆角半径和倒角的大小应尽可能一致，以减少刀具规格和换刀次数。为使轴上零件容易装拆，轴端和各轴段端部都应有 45° 的倒角。

14.2.4 提高轴疲劳强度

轴大多在变应力下工作，结构设计时应尽量减少应力集中，以提高其疲劳强度，这对合金钢尤为重要。

轴截面尺寸突变处会造成应力集中，所以对阶梯轴，相邻两段轴径变化不宜过大，在轴径变化处的过渡圆角不宜过小。在重要的结构中可采用凹切圆角(见图 14-15(a))、过渡肩环(见图 14-15(b))，以增加轴肩处过渡圆角半径和减小应力集中。

为减小轮毂和轴挤压配合引起的应力集中，可开卸荷槽(见图 14-15(c))。尽量避免在轴上开横孔、凹槽和加工螺纹，必须开横孔时，孔边要倒角。

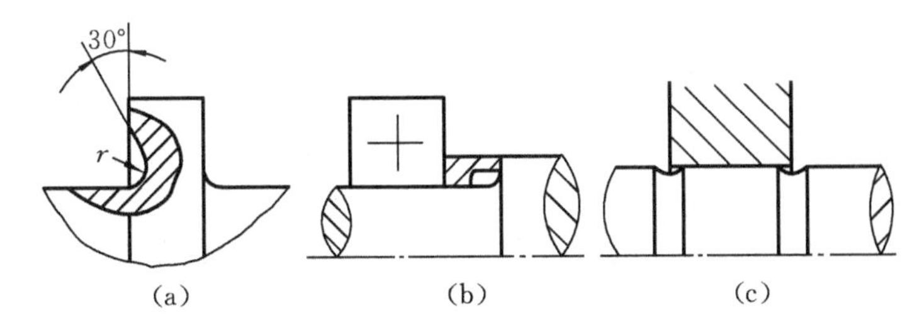

图 14-15　减少应力集中的措施

此外，提高轴的表面质量，降低表面粗糙度值，对轴表面采用辗压、喷丸等强化处理，均可提高轴的疲劳强度。

在结构设计时，还可采用改变轴受力情况和零件在轴上的位置等措施，以提高轴的强度。当轴所传递的动力需两个轮输出时，其布置如图 14-16(a)所示，则轴传递的最大转矩等于输入转矩，为 T_1+T_2；若将输入轮布置在中间，如图 14-16(b)所示，则轴传递的最大转矩减小为 T_1 或 T_2。

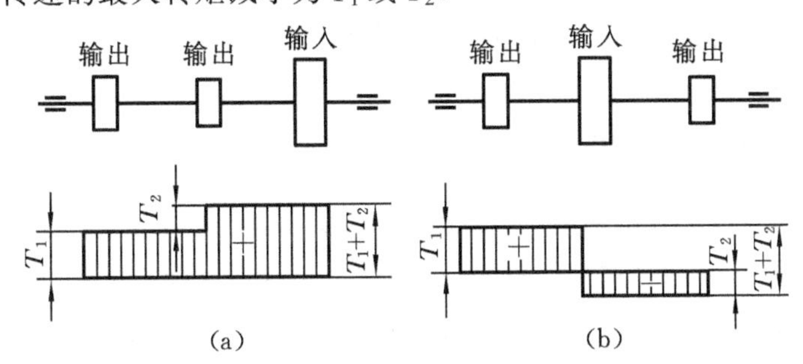

图 14-16　轴上零件的合理布置

又如图 14-17 所示的起重机卷筒机构，大齿轮和卷筒装配在一起，转矩经大齿轮直接传给卷筒，使卷筒轴只受弯矩、不受转矩，减轻了轴所受的载荷。

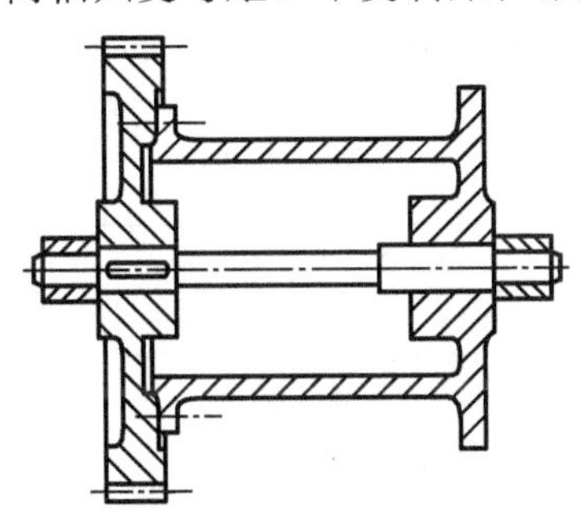

图 14-17　起重机卷筒

14.3 轴的强度计算

14.3.1 轴的基本直径的估算

在开始设计轴时，轴的长度及结构形状往往是未知的，因此不求出支承反力，不画出弯矩图，应力集中情况也不清楚，无法对轴进行弯曲疲劳强度计算，所以常按抗扭强度公式来进行轴径的初步计算，并采用降低许用切应力来考虑弯矩的影响，以求出等直径的光轴。以该光轴为参考，按轴上零件及工艺要求进行轴的结构设计，得出轴的结构草图，从而确定各轴段的直径和长度、载荷作用点和支承位置等，进而进行轴的强度校核计算。经校核计算，判断轴是否符合强度准则，对结构、尺寸是否作必要的修改。初步估算方法如下。

当主要考虑扭矩作用时，由力学知识可知，其强度条件为

$$\tau = \frac{T}{W_{\mathrm{n}}} = \frac{9.55 \times 10^6 \times (P/n)}{W_{\mathrm{n}}} \leqslant [\tau]$$

式中：τ——扭转切应力(MPa)；

T——轴传递的扭矩(N · mm)；

W_{n}——轴的抗扭截面模量(mm^3)，$W_{\mathrm{n}} \approx 0.2d^3$；

P——轴所传递的功率(kW)；

n——轴的转速(r/min)；

d——轴的直径(mm)；

$[\tau]$——轴材料的许用切应力(MPa)，见表 14-3。

对于转轴，也可用上式初步估算轴的直径，但必须把轴的许用扭转切应力$[\tau]$适当降低，以补偿弯矩对轴强度的影响。由上式得到轴径(mm)的计算公式：

$$d \geqslant \sqrt[3]{\frac{9.55 \times 10^6 P}{0.2[\tau]n}} = A\sqrt[3]{\frac{P}{n}} \tag{14-1}$$

式中：A——由轴材料和受载情况所决定的系数，见表 14-3。

表 14-3 几种常用材料的$[\tau]$及 A 值

轴的材料	Q235-A，20	35	45	40Cr, 35SiMn, 42SiMn, 40MnB 38SiMnMo，3Cr13，20CrMnTi
$[\tau]$	15~25	20~35	25~45	35~55
A	149~126	135~112	126~103	112~97

注：① 表中$[\tau]$值为考虑了轴受弯矩影响而降低了的许用切应力值。

② 在下列情况下$[\tau]$取较大值，A 取较小值：弯矩相对扭矩较小或只受扭矩作用、载荷平稳、无轴向载荷或只有较小的轴向载荷、减速器的低速轴、轴单向旋转。反之，$[\tau]$取较小值，A 取较大值。

如果截面上有键槽，则应增大直径，以考虑键槽对轴强度的削弱。有一个键槽，轴径增大 5%；有两个键槽，轴径增大 7%。

由上述方法求得的轴径应圆整成下列标准直径(单位：mm)：

10 12 14 16 18 20 22 24 25 26 28 30 32 34 36 38 40
42 45 48 50 53 56 60 63 67 71 75 80 85 90 95 100

14.3.2 按弯扭合成进行强度计算

对于转轴，当轴的支点和轴上的载荷大小、方向和作用点确定后，即可求出轴的支承反力，画出弯矩图和扭矩图，从而按弯扭合成强度计算轴的直径。

在画轴的计算简图时，首先要确定轴承支反力的作用点。把轴视作一简支梁，作用在轴上的载荷，一般按集中载荷考虑，其作用点取零件轮毂宽度的中点。轴上支反力的作用点(滚动轴承或滑动轴承)按有关手册选取。

通常外载荷不作用在同一平面内，这时应先将这些力分解到水平面和垂直面内，并求出各支点的反力，再给出水平面弯矩($M_{\rm H}$)图、垂直面弯矩($M_{\rm V}$)图，最后再按矢量法求得合成弯矩($M=\sqrt{M_{\rm H}^2+M_{\rm V}^2}$)图。

对实心轴而言，按照第三强度理论计算危险截面上弯扭合成的当量应力σ，其强度条件为

$$\sigma=\frac{10\sqrt{M^2+(\alpha T)^2}}{d^3}\leqslant[\sigma_{-1}]$$

由此可得设计公式

$$d\geqslant\sqrt[3]{\frac{10\sqrt{M^2+(\alpha T)^2}}{[\sigma_{-1}]}} \tag{14-2}$$

式中：d——轴的直径(mm)；

T——轴在计算截面上的扭矩(N·mm)；

M——轴在计算截面上的合成弯矩(N·mm)；

$[\sigma_{-1}]$——许用弯曲应力(MPa)，查表 14-1；

α——根据切应力变化性质而定的修正系数：切应力按对称循环变化时，$\alpha=1$；切应力按脉动循环变化时，$\alpha=[\sigma_{-1}]/[\sigma_0]\approx0.6$；切应力不变时，$\alpha=[\sigma_{-1}]/[\sigma_{+1}]\approx0.3$。

式(14-2)是在判断最大当量弯矩后，针对危险截面进行计算的。

这种计算方法在工作应力分析方面是比较准确的，但因应力集中系数、尺寸系数等不可能精确确定，使得许用应力比较保守，但对一般工作条件下工作的转轴已足够精确了。对于受重载、尺寸有限制或重要的轴，应采用更为精确的疲劳强度安全系数校核。需要时可参考有关资料。

14.3.3 轴的强度计算实例

对于一般轴的强度计算可以总结为如下步骤：

(1) 选择轴的材料，确定许用应力;

(2) 根据式(14-1)估算轴的直径;

(3) 对轴进行结构设计;

(4) 对轴按弯扭合成进行强度计算;

(5) 对轴进行疲劳强度安全系数校核。

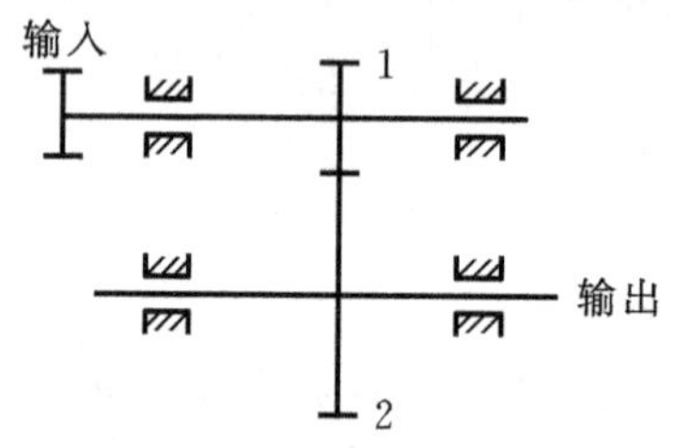

图 14-18 斜齿圆柱齿轮减速器

例 14-1 试设计如图 14-18 所示的单级斜齿圆柱齿轮减速器中的从动轴。已知传递的功率 P=10 kW，从动齿轮 2 的转速 n_2=202 r/min，分度圆直径 d_2=356 mm，所受的圆周力 F_{t2}= 2 656 N、径向力 F_{r2}=985 N、轴向力 F_{a2}=522 N，轮毂宽度为 80 mm，工作时为单向转动，齿轮 1 右旋，轴采用深沟球轴承。

解 (1) 选择轴的材料，确定许用应力。

由于要设计的轴是单级减速器的从动轴，故属一般轴的设计问题，选用 45 钢并经正火处理，由表 14-1 查得硬度为 169~217 HBS，抗拉强度σ_b=600 MPa，$[\sigma_{-1}]$= 55 MPa。

(2) 估算轴的基本直径。

根据式(14-1)，由表 14-3，查得 A=115，故

$$d \geqslant A\sqrt[3]{\frac{P}{n}} = 115\sqrt[3]{\frac{10}{202}}\ \text{mm} = 42.2\ \text{mm}$$

考虑到输出端有一个键槽，将直径增加 5%，即 d=42.2 ×（1+5%）mm =44.31 mm。按照标准轴径，取 d=45 mm。

(3) 进行轴的结构设计。

进行轴的结构设计时，应一方面按比例绘制轴系结构草图(见图 14-19)，另一方面考虑轴上零件的定位和固定方式，逐步定出轴各部分的结构及尺寸。

① 确定轴上零件的位置及轴上零件的定位与固定方式。因为是单级齿轮减速器，故将齿轮布置在箱体内壁的中央，两轴承相对齿轮对称布置，轴的外伸端安装联轴器。

齿轮靠轴环和套筒实现轴向定位和轴向固定，靠平键和过盈配合实现周向固定。两端轴承分别靠轴肩和套筒实现轴向定位，靠过盈配合实现周向固定。轴通过两端轴承实现轴向定位。联轴器靠轴肩、平键和过盈配合分别实现轴向定位和周向固定。

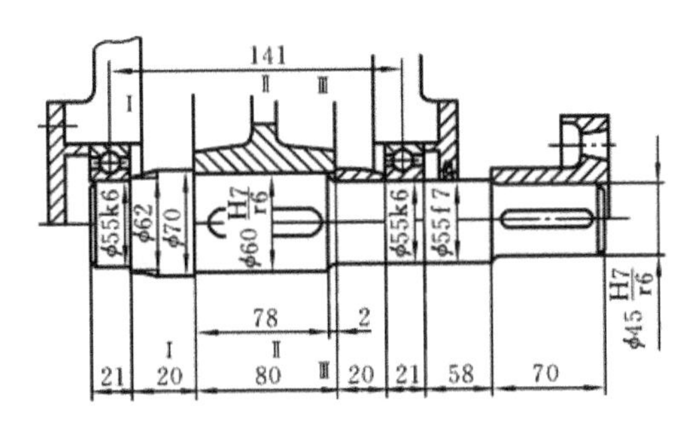

图 14-19　轴系结构草图

② 确定轴的各段直径。外伸端直径为 45 mm。为了使联轴器能轴向定位，在轴的外伸端设计一轴肩，所以通过轴承透盖、右端轴承和套筒的轴段直径取 55 mm。考虑到便于轴承的装拆，与透盖毡圈接触的轴段公差带取 f7，即比安装轴承处的直径(该处公差带为 k6)略小。根据轴承计算(参见第 15 章)选用两个 6211 型滚动轴承，故左、右两端轴承处轴颈取 55 mm。为了便于齿轮的装配，齿轮处的轴头直径为 60 mm。轴环直径为 70 mm，其左端呈锥形。按轴承安装尺寸的要求，由于选用 6211 型轴承，左端轴承处的轴肩直径取 62 mm，轴肩圆角半径取 1.5 mm。齿轮与联轴器处的轴环、轴肩的圆角半径均取 1.6 mm。

③ 确定轴的各段长度。齿轮轮毂跨度是 80 mm，故取齿轮轴头长度为 78 mm。由轴承标准查得 6211 型轴承宽度为 21 mm，因此左端轴径长度为 21 mm。齿轮两端面、轴承端面应与箱体内壁保持一定的距离，故取轴环、套筒宽度均为 20 mm。根据箱体结构要求和联轴器距箱体外壁要有一定的距离要求，穿过透盖的轴段长度取 58 mm。联轴器处的轴头长度取 70 mm。由图 14-19 知，轴的支承跨距 $l = 141$ mm。

(4) 按弯扭合成进行强度计算(见图 14-20)。

① 给出轴的受力图(见图 14-20(a))。

② 作水平平面内的弯矩图(见图 14-20(b))。

支反力为

$$R_{HA} = R_{HB} = \frac{F_{t2}}{2} = \frac{2\,656}{2}\text{N} = 1328\ \text{N}$$

截面 C 处的弯矩为

$$M_{HC} = R_{HA}\frac{l}{2} = 1328 \times \frac{141}{2}\text{N}\cdot\text{mm} = 93\ 264\ \text{N}\cdot\text{mm}$$

③ 作垂直平面内的弯矩图(见图 14-20(c))。

支反力为

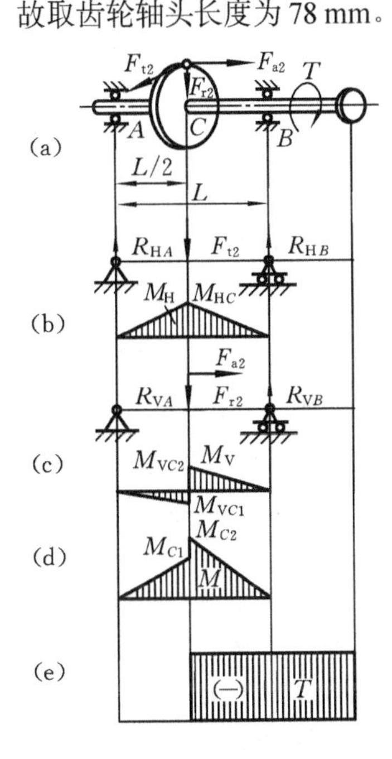

图 14-20　轴的受力及弯矩、扭矩简图

$$R_{VA}=\frac{F_{r2}}{2}-\frac{F_{a2}d_2}{2l}=\left(\frac{985}{2}-\frac{522\times356}{2\times141}\right)\text{N}=-166.48\ \ \text{N}$$

式中，负号表示受力方向与原设相反。

$$R_{VB}=\frac{F_{r2}}{2}+\frac{F_{a2}d_2}{2l}=\left(\frac{985}{2}+\frac{522\times356}{2\times141}\right)\text{N}=1\ 151.48\ \ \text{N}$$

截面 C 左侧的弯矩为

$$M_{VC1}=R_{VA}\frac{l}{2}=-166.48\times\frac{141}{2}\ \text{N}\cdot\text{mm}=-11\ 736.84\ \text{N}\cdot\text{mm}$$

截面 C 右侧的弯矩为

$$M_{VC2}=R_{VB}\frac{l}{2}=1151.48\times\frac{141}{2}\ \text{N}\cdot\text{mm}=811\ 79.34\ \text{N}\cdot\text{mm}$$

④ 作合成弯矩图(见图 14-20(d))。

截面 C 左侧的合成弯矩为

$$M_{C1}=\sqrt{M_{HC}{}^2+M_{VC1}{}^2}=\sqrt{(93\ 624)^2+(-11\ \ 736.84)^2}\ \text{N}\cdot\text{mm}=94\ 356.81\ \text{N}\cdot\text{mm}$$

截面 C 右侧的合成弯矩为

$$M_{C2}=\sqrt{M_{HC}{}^2+M_{VC}{}^2}=\sqrt{(93\ 624)^2+(81\ \ 179.34)^2}\ \text{N}\cdot\text{mm}=123\ \ 917.47\ \text{N}\cdot\text{mm}$$

⑤ 作扭矩图(见图 14-20(e))。

$$T=9.55\times10^6\frac{P}{n_2}=9.55\times10^6\times\frac{10}{202}\ \text{N}\cdot\text{mm}=472\ 772\ \text{N}\cdot\text{mm}$$

⑥ 按弯扭合成进行强度计算。

由式(14-2)，对截面 C(因截面 C 右侧的合成弯矩值大，故取右侧的合成弯矩值进行计算)进行强度计算(按脉动循环 $\alpha=0.6$)。

$$d\geqslant\sqrt[3]{\frac{10\sqrt{M^2+(\alpha T)^2}}{[\sigma_{-1}]}}=\sqrt[3]{\frac{10\times\sqrt{(123\ 917.47)^2+(0.6\times472\ 772)^2}}{55}}\ \text{mm}\ =41.78\ \text{mm}$$

因截面 C 的实际直径为 60 mm，故满足强度条件。

14.3.4 轴的刚度校核

轴受载后的弹性变形量如果超过一定限度，就会使轴或轴上的零件丧失正常工作能力。例如机床主轴，在受到切削力后如果挠度过大，会影响机床加工精度；内燃机配气凸轮轴，如果轴的扭转变形过大，就会影响凸轮的控制精度。因此，在某些工作条件下轴必须进行刚度校核。轴的刚度主要是指弯曲刚度和扭转刚度，弯曲刚度通常用挠度 y 和转角 θ 来度量，扭转刚度通常用扭转变形角 φ 来度量。

对有刚度要求的轴，为使轴不因刚度不足而失效，设计时应根据轴的不同要求来限制其变形量：

$$y \leqslant [y],\ \theta \leqslant [\theta],\ \varphi \leqslant [\varphi]$$

轴的挠度 y、转角θ及扭转变形角φ的计算和许用值$[y]$、$[\theta]$、$[\varphi]$的确定可参考有关资料。

14.4 轴 毂 连 接

轴和轴上零件周向固定形成的连接称为轴毂连接。前述的轴上零件周向固定方式也就是轴毂连接常见的形式，其中以键连接为主要形式。

14.4.1 键连接的类型、特点和应用

键连接通过键使轮毂和轴得以周向固定来传递转矩。有的键连接也有轴向固定或实现轴上零件轴向移动的作用。

1. 平键连接

平键以两侧面为工作面(见图 14-21(a))，键的上表面与轮毂底面留有间隙。工作时依靠键和键槽侧面的挤压传递转矩。平键连接结构简单，装拆方便，轴和轮毂的同心度高，所以应用广泛，但它不能实现轴上零件的轴向固定。

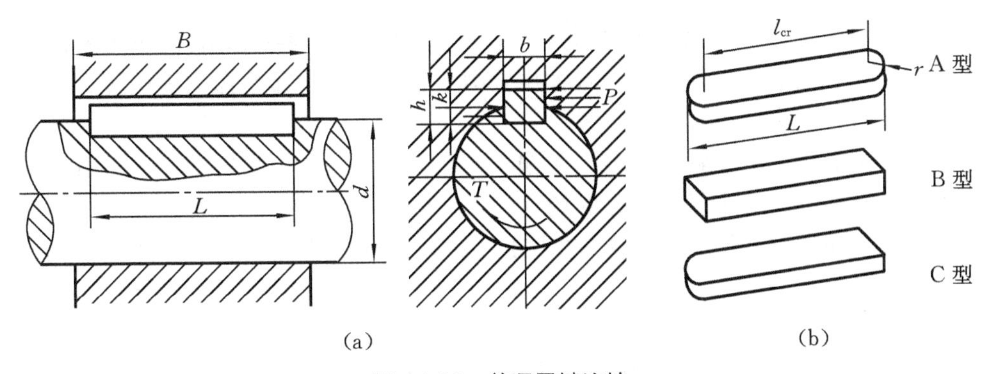

图 14-21 普通平键连接

按照用途，平键分为普通平键、导向平键和滑键。普通平键应用最为广泛，它的端部形状如图 14-21(b)所示，有圆头(A 型)、方头(B 型)和单圆头(C 型)三种。采用圆头平键时，轴上的键槽用指状铣刀加工而成，键在槽中固定较好，但键槽两端的应力集中较大。方头平键的键槽由盘铣刀加工而成，轴的应力集中较小。单圆头平键主要用于轴端。

当轮毂在轴上需沿轴向移动而构成动连接时，可采用导向平键或滑键。导向平键较长，用螺钉将键固定在轴槽中，轮毂沿键作轴向移动(见图 14-22(a))。若移

动距离较大时，可用滑键。它和轮毂相连，沿轴上键槽移动(见图 14-22(b))。

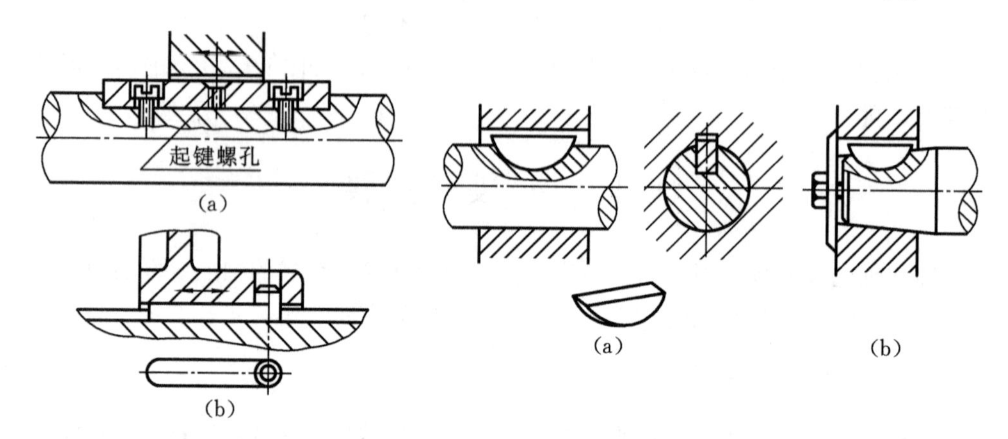

图 14-22 导向平键和滑键连接

图 14-23 半圆键连接

2. 半圆键连接

半圆键连接(见图 14-23(a))的工作情况和平键相同，不同的是半圆键可在轴槽中摆动，以适应轮毂中键槽的斜度。它装配方便，尤其适用于锥形轴端的连接(见图 14-23(b))，但其键槽较深，对轴的强度削弱较大。

3. 楔键连接

楔键上表面和轮毂上键槽底面有 1/100 的斜度(见图 14-24(a))，安装时需将键楔紧，故在其上下工作面上产生很大压紧力。工作时主要靠摩擦力传递转矩，并能承受单向轴向力，可轴向固定零件。

由于键的楔紧，使轴和轮毂产生偏心，在高速、振动下易松动，故适用于对中性要求不高、载荷平稳和低速的场合。

键分普通楔键和钩头楔键两种(见图 14-24(b))。钩头楔键便于拆卸，为了安全，应加防护罩。

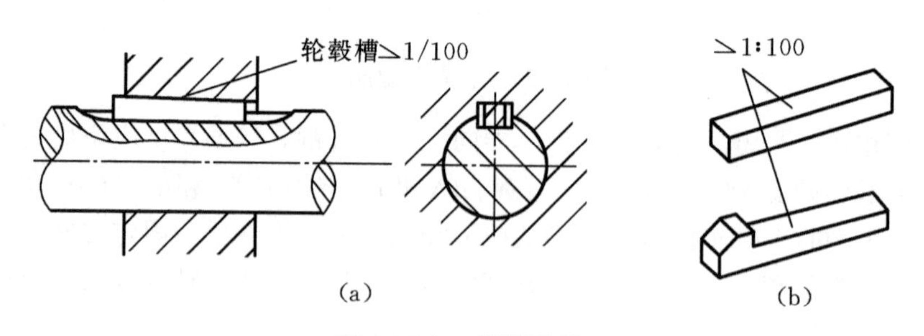

图 14-24 楔键连接

4. 切向键

切向键由一对普通楔键组成(见图 14-25(a)),装配时将两键楔紧。它的上下平行的两窄面为工作面，依靠其与轴和轮毂的挤压传递转矩。若轴正、反转工作时，需采用两个互成 120°～130°的切向键(见图 14-25(b))。切向键连接传递的转矩大，但对中性差，对轴的削弱较大，常用于重型机械且要求对中性不高的场合。

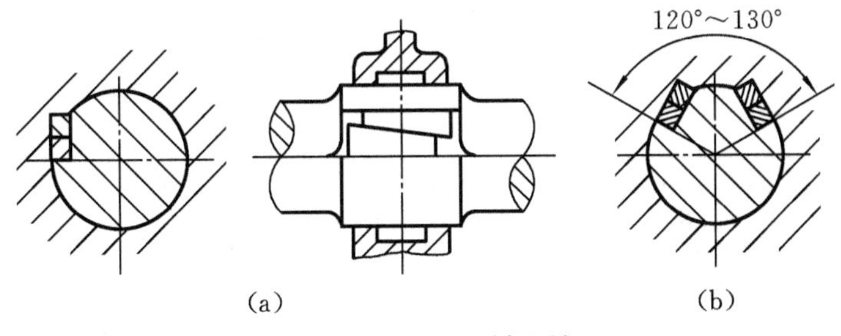

图 14-25　切向键连接

14.4.2　平键连接的选择与强度校核

键是标准件，通常用强度极限不低于 600 MPa 的碳素钢制造，常用 45 钢。

根据键连接工作情况，确定平键类型。因为是标准件，平键的截面尺寸(b、h)按轴径从键的国家标准中查取(见表 14-4)，键的长度 L 可按轮毂宽度 B 选定，

表 14-4　普通平键和键槽的尺寸(摘自 GB 1095—1979、GB 1096—1979)　(单位：mm)

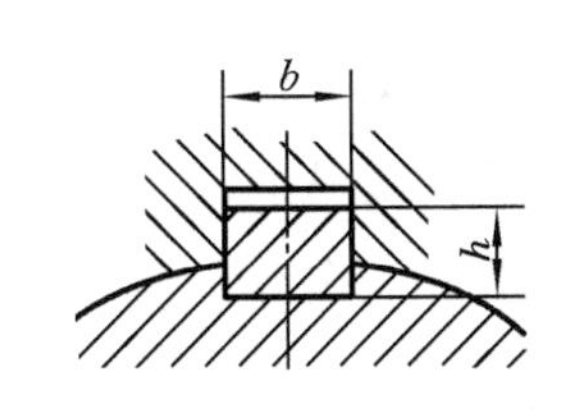

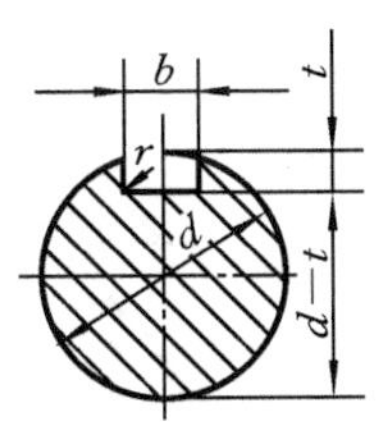

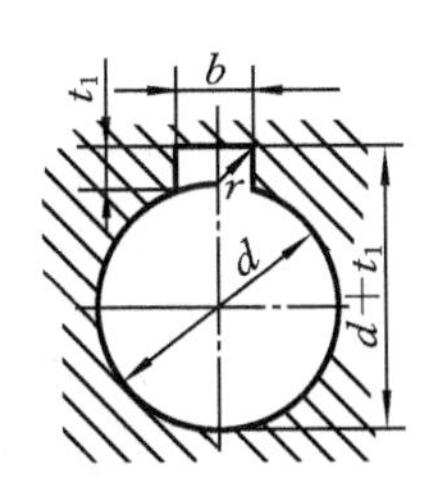

轴的直径 d	键		键　　槽		
	b	h	t	t_1	半径 r
自 6～8	2	2	1.2	1	0.08～0.16
>8～10	3	3	1.8	1.4	
>10～12	4	4	2.5	1.8	
>12～17	5	5	3.0	2.3	0.16～0.25
>17～22	6	6	3.5	2.8	
>22～30	8	7	4.0	3.3	
>30～38	10	8	5.0	3.3	0.25～0.4
>38～44	12	8	5.0	3.3	
>44～50	14	9	5.5	3.8	

续表

轴的直径 d	键		键槽		
	b	h	t	t_1	半径 r
>50～58	16	10	6.0	4.3	0.25~0.4
>58～65	18	11	7.0	4.4	
>65～75	20	12	7.5	4.9	0.4～0.6
>75～85	22	14	9.0	5.4	

注：① 在工作图中，轴槽深用 $d-t$ 或 t 标注，毂槽深用 $d+t_1$ 标注；

② 键长 L 系列(mm)为：6，8，10，12，14，16，18，20，22，25，28，32，36，40，45，50，56，63，70，80，90，100，110，125，140，160，180，200，220，250，⋯

一般 $L=B-(5～10)$ mm，并圆整为标准值，在必要时进行强度校核。

普通平键连接的主要失效形式是强度较弱零件的工作面压溃，除非严重过载，一般很少出现键被剪断的情况，所以对普通平键连接一般只需校核挤压强度。

对于作动连接的导向平键连接和滑键连接，其主要失效形式为磨损，因此应对其进行耐磨性计算，限制压强。如图 14-26 所示，设载荷沿键长和高度均匀分布，挤压强度条件为

$$\sigma_{\mathrm{p}}=\frac{F}{A}\approx\frac{2T/d}{lh/2}=\frac{4T}{dhl}\leqslant[\sigma_{\mathrm{p}}] \tag{14-3}$$

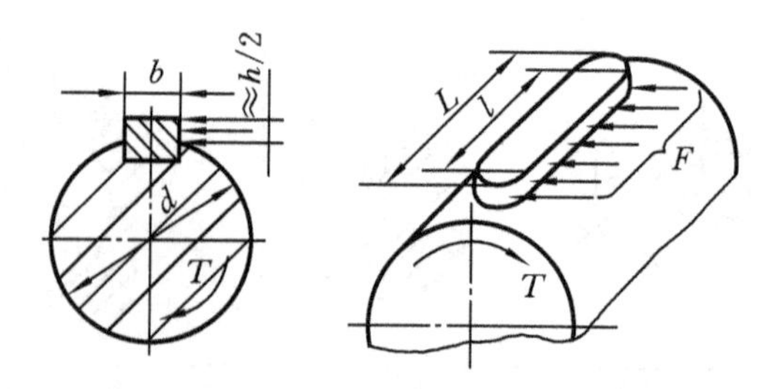

图 14-26 平键连接受力情况

耐磨性校核公式为

$$p=\frac{4T}{dhl}\leqslant[p] \tag{14-4}$$

式中：F——圆周力(N)；

A——挤压面积(mm²)；

T——转矩(N·mm)；

d——轴径(mm)；

h——键的高度(mm)；

l——键的工作长度(mm)，对于 A 型平键，$l=L-b$；对于 B 型平键，$l=L$；

对于C型平键，$l = L - \frac{b}{2}$，其中 L 为键的长度(mm)；

σ_p、$[\sigma_p]$——挤压应力和连接中较弱零件的许用挤压应力(MPa)，$[\sigma_p]$值见表14-5；

p、$[p]$——压强和连接中较弱零件的许用压强(MPa)，$[p]$值见表14-5。

表14-5　键连接的许用应力及许用压强　　(单位：MPa)

许用值	零件材料	载荷性质		
		静载荷	轻微冲击载荷	冲击载荷
$[\sigma_p]$	钢	120～150	100～120	60～90
	铸铁	70～80	50～60	30～45
$[p]$	钢	50	40	30

经校核若强度不够，在结构尺寸可能的情况下，可适当增加键的工作长度；也可采用两个键，按180°布置，但考虑载荷分布的不均匀性，以1.5个键校核连接强度。

例14-2　试选择例14-1中输出轴上齿轮和轴的平键连接，并校核其强度。齿轮材料为锻钢，有轻微冲击载荷。

解　(1) 平键类型和尺寸选择。

选A型平键，根据轴直径 d=60 mm和轮毂宽度80 mm，从表14-4中查得键的截面尺寸为：b=18 mm，h=11 mm，L=70 mm。此键的标记为：键18×70 GB 1096—1979。

(2) 校核挤压强度。

键的工作长度为

$$l = L - b = (70 - 18)\ \text{mm} = 52\ \text{mm}$$

由例14-1知T=472 772 N · mm，由表14-5查得许用挤压应力$[\sigma_p]$=(100～120) MPa，则

$$\sigma_p = \frac{4 \times 47\,2\,772}{60 \times 11 \times 52}\ \text{MPa} = 55.1\ \text{MPa} < [\sigma_p]$$

故挤压强度足够。

14.4.3　花键连接

花键连接由具有周向均匀分布的多个键齿的花键轴和具有同样键齿槽的轮毂组成，工作时依靠齿侧的挤压传递转矩。花键连接因键齿多，所以承载能力强；由于齿槽浅，故应力集中小，对轴削弱小，且对中性和导向性均较好，但需专门设备加工，所以成本较高。

花键连接适用于载荷较大、定心精度要求较高的静连接和动连接中。

花键连接已标准化，按其齿形不同，分为下列两种。

(1) 矩形齿花键(见图 14-27(a))。它制造方便，应用最为广泛。

(2) 渐开线花键(见图 14-27(b))。它的齿廓为渐开线，分度圆压力角有 30°和 45°两种。后者又称为三角形花键。渐开线花键的齿根宽、强度高，可用加工渐开线齿的方法加工，故工艺性好，易获得高精度，适用于重载、轴直径较大的连接。

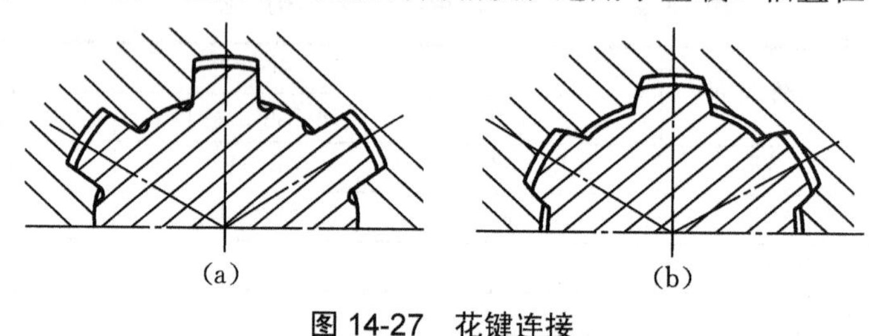

图 14-27　花键连接

思考题与习题

14-1　轴的功用是什么？怎样区别心轴、转轴、传动轴？火车车轮轴、桥式起重机小车车轮轴、减速器齿轮轴分别属于什么类型的轴？

14-2　轴的结构设计应满足哪些要求？

14-3　轴在什么条件下会发生疲劳破坏？如何提高轴的疲劳强度？

14-4　有一离心泵，由电动机经联轴器传动，传递功率 P=2.8 kW，电动机轴的转速 n=2 900 r/min，轴的材料为 45 钢，调质处理，试初步估算电动机轴所需的最小轴径。

14-5　已知一传动轴直径 d=32 mm，转速 n=1 725 r/min，如果轴上的切应力不许超过 50 MPa，问：该轴能传递多大功率？

14-6　试设计题 14-6 图所示直齿圆柱齿轮减速器的输出轴。已知输出轴传递的功率 P=11 kW，输出轴的转速 n_2=225 r/min，齿轮的齿数 z_1=18，z_2=72，齿轮的模数 m=4 mm，齿轮 2 的轮毂宽度 L_2=75 mm，联轴器轮毂宽度为 70 mm，建议选用深沟球轴承。

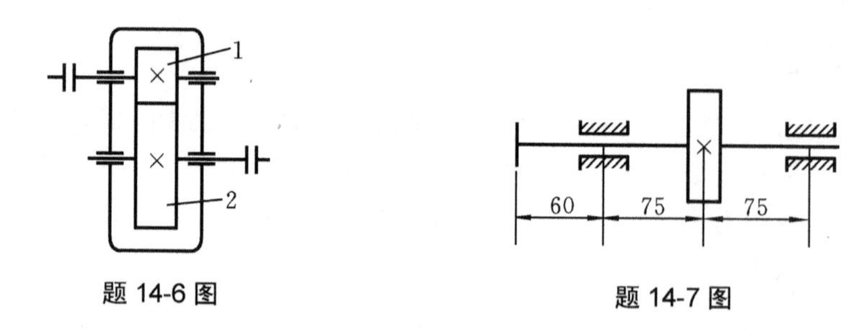

题 14-6 图　　　题 14-7 图

14-7　如题 14-7 图所示，已知传递的功率 P=7 kW，转速 n=80 r/min，直齿圆柱齿轮分度圆直径 d=150 mm，试确定各段轴的直径，并按弯扭合成法进行轴的强度校核。

14-8　在题 14-6 中，齿轮 2 与轴采用普通平键连接，若传递的转矩 T=600 N·m，齿轮材料为 45 钢，有轻微冲击，试选择键连接的类型和尺寸。

第 15 章 轴 承

轴承的作用是支承作旋转运动的轴(包括轴上零件)，保证轴的旋转精度，减少轴与轴承间的摩擦和磨损。

按其承载方向的不同，轴承可分为径向轴承和推力轴承。轴承上的反作用力与轴线垂直的轴承称为径向轴承，轴承上的反作用力与轴线方向一致的轴承称为推力轴承。按轴承工作时的摩擦性质不同，轴承又可分为滑动轴承和滚动轴承。

本章讨论滑动轴承和滚动轴承的工作原理、结构、摩擦、磨损、润滑和密封。

15.1 摩擦与磨损

两个物体表面在外力作用下发生相互接触并有相对运动(或运动趋势)时，在接触面之间产生的切向运动阻力称为摩擦力，这种现象就是摩擦。磨损是指在一个物体与另一个固体的、液体的或气体的对偶件发生接触和相对运动中，由于机械作用而造成的表面材料不断损失的过程。

15.1.1 摩擦

可根据以下标准对摩擦进行分类。

1. 按摩擦副运动状态分

静摩擦：两物体表面产生接触，有相对运动趋势但尚未产生相对运动时的摩擦。

动摩擦：两相对运动表面之间的摩擦。

2. 按相对运动的位移特征分

滑动摩擦：两接触物体接触点具有不同速度和(或)方向（即具有相对滑动或有相对滑动的趋势）时的摩擦。

滚动摩擦：两接触物体接触点的速度的大小和方向相同（即具有相对滚动或有相对滚动趋势）时的摩擦。

自旋摩擦：两接触物体环绕其接触点处的公法线相对旋转时的摩擦。

上述摩擦方式(即运动方式)的叠加，就构成了复合方式的摩擦，如滑动滚动摩擦。

3. 按表面润滑状态分

干摩擦：两摩擦表面之间即无润滑剂又无湿气的摩擦，如图 15-1(a)所示。

边界摩擦：两摩擦表面被吸附在表面的边界膜隔开，摩擦性质取决于边界膜和表面吸附性质的摩擦，如图 15-1(b)所示。

流体摩擦（即流体润滑）：以流体层隔开相对运动表面时的摩擦，即由流体的黏性阻力或流变阻力引起的摩擦，如图 15-1(c)所示。

混合摩擦（即混合润滑）：半干摩擦和半流体摩擦的统称，如图 15-1(d)所示。

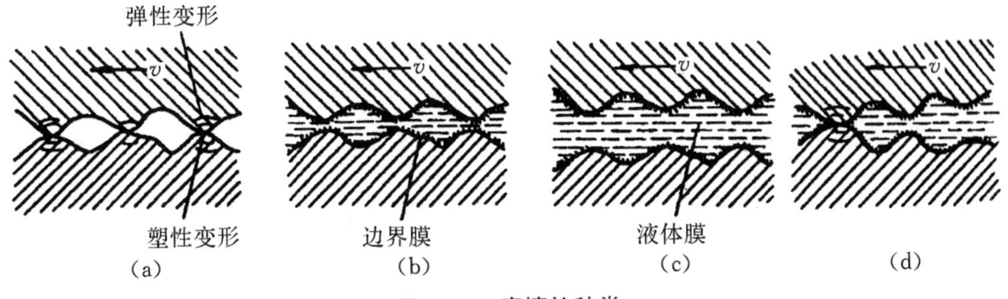

图 15-1 摩擦的种类

15.1.2 磨损

在机械中，磨损处处存在，其表现和作用如下所述。

(1) 磨损的表现：磨损表现为松脱的细小颗粒（磨屑）的出现，以及受摩擦学负荷表面上材料性质（化学的、物理的、金相组织的、机械工艺的）和形状的（形貌和尺寸、粗糙度、表面层厚度）变化。

(2) 磨损的作用：磨损通常是不希望出现的，即它是消极的、不利的。但在某些例外情况下，如在磨合过程中，磨损可能是有益的；加工过程可认为是创造价值的工艺过程，此时虽然在刀具和工件表面之间也发生与磨损过程相同的摩擦学过程，但对于被加工的工件来说，不能认为其遭到磨损。

由磨损引起的材料损失的量称为磨损量，它的倒数称为耐磨性。对于耐磨性，常常有人把它看做材料的固有性质——“耐磨强度”，这是一种误解。一个作为材料固有性质的“耐磨强度”是不存在的。磨损或耐磨性是与很多因素有关的系统特性。对磨损过程进行系统分析才是科学的研究和处理磨损问题的方法。

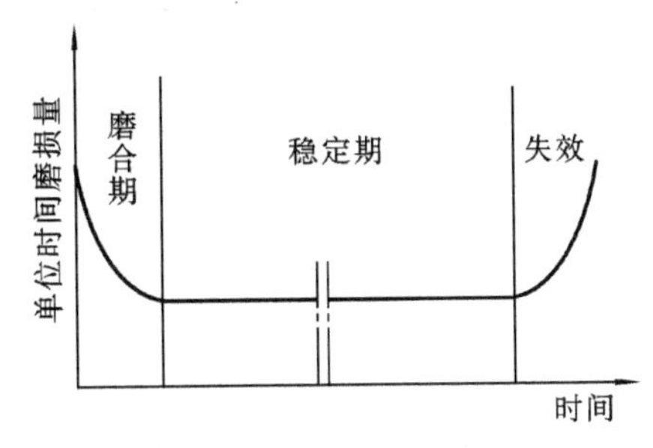

图 15-2 磨损特性曲线

机械零件的磨损过程通常经历不同的磨损阶段，直至失效。典型的磨损特性曲线(浴盆曲线)如图 15-2 所示。

1. 磨损过程

一般机器的磨损过程分为以下三个阶段(见图 15-2)。

1) 跑合磨损阶段

一个零件加工后，由于表面存在不平度，在运动的初期接触面积小、接触应力大，所以磨损速度快，如果设计合理，润滑良好，随着跑合的进行磨损速度趋向稳定。

跑合时应注意以下两点。

(1) 由轻至重缓慢加载，由低速到高速。

(2) 润滑油保持清洁，防止污染。跑合后，润滑油应更换或过滤后再用。

压强过大、速度过高、润滑不良时，若跑合时间很短，并立即进入剧烈磨损阶段，将使零件很快报废。

2) 稳定磨损阶段

磨损以平稳而缓慢的速度进行，标志磨损条件保持相对稳定，这是零件整个寿命范围内的工作过程。

3) 剧烈磨损阶段

经过稳定磨损阶段，零件表面失效或运动副间隙增大，使正常工作条件破坏，引起动载荷，出现冲击振动，温升加大，磨损速度加快。

2. 磨损的分类

作为设计人员，应尽可能缩短跑合磨损阶段，延长稳定磨损阶段，推迟剧烈磨损阶段的到来。目前人们公认的最重要的四种基本磨损类型(机理)是：粘着磨损、磨料磨损、疲劳磨损和腐蚀磨损。不同磨损类型有不同的磨损表面，其外观表现见表 15-1。

表 15-1　磨损的类型及外观表现

磨损类型(机理)	磨损表面外观
粘着磨损	锥刺、鳞尾、麻点
磨料磨损	擦伤、沟纹、条痕
疲劳磨损	裂纹、点蚀
腐蚀磨损	反应产物（膜、微粒）

1) 粘着磨损

当摩擦副受到较大正应力作用时，由于表面不平，其顶峰接触点受到高压力作用而产生弹、塑性变形，附在摩擦表面的吸附膜破裂，温升后使金属的顶峰塑性面牢固地粘着并熔焊在一起，形成冷焊结点。在两摩擦表面相对滑动时，材料便从一个表面转移到另一个表面，成为表面凸起，促使摩擦表面进一步磨损。这种由于粘着作用引起的磨损，称为粘着磨损。

粘着磨损按程度不同可分为五级：轻微磨损、涂抹、擦伤、撕脱、咬死。如汽缸套与活塞环、曲轴与轴瓦、轮齿啮合表面等，皆可能出现不同粘着程度的磨损。涂抹、擦伤、撕脱又称为胶合，往往发生于高速、重载的场合。

2）磨料磨损

由摩擦表面上的硬质突出物或从外部进入摩擦表面的硬质颗粒，对摩擦表面起到切削或刮擦作用，从而引起表层材料脱落的现象，称为磨料磨损。这种磨损是最常见的一种磨损形式，应设法减轻这种磨损。为减轻磨料磨损，除注意满足润滑条件外，还应合理地选择摩擦副的材料、降低表面粗糙度值以及加装防护密封装置等。

3）疲劳磨损（点蚀）

两摩擦表面为点或线接触时，由于局部的弹性变形形成了小的接触区。这些小的接触区形成的摩擦副如果受变化接触应力的作用，则在其反复作用下，表层将产生裂纹。随着裂纹的扩展相互连接，表层金属脱落，形成许多月牙形的浅坑，这种现象称为疲劳磨损，也称为点蚀。

合理选择材料及材料的硬度（硬度高则抗疲劳磨损能力强），选择黏度高的润滑油，加入极压添加剂或二硫化钼(MoS_2)及减小摩擦面的粗糙值等，都可以提高抗疲劳磨损的能力。

4）腐蚀磨损

在摩擦过程中，摩擦面与周围介质发生化学或电化学反应即而产生物质损失的现象，称为腐蚀磨损。腐蚀磨损可分为氧化磨损、特殊介质腐蚀磨损、气蚀磨损等。腐蚀也可以在没有摩擦的条件下形成，这种情况常发生于钢铁类零件，如化工管道、泵类零件、柴油机缸套等。

应该指出的是，大多数磨损是以上述四种磨损形式的复合形式出现的。

15.2 润滑和密封

15.2.1 润滑剂和润滑装置

润滑能对运动副起到降低摩擦、减少磨损的作用，同时还能起到冷却、吸振、防锈的作用，所以润滑对机器的工作能力、使用寿命以及能源消耗都有重大影响，是保证机器正常工作和保养机器的重要措施。

润滑剂包括润滑油、润滑脂和固体润滑剂。

1. 润滑油及其选择

润滑油是机器中最常用的润滑剂，以矿物油应用最为广泛。润滑油的主要性能指标是黏度。它表示抵抗变形的能力，当润滑油作层流运动时，标志着润滑油内摩擦阻力的大小，通常它随着温度升高而降低。黏度有动力黏度、运动黏度和条件黏度等。我国石油产品是用运动黏度标定的，单位为 mm^2/s。

除黏度外，润滑油的性能指标还有凝点、闪点等。选用润滑油时，通常以黏度为主要选用指标。

选择润滑油黏度的一般原则是：

(1) 重载低速时选用黏度高的润滑油，以便形成油膜；

(2) 高速时应选用黏度低的油，以免液体内部摩擦损失过大和发热严重；

(3) 工作温度低时应选用黏度低的润滑油；

(4) 轴承与轴的间隙大，加工表面粗糙的选黏度高的润滑油；

(5) 压力润滑、芯捻润滑选黏度低的润滑油。

2. 润滑脂及其选择

润滑脂是润滑油内加入皂类制成的糊状物，比较稠厚。常用的润滑脂有钙基润滑脂、钠基润滑脂、锂基润滑脂等。

润滑脂流动性差，摩擦损耗大，性质不稳定，只适用在非液体润滑轴承中要求不高、供油不便的场合。

润滑脂的主要指标是针入度（也称为稠度）和滴点。针入度标志着润滑脂流动难易程度和内部阻力大小。滴点是指润滑脂由测量油杯开始下滴时的温度。

选择润滑脂的一般原则是：

(1) 压强高、速度低时选针入度小的，对于相反的情况，则应选针入度大的；

(2) 根据工作温度选润滑脂，润滑脂的滴点温度应高于工作温度 15~20 ℃；

(3) 在潮湿环境，用钙基润滑脂；在较高温度下工作，用钠基润滑脂。

3. 固体润滑剂

固体润滑剂有石墨、二硫化钼、聚四氟乙烯等粉末状的固体，使用时将粉末粘结或喷镀在金属表面。固体润滑剂用于极重载、极低速、极高温和低温以及产品不得污染的场合。

4. 添加剂

为了改善润滑油和润滑脂的性能，常加入微量的其他化学成分，这种成分称为添加剂。添加剂有改善油性、耐磨、抗氧化、防锈、防凝固等功能，可按需要加入，但用量不宜过多，因为这些成分中多数有腐蚀金属的作用。

15.2.2 润滑方式及其选择

润滑油润滑的方式多种多样，常用的有四种：集中润滑或分散润滑，连续润滑或间歇润滑，压力润滑或无压力润滑，循环式润滑或非循环式润滑。分散润滑比集中润滑简便，集中润滑需要一个多出口的润滑装置供油，而分散润滑中各摩擦副的润滑装置是各自独立的。对于轻载、低速的摩擦副，可以采用间歇无压力润滑或间歇压力润滑。连续无压力润滑可采用针阀式油杯、油环、芯捻等润滑装置。而连续压力润滑可采用油泵、喷嘴装置，高速时还可采用油雾发生器实现油雾润滑。

润滑脂润滑的装置较为简单，加脂方式有人工加脂、脂杯加脂和集中润滑系统供脂等。对于润滑点不多的简单设备或单机设备，采用人工加脂或涂抹润滑脂。对于大型设备，如矿山机械、船舶等，由于润滑点多，则采用集中润滑系统。

15.2.3 密封

机械密封装置是为了防止灰尘、水、酸气和其他杂物进入机器，并防止润滑剂流失而设置的。密封装置可分为两类：一类是固定密封，即密封后密封件之间固定不动；另一类是动密封，即密封后两密封件之间有相对运动。

固定密封可采用各种垫片，包括金属、非金属垫片以及密封胶等。动密封又可分为接触式、非接触式、半接触式密封，其中应用较广的是接触式密封，它主要利用各种密封圈或毡圈密封。各种密封件都已标准化，可查阅手册选取适当形式。非接触式密封有迷宫式密封、螺旋式密封等，半接触式密封有活塞环密封、机械密封等，其结构较复杂，主要用于重要部件的密封。

在一般常用的机械中，用得较多的密封装置是密封圈和填料。密封圈有各种形式，有带骨架的和不带骨架的，有普通型和双口型等，应根据使用条件查阅手册进行选择。密封圈也可作防尘密封件使用，但粉尘严重时，应使用专门的防尘密封圈。采用脂润滑时，可使用毡圈密封。

综上所述，在设计机械时，选择适当的润滑装置和密封装置是必不可少的。而在使用机械时，更应注意机械的润滑和维护。应按使用说明的规定加润滑油，经常保持润滑油的清洁，注意不能使油温过高，定期更换润滑油等，还应注意密封情况，如有漏油现象，应查找原因，及时更换密封件，以确保机器在良好的润滑状态下工作。

15.3 滑动轴承的主要类型

滑动轴承根据其相对运动的两表面间油膜形成原理的不同，可分为流体动力润滑轴承(简称动压轴承)和流体静力润滑轴承(简称静压轴承)。本章主要讨论动压轴承。

和滚动轴承相比，滑动轴承具有承载能力强、抗振性好、工作平稳可靠、噪声小、寿命长等优点，它广泛用于内燃机、轧钢机、大型电机及仪表、雷达、天文望远镜等方面。

滑动轴承的典型结构可分为以下几类。

15.3.1 向心滑动轴承

1. 剖分式滑动轴承

剖分式滑动轴承是独立使用的轴承的基本结构形式。剖分式滑动轴承装拆比较方便，轴承间隙调整也可通过在剖分面上增减薄垫片实现。对于正、斜剖分式滑动轴承(分别见图 15-3(a)、(b))，已分别制定了 JB/T 2561—1991、JB/T 2562—1991 标准，设计时可参考选用。

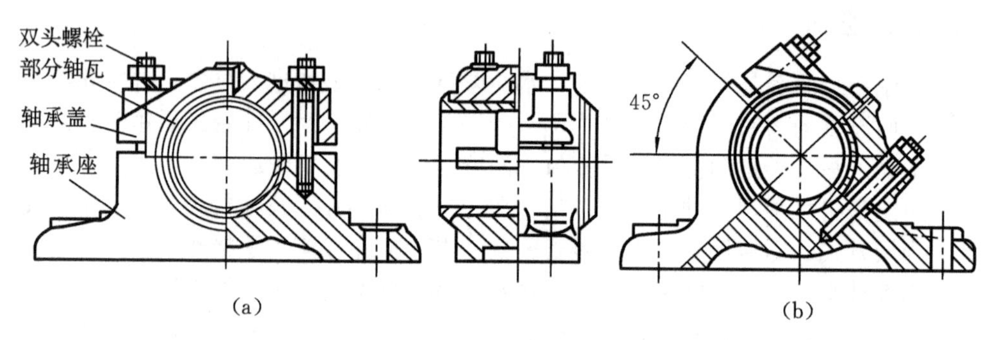

图 15-3 剖分式滑动轴承

2. 整体式滑动轴承

整体式滑动轴承(见图15-4)的结构比剖分式的结构更为简单。这种轴承在安装或拆卸时，轴或轴承要沿轴向移动，所以不太方便，有时甚至在结构上无法实现。此外，在磨损后，轴承间隙也无法调整，因而这种轴承多用在间歇性工作和低速、轻载的简单机器中。

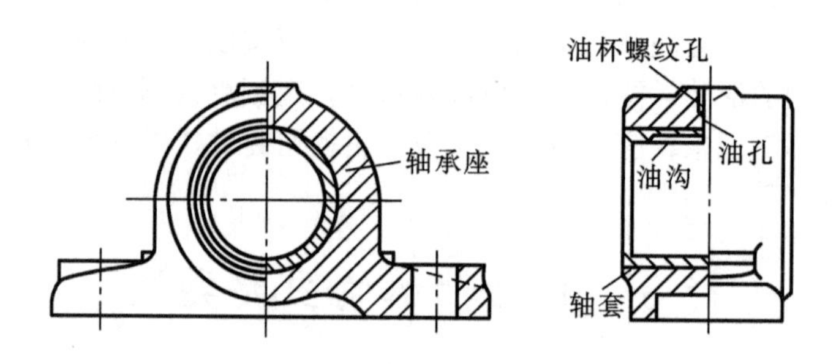

图 15-4 整体式滑动轴承

3. 带锥形表面轴套的轴承

带锥形表面轴套的轴承具有间隙可调的功能。轴瓦外表面为锥形(见图 15-5(a)),与内锥形表面的轴套相配合。轴瓦上开有一条纵向槽，调整轴套两端的螺母可使轴瓦沿轴向移动，从而可调整轴颈与轴瓦间的间隙。图 15-5(b)所示为用于圆锥形轴颈的结构，轴瓦做成能与圆锥轴颈相配合的内锥孔。

还有一些特殊结构的轴承，如自动调位轴承等，使用时可参阅有关书籍。

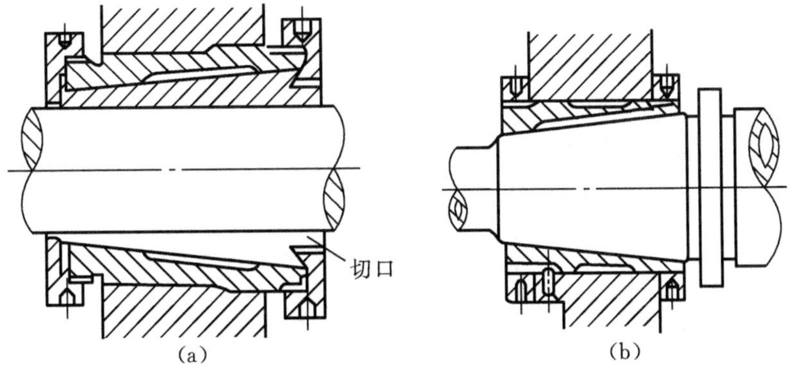

图 15-5 带锥形表面轴套（间隙可调式）的滑动轴承

15.3.2 推力滑动轴承

推力滑动轴承只能承受轴向载荷，与向心轴承联合使用才可同时承受轴向和径向载荷，其典型结构有以下几种。

(1) 实心式(见图 15-6(a))：支撑面上压强分布极不均匀，中心处压强最大，线速度为 0，对润滑很不利，导致支撑面磨损极不均匀，使用较少。

(2) 空心式(见图 15-6(b))：支撑面上压强分布较均匀，润滑条件有所改善。

(3) 单环式(见图 15-6(c))：利用轴环的端面止推，结构简单，润滑方便，广泛用于低速、轻载场合。

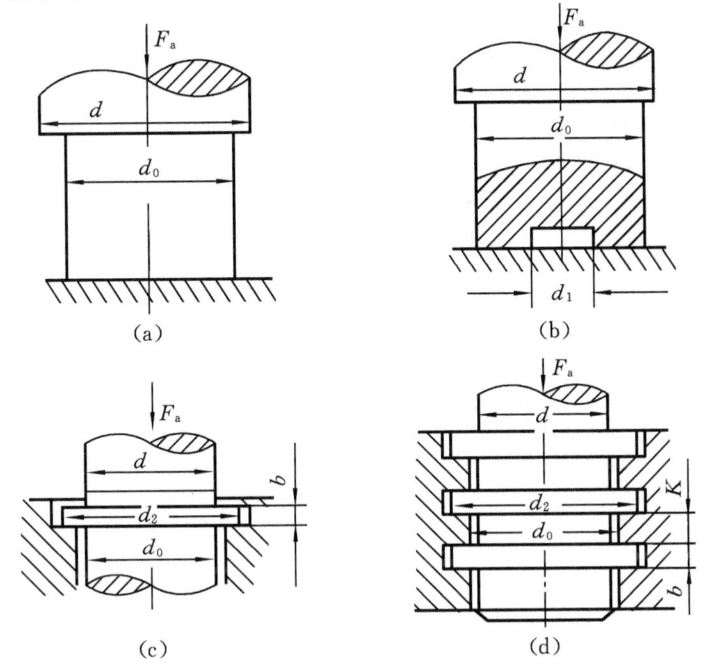

图 15-6 推力轴承的结构形式

(4) 多环式(见图 15-6(d))：特点同单环式，可承受较单环式更大的载荷，也可承受双向轴向载荷。

对于尺寸较大的平面推力轴承，为了改善轴承的性能，便于形成液体摩擦状态，可设计成多油楔形结构(见图 15-7)。

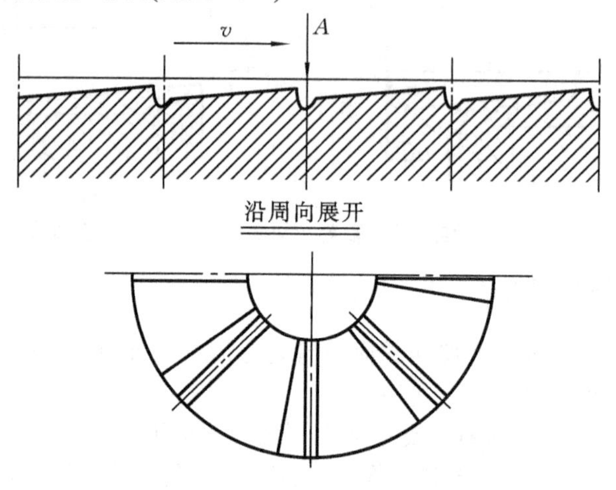

图 15-7　多油楔推力轴承

15.4　滑动轴承轴瓦的结构和材料

15.4.1　滑动轴承轴瓦的结构

常用的滑动轴承轴瓦分为整体式和剖分式两种。

整体式轴瓦呈套筒形，称为轴套(见图 15-8(a))。剖分式轴瓦多由两半组成(见图 15-8(b))。为了改善轴瓦表面的摩擦性质，常在其内表面上浇铸一层或两层减摩材料，称为轴承衬，即轴瓦做出双金属结构或三金属结构(见图 15-9)。

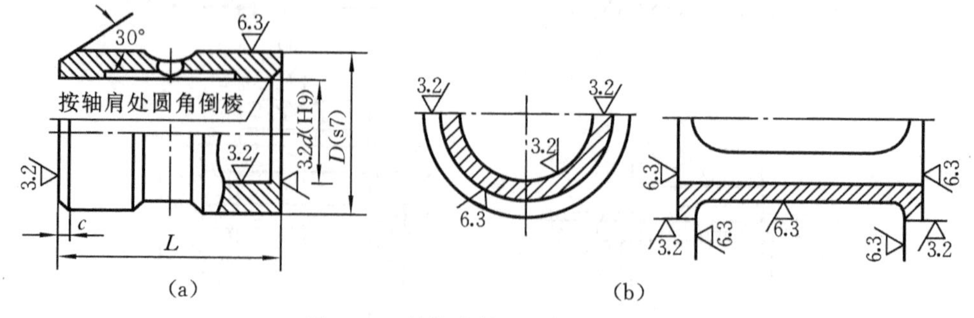

图 15-8　整体式轴瓦和剖分式轴瓦

轴瓦和轴承座不允许有相对移动，为了防止轴瓦的移动，可将轴瓦两端做出凸缘(见图 15-8(b))用于轴向定位或用销钉(或螺钉)将其固定在轴承座上(见图 15-10)。

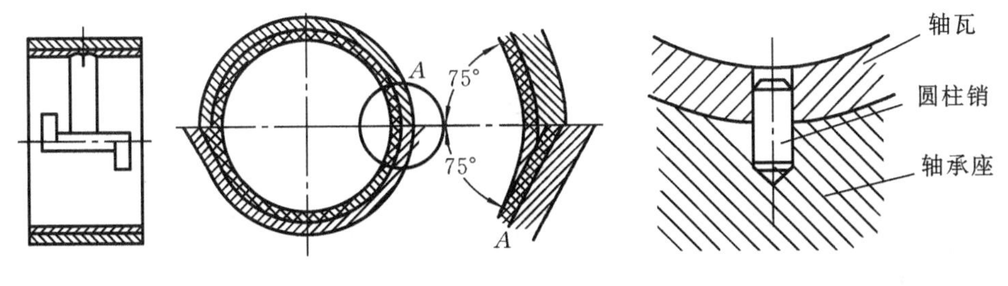

图 15-9　双金属轴瓦　　　　图 15-10　销钉固定轴瓦

为了使滑动轴承获得良好的润滑，轴瓦或轴颈上需开设油孔及油沟。油孔应设置在油膜压力最小的地方；油沟应开在轴承不受力或油膜压力较小的区域，要求既便于供油又不降低轴承的承载能力。图 15-11 所示为几种常见的油沟。

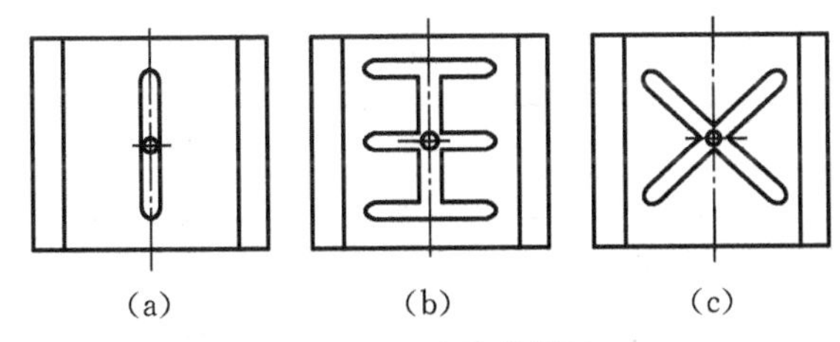

图 15-11　油沟(非承载轴瓦)

15.4.2　轴瓦材料

轴瓦是轴承中与轴颈直接接触的零件，对其材料的性能要求是：

(1) 具有足够的抗压强度、抗疲劳强度、抗冲击能力；

(2) 低摩擦系数，具有良好的耐磨性、抗胶合性、跑合性、嵌藏性和顺应性；

(3) 热膨胀系数小，具有良好的导热性和润滑性以及耐蚀性；

(4) 具有良好的工艺性。

常用的轴瓦材料及其性能见表 15-2。

表 15-2　常用轴瓦材料的性能及用途

<table>
<tr><th colspan="2" rowspan="2">材　料</th><th colspan="3">最大许用值</th><th rowspan="2">最高温度/℃</th><th rowspan="2">轴颈硬度/HBS</th><th rowspan="2">备　注</th></tr>
<tr><th>[p]/MPa</th><th>[v]/(m/s)</th><th>[pv]/(MPa·m/s)</th></tr>
<tr><td rowspan="4">锡基轴承合金</td><td rowspan="2">ZSnSb11Cu6</td><td colspan="3">冲击载荷</td><td rowspan="4">150</td><td rowspan="4">150</td><td rowspan="4">用于高速、重载下工作的重要轴承，变载荷时易疲劳，价贵，常用作轴承衬</td></tr>
<tr><td>25</td><td>80</td><td>20</td></tr>
<tr><td rowspan="2">ZSnSb8Cu4</td><td colspan="3">平稳载荷</td></tr>
<tr><td>20</td><td>60</td><td>15</td></tr>
</table>

续表

材料		最大许用值			最高温度/℃	轴颈硬度/HBS	备注
		[p]/MPa	[v]/(m/s)	[pv]/(MPa·m/s)			
铅基轴承合金	ZPbSb16Sn16Cu2	12	12	10	150	150	用于中速、中载的轴承，不宜受显著冲击，可作为锡锑轴承合金的代用品
	ZPbSb15Sn10	20	15	15			
铸造铜合金	Cu Sn10P1	15	10	15	280	200	用于中速、重载及受变载荷的轴承
	CuPb5n5Zn5	8	3	15			用于中速、中载的轴承
	CuPb30	25	12	30	280	300	用于高速、重载的轴承，能承受变载和冲击
黄铜	ZCu Zn16Si4	12	2	10	200	200	用于低速、中载的轴承
	ZCuZn38Mn2Pb2	10	1	10			用于高速、中载的轴承，强度高、耐腐蚀、表面性能好
铸铁	HT150~HT250	2~4	0.5~1	1~4	150	200~250	用于低速、轻载不重要的轴承，价廉

注：[pv]为不完全液体润滑下的许用值。

除金属轴瓦外，有时用不同金属粉末经压制、烧结而成的含油轴承，还用塑料、橡胶等非金属材料作为轴瓦材料。

15.5 不完全液体润滑轴承的设计计算

对于工作要求不高、速度较低、载荷不大、难于维护等条件下工作的轴承，往往设计成不完全液体润滑轴承。

15.5.1 向心滑动轴承

设计时，一般已知轴颈直径 d（mm）、转速 n（r/min）和轴承径向载荷 F_r（N）。根据工作条件和使用要求，确定轴承的结构形式，选定轴瓦材料，确定轴承宽度 l，进行校核计算。对于非标准轴承还需进行结构设计。

对于不完全液体润滑轴承，常取宽度 $l=$（0.8～1.5）d，如选用标准轴承，则宽度 l 可由有关标准或手册中查取。

轴承工作能力可按下列步骤计算。

(1) 验算压强 p。

$$p=\frac{F_r}{dl}\leqslant[p] \tag{15-1}$$

式中：F_r——轴承径向载荷(N)；

$[p]$——轴瓦材料许用压强（MPa），见表 15-2。

(2) 验算 pv 值。

$$pv=\frac{F_r}{dl}\cdot\frac{\pi dn}{60\times1000}=\frac{F_r\cdot n}{19100l}\leqslant[pv] \tag{15-2}$$

式中：$[pv]$——pv 的许用值(MPa·m/s)，见表 15-2。

(3) 当 p 较小时，p 和 pv 值的验算均合格的轴承，由于滑动速度过高，也会发生加速磨损而使得轴承报废，故在 p 值较小时，还应保证

$$v=\frac{\pi dn}{60\times1000}\leqslant[v] \tag{15-3}$$

式中：$[v]$——许用圆周速度(m/s)，其值见表 15-2。

15.5.2 推力滑动轴承

推力滑动轴承的计算与向心滑动轴承的计算相似，在轴承的结构形式和基本尺寸确定之后，要对其 p 和 pv 值进行验算。当承载情况如图 15-6（b）所示时，可按下列步骤进行验算。

(1) 验算压强 p。

$$p=\frac{F_a}{\frac{\pi}{4}(d_0^2-d_1^2)}\leqslant[p] \tag{15-4}$$

式中：F_a——轴向载荷(N)；

$[p]$——许用压强（MPa），见表 15-3。

(2) 验算 pv_m 值。

$$pv_m\leqslant[pv] \tag{15-5}$$

式中：v_m——轴颈平均圆周速度(m/s)，$v_m=\frac{\pi d_m n}{60\times1\ 000}$，

d_m——轴颈平均直径(mm)，$d_m=\frac{d_1+d_0}{2}$，

$[pv_m]$——pv_m 的许用值，见表 15-3。

表 15-3 推力轴承的许用压强$[p]$和 pv_m 许用值$[pv_m]$

轴材料	未淬火钢			淬火钢	
轴瓦材料	铸铁	青铜	轴承合金	青铜	轴承合金
$[p]$/ MPa	2～2.5	4～5	5～6	7.5～8	8～9
$[pv_m]$ /(MPa·m/s)	1～2.5				

15.6　滚动轴承的构造、类型及特点

15.6.1　滚动轴承的构造

滚动轴承是现代机器中广泛应用的部件之一，它依靠其主要元件间的滚动接触来支承转动或摆动零件，其相对运动表面间的摩擦是滚动摩擦，具有摩擦小、功耗少、启动容易等优点。

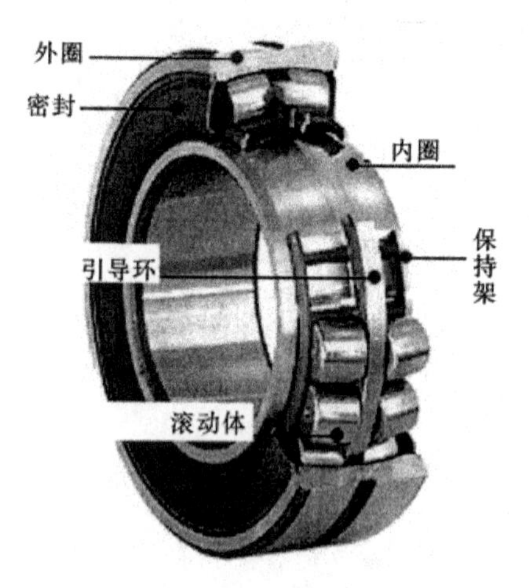

图 15-12　滚动轴承的基本结构

滚动轴承的基本结构如图 15-12 所示，它由下列零件组成：①带有滚道的内圈和外圈；②滚动体(球或滚子)；③隔开并导引滚动体的保持架。

有些轴承可以少用一个套圈(内圈或外圈)，或者内、外两个套圈都不用，滚动体直接沿滚道滚动。

内圈装在轴颈上，外圈装在轴承座中。通常内圈随轴回转，外圈固定，但也有外圈回转而内圈不动的，或是内、外圈同时回转的。

常用的滚动体有球、圆柱滚子、滚针、圆锥滚子、球面滚子、非对称球面滚子等几种，如图 15-13 所示。轴承内、外圈上的滚道有限制滚动体侧向位移的作用。

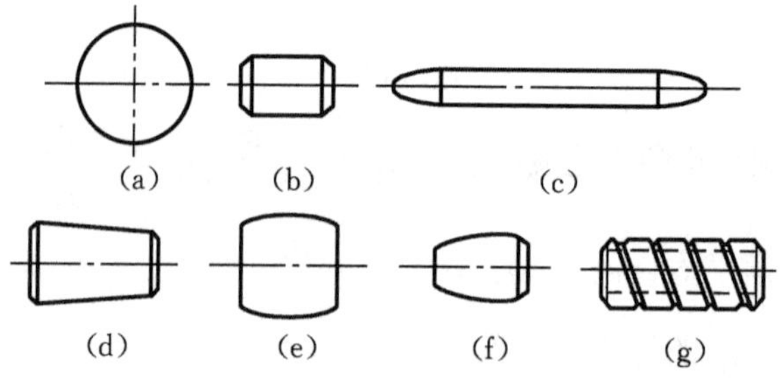

(a)　(b)　(c)

(d)　(e)　(f)　(g)

图 15-13　常用的滚动体

与滑动轴承相比，滚动轴承的主要优点如下所述。

(1) 摩擦力矩和发热较小。在通常的速度范围内，摩擦力矩很少随速度改变而改变。启动转矩比滑动轴承要低得多(比后者小 80%～90%)。

(2) 维护比较方便，润滑剂消耗较少。

(3) 轴承单位宽度的承载能力较大。

(4) 大大减少了非铁金属的消耗。

滚动轴承的缺点如下所述。

(1) 径向外廓尺寸比滑动轴承大。

(2) 接触应力高，承受冲击载荷能力较差，高速、重载下寿命较低。

(3) 小批生产特殊的滚动轴承时成本较高。

(4) 减振能力比滑动轴承低。

15.6.2 滚动轴承的主要类型

按照轴承所能够承受的外载荷，滚动轴承可以分为向心轴承、推力轴承和向心推力轴承三大类。向心轴承主要承受径向载荷；推力轴承只能承受轴向载荷，轴承中与轴颈紧套在一起的称为紧圈，与机座相联的称为活圈；向心推力轴承能够同时承受径向和轴向载荷。向心推力球（圆锥滚子）轴承的滚动体与外圈滚道接触点（线）处法线与半径方向的夹角 α 称为轴承的接触角，一般 $5° \leqslant \alpha \leqslant 45°$。轴承实际所受的径向载荷与轴向载荷的合力与半径方向的夹角 β 称为载荷角。

常用滚动轴承的分类、名称及型号见表 15-4。

表 15-4 常用滚动轴承的分类、名称、型号及特性

轴承类型	结构简图、承载方向	型号	尺寸系列代号	组合代号	特 性
双列角接触球轴承		(0) (0)	32 33	32 33	能同时承受径向载荷和双向轴向载荷，比角接触球轴承具有更大的承载能力
调心球轴承		1 (1) 1 (1)	(0)2 22 (0)3 23	12 22 13 23	主要承受径向载荷，也可同时承受少量的双向轴向载荷。外圈滚道为球面，具有自动调心性能。内、外圈轴线相对偏斜允许 2°～3°，适用于多支点轴、弯曲刚度小的轴以及难以精确对中的支承

续表

轴承类型	结构简图、承载方向	型号	尺寸系列代号	组合代号	特　性
调心滚子轴承	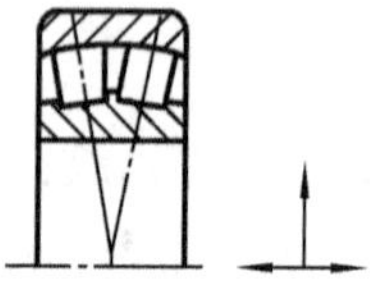	2 2 2 2 2 2 2 2	13 22 23 30 31 32 40 41	213 222 223 230 231 232 240 241	用于承受径向载荷,其承载能力比调心球轴承约大一倍,也能承受少量的双向轴向载荷。外圈滚道为球面，具有调心性能，允许内、外圈轴线相对偏斜 0.5°～2°，适用于多支点轴、弯曲刚度小的轴以及难以精确对中的支承
推力调心滚子轴承	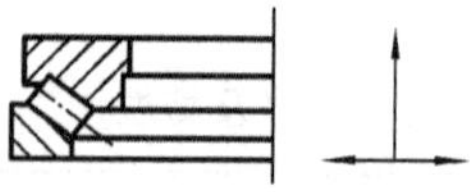	2 2 2	92 93 94	292 293 294	可以承受很大的轴向载荷和一定的径向载荷。滚子为鼓形，外圈滚道为球面，能自动调心，允许轴线偏斜 2°～3°,转速可比推力球轴承高，常用于水轮机轴和起重机转盘等
圆锥滚子轴承	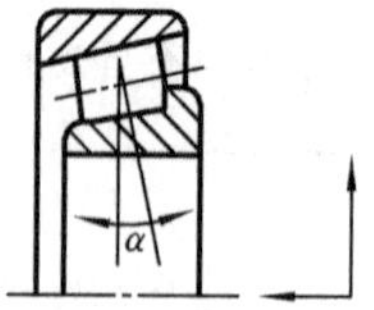 α	3 3 3 3 3 3 3 3 3 3	02 03 13 20 22 23 29 30 31 32	302 303 313 320 322 323 329 330 331 332	能承受较大的径向载荷和单向轴向载荷，极限转速较低。内、外圈可分离，故轴承游隙可在安装时调整，通常成对使用，对称安装。适用于转速不太高、轴的刚度较高的场合
双列深沟球轴承	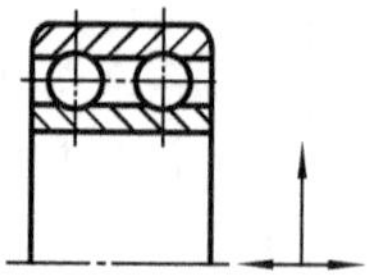	4 4	(2)2 (2)3	42 43	主要承受径向载荷，也能承受一定的双向轴向载荷，比深沟球轴承具有更大的承载能力

轴承类型		结构简图、承载方向	型号	尺寸系列代号	组合代号	特性
推力球轴承	单向		5 5 5 5	11 12 13 14	511 512 513 514	推力球轴承的套圈与滚动体多半是可分离的。单向推力球轴承只能承受单向轴向载荷，两个圈的内径不一样大，内径较小的是紧圈，与轴配合；内径较大的是松圈，与机座固定在一起。极限转速较低，适用于轴向力大而转速较低的场合
	双向		5 5 5	22 23 24	522 523 524	双向推力轴承可承受双向轴向载荷，中间圈为紧圈，与轴配合，另两圈为松圈；高速时，由于离心力大，球与保持架因摩擦而发热严重，寿命较低，常用于轴向载荷大、转速不高的场合
深沟球轴承			6 6 6 6 16 6 6 6 6	17 37 18 19 (0)0 (1)0 (0)2 (0)3 (0)4	617 637 618 619 160 60 62 63 64	主要承受径向载荷，也可同时承受少量双向轴向载荷，工作时内、外圈轴线允许偏斜 $8'\sim16'$，摩擦阻力小，极限转速高，结构简单，价格便宜，应用最广泛。但承受冲击负荷能力较差。适用于高速场合，在高速时，可用来代替推力球轴承
角接触球轴承		α	7 7 7 7 7	19 (1)0 (0)2 (0)3 (0)4	719 70 72 73 74	能同时承受径向载荷与单向的轴向载荷，公称接触角 α 有 15°、25°、40°三种。α 越大，轴向承载能力也越大。通常成对使用，对称安装。极限转速较高，适用于转速较高、同时承受径向和轴向载荷的场合

续表

轴承类型		结构简图、承载方向	型号	尺寸系列代号	组合代号	特　　性
推力圆柱滚子轴承			8 8	11 12	811 812	能承受很大的单向轴向载荷，但不能承受径向载荷,它比推力球轴承承载能力要大；套圈也分紧圈和松圈，其极限转速很低，故适用于低速、重载的场合
圆柱滚子轴承	外圈无挡边圆柱滚子轴承		N N N N N N	10 (0)2 22 (0)3 23 (0)4	N10 N2 N22 N3 N23 N4	只能承受径向载荷，不能承受轴向载荷；承受载荷能力比同尺寸的球轴承大，尤其是承受冲击载荷能力大，极限转速较高
	双列圆柱滚子轴承		NN	30	NN30	对轴的偏斜敏感，允许外圈与内圈的偏斜度较小(2′～4′)，故只能用于刚度较高的轴上，并要求支承座孔很好地对中。双列圆柱滚子轴承比单列轴承承受载荷的能力更高
滚针轴承			NA NA NA	48 49 69	NA48 NA49 NA69	这类轴承采用数量较多的滚针作滚动体，一般没有保持架，径向结构紧凑，且径向承受载荷能力很大，价格低廉。其缺点是不能承受轴向负荷，滚针间有摩擦，旋转精度及极限转速低，工作时不允许内、外圈轴线有偏斜，常用于转速较低而径向尺寸受限制的场合

续表

轴承类型	结构简图、承载方向	型号	尺寸系列代号	组合代号	特　　性
四点接触球轴承		QJ QJ	(0)2 (0)3	QJ2 QJ3	它是双半内圈单列向心推力球轴承，能承受径向载荷及任一方向的轴向载荷，球和滚道四点接触，与其他球轴承比较，当径向游隙相同时轴向游隙较小

15.6.3　滚动轴承代号

滚动轴承代号由基本代号、前置代号和后置代号组成，用字母和数字等表示。轴承代号的组成见表 15-5。

表 15-5　滚动轴承代号的组成

前置代号	基本代号[1]					后置代号							
成套轴承分部件	五	四	三	二	一	内部结构	密封与防尘套圈变型	保持架及其材料	轴承材料	公差等级	游隙	配置[2]	其他
	类型代号	尺寸系列代号		内径代号									
		宽度或高度系列代号	直径系列代号										

注：① 基本代号下面的一至五表示代号自右向左的位置序数。

② 配置代号，如/DB 表示两轴承背对背安装，/DF 表示两轴承面对面安装。

1. 基本代号

轴承的基本代号由轴承内径代号和组合代号组成(组合代号由轴承类型代号和尺寸系列代号组成)，用来表明轴承的内径、直径系列、宽(或高)度系列和类型，一般用五位数字或数字和英文字母表示，现分述如下。

(1) 轴承内径用基本代号右起第一、二位数字表示。这两位数字为轴承内径尺寸被 5 除得的商数，如 04 表示 d=20 mm，具体见表 15-6。

表 15-6　滚动轴承的内径代号

内径尺寸/mm	代号表示		举　　例	
	第二位	第一位	代号	内径尺寸/mm
10 12 15 17	0	0 1 2 3	深沟球轴承 6200	10
20～480 (5 的倍数)①	内径/5 的商②		调心滚子轴承 23208	40
22、28、32 及 500 以上	/内径③		调心滚子轴承 230/500 深沟球轴承 62/22	500 22

注：① 内径为 22、28、32 mm 的除外；轴承内径小于 10 mm 的轴承代号见轴承手册。

② 公称内径除以 5 的商数。商数为个位数时，需在商数左边加“0”。

③ 用公称内径(mm)直接表示，但在与尺寸系列之间用“/”分开。

(2) 轴承的直径系列(即结构相同、内径相同的轴承在外径和宽度方面的变化系列)用基本代号右起第三位数字表示，具体见表 15-5。

(3) 轴承的宽(或高)度系列(即结构、内径和直径系列都相同的轴承，在宽(或高)度方面的变化系列)用基本代号右起第四位数字表示。当宽度系列为 0 系列(窄系列)时，或宽度系列为 1 系列(正常系列)时，对多数轴承在代号中可不标出宽度系列代号 0(或 1)，但对于调心滚子轴承(2 类)、圆锥滚子轴承(3 类)和推力球轴承(5 类)，宽(或高)度系列代号 0 或 1 应标出。

直径系列代号和宽(或高)度系列代号统称为尺寸系列代号，具体见表 15-7。

(4) 轴承类型代号用基本代号右起第五位数字表示(对圆柱滚子轴承和滚针轴承等，类型代号用字母表示)，其表示方法见表 15-5。

2. 前置代号

轴承的前置代号用于表示轴承的分部件，用字母表示。如用 L 表示分离轴承的可分离套圈，用 K 表示轴承的滚动体与保持架组件等等。例如 LNU207、K81107。

3. 后置代号

轴承的后置代号用字母和数字等表示轴承的结构、公差及材料的特殊要求等等，后置代号的内容很多，下面介绍几个常用的代号。

表 15-7　轴承尺寸系列代号表示法

直径系列代号	向心轴承(宽度系列代号)							推力轴承(高度系列代号)			
	窄 0	正常 1	宽 2	特宽 3	特宽 4	特宽 5	特宽 6	特低 7	低 9	正常 1	正常 2
超特轻 7	—	17	—	37	—	—	—	—	—	—	—
超轻 8	08	18	28	38	48	58	68	—	—	—	—
超轻 9	09	19	29	39	49	59	69	—	—	—	—
特轻 0	00	10	20	30	40	50	60	70	90	10	—
特轻 1	01	11	21	31	41	51	61	71	91	11	—
轻 2	02	12	22	32	42	52	62	72	92	12	22
中 3	03	13	23	33	—	—	63	73	93	13	23
重 4	04	—	24	—	—	—	—	74	94	14	24

内部结构代号是表示同一类型轴承的不同内部结构，用字母紧跟着基本代号表示。如接触角为 15°、25° 和 40° 的角接触球轴承分别用 C、AC 和 B 表示内部结构的不同。

轴承的公差等级分为 2 级、4 级、5 级、6 级（6×）和 0 级，共五个级别，依次由高级到低级，其代号分别为/P2、/P4、/P5、/P6（P6×）和 P0。公差等级中，6×级仅适用于圆锥滚子轴承，0 级为普通级，在轴承代号中不标出。

常用的轴承径向游隙系列分为 1 组、2 组、0 组、3 组、4 组和 5 组，共六个组别，径向游隙依次由小到大。0 组游隙是常用的游隙组别，在轴承代号中不标出，其余的游隙组别在轴承代号中分别用/C1、/C2、/C3、/C4、/C5 表示。

实际应用的滚动轴承类型是很多的，相应的轴承代号也是比较复杂的。关于滚动轴承详细的代号表示方法可查阅 GB/T 272—1993。

例 15-1　说明轴承代号 7208AC 和 6310/P63 的意义。

解　7208AC 表示内径 d =40 mm，直径系列为 2，宽度为 0 系列（0 在代号中省略），角接触球轴承，公称接触角 α=25°，公差等级为 0 级，游隙为 0 组。

6310/P63 表示内径 d =50 mm，直径系列为 3，宽度为 0 系列（0 在代号中省略），深沟球轴承，公差等级为 6 级，径向游隙为 3 组。

15.6.4 滚动轴承类型的选择

选择滚动轴承时,应对各类轴承的性能特点有充分的了解,在此基础上可按以下原则进行选择。

(1) 球轴承的抗冲击能力弱、极限转速较高、价格便宜，故当轴承的工作载荷较小、转速较高、载荷较平稳时，选用球轴承较为合适。滚子轴承的承载能力和抗冲击能力较强，但极限转速和旋转精度不如球轴承，适用于两轴孔能严格对中、载荷较大或受冲击载荷的中、低速轴。

(2) 根据载荷方向选择轴承时，除只承受径向载荷或轴向载荷而分别选择径向接触轴承和轴向接触轴承外，对于既有径向载荷又有轴向载荷的轴承来说，如以径向载荷为主，则可选用深沟球轴承；若径向载荷和轴向载荷均较大时，可选用向心角接触轴承；而当径向载荷比轴向载荷大很多或要求轴向变形小时，可选用轴向接触轴承和径向接触轴承的组合形式，分别承受轴向和径向载荷较为合理。

(3) 当两轴孔的轴心偏差较大，或轴工作时变形过大时，宜选用调心轴承。但调心轴承需成对使用，否则将失去调心作用。

(4) 考虑拆装方便时，可选用轴承内、外圈可分离的轴承，如圆锥滚子轴承等。

(5) 考虑经济性时，球轴承比滚子轴承便宜；低精度轴承能满足要求时，则不选用高精度轴承。

15.7 滚动轴承寿命的计算

15.7.1 滚动轴承常见的失效形式及额定寿命

滚动轴承的正常失效形式是滚动体或内、外圈滚道的点蚀破坏。这是在安装、润滑、维护良好的条件下，由于大量重复地承受变化的接触应力而产生的。单个轴承，其中一个套圈或滚动体材料首次出现疲劳扩展之前，一套圈相对于另一套圈的转数称为轴承的寿命。轴承点蚀破坏后，通常在运转过程中出现比较强烈的振动、噪声和发热现象。

除点蚀以外，轴承还可能发生其他的失效形式。例如塑性变形（在过大的静载荷和冲击载荷作用下，滚动体或套圈滚道上出现不均匀的塑性变形凹坑，这种情况多发生在转速极低或摆动的轴承上），磨粒磨损、粘着磨损（滚动轴承在密封不可靠以及多尘的运转条件下工作时，易发生磨粒磨损。通常在滚动体与套圈之间，特别是滚动体与保持架之间有滑动摩擦，如果润滑不好，发热严重时可能使滚动体回火，甚至产生胶合磨损；转速越高，磨损越严重)。不正常的安装、拆卸及操作也会引起轴承元件破裂等损坏，这是应该避免的。

若对同一批轴承(结构、尺寸、材料、热处理以及加工等完全相同)在完全相同的工作条件下进行寿命实验，则滚动轴承的疲劳寿命点是相当离散的，所以只能用基本额定寿命(L_{10})①作为选择轴承的标准。

在作轴承的寿命计算时，必须先根据机器的类型、使用条件及可靠性的要求，确定一个恰当的预期计算寿命（即设计机器时所要求的轴承寿命，因为这个寿命是根据轴承的基本额定动载荷计算出来的，故称为预期计算寿命)。预期计算寿命可以查有关手册。

15.7.2　滚动轴承的基本额定动载荷

轴承的寿命与其所受载荷的大小有关，滚子载荷越大，引起的接触应力也就越大，轴承的寿命就越短。所谓轴承的基本额定动载荷，就是使轴承的基本额定寿命恰好为 10^6 转时，轴承所能承受的载荷值，用 C 表示。基本额定动载荷，对向心轴承，指的是纯径向载荷，并称为径向基本额定动载荷，用 C_r 表示；对推力轴承，指的是纯轴向载荷，并称为轴向基本额定动载荷，用 C_a 表示；对角接触球轴承或圆锥滚子轴承，指的是使套圈间只产生纯径向位移的载荷的径向分量。

不同型号的轴承有不同的基本额定动载荷值，它表征了不同型号轴承承载能力的大小。本书附录 A 列出了几种常用滚动轴承的基本额定动载荷值。

15.7.3　滚动轴承寿命计算

对于具有径向基本额定动载荷 C_r 的向心轴承，当它所受的载荷 P_r 恰好为 C_r 时，其基本额定寿命就是 10^6 转。但是当所受的载荷 $P_r \neq C_r$ 时，轴承的寿命为多少？这是轴承寿命计算所要解决的一类问题。轴承寿命计算所要解决的另一类问题是：轴承所受的载荷等于 P_r，而且要求轴承具有的寿命为 L（以 10^6 转为单位）时，那么，须选用具有多大的径向基本额定动载荷的轴承呢？

图 15-14 所示为在大量试验研究的基础上得出的代号为 6208 的轴承的载荷-寿命曲线。该曲线表示轴承的载荷 P_r 与基本额定寿命 L_{10} 之间的关系。曲线上相应于寿命 $L_{10}=1$ 的载荷（25.6 kN），即为 6208 轴承的径向基本额定动载荷 C_r。其他型号的轴承，也有与上述曲线的函数规律完全一样的载荷-寿命曲线。此曲线可以用下列公式表示：

---

① 指一批相同的轴承，在相同条件下运转，其中 90％轴承在发生疲劳点蚀以前能运转的总转数(以 10^6 转为单位)或在一定转速下所能运转的总工作小时数。

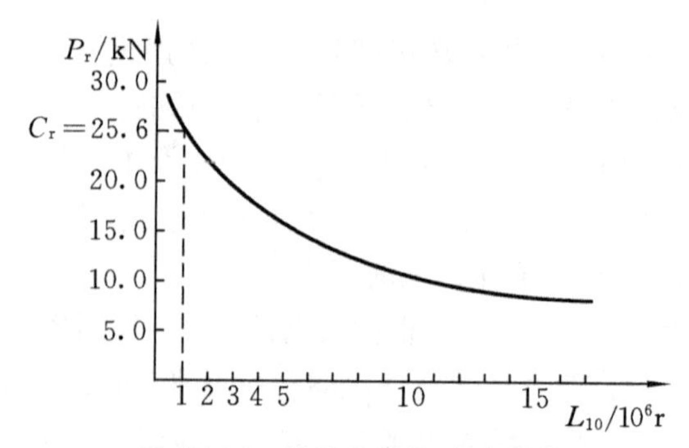

图 15-14 轴承的载荷-寿命曲线

$$L_{10}=\left(\frac{C_r}{P_r}\right)^{\varepsilon} \tag{15-6}$$

式中：ε——指数，对于球轴承，$\varepsilon=3$；对于滚子轴承，$\varepsilon=10/3$。

实际计算时用小时度量轴承寿命比较方便，则

$$L_h=\frac{10^6}{60n}\left(\frac{C_r}{P_r}\right)^{\varepsilon}=\frac{16\ 670}{n}\left(\frac{C_r}{P_r}\right)^{\varepsilon} \tag{15-7}$$

式中：L_h——用时间表示的轴承的寿命(h)；

n——轴承的转速（r/min）。

如果载荷 P_r 和轴承转速 n 已知，预期计算寿命 L_h' 又已经确定，则

$$C_r=P_r\sqrt[\varepsilon]{\frac{60nL_h'}{10^6}} \tag{15-8}$$

温度的变化通常会对轴承元件材料产生影响，轴承硬度将会降低，承载能力会下降。所以需引入温度系数 f_t(见表 15-8)，对寿命计算公式进行修正：

$$C_{rt}=f_tC_r \tag{15-9}$$

式中：C_{rt}——考虑了温度的影响的轴承的径向基本额定动载荷(N)；

C_r——轴承样本所列的同一型号轴承的径向基本额定动载荷(N)。

表 15-8 温度系数 f_t

轴承工作温度/℃	≤120	125	150	175	200	225	250	300	350
温度系数 f_t	1.00	0.95	0.90	0.85	0.80	0.75	0.70	0.6	0.5

所以有

$$\left.\begin{aligned} L_{10} &= \left(\frac{f_t C_r}{P_r}\right)^{\varepsilon} \\ L_h &= \frac{16\ 670}{n}\left(\frac{f_t C_r}{P_r}\right)^{\varepsilon} \\ C_r &= \frac{P_r}{f_t}\sqrt[\varepsilon]{\frac{60nL_h'}{10^6}} \end{aligned}\right\} \tag{15-10}$$

以上讨论的是具有径向基本额定动载荷 C_r 的向心轴承受到径向当量动载荷 P_r 的情况。如为具有轴向基本额定动载荷 C_a 的推力轴承受到轴向当量动载荷 P_a 时，式(15-6)～式(15-10)中的 P_r、C_r 只要分别用 P_a、C_a 代入即可。

15.7.4 滚动轴承的当量动载荷

滚动轴承的基本额定动载荷 C，对于向心轴承，是指内圈旋转、外圈静止时的径向载荷；对于向心推力轴承，是指使滚道半圈受载的载荷的径向分量；对于推力轴承，是指中心轴向载荷。因此，必须将工作中的实际载荷换算为与基本额定动载荷条件相同的当量动载荷后才能进行计算。换算后的当量动载荷是一个假想的载荷，用符号 P 表示。在当量动载荷作用下的轴承寿命与工作中的实际载荷作用下的寿命相等。

在不变的径向载荷 F_r 和轴向载荷 F_a 作用下，当量动载荷的计算公式为

$$P_r = XF_r + YF_a \tag{15-11}$$

或

$$P_a = XF_r + YF_a \tag{15-12}$$

式中：F_r——轴承所受的径向载荷(N)，即轴承实际载荷的径向分量；

F_a——轴承所受的轴向载荷(N)，即轴承实际载荷的轴向分量；

X—— 径向载荷系数，将实际径向载荷 F_r 转化为当量动载荷的修正系数，见表 15-9；

Y——轴向载荷系数，将实际轴向载荷 F_a 转化为当量动载荷的修正系数，见表 15-9。

这种轴承可由生产厂选配组合成套提供，其基本额定动载荷及 X、Y 系数可查轴承手册。

轴承上的载荷(F_r 和 F_a)，由于受机器的惯性、零件的误差以及其他因素的影响，与实际值往往有差别，这种差别很难准确地求出。所以须对当量载荷乘上一个经验系数 f_P，其值见表 15-10。

表 15-9　当量动载荷的 X、Y 系数

<table>
<tr><th colspan="2">轴承类型</th><th colspan="2">相对轴向载荷</th><th colspan="2">$\frac{F_a}{F_r} \leqslant e$</th><th colspan="2">$\frac{F_a}{F_r} > e$</th><th rowspan="2">判断系数 e</th></tr>
<tr><th>名称</th><th>代号</th><th>$\frac{iF_a}{C_{0r}}$</th><th>$\frac{F_a}{C_{0r}}$</th><th>X</th><th>Y</th><th>X</th><th>Y</th></tr>
<tr><td>圆锥滚子轴承</td><td>30000</td><td>—</td><td>—</td><td>1</td><td>0</td><td>0.4</td><td>$0.4\cot\alpha$</td><td>$1.5\tan\alpha$</td></tr>
<tr><td rowspan="9">深沟球轴承</td><td rowspan="9">60000</td><td>0.172</td><td rowspan="9">—</td><td rowspan="9">1</td><td rowspan="9">0</td><td rowspan="9">0.56</td><td>2.30</td><td>0.19</td></tr>
<tr><td>0.345</td><td>1.99</td><td>0.22</td></tr>
<tr><td>0.689</td><td>1.71</td><td>0.26</td></tr>
<tr><td>1.030</td><td>1.55</td><td>0.28</td></tr>
<tr><td>1.380</td><td>1.45</td><td>0.30</td></tr>
<tr><td>2.070</td><td>1.31</td><td>0.34</td></tr>
<tr><td>3.450</td><td>1.15</td><td>0.38</td></tr>
<tr><td>5.170</td><td>1.04</td><td>0.42</td></tr>
<tr><td>6.890</td><td>1.00</td><td>0.44</td></tr>
<tr><td rowspan="9">角接触球轴承</td><td rowspan="9">70000C
$\alpha=15°$</td><td rowspan="9">—</td><td>0.015</td><td rowspan="9">1</td><td rowspan="9">0</td><td rowspan="9">0.44</td><td>1.47</td><td>0.38</td></tr>
<tr><td>0.029</td><td>1.40</td><td>0.40</td></tr>
<tr><td>0.058</td><td>1.30</td><td>0.43</td></tr>
<tr><td>0.087</td><td>1.23</td><td>0.46</td></tr>
<tr><td>0.120</td><td>1.19</td><td>0.47</td></tr>
<tr><td>0.170</td><td>1.12</td><td>0.50</td></tr>
<tr><td>0.290</td><td>1.02</td><td>0.55</td></tr>
<tr><td>0.440</td><td>1.00</td><td>0.56</td></tr>
<tr><td>0.580</td><td>1.00</td><td>0.56</td></tr>
<tr><td rowspan="2">角接触球轴承</td><td>70000AC
$\alpha=25°$</td><td>—</td><td>—</td><td>1</td><td>0</td><td>0.41</td><td>0.87</td><td>0.68</td></tr>
<tr><td>70000B
$\alpha=40°$</td><td>—</td><td>—</td><td>1</td><td>0</td><td>0.35</td><td>0.57</td><td>1.14</td></tr>
</table>

注：① i 是滚动体的列数。

② C_{0r}是轴承基本额定静载荷，α 是接触角。

③ 表中括号内的系数 Y、Y_1、Y_2 和 e 的详值应查轴承手册，对不同型号的轴承，有不同的值。

④ 深沟球轴承的 X、Y 值仅适用于 0 组游隙的轴承，对应其他轴承组的 X、Y 值可查轴承手册。

⑤ 对于深沟球轴承，先根据算得的相对轴向载荷的值查出对应的 e 值，然后再得出相应的 X、Y 值。对于表中列出的 F_a/C_0 值，可按线性插值法求出相应的 e、X、Y 值。

⑥ 两套相同的角接触球轴承可在同一支点上“背对背”、“面对面”或“串联”安装作为一个整体使用。

表 15-10　载荷系数 f_P

载荷性质	f_P	举　例
无冲击或轻微冲击	1.0～1.2	电机、汽轮机、通风机、水泵等
中等冲击或中等惯性力	1.2～1.8	车辆、动力机械、起重机、造纸机、冶金机械、选矿机、卷扬机、机床等
强大冲击	1.8～3.0	破碎机、轧钢机、钻探机、振动筛等

当 $\dfrac{F_a}{F_r} > e$ 时，表示轴向载荷的影响较大，计算当量动载荷时必须考虑 F_a 的作用，此时

$$P_r = f_P\left(XF_r + YF_a\right) \tag{15-13}$$

或

$$P_a = f_P\left(XF_r + YF_a\right) \tag{15-14}$$

当 $\dfrac{F_a}{F_r} \leqslant e$ 时，表示轴向载荷的影响较小，计算当量动载荷时 F_a 可忽略，此时

$$P_r = f_P F_r \tag{15-15}$$

15.7.5　角接触球轴承和圆锥滚子轴承的径向载荷与轴向载荷的计算

角接触球轴承和圆锥滚子轴承承受径向载荷时，会产生派生的轴向力 S。为了保证这类轴承正常工作，通常是成对使用的。如图 15-15 所示的两种不同的安装方式，其中：图(a)为正装(或称为“面对面”安装，这种安装方式可以使支点中心靠近)；图(b)为反装(或称“背靠背”安装，支点中心距离加长)。

不同安装方式时所产生的派生轴向力的方向不同，但其方向总是由轴承宽度中点指向载荷中心的。

角接触球轴承及圆锥滚子轴承的派生轴向力的大小按表 15-11 计算，但计算支反力时，若两轴承支点间的距离不是很小，为简便起见，可以轴承宽度中点作为支反力的作用点，这样处理，误差不大。

在计算轴承的当量动载荷 P_r 时，径向载荷 F_r 即为由外界作用在轴上的径向力 F_R 在各轴承上产生的径向载荷；但其中的轴向载荷 F_a 并不完全由外界的轴向作用力 F_A 产生，而是应该根据整个轴上的轴向载荷（包括因径向载荷 F_r 产生的派生轴向力 S）之间的平衡条件得出。根据平衡条件，容易由径向外力 F_R 计算出两个轴承上的径向载荷 F_{r1}、F_{r2}，由径向载荷派生的轴向力 S_1、S_2 的大小可按表 15-11 中的公式计算。

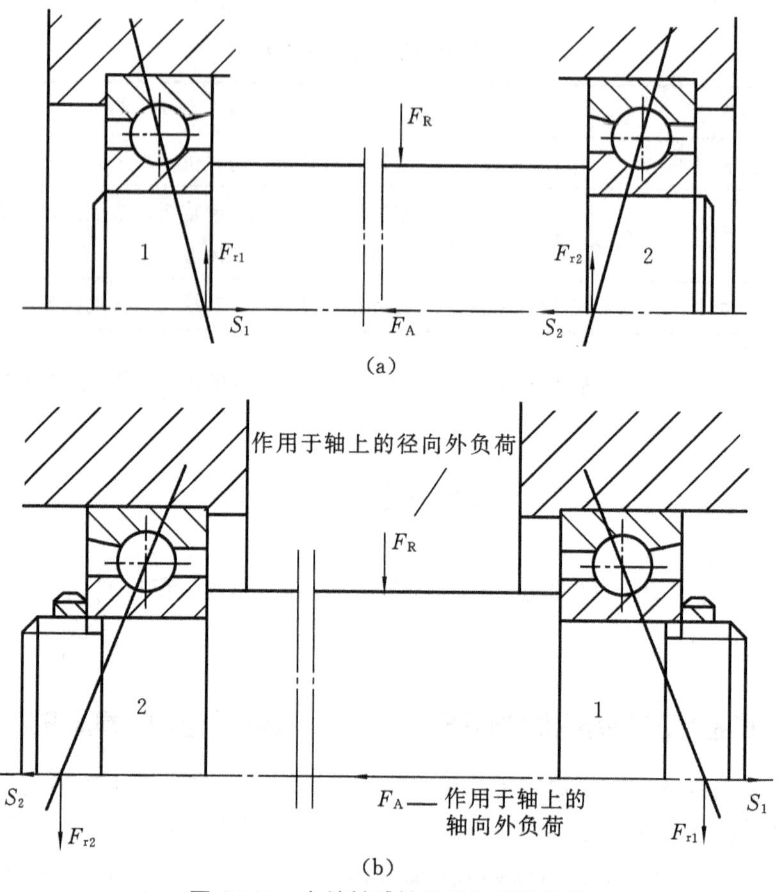

图 15-15 角接触球轴承轴向载荷分析

表 15-11 角接触轴承派生轴向力 S

圆锥滚子轴承	角接触球轴承		
$S=F_r/(2Y)$[①]	70 000C(α=15°)	70 000AC(α=25°)	70 000B(α=40°)
	$S=0.5F_r$	$S=0.7F_r$	$S=1.1F_r$

注：① Y 是对应于表 15-9 中 $F_a/F_r>e$ 时的 Y 值。

如图 15-16 所示，把派生轴向力的方向与外加轴向载荷 F_A 的方向一致的轴承标为 2，另一端轴承标为 1。取轴和与其相配合的轴承内圈为分离体，如达到轴向平衡时，应满足：

$$F_A+S_2=S_1 \tag{15-16}$$

(1) 当 $F_A+S_2>S_1$ 时，轴有向左窜动的趋势，相当于轴承 1 被“压紧”、轴承 2 被“放松”。但实际上轴必须处于配合状态，所以被压紧的轴承 1 所受的总轴向力为

$$F_{a1}=F_A+S_2 \tag{15-17}$$

而被放松的轴承 2 只受其本身派生的轴向力 S_2，所以

$$F_{a2}=S_2 \tag{15-18}$$

(2) 当 $F_A+S_2<S_1$ 时，被“放松”的轴承 1 只受其本身派生的轴向力 S_1，所以

$$F_{a1}=S_1 \tag{15-19}$$

而被压紧的轴承 2 所受的总轴向力为

$$F_{a2}=S_1-F_A \tag{15-20}$$

综上所述，计算角接触球轴承和圆锥滚子轴承所受轴向力的方法可以归结为：先通过派生轴向力及外加轴向载荷的计算与分析，判断被“放松”或被“压紧”的轴承，然后确定被“放松”轴承的轴向力仅为其本身派生的轴向力，被“压紧”的轴承则为除去本身派生的轴向力后其余各轴向力的代数和。

例 15-2 如图 15-16 所示，轴上正装一对圆锥滚子轴承，型号为 30305，已知两轴承的径向载荷分别为 F_{r1}=2 500 N，F_{r2}=5 000 N，外加轴向力 F_A=2 000 N，该轴承在常温下工作，预期工作寿命为 L_h'=2 000 h，载荷系数 f_P=1.5，转速 n=1 000 r/min。试校核该对轴承是否满足寿命要求。

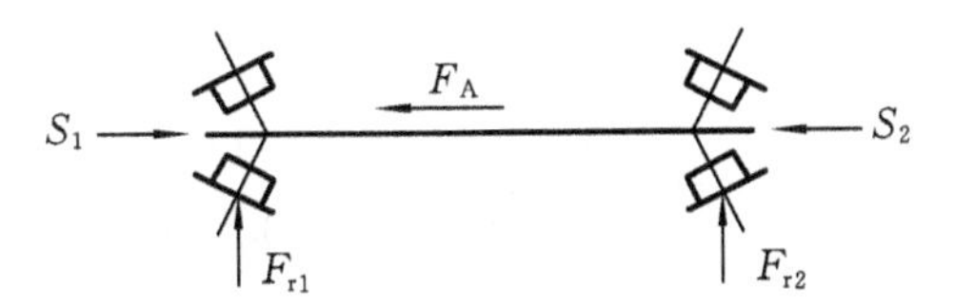

图 15-16 轴承部件受载示意图

解 查轴承手册得 30305 型轴承的基本额定动载荷 C_r=44 800 N，e=0.30，Y=2。

(1) 计算两轴承的派生轴向力 S。

由表 15-11 查得，圆锥滚子轴承的派生轴向力为 $S=F_r/(2Y)$，则

$$S_1=\frac{F_{r1}}{2Y}=\frac{2\,500}{4}=625\ \text{N}\quad(\text{方向向右})$$

$$S_2=\frac{F_{r2}}{2Y}=\frac{5\,000}{4}=1\,250\ \text{N}\quad(\text{方向向左})$$

(2) 计算两轴承的轴向载荷 F_{a1}、F_{a2}。

$$S_2+F_A=(1\,250+2\,000)\ \text{N}=3\,250\ \text{N}$$

因为 $S_2+F_A>S_1$，所以轴承 I 被“压紧”，轴承 II 被“放松”，故

$$F_{a1}=S_2+F_A=3\,250\ \text{N},\qquad F_{a2}=S_2=1\,250\ \text{N}$$

(3) 计算两轴承的当量动载荷 P_r。

轴承 I 的当量动载荷 P_{r1}：

$$\frac{F_{a1}}{F_{r1}}=\frac{3\,250}{2\,500}=1.3>e=0.30$$

查表 15-9 得，$X_1=0.4$，$Y_1=2$，所以

$$P_{r1}=f_P\left(X_1F_{r1}+Y_1F_{a1}\right)=1.5\times(0.4\times2\,500+2\times3\,250)\text{N}=11\,250\text{ N}$$

轴承 II 的当量动载荷 P_{r2}：

$$\frac{F_{a2}}{F_{r2}}=\frac{1\,250}{5\,000}=0.25<e=0.30$$

查表 15-9 得，$X_2=1$，$Y_2=0$，所以

$$P_{r2}=f_PF_{r2}=1.5\times5\,000\text{ N}=7\,500\text{ N}$$

(4) 验算两轴承的寿命。

由于轴承是在正常温度下工作，$t<120$ ℃，查表 15-8 得 $f_t=1$；滚子轴承的 $\varepsilon=10/3$，则轴承 I 的寿命

$$L_{h1}=\frac{10^6}{60n}\left(\frac{f_tC_r}{P_{r1}}\right)^{\varepsilon}=\frac{10^6}{60\times1\,000}\times\left(\frac{1\times44\,800}{11250}\right)^{\frac{10}{3}}\text{ h}=1668\text{ h}$$

轴承 II 的寿命

$$L_{h2}=\frac{10^6}{60n}\left(\frac{f_tC_r}{P_{r2}}\right)^{\varepsilon}=\frac{10^6}{60\times1\,000}\times\left(\frac{1\times44\,800}{7\,500}\right)^{\frac{10}{3}}\text{ h}=6\,445\text{ h}$$

由此可见，轴承 I 不满足寿命要求，而轴承 II 满足设计要求。

15.8 滚动轴承的组合设计

要保证滚动轴承顺利工作，除了要正确选择轴承类型和尺寸外，还应正确设计滚动轴承装置。滚动轴承的组合设计主要包括正确解决轴承的安装、配合、紧固、调节、润滑密封等问题。

15.8.1 轴承座应具有足够的刚度和同心度

轴和安装轴承的外壳或轴承座，以及轴承装置中的其他受力零件，必须具有足够的刚度。因为这些零件的变形都要阻碍滚动体的滚动而使轴承提前损坏。外壳及轴承座孔壁均应有足够的厚度，壁板上的轴承座的悬臂应尽量缩短，并用加强筋来增强支承部位的刚度 (见图 15-17)。对于一根轴上两个支承座孔，应尽可能保持同心，以免轴承内、外圈间产生过大的偏斜。最好的办法是采用整体结构的外壳，并把安装轴承的两个孔一次镗出。如在一根轴上装有不同尺寸的轴承时，外壳上的轴

承孔仍应一次镗出，这时可以利用衬筒来安装尺寸较小的轴承(见图 15-18)。

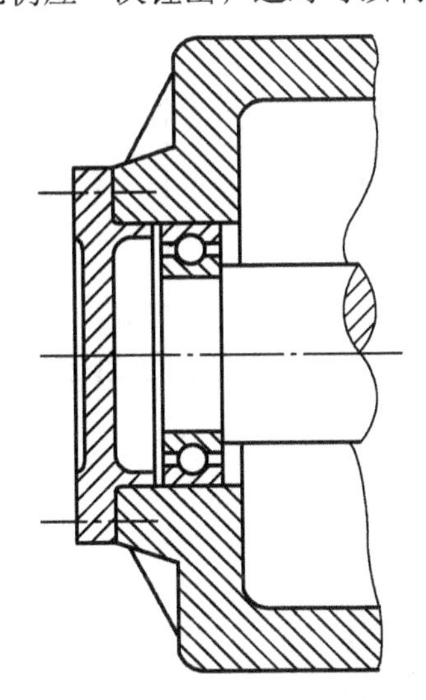

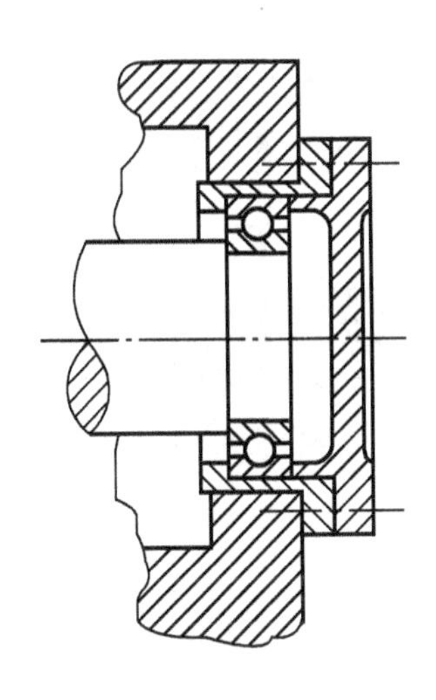

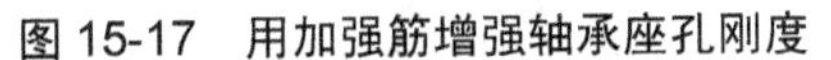

图 15-17　用加强筋增强轴承座孔刚度

图 15-18　使用钢衬筒的轴承座孔

15.8.2　便于调整轴承间隙及轴上零件位置

为保证轴承正常运转，通常在轴承内部留有适当的轴向和径向游隙。游隙的大小对轴承的回转精度、受载、寿命、效率、噪声等都有很大影响。游隙过大，则轴承的旋转精度降低、噪声增大；游隙过小，则由于轴的热膨胀使轴承受载加大、寿命缩短、效率降低。因此，轴承组合装配时应根据实际的工作状况适当地调整游隙，并从结构上保证能方便地进行调整。调整游隙的常用方法有以下三种。

(1) 垫片调整。图 15-19(a)所示的角接触轴承组合，通过增加或减少轴承盖与轴承座间的垫片组的厚度来调整游隙。图 15-19(b)所示的深沟球轴承组合的热补偿间隙也是靠垫片调整。图 15-19(c)所示的小锥齿轮轴组合部件，为便于齿轮轴向位置的调整，采用了套杯结构，图中轴承正装，有两组调整垫片，套杯与轴承座之间的垫片 1 用来调整锥齿轮的轴向位置，而轴承盖与套杯之间的垫片 2 是用来调整轴承的游隙。

(2) 螺钉调整。图 15-20 中用螺钉 1 和碟形零件 3 调整轴承游隙，螺母 2 起锁紧作用。这种方法调整方便，但不能承受大的轴向力。

(3) 圆螺母调整。图 15-21 所示为两圆锥滚子轴承反装结构，轴承游隙靠圆螺母调整。这种调整操作不太方便，且螺纹会削弱轴的强度。

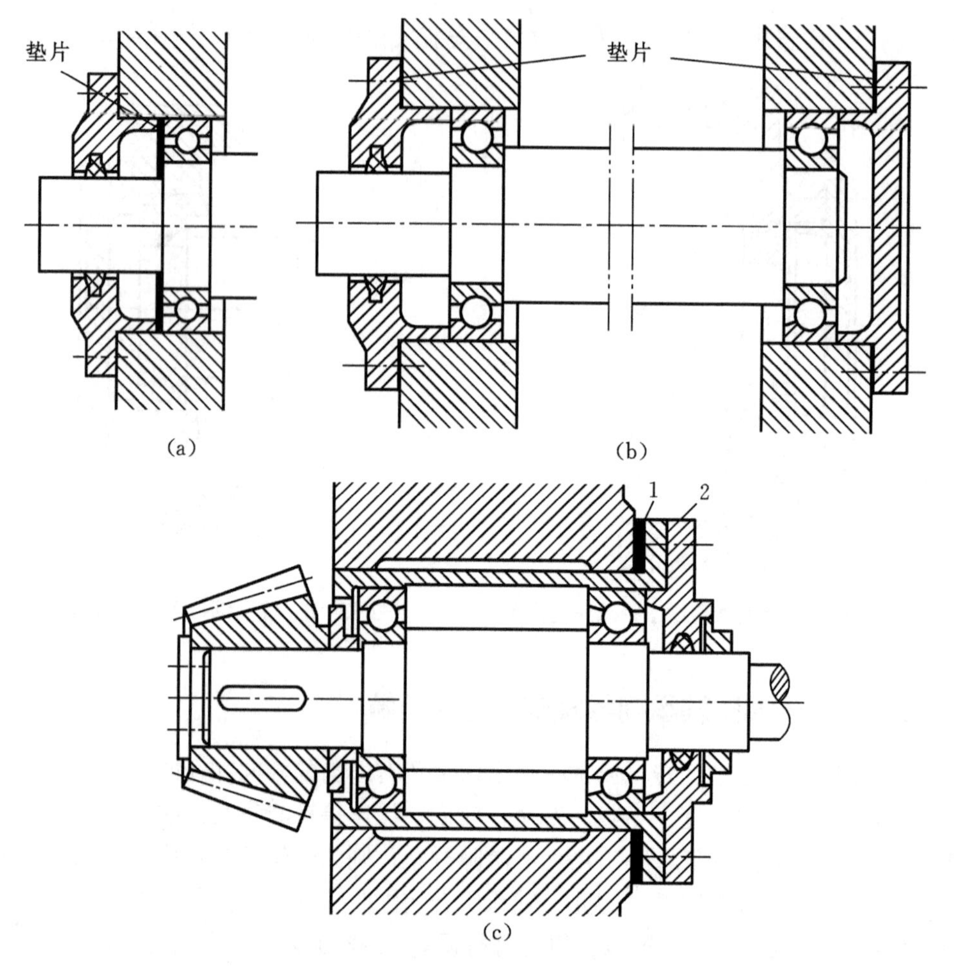

图 15-19 垫片调整轴承的轴向间隙

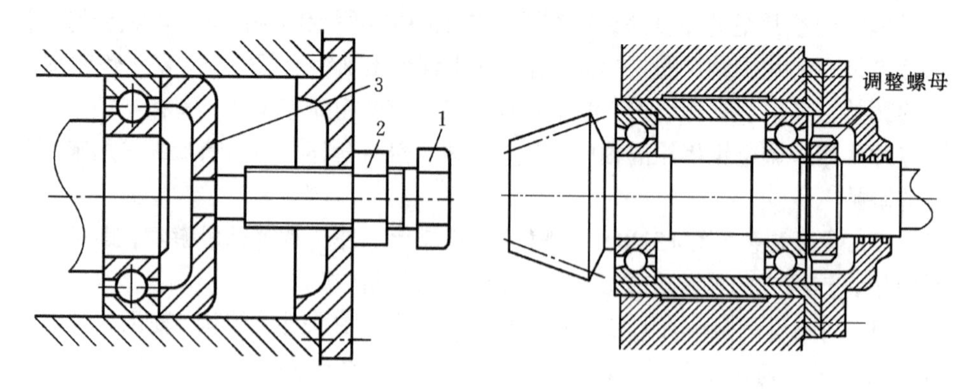

图 15-20 用调整螺钉来调整轴承的轴向间隙 图 15-21 用调整螺母来调整轴承的轴向间隙

15.8.3 滚动轴承的轴向紧固

由轴承支承结构可知，对轴系固定就是对滚动轴承进行轴向固定，其方法都是通过内圈与轴的紧固、外圈与座孔的紧固来实现的。

1. 滚动轴承内圈的固定方法

轴承内圈的紧固应根据轴向力的大小选用轴用弹性挡圈、轴端挡圈、圆螺母(见图 15-22(a)、(b)、(c))等进行紧固，图 15-22(d)为紧定衬套与圆螺母结构，用于光轴上轴向力和转速都不大的调心轴承的紧固。一般来说，当轴系采用两端固定支承形式时，轴承内圈不需采取上述的紧固措施。支承部件的主要功能是对轴系

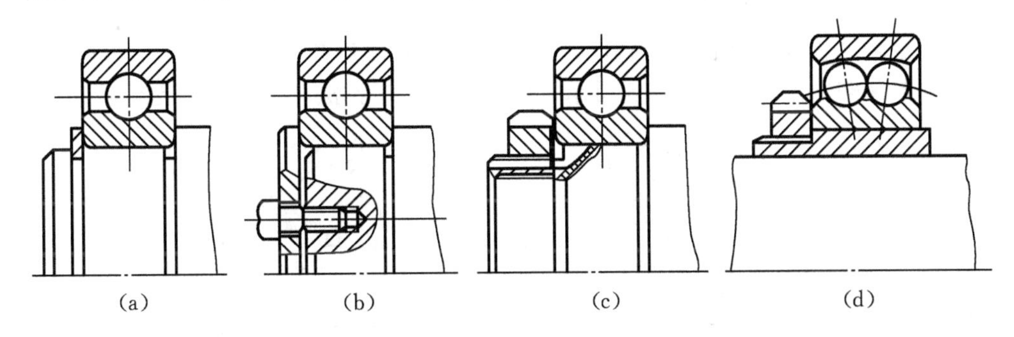

图 15-22　轴承内圈常用的轴向紧固方法

回转零件起支承作用，并承受径向和轴向作用力，保证轴系部件在工作中能正常地传递轴向力，以防止轴系发生轴向窜动而改变工作位置。为满足功能要求，必须对滚动轴承支承部件进行轴向固定。

2. 滚动轴承外圈的固定方法

轴承外圈的紧固常采用孔用弹性挡圈、座孔凸肩、止动环、轴承盖(见图 15-23)等结构措施。

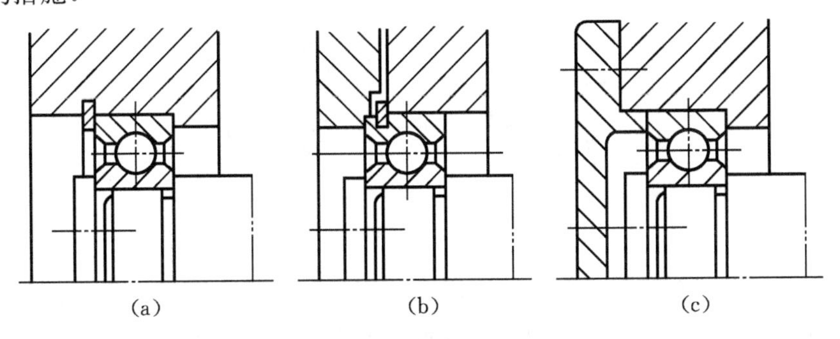

图 15-23　轴承外圈常用的轴向紧固方法

轴承内圈和轴肩之间的配合要保证端面可靠地贴紧，轴肩处的圆角半径必须小于轴承内圈的圆角半径（$r_1 < r_2$）。同时，轴肩的高度 h 应低于轴承内圈的厚度，

否则，轴承不好拆卸。图 15-24(a)所示为正确的，图 15-24(b)所示为错误的。

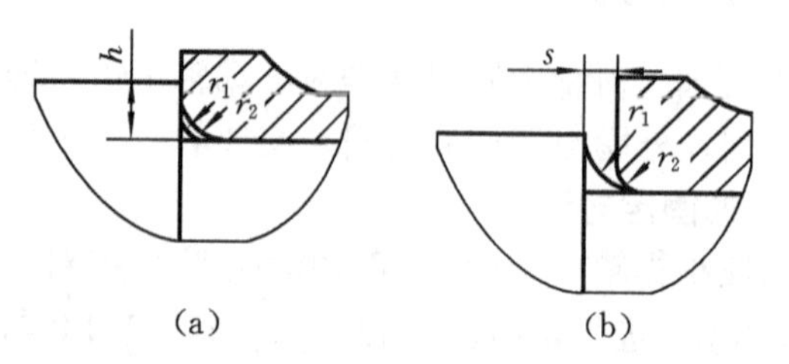

图 15-24 轴肩圆角与轴承圆角之间的关系

轴承内、外圈的紧固，应保证轴在机器中的正确轴向位置。对单列向心球轴承、角接触球轴承或圆锥滚子轴承，可以用轴肩和端盖挡肩单向固定。这种方法叫双支点单向固定，如图 15-25 所示，但是这种固定方法不能补偿轴受热后的伸

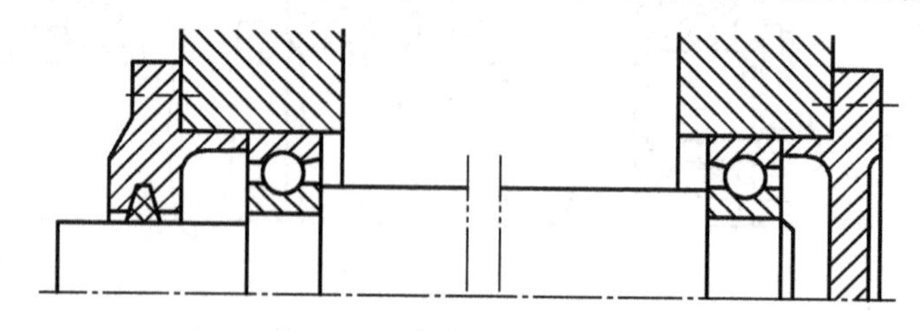

图 15-25 轴承的轴向固定方案(一)

长。对于温度变化较大的轴，为了使轴能自由地热膨胀，可将一个支承设计成能够轴向游动，这时应注意不要发生多余或不足的轴向紧固。作为固定支承的向心轴承，其内、外圈都应固定。作为可游动的另一端轴承，如果使用的是内、外圈不可分离型轴承时，只需固定内圈；如果使用的是内、外圈可分离型轴承时，则内、外圈都要固定，如图 15-26（单支点双向固定）和图 15-27 所示。

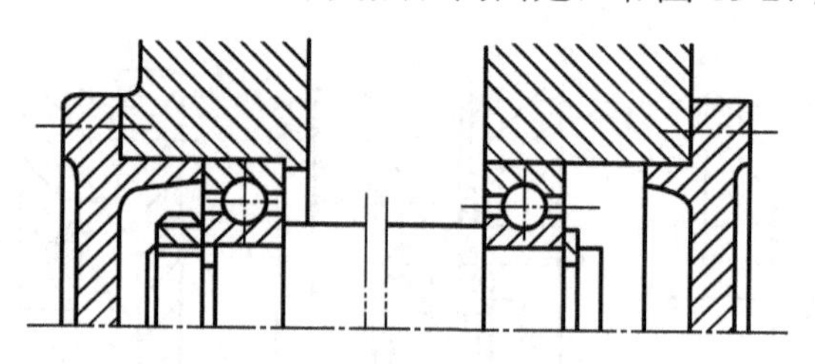

图 15-26 轴的轴向固定方案(二)

由于角接触球轴承（或圆锥滚子轴承）不能做成游动的，一般对于跨距较大且温度变化也较大的轴，可把两个角接触球轴承（或圆锥滚子轴承）固定在轴的一端，另一端的轴承则装成游动的，如图 15-28 所示。

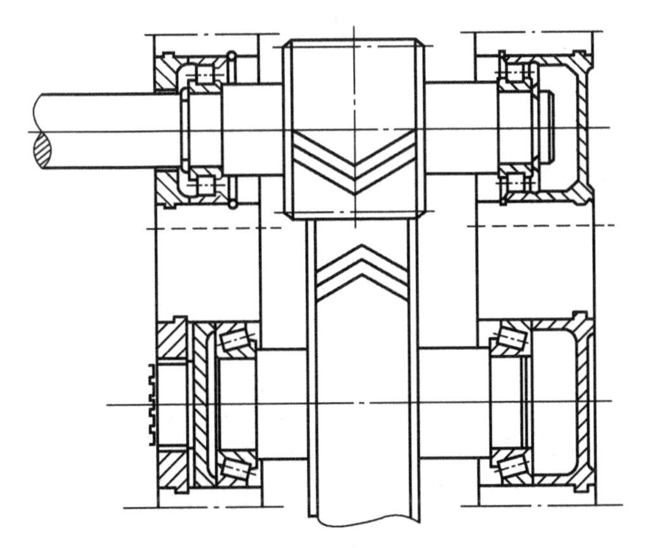

图 15-27　轴的轴向固定方案(三)

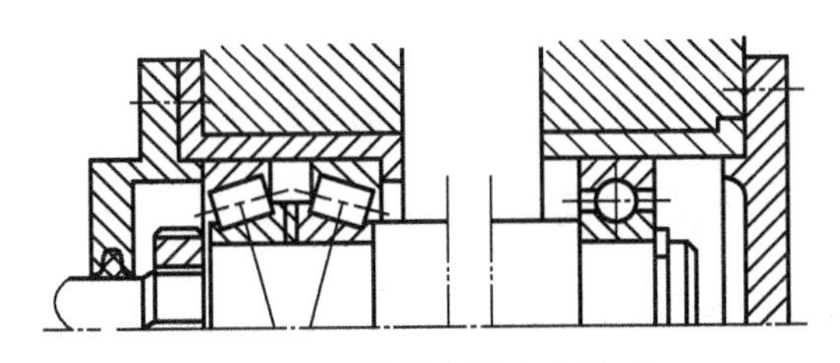

图 15-28　轴的轴向固定方案(四)

15.8.4　滚动轴承的预紧

轴承预紧的目的是为了提高轴承的精度和刚度，减小机器工作时的振动。在安装轴承时，预先对轴承施加一轴向载荷，使轴承内部的游隙消除，并使滚动体和内、外套圈之间产生一定的预变形，在工作载荷作用时，仍不会出现游隙，这种方法称为轴承的预紧。

常用的预紧方法如图 15-29 所示。图(a)所示的正装圆锥滚子轴承，通过夹紧外圈而预紧；图(b)所示的反装角接触球轴承，在两轴承外圈之间加一金属垫片（其厚度控制预紧量大小），通过圆螺母夹紧内圈使轴承预紧，也可将两轴承相邻的内圈端面磨窄，其效果与外圈加金属垫相同；图(c)所示的是在一对轴承中间装入长度不等的套筒，预紧量由套筒的长度差控制；图(d)所示的是用弹簧预紧，可得到稳定的预紧力。

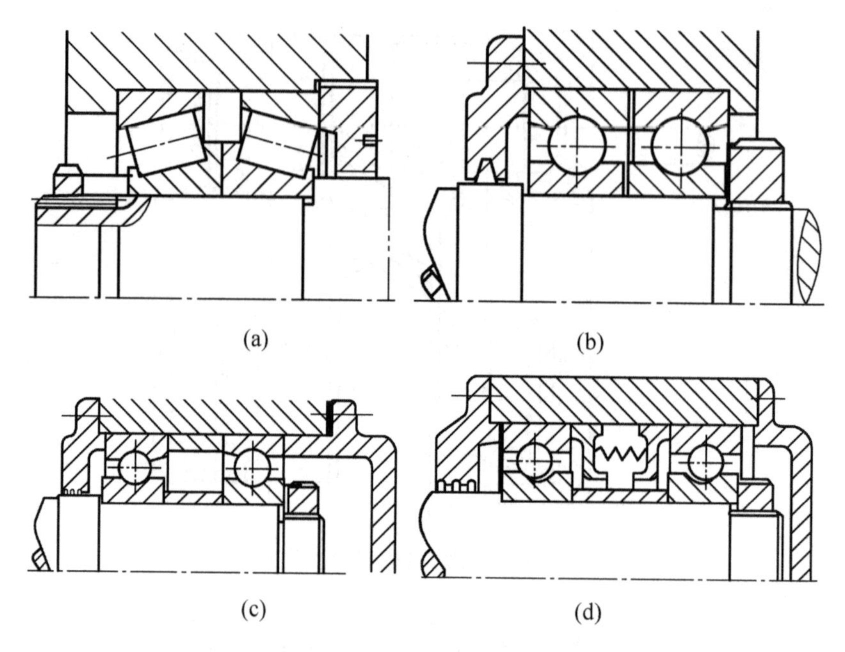

图 15-29　轴承的预紧结构

15.8.5　滚动轴承的配合与装拆

1. 滚动轴承与轴和座孔的配合

由于滚动轴承是标准件，因此它在公差与配合方面有如下特点：①轴承内孔与轴的配合采用基孔制，轴承外孔与座孔的配合采用基轴制；②标注配合时，只标注轴承内径或外径的公差符号。

选择轴承配合时应考虑的因素有如下几种。

(1) 载荷的大小、方向和性质。承载较大的和承受旋转载荷的，应选用较紧的配合；承受局部载荷的，应选用较松的配合（如外圈不动、内圈随轴转动的向心轴承；若载荷方向不变，则外圈承受局部载荷，选择较松的配合，内圈承受旋转载荷、应选用较紧的配合）。

(2) 经常装拆的，选间隙配合或过渡配合，以便装拆。

(3) 游动支承轴承的外圈选间隙配合。使外圈能沿轴向游动，但不能转动。

(4) 转速较高、振动强烈的，选过盈配合。由于内、外圈都是薄元件，一般不宜选过盈量太大的配合。轴常用 n6、m6、k6、js6 等公差带；座孔常用 J6、J7、H7、G7 等公差带。

2. 滚动轴承的装拆

设计轴承组合时，应避免因装拆不当而损坏轴承和其他相关零件。

内圈与轴配合较紧，装配时先加套筒，再通过压力机或手锤装配(见图 15-30)。

尺寸较大的轴承，可先在油中加热（80～90℃），使轴承内孔胀大后，再套在轴上。拆卸时，要使用专门的轴承拆卸工具（见图 15-31）旋转螺钉，通过拉钩将轴承拉出。

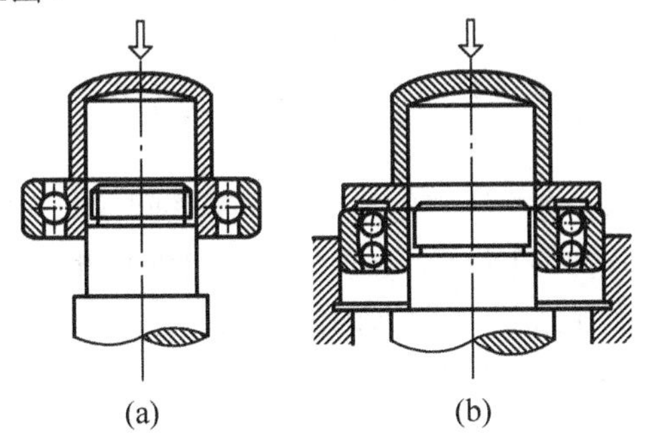

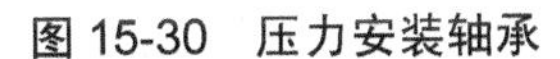

图 15-30　压力安装轴承

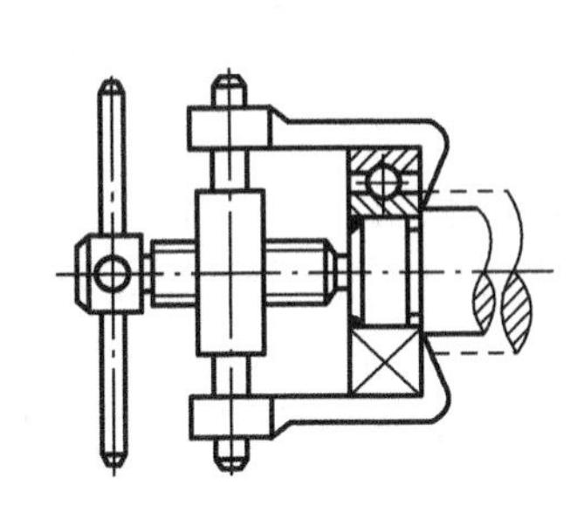

图 15-31　轴承内圈拆卸

15.8.6　滚动轴承的密封

轴承的密封装置是为了防止灰尘、水、酸气和其他杂物进入轴承，并防止润滑剂流失而设置的。密封装置可分为接触式密封和非接触式密封。

1. 接触式密封

在轴承盖内放置软材料与转动轴直接接触而起密封作用。常用的材料有细毛毡、橡胶、皮革、软木等。

(1) 毡圈密封，如图 15-32 所示，将矩形剖面的毡圈放在轴承盖上的梯形槽中，与轴直接接触，其结构简单，但磨损较大，主要用于 $v<4\sim5$ m/s 的脂润滑场合。

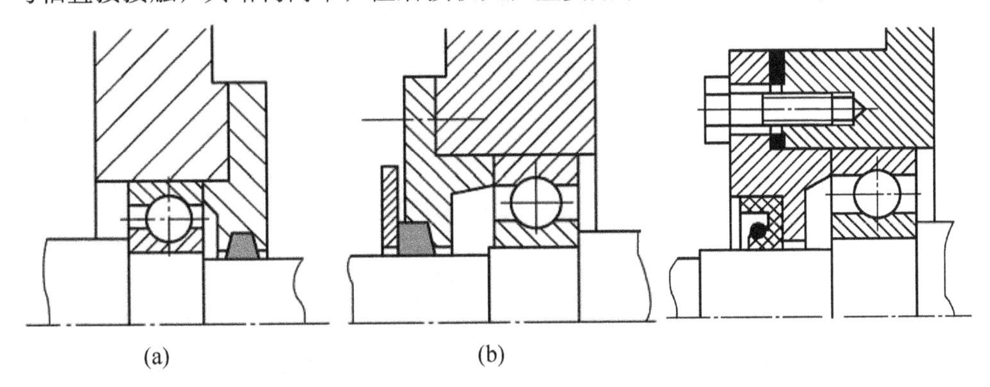

图 15-32　毡圈密封

图 15-33　皮碗密封

(2) 皮碗密封，如图 15-33 所示，皮碗放在轴承盖槽中并直接压在轴上，环形螺旋弹簧压在皮碗的唇部用来增强密封效果。唇朝内可防漏油，唇朝外可防尘，其安装简便，使用可靠，适用于 $v<10$ m/s 的场合。

2. 非接触式密封

使用接触式密封，要在接触处产生滑动摩擦。使用非接触式密封，则没有与轴直接接触，多用于速度较高的场合。非接触式密封常用以下几种形式。

(1) 油沟式密封，如图 15-34(a)所示，在轴与轴承盖的通孔壁间留 0.1～0.3 mm 的窄缝隙，并在轴承盖上车出沟槽，在槽内充满油脂，结构简单，用于 $v<5\sim6$ m/s 的场合。

(2) 迷宫式密封，如图 15-34(b)所示，将旋转和固定的密封零件间的间隙制成迷宫形式，间隙间填入润滑油脂以加强密封效果，适合于油润滑和脂润滑的场合。

(3) 组合式密封，如图 15-34(c)所示，在油沟密封区内的轴上装上一个甩油环，当油落在环上时可靠离心力的作用甩掉再导回油箱。在高速时，这种密封效果好。

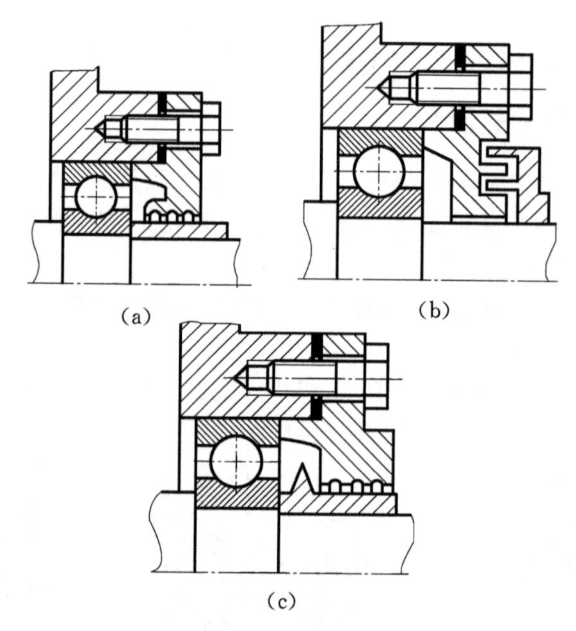

图 15-34 非接触式密封

思考题与习题

15-1 按摩擦副表面间的润滑状态，摩擦可分为哪几类？各有何特点？

15-2 磨损过程分几个阶段？各阶段的特点是什么？

15-3 按磨损机理的不同，磨损有哪几种类型？

15-4 有一滑动轴承，轴转速 $n=650$ r/min，轴颈直径 $d=120$ mm，轴承上受径向载荷 $F=5\,000$ N，轴瓦宽度 $B=150$ mm，试选择轴承材料，并按非液体润滑滑动轴承校核。

15-5　有一非液体摩擦向心滑动轴承，$l/d=1.5$，轴承材料的$[p]$=5 MPa，$[pv]$=10 MPa·m/s，$[v]$=3 m/s，轴颈直径 d=100 mm。试求轴转速分别为(1) n=250 r/min，(2) n=500 r/min，(3) n=1 000 r/min 时，轴承所承受的最大载荷。

15-6　下列各轴承代号的内径有多大？哪个轴承的公差等级最高？哪个轴承允许的极限转速最高？哪个轴承承受径向载荷的能力最高？哪个轴承不能承受径向载荷？

N307/P4；6207/P2；30207；5307/P6

15-7　转速一定时，轴承当量动载荷由 P 增加为 $2P$，轴承寿命是否降低为 $L_h/2$？

15-8　在某装配图中，轴承内圈与轴的配合标为$\phi 45\dfrac{\mathrm{H7}}{\mathrm{k6}}$，轴承外圈与轴承座的配合标为$\phi 100\dfrac{\mathrm{j7}}{\mathrm{h6}}$，有何错误？应如何改正？

15-9　根据工作条件，决定在轴的两端选用$\alpha=15°$ 的角接触球轴承，正装，轴颈直径 d=40 mm，工作中有中等冲击，转速 n=1 800 r/min。已知两轴承的径向载荷分别为 F_{r1}=3 390 N(左轴承)，F_{r2}=1 040 N(右轴承)，外部轴向载荷为 F_A= 870 N，作用方向指向轴承 I (即 F_A 指向左)，试确定轴承的工作寿命。

15-10　一农用水泵，决定选用深沟球轴承，轴颈直径 d=35 mm，转速 n=1 450 r/min，已知轴承承受的径向载荷 F_r=1 810 N，外部轴向载荷 F_A=740 N，预期寿命为 6 000 h，试选择轴承的型号。

15-11　一圆锥齿轮轴如题 15-11 图所示，已知轴的转速 n=960 r/min，圆锥齿轮平均分度圆直径 d=80 mm，L_1=100 mm，L_2=50 mm，作用于齿轮上的轴向力 F_A= 1 000 N，载荷力 F_r=480 N，圆周力 F_t=1 200 N，轴颈直径 d=40 mm，轴承预期寿命 L_h= 20 000 h，载荷有中等冲击，欲选用圆锥滚子轴承，试选择轴承型号。

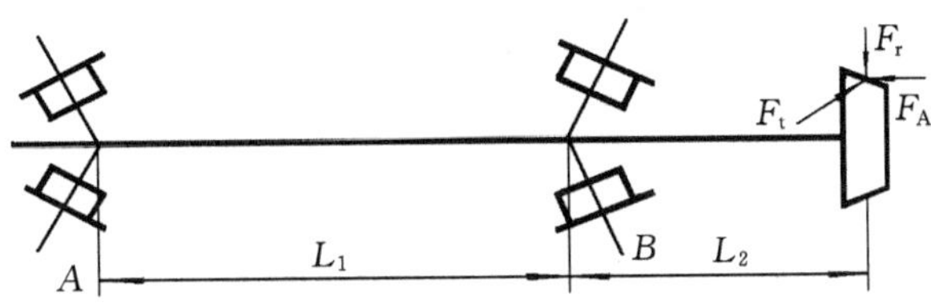

题 15-11 图

第 16 章　其他常用零部件

联轴器、离合器和弹簧是机械中常用的零部件，本章对联轴器、离合器和弹簧作简单的介绍。

16.1　联　轴　器

16.1.1　联轴器的功能与类型

联轴器用来把两轴连接在一起，机器运转时两轴不能分离，只有机器停车并将连接拆开后，两轴才能分离。

联轴器所连接的两轴，由于制造及安装误差、承载后的变形以及温度变化的影响等，会引起两轴相对位置的变化，往往不能保证严格对中，图 16-1(a)～(d)分别表示其轴向位移、径向位移、角位移和综合位移。

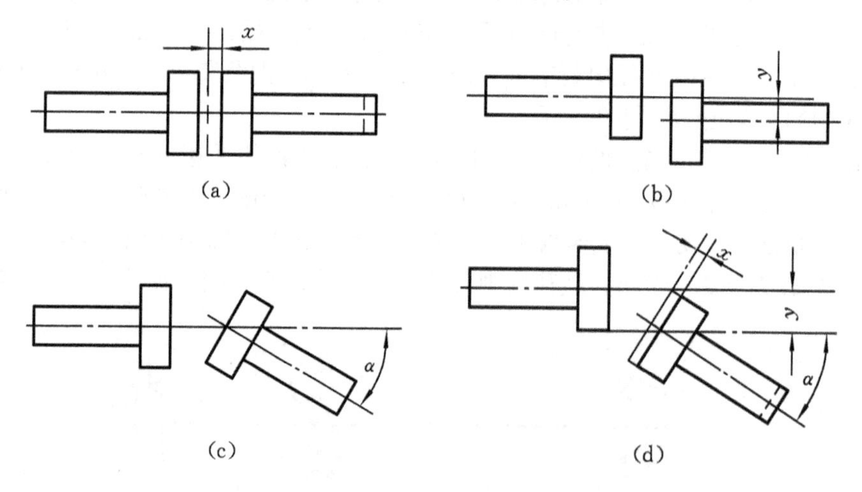

图 16-1　轴线的相对位移

联轴器的类型很多，根据内部是否含有弹性元件，对各种相对位移有无补偿能力，即能否在发生相对位移条件下保持连接功能以及联轴器的用途等，联轴器可分为刚性联轴器、挠性联轴器和安全联轴器。联轴器的主要类型及其作用，详见表 16-1。

表 16-1　联轴器类型

类　别	在传动系统中的作用	备　注
刚性联轴器	只能传递运动和转矩，不具备其他功能	包括凸缘联轴器、套筒联轴器、夹壳联轴器等
挠性联轴器	无弹性元件的挠性联轴器，不仅能传递运动和转矩，而且具有不同程度的轴向、径向、角向补偿性能	包括齿式联轴器、万向联轴器、链条联轴器、滑块联轴器等
	有弹性元件的挠性联轴器，不仅能传递运动和转矩，具有不同程度的轴向、径向、角向补偿性能，还具有不同程度的减振、缓冲作用，可改善传动系统的工作性能	包括各种非金属弹性元件挠性联轴器和金属弹性元件挠性联轴器，各种弹性联轴器的结构不同，差异较大，在传动系统中的作用亦不尽相同
安全联轴器	可传递运动和转矩，具有过载安全保护功能，挠性安全联轴器还具有不同程度的补偿性能	包括销钉式、摩擦式、磁粉式、离心式、液压式等安全联轴器

16.1.2　常用联轴器

1. 刚性联轴器

这类联轴器有套筒式、夹壳式和凸缘式等。这里只介绍较为常用的凸缘联轴器。

凸缘联轴器是把两个带有凸缘的半联轴器用键分别与两轴连接，然后用螺栓把两个半联轴器连成一体，以传递运动和转矩。凸缘联轴器有以下两种结构形式。

(1) 普通凸缘联轴器(见图 16-2(a))：用铰制孔螺栓来连接两个半联轴器，通过靠螺栓杆承受挤压与剪切来传递转矩。

(2) 对中凸缘联轴器(见图 16-2(b))：用普通螺栓来连接两个半联轴器，靠接合面的摩擦力来传递转矩。一个半联轴器的凸肩与另一个半联轴器上的凹槽相配合而对中。

为了运行安全，凸缘联轴器可做成带防护边的(见图 16-2(c))。

凸缘联轴器常用灰铸铁或碳钢制造，重载或圆周速度大于 30 m/s 时应用铸钢或锻钢。

由于凸缘联轴器属于固定式刚性联轴器，对所连两轴间的偏移缺乏补偿能力，故对两轴对中性要求很高。当两轴间有位移与偏斜存在时，就会在机件内引起附加载荷，使工作情况恶化，这是它的主要缺点。但是，由于其构造简单、成本低、

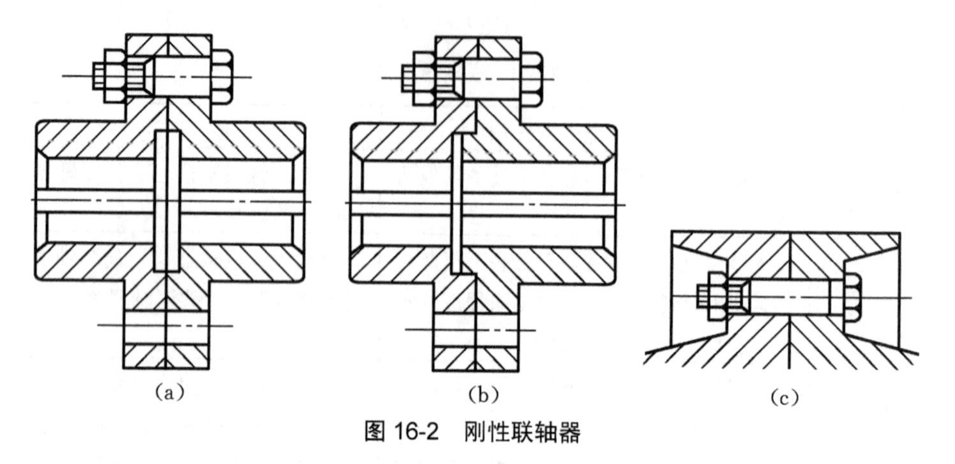

图 16-2 刚性联轴器

可传递较大的转矩，故当转速低、无冲击、轴的刚度高、对中性较好时也常用。

2. 挠性联轴器

(1) 无弹性元件的挠性联轴器可补偿两轴的相对位移，但不能缓冲减振。常用的有十字滑块联轴器、齿轮联轴器和万向联轴器。其中万向联轴器包括单万向联轴器和双万向联轴器。

十字滑块联轴器由两个半联轴器 1、3 和一个中间圆盘 2 组成。中间圆盘两端的凸牙相互垂直，并分别与两半联轴器的凹槽相嵌合，凸牙的中线通过圆盘中心(见图 16-3)。

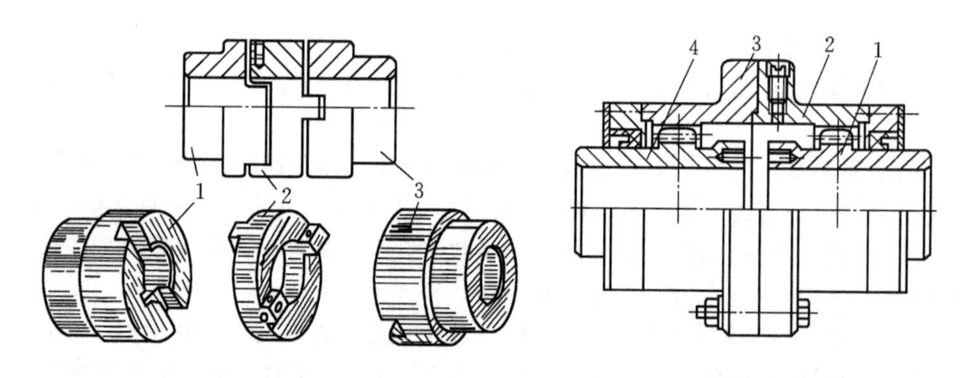

图 16-3 十字滑块联轴器

图 16-4 齿轮联轴器

齿轮联轴器由两个具有外齿的半联轴器 1、4 和两个具有内齿的外壳 2、3 组成，外壳与半联轴器通过内、外齿的相互啮合而相连，如图 16-4 所示。轮齿间留有较大的齿侧间隙，外齿轮的齿顶做成球面，球面中心位于轴线上，转矩靠啮合的齿轮传递。齿轮联轴器能补偿两轴的综合位移，能传递较大的转矩，但结构较复杂，制造较困难，在重型机器和起重设备中应用较广，不适用于立轴。

单万向联轴器由两个分别固定在主、从动轴上的叉形接头 1、2 和一个十字形零件(称十字头)3 组成。叉形接头和十字头是铰接的，因此允许被连接两轴的轴线夹角α 很大(见图 16-5)。若两轴线不重合，即使主动轴等速转动，而从动轴仍将为周期性的变速转动。

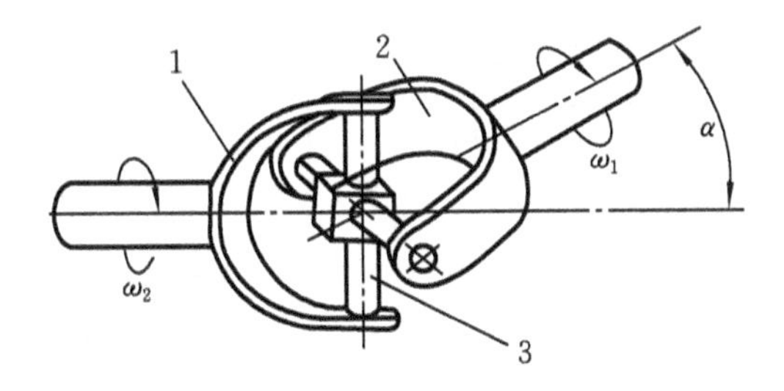

图 16-5　单万向联轴器结构简图

双万向联轴器可避免这一缺点(见图16-6)，但必须使主动轴与中间轴的夹角和从动轴与中间轴的夹角相等，且中间轴两端的叉形接头位于同一平面内时，其主、从动轴的角速度才相等，否则从动轴仍将为周期性的变速转动。双万向联轴器能可靠地传递转矩和运动，结构紧凑，效率高，可用于相交轴间的连接，或有较大角位移的场合。

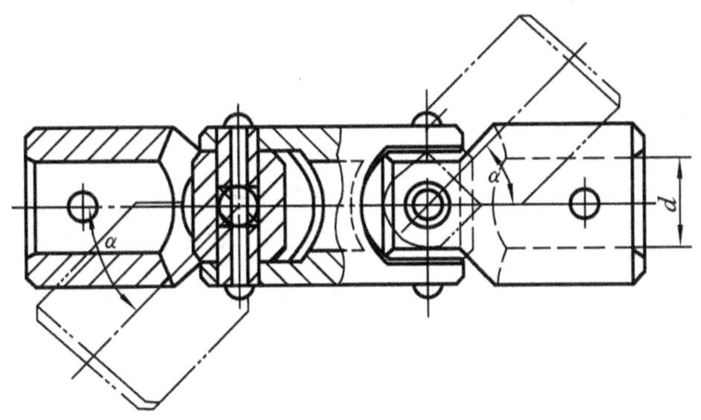

图 16-6　双万向联轴器结构简图

(2) 有弹性元件的挠性联轴器。这类联轴器因装有弹性元件，不仅可以补偿两轴间的相对位移，而且具有缓冲减振能力。制造弹性元件的材料有非金属材料和金属材料两种。非金属材料有橡胶、塑料等，其特点为质量小、价格低，有良好的弹性滞后性能，因而减振能力强。金属材料制成的弹性元件(各种弹簧)强度高、尺寸小而寿命长。此类联轴器中常用的有弹性套柱销联轴器和尼龙柱销联轴器。

弹性套柱销联轴器的结构与凸缘联轴器的相似，只是用套有弹性套 1 的柱销 2 代替了连接螺栓(见图16-7)。弹性套柱销联轴器结构简单，制造容易，不用润滑，弹性套更换方便，具有一定的补偿两轴线相对偏移和减振、缓冲性能，适用于经

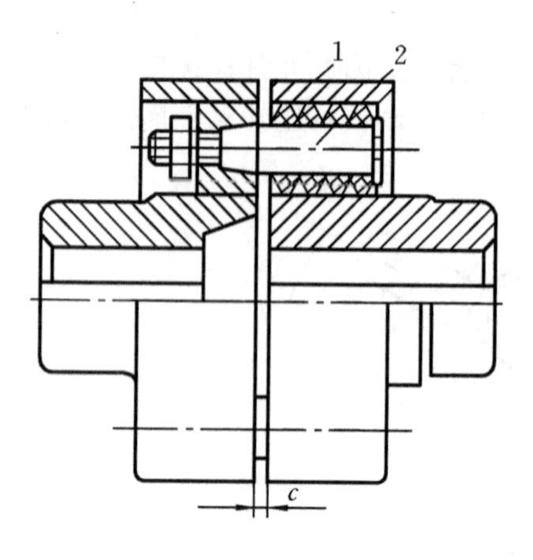

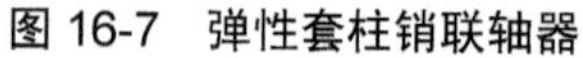
图 16-7　弹性套柱销联轴器

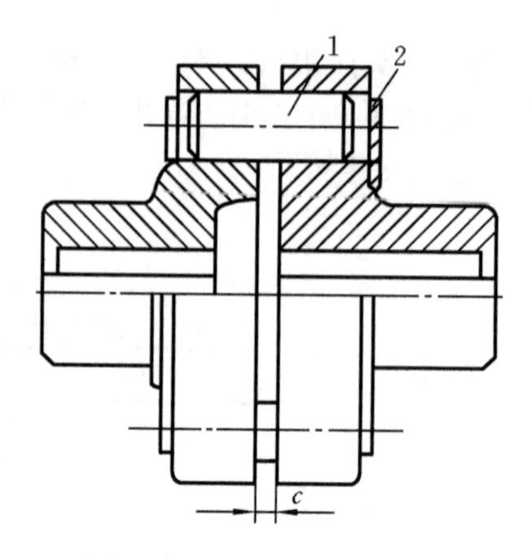

图 16-8　尼龙柱销联轴器

常正反转、启动频繁、转速较高的场合。

尼龙柱销联轴器可以看成由弹性套柱销联轴器简化而成，即采用尼龙柱销 1 代替弹性套和金属柱销。为了防止柱销滑出，在柱销两端配置挡圈 2(见图 16-8)。该联轴器结构简单，安装、制造方便，耐久性好，也有吸振和补偿轴向位移的能力。这种联轴器常用于轴向窜动量较大、经常正反转、启动频繁、转速较高的场合，可代替弹性套柱销联轴器。

16.1.3　联轴器的选择

常用联轴器大多已标准化或规格化，一般情况下只需正确选择联轴器的类型、确定联轴器的型号及尺寸。必要时，可对其易损的薄弱环节进行负荷能力的校核计算；转速高时，还应验算其外缘的离心应力和弹性元件的变形，进行平衡检验等。

1. 联轴器类型的选择

选择联轴器类型时，应考虑以下几项。

(1) 所需传递转矩的大小和性质，对缓冲、减振功能的要求以及是否可能发生共振等。

(2) 由制造和装配误差、轴受载和热膨胀变形以及部件之间的相对运动等引起两轴轴线的相对位移程度。

(3) 许用的外形尺寸和安装方法。为了便于装配、调整和维修所必需的操作空间，对于大型的联轴器，应能在轴不需作轴向移动的条件下实现装拆。

此外，还应考虑工作环境、使用寿命以及润滑、密封和经济性等条件，再参考各类联轴器特性，选择一种合用的联轴器类型。

2. 联轴器型号、尺寸的确定

对于已标准化和系列化的联轴器，选定合适类型后，可按转矩、轴直径和转速等确定联轴器的型号和结构尺寸。

联轴器的计算转矩

$$T_c=K_A T \tag{16-1}$$

式中：T——联轴器的名义转矩(N·m)；

T_c——联轴器的计算转矩(N·m)；

K_A——工作情况系数，其值见表 16-2(此表也适用于离合器的选择)。

表 16-2　工作情况系数 K_A

分类	工作情况及举例	电动机、汽轮机	四缸和四缸以上内燃机	双缸内燃机	单缸内燃机
I	转矩变化很小，如发电机、小型通风机、小型离心泵	1.3	1.5	1.8	2.2
II	转矩变化小，如透平压缩机、木工机床、运输机	1.5	1.7	2.0	2.4
III	转矩变化中等，如搅拌机、增压泵、有飞轮的压缩机、冲床	1.7	1.9	2.2	2.6
IV	转矩变化和冲击载荷中等，如织布机、水泥搅拌机、拖拉机	1.9	2.1	2.4	2.8
V	转矩变化和冲击载荷大，如造纸机、挖掘机、起重机、碎石机	2.3	2.5	2.8	3.2
VI	转矩变化大并有极强烈冲击载荷，如压延机、无飞轮的活塞泵、重型初轧机	3.1	3.3	3.6	4.0

根据计算转矩、轴直径和转速等，由下面条件可从有关手册中选取联轴器的型号和结构尺寸：

$$T_c \leqslant [T] \quad , \qquad n \leqslant n_{max} \tag{16-2}$$

式中：$[T]$——所选联轴器的许用转矩(N·m)；

n——被连接轴的转速(r/min)；

n_{max}——所选联轴器允许的最高转速(r/min)。

多数情况下，每一型号的联轴器适用的轴径均有一个范围。标准中已给出轴径的最大值与最小值，或给出适用直径的尺寸系列，被连接的两轴应在此范围之内。一般情况下，被连接的两轴的直径是不同的，两个轴端的形状也可能不同。

16.2　离　合　器

离合器是一种在机器运转过程中可使两轴随时接合或分离的装置。它的主要功能是用来操纵机器传动系统的断续，以便进行变速及换向等。对离合器的要求有：接合、分离迅速而平稳，调节和修理方便，外廓尺寸小，质量小，耐磨性好和有足够的散热能力，操纵方便省力。离合器的种类很多，常用的可分为牙嵌式与摩擦式两大类。

16.2.1 牙嵌式离合器

牙嵌式离合器主要由端面带齿的两个半离合器 1、2 组成，通过啮合的齿来传递转矩。其中半离合器 1 固装在主动轴上，而半离合器 2 利用导向平键安装在从动轴上，它可沿轴线移动。工作时利用操纵杆(图中未画出)带动滑环 3，使半离合器 2 作轴向移动，实现离合器的接合或分离(见图 16-9)。

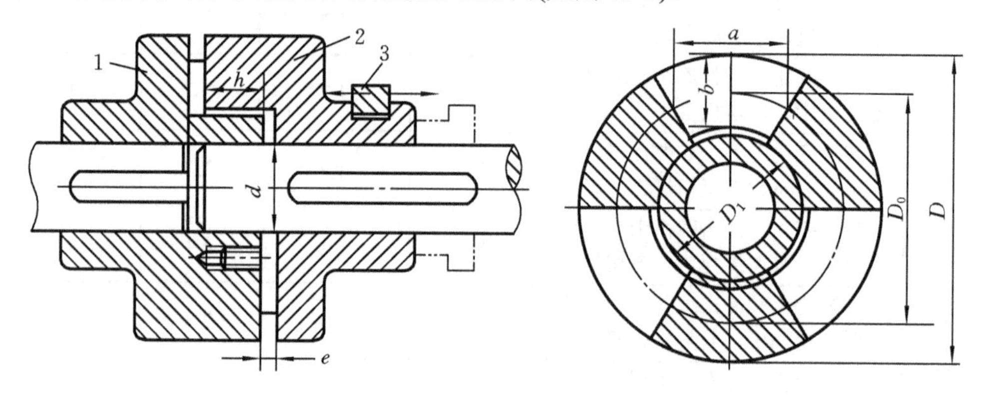

图 16-9 牙嵌式离合器

这种离合器沿圆柱面上的展开齿形有三角形、梯形、矩形和锯齿形(见图 16-10)。三角形齿接合和分离容易，但齿的强度较弱，多用于传递小转矩的低速离合器。梯形和锯齿形强度较高，接合和分离也较容易，多用于传递大转矩的场合，但锯齿

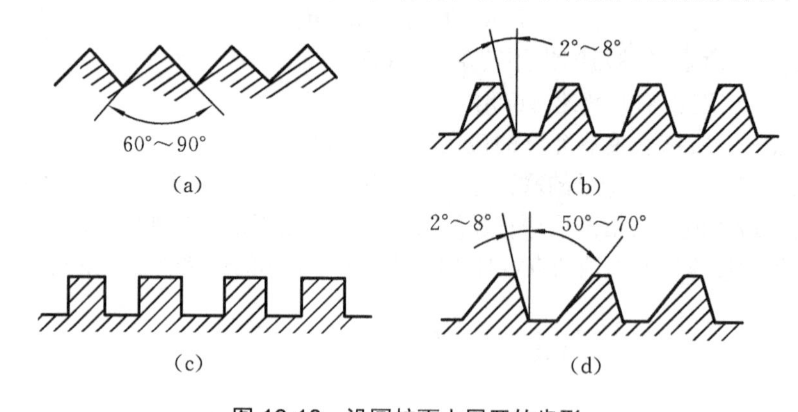

图 16-10 沿圆柱面上展开的齿形

形齿只能单向工作，反转时工作面将受较大的轴向分力，会迫使离合器自行分离。矩形齿制造容易，但须在齿与槽对准时方能接合，因而接合困难。同时接合以后，齿与齿接触的工作面间无轴向分力作用，所以分离也较困难，故应用较少。

牙嵌式离合器结构简单，外廓尺寸小，接合后两半离合器没有相对滑动，但只宜在两轴的转速差较小或相对静止的情况下接合，否则齿与齿会发生很大冲击，影响齿的寿命。

牙嵌式离合器的主要尺寸可从有关手册中选取。

16.2.2 摩擦离合器

摩擦离合器的主动摩擦盘转动时，由主、从动盘的接触面之间产生的摩擦力矩来传递转矩。它所具有的特点是：能在不停车或两轴具有任何大小转差的情况下进行接合；能调节从动轴的加速时间，减少接合时的冲击和振动，实现平稳接合；过载时，摩擦面间将发生打滑，可以避免其他零件的损坏。

摩擦离合器分单片式和多片式两种。

单片式摩擦离合器的简图如图 16-11 所示，该离合器由两个半离合器 1、2 组成，通过其接触面间的摩擦力来传递转矩。1 固装在主动轴上，2 利用导向平键(或花键)安装在从动轴上，通过操纵杆和滑环 3 可以在从动轴上滑移。能传递的最大转矩 T_{max} 为

$$T_{max}=QfR_m \tag{16-3}$$

式中：Q ——两摩擦片之间的轴向压力；

f ——摩擦系数；

R_m——平均半径，$R_m=(D_1+D_2)/2$。

单片式摩擦离合器结构简单、散热性好，但传递的转矩较小。当必须传递较大转矩时，可采用多片式摩擦离合器。

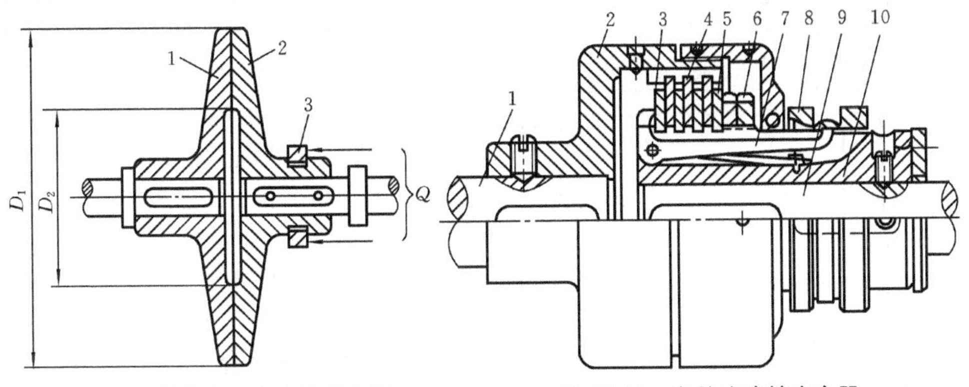

图 16-11　单片式圆盘摩擦离合器　　图 16-12　多片式摩擦离合器

多片式摩擦离合器工作原理如图 16-12 所示，有两组摩擦片，其中外摩擦片

组 4 利用外圆上的花键与外毂轮 2 相连(毂轮 2 与轴 1 相固连)，内摩擦片组 5 利用内圆上的花键与内套筒 10 相连(套筒 10 与轴 9 相固连)。当滑环 8 作轴向移动时，将拨动曲臂压杆 7，使压板 3 压紧或松开内、外摩擦片组，从而使离合器接合或分离。螺母 6 是用来调节内、外摩擦片组间隙大小的。外摩擦片和内摩擦片的结构形状如图 16-13(a)、(b)所示。若将内摩擦片改为图(c)所示的碟形，使其具有一定的弹性，则离合器分离时摩擦片能自行弹开，接合时也较平稳。

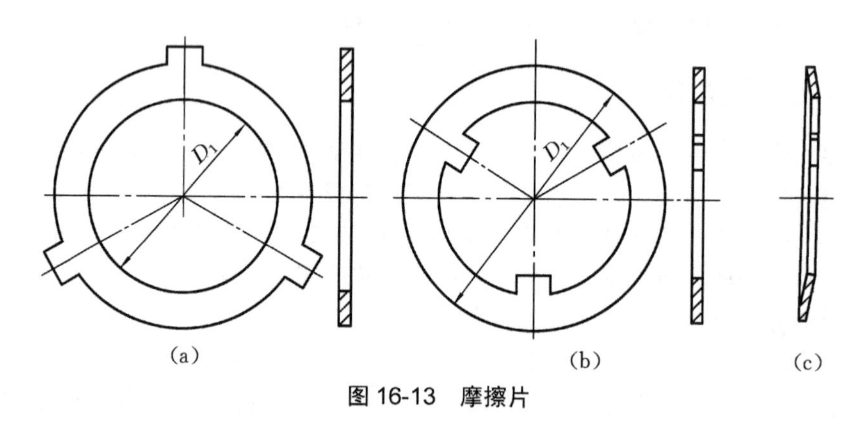

图 16-13 摩擦片

16.2.3 其他离合器

1. 磁粉离合器

如图 16-14 所示，磁粉离合器主要由磁铁轮心 5、环形激磁线圈 4、从动外毂轮 2 和齿轮 1 组成。主动轴 7 与磁铁轮心 5 相固连，在轮心外缘的凹槽内绕有环形激磁线圈 4，线圈与接触环 6 相连，从动外毂轮 2 与齿轮 1 相连，并与磁铁轮心间有 0.5～2 mm 的间隙，其中填充导磁率高的铁粉和油或石墨的混合物 3。这样，当线圈通电时，形成一个经轮心、间隙、外毂轮又回到轮心的闭合磁通，使铁粉磁化。当主动轴旋转时，由于磁粉的作用，带动外毂轮一起旋转来传递转矩。当断电时，铁粉恢复为松散状态，离合器即行分离。

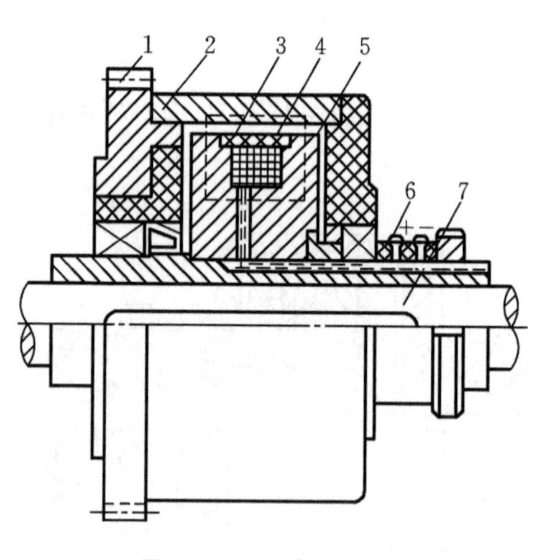

图 16-14 磁粉离合器

这种离合器接合平稳，使用寿命长，可以远距离操纵，但尺寸和质量较大。

2. 自动离合器

自动离合器是一种能根据机器运转参数(如转矩、转速或转向)的变化而自动完成接合和分离动作的离合器。常用的自动离合器有安全离合器、离心式离合器和定向离合器三种。下面对安全离合器和定向离合器作详细介绍。

1) 安全离合器

安全离合器在所传递的转矩超过一定数值时自动分离。它有许多种类型，图 16-15 所示为摩擦式安全离合器。它的基本构造与一般摩擦离合器基本相同，只是没有操纵机构，利用调整螺钉 1 来调整弹簧 2 对内、外摩擦片组 3、4 的压紧力，从而控制离合器所能传递的极限转矩。当载荷超过极限转矩时，内、外摩擦片接触面间会出现打滑，以此来限制离合器所传递的最大转矩。

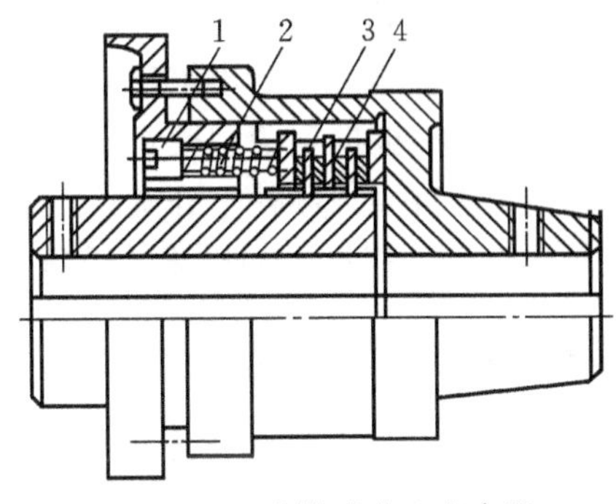

图 16-15　摩擦式安全离合器

图 16-16 所示为牙嵌式安全离合器。它的基本构造与牙嵌式离合器相同，只是牙面的倾角α 较大，工作时啮合牙面间能产生较大的轴向力。这种离合器也没有操纵机构，而用一弹簧压紧机构使两半离合器接合。当转矩超过一定值时，超过弹簧压紧力和有关的摩擦阻力，半离合器 1 就会向左滑移，使离合器分离；当转矩减小时，离合器又自动接合。

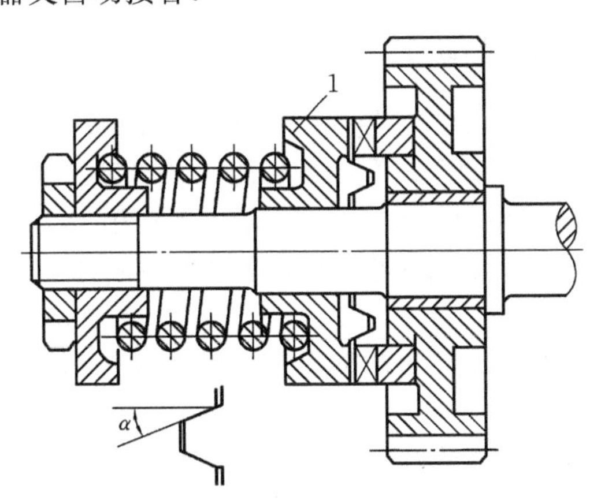

图 16-16　牙嵌式安全离合器

2) 定向离合器

定向离合器只能按一个转向传递转矩，反向时能自动分离。其中应用较为广泛的是滚柱式定向离合器(见图 16-17)，也称为超越离合器。它主要由星轮 1、外圈 2、弹簧顶杆 4 和滚柱 3 组成。弹簧的作用是将滚柱压向星轮的楔形槽内，使滚柱与星轮、外圈相接触。星轮和外圈均可作为主动轮。当星轮为主动件并按图示方向旋转时，滚柱受摩擦力的作用被楔紧在槽内，因而带动外圈一起转动，这时离合器处于接合状态。当星轮反转时，滚柱受摩擦力的作用，被推到槽中较宽的部分，不再楔紧在槽内，这时离合器处于分离状态。定向离合器常用于汽车、拖拉机和机床等设备中。

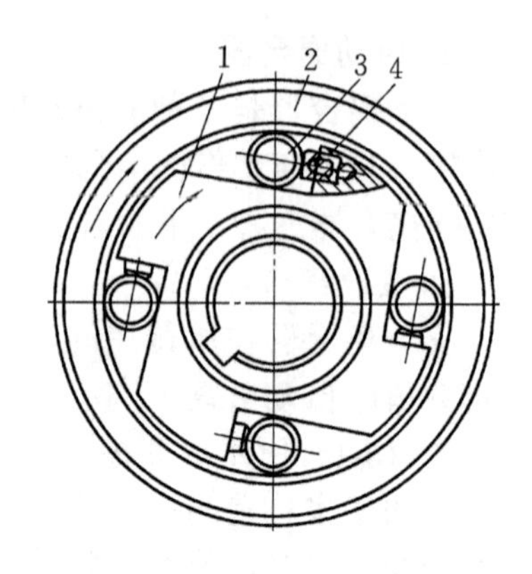

图 16-17　滚柱式定向离合器

16.2.4　离合器的选择

大多数离合器已标准化或规格化，设计时，只需参考有关手册对其进行类比设计或选择即可。

选择离合器时，首先根据机器的工作特点和使用条件，结合各种离合器的性能特点，确定离合器的类型。类型确定后，可根据被连接的两轴的直径、计算转矩和转速，从有关手册中查出适当的型号，必要时，可对其薄弱环节进行承载能力的校核。

16.3　弹　　簧

16.3.1　弹簧的功用与类型

弹簧是机械和电子行业中广泛使用的一种弹性元件。弹簧在受载时能产生较大的弹性变形，把机械功或动能转化为变形能，而卸载后弹簧的变形消失并恢复原状，将变形能转化为机械功或动能。弹簧的主要功用有以下四项。

(1) 控制机构的运动，如制动器、离合器中的控制弹簧，内燃机汽缸的阀门弹簧等。

(2) 减振和缓冲，如汽车、火车车厢下的减振弹簧，以及各种缓冲器用的弹簧等。

(3) 储存及输出能量，如钟表弹簧、枪闩弹簧等。

(4) 测量力的大小，如测力器和弹簧秤中的弹簧等。

弹簧的类型很多(见表 16-3)。按照所承受的载荷不同，弹簧可以分为拉伸弹簧、压缩弹簧、扭转弹簧和弯曲弹簧四种。按照弹簧的形状不同，弹簧又可分为螺旋弹簧、环形弹簧、碟形弹簧、板簧和盘簧等。螺旋弹簧是用弹簧丝卷绕制成的，由于制造简便，所以应用最广。在一般机械中，最常用的是圆柱螺旋弹簧。

表 16-3　弹簧的基本类型

按载荷分 按形状分	拉　伸	压　缩	扭　转		弯　曲
螺旋形	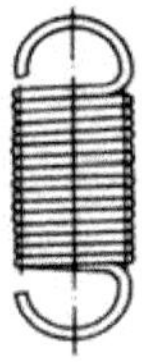 圆柱螺旋拉伸弹簧	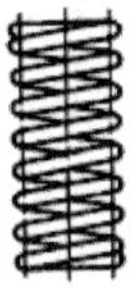 圆柱螺旋压缩弹簧	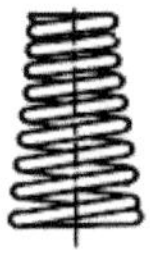 圆锥螺旋压缩弹簧	 圆柱螺旋扭转弹簧	—
其他形状	—	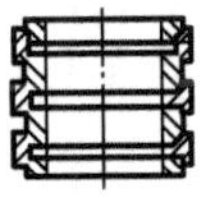 环形弹簧	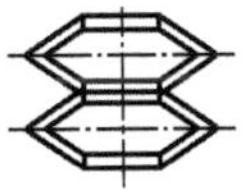 碟形弹簧	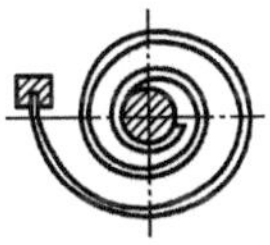 涡卷形盘簧	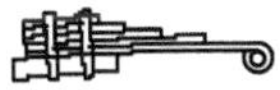 板弹簧

16.3.2　圆柱螺旋弹簧结构

圆柱螺旋弹簧根据受力性质可分为以下三种。

1. 圆柱螺旋压缩弹簧

圆柱螺旋压缩弹簧如图 16-18 所示，其主要结构参数如下所述。

(1) 弹簧各圈间距。设弹簧的节距为 p，弹簧丝的直径为 d，在自由状态下各圈之间应有适当的间距 δ。为了使弹簧在压缩后仍能保持一定的弹性，还应保证在最大载荷作用下，各圈之间仍具有一定的间距 δ_1。δ_1 的大小一般推荐为：$\delta_1 = 0.1d \geqslant 0.2$ mm。

(2) 死圈。弹簧的两个端面圈与邻圈并紧(无间隙)，只起支承作用，不参与变形，故称为死圈。当弹簧的工作圈数 $n \leqslant 7$ 时，弹簧每端的死圈约为 0.75 圈；当 $n>7$ 时，每端的死圈为 1～1.75 圈。

(3) 端部结构形式。

YⅠ型(见图 16-19(a))：两个端面圈均与邻圈并紧，并在专用的磨床上磨平；

YⅡ型(见图 16-19(b))：加热卷绕时弹簧丝两端锻扁且与邻圈并紧(端面圈可磨平，也可不磨平)；

YⅢ型(见图 16-19(c))：两个端面圈均与邻圈并紧不磨平。

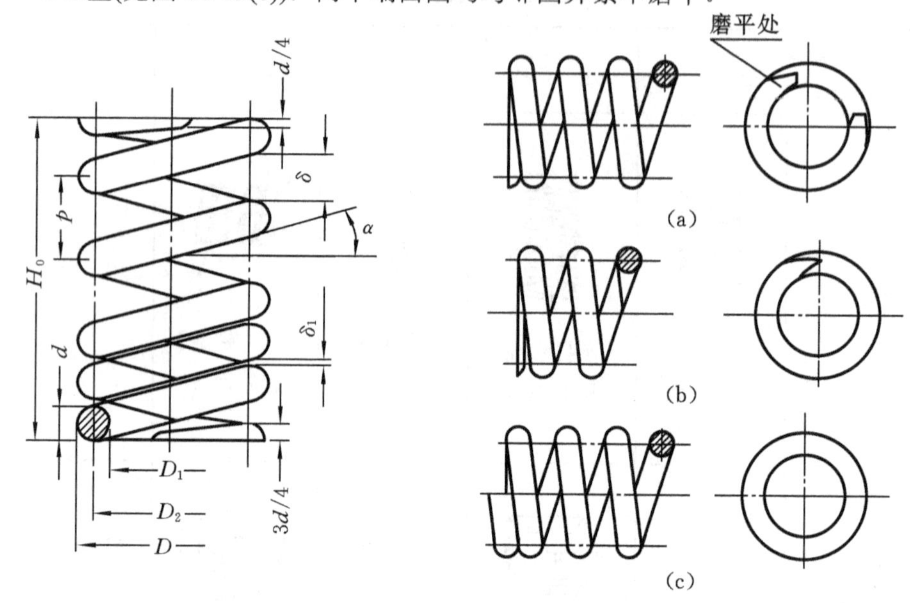

图 16-18　圆柱螺旋压缩弹簧

图 16-19　圆柱螺旋压缩弹簧的端面圈

在重要的场合，应采用 YⅠ型，以保证两支承端面与弹簧的轴线垂直，从而使弹簧受压时不致歪斜。弹簧丝直径 $d \leqslant 0.5$ mm 时，弹簧的两支承端面可不必磨平。$d>0.5$ mm 的弹簧，两支承端面则需磨平。磨平部分应不少于圆周长的 3/4。端头厚度一般不小于 $d/8$，端面粗糙度 R_a 应低于 2.5 μm。

2. 圆柱螺旋拉伸弹簧

(1) 端部挂钩形式。拉伸弹簧为了便于连接、固着及加载，两端制有挂钩。

LⅠ型(见图 16-20(a))和 LⅡ型(见图 16-20(b))挂钩制造方便，应用很广。但因挂钩过渡处产生很大弯曲应力，故只宜用于弹簧丝直径 $d \leqslant 10$ mm 的弹簧中。

LVⅡ型(见图 16-20(c))、LVⅢ型(见图 16-20(d))挂钩不与弹簧丝连成一体，故无前述过渡处的缺点，而且这种挂钩可以转到任意方向，便于安装。在受力较大的场合，最好采用 LVⅡ型挂钩，但它的价格较贵。

(2) 有预应力的拉伸弹簧。圆柱螺旋拉伸弹簧空载时，各圈应相互并拢。另外，为了节省轴向工作空间，并保证弹簧在空载时各圈相互压紧，常在卷绕的过程中，同时使弹簧丝绕其本身的轴线产生扭转。这样制成的弹簧，各圈相互间既具有一定的压紧力，弹簧丝中也产生了一定的预应力，故称为有预应力的拉伸弹簧。这种弹簧一定要在外加的拉力大于初拉力 F_0 后，各圈才开始分离，故可较无预应力的拉伸弹簧节省轴向的工作空间。

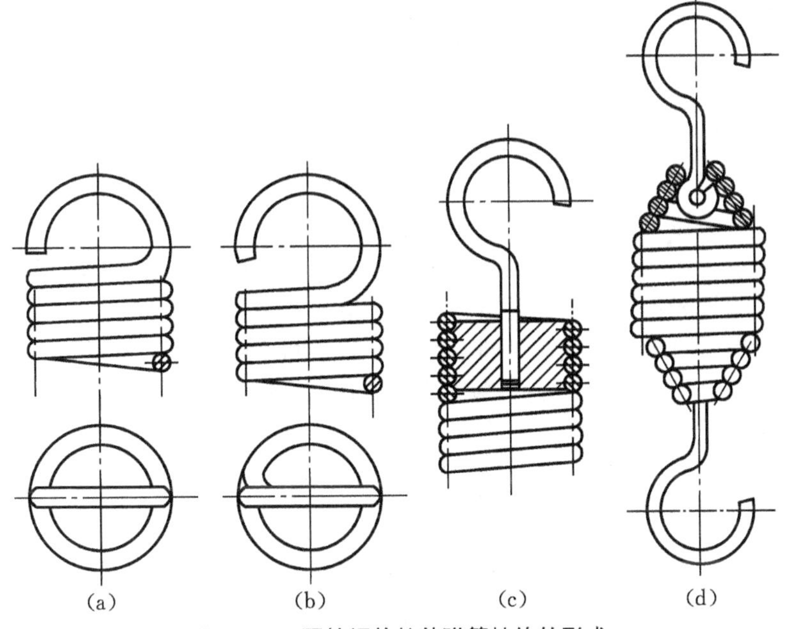

图 16-20 圆柱螺旋拉伸弹簧挂钩的形式

3. 圆柱螺旋弹簧的主要参数和几何尺寸

圆柱螺旋弹簧的主要参数和几何尺寸（见图 16-18）主要有：弹簧丝直径d，弹簧圈外径 D，内径 D_1 和中径 D_2，节距δ，螺旋升角α，弹簧工作圈数和弹簧自由高度等。圆柱螺旋弹簧的结构尺寸见表 16-4。

表 16-4 圆柱螺旋压缩和拉伸弹簧的结构尺寸

参 数 名 称	压 缩 弹 簧	拉 伸 弹 簧
外径	$D = D_2 + d$	
内径	$D_1 = D_2 - d$	
螺旋角	$\alpha = \arctan\dfrac{\delta}{\pi D_2}$	
节距	$\delta = (0.28 - 0.5)D_2$	$\delta = d$
有效工作圈数	n	
死圈数	n_2	—
弹簧总圈数	$n_1=n+n_2$	$n_1=n$
弹簧自由高度	两端并紧、磨平： $H_0 = n\delta + (n_2 - 0.5)d$； 两端并紧、不磨平： $H_0 = n\delta + (n_2 + 1)d$	$H_0 = nd +$ 挂钩尺寸
簧丝展开长度	$L = \dfrac{\pi D_2 n_1}{\cos\alpha}$	$L = \pi D_2 n +$ 挂钩展开尺寸

思考题与习题

16-1　对低速、刚性短轴，常选用哪种联轴器？

16-2　在载荷具有冲击、振动，且轴的转速较高、刚度较小时，一般选用哪种联轴器？

16-3　联轴器与离合器的主要作用是什么？

16-4　金属弹性元件挠性联轴器中的弹性元件都具有什么样的功能？

16-5　哪种离合器在工作时接合最不平稳？

16-6　按照所承受的载荷不同，弹簧可分为哪几种？

16-7　普通自行车上手闸、鞍座等处的弹簧各属于什么类型？其功用是什么？

第 17 章　机械速度与平衡

17.1　机械速度的波动与调节

17.1.1　机器运转速度调节的目的

大部分机器主轴在其主要的工作阶段作变速稳定运动，如图 17-1 所示。这种运转速度的波动称为周期性速度波动。它的危害是：在机器各运动副中引起附加的动压力，降低机器的工作效率和工作可靠性，同时又可能在机器中引起相当大的弹性振动，这种弹性振动将影响机器各部分的强度和消耗部分动力；另外，这种速度波动还会影响机器所进行的工艺过程，使产品质量下降。因此，必须对机器的速度波动加以调节，使其速度波动被限制在允许的范围内，从而减少上述不良影响。这就是调节机器速度波动的目的之一。

在机器的稳定运转时期，如果驱动力、生产阻力或有害阻力突然发生巨大的变化，机器主轴的速度会跟着突然增大(或减小)，结果会导致机器因速度过高而毁坏，或者迫使机器停车。例如，在内燃机驱动发电机的机组中，当载荷减小、所需发电量突然下降时，内燃机所供给的能量已经远远超过发电机的需要，这时必须采用特殊的机构来调节内燃机能量的供给量，使其产生的功率与发电机所需相适应，从而达到新的稳定运动。这时其平均速度已与调节之前不同了，如图 17-1 所示。由于机器运转速度的这种波动没有一定的周期，并且其作用不是连续的，所以称为非周期性速度波动。防止非周期性速度波动所引起的机器毁坏或停车是调节机器速度波动的另一目的。

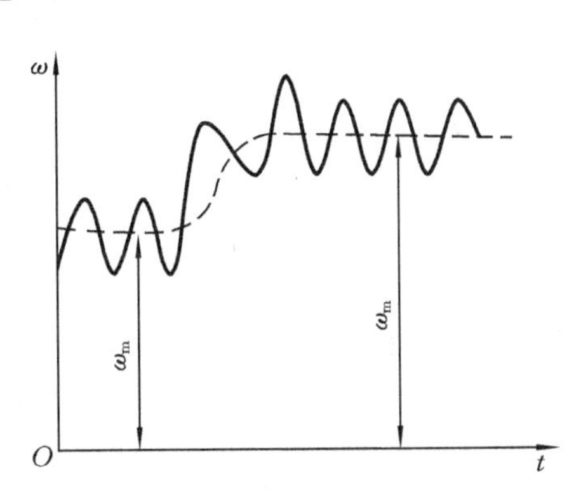

图 17-1　机器主轴的交变稳定运动

17.1.2　机器速度波动的调节方法

1. 周期性速度波动的调节

机械稳定运转时，等效驱动力矩和等效阻力矩的周期性变化将引起机械速度的周期性波动，如图 17-2 所示。

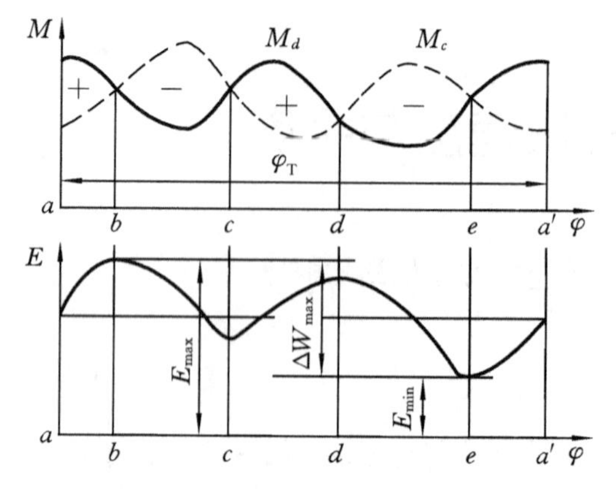

图 17-2　机器速度周期性波动的原因

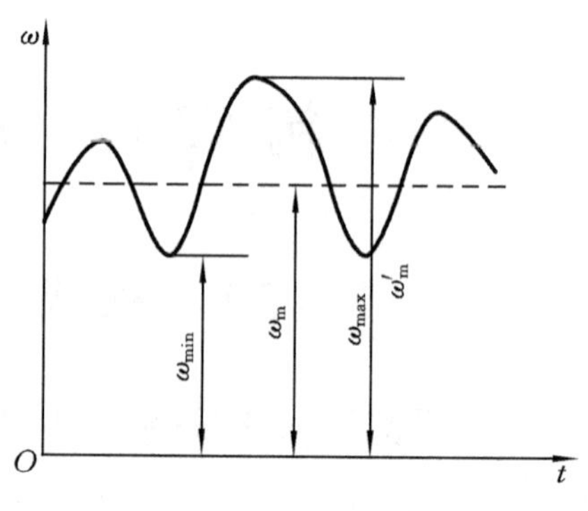

图 17-3　平均角速度 ω_m

平均角速度 ω_m 是指一个运动周期内，角速度的平均值，即

$$\omega_m = \frac{\int_0^{\varphi_T} \omega \, d\varphi}{\varphi_T} \tag{17-1}$$

在工程上，常用下式计算(见图 17-3)：

$$\omega_m \approx \frac{\omega_{min} + \omega_{max}}{2} \tag{17-2}$$

机械速度波动的程度可用速度不均匀系数 δ 来表示：

$$\delta \approx \frac{\omega_{max} + \omega_{min}}{\omega_m} \tag{17-3}$$

机械稳定运转时，作用于机械上的外力(驱动力、生产阻力)总是变化的，引起机械运转速度的波动。如果外力的变化是随机的和非周期性的，那么引起的速度波动也是非周期性的，非周期性的速度波动需要专门的调速器来调节。如果外力的变化是周期性的，那么引起的速度波动也是周期性的，如图 17-2 所示。

由于外力的周期性变化，外力对系统所做的功也是周期性变化的，由动能定理可知，系统的动能也随之周期性变化。在一个周期内，系统动能的最大变化量，其大小应等于同一周期内外力对系统所做的最大有用功，即

$$\Delta W_{max} = E_{max} - E_{min} = \frac{1}{2} J\omega_{max}^2 - \frac{1}{2} J\omega_{min}^2 \tag{17-4}$$

由式(17-4)及式(17-2)、式(17-3)可得速度不均匀系数 δ：

$$\delta = \frac{\Delta W_{max}}{J\omega_m^2} \tag{17-5}$$

机械中安装一个具有等效转动惯量 J_F 的飞轮后，速度不均匀系数 δ 变为

$$\delta = \frac{\Delta W_{max}}{(J + J_F)\omega_m^2} \tag{17-6}$$

显然，装上飞轮后，速度不均匀系数 δ 将变小。理论上，总能有足够大的飞轮 J_F 来使机械的速度波动降到允许范围内。飞轮在机械中的作用，实质上相当于一个储能器。当外力对系统做正功时，它以动能形式把多余的能量储存起来，使机械速度上升的幅度减小；当外力对系统做负功时，它又释放储存的能量，使机械速度下降的幅度减小。

飞轮的转动惯量用下式计算：

$$J_F = \frac{\Delta W_{max}}{\omega_m^2[\delta]} \tag{17-7}$$

2. 非周期性速度波动的调节

由于非周期性速度波动的发生原因是驱动力做的功在稳定运动的一个循环内大于(或小于)阻力做的功，而不是两者的平均值相等，所以不能用飞轮来调节速度，必须用调速器。调速器是一种自动调节装置，它的种类很多，有机械式的，也有电气的或电子元件的。图 17-4 所示为机械式调速器。

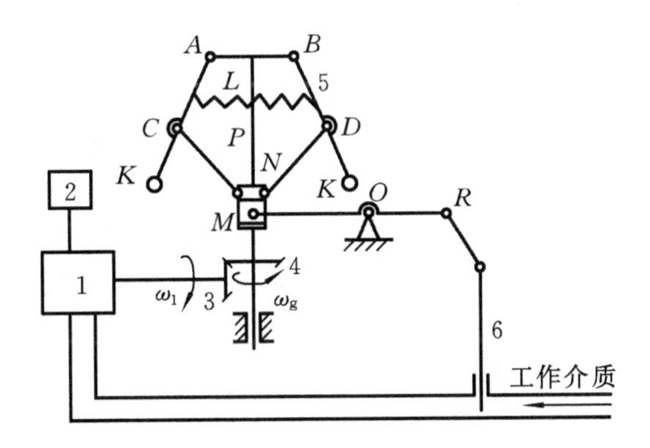

图 17-4 非周期性速度波动的调节系统

该调速器是离心式调速器。调速器的本体 5 由两个对称的摇杆滑块机构并联而成，套筒 N(相当于滑块)和中心轴 P 组成移动副。两个重球 K 分别装在摇杆 AC 和 BD 的末端，AC 和 BD 由弹簧 L 互相连接，致使两个球在中心轴 P 不转时互相靠近。中心轴 P 经一对圆锥齿轮 3、4 连于原动机 1 的主轴上，原动机又与工作机 2 相连。当机器主轴的转速 ω_1 改变时，调速器的转速 ω_g 也跟着改变，由于重球 K 的离心力的作用带动套筒 N 上下移动。套筒 N 经销轴 M 与杠杆 OR 相连，从而控制节流阀 6 调整工作介质的供给量。当工作机 2 的载荷减小时，原动机 1 的转速增加，调速器的转速加大，致使重球 K 在离心力的作用下远离中心轴 P。套筒 N 上升，使杆 OR 推动节流阀 6 下降，工作介质的供给量便减少，结果使驱动力减小到与阻力相适应，从而使机器在略高的转速下重新达到稳定运动。反之，工作介质的供给量增大，结果使驱动力加大到与阻力相适应，从而使机器在略低的转速下重新达到稳定运动。

17.2 机械的平衡

17.2.1 机械平衡的目的与分类

构件在运动过程中都将产生惯性力和惯性力矩，这必将在运动副中产生附加的动压力。由于惯性力和惯性力偶矩的大小和方向随着机械运转的循环而产生周期性变化，因此当它们不平衡时，将增大构件中的内应力和运动副中的摩擦，使整个机器发生振动，降低机械本身的工作精度和可靠性，降低机械效率和使用寿命，加剧零件的磨损和疲劳，以及产生令人厌倦的噪声。因此，消除惯性力和惯性力矩的影响，改善机构工作性能，就是研究机械平衡的目的。

平衡问题可分为以下两类。

(1) 绕固定轴回转构件的惯性力的平衡，简称回转件的平衡。如电动机和发电机的转子因质量分布不均匀，从而在运转过程中产生动压力，并且动压力会随着转速的提高而增大，故可以重新调整其质量大小和分布的方法使构件上所有质量的惯性力形成一平衡力系，从而消除运动副中的动压力及机架的振动。

当转子的工作转速较低，远低于其一阶临界转速时，转子完全可以看做是刚性物体，称为刚性转子。在高速机械中，当转子转速较高接近或超过回转系统的第一阶临界转速时，转子将产生明显的变形，这时转子将不能视为刚体，而成为一个挠性体。这种转子称为挠性转子。

(2) 所有构件的惯性力和惯性力矩，最后以合力和合力矩的形式作用在机构的机架上。这类平衡问题称为机构在机架上的平衡。

在一般机构中，存在着作往复运动和平面复合运动的构件，不论其质量如何分布，总要产生惯性力。但就整个机器而言，各构件的惯性力和惯性力偶矩可以合成为一个过机器质心的总惯性力和一个总惯性力偶矩，它们全部作用于机架上。为了平衡总惯性力，可以通过重新分配整个机构的质量加以平衡。总惯性力偶矩的平衡在这里不讨论。

17.2.2 刚性回转件的平衡

对于绕固定轴线转动的刚性回转件，若已知组成该回转件的各个质量的大小和分布位置，则可用力学的方法分析出所需平衡质量的大小和位置，以确定回转件达到平衡的条件。现根据组成回转件的各个质量分布的不同，按下列两种情况分析。

1. 静平衡

对于轴向尺寸较小的盘状转子(即宽径比(*B*/*D*)小于 0.2)，例如齿轮、盘形凸轮、带轮、链轮及叶轮等，它们的质量可以视为分布在同一平面内。如图 17-5 所示，圆盘上有一偏心质量块，在转动过程中必然产生惯性力，从而在转动副中引起附加动压力。刚性转子的静平衡就是利用在刚性转子上加减平衡质量的方法，使其质心回到回转轴线上，从而使转子的惯性力得以平衡的一种平衡措施。

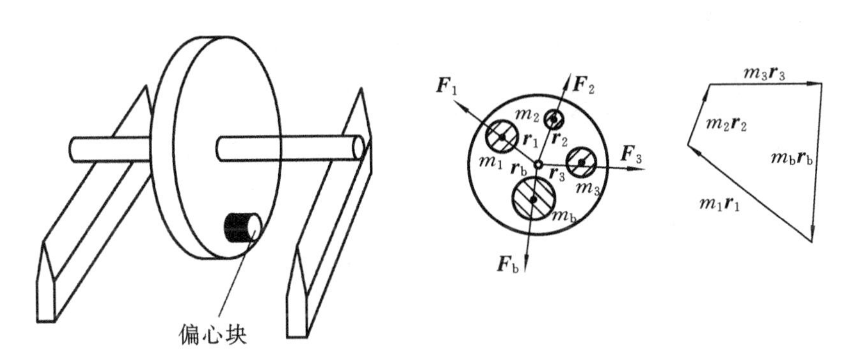

图 17-5　有偏心质量块的转子　　　图 17-6　静平衡

已知盘形不平衡转子的偏心质量分别为 m_1、m_2、m_3，向径分别为 $\boldsymbol{r}_1$、$\boldsymbol{r}_2$、$\boldsymbol{r}_3$，所产生的惯性力分别为 $\boldsymbol{F}_1$、$\boldsymbol{F}_2$、$\boldsymbol{F}_3$，根据平面力系平衡的原理，所加的平衡质量 m_b 及其向径 $\boldsymbol{r}_b$ 如图 17-6 所示。

根据平衡条件 $\boldsymbol{F}_1+\boldsymbol{F}_2+\boldsymbol{F}_3+\boldsymbol{F}_b=0$，有

$$m_b\boldsymbol{r}_b+m_1\boldsymbol{r}_1+m_2\boldsymbol{r}_2+m_3\boldsymbol{r}_3=0$$

此时，该回转件可以在任何位置保持静止，不会自己转动。这种平衡称为静平衡。

2. 动平衡

当转子的宽径比(*B*/*D*)大于 0.2 时，其质量就不能视为分布在同一平面内了。这时，其偏心质量分布在几个不同的回转平面内，如图 17-7 所示。即使转子的质心位于回转轴上，也将产生不可忽略的惯性力矩，这种状态只有在转子转动时才能显示出来，故称为动不平衡。动平衡不仅要平衡各偏心质量产生的惯性力，而且还要平衡这些惯性力所产生的惯性力矩。

如图 17-7 所示的长转子，具有偏心质量分别为 m_1、m_2、m_3，并分别位于平面 1、2、3 上，其回转半径分别为 r_1、r_2、r_3，方位如图所示。当转子以等角速度回转时，它们产生的惯性力 $\boldsymbol{F}_1$、$\boldsymbol{F}_2$、$\boldsymbol{F}_3$ 形成一空间力系。由理论力学知识可知，一个力可以分解为与它相平行的两个分力。根据该转子的结构，选定两个相互平行的平面 T'、T'' 作平衡基面，则分布在三个平面内的不平衡质量完全可以用集中在两平衡基面内的各个不平衡质量的分量来代替，即 T' 面上 m_1'、m_2'、m_3'和

T'' 面上的 m_1''、m_2''、m_3''，代替后所引起的平衡效果是相同的。同样仿照静平衡计算，在两个相互平行的平衡基面上做力封闭多边形，便可求出在两个平衡基面上所加的平衡质量 m_b'、m_b''及向径 $\boldsymbol{r}_b'$、$\boldsymbol{r}_b''$。

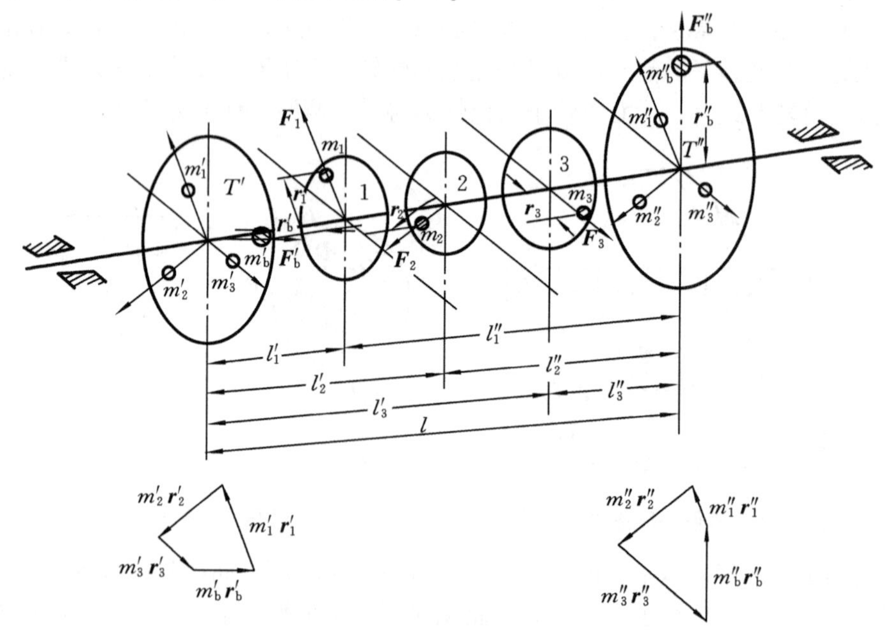

图 17-7　动平衡

$$m_1' = \frac{l_1''}{l} m_1, \quad m_1'' = \frac{l_1'}{l} m_1$$

$$m_2' = \frac{l_2''}{l} m_2, \quad m_1'' = \frac{l_1'}{l} m_1$$

$$m_3' = \frac{l_3''}{l} m_3, \quad m_1'' = \frac{l_1'}{l} m_1$$

在 T'面上根据平衡条件得

$$m_b'\boldsymbol{r}_b'+m_1'\boldsymbol{r}_1+m_2'\boldsymbol{r}_2+m_3'\boldsymbol{r}_3=0$$

由上式可求出质径积 $m_b'\boldsymbol{r}_b'$。当选定 $\boldsymbol{r}_b'$的大小即得 m_b'。

同理，在 T''面上根据平衡条件得

$$m_b''\boldsymbol{r}_b''+ m_1''\boldsymbol{r}_1+ m_2''\boldsymbol{r}_2+ m_3''\boldsymbol{r}_3=0$$

由上式可求出质径积 $m_b''\boldsymbol{r}_b''$。当选定 $\boldsymbol{r}_b''$的大小即得 m_b''。

因此，质量分布不在同一回转面内的回转件，它的不平衡都可以认为是在两个任选的回转面上有一个不平衡质量产生的；要达到完全平衡，必须分别在上述任选的两个回转面内各加上适当的平衡质量。此时，回转件的离心力系的合力和合力偶矩都等于零，这类平衡称为动平衡(工业上也称为双面平衡)。所以动平衡的条件是：分布于该回转件上各个质量的离心力的合力等于零，同时离心力所引起的力偶的合力偶矩也等于零。

思考题与习题

17-1　机械运转过程中速度为何会发生波动？速度波动有哪几种类型？针对不同的速度波动类型应采用什么方法进行调节？

17-2　为何要对机械进行平衡？刚性回转件如何平衡？

17-3　一宽径比小于 0.2 的皮带轮，质心偏离转动中心 O 的距离为 e=2 mm，质量为 m=10 kg，如题 17-3 图所示，试平衡该皮带轮。

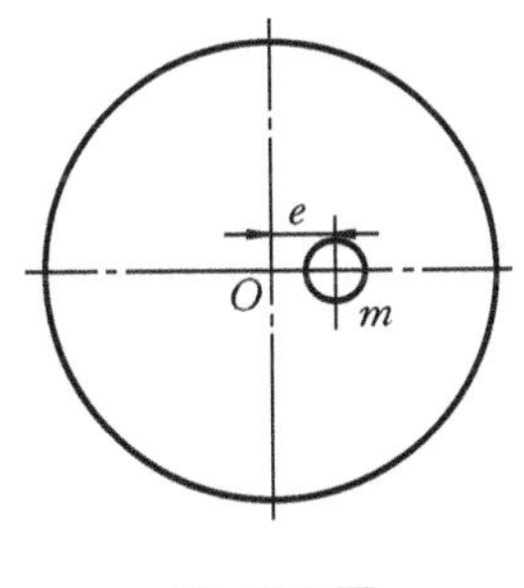

题 17-3 图

第 4 篇

液 压 传 动

液压传动是以液体作为工作介质，利用液体压力来传递动力和进行控制的一种传动方式。由于这种传动具有明显的优点(重量轻、体积小、反应速度快、操纵控制方便等)，近年来已得到迅速的发展，用得最多的是各种机床和工程机械。此外，液压传动在起重、运输、矿山、建筑、航空等各种机械中也得到了越来越广泛的应用。当前，液压传动已成为机械工业发展的一个重要方面。本篇主要介绍液压传动的基本知识，常用液压元件的结构、工作原理和应用，并分析典型液压系统的组成、工作原理、特点等。

第 18 章　液压传动概述

液压传动作为一种传动方式，已广泛应用于机床、工程机械、起重运输机械及国防工业部门。它以液体作为工作介质，利用液体的压力能来传递能量，实现能量转换。它与机械传动相比有很多优点，所以，近年来发展较快。

18.1　液压传动的工作原理

下面以图 18-1 所示的液压千斤顶的原理图为例说明液压传动的工作原理。图中，大、小两个液压缸 6 和 3 的内部分别装有活塞 7 和 2，活塞和缸体之间保持一种良好的配合关系，不仅活塞能在缸内滑动，而且配合面之间能实现可靠的密封。当用手向上提起杠杆 1 时，小活塞 2 就被带动上升，于是小缸 3 的下腔密封容积增大，腔内压力下降，形成部分真空，这时钢球 5 将所在的通路关闭，油箱 10 中的油液就在大气压力的作用下推开钢球 4 沿吸油孔道进入小缸 3 的下腔，完成一次吸油动作。用力压下杠杆 1 时，小活塞下移，小缸下腔的密封容积减小，腔内油液受到挤压，压力升高，这时钢球 4 自动隔断了油液流回油箱的通路，小缸下腔的压力油推开钢球 5，挤入大缸的下腔，迫使大活塞向上移动顶起重物 3。如此反复提压杠杆 1，油液就不断地输入大缸的下腔，推动重物缓慢上升，达到起重的目的。

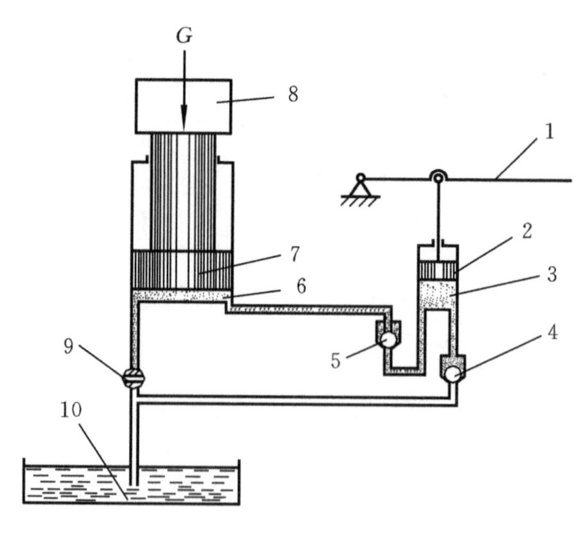

图 18-1　液压千斤顶的原理图

若将放油阀 9 旋转 90°，则在重物的自重作用下，大缸的油液流回油箱，活塞便下降到原位。通过此例可见，液压传动实际上是一种能量转换装置，它是利用液体的压力能来传递动力的一种传动形式，液压传动的过程是将机械能进行转换和传递的过程。显然，液压系统由以下五个部分组成。

(1) 动力元件：将机械能转换成液体压力能的元件。小缸 3、钢球 4 和钢球 5 组成一个阀式配流的液压泵。钢球 4、钢球 5 与其外围的结构，称为单向阀。

(2) 执行元件：将液体压力能转换成机械能的元件，如大缸 6(当输出为回转运动时，则称为液压电动机)。

(3) 操纵和控制元件：通过对液体的压力、流量、方向的控制，来实现对执行元件的作用力、运动速度、运动方向等的控制，如各种阀。

(4) 辅助元件：管道、管接头、油箱、过滤器等。

(5) 工作介质：液压油。

18.2 液　压　油

18.2.1 主要性质

1. 密度

单位液体体积中所含液体的质量称为液体的密度。

$$\rho = \frac{m}{V} \tag{18-1}$$

式中：V——液体的体积；

m——液体的质量；

ρ——液体的密度。

液压油的密度随压力的增大而增大，随温度的升高而减小。一般情况下，由压力和温度所引起的变化较小，可近似地将液体的密度当做常数。

2. 可压缩性

液体所受压力增大时体积减小的性质称为液体的可压缩性，即液体在单位压力变化下，体积的相对变化量，用κ表示如下：

$$\kappa = -\frac{1}{\Delta p}\frac{\Delta V}{V} \tag{18-2}$$

式中：κ——压缩系数；

Δp——压力的变化值；

V、ΔV——液体的初始体积和受Δp作用后的体积变化值。

由于压力增大时液体的体积减小，为使κ为正值，所以在式(18-2)中右项前加

一负号。κ 的倒数称为液体的体积模量，用 K 表示，即

$$K = \frac{1}{\kappa} = -\frac{\Delta p}{\Delta V}V \tag{18-3}$$

K 表示产生单位体积相对变化量所需的压力增量。它说明液体抵抗压缩能力的大小，液体的 K 值愈大愈不易压缩。常温下，纯净油液的体积模量 $K=(1.4\sim2)\times10^3$ MPa。考虑到一般液压系统中很难避免混入气体，所以在计算时常取 $K=0.7\times10^3$ MPa。

3. 黏性

1) 黏性的物理本质

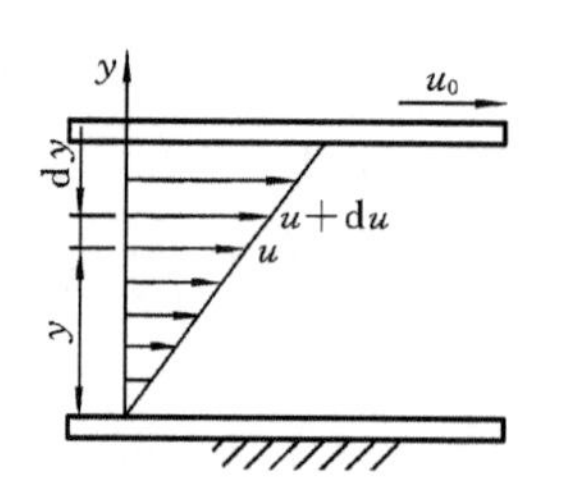

图 18-2 平行板间的液体状态

液体在外力作用下流动时，液体分子间的内聚力阻碍其分子间的相对运动而产生一种内摩擦力，这种现象称为液体的黏性。黏性的大小用黏度来衡量，常用的黏度有动力黏度和运动黏度。如图 18-2 所示的相对运动平行板间的液体流动时，中间各层液体的速度从上至下递减(下板固定)。两板距离小时，各液层的速度按线性规律分布；两板距离大时，各液层的速度按曲线规律分布。黏性是液体在流动时才呈现出来的一种特性，是液体对于剪切力所表现的一种抵抗作用。由实验得知，液体流动时，液体内摩擦力(相邻液层间的) F 与液层接触面积 A 、液层间相对速度 du 成正比，而与液层间的距离 dy 成反比，即

$$F = \mu A\frac{\mathrm{d}u}{\mathrm{d}y} \tag{18-4}$$

式中：μ——比例系数，称为液体的内摩擦系数或黏性系数。

du/dy——速度梯度，即液层相对速度对液层距离的变化率。

而单位面积上的内摩擦力为

$$\tau = \frac{F}{A} = \mu\frac{\mathrm{d}u}{\mathrm{d}y}$$

此式称为牛顿内摩擦定律。由公式看出，非流动时 du/dy =0，$\tau=0$，不呈黏性。

2) 黏度

液体黏性的大小用黏度来表示。液体黏度可用动力黏度、运动黏度来度量。

式(18-4)中液体的内摩擦系数μ，是度量液体黏性的重要参数，称为液体的动力黏度，即

$$\mu = \frac{F}{A}\bigg/\frac{\mathrm{d}u}{\mathrm{d}y} \tag{18-5}$$

式(18-5)的意义是液体在单位速度梯度下流动时，单位面积上产生的内摩擦

力，其单位为 Pa·s(帕·秒)。

液体动力黏度与其密度的比值称为液体的运动黏度(m^2/s)，即

$$v = \frac{\mu}{\rho} \tag{18-6}$$

它只含有运动学量纲，无明确的物理意义，只是在流体力学计算中这种比值常出现而已。

3) 黏度与温度的关系

温度变化对液体的黏度影响较大，液体的温度升高，其黏度下降。液体的黏度随温度变化的性质称为黏温特性。图 18-3 所示为几种典型液压油的黏温特性曲线图。

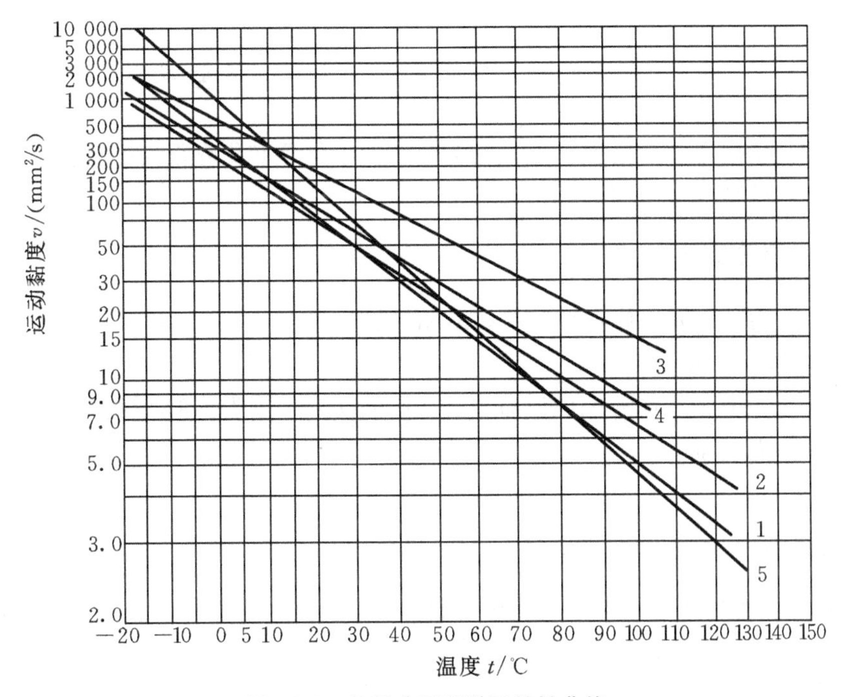

图 18-3　几种典型的黏温特性曲线

1—石油型普通液压油；2—石油型高黏度指数液压油；

3—水包油乳化液；4—水-乙二醇液；5—磷酸酯液

4) 黏度与压力的关系

液体分子间的距离随压力增大而减小，内聚力增大，其黏度也随之增大。当压力不高且变化不大时，压力对黏度的影响较小，一般忽略不计。

18.2.2 液压油的选用

正确合理地选择液压油，对液压系统适应各种环境条件和工作状况的能力，延长系统和元件的寿命，提高设备运转的可靠性，防止事故发生等方面都有重要影响。

一般根据液压系统的使用性能和工作环境等因素确定液压油的品种。当品种确定后，主要考虑油液的黏度。在确定油液的黏度时，主要应考虑系统的工作压力、环境温度及工作部件的运动速度。当系统的工作压力、环境温度较高，工作部件的运动速度较低时，为了减少泄漏，宜采用黏度较高的液压油；当系统的工作压力、环境温度较低，工作部件的运动速度较高时，为了减少功率损失，宜采用黏度较低的液压油。

18.3 液压传动的流体力学基础

流体力学以流体为研究对象。因为液体对于体积变化有很大的抗拒力，所以通常把它看做是不可压缩的。

18.3.1 流体静力学

流体静力学研究液体在静止状态或相对静止状态下的受力平衡问题。

1. 液体的压力

液体的压力 p 是指液体单位面积上所受的法向作用力，即液体静压力，而在物理学中称为压强。

$$p=\frac{F}{A} \tag{18-7}$$

液体静压力有以下两个重要性质。

(1) 液体的静压力垂直于其受压平面，且方向与该平面的内法线方向一致。

(2) 静止液体内任意点处所受到的静压力在各个方向上都相等。

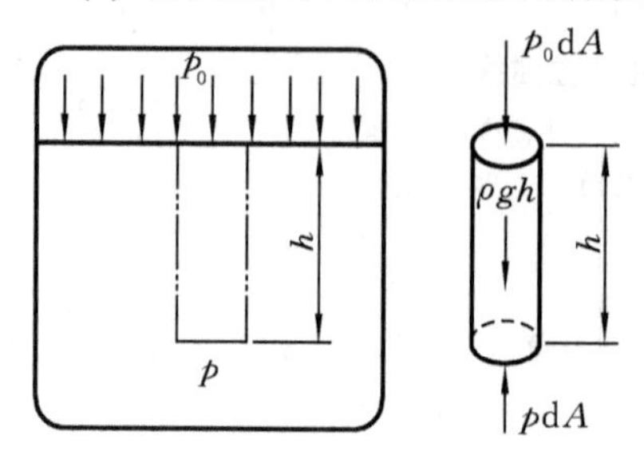

图 18-4 微小垂直液柱的受力情况

2. 重力作用下静止液体中的压力分布——液体静力学基本方程

在重力作用下的静止液体，如果要计算离液面深度为 h 处某一点的压力，可取底面包括该点的一个微小垂直液柱来研究，其受力情况如图 18-4 所示，设液柱的底面积为 $\mathrm{d}A$，高度为 h，液柱自身重量为 $G=\rho gh\mathrm{d}A$，由于液柱处于平衡状态，则有

$$p\mathrm{d}A = p_0\mathrm{d}A + \rho gh\mathrm{d}A$$

$$p = p_0 + \rho gh \tag{18-8}$$

式中：p_0——作用在液面上的压力；

ρ——液体的密度。

式(18-8)即液体静力学基本方程，其物理意义如下。

(1) 静止液体内任一点的静压力由两部分组成，等于自由表面的压力 p_0 加上液体自重形成的压力 ρgh，若液面上只受大气压 p_a 作用，则 $p = p_a + \rho gh$。

(2) 静止液体内的压力沿深度呈直线(线性)规律分布，在重力作用下，静止液体中某点的压力是坐标 z (深度)的函数，压力随着液面深度 h 的增加而线性增加。

(3) 同一深度处的各点压力相等，压力相等的所有点组成的面称为等压面，是一个水平面。

3. 压力的表示方法及单位

由于度量的基准不同，液体压力分为绝对压力和相对压力。绝对压力是以绝对真空度为基准来进行度量的，$p = p_a + \rho gh$。相对压力是以大气压为基准来进行度量的，$p - p_a = \rho gh$，也就是超过大气压的那部分压力，即测压仪表所示压力。当液体中某点处的绝对压力小于大气压力时，就会产生真空，并将绝对压力小于大气压力的数值称为该点的真空度。绝对压力、相对压力、真空度的关系是：

绝对压力 = 相对压力+大气压力

真空度 = 大气压力 − 绝对压力

绝大多数压力表测得的压力都是相对压力。

在 SI 中，压力的单位为 N/m^2，称为帕斯卡，用 Pa 表示。

4. 静压传递原理

密封容器内的静止液体，当边界上的压力 p_0 发生变化，例如增加 Δp 时，则容器内各点的压力将增加同一数值 Δp。也就是说，在密封容器内施加于静止液体任一点的压力将以等值传到液体各点。这就是静压传递原理或帕斯卡原理。

在液压传动系统中，通常是外力产生的压力要比液体自重(ρgh s)所产生的压力大得多。因此可把式(18-8)中的 ρgh 项略去，而认为静止液体内部各点的压力处处相等。

5. 液体对固体壁面的作用力

在液压传动中，略去液体自重产生的压力，液体中各点的静压力是均匀分布的，且垂直作用于受压表面，因此，当承受压力的表面为平面时，液体对该平面的总作用力 F 为液体的压力 p 与受压面积 A 的乘积，其方向与该平面相垂直，即

$$F = pA$$

如果压力油作用在直径为 D 的柱塞上，则有

$$F = pA = p\pi D^2 / 4$$

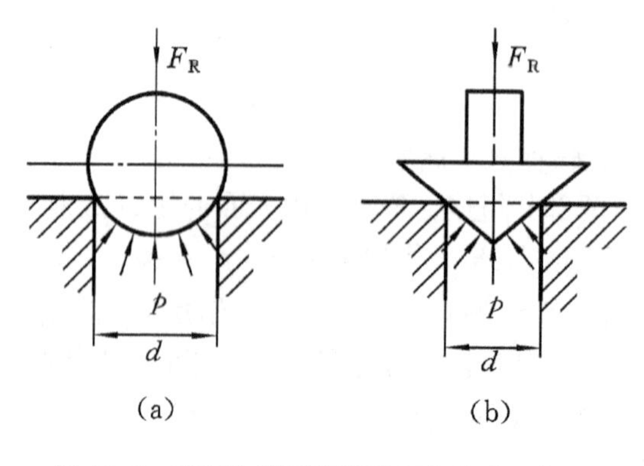

图 18-5　球面和锥面所受液压作用力分析图

当承受压力的表面为曲面时，由于压力总是垂直于承受压力的表面，所以作用在曲面上各点的力不平行但相等。作用在曲面上的液压作用力在某一方向上的分力等于静压力与曲面在该方向投影面积的乘积。图 18-5 所示为球面和锥面所受液压作用力分析图。球面和锥面在垂直方向所受的力F等于曲面在垂直方向的投影面积A与压力p相乘，即

$$F = pA = p\pi d^2 / 4$$

式中：d——承压部分曲面投影圆的直径。

18.3.2　流体动力学

本节主要讨论液体流动时的运动规律、能量转换和流动液体对固体壁面的作用力等问题，具体要介绍流动液体的三个基本方程——连续性方程、伯努利方程和动量方程。

在介绍三个基本方程之前，先简单介绍层流和紊流的的概念。流体在管道内的流动存在着两种状态，即层流和紊流，实验结果表明，在层流时，液体质点互不干扰，液体的流动呈线性或层状，且平行于管道轴线，如图 18-6(a)所示；而紊流时，液体质点的运动杂乱无章，除了平行于管道轴线的运动外，还存在着剧烈的横向运动，如图 18-6(b)所示。

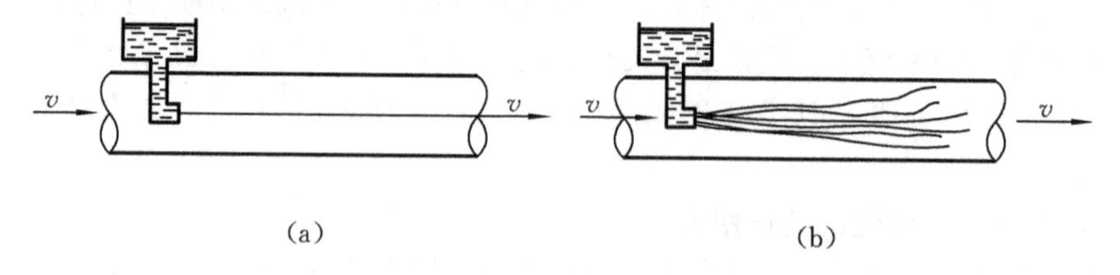

图 18-6　层流和紊流

层流与紊流是两种不同性质的流态。层流时，液体流速较低，质点受黏性制约，不能随意运动，黏性力起主导作用；而紊流时，液体流速较高，黏性不再约束它，惯性力起主导作用。

雷诺实验证明，流体在管道中的流动状态不仅与管内平均流速v有关，还与

管径 d 及液体的运动黏度 ν 有关。流体的这两种状态可用一个无量纲的雷诺数(Re)来判定。详细内容可参阅相关书籍。

1. 连续性方程

液体流动的连续性方程是质量守恒定律在流体力学中的应用。即液体在密封管道内作恒定流动时，设液体不可压缩，则单位时间内流过任意截面的质量相等。

流体在图 18-7 所示的导管(称为流管)中流动，两端的过流断面面积分别为 A_1、A_2。在管内任取一微小流束，其两端截面积分别为 dA_1、dA_2，流速分别为 u_1、u_2。若液流为恒定流动，且不可压缩，根据质量守恒定律，在 dt 时间内流过两个微小过流断面的液体质量应相等，即

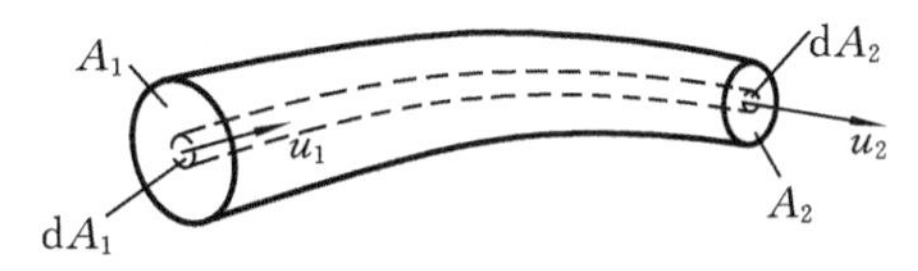

图 18-7　流管

$$\rho u_1 dA_1 dt = \rho u_2 dA_2 dt$$

或

$$u_1 dA_1 = u_2 dA_2$$

若用 v_1、v_1 表示过流断面 A_1、A_2 的平均流速，则

$$A_1 v_1 = A_2 v_2 \tag{18-9}$$

或

$$q = Av = C\ (C\ 为常数)$$

这就是液体流动的连续性方程，它表明不可压缩液体流过流管不同截面的流量是不变的。由上式知，当流量一定时，通流截面上的平均速度与其截面积成反比。

2. 伯努利方程

1) 理想液体的伯努利方程

伯努利方程是能量守恒定律在流体力学中的一种表达形式。在理想液体恒定流动中，取一流束，如图 18-8 所示。截面 A_1 的流速为 v_1，压力为 p_1，位置高度为 z_1；截面 A_2 的流速为 v_2，压力为 p_2，位置高度为 z_2。

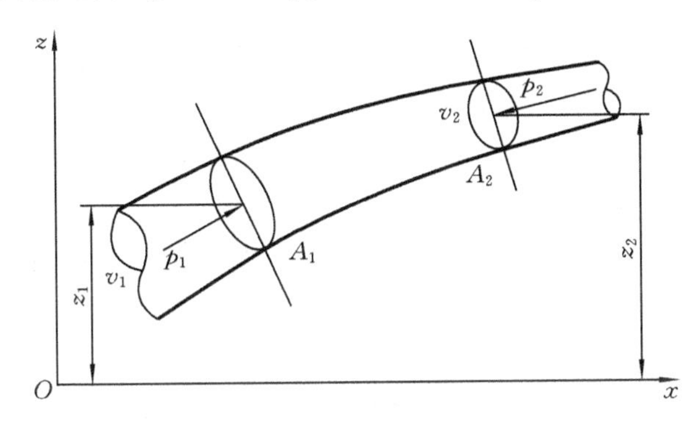

图 18-8　流束

由理论推导可得到理想液体的伯努利方程为

$$p_1+\rho g z_1+\frac{1}{2}\rho v_1^2=p_2+\rho g z_2+\frac{1}{2}\rho v_2^2 \tag{18-10}$$

由于流束的 A_1、A_2 截面是任取的，因此伯努利方程表明，同一流束各截面上的参数 z、$\frac{p}{\rho g}$、$\frac{v^2}{2g}$ 之和为常数，即

$$\frac{p}{\rho g}+z+\frac{v^2}{2g}=C\ (C\text{为常数})$$

上式左端各项依次为单位重量液体的压力能、位能和动能，或称比压能、比位能和比动能，其物理意义为：在管内作恒定流动的理想液体，具有三种形式的能量，即压力能、位能和动能；在同一流束内任意截面上的这三种能量的总和等于常数，且三种能量之间可以相互转换。

2) 实际液体的伯努利方程

实际液体是有黏性的，流动时产生内摩擦力而消耗部分能量；同时，管道局部形状和尺寸的骤然变化使液流产生扰动，亦消耗能量。因此，实体液体流动有能量损失存在。设在两断面间流动的液体单位重量的能量损失为 h_w；在推导理想液体伯努利方程时，认为任取微小流束过流断面的速度相等，而实际上是不相等的。因此需要对动能部分进行修正，设因流速不均匀引起的动能修正系数为 α。经理论推导和实验测定，对圆管来说，α=1～2，紊流时取 α=1，层流时取 α=2。因此，实际液体的伯努利方程为

$$\frac{p_1}{\rho g}+z_1+\frac{\alpha_1 v_1^2}{2g}=\frac{p_2}{\rho g}+z_2+\frac{\alpha_2 v_2^2}{2g}+h_w \tag{18-11}$$

式(18-11)的应用条件是：不可压缩液体作恒定流动；液体所受质量力仅为重力，且液流在所取计算点处的过流断面上为缓变流动。所谓缓变流动，是指流线之间的夹角很小和曲率半径很大的液流，即流线近似于平行。

伯努利方程是流体力学的重要方程。在液压传动中常与连续性方程一起应用来求解系统中的压力和速度问题。

在液压传动系统中，管路中的压力常为十几个大气压到几百个大气压，而大多数情况下管路中油液流速不超过 6 m／s，管路安装高度也不超过 5 m。因此，系统中油液流速引起的动能变化和高度引起的位能变化相对压力能来说可忽略不计，于是伯努利方程(18-11)可简化为

$$p_1-p_2=\Delta p=\rho g h_w \tag{18-12}$$

因此，在液压传动系统中，能量损失主要为压力损失 Δp。这也表明液压传动是利用液体的压力能来工作的，故又称为静压传动。

3. 动量方程

动量方程是动量定律在流体力学中的具体应用。液流作用于固体壁面上的力用动量方程求解比较方便。动量定律指出：作用在物体上的力的大小等于物体在力作用方向上的动量的变化率，即

$$\sum F = \frac{mv_2}{\Delta t} - \frac{mv_1}{\Delta t} \tag{18-13}$$

对于作恒定流动的流体，若忽略其压缩性，可将 $m = \rho q_{\mathrm{v}} \Delta t$ 代入式(18-13)，并考虑以平均流速代替实际流速会产生误差，因而引入动量修正系数 β，则得到如下形式的动量方程：

$$\sum \boldsymbol{F} = \rho q_{\mathrm{v}} (\beta_2 \boldsymbol{v}_2 - \beta_1 \boldsymbol{v}_1) \tag{18-14}$$

式(18-14)为恒定流动液体的动量方程，是一个矢量式。若要计算外力在某一方向的分量，需要将该力向给定方向进行投影计算，如计算 x 方向的分量：

$$\boldsymbol{F}_x = \rho q_{\mathrm{v}} (\beta_2 \boldsymbol{v}_{2x} - \beta_1 \boldsymbol{v}_{1x})$$

式中：β_1、β_2——相应截面的动量修正系数，其值为液流流过某截面的实际动量与采用平均流速计算得到的动量之比。对圆管来说，工程上常取 $\beta = 1.00 \sim 1.33$，紊流时 $\beta = 1.00$，层流时 $\beta = 1.33$。

必须指出，液体对壁面作用力的大小与 $\boldsymbol{F}$ 相同，但方向则与 $\boldsymbol{F}$ 相反。

18.3.3 管路中液体的压力损失

实际液体具有黏性，在流动时就有阻力，为了克服阻力，就必然消耗能量，这就是能量损失。能量损失主要表现为压力损失，也就是实际液体伯努利方程中最后一项的含义。压力损失分为两类：沿程压力损失和局部压力损失。

油液在流过平滑管道时，由于流动时存在的内摩擦力而产生的压力损失称沿程压力损失。沿程压力损失计算公式为(推导过程略)

$$\Delta p_{\mathrm{f}} = \lambda \frac{l}{d} \frac{\rho v^2}{2} \tag{18-15}$$

式中：λ——沿程阻力系数(其值可查阅有关手册)；

d——圆管直径；

l——圆管长度。

油液在流过局部阻碍(如控制阀口、管接头、弯头和管道截面突然发生变化部位)时，由于油液流速、方向发生突变，在局部会形成旋涡而引起液体质点相互撞击和剧烈摩擦，由此产生的压力损失称为局部压力损失。局部压力损失计算公式为(推导过程略)

$$\Delta p_{\mathrm{r}} = \zeta \frac{\rho v^2}{2} \tag{18-16}$$

式中：ζ——局部阻力系数(通过实验测定，其值可查阅有关手册)；

v——平均流速(一般指局部阻力区域下游的流速)。

在一般的液压系统中，管路由于相对较短，由控制阀、管接头、弯头处引起的局部压力损失占主导地位。总的压力损失等于液体流动路线上所有沿程压力损失与局部压力损失之和，即

$$\Delta p_{\mathrm{w}}=\sum\Delta p_{\mathrm{f}}+\sum\Delta p_{\mathrm{r}}=\sum\lambda\frac{l}{d}\frac{\rho v^2}{2}+\sum\zeta\frac{\rho v^2}{2} \tag{18-17}$$

利用本节的流体力学基础知识，可以解决液压系统的一般计算问题。

思考题与习题

18-1　何谓液压传动?其基本工作原理是怎样的?

18-2　结合图 18-1 所示的液压千斤顶工作原理图，说明液压系统由哪几部分组成？各起什么作用?

18-3　什么是液体的黏性?常用黏度表示方法有哪几种？并分别给出其单位。

18-4　为什么说液压系统的工作压力取决于外负载?液压缸有效面积一定时，其活塞运动速度由什么来决定?

18-5　管路中的压力损失有哪几种?分别受哪些因素影响?

18-6　如题 18-6 图所示，在相互连通的两个液压缸中，已知大缸内径 $D=100$ mm，小缸内径 d=20 mm，大缸活塞上放置的物体质量为 5 000 kg。试问：在小缸活塞上所加的力 F 有多大才能使大活塞顶起重物?

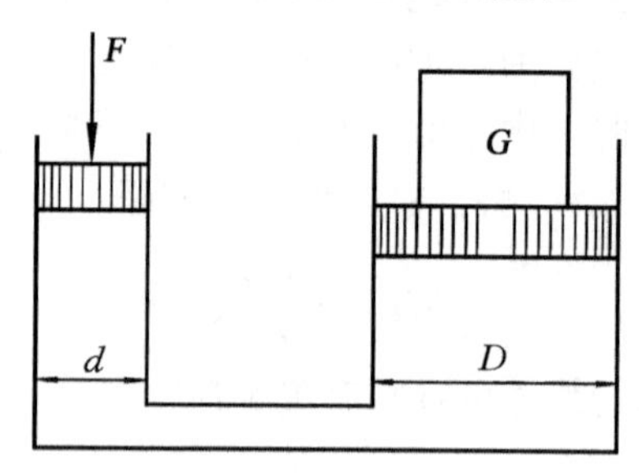

题 18-6 图

18-7　如题 18-7 图所示，液压泵从油箱吸油，吸油管直径 $d=6\,\mathrm{cm}$，流量 $q_{\mathrm{v}}=150\,\mathrm{L/min}$，液压泵入口处的真空度为 0.02 MPa，油液的运动黏度 $\nu=30\times10^{-6}\,\mathrm{m^2/s}$，$\rho$=900 kg/m^3，弯头处的局部阻力系数 $\zeta_1=0.2$，管道入口处的局部阻力系数 $\zeta_2=0.5$。试求：

(1) 沿层损失忽略不计时的吸油高度；

(2) 若考虑沿层损失，吸油高度为多少？

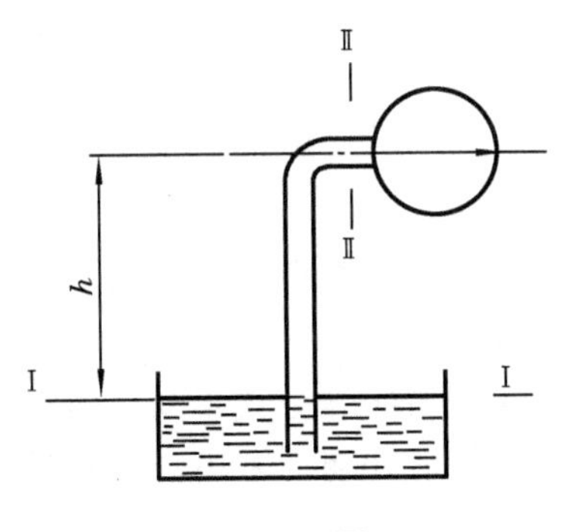

题 18-7 图

第 19 章　液压元件及基本回路

一台设备的液压系统，不论它的复杂程度如何，总是由几个基本的液压回路组成的。而液压回路又是由液压元件按一定的需要组合而成的。对于实现相同目的的回路，由于选择的元件不同或组合方式不同，回路的结构和性能也不同。因此，必须熟悉各种液压元件的性能和使用方法，才能深入分析液压回路的作用。

19.1　液压泵与液压马达

19.1.1　液压泵和液压马达概述

液压泵是液压系统的动力元件，其功用是供给系统压力油，是液压系统中将电动机所输出的机械能转换为压力能的能量转换装置。液压马达则是液压系统的执行元件，它把输入油液的压力能转换为输出轴转动的机械能，用以拖动负载做功。液压泵和液压马达的图形符号如图 19-1 所示。

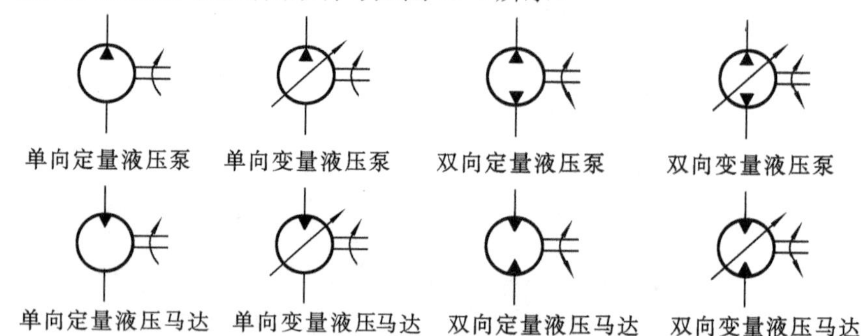

图 19-1　液压泵和液压马达的图形符号

1. 液压泵和液压马达的工作原理及分类

1) 液压泵的工作原理

液压传动系统中使用的液压泵和液压马达都是容积式的。容积泵的工作原理如图 19-2 所示。当偏心轮 1 由电动机带动旋转时，柱塞 2 作往复运动。柱塞右移时，密封工作腔 4 的容积逐渐增大，形成局部真空，油箱中的油液在大气压力作用下，通过单向阀 5 进入工作腔 4，这是吸油过程。当柱塞左移时，工作腔 4 的容积逐渐减小，使腔内油液打开单向阀 6 进入系统，这是压油过程。这样，偏心轮不断旋转，泵就不断地吸油和压油。

由此可见，液压泵输出的流量取决于密封工作腔容积变化的大小；泵的输出压力取决于油液从工作腔排出时所遇到的阻力。构成容积泵的两个必要条件是：周期性的密封容积变化，配流装置。

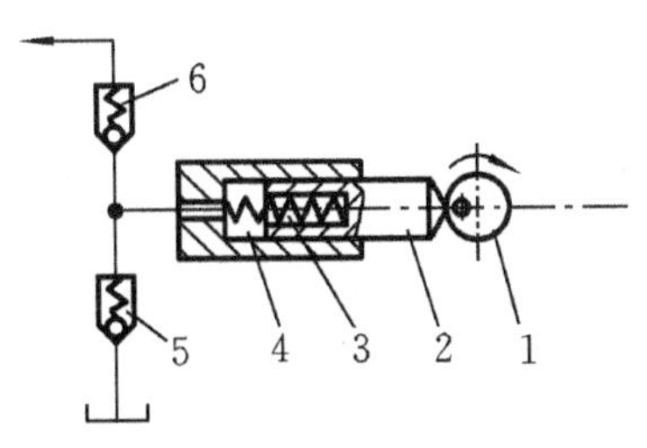

图 19-2　容积泵的工作原理图

从工作原理上说，大部分液压泵和液压马达是可逆的，即向容积泵中输入压力油，就可使泵转动；输出转矩和转速，就成为液压马达。但具体结构有些不同。

2) 液压泵和液压马达分类

液压泵和液压马达按其输出(输入)流量是否可调节分为定量泵(定量马达)和变量泵(变量马达)两类；按结构形式可分为齿轮式、叶片式、柱塞式三大类。

2. 液压泵(液压马达)的主要性能参数

1) 工作压力和额定压力

液压泵(液压马达)的工作压力是指泵(马达)实际工作时的压力。对泵来说，工作压力是指它的输出油液压力；对马达来说，则是指它的输入压力。液压泵(液压马达)的额定压力是指泵(马达)在正常工作条件下按试验标准规定的连续运转的最高压力，超过此值就是过载。

2) 排量和流量

液压泵(液压马达)的排量(用 V 表示)是指泵(马达)每转一转，由其密封油腔几何尺寸变化所算得的输出(输入)液体的体积，亦即在无泄漏的情况下，其每转一转所能输出(所需输入)的液体体积。

液压泵(液压马达)的理论流量(用 q_{vt} 表示)是指泵(马达)在单位时间内由其密封油腔几何尺寸变化所算得的输出(输入)的液体体积，亦即在无泄漏的情况下单位时间内所能输出(所需输入)的液体体积。泵(马达)的转速为 n 时，泵(马达)的理论流量为 $q_{vt}=Vn$。

液压泵(液压马达)的额定流量(用 q_n 表示)是指在正常工作条件下，按试验标准规定必须保证的流量，亦即在额定转速和额定压力下由泵输出(或输入到马达中去)的流量。因泵和马达存在内泄漏，所以额定流量和理论流量是不同的。

3) 功率和效率

液压泵由电动机驱动，输入量是转矩和转速(角速度)，输出量是液体的压力和流量；液压马达则刚好相反，输入量是液体的压力和流量，输出量是转矩和转速(角速度)。如果不考虑液压泵(液压马达)在能量转换过程中的损失，则输出功率等于输入功率，即理论功率为

$$P_t=pq_{vt}=pVn=\omega T_t=2\pi nT_t \tag{19-1}$$

式中：T_t——液压泵(液压马达)的理论转矩；

ω——液压泵(液压马达)的角速度。

实际上，液压泵(液压马达)在能量转换过程中是有损失的，因此输出功率小于输入功率。

19.1.2 齿轮泵

齿轮泵按其结构形式可分为外啮合齿轮泵和内啮合齿轮泵两种，内啮合齿轮泵应用较少，故本节只介绍外合齿轮泵。外啮合齿轮泵具有结构简单紧凑、容易制造、成本低、对油液污染不敏感、工作可靠、维护方便、寿命长等优点，故广泛应用于各种低压系统中。随着齿轮泵在结构上的不断完善，中高压齿轮泵的应用逐渐增多。目前高压齿轮泵的工作压力可达 14～21 MPa。

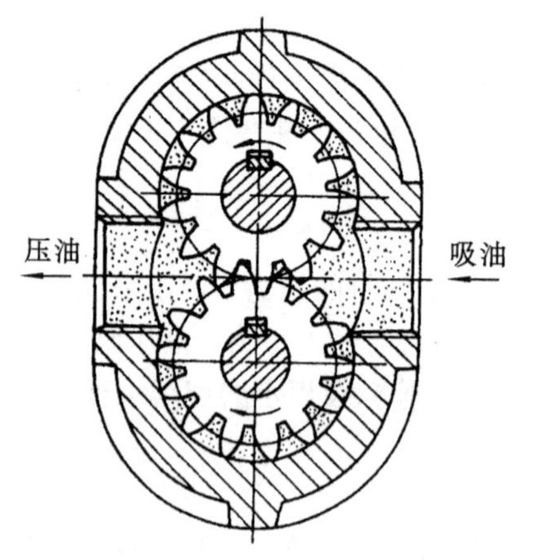

图 19-3 外啮合齿轮泵的工作原理图

图 19-3 所示为外啮合齿轮泵的工作原理。在泵的壳体内有一对外啮合齿轮，齿轮两侧有端盖盖住(图中未示出)。壳体、端盖和齿轮的各个齿间槽组成了许多密封工作腔。当齿轮按图示方向旋转时，右侧吸油腔由于相互啮合的轮齿逐渐脱开，密封工作腔容积逐渐增大，形成部分真空，油箱中的油液被吸进来，将齿间槽充满，并随着齿轮旋转，把油液带到左侧压油腔去。在压油区一侧，由于轮齿逐渐进入啮合，密封工作腔容积不断减小，油液便被挤出去通过压油口排出。吸油区和压油区是由相互啮合的轮齿以及泵体分隔开的。

19.1.3 叶片泵

叶片泵靠叶片、转子和定子间构成的容积变化来实现吸、压油，其优点是：结构紧凑，运转平稳，输油量均匀，噪声小，寿命长。目前叶片泵广泛用于中高压液压系统中。一般叶片泵的工作压力为 7.0 MPa，高压叶片泵的工作压力可达 14.0 MPa。

叶片泵按每转一周的吸油次数(或压油次数)分为单作用式叶片泵(一转吸压一次)和双作用式叶片泵(一转吸压两次)。单作用叶片泵往往做成变量的，而双作用叶片泵则是定量的。

1. 双作用叶片泵工作原理

图 19-4 所示为双作用叶片泵的工作原理。它主要由定子 1、转子 2、叶片 3、配油盘、泵体组成，其定子内表面由两段长半径圆弧、两段短半径圆弧和四段过

渡曲线八个部分组成，定子和转子同心安装。叶片在转子上沿圆周均布的若干个槽内可灵活滑动，在转子转动时的离心力以及通入叶片根部压力油的作用下，叶片顶部贴紧在定子内表面上，于是两相邻叶片、配油盘、定子和转子间便形成了一个个密封的工作腔。当转子按图示逆时针方向旋转时，密封工作腔的容积在左上角和右下角处逐渐减小，为压油区，在左下角和右上角处逐渐增大，为吸油区；吸油区和压油区之间有一段封油区把它们隔开。这种泵的转子每转一转，每个密封工作腔完成吸油和压油动作各两次，所以称为双作用叶片泵。泵的两个吸油区和两个压油区是径向对称的，作用在转子上的液压力径向平衡，所以又称为平衡式叶片泵。因此，工作压力的提高不会受到负载能力的限制。此泵的排量不可调，是定量泵。

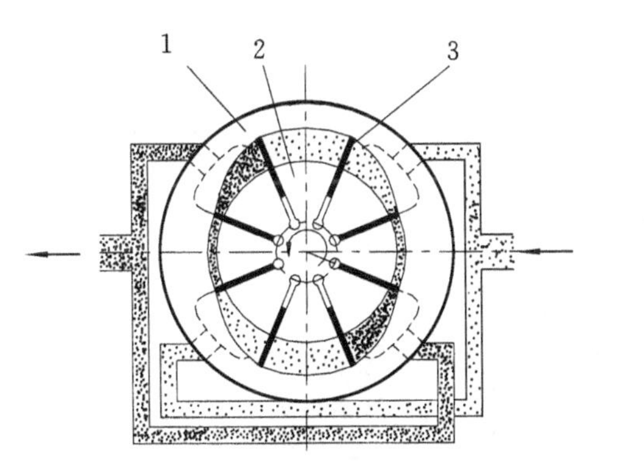

图 19-4　双作用叶片泵的工作原理图

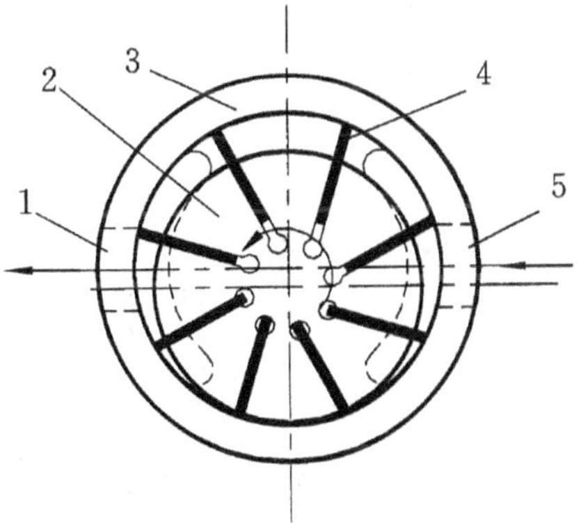

图 19-5　单作用叶片泵的工作原理图

2. 单作用叶片泵的工作原理

图 19-5 所示为单作用叶片泵的工作原理。泵由转子 2、定子 3、叶片 4、配油盘和端盖(图中未示出)等部件所组成。定子的内表面是圆柱形孔。转子和定子之间存在着偏心。叶片在转子的槽内可灵活滑动，在转子转动时的离心力以及通入叶片根部压力油的作用下，叶片顶部贴紧在定子内表面上，于是两相邻叶片、配油盘、定子和转子间便形成了一个个密封的工作腔。当转子按逆时针方向旋转时，图右侧的叶片向外伸出，密封工作腔容积逐渐增大，产生真空，于是通过吸油口 5 和配油盘上窗口将油吸入。而在图的左侧，叶片往里缩进，密封腔的容积逐渐缩小，密封腔中的油液经配油盘另一窗口和压油口 1 被压出而输出到系统中去。这种泵在转子转一转的过程中，吸油、压油各一次，故称为单作用泵。转子受到不平衡的径向液压力作用，故又称为非平衡式泵。这种泵轴和轴承上的不平衡负载较大，因此，其工作压力的提高受到限制。改变定子和转子间的偏心量，便可改变泵的排量，故这种泵都做成变量泵。

19.1.4 柱塞泵

柱塞泵具有加工方便、配合精度高、密封性能好、容积效率高等特点，故可在高压下作用。

柱塞泵分为轴向柱塞泵和径向柱塞泵两大类。轴向柱塞泵又分为斜盘式(直轴式)轴向柱塞泵和斜轴式轴向柱塞泵两种。其中斜盘式轴向柱塞泵应用较广。

图 19-6 所示为斜盘式轴向柱塞泵的工作原理。泵由斜盘 1、柱塞 2、缸体 3、配油盘 4 等主要零件组成。斜盘 1 和配油盘 4 是不动的，传动轴 5 带动缸体 3、柱塞 2 一起转动，柱塞 2 靠机械装置或在低压油作用下压紧在斜盘上。当传动轴按图示方向旋转时，柱塞 2 在其自下而上回转的半周内逐渐向外伸出，使缸体内密封工作腔容积不断增加，产生局部真空，从而将油液经配油盘上的配油窗口 b 吸入；柱塞在其自上而下回转的半周内又逐渐向里推入，使密封工作腔容积不断减小，将油液从配油盘窗口 a 向外压出。缸体每转一转，每个柱塞往复运动一次，完成一次吸油和压油动作。改变斜盘的倾角γ，便可以改变柱塞往复行程的大小，因而也就改变了泵的排量。

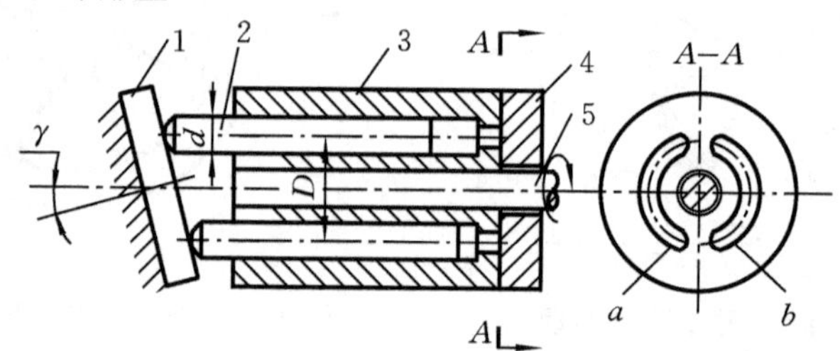

图 19-6　斜盘式轴向柱塞泵的工作原理图

19.1.5 液压马达

下面以轴向柱塞马达为例来说明液压马达的工作原理。如图 19-7 所示，当压力油输入时，处于高压腔中的柱塞被顶出，压在斜盘上。设斜盘作用在柱塞上的

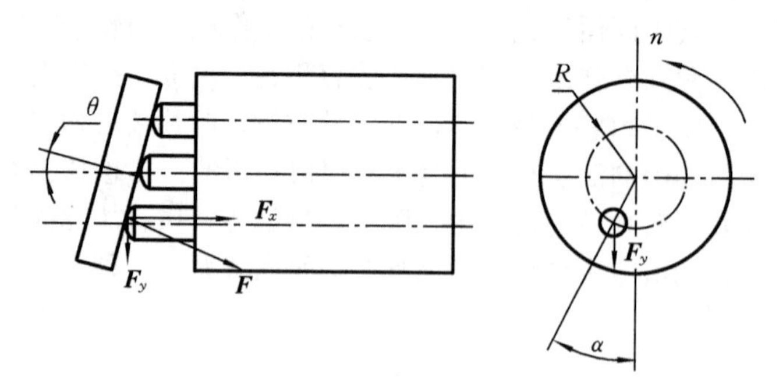

图 19-7　液压马达的工作原理图

反力为 F，其轴向分力 F_x 与柱塞上的液压力平衡，而其径向分力 F_y 则使处于高压腔中的每个柱塞都对转子中心产生一个转矩，使缸体和马达轴旋转。如果改变液压马达压力油的输入方向，马达轴就会反转。

19.2 液 压 缸

19.2.1 液压缸的基本类型和特点

液压缸是液压系统中的又一类执行元件，是用来实现工作机构直线往复运动或小于 360°的摆动运动的能量转换装置，其结构形式有活塞缸、柱塞缸、摆动缸(也称为摆动液压马达)三大类。液压缸结构简单、工作可靠，在液压系统中得到了广泛的应用。

1. 活塞式液压缸

1) 双杆液压缸

这种液压缸的活塞两端都有活塞杆，如图 19-8 所示。它有两种不同的安装形式，图 19-8(a)所示为缸体固定时的安装形式；图 19-8(b)所示为活塞杆固定时的安装形式。前者工作台运动所占用的空间轴向位置近似于液压缸有效行程 L 的三倍，一般用于中小型设备。而后者近似于有效行程的两倍，常用于大中型设备中。

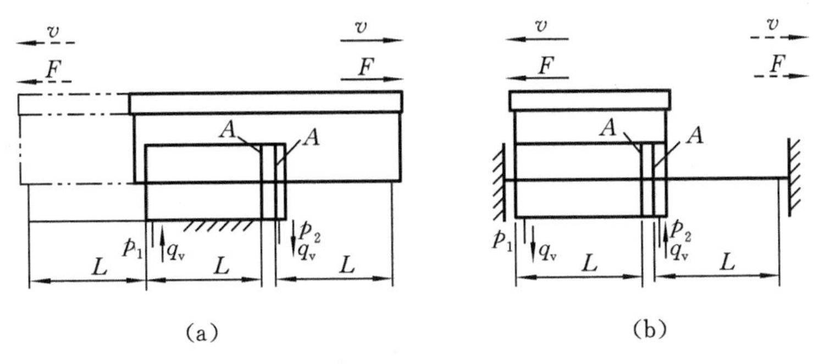

图 19-8 双杆液压缸的工作原理图

双杆液压缸两端的活塞杆直径通常是相等的，因此左、右两腔有效面积也相等。当分别向左、右腔输入压力和流量相同的油液时，液压缸左、右两个方向的推力 F 和速度 v 相等，其计算公式为

$$v = \frac{q_v}{A} = \frac{q_v}{\frac{\pi}{4}(D^2 - d^2)} \tag{19-2}$$

$$F = (p_1 - p_2)A = \frac{\pi}{4}(D^2 - d^2)(p_1 - p_2) \tag{19-3}$$

式中：v——活塞(或缸体)的运动速度；

q_v——输入液压缸的流量；

F——活塞(或缸体)上的液压推力；

A——液压缸的有效面积；

D、d—— 活塞、活塞杆的直径；

p_1、p_2——进油腔、回油腔压力。

2) 单杆液压缸

如图 19-9 所示，活塞只有一端带活塞杆，它也有缸体固定和活塞杆固定两种形式。这种液压缸由于左、右两腔的有效面积 A_1 和 A_2 不相等，因此，当进油腔和回油腔的压力分别为 p_1 和 p_2，输入左、右两腔的流量均为 q_v 时，液压缸左、右两个方向的推力和速度皆不相等。

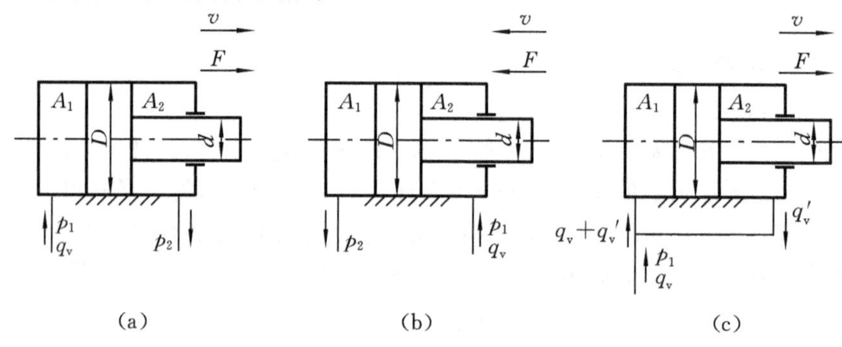

图 19-9　单杆液压缸的工作原理图

(1) 无杆腔进油时，活塞的运动速度和推力分别为

$$v_1 = \frac{q_v}{A_1} = \frac{4q_v}{\pi D^2} \tag{19-4}$$

$$F_1 = p_1A_1 - p_2A_2 = \frac{\pi}{4}D^2(p_1 - p_2) + \frac{\pi}{4}d^2 p_2 \tag{19-5}$$

(2) 有杆腔进油时，活塞的运动速度和推力分别为

$$v_2 = \frac{q_v}{A_2} = \frac{4q_v}{\pi(D^2 - d^2)} \tag{19-6}$$

$$F_2 = p_1A_2 - p_2A_1 = \frac{\pi}{4}D^2(p_1 - p_2) - \frac{\pi}{4}d^2 p_1 \tag{19-7}$$

分析上述式(19-4)～式(19-7)可知，由于 $A_1 > A_2$，故 $v_1 < v_2$，$F_1 > F_2$。活塞杆伸出时，推力较大，速度较慢；活塞杆缩回时，推力较小，速度较快。

工程上把活塞运动速度 v_2 和 v_1 的比值称为速比，用λ_v表示，于是得

$$\lambda_v = \frac{v_2}{v_1} = \frac{D^2}{D^2 - d^2} \tag{19-8}$$

式(19-8)说明：活塞杆直径越细，λ_v越接近于1，工作台两个方向的速度差值也就越小。

单杆液压缸两腔都通入压力油的这种油路连接方式称为差动连接，它加快了活塞的伸出速度。

$$v_3 = \frac{q_v}{A_1 - A_2} = \frac{4q_v}{\pi d^2} \tag{19-9}$$

$$F_3 = p_1(A_1 - A_2) = \frac{\pi}{4}\left[D^2 - (D^2 - d^2)\right]p_1 = \frac{\pi}{4}d^2 p_1 \tag{19-10}$$

对比式(19-9)、式(19-10)与式(19-4)、式(19-5)，显然$v_3 > v_1$，而$F_1 > F_3$。如果要求差动液压缸活塞向右运动(差动连接)的速度与向左运动(非差动连接)时的速度相等，即使$v_3 = v_1$，则有

$$\frac{4q_v}{\pi(D^2 - d^2)} = \frac{4q_v}{\pi d^2}$$

这时活塞直径D和活塞杆直径d之间的关系为

$$D = \sqrt{2}d$$

式中：q_v——输入液压缸的流量；

A_1、A_2——液压缸无杆腔和有杆腔的活塞有效工作面积；

D、d—— 活塞、活塞杆的直径；

p_1、p_2——进油腔、回油腔压力。

2. 柱塞式液压缸

活塞式液压缸的活塞与缸筒内孔之间要求较高的配合精度，在缸筒较长时，加工就很困难，而图19-10所示的柱塞式液压缸结构形式就可以解决这种困难。柱塞液压缸的缸筒与柱塞之间没有配合要求，缸筒内孔不需要精加工，仅柱塞与缸盖导向孔之间有配合要求，这就简化了缸筒内孔的加工工艺，因此柱塞液压缸特别适用于行程很长的场合。为了减轻柱塞重量，减小柱塞的弯曲变形，柱塞常被做成空心的，行程特别长的柱塞缸还可以在缸筒内为柱塞设置各种不同形式的辅助支承，以增强其刚度。

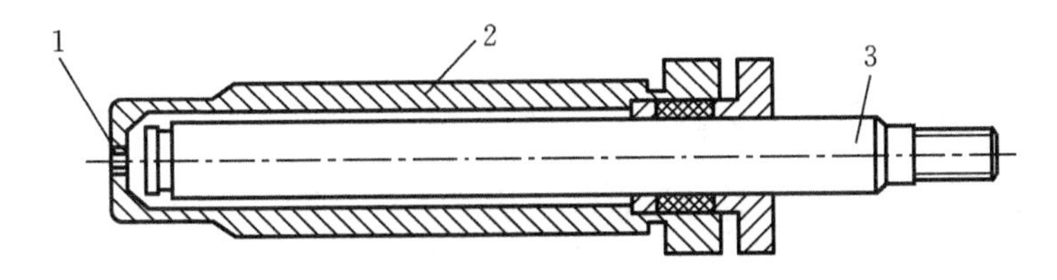

图 19-10　柱塞式液压缸的结构示意图

图19-10所示为柱塞式液压缸结构示意图。工作时，压力油从进油口1进入

缸筒 2 中，推动柱塞 3 向外伸出。柱塞输出的速度 v 和推力 F 为

$$v=\frac{q_v}{A}=\frac{4q_v}{\pi d^2} \tag{19-11}$$

$$F=pA=\frac{\pi d^2 p}{4} \tag{19-12}$$

3. 摆动式液压缸

摆动式液压缸主要用来驱动作间歇回转运动的工作机构，例如回转夹具、液压机械手、分度机械等装置，分单叶片式和双叶片式两种。图 19-11(a)所示为单叶片式摆动液压缸。当压力油从左下方油口进入缸筒时，叶片和叶片轴在压力油作用下作逆时针方向转动，摆动角度一般小于 300°，回油从缸筒左上方的油口流出。

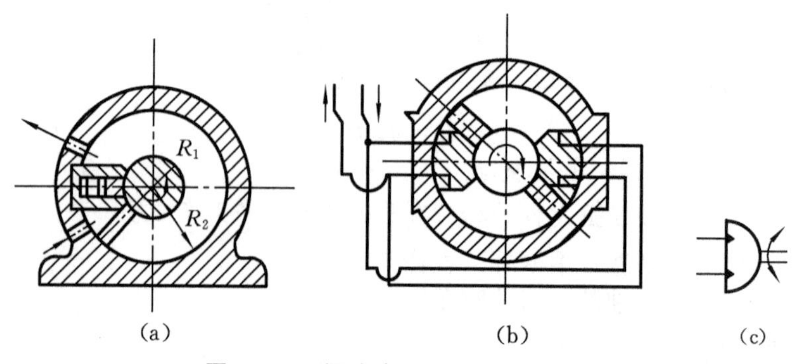

图 19-11 摆动液压缸的结构示意图

图 19-11(b)所示为双叶片式摆动液压缸，图中缸筒的左上方和右下方两个油口同时通入压力油，两个叶片在压力油的作用下使叶片轴作顺时针转动，摆动角度一般小于 150°，回油从缸筒右上方和左下方两个油口流出。图 19-11(c)所示为摆动式液压缸的图形符号。

双叶片式摆动液压缸与单叶片式摆动液压缸相比，摆动角度小，但在同样大小结构尺寸下转矩增大一倍，且具有径向压力平衡的优点。摆动式液压缸也称为摆动液压马达。

19.2.2 液压缸的典型结构

图 19-12 所示为单杆活塞液压缸的结构图，它主要由缸体组件(缸底 1、缸筒 6、缸盖 10)、活塞组件(活塞 4、活塞杆 7)、缓冲装置、排气装置、密封装置以及导向套 8 等组成。缸筒一端与缸底焊接成一个整体，另一端与缸盖通过螺钉与其连接。活塞与活塞杆采用卡键连接。为了保证活塞与缸筒、活塞杆与缸盖之间的可靠密封，在相应部位设置了密封圈 3、5、9、11 和防尘圈 12。

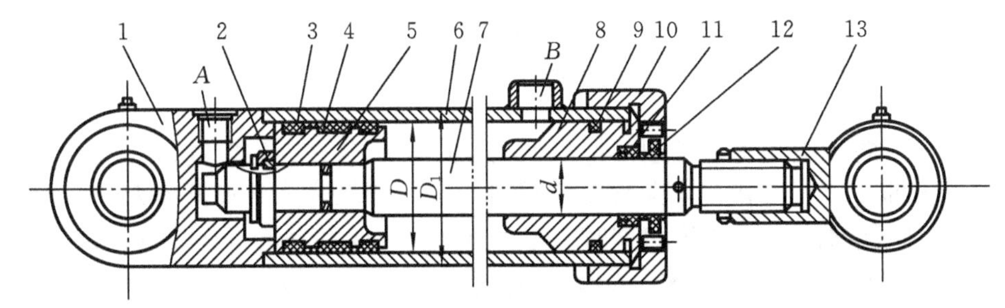

图 19-12　单杆活塞液压缸的结构示意图

由以上例子可以看到，液压缸在结构形式上可能有所不同，但基本上是由活塞组件、缸体组件、密封装置、缓冲装置及排气装置等组成的。

19.3　液压控制元件

液压控制阀是用来控制液压系统中油液的流动方向或调节其压力和流量的，因此它可以分为方向控制阀、压力控制阀和流量控制阀三大类。

19.3.1　方向控制阀

方向控制阀是控制液压系统中油液的流动方向的，分为单向阀和换向阀两类。

1. 单向阀

单向阀有普通单向阀和液控单向阀两种。

1) 普通单向阀

普通单向阀简称单向阀，它的作用是使油液只能沿一个方向流动，不能反向流动。图 19-13 所示为直通式单向阀的结构图及图形符号。压力油从 P_1 口流入时，克服弹簧 3 作用在阀芯 2 上的力，使阀芯 2 向右移动，打开阀口，油液从 P_1 口流向 P_2 口。当压力油从 P_2 口流入时，液压力和弹簧力将阀芯压紧在阀座上，使阀口关闭，液流不能通过。

单向阀的弹簧主要用来克服阀芯的摩擦阻力和惯性力，使阀芯可靠复位，为了

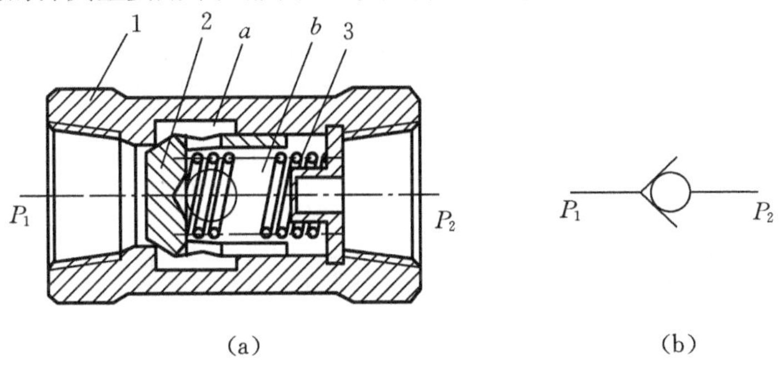

图 19-13　直通式单向阀的结构图及图形符号

减小压力损失，弹簧刚度较小，一般单向阀的开启压力为0.03～0.05 MPa。如换上刚度较大的弹簧，使阀的开启压力达到0.2～0.6 MPa，便可当背压阀使用。

2) 液控单向阀

液控单向阀的结构图及图形符号如图19-14所示。当控制油口K没有引入控制压力油时，它与普通单向阀完全相同，压力油只能从P_1口流向P_2口，反向不通。当控制油口K通入压力油时，压力油将阀芯向右推动，P_1口与P_2口互通，油液可在两个方向自由流动。液控单向阀控制油的最小压力约为主油路压力的30%。

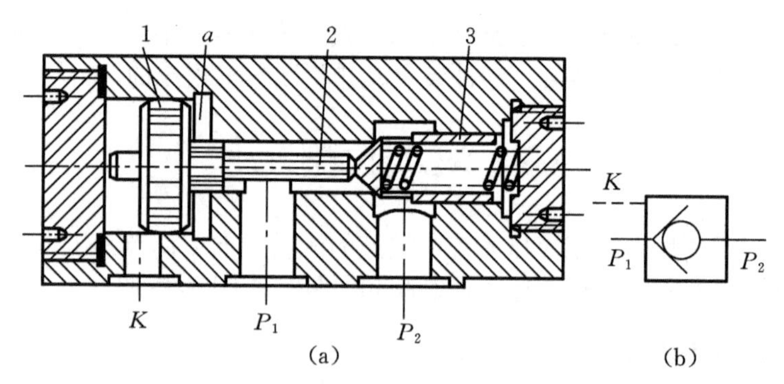

图 19-14 液控单向阀的结构图及图形符号

2. 换向阀

换向阀的作用是利用阀芯和阀体的相对运动来改变油液流动的方向，接通或关闭油路。换向阀的应用很广，种类也很多。按阀芯相对阀体运动的方式分，有转阀式和滑阀式之分；按操纵方式分，有手动、机动、电磁、液动、电液动等多种；按阀芯在阀体内工作位置数分，有二位阀、三位阀等；按阀体上主油口数目分，有二通阀、三通阀、四通阀和五通阀。

1) 滑阀式换向阀的主体结构形式

由表19-1可见，阀体上有多个油口，各油口之间的通断取决于阀芯的不同工作位置，阀芯在外力作用下移动可以停留在不同的工作位置上。

表 19-1 滑阀式换向阀主体部分的结构形式

名　称	结构原理图	图 形 符 号	使 用 场 合
二位二通阀	A　P	A　P	控制油路的接通与切断（相当于一个开关）

续表

<table>
<tr><th>名　称</th><th>结构原理图</th><th>图形符号</th><th colspan="3">使 用 场 合</th></tr>
<tr><td>二位三通阀</td><td> 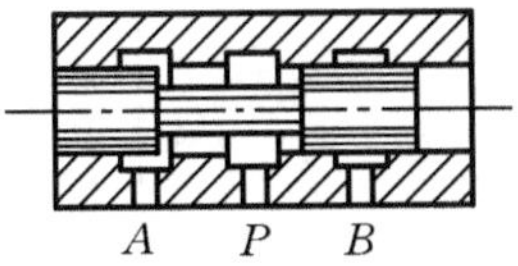A　P　B</td><td> 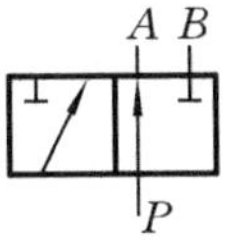A B
P</td><td colspan="3">控制液流方向(从一个方向变化成另一个方向)</td></tr>
<tr><td>二位四通阀</td><td> 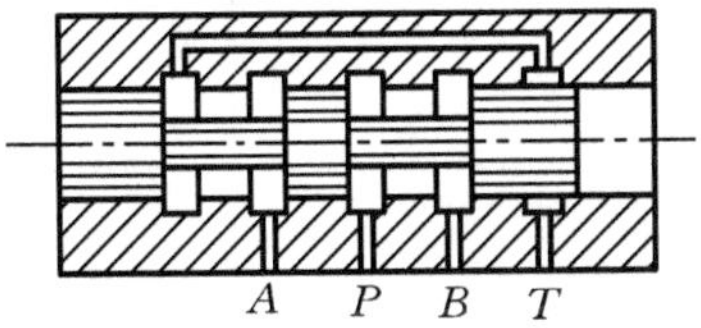A　P　B　T</td><td> 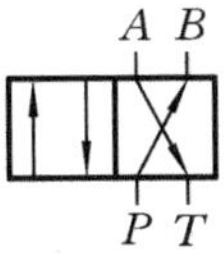A B
P T</td><td rowspan="4">控制执行元件换向</td><td>不能使执行元件在任一位置上停止运动</td><td rowspan="2">执行元件正反向运动时回油方式相同</td></tr>
<tr><td>三位四通阀</td><td> 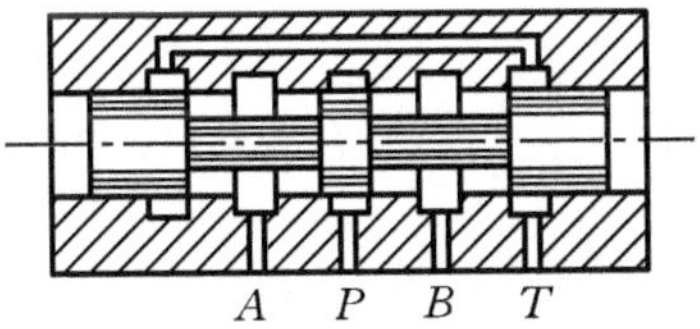A　P　B　T</td><td> 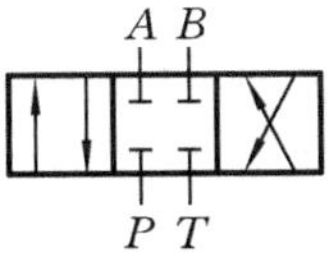A B
P T</td><td>能使执行元件在任一位置上停止运动</td></tr>
<tr><td>二位五通阀</td><td> 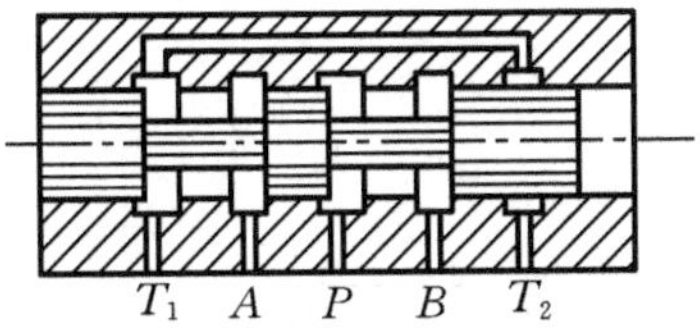T_1　A　P　B　T_2</td><td> 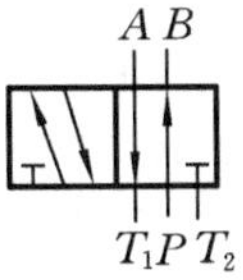A B
T_1 P T_2</td><td>不能使执行元件在任一位置上停止运动</td><td rowspan="2">执行元件正反向运动时回油方式不同</td></tr>
<tr><td>三位五通阀</td><td> 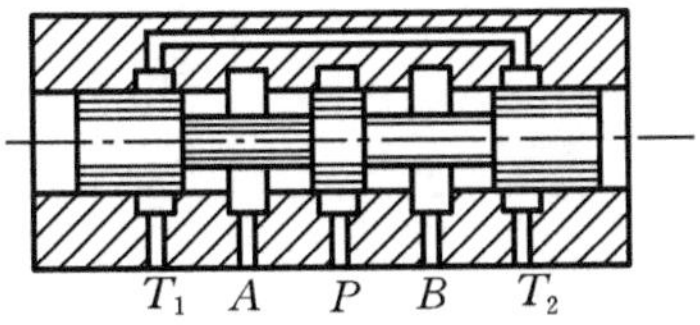T_1　A　P　B　T_2</td><td> 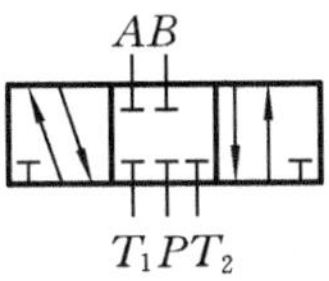AB
T_1 P T_2</td><td>能使执行元件在任一位置上停止运动</td></tr>
</table>

2) 滑阀式换向阀的操纵方式

常见的滑阀式换向阀的操纵方式见表 19-2。

表 19-2　滑阀式换向阀的操纵方式

操纵方式	图形符号	简要说明
手动	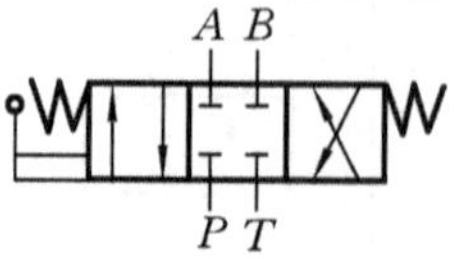 A B P T	手动操纵，弹簧复位，中间位置时阀口互不相通
机控	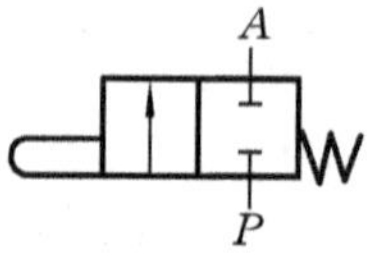 A P	挡块操纵，弹簧复位，通口常闭
电磁	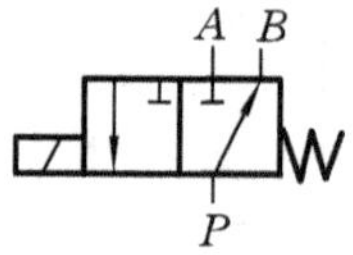 A B P	电磁铁操纵，弹簧复位
液动	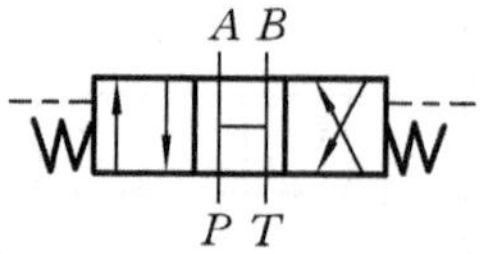 A B P T	液压操纵，弹簧复位，中间位置时四口(P、A、B、T)互通
电液动	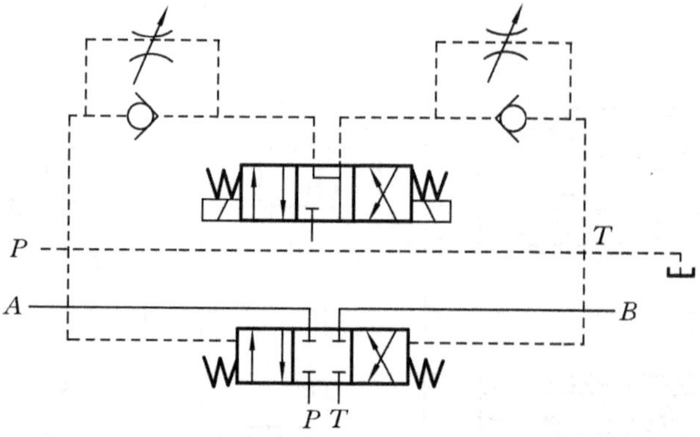 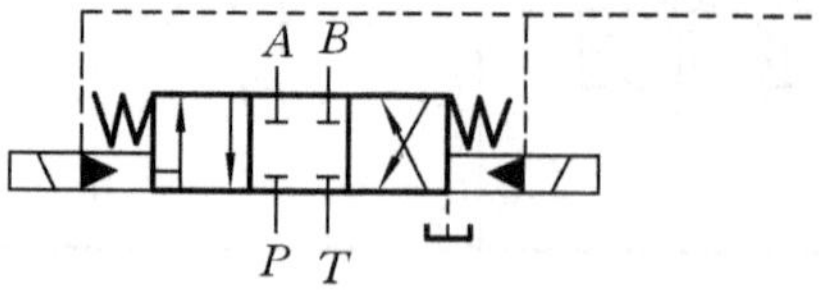 P T A B P T A B P T	电磁铁先导控制，液压驱动，阀芯移动速度可分别由两端的节流阀调节，使系统中执行元件能得到平稳的换向

3) 换向阀的中位机能

三位换向阀的阀芯在中间位置时，各通口间的连通方式称为换向阀的中位机能。中位机能不同，换向阀对系统的控制性能也不同。常用换向阀的各种机能形式、作用及特点见表 19-3。

表 19-3　三位四通换向阀的中位机能

形　式	符　号	中位油口状态、特点及应用
O 型	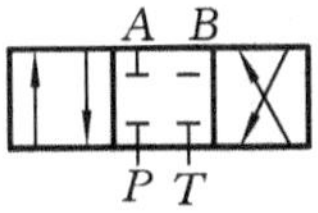 A B P T	P、A、B、T 四口全封闭，液压泵不卸荷，液压缸闭锁，可用于多个换向阀的并联工作
H 型	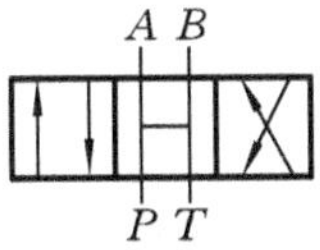 A B P T	四口全串通；活塞处于浮动状态，在外力作用下可移动；泵卸荷
Y 型	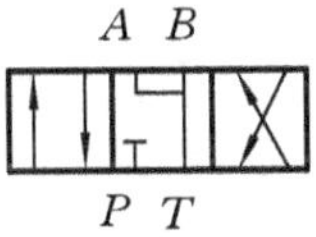 A B P T	P 口封闭，A、B、T 三口相通；活塞处于浮动状态，在外力作用下可移动；泵不卸荷
P 型	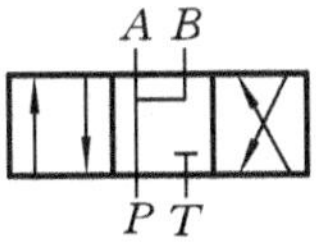 A B P T	P、A、B 相通，T 封闭；泵与缸两腔相通，可组成差动回路
M 型	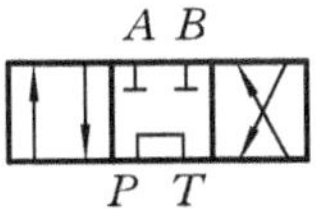 A B P T	P、T 相通，A 与 B 均封闭；活塞闭锁不动；液压泵卸荷，也可用于多个 M 型换向阀的并联工作

19.3.2　压力控制阀

在液压系统中，用来控制油液压力或利用油液压力来控制油路通断的阀皆称为压力控制阀。这类阀的共同特点是利用液压力和弹簧力相平衡的原理进行工作。压力控制阀主要有溢流阀、减压阀、顺序阀、压力继电器等。

1. 溢流阀

溢流阀的作用是控制系统中的压力，使其基本恒定，实现稳压、调压或限压。常用的溢流阀有直动型溢流阀和先导型溢流阀两种。

1) 直动型溢流阀

直动型溢流阀的结构图和图形符号如图 19-15 所示。阀芯在弹簧的作用下压在阀座上，阀体上开有进、出油口 P 和 T，油液压力从进油口 P 作用在阀芯上。

当液压力小于弹簧力时，阀芯压在阀座上不动，阀口关闭；当液压力超过弹簧力时，阀芯离开阀座，阀口打开，油液便从出油口 T 流回油箱，从而保证进口压力基本恒定．调节弹簧的预压力，便可调整溢流压力。

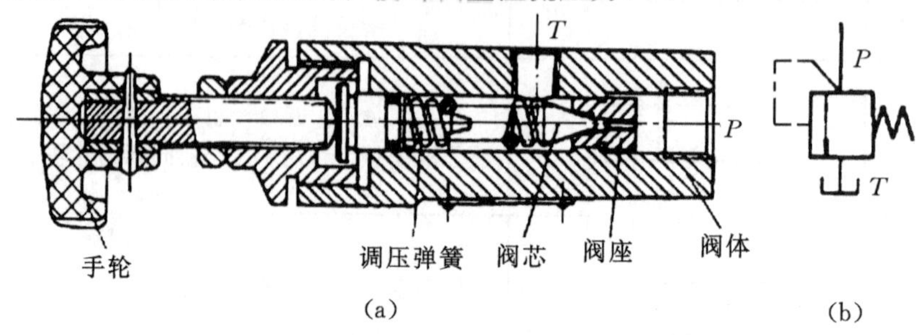

图 19-15　直动型溢流阀的结构图和图形符号

直动型溢流阀结构简单、灵敏度高，但压力受溢流量的影响较大，不适于在高压、大流量下工作。因为当溢流量的变化引起阀口开度即弹簧压缩量发生变化时，弹簧力变化较大，溢流阀进口压力也随之发生较大变化，故直动型溢流阀调压稳定性差。

2) 先导型溢流阀

先导型溢流阀的结构图和图形符号如图 19-16 所示。它由先导阀和主阀两部分组成。液压力同时作用于主阀芯及先导阀芯上。当先导阀未打开时，阀腔中油液没有流动，作用在主阀芯上、下两个方向的液压力平衡，主阀芯在弹簧的作用

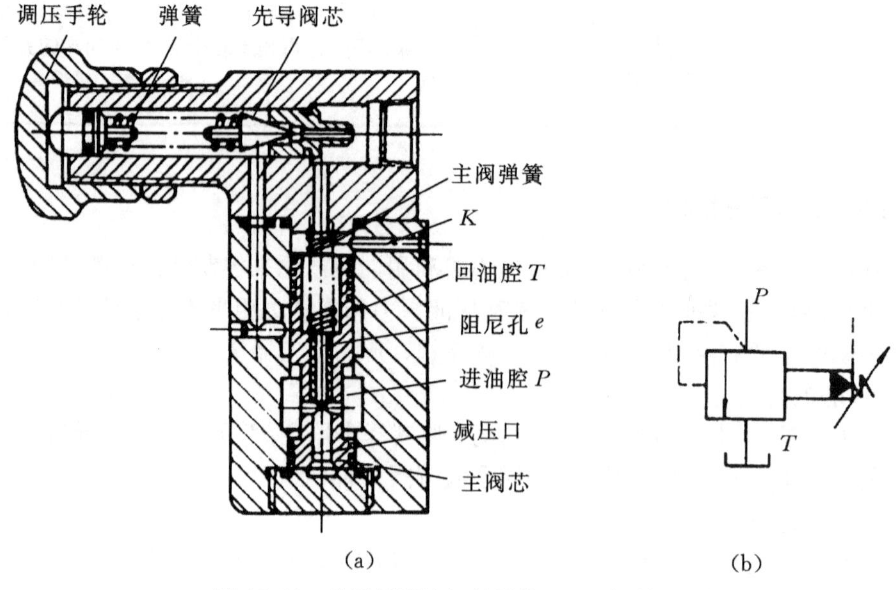

图 19-16　先导型溢流阀的结构图和图形符号

下处于最下端位置，阀口关闭。当进油压力增大到使先导阀打开时，液流通过主阀芯上的阻尼孔 e、先导阀流回油箱。由于阻尼孔的阻尼作用，主阀芯受到的上、下两个方向的液压力不相等，主阀芯在压差的作用下上移，打开阀口，实现溢流。调节先导阀的调压弹簧，便可调整溢流压力。

阀体上有一个远程控制口 K，当 K 口通过二位二通阀接油箱时，主阀芯在很小的液压力作用下便可移动，打开阀口，实现溢流，这时系统称为卸荷。若 K 口接另一个远程调压阀时，便可对系统压力实现远程控制。

先导型溢流阀的导阀部分结构尺寸较小，调压弹簧不必很强，因此压力调整比较轻便。但是先导型溢流阀要先导阀和主阀都动作后才能起控制作用，因此反应不如直动型溢流阀灵敏。

2. 减压阀

减压阀主要用于降低并稳定系统中某一支路的油液压力，常用于夹紧、控制、润滑等油路中。减压阀也有直动型和先导型之分，直动型减压阀较少单独使用；而先导型减压阀则应用较多，它的图形符号及典型结构图如图 19-17 所示。压力油由进油口 P_1 流入，经减压口 f 减压后由出油口 P_2 流出。流出的压力油经阀体与端盖上的通道及主阀芯上的阻尼孔 e 流到主阀芯的上腔和下腔，并作用在先导阀芯上。当出口油液压力低于先导阀的调定压力时，先导阀芯关闭，主阀芯上、下两腔压力相等，主阀芯在弹簧作用下处于最下端，减压口 f 开度最大，阀处于非工作状态。当出口压力达到先导阀调定压力时，先导阀芯移动，阀口打开，主阀弹簧腔的油液便由泄油口 L 流回油箱；由于油液在主阀芯阻尼孔内流动，在主阀芯两端产生压力差，主阀芯在压力差作用下，克服弹簧力抬起，减压口 f 减小，压降增大，使出口压力下降到调定值。

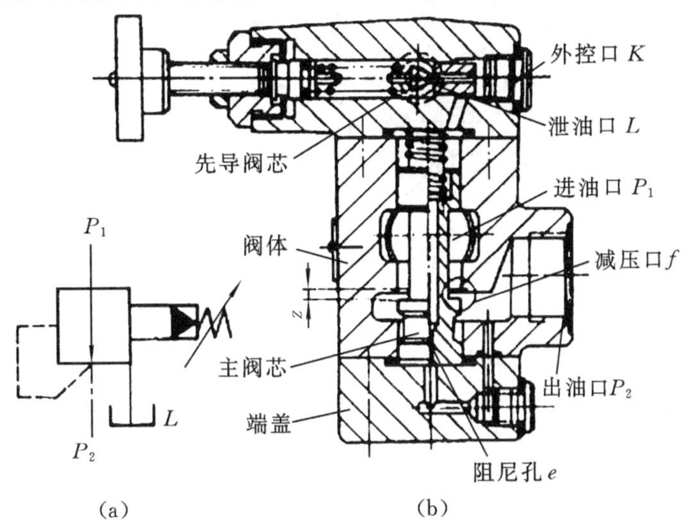

图 19-17　先导型减压阀的图形符号和结构图

应当指出，当减压阀出口处的油液不流动时，此时仍有少量油液通过减压阀口经先导阀和泄油口 L 流回油箱，阀处于工作状态，阀出口压力基本上保持在调定值上。

3. 顺序阀

顺序阀的作用是利用油液压力作为控制信号控制油路通断。顺序阀也有直动型和先导型之分，根据控制压力来源不同，它还有内控式和外控式之分。

直动型顺序阀的结构图和图形符号如图 19-18 所示。压力油从进油口 P_1（两个)进入，经阀体上的孔道 a 和端盖上的阻尼孔 b 流到控制活塞底部，当作用在控制活塞上的液压力能克服阀芯上的弹簧力时，阀芯上移，油液便从 P_2 口流出。该阀称为内控式顺序阀，其图形符号如图 19-18(b)所示。

若将图 19-18(a)中的端盖旋转 90°安装，切断进油口通向控制活塞下腔的通道，并除去外控口的螺塞，引入控制压力油，它便成为外控式顺序阀，其图形符号如图 19-18(c)所示。

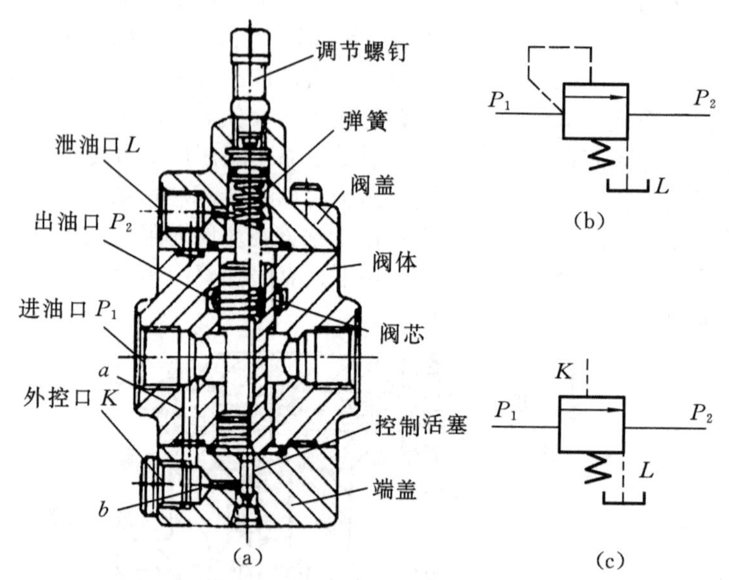

图 19-18　直动型顺序阀的结构图和图形符号

4. 压力继电器

压力继电器是利用油液压力来启闭电气触点的液压电气转换元件。它在油液压力达到其调定值时发出电信号，控制电气元件动作，实现液压系统的自动控制。

压力继电器的结构图和图形符号如图 19-19 所示，当进油口 P 处油液压力达到压力继电器的调定压力时，作用在柱塞 1 上的液压力通过顶杆 2 触动微动开关 4，发出电信号。

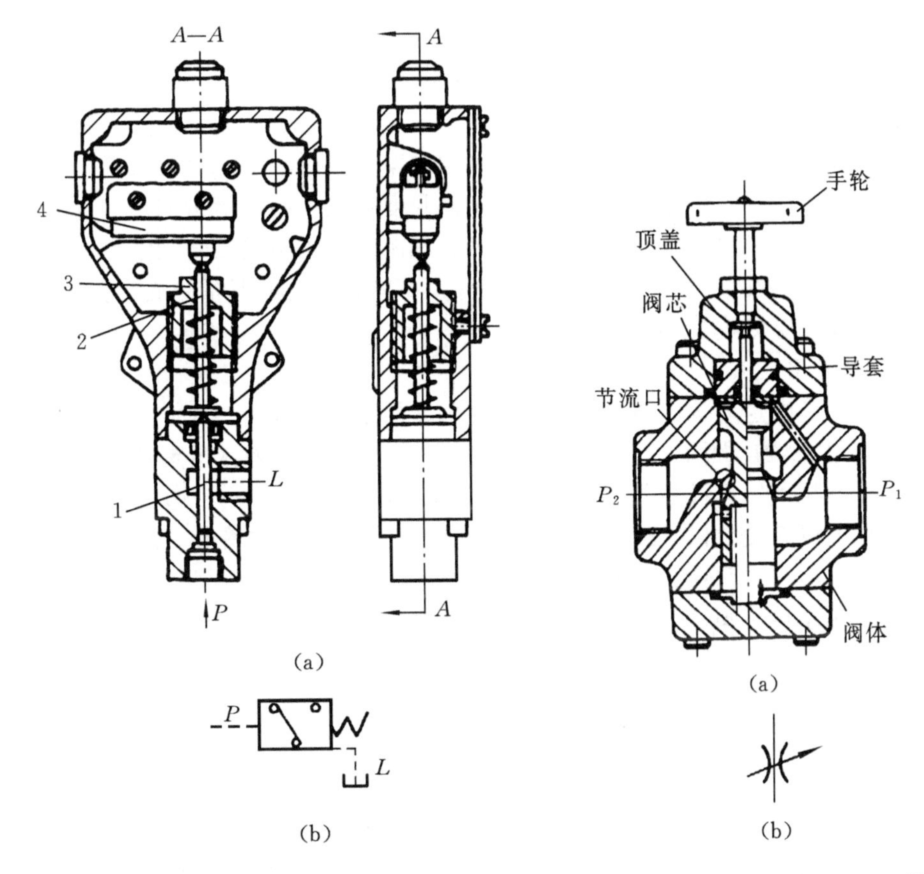

图 19-19　压力继电器的结构图和图形符号　　图 19-20　节流阀的结构图和图形符号

19.3.3　流量控制阀

流量控制阀靠改变阀口通流面积的大小来控制流量，达到调节执行元件运动速度的目的。常用的流量控制阀有节流阀和调速阀。

1. 节流阀

节流阀的结构图和图形符号如图 19-20 所示。压力油从进油口 P_1 流入，经节流口从出油口 P_2 流出。节流口的形式为轴向三角槽式。调节手轮可使阀芯轴向移动，改变节流口的通流截面面积，从而达到调节流量的目的。

通过节流阀的流量可用下式(亦称小孔流量通用公式)来描述：

$$q_{\mathrm{v}} = CA_{\mathrm{T}}(\Delta p)^{\varphi} \tag{19-13}$$

式中：C——由节流口形状、油液流动状态、油液性质等因素决定的系数，具体数值由实验得出；

A_{T}——节流口的通流截面面积；

Δp——节流口进出压差；

φ——由节流口形状决定的节流阀指数，薄壁孔为0.5，细长孔为1。

由式(19-13)可知，通过节流阀的流量与节流口前后的压差及油温等因素密切相关。在实际使用中，当节流阀的通流截面调整好以后，由于负载的变化，节流阀前后的压差也发生变化，使流量不稳定。开度越大，A_T对流量的影响也越大，因此薄壁孔的节流口比细长孔的好。另外，油温的变化引起黏度变化，式(19-13)中的系数C将发生变化，从而引起流量变化。其中细长孔的流量受油温影响较大，而薄壁孔受油温影响较小。

2. 调速阀

调速阀是由定差减压阀1和节流阀2串联而成的组合阀，其工作原理图及图形符号如图19-21所示。节流阀用来调节通过的流量，定差减压阀则用来稳定节流阀前后的压差。设减压阀的进口压力为p_1，出口压力为p_2，通过节流阀后降为p_3。当负载F变化时，p_3和调速阀进出口压差p_1-p_2随之变化，但节流阀两端压差Δp（$=p_2-p_3$)却不变。例如，当F增大时，p_3增大，减压阀芯弹簧腔液压力增大，阀芯左移，阀口开度加大，使p_2增加，结果$\Delta p=p_2-p_3$保持不变；反之亦然。

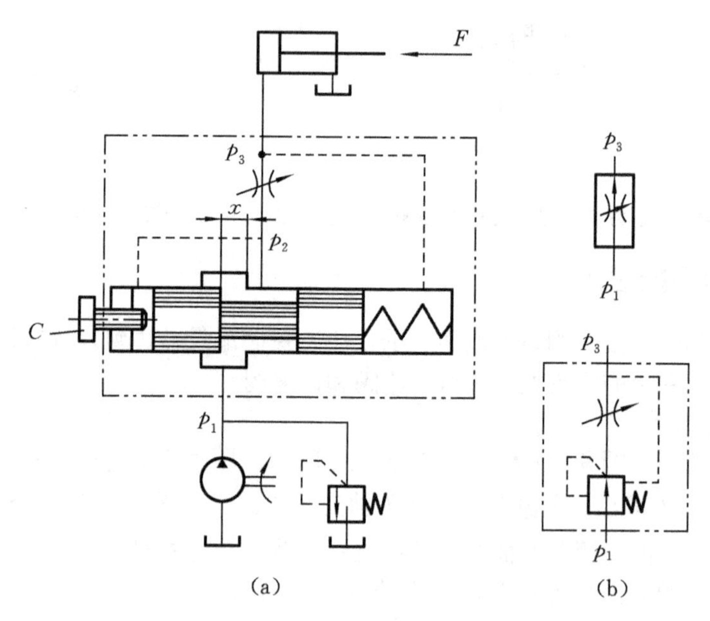

图 19-21　调速阀的工作原理图和图形符号

19.4 液压辅助元件

液压系统中的辅助元件(装置)，如蓄能器、过滤器、油箱、热交换器、管件等，对系统的动态性能、工作稳定性、工作寿命、噪声和温升等都有直接影响，必须予以重视。其中油箱需根据系统要求自行设计，其他辅助装置则做成标准件，供设计时选用。

19.4.1 蓄能器

1. 蓄能器的功用

蓄能器的功用主要是储存油液的压力能。在液压系统中常用于以下几种情况。

(1) 短时间内大量供油。在间歇工作或实现周期性动作循环的液压系统中，蓄能器可以把液压泵输出的多余压力油储存起来。当系统需要时，由蓄能器释放出来。这样可以减少液压泵的额定流量，从而减小电机功率消耗，降低液压系统的温升。

(2) 吸收液压冲击和压力脉动。蓄能器可用于吸收由于液流速度和方向急剧变化所产生的液压冲击，使其压力幅值大大减小，以避免造成元件损坏。在液压泵出口处安装蓄能器，可吸收液压泵的脉动压力。

(3) 维持系统压力。在液压系统中，当液压泵停止供油时，蓄能器可向系统提供压力油，补偿系统泄漏或充当应急能源，使系统在一段时间内维持压力，可避免停电或系统故障等原因造成的油源突然中断而损坏机件。

2. 蓄能器的类型及特点

蓄能器主要有弹簧式和气体隔离式两种类型，目前气体隔离式蓄能器应用广泛，其结构简图如图 19-22 所示。它的特点如下所述。

(1) 利用气体的压缩和膨胀来储存、释放压力能，气体和油液在蓄能器中直接接触；

(2) 容量大，惯性小，反应灵敏，轮廓尺寸小，但气体容易混入油液内，影响系统工作平稳性；

(3) 只适用于大流量的中低压回路。

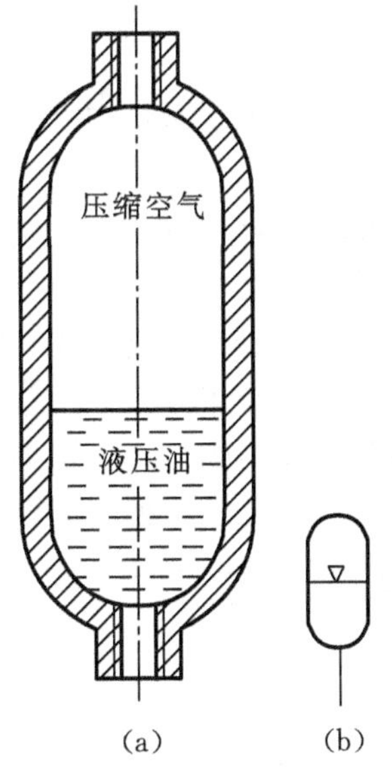

图 19-22 蓄能器的结构图和图形符号

19.4.2　过滤器

过滤器的作用是过滤掉油液中的杂质，降低液压系统中油液污染度，保证系统正常工作。由于工作介质污染是液压系统产生故障的主要因素，混在工作介质中的颗粒污染物会加速液压元件的磨损，堵塞节流小孔，甚至使液压滑阀卡死。有统计资料表明，液压系统的故障有75％以上是由油液污染造成的，因此，过滤是控制污染最有效的方法之一，过滤就是从油液中分离非溶性固体微粒的过程。在液压系统中一般采用过滤器(亦称滤油器)进行过滤。

过滤精度是过滤器的重要参数。它是指过滤器对各种不同尺寸的不溶性硬质颗粒杂质的滤除能力。按滤除杂质颗粒大小不同分类，粗过滤器能滤出直径大于100 μm的杂质；普通过滤器能滤出的杂质的直径为10～100 μm；精过滤器能滤出的杂质的直径为5～10 μm；特精过滤器能滤出直径为1～5 μm的杂质。

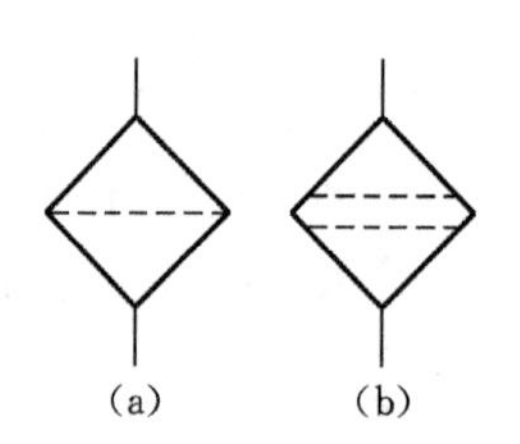

图 19-23　粗过滤器和精过滤器的图形符号

图19-23(a)、(b)分别为粗、精过滤器的图形符号。

19.4.3　油箱

油箱是液压系统中用来储存油液、散热、沉淀油中固体杂质、逸出油中气泡的容器。

油箱按液面是否与大气相通，分为开式油箱和闭式油箱。开式油箱的液面与大气相通，在液压系统中广泛应用；闭式油箱液面与大气隔离，有隔离式和充气式两种，用于水下设备或气压不稳定的高空设备中。

油箱按布置方式分为总体式和分离式。总体式是利用机械设备的机体空腔作为油箱，结构紧凑，体积小，但维修不便，油液发热，液压系统振动影响设备精度。分离式油箱是独立结构，广泛用于精密机床等设备上。

19.4.4　管道元件

在液压系统中，常用的管道元件有钢管、铜管、尼龙管、橡胶管和塑料管等，主要按压力和工作环境来正确选用。

无缝钢管能承受高压，价格低廉，但装配时弯曲困难，常用于中、高压系统中。铜管不易生锈，易于弯曲，但价格昂贵，耐压较低，抗振能力差，常用在压力小于10 MPa的系统内装配不便之处。橡胶软管常用在执行元件同油管一起运动的场合或很难装配之处。低压胶管以麻线或棉织品为骨架；高压胶管以钢丝编织品或钢丝缠绕体为骨架，按承受压力不同分别有一层、两层或三层钢丝骨架。

橡胶软管价格高，易老化。尼龙管加热后可随意弯曲成形、扩口，冷却后保持形状不变，视材质不同，承压能力为0.5～8 MPa，目前仅用于低压系统。塑料管价格便宜、装配方便、耐压低、易老化，一般只作回油管和泄油管。

19.5 液压基本回路

任何一个液压系统，都是由一些基本回路组成的。基本回路由一个或几个液压元件有机组成，能完成某些特定的功能。了解这些基本回路的构成、作用及特点，对于正确分析和设计液压系统是十分重要的。

19.5.1 速度控制回路

1. 调速回路

在采用液压传动的设备中，许多设备要求执行部件的运动速度是可调节的，例如：组合机床中的动力滑台有快进与工进动作，甚至有几个不同的工进速度；液压机滑块的工作状态有空程下降、压制和回程，也要求不同的速度。我们已经知道，液压缸运动的速度$v=q_v/A$(其中，q_v为进入液压缸的流量，A为液压缸的有效作用面积)。对于液压马达，其转速$n=q_v/V$(其中，V为液压马达的排量)。显然，要改变执行部件的速度或转速，可改变进入执行部件的流量，也可改变液压缸的有效作用面积或改变液压马达的排量。改变进入执行部件的流量，可以采用节流、分流的方法，液压泵输出的流量不变，通过并联支路，使一部分油液直接返回油箱，减少进入执行元件的流量，该方法一般采用节流元件，故常称为节流调速。另一种方法就是改变油源输出的流量或液压马达的排量，通常把改变液压泵的排量或改变液压马达排量进行调速的方法称为容积调速。把采用变量泵供油，用节流元件控制液压泵排量的调速方法称为容积节流调速。

1) 节流调速回路

节流调速的基本原理是：调节回路中节流元件的液阻大小，配置分流支路，控制进入执行元件的流量，达到调速的目的。

节流调速按节流元件安装的位置不同，分为进油路节流调速回路、回油路节流调速回路和旁油路节流调速回路。

(1) 节流阀进油路节流调速。

节流调速回路一般采用定量泵供油。进油路节流调速回路如图 19-24 所示。进油路节流调速的基本特征为：节流元件串接在执行元件的进油路上，采用溢流阀作为分流元件。调节节流阀开口大小，便可改变进入液压缸的流量，达到调节液压缸活塞运动速度的目的。

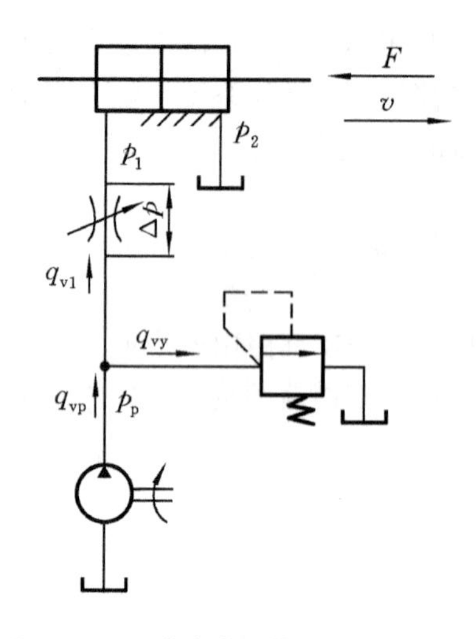

图 19-24　进油路的节流调速回路图

由于回油腔通油箱，忽略管道压力损失时$p_2 \approx 0$，则有

$$p_1 = \frac{F}{A} \tag{19-14}$$

活塞运动的速度为

$$v = \frac{q_{v1}}{A} = \frac{CA_T}{A}\left(p_p - \frac{F}{A}\right)^{\varphi} \tag{19-15}$$

式中：A——液压缸进、回油腔有效工作面积；

F——外负载，包括液压缸摩擦力；

p_p、p_1、p_2——泵的输出压力和液压缸的进、回油压力。

其余符号含义同式(19-13)。

进油路节流调速回路适宜功率小、负载较稳定、对速度稳定性要求不高的液压系统。

(2) 节流阀回油路节流调速。

回油路节流调速回路也是采用溢流阀作分流元件，但节流阀安装在执行元件的回油路上，用它来控制从液压缸回油腔流出的流量，也就控制了进入液压缸的流量，达到调速的目的。图 19-25 所示为双杆液压缸回油路节流调速回路。

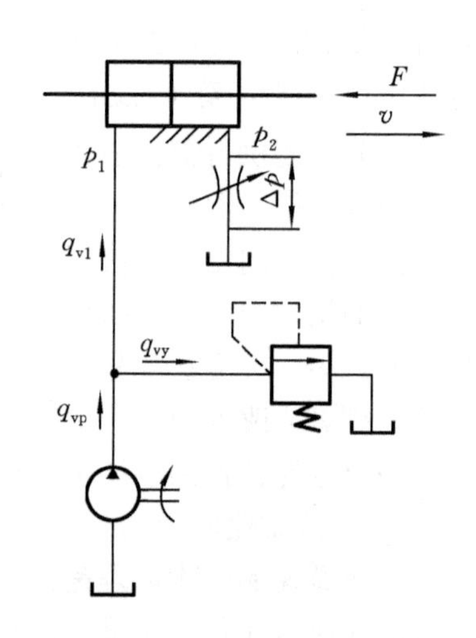

图 19-25　双杆液压缸回油路的节流调速回路图

回油路节流调速回路的静态特性与进油路节流调速回路完全相同，不再赘述。应注意回油腔$p_2 \neq 0$。

两种回路有以下不同之处。

① 进油路节流调速启动冲击小。当系统不工作时，执行元件由于泄漏产生空腔；重新启动时，回油路节流调速中进油路无阻力，而回油路有阻力，导致活塞突然向前运动，产生冲击。进油路节流调速回路中，进油路的节流阀对进入液压缸的液体产生阻力，可减缓冲击。

② 回油路节流调速可承受一定的负方向载荷。因回油路有背压，当负载减小、速度增加时，背压增大，故可使运动变化平缓。对双杆液压缸，可获得较低的稳定速度；对单杆液压缸，若进油路为无杆腔，因相同速度下进油腔所需流量大，可获得较低的最小稳定速度。如果要获得较低的稳定速度，结构允许时，最好把有杆腔作为回油腔采用回油路节流调速。

现在常用进油路节流调速回路加背压的方法，功率损失较大，但调速性能好。

(3) 节流阀旁油路节流调速。

旁油路节流调速的特征是采用节流元件分流，主油路中无节流元件。图 19-26 所示为节流阀旁油路节流调速回路图，它是将节流阀安放在与执行元件并联的支路上，用它来调节从支路流回油箱的流量，以控制进入液压缸的流量来达到调速的目的。

该回路的调速效率比进、回油路节流调速效率高，适用于调速范围窄，速度稳定性要求不高，载荷较稳定，系统压力稍高的场合。不难分析出，执行元件的速度也受工作负载的影响。

2) 容积调速回路

容积调速回路是通过改变液压泵或液压马达的排量来实现调速的。由于没有节流损失和溢流损失，回路效率高，系统升温小，因此，为了提高调速效率，在大功率液压系统中，普遍采用容积调速回路。按调节元件不同，容积调速回路可分为变量泵和定量液压马达调速回路、定量泵和变量液压马达调速回路、变量泵和变量液压马达调速回路。

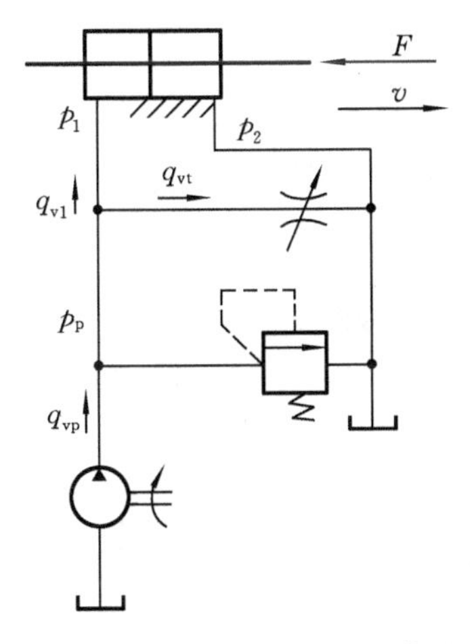

图 19-26 节流阀旁油路的节流调速回路图

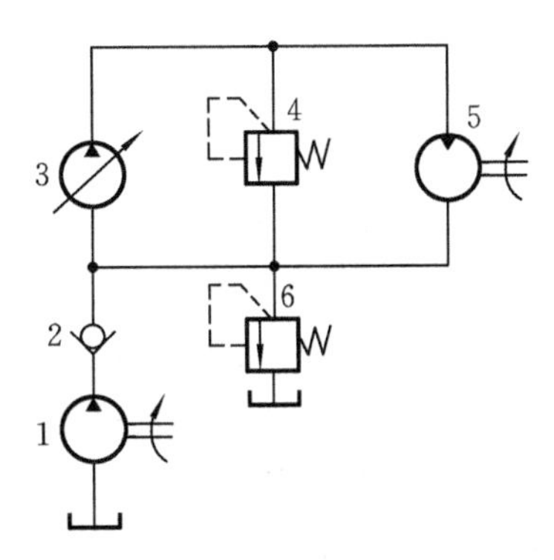

图 19-27 变量泵和定量液压马达的容积调速回路图

(1) 变量泵和定量液压马达容积调速回路。

图 19-27 所示的变量泵和定量液压马达组成的闭式容积调速回路中，定量泵 1 是给系统补油的，压力由溢流阀 2 调定，从溢流阀 2 溢出回路中热油，实现补油冷却，并改善主泵 3 的吸油条件。安全阀 4 用以防止回路过载，调节变量泵 3 的排量 V_p，改变进入定量马达 5 的流量，从而达到调节马达转速 n_m 的目的。

在这种回路中，变量泵的转速和液压马达排量都是恒量，液压马达的输出转矩 T_m 和回路工作压力 Δp 取决于负载转矩，不因调速而发生变化，故称这种回路为等转矩调速回路。马达的转速 n_m 和输出功率 P_m 随泵的排量 V_p 成正比变化。这种回路的调速范围较大，一般调速比可达 40。由于泵和马达有泄漏，当 V_p 未调到零时，实际的 n_m、T_m 和 P_m 均已为零。由于泵和马达的泄漏量随负载的增大而增加，在泵的不同排量下，马达的转速均随负载增大而变小。回路的速度稳定性差，低速承载能力差。

(2) 定量泵和变量液压马达容积调速回路。

图 19-28 所示的定量泵和变量液压马达组成的调速回路中，因液压泵转速和排量均为恒量，故调节变量马达的排量 V_m，便可对自身的转速 n_m 进行调节。这种回路的调速范围很小，一般调速比小于或等于 3。因过小地调节 V_m，输出转矩将降至很小值，以致带不动负载，造成马达“自锁”现象，故这种调速回路很少单独使用。

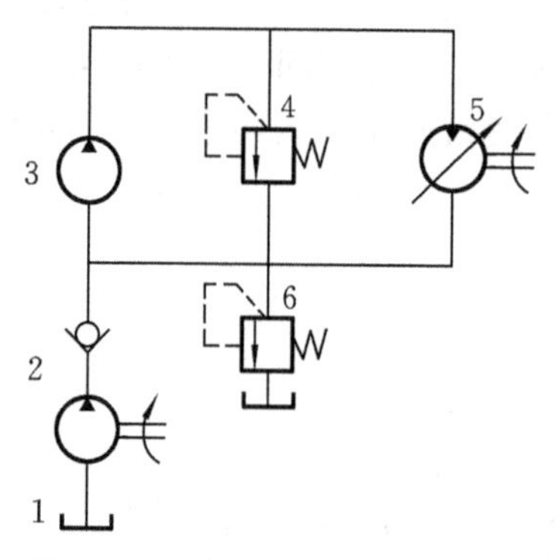

图 19-28 定量泵和变量液压马达的容积调速回路图

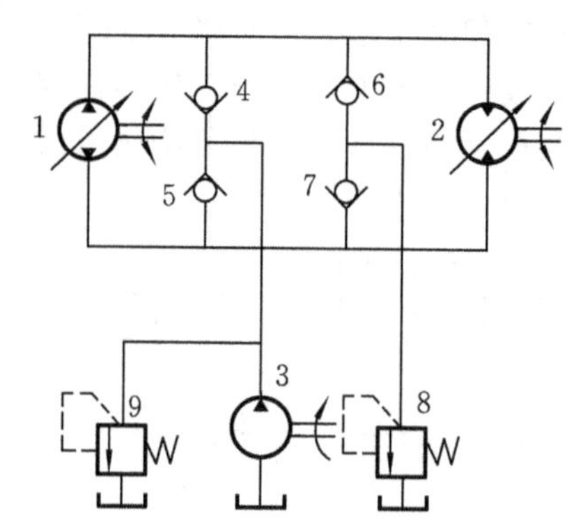

图 19-29 双向变量泵和双向变量液压马达的容积调速回路图

(3) 变量泵和变量液压马达容积调速回路。

图 19-29 所示为双向变量泵和双向变量液压马达组成的容积调速回路图。变换泵的供油方向，马达的转向随之切换。单向阀 4、5 使补油泵 3 在两个方向上分别补油。单向阀 6、7 使溢流阀 8 在两个方向上都起保护作用。改变变量泵和变量液压马达的排量，均能使马达转速的大小改变。该回路在调速时，一般是先固定一个排量不变，然后调整另一个排量，其特性相当于前述两种容积调速特性的机械组合。对于一般设备，要求低速大转矩和高速小转矩，故多采用下述方法调节：首先将变量液压马达排量 V_m 固定在最大，然后将泵的排量 V_p 由小调至最大，其特性相当于变量泵和定量液压马达调速，输出的最大转矩不变，满足低速大扭矩的要求。然后，保持 V_p 为最大，将液压马达的排量逐渐减小，随 V_m 的减小，输出的转速 n_m 进一步增大。此段相当于定量泵和变量液压马达调速回路，输出的转矩逐渐减小，保持输入功率不变，满足高速小转矩的需要。

与节流调速回路相比，容积调速回路的功率损失小。这种调速回路的调速比是泵与马达调速比的乘积，调速比可达 100，具有较高的调速效率；采用变量泵可实现平稳换向；组成闭式回路，结构复杂。这种调速回路多用于机床、行走机械和矿山机械等中大功率调速的场合。

2. 快速运动回路和速度换接回路

许多设备都要求不同动作有不同的速度，如组合机床，接近工件时需要快进，加工工件时需要慢进。为了满足各种不同的速度要求，液压系统中需要有快速运动回路和速度换接回路。

1) 差动快速回路

对单杆活塞式液压缸，将缸的两个油口连通，就形成了差动回路。差动回路减小了液压缸的有效作用面积，使推力减小，速度增加。图 19-30 所示为差动回路的一种形式。换向阀 2 在左位，活塞向右运动，空程负载小，液压缸 4 右腔排出的油经单向阀 1 进入液压缸无杆腔，形成差动回路，其运动速度和推力计算参见 19.2 节有关内容。当活塞杆碰到工件时，左腔压力升高，外控顺序阀 3 开启，液压缸右腔油液排回油箱，自动转入工作行程。在差动回路中，压力信号控制动作换接。

该回路结构简单，易于实现，应用较普遍，增速约在两倍左右。在组合机床中常和变量泵联合使用。

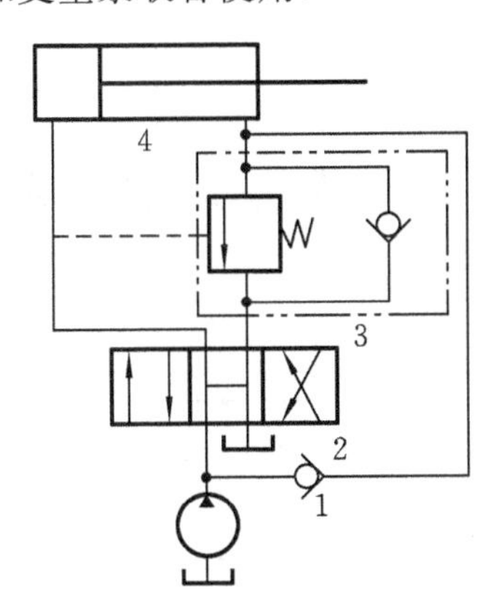

图 19-30 差动回路图

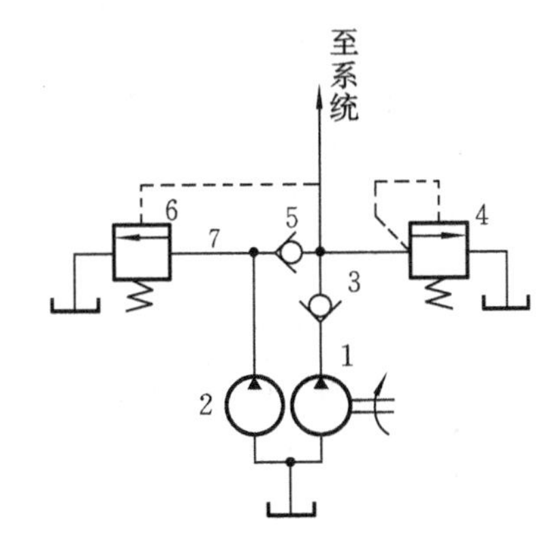

图 19-31 双泵供油快速回路图

2) 多泵供油快速运动回路

图 19-31 所示为常用的双泵供油快速回路，通常 1 是高压小流量泵，2 是低压大流量泵，6 是卸荷阀。当系统压力较小，卸荷阀未开启时，泵 1 和泵 2 一起向系统供油，实现快速运动。当系统压力升高到卸荷阀 6 的调定压力时，泵 2 的油液经卸荷阀回油箱，仅泵 1 给系统供油，自动转换为工作行程。溢流阀 4 起限制系统最高压力的作用。

该回路效率高，转换方式灵活，回路较复杂，适用于快慢速差别较大的液压系统。

3) 快速运动和工作进给速度的换接回路

在前面快速回路中，已经介绍了几种快速运动与工作进给速度运动的换接方式，下面再介绍两种在机床上常用的换接方式。

图 19-32 所示为机床液压系统中常用的一种快速运动与工作进给速度运动换接回路。二位二通换向阀 4 与调速阀 6 并联，快进时阀 4 处在左位，接近工件，阀 4 断电，油液经调速阀进入缸 7 左腔，转入工进行程。当活塞杆碰到死挡块时，液压缸左腔压力升高，压力继电器 5 发出信号，控制电磁铁 1YA 断电，电磁铁 2YA 通电，活塞快速退回。该换接方法的平稳性及定位精度较差。

图 19-33 所示为行程换向阀速度换接回路，由运动部件上的挡块控制行程阀 4 的动作。当缸的左腔进油、右腔的油经行程阀排回油箱时，实现快速运动；当挡块压下行程阀时，右腔的油只能经节流阀 6 排回油箱，转入工进速度。回程时，油液经单向阀 5 进入液压缸右腔，推动活塞返回。该回路换接过程平稳、冲击小、定位精度高，常用于自动钻床等机床上。

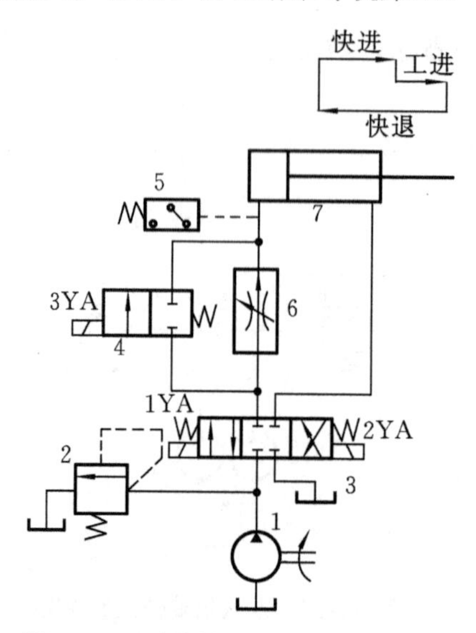

图 19-32　速度换接回路图

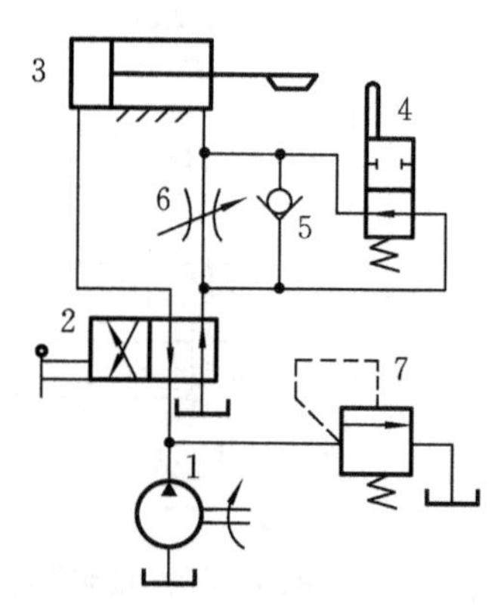

图 19-33　行程换向阀速度换接回路图

4) 几种工进速度换接回路

组合机床的液压动力滑台常有两种工进速度，一般采用调速阀并联或串联的方式实现。

图 19-34 所示为采用两个调速阀串联的二工进速度换接回路。调速阀 *A* 用于一工进，调速阀 *B* 用于二工进。一工进时，电磁铁 1YA、3YA 通电，电磁铁 4YA 断电，阀 3 关闭，油液经调速阀 *A*、换向阀 2 进入液压缸；当电磁铁 4YA 通电，

阀 2 关闭，油液经阀 A 和阀 B 进入液压缸。实现二工进。回程时，电磁铁 3YA 断电，左腔油液经换向阀 3 排回油箱。该回路阀 A 的开口度应大于阀 B 的开口度，否则阀 B 将失去调速作用。该回路换接较平稳，因阀 A 始终处于工作状态，压力损失较大，常用于组合机床。

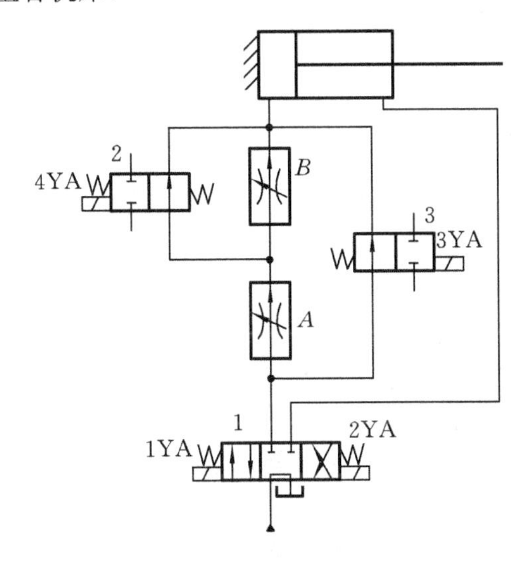

图 19-34　二工进速度换接回路图

19.5.2　方向控制回路

在液压系统中，工作机构的启动、停止或变换运动方向等是利用控制进入执行元件油流的通、断及改变流动方向来实现的。实现这些功能的回路称为方向控制回路。

1. 换向回路

各种操纵方式的四通或五通换向阀都可组成换向回路，只是性能和应用场合不同。手动换向阀的换向精度和平稳性不高，常用于换向不频繁且无须自动化的场合，如一般机床夹具、工程机械等。对速度和惯性较大的液压系统，采用机动换向阀较为合理，只需注意运动部件上的挡块应有合适的迎角或轮廓曲线即可减小液压冲击，并有较高的换向精度。电磁阀使用方便，易于实现自动化，但换向时间短，故换向冲击大，适用于小流量、平稳性要求不高的场合。流量比较大、换向精度与平稳性要求较高的液压系统，常用液动或电液动换向阀。换向有特殊要求处，如磨

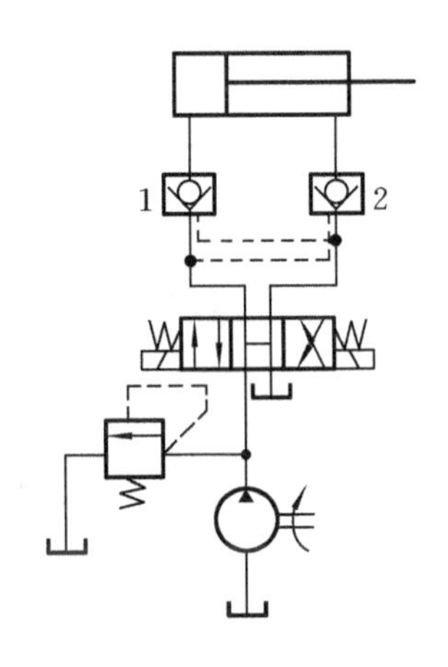

图 19-35　锁紧回路图

床液压系统，则采用特别设计的组合阀——液压操纵箱。

2. 锁紧回路

锁紧回路可使液压缸活塞停止在任一位置，并可防止其停止后窜动。图 19-35 所示为采用液控单向阀的锁紧回路。在液压缸的两侧油路上串接液控单向阀(亦称液压锁)，并采用 H 型中位机能的三位换向阀，活塞可在行程的任一位置锁紧，左右均不能窜动。

19.5.3 压力控制回路

在液压系统中，为了满足设备的某些要求，经常要限制或控制系统中某一部分的压力，把实现这些功能的回路称为压力控制回路。

1. 安全、调压回路

液压系统的优点之一是易于实现安全保护。常在泵的出口安装溢流阀限制系统最高压力，溢流阀的调定压力一般为系统工作压力的 1.1 倍，调整以后用螺母锁紧调节手轮。在组合机床中，常采用限压式变量泵供油。限压式变量泵本身可起安全作用，有时为了防止液压泵变量机构失灵引起事故，在泵出口安装一个溢流阀作安全阀用。

一些液压系统常要求工作压力与负载变化相适应，以减小溢流阀溢流损失，这就要求有调压回路。调压回路分有级调压和无级调压。图 19-36(a)所示为采用溢流阀的调压回路，图中阀 1 起安全作用，阀 2 用于调压。图 19-36(b)所示为采用先导型溢流阀的远程调压回路，图中在先导型溢流阀 1 的外控口接远程调压阀 2(阀 2 可安装在工作台上)，在阀 1 限定的范围内调节。阀 1 也可起安全作用。该回路结构简单，常用于液压机的液压系统中。

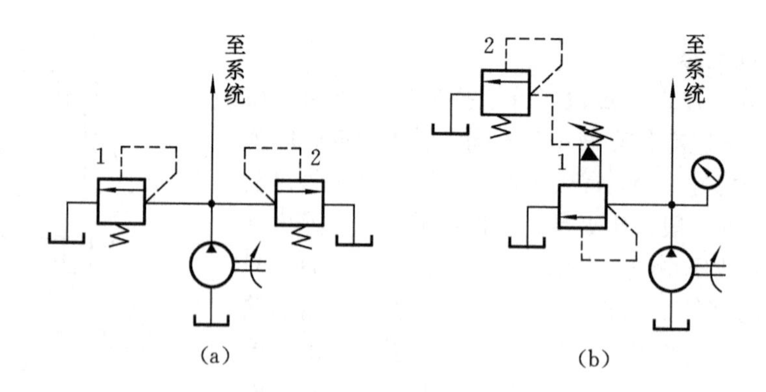

图 19-36 调压回路图

2. 减压回路

液压系统中的控制油路、夹紧油路等，往往要求压力低于系统压力。减压回路一般由减压阀实现。对一级减压回路，在需要减压的支路上接一减压阀即可。

图 19-37 所示为一种二级减压回路，在先导式减压阀的外控口接远程调压阀 2 和换向阀 3，阀 3 关闭，压力由阀 1 调定；阀 3 开启，压力由阀 2 调定，阀 2 调定压力低于阀 1 调定压力。在减压回路中，为了防止系统压力降低时对减压回路的影响，常在减压阀后安装单向阀。

3. 卸荷回路

当设备短时间不工作时，在液压系统中有卸荷回路，以避免电动机的频繁启动。卸荷回路使泵在很低的压力或很小的流量下工作，泵的输出功率很小，可提高系统效率，减少系统发热。

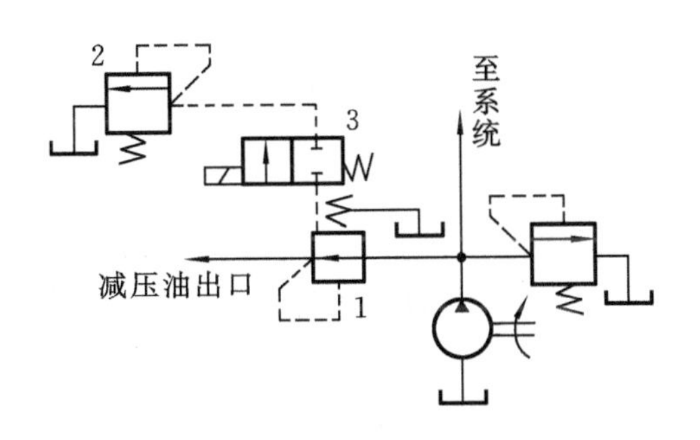

图 19-37　二级减压回路图

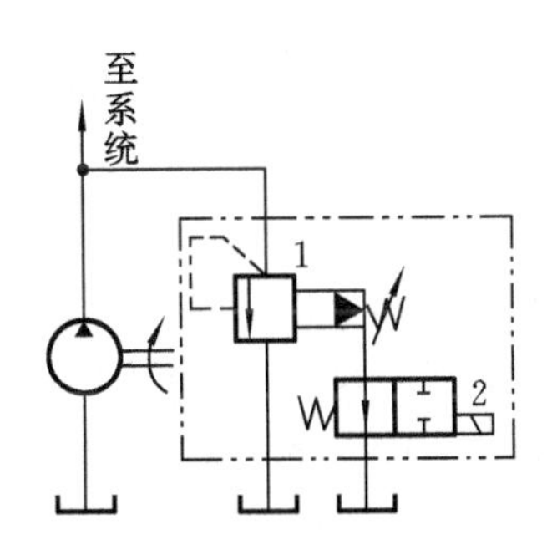

图 19-38　卸荷回路图

在低压小流量系统中，常采用 M 型、K 型或 H 型中位机能的滑阀卸荷，图 19-39 所示为采用 M 型机能滑阀在中位卸荷。图 19-31 所示为采用卸荷阀的卸荷回路，卸荷阀常将阀 6 与阀 5 组合在一起。在蓄能器中卸荷回路应用较多。

图 19-38 所示为采用电磁溢流阀的卸荷回路，在先导型溢流阀的外控口接电磁换向阀 2，系统工作时，电磁铁通电，阀 2 处于常闭状态；阀 2 开启，系统卸荷。该回路结构紧凑，一阀多用，也是常用的卸荷方法之一。

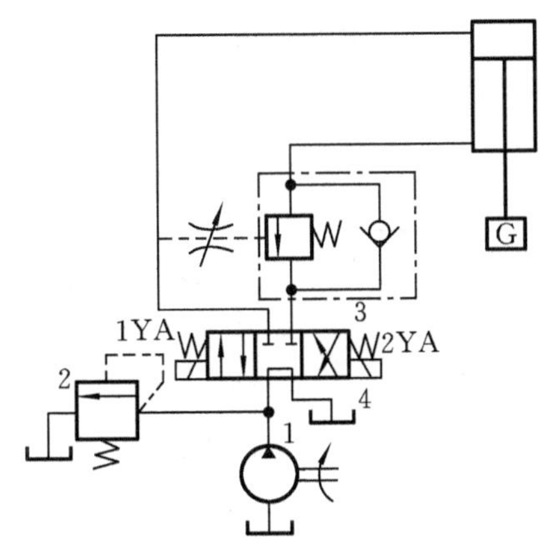

图 19-39　平衡回路图

卸荷回路种类较多，分析回路时应注意抓住其主要特征。

4. 平衡回路

对某些液压缸垂直放置的立式设备，如立式液压机、立式机床，运动部件在自重作用下会快速下落，易发生事故，而且液压缸上腔产生真空。采用平衡回路，可使运动平稳。平衡回路就是利用液压元件的阻力损失给液压缸下腔施加一压力，以平衡运动部件重量。常采用单向顺序阀、外控单向顺序阀和液控单向阀。

图 19-39 所示为采用单向顺序阀的平衡回路，阀 3 的调定压力一般稍大于自重产生的压力。活塞下行时，来自进油路、并经节流阀的控制压力油打开顺序阀，有杆腔油液经阀 3 排回油箱，阀 3 调节合适时，柱塞下行平稳，但功率消耗大，常用在液压机、插床等设备中。

19.5.4 多缸工作控制回路

在一个较复杂的液压系统中，一个油源往往要驱动多个执行元件。设备对执行元件的动作均有一定要求，有的要求按一定顺序动作，有的要求同步动作等，多缸之间要求能避免在压力和流量上的相互干扰。把满足这些要求的回路称为多缸工作控制回路。

1. 多缸顺序动作回路

多缸顺序动作回路中，常见的是双缸顺序动作回路。常见的顺序动作回路控制方式有压力控制和行程控制，也有用延时阀或时间继电器延时实现顺序动作的。

1) 压力控制顺序动作回路

图 19-40 所示为顺序阀双缸顺序动作回路。为了保证顺序动作，顺序阀的调定压力应比先一动作最大工作压力高 0.8～1 MPa。换向阀 5 在左位时，缸 1 先动作，缸 1 的动作完成，压力升高，单向顺序阀 4 开启，缸 2 才动作。同样，阀 5 换向至右位，缸 2 先退回，然后缸 1 退回。改变顺序阀的位置，即可改变顺序动作。该方法不宜用在液压缸数目较多的多级顺序动作中。

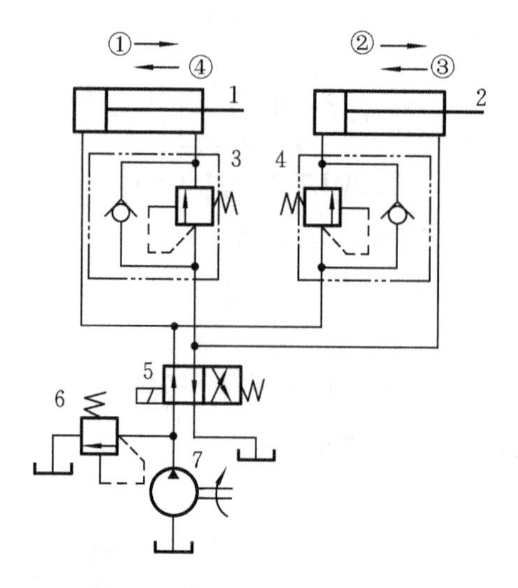

图 19-40 顺序阀双缸顺序动作回路图

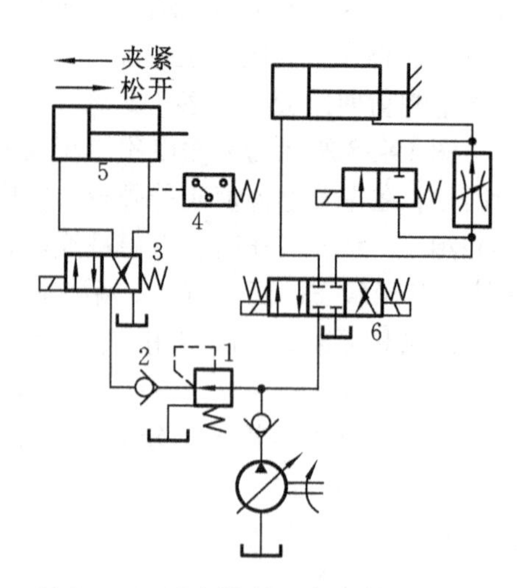

图 19-41 压力控制顺序动作回路图

图 19-41 所示为压力继电器控制的顺序动作回路，常用于机床的夹紧、进给系统。当夹紧缸夹紧工件后，压力升高，压力继电器发出信号，控制换向阀 6 换向，动力滑台开始运动。为了保证顺序动作可靠，压力继电器调整压力应比减压阀 1 的调整压力低 0.3～0.5 MPa。单向阀 2 是夹紧后防干扰的。系统中的液压冲击易使压力继电器误动作，适用于压力冲击较小及夹紧力大小要求不严的系统中。

2) 行程控制顺序动作回路

图 19-42 所示为用行程开关控制的顺序动作回路。由执行元件上的挡块触动行程开关，控制电磁换向阀换向，实现顺序动作。如图中行程开关 6 控制电磁铁 1YA 通电，电磁铁 3YA 通电，使缸 3 活塞杆伸出后缸 4 活塞杆伸出。同样，四个行程开关可循环控制，实现液压缸上所标注的顺序动作。顺序动作在电路中极易改变，实际应用广泛。

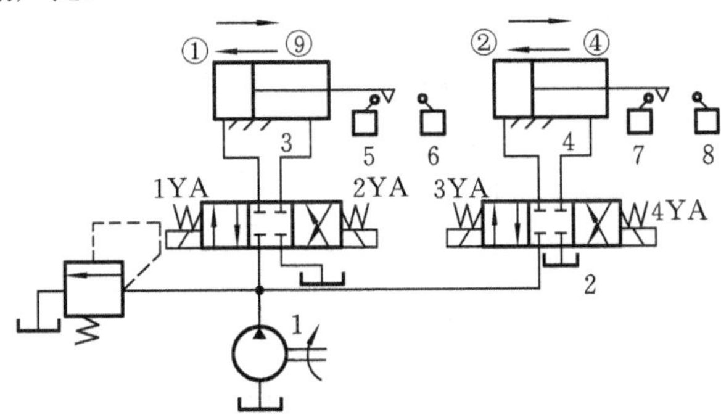

图 19-42　行程控制顺序动作回路图

2. 多缸同步动作回路

同步动作回路的功用是保证系统中两个或两个以上液压缸同步动作，即在运动中位移量相同或以相同的速度运动。在板料折弯机、剪板机、龙门式机床等设备中，一般采用同步回路。按同步的工作原理，同步回路分为节流型、容积型和复合型三种类型。节流型同步回路压力损失大、效率低、结构简单，容积型同步回路效率高、设备复杂、精度低。由于各缸的负载不同，制造精度、泄漏、摩擦力不等，节流元件的误差、结构弹性变形及油液中含气量等诸多随机因素的影响，使高精度同步变得较困难。下面对节流型同步回路和容积型同步回路作详细介绍。

1) 节流型同步回路

节流型同步回路主要有调速阀同步回路、等量分流阀同步回路和伺服阀同步回路。等量分流阀是标准件，结构简单，对负载适应能力强，同步精度(指多缸最大位置误差与行程的百分比)为 2%～5%。

图 19-43 所示为采用并联缸的调速阀同步回路，分别调节调速阀 1 和 3，使液压缸的运动速度相等。当一缸负载增加，压力升高时，导致缸的泄漏增加，并受油温变化以及调速阀性能差异等影响，同步精度为 5%～7%，同步调节困难。

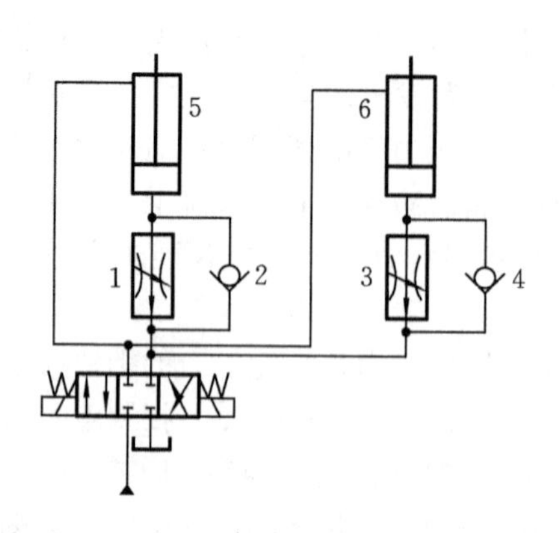

图 19-43　采用并联缸调速阀的同步回路图

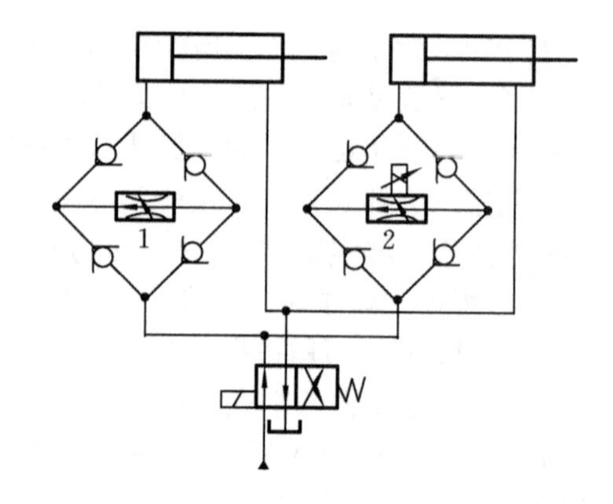

图 19-44　采用比例调速阀的双向同步回路图

采用伺服阀或比例阀可不断消除不同步误差，同步精度高。伺服阀同步双缸绝对误差为 0.2～0.05 mm。图 19-44 所示为采用比例调速阀的双向同步回路。两路均采用单向阀桥式整流，达到双向同步的目的。一路采用普通调速阀 1，另一路采用比例调速阀 2。用放大了的两缸偏差信号控制比例调速阀，不断消除不同步误差，可使绝对误差小于 0.5 mm，能满足大多数机械设备的要求。该回路费用低，使用维护方便。

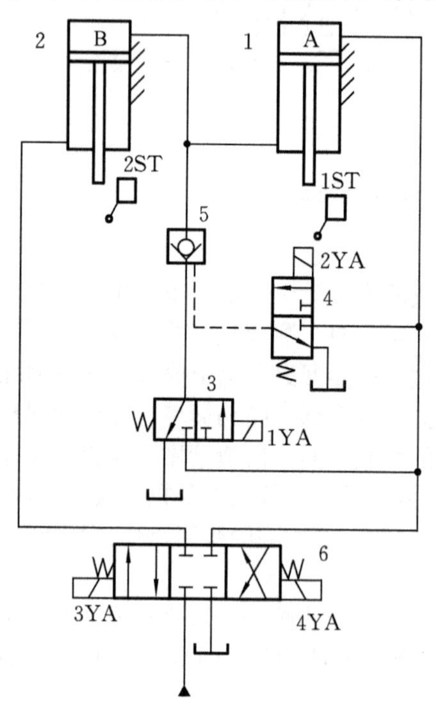

图 19-45　串联液压缸的同步回路图

2) 容积型同步回路

容积型同步回路，采用等容积原理同步，常见的有串联缸同步回路、同步缸同步回路及等排量液压泵同步回路等。

图 19-45 所示为终点补偿的串联液压缸同步回路。缸 1A 腔的有效作用面积与缸 2B 腔的有效作用面积相等，两腔连通，故两缸以相同速度运动。每次行程中产生的误差，若不消除，会愈来愈大。该回路中，如阀 6 右位工作时，缸下降，若缸 1 运动超前，终点触动行程开关 1ST，电磁铁 1YA 通电，油经换向阀 3 和液控单向阀 5 继续供给缸 2 上腔，使缸 2 也运动到终点。若缸 2 先触动行程开关 2ST，电磁铁 2YA 通电，控制压力油使液控单向阀 5 反向通道开启，缸 1 下腔的油液通过阀 5 排出，经阀 3 回油箱，其活塞即可继续运动到底。该回路结构简单，对偏载有自适应能力，供油压力高，同步精度低，常用于剪板机

等负载较小的液压系统上。

思考题与习题

19-1　什么是容积式液压泵?它是怎样进行工作的?这种泵的实际工作压力和输油量的大小各取决于什么?

19-2　什么是液压泵和液压马达的额定压力?其大小由什么来决定?

19-3　题 19-3 图所示的两个结构相同、相互串联的液压缸，无杆腔的面积 $A_1=100\times10^{-4}\ \text{m}^2$，有杆腔的面积 $A_2=80\times10^{-4}\ \text{m}^2$，缸 1 的输入压力 $p_1=0.9$ MPa，输入流量 $q_v=12$ L/min，不计损失和泄漏，试求：

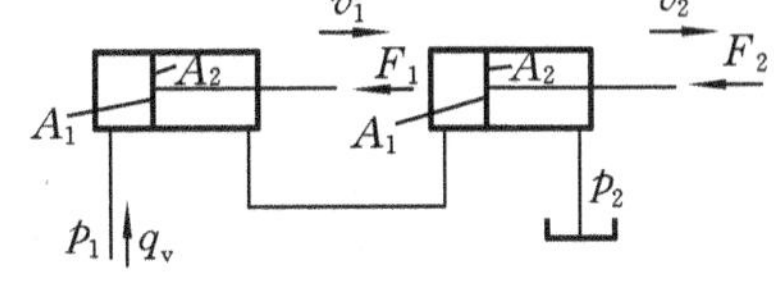

题 19-3 图

(1) 两缸承受相同负载($F_1=F_2$)时，该负载的数值及两缸的运动速度；

(2) 缸 2 的输入压力是缸 1 的一半($p_2=0.5p_1$)时，两缸各能承受多少负载?

(3) 缸 1 不承受负载($F_1=0$)时，缸 2 能承受多少负载?

19-4　用液压缸差动连接实现快速运动回路时，运用的是什么原理?

19-5　何谓换向阀的“通”和“位”?举例说明。

19-6　试说明三位四通阀，及 O 型、M 型、H 型中位机能的特点和它们的应用场合。

19-7　在题 19-7 图所示的两阀组中，溢流阀的调定压力为 $p_A=4$ MPa、$p_B=3$ MPa、$p_C=5$ MPa，试求压力计读数。

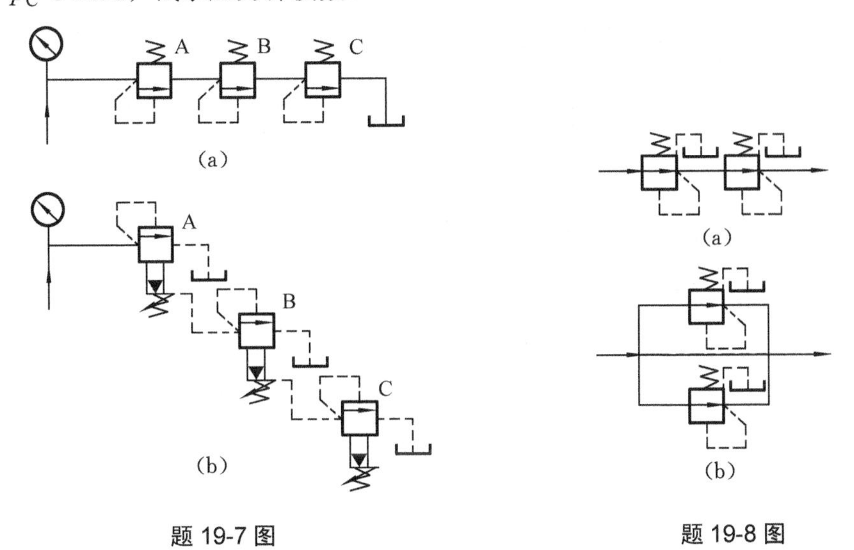

题 19-7 图　　题 19-8 图

19-8　题 19-8 图所示两阀组的出口压力取决于哪个减压阀？为什么？设两减压阀调定压力一大一小，并且所在支路有足够的负载。

19-9　题 19-9 图中各缸完全相同，负载 $F_A > F_B$。已知节流阀能调节缸速，不计其他压力损失，试问：图(a)和图(b)中哪个缸先动?哪个缸速度快?为什么?

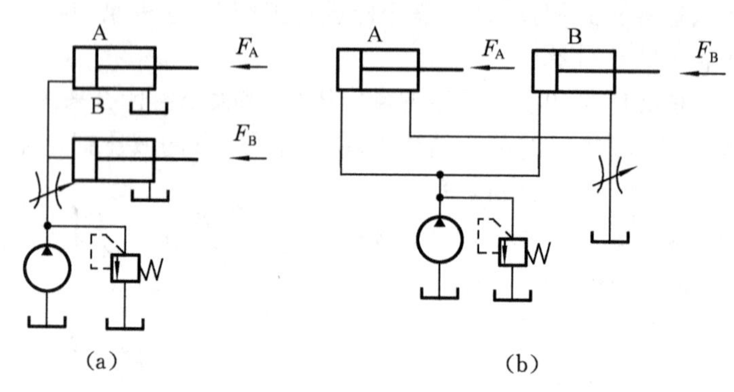

题 19-9 图

19-10　题 19-10 图(a)所示液压回路，限压式变量叶片泵调定后的流量压力特性曲线如图(b)所示，调速阀调定的流量为 2.5 L/min，液压缸两腔有效面积分别为 $A_1=2A_2=50\ \text{cm}^2$，不计管路损失，试求：

(1) 缸的大腔压力 p_1；

(2) 当负载 $F=0$ N 和 $F=9\ 000$ N 时的小腔压力 p_2；

(3) 泵的总效率为 0.75，求系统在前述两种负载下的总效率。

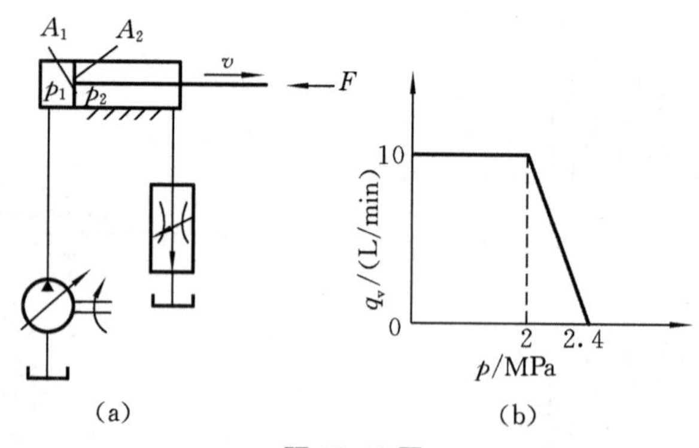

题 19-10 图

第 20 章　典型液压传动系统

液压系统是根据液压设备的工作要求选用适当的基本回路构成的,其原理一般用液压系统图来表示。在液压系统图中，各个液压元件及它们之间的连接与控制方式均按标准图形符号(或半结构式符号)画出。

分析液压系统，主要是读液压系统图，其方法和步骤如下所述：

(1) 了解液压系统的任务、工作循环、应具备的性能和需要满足的要求；

(2) 查阅系统图中所有的液压元件及其连接关系，分析它们的作用及其所组成的回路功能；

(3) 分析油路，了解系统的工作原理及特点。

本章选列了三个典型液压系统实例，通过学习和分析这三个实例，可加深理解液压元件的功用和基本回路的合理组合，熟悉阅读液压系统图的基本方法，为分析和设计液压传动系统奠定必要的基础。

20.1　YT4543 型动力滑台的液压系统

YT4543 型动力滑台的工作进给速度范围为 6.6～600 mm/min，最大快进速度为 7 300 mm/min，最大进给力为 4.5×10^4 N。图 20-1 所示为 YT4543 型动力滑台的液压系统，该系统采用了限压式变量叶片泵及单杆活塞液压缸。通常实现的工作循环是：快进→第一次工作进给(一工进)→第二次工作进给(二工进)→死挡块停留→快退→原位停止。

20.1.1　YT4543 型动力滑台液压系统的工作原理

1. 快进

按下启动按钮，电磁铁 1YA 通电，电液换向阀 4 左位接入系统，顺序阀 13 因系统压力低而处于关闭状态，变量泵 2 则输出较大流量，这时液压缸 5 两腔连通，实现差动快进，其进油路为：过滤器 1→泵 2→单向阀 3→换向阀 4→行程阀 6→液压缸 5 左腔；其回油路为：液压缸 5 右腔→换向阀 4→单向阀 12→行程阀 6→液压缸 5 左腔。

2. 第一次工作进给

当滑台快进终了时，挡块压下行程阀 6，切断快速运动进油路，电磁铁 1YA 继续通电，阀 4 仍以左位接入系统。这时液压油只能经调速阀 11 和二位二通换向

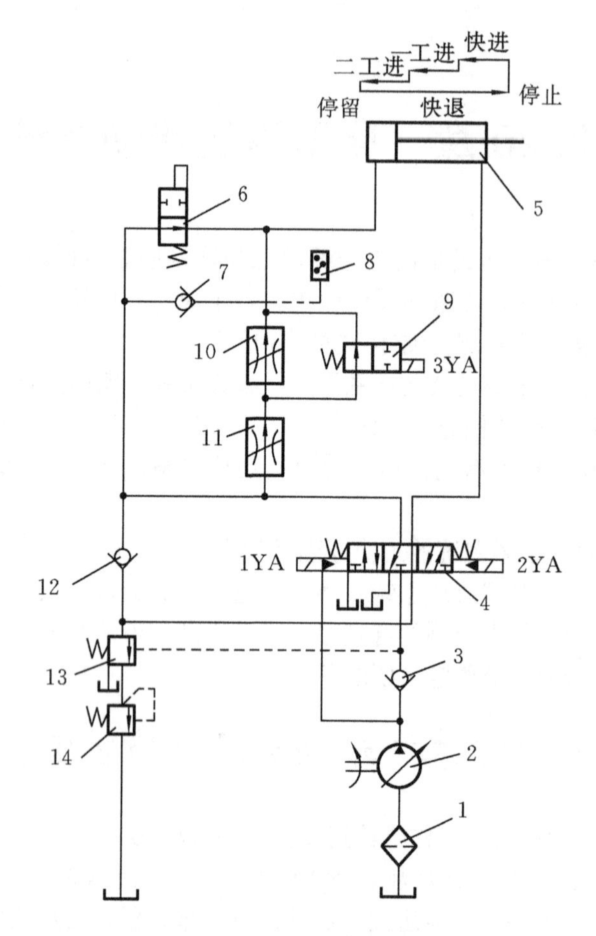

图 20-1　YT4543 型动力滑台的液压系统

阀 9 进入液压缸 5 左腔。由于工进时系统压力升高，变量泵 2 便自动减小其输出流量，顺序阀 13 此时打开，单向阀 12 关闭，液压缸 5 右腔的回油最终经背压阀 14 流回油箱，这样就使滑台转为第一次工作进给运动。进给量的大小由阀 11 调节，其进油路为：过滤器 14→泵 2→阀 3→阀 4→阀 11→阀 9→液压缸 5 左腔；其回油路为：液压缸 5 右腔→阀 4→阀 13→阀 14→油箱。

3. 第二次工作进给

第二次工作进给油路和第一次工作进给油路基本上是相同的，不同之处是当第一次工作进给终了时，滑台上挡块压下行程开关，发出电信号使阀 9 电磁铁 3YA 通电，使其油路关闭，这时液压油须通过阀 11 和 10 进入液压缸左腔，回油路和第一次工作进给的回油路完全相同。因调速阀 10 的通流面积比调速阀 11 的通流面积小，故第二次工作进给的进给量由调速阀 10 来决定。

4. 止挡块停留

滑台完成第二次工作进给后，碰上止挡块即停留下来。这时液压缸 5 左腔的压力升高，使压力继电器 8 动作，发出电信号给时间继电器，停留时间由时间继电器调定。设置止挡块可以提高滑台加工进给的位置精度。

5. 快速退回

滑台停留时间结束后，时间继电器发出信号，使电磁铁 lYA、3YA 断电，电磁铁 2YA 通电，这时阀 4 右位接入系统。因滑台返回时负载小，系统压力低，变量泵 2 输出流量又自动恢复到最大，滑台快速退回，其进油路为：过滤器 1→泵 2→阀 3→阀 4→液压缸 5 右腔，其回油路为：液压缸 5 左腔→阀 7→阀 4→油箱。

6. 原位停止

滑台快速退回到原位，挡块压下原位行程开关，发出信号，使电磁铁 2YA 断电，至此全部电磁铁皆断电，阀 4 处于中位，液压缸两腔油路均被切断，滑台原位停止。这时变量泵 2 的出口压力升高，输出流量减到最小，其输出功率接近于零。

系统图中各电磁铁及行程阀的动作顺序见表 20-l(电磁铁通电、行程阀压下时，表中记“+”号；反之，记“–”号)。

表 20-1 电磁铁和行程阀动作顺序表

元件 / 动作	电磁铁			行程阀
	1 YA	2 YA	3 YA	
快进	+	–	–	–
一次工进	+	–	–	+
二次工进	+	–	+	+
止挡块停留	+	–	+	+
快退	–	+	–	±
原位停止	–	–	–	–

20.1.2 YT4543 型动力滑台液压系统的特点

由上述可知，该系统主要由下列基本回路组合而成：限压式变量泵和调速阀的联合调速回速，差动连接增速回路，电液换向阀的换向回路，行程阀和电磁阀的速度换接回路，串联调速阀的二次进给调速回路。这些回路的应用就决定了系统的主要性能，其特点如下。

(1) 由于采用限压式变量泵，快进转换为工作进给后，无溢流功率损失，系统效率较高。又因采用差动连接增速回路，在泵的选择和能量利用方面更为经济合理。

(2) 采用限压式变量泵、调速阀和行程阀进行速度换接，使速度换接平稳；且采用机械控制的行程阀，位置控制准确可靠。

(3) 采用限压式变量泵和调速阀联合调速回路，且在回油路上设置背压阀，提高了滑台运动的平稳性，并获得较好的速度负载特性。

(4) 采用进油路串联调速阀二次进给调速回路，可使启动冲击和速度转换冲击较小，并便于利用压力继电器发出电信号进行自动控制。

(5) 在滑台的工作循环中，采用止挡块停留，不仅提高了进给位置精度，还扩大了滑台工艺使用范围，更适用于镗阶梯孔、锪孔和锪端面等工序。

20.2　YT32-315 型万能液压机的液压系统

液压机是工业部门广泛使用的压力加工设备，常用于可塑性材料的压制工艺，如冲压、弯曲、翻边、薄板拉深等，也可从事校正、压装、塑料及粉末制品的压制成形工艺。

对液压机液压系统有如下基本要求。

(1) 为完成一般的压制工艺，要求主缸(上液压缸)驱动上滑块实现“快速下行→慢速加压→保压延时→快速返回→停止”的工作循环，要求顶出缸(下液压缸)驱动下滑块实现“向上顶出→向下退回→停止”的工作循环。

(2) 液压系统中的压力要能经常变换和调节，并能产生较大的压制力(吨位)，以满足工作要求。

(3) 流量大，功率大，空行程和加压行程的速度差异大，因此要求功率利用合理，工作平稳性和安全可靠性高。

20.2.1　YT32-315 型万能液压机液压系统的工作原理

图 20-2 所示为 YT32-315 型万能液压机的液压系统。高压泵 1 为压力补偿式变量轴向柱塞泵，用来供给系统高压油。低压泵 2 为齿轮泵，用来供给系统低压控制油。现以一般的定压成形压制工艺为例，说明该液压机液压系统的工作原理。

1. 主缸活塞快速下行

启动高压泵 1 和低压泵 2，并令电磁铁 1YA、2YA 通电。电磁铁 1YA 通电后，来自泵 2 的控制压力油通过阀 12 流入阀 16 和阀 18 的控制油口，阀 16 的反向通道被打开，阀 18 的右位接入系统。电磁铁 2YA 通电后，阀 10 的右位接入系统，使阀 9 也在右位工作，来自泵 1 的压力油经阀 9、阀 14 进入主缸上腔。下腔回油经阀 16 后分成两路：大部分油液经阀 18 流回油箱，小部分油液经阀 9、阀 8 流回油箱。这时主缸活塞连同上滑块在自重作用下快速下行，虽然泵 1 输出最大流量，但主缸上腔仍因油液不足而形成负压，吸开充液阀 15，充液油箱的油便补入主缸上腔。

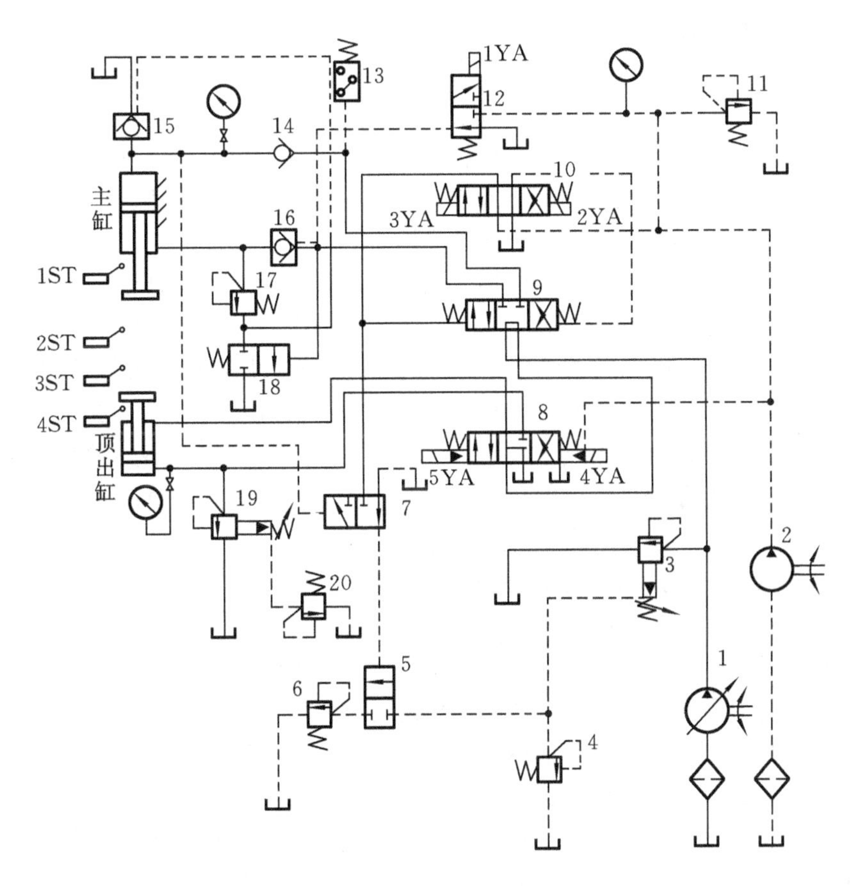

图 20-2　YT32-315 型万能液压机的液压系统

2. 主缸活塞减速下行和系统加压

上滑块快速下行至挡块压下行程开关 2ST 后，电磁铁 1YA 断电，电磁铁 2YA 继续通电。这时阀 16、阀 18 关闭，主缸下腔回油必须经过背压阀 17，因而产生背压，主缸上腔油压随之升高，阀 15 在上腔高压油作用下自动关闭，通过压力反馈，泵 1 输出流量自动减少，因此上滑块连同主缸活塞慢速下行。

当上压模接触工件后，负载阻力急剧增加，主缸上腔便自动增压进行压制加工。

3. 主缸保压延时

当主缸上腔油压增加使进油路压力达到压力继电器 13 的调定值时，压力继电器发出信号，使电磁铁2YA断电，阀9恢复到中位，高压泵卸荷，主缸上腔的高压油被活塞密封环、单向阀14和充液阀15所封闭，主缸上腔处于保压状态，同时电气元件时间继电器开始延时，保压延时的时间可在0～20 min内调整。

4. 主缸卸压快速回程

保压时间结束后，时间继电器发出信号，使电磁铁3YA通电，阀10、阀9的左位相继接入系统，为主缸回程创造必要的条件。但是，由于主缸上腔油压高、直径大、行程长，缸内油液在加压过程中储存了很多能量，在这种状态下如果立刻接油箱，就会产生很强烈的液压冲击，造成不良后果。为避免这种现象产生，主缸上腔必须缓慢卸压，再以低压换向回程。

由于来自主缸上腔压力油的作用，三通液动阀7的左位早已接入系统。当电磁铁3YA通电后，控制压力油便由阀10、阀7流入阀5的上端，使阀5上位接入系统，泵1出口及主缸下腔的油压便等于阀6调定的低压值(2 MPa)。此时，充液阀15内部的卸压阀在控制油压的作用下先行打开，使主缸上腔缓慢卸压。当主缸上腔油压降到一定数值以下时，阀15的反向通道打开，阀7和阀5亦相继复位，主缸下腔的油压上升到克服回程负载所必需的压力值时，活塞便带动上滑块快速回程，主缸上腔回油经充液阀15流回充液油箱。

5. 主缸活塞停止，顶出缸活塞顶出与退回

当上滑块回程到挡块压下行程开关1ST时，电磁铁3YA断电，电磁铁4YA通电，此时阀9处于中位，主缸活塞停止运动，且由于阀16和阀17在油路中的支撑作用，使上滑块在上方悬空停止。与此同时，阀8右位接入系统，压力油进入顶出缸下腔，上腔油液流回油箱，顶出缸向上作顶出运动。当顶出工件达到预定位置时，挡块压下行程开关3ST，发出信号，使电磁铁4YA断电，电磁铁5YA通电，阀8左位接入系统，顶出缸上腔接压力油，下腔接通回油，顶出缸活塞向下退回。当挡块压下行程开关4ST时发出信号，使电磁铁5YA断电，阀8恢复中位，顶出缸原位停止。

6. 浮动压边

在薄板拉深压边时，要求顶出缸活塞上升到一定位置后既保持一定压力，又能随着主缸滑块的下压而下行。这时在主缸动作前电磁铁4YA通电，顶出缸顶出后电磁铁4YA又立刻断电，阀8在中位，顶出缸下腔的油液被阀8封住。当主缸滑块下压时顶出缸活塞被迫随之下行，顶出缸下腔的油液经背压阀20流回油箱，顶出缸下腔的油压通过活塞顶着薄板，顶出缸上腔经阀8中位从油箱补油。调整背压阀20的压力，即可改变顶出缸下腔的压边压力。这时，溢流阀19作安全阀用。

系统图中各电磁铁动作顺序见表20-2。

表 20-2　电磁铁动作顺序表

动作 \ 电磁铁		1YA	2YA	3YA	4YA	5YA
主缸	快速下行	+	+	−	−	−
	慢速加压	−	+	−	−	−
	保压延时	−	−	−	−	−
	卸压回程	−	−	+	−	−
	停　止	−	−	−	−	−
顶出缸	顶　出	−	−	−	+	−
	退　回	−	−	−	−	+

20.2.2　YT32-315 型万能液压机液压系统的主要特点

(1) 为合理利用功率，本系统采用高低压泵组作为动力源。主油路系统由一个压力补偿式变量轴向柱塞泵供油，在工作过程中基本维持恒功率输出，故系统效率高、发热小。

(2) 为有利于工作过程中的压力变换与调节，保证安全，主缸系统采用二级调压(远程调压阀 4 和 6 的调整压力分别为 25 MPa 和 2 MPa)和安全溢流(安全阀 3 的调整压力为 27.5 MPa)；顶出缸的压边压力(薄板拉深工艺用)可根据需要由专设的溢流阀组加以调节(阀 20 用于调节下腔油压，阀 19 作安全溢流用)。

(3) 为减轻主缸换向引起的振动和噪声，系统采取先缓慢卸压、后换向回程的油路结构。

(4) 为满足主缸快速下行以提高生产率的要求，系统采用了充液油箱自动补油的措施。

(5) 为保证上、下两缸的动作协调与安全，采用两缸换向阀(阀 9、阀 8)串联互锁的方法，使其中的一缸必须在另一缸静止不动时才能动作。

20.3　XS-ZY-250A 型注塑机液压系统

塑料注射成形机简称注塑机，是一种将颗粒状的塑料原料加热熔化成流动状态，然后利用活塞推力，通过机械的方法将熔融状的塑料以快速、高压射入闭合的模具内，经固化定形后，制成塑料制品的加工设备。

XS-ZY-250A 型注塑机属中小型注塑机，每次最大注射容量为 250 cm^3。该注塑机液压系统的执行元件有合模缸、注射座移动缸、注射缸、预塑马达和顶出缸。

这些执行元件推动注塑机各工作部件完成以下工作循环：预塑→快速合模→慢速合模→合模缸锁紧→注射座前进→注射及保压→注射活塞退回→注射座后退→开模→停止。它对液压系统的要求如下所述。

(1) 有足够的合模力，以消除高压注射时塑料制品产生溢边或脱模困难等现象；

(2) 有可调节的开、合模速度，以保证在开、合模过程中合模缸有慢、快多种速度变化，使空程时间缩短，提高生产率和保证制品质量，并避免产生冲击；

(3) 注射座能整体前进和后退，并保证在注射时有足够的推力，使喷嘴与模具浇口紧密接触；

(4) 为适应原料、制品几何形状和模具浇口布局的不同及制品质量的好坏，注射的压力和速度应有相应的变化和调节；

(5) 由于熔体在冷却凝固时有收缩，型腔内需要不断补充熔体，防止因充料不足而出现残品，因此，注射动作完成后，要求系统保压，并根据制品要求，保压压力可调；

(6) 制品在冷却成形后被顶出时，为防止制品受损，顶出运动速度要平稳，并能根据制品形状的不同，调节顶出缸的速度。

20.3.1 XS-ZY-250A 型注塑机液压系统的工作原理

图 20-3 所示为 XS-ZY-250A 型注塑机的液压系统。系统图中各电磁铁动作顺序见表 20-3。该系统采用了液压-机械式合模机构。合模液压缸通过对称五连杆机构推动模板进行开模、合模。系统通过比例阀对多级压力和速度进行控制，以满足工作过程中各动作对压力和速度的不同要求。

1. 合模

(1) 快速合模：电磁铁 7YA 通电，电磁铁 5YA 断电，泵 20 压力由电液比例压力阀 E_2 调整，其压力油经换向阀 15 左位、单向阀 14 到电液比例调速阀 E_3，泵 21、泵 22 压力由比例压力阀 E_1 调整，其压力油经单向阀 19 到比例调速阀 E_3 与泵 20 压力油汇合，经换向阀 18 左位至合模缸 1 的左腔，推动活塞及连杆实现快速合模。

(2) 低压合模：电磁铁 7YA 通电，阀 E_1 压力为零使泵 21、泵 22 卸荷，阀 E_2 使泵 20 压力降低，形成低压合模。这时合模缸的推力较小，即使在两模板之间有异物，继续进行合模动作时也不会损坏模具表面。

(3) 高压合模：电磁铁 7YA 通电，泵 21、泵 22 卸荷，阀 E_2 使泵 20 压力升高，形成高压合模。高压油使模具闭合并使连杆产生弹性变形，牢固锁紧模具。

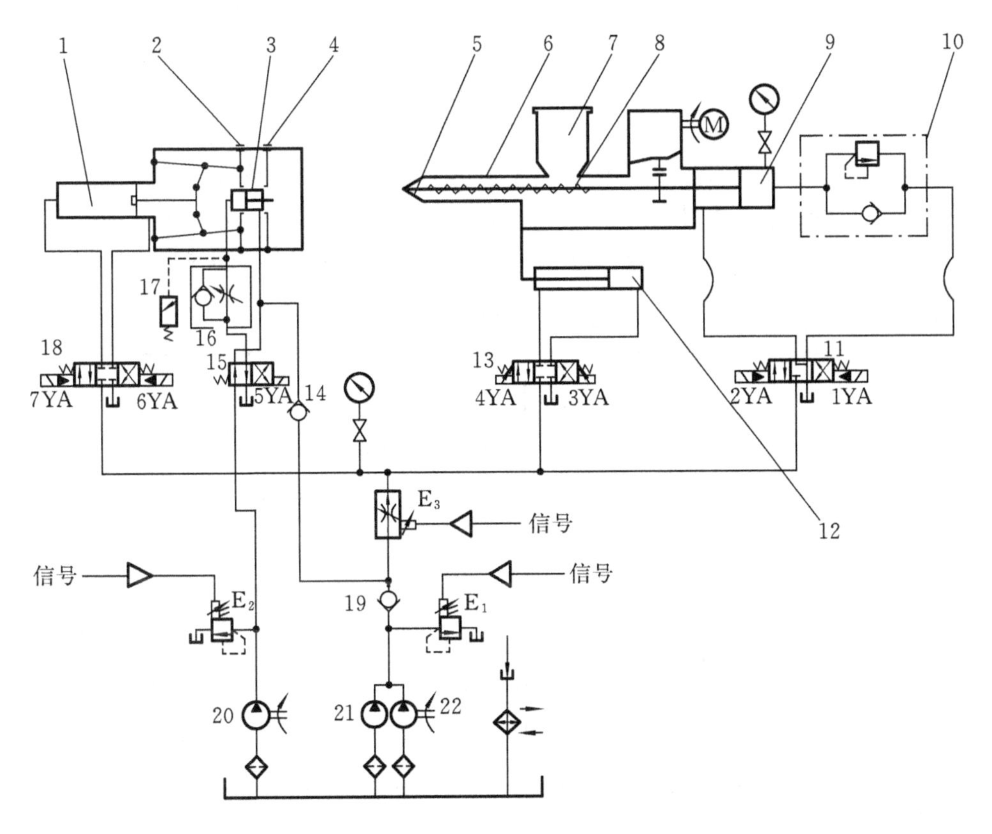

图 20-3 XS—ZY—250A 型注塑机的液压系统

2. 注射座前进

电磁铁 7YA 断电，电磁铁 3YA 通电，泵 21、泵 22 卸荷，泵 20 的压力油经换向阀 13 右位进入注射座移动液压缸 12 右腔，推动注射座整体向前移动，使喷嘴与模具贴紧，液压缸 12 左腔的油液经换向阀 13 右位回油箱。

3. 注射

电磁铁 3YA 断电，电磁铁 1YA 通电，3 个泵的压力油均经换向阀 11 的右位，以及阀 10 的单向阀进入注射缸 9 的右腔，注射缸的活塞带动螺杆 8 进行注射。注射速度由比例调速阀 E_3 调节。

4. 保压

电磁铁 1YA 仍通电，由于保压时只需极少量的油液，所以泵 21、泵 22 卸荷，仅泵 20 单独供油，压力由阀 E_2 调节，并将多余油液溢回油箱。注射缸对模腔内熔料保压并进行补塑。

5. 预塑

保压完毕，电磁铁 1YA 断电，电磁铁 3YA 通电，电动机 M（有些注塑机采用了液压马达）通过齿轮减速机构使螺杆 8 旋转，料斗 7 中的塑料颗粒进入料筒 6，并被转动着的螺杆带至前端，进行加热塑化，为注射做好准备。同时由于螺杆前端原料增多，迫使螺杆后退，依靠行程开关确定螺杆后退距离，可控制注射量的多少；注射缸右腔的油液在螺杆反推力的作用下，经背压阀 10、换向阀 11 的中位后，一部分进入注射缸的左腔，一部分回油箱。当螺杆后退到预定位置时即停止转动，准备下次注射。与此同时，在模腔内的制品处于冷却成形的过程中。

表 20-3　电磁铁动作顺序表

动作＼电磁铁		1YA	2YA	3YA	4YA	5YA	6YA	7YA	E_1	E_2	E_3
合模	合模	−	−	−	−	−	−	+	+	+	+
	低压保护	−	−	−	−	−	−	+	+	+	+
	锁紧	−	−	−	−	−	−	+	−	+	+
注射座前进		−	−	+	−	−	−	−	−	+	+
注射		+	−	−	−	−	−	−	−	+	+
保压		+	−	−	−	−	−	−	−	+	+
预塑		−	−	+	−	−	−	−	−	+	+
注射座后退		−	−	−	+	−	−	−	−	+	+
开模		−	−	−	−	−	+	−	+	+	+
顶出		−	−	−	−	+	−	−	−	+	−
螺杆后退		−	+	−	−	−	−	−	−	+	+
停止		−	−	−	−	−	−	−	−	−	−

6. 注射座后退

电磁铁 3YA 断电，电磁铁 4YA 通电，泵 21、泵 22 卸荷，泵 20 的压力油经阀 15、阀 14、阀 E_3、阀 13 右位使注射座移动缸 12 后退。

7. 开模

(1) 慢速开模：电磁铁 4YA 断电，电磁铁 6YA 通电，泵 21、泵 22 卸荷，泵 20 的压力油经阀 15、阀 14、阀 E_3、阀 18 右位使合模缸 1 慢速后退。

(2) 快速开模：电磁铁 6YA 通电，泵 21、泵 22、泵 20 的压力油同时经阀 E_3、阀 18 右位使合模缸 1 快速后退。

8. 顶出

(1) 顶出缸 3 前进：电磁铁 6YA 断电，电磁铁 5YA 通电，泵 21、泵 22 卸荷，泵 20 的压力油经阀 15 右位、单向调速阀 16 进入顶出缸 3 左腔，推动顶出杆顶出制品，其速度由阀 16 调节。

(2) 顶出缸 3 后退：电磁铁 5YA 断电，泵 20 的压力油经阀 15 左位进入顶出缸 3 右腔，左腔回油经阀 16 中的单向阀、阀 15 回油箱。

9. 螺杆后退

为了拆卸和清洗螺杆，有时需螺杆后退。电磁铁 2YA 通电，电磁铁 1YA 断电即可完成。

10. 停止

全部电磁铁断电，各液压缸均不动作，液压泵卸荷。

20.3.2 XS-ZY-250A 型注塑机液压系统的特点

(1) 注塑机液压系统中执行元件数量较多，压力和速度的变化也较多，利用电液比例阀进行控制，系统简单，且元件数量大大减少。

(2) 自动工作循环主要靠行程开关来实现。

(3) 在系统保压阶段，多余的油液要经过溢流阀流回油箱，所以有部分能量损耗。

思考题与习题

20-1 根据图 20-1 所示的 YT4543 型动力滑台的液压系统说明以下问题：

(1) 液压缸快进时如何实现差动连接？

(2) 如何实现液压缸的快、慢速运动换接和进给速度的调节？

(3) 系统中由哪些基本回路组成？油路中元件 12、13、14 各起什么作用？

20-2 根据图 20-2 所示的 YT32-315 型液压机的液压系统说明以下问题：

(1) 液压机主缸的工作循环是怎样实现的？

(2) 为使液压机安全可靠和平稳的工作，系统中采取了哪些措施？

(3) 液压机液压系统的主要特点是什么？

20-3 根据图 20-3 所示的 XS-ZY-250A 型注塑机的液压系统说明以下问题：

(1) 注塑机的工作过程是怎样的？

(2) 各工作过程的油路是如何实现的？

(3) 注塑机的液压系统是怎样对压力及速度进行控制的？

附 录 A

表 A-1 深沟球轴承基本额定动载荷 C_r 和基本额定静载荷 C_{0r} (单位：kN)

轴承代号	基本额定动载荷 C_r	基本额定静载荷 C_{0r}	轴承代号	基本额定动载荷 C_r	基本额定静载荷 C_{0r}	轴承代号	基本额定动载荷 C_r	基本额定静载荷 C_{0r}
6204	12.8	6.65	6304	15.8	7.88	6404	31.0	15.2
6205	14.0	7.88	6305	22.2	11.5	6405	38.2	19.2
6206	19.5	11.5	6306	27.0	15.2	6406	47.5	24.5
6207	22.5	15.2	6307	33.2	19.2	6407	56.8	29.5
6208	25.6	18.0	6308	40.8	24.0	6408	65.5	37.5
6209	31.5	20.5	6309	52.8	31.8	6409	77.5	45.5
6210	35.0	23.2	6310	61.8	38.0	6410	92.2	55.2
6211	43.2	29.2	6311	71.5	44.8	6411	100	62.5
6212	47.8	32.8	6312	81.8	51.8	6412	108	70.0
6213	57.2	40.0	6313	93.8	60.5	6413	118	78.5
6214	60.8	45.0	6314	105	68.0	6414	140	99.5
6215	66.0	49.5	6315	112	76.8	6415	155	115

表 A-2 角接触球轴承基本额定动载荷 C_r 和基本额定静载荷 C_{0r} (单位：kN)

轴承代号	70000C		70000AC		轴承代号	70000C		70000AC		轴承代号	70000C		70000AC	
	C_r	C_{0r}	C_r	C_{0r}		C_r	C_{0r}	C_r	C_{0r}		C_r	C_{0r}	C_r	C_{0r}
7004	10.5	6.08	10.0	5.78	7204	14.5	8.22	14.0	7.82					
7005	11.5	7.45	11.2	7.08	7205	16.5	10.5	15.8	9.88					
7006	15.2	10.2	14.5	9.85	7206	23.0	15.0	22.0	14.2	7306	26.5	19.8	25.2	18.5
7007	19.5	14.2	18.5	13.5	7207	30.5	20.0	29.0	19.2	7307	34.2	26.8	32.8	24.8
7008	20.0	15.2	19.0	14.5	7208	36.8	25.8	35.2	24.5	7308	40.2	32.3	38.5	30.5
7009	25.8	20.5	25.8	19.5	7209	38.5	28.5	36.8	27.2	7309	49.2	39.8	47.5	37.2
7010	26.5	22.0	25.2	21.0	7210	42.8	32.0	40.8	30.5	7310	53.5	47.2	55.5	44.5
7011	37.2	30.5	35.2	29.2	7211	52.8	40.5	50.5	38.5	7311	70.5	60.5	67.2	56.8
7012	38.2	32.8	36.2	31.5	7212	61.0	48.5	58.2	46.2	7312	80.5	70.2	77.8	65.8
7013	40.0	35.5	38.0	33.8	7213	69.8	55.2	66.5	52.5	7313	91.5	80.5	89.8	75.5
7014	48.2	43.5	45.8	41.5	7214	70.2	60.0	69.2	57.5	7314	102	91.5	98.5	86.0

表 A-3　圆锥滚子轴承基本额定动载荷 C_r 和基本额定静载荷 C_{0r}　　(单位：kN)

轴承代号	基本额定动载荷 C_r	基本额定静载荷 C_{0r}	计算系数			轴承代号	基本额定动载荷 C_r	基本额定静载荷 C_{0r}	计算系数		
			e	Y	Y_0				e	Y	Y_0
30203	20.8	21.8	0.35	1.7	1	30303	28.2	27.2	0.29	2.1	1.2
30204	28.2	30.5	0.35	1.7	1	30304	33.0	33.2	0.3	2	1.1
30205	32.2	37.0	0.37	1.6	0.9	30305	46.8	48.0	0.3	2	1.1
30206	43.2	50.5	0.37	1.6	0.9	30306	59.0	63.0	0.31	1.9	1.1
30207	54.2	63.5	0.37	1.6	0.9	30307	75.2	82.5	0.31	1.9	1.1
30208	63.0	74.0	0.37	1.6	0.9	30308	90.8	108	0.35	1.7	1
30209	67.8	83.5	0.4	1.5	0.8	30309	108	130	0.35	1.7	1
30210	73.2	92.0	0.42	1.4	0.8	30310	130	158	0.35	1.7	1
30211	90.8	115	0.4	1.5	0.8	30311	152	188	0.35	1.7	1
30212	102	130	0.4	1.5	0.8	30312	170	210	0.35	1.7	1
30213	120	152	0.4	1.5	0.8	30313	195	242	0.35	1.7	1
30214	132	175	0.42	1.4	0.8	30314	218	272	0.35	1.7	1
30215	138	185	0.44	1.4	0.8	30315	252	318	0.35	1.7	1

参 考 文 献

[1] 徐锦康. 机械设计[M]. 北京：高等教育出版社，2004.
[2] 陈立德. 机械设计基础[M]. 北京：高等教育出版社，2004.
[3] 石固欧. 机械设计基础[M]. 北京：高等教育出版社，2003.
[4] 马永林. 机构与机械零件[M]. 北京：高等教育出版社，1989.
[5] 王定国，周全光. 机械原理与机械零件[M]. 北京：高等教育出版社，1987.
[6] 何元庚. 机械原理与机械零件[M]. 北京：高等教育出版社，1987.
[7] 范顺成. 机械设计基础[M]. 北京：机械工业出版社，2001.
[8] 邓昭明. 机械设计基础[M]. 北京：高等教育出版社，2001.
[9] 黄锡恺，郑文纬. 机械原理[M]. 北京：高等教育出版社，1989.
[10] 濮良贵. 机械设计[M]. 北京：高等教育出版社，1989.
[11] 姜佩东. 液压与气动技术[M]. 北京：高等教育出版社，2001.
[12] 丁树模. 液压传动[M]. 北京：机械工业出版社，2000.
[13] 骆简文. 液压传动与控制[M]. 重庆：重庆大学出版社，1994.